U0238837

无公害畜产品生产与认证

沙玉圣　　于福清　　王树君　　主编

中国农业出版社

图书在版编目（CIP）数据

无公害畜产品生产与认证 / 沙玉圣，于福清，王树
君主编 . —北京：中国农业出版社，2015.12（2017.6 重印）
ISBN 978-7-109-21086-8

Ⅰ.①无… Ⅱ.①沙… ②于… ③王… Ⅲ.①畜产品
生产—无污染技术 Ⅳ.①S817.2

中国版本图书馆 CIP 数据核字（2015）第 261333 号

中国农业出版社出版
（北京市朝阳区麦子店街 18 号楼）
（邮政编码 100125）
责任编辑 郭永立

北京万友印刷有限公司印刷 新华书店北京发行所发行
2015 年 12 月第 1 版 2017 年 6 月北京第 2 次印刷

开本：787mm×1092mm 1/16 印张：25.25
字数：615 千字
定价：95.00 元
（凡本版图书出现印刷、装订错误，请向出版社发行部调换）

编　委　会

畜产品是重要的"菜篮子"产品，其质量安全直接关系着广大消费者的身体健康和生命安全，关系着社会稳定和经济发展。在加快建设现代畜牧业和全面建成小康社会的新形势下，畜产品质量安全对转变畜牧业生产方式、促进畜牧业转型升级、保障畜产品质量安全、提高人民生活水平有着不可替代的重要作用。无公害畜产品认证是由政府推动的一项保障畜产品基本安全的公益性事业。自2003年开展认证以来，无公害畜产品认证体系不断健全，制度机制日趋完善，数量规模稳步发展，产品质量保持较高水平，品牌影响力不断扩大，在促进畜牧业健康发展和保障畜产品质量安全方面发挥了重要的引领示范作用。

为进一步指导、规范无公害畜产品生产与认证，我们组织编写了《无公害畜产品生产与认证》。全书共分十一章，对无公害畜产品发展概述、质量管理体系、无公害畜禽养殖环境、规范用料、规范用药、无公害畜禽养殖与畜产品生产、畜禽屠宰、蜂产品生产、畜产品质量追溯、废弃物无害化处理、无公害畜产品认证与管理等方面的内容进行了全面系统的阐述，内容全面，操作性强，对无公害畜产品生产与认证具有很强的指导作用。

本书在编写过程中得到了农业部农产品质量安全中心、部分省级无公害畜产品认证工作机构、有关科研院校等单位的大力支持与帮助，在此一并表示感谢！书中难免有错误和遗漏之处，敬请大家批评指正。

编　者

2015 年 12 月

目录

序言

第一章　无公害畜产品发展概述

无公害畜产品是无公害农产品的重要组成部分。实施无公害农产品认证，是我国强化农产品质量安全管理的重要标志，对于提高生产与管理水平，从源头上确保农产品质量安全，保障消费安全，建设和谐社会具有重要意义。

一、无公害农产品产生的背景

自 20 世纪 80 年代以来，随着我国农村和农业经济快速发展，农业环境污染和产地环境恶化呈现加速趋势。工业"三废"的无序排放、城市生活污染及农业面源污染给农产品质量安全造成严重威胁，农产品质量安全问题成为农业发展和社会关注的焦点之一。主要表现在：由于农药、兽药、渔药、饲料与饲料添加剂等农业投入品的不合理使用，加上农畜产品的不科学收获、屠宰、捕捉和加工，以及农业"三废"和城市生活垃圾的不合理排放等原因，导致农产品生产污染严重，农产品出口因质量安全问题被拒收、扣留、退货、销毁、索赔和中止合同的现象时有发生，许多传统的大宗出口创汇农产品被迫退出国际市场，形势严峻。特别是蔬菜中农药残留的群体性中毒事件和生猪"瘦肉精"事件接连发生，问题突出。尤其是 20 世纪 90 年代后期，农产品因有毒有害物质超标造成的餐桌污染和引发的中毒事件时有发生，社会反映强烈，引起人大代表、政协委员和广大人民群众的高度关注。从 1999 年开始，中央和地方两会代表、委员关于治理餐桌污染和加强农产品质量安全监管的建议、提案成倍增长。其中 2001 年全国人大、政协有关农产品质量安全方面的建议、提案多达 70 多件，仅全国人大 30 名以上代表联名的农产品质量安全方面的议案就多达 9 件。农产品质量安全问题成为两会代表、委员关注的焦点和热点。

农产品的质量安全问题不仅直接危及人民群众的身体健康，而且已成为农业和农村经济结构调整的严重障碍，同时也是我国加入 WTO 后面临国际市场激烈竞争的一个巨大隐患，是一个事关各级政府在广大老百姓心目中地位和形象的问题。保证广大老百姓菜篮子和米袋子的消费安全，也成为维护最广大人民群众根本利益，践行"三个代表"重要思想的政治问题。为解决我国农产品基本安全问题，经国务院批准，2001 年 4 月，农业部启动了"无公害食品行动计划"，并率先在北京、天津、上海、深圳 4 个城市进行试点。2002 年，决定在全国全面开展无公害农产品产地认定和产品认证工作。2003 年 4 月，开展了全国统一标志的无公害农产品认证工作。

二、无公害畜产品认证的意义

一是开展无公害畜产品认证是主动适应经济新常态、增强消费信心、满足消费需求的需要。2014年，中央提出了经济发展进入新常态的重要判断。从农产品质量安全领域看，新常态的一个重要表现就是消费者对产品质量安全的要求明显提高，个性化、多样化消费渐成主流。顺应这一变化，我国畜产品生产也开始由"生产导向"向"消费导向"转变，未来安全、优质、生态畜产品市场将更加广阔、潜力巨大。无公害畜产品定位于安全、优质和生态，能有效满足消费者对畜产品日益多样化的消费需求，成为农业适应经济新常态的发展重点。同时，无公害畜产品认证是解决生产与消费信息不对称的重要手段。生产者比消费者更加了解畜禽产地环境、养殖过程、投入品使用等信息，从而出现信息不对称。生产者可能会"以次充好"，欺骗消费者，损害消费者的利益。通过产品认证，可以有效解决生产者和消费者之间的信息不对称问题，保证生产者向外界传达真实、准确的信息，建立起生产者和消费者之间的信任关系，促进产品贸易，规范市场秩序，增强消费者信心。

二是开展无公害畜产品认证是加快建设现代畜牧业、实现转方式调结构的重要举措。当前我国农业发展，既受资源环境和生产成本上升的双重约束，也受国内外农产品价差拉大和"黄箱"支持政策空间不大的双重制约。中央强调农业发展要走"产出高效、产品安全、资源节约、环境友好"的现代农业发展道路，农业部提出"稳粮增收调结构、提质增效转方式"的要求。无公害畜产品发展的核心要素与这些要求高度契合。无公害生产强调过程管控，可减少投入品不合理使用对环境造成的负面影响，推动绿色可持续发展，就是"转方式"；无公害发展注重发挥区域资源禀赋优势，提高产品核心竞争力，促进农业增效和农民增收，就是"调结构"。

三是开展无公害畜产品认证是提升畜产品质量安全水平和监管能力的重要手段。畜产品质量安全要"产""管"齐抓，"产出来"是前提。农业部与食品药品监督管理总局联合印发的加强食用农产品质量安全监管工作的意见，将无公害农产品列为市场准入、追溯体系建设的基础。无公害畜产品认证是提高畜产品质量安全管理水平的重要手段。产品认证过程，既是要求和指导企业及农户贯彻落实标准化生产和规范化管理的过程，也是建立与完善农业生产标准体系和质量安全保障体系的过程。一方面，它促进农业标准和技术法规的制定和完善，实现农业生产和产品检测有标可依；另一方面，它促进农业技术标准的贯彻和落实，建立稳定、长效的产品质量管理制度。通过对产地环境、农业投入品、生产过程和最终产品进行质量控制，对生产过程中出现的质量安全隐患及时发现和纠正，对上市产品及时追踪和检查，从而有效地保证畜产品质量安全。

三、无公害畜产品认证的发展历程

作为无公害农产品的重要组成部分，无公害畜产品认证大体经历了四个发展阶段。

（一）各地探索发展阶段（20世纪80年代至2003年）

我国对无公害农产品的探索始于20世纪80年代。早在1982年，湖北省就率先开展了无公害农业生产技术研究。随后，全国10多个省份相继对无公害生产技术进行推广应用。1996年，农业部陆续组织湖北、黑龙江、山东、河北、云南等省开展了无公害农产品生产技术研究与基地示范等工作。随着无公害农产品生产技术在农业生产上的广泛应用和影响力的不断扩大，经国务院批准，农业部于2001年在全国实施"无公害食品行动计划"。按照"无公害食品行动计划"的总体部署和要求，各地本着"探索路子、开展试点"的原则，在无公害农产品基地建设和产品认证方面做了一些积极有益而富有成效的尝试。从2001年4月到2003年年底，全国共有32个省（自治区、直辖市）和计划单列市以及新疆建设兵团相继启动了无公害农产品认证工作。各省级农业行政部门共认定无公害农产品产地7 758个，认证无公害农产品 7 119 个，无公害农产品在全国大部分省份得到长足、快速的发展，取得了良好的社会影响。

（二）全国统一认证阶段（2003—2004 年）

由于先期各地开展的无公害农产品认证在采用标准、工作程序、标志图案、监督管理等方面不统一，认证产品不互认，形成了国内农产品贸易区域间的壁垒，影响了无公害农产品在全国市场上的大流通。为统一管理、规范行为，农业部、国家质量监督检验检疫总局、国家认证认可监督管理委员会先后颁布出台了《无公害农产品管理办法》《无公害农产品标志管理办法》《无公害农产品产地认证程序》及《无公害农产品认证程序》等规章制度，并于2003 年成立农业部农产品质量安全中心，开展全国无公害农产品统一认证。按照统一标准、统一认证、统一标志、统一监督、统一管理的要求，到2004 年底完成全国 26 个省份 8 000多个地方认证产品向全国统一认证的转换。无公害农产品认证走向了全国认证工作"一盘棋"的发展阶段。

（三）科学稳步发展阶段（2005—2011 年）

2005 年后，无公害农产品规模不断扩大，品牌影响力不断提升，进入科学稳步发展阶段。一是政策导向逐步明确。2005 年，农业部出台《关于发展无公害农产品绿色食品和有机农产品的意见》，明确提出大力发展无公害农产品，推动了无公害农产品全面加快发展。法制建设实现突破。2006 年，国家出台了《农产品质量安全法》，使无公害农产品工作的法律基础更加稳固。二是制度建设日趋完善。制定无公害农产品业务管理制度近百项，涉及审查分工、质量控制、人员培训及证后监督等各个方面，已基本满足工作顺利、有序、规范开展的需要。三是体系队伍基本健全。初步建立了省、地、县工作队伍，基本形成了"上下一条线、全国一盘棋"的工作格局。目前，有包括无公害畜产品认证机构在内的省级无公害农产品工作机构 68 个，注册检查员 1 万余人，企业内检员 6 万多人。

（四）转型开放发展阶段（2012 年至今）

2012 年 2 月，农业部启动了"三品一标品牌提升行动"，目的是为了实现工作重心和重点的转移，着力强化产品质量监管，不断提升品牌公信力，促进无公害农产品事业持续健康发展。2013 年，提出了无公害农产品工作要以稳定提高认证产品质量为目标，突出提高准入门槛和加强证后监管两个重点，进一步推进工作重心的转移；着力抓好全面规范审查，提高无公害农产品认证质量，加强现场检查、严格材料审查和强化工作督导。2013 年，印发了《关于进一步改进无公害农产品管理有关工作的通知》，进一步厘清了各级工作机构审查工作的职责和重点。2014 年，提出了严格落实分级审查责任，用最严谨的标准、最严格的监管、最严厉的处罚、最严肃的问责，确保认证的有效性，坚决防止因出具虚假认证或者因过失出具不实认证，造成损害消费者权益等情况的发生。

四、无公害畜产品的概念和内涵

（一）无公害畜产品的概念

无公害农产品是指产地环境、生产过程、产品质量符合国家有关标准和规范的要求，经认证合格获得认证证书并允许使用无公害农产品标志的未经加工或初加工的食用农产品。无公害畜产品属于无公害农产品范畴，是农产品家族的一部分。也就是在符合标准的养殖环境下，规范安全使用饲料、饲料添加剂、兽药等投入品，生产过程规范、风险可控，产品质量符合强制性国家标准或国家有关规定，并使用无公害标志的食用畜禽产品。

无公害畜产品认证是依据国家认证认可制度和相关法律法规、政策制度、技术规范，按照无公害农产品认证产品目录和检测目录，对未加工或初加工的可食用畜产品的养殖环境、投入品、生产过程和产品质量进行审查，向评定合格的畜产品颁发无公害农产品证书，并允许使用全国统一的无公害农产品标志的活动。

无公害畜产品质量管理是一种质量认证性质的管理，质量认证合格的表示方式为颁发"认证证书"和"认证标志"。无公害畜产品认证实行产品目录制度，只有在产品目录范围内的产品才受理认证，不在目录范围内的不予受理。实施无公害农产品认证的产品目录（包括无公害畜产品），由农业部和国家认证认可监督管理委员会联合公告。无公害畜产品全部为可食用农产品，羊毛、牛皮等非食用畜产品不在无公害认证范围。

（二）无公害畜产品的内涵

1. 全程质量控制的管理理念 无公害畜产品推行"标准化生产、投入品监管、关键点控制、安全性保障"的技术制度。无公害畜产品通过认证来实现对质量安全的管理，认证的过程不是对生产的某个环节、或某个技术、或某个方面的认可，而是对生产全过程的合格评定，包括畜禽养殖环境、周围环境质量状况、畜禽饮用水、投入品质量、生产过程以及畜禽产品质量等，覆盖了畜产品生产的整个过程，可最大限度地保障畜产品的质量安全。

2. 标准化生产的要求 无公害畜产品认证是依据相关标准和规范，对生产过程和产品质量进行合格评定的过程。也就是说标准和规范覆盖了无公害畜产品生产的全过程，无公害畜产品生产操作的每个环节，都要按照规定的技术标准和规范进行，养殖环境、投入品使用、产品质量都必须符合国家相关的标准规范要求。

3. 可追根溯源 获得认证的无公害畜产品，颁发的认证证书和允许使用的无公害农产品标志，都带有申报无公害畜产品认证企业的基本生产信息，既可防伪又能追根溯源，防止假冒伪劣，不仅维护了合法生产者的权益，也保护了消费者的权利。这三个方面是农业现代化的重要内容，也是当前和今后相当长的一段时间促进我国畜牧业持续快速健康发展的关键性措施。

五、无公害畜产品认证特点

1. 政府推动的公益性认证性质 食用畜产品是重要的"菜篮子"产品，其质量安全直接关系着广大消费者的身体健康和生命安全，关系着社会稳定和经济发展；无公害畜产品是公共安全品牌，目的是保障基本消费安全；市场定位是以大宗产品为对象，以大众化消费为重点。无公害畜产品认证是政府推动的公益性行为，实行免费认证，是政府保民生、抓民心的重要举措。

2. 产地认定与产品认证相结合的认证方式 无公害畜产品认证采取产地认定与产品认证相结合的模式，运用全过程管理的指导思想，打破了过去农产品质量安全管理分行业、分环节管理的理念，强调以生产过程控制为重点、以产品管理为主线、以市场准入为切入点、以保证最终产品消费安全为基本目标。产地认定主要解决生产环节的质量安全控制问题，产品认证主要解决产品安全和市场准入问题。认证过程是一个自上而下的农产品质量安全监督管理行为，产地认定是对农业生产过程的检查监督行为，产品认证是对管理成效的确认，包括监督产地环境、投入品使用、生产过程的检查及产品的准入、检测等方面。产地认定由省级农业行政主管部门负责组织实施，产品认证由农业部负责组织实施。

3. 颁发证书并允许使用标志的获认结果 产地认定和产品认证合格后，分别由省级农业行政主管部门和农业部农产品质量安全中心颁发无公害农产品产地认定证书和无公害农产品认证证书，并允许使用无公害农产品标志。合格标志是由农业部和国家认证认可监督管理委员会联合制定并发布的，是加施于获得无公害农产品认证的产品或者其包装上的证明性标记，它的使用与管理是畜产品认证工作的重要环节和具体体现。无公害农产品标志是一个重要的质量安全管理载体，为畜产品执法监督和市场准入提供了一个重要的技术依据。同时也是畜产品质量安全状况最为直接的表现形式和表达方式，是广大消费者选择的重要凭证，是政府维护生产者、经营者和消费者合法权益的重要措施，是国家有关部门对无公害农产品进行有效监督和管理的最重要手段。无公害农产品标志具有权威性、证明性和可追溯性特点。

六、无公害畜产品标志

无公害畜产品、无公害水产产品和无公害种植业产品使用同一标志。标志由麦穗、对勾和无公害农产品字样组成（图1-1），麦穗代表农产品，对勾表示合格，金色寓意成熟和丰收，绿色象征环保和安全。标志图案直观、简洁、易于识别，涵义通俗易懂。无公害农产品标志具有权威性、证明性和可追溯性特点。①权威性，是指该标志是由农业部和国家认证认可监督管理委员会共同制定的，并以《无公害农产品标志管理办法》联合公告的形式发布，是国家专有的认证标志。标志的使用是政府对农产品质量安全进行行政担保的象征，具有权威性。②证明性，是指标志是加施于获得无公害农产品认证的产品或者其包装上的证明性标记。获得无公害农产品认证证书的单位和个人，只有在证书规定的产品或者其包装上加贴标志，才能以"无公害农产品"称谓进入市场，也是无公害农产品市场准入的基本条件。③可追溯性，是指标志除采用多种传统静态防伪技术外，还具有防伪数码查询功能的动态防伪技术，该项技术在标志上的使用，实现了无公害农产品质量安全的追溯管理，加强了国家对无公害农产品进行有效监督管理的手段。

图1-1 无公害农产品标志图案

七、无公害畜产品认证的主要成效和经验

多年来，各级无公害认证工作机构始终坚持"数质并重、安全第一"的原则，按照农业部的工作部署，加快体系队伍能力建设，严格审查检查程序，认真贯彻执行认证标准，全面加强证后监管，取得了积极进展；认证规模稳步增加，产品质量安全明显提升，品牌效益逐步显现。无公害畜产品品牌信誉逐年提升，在保障畜产品质量安全、推动畜牧业持续健康发展方面发挥着重要作用。

1. 认证产品数量稳步发展，产品质量保持较高水平 近年来，无公害畜产品认证规模显著增加。每年的工作重点和认证规模数量大致如下。2003年，启动全国统一的无公害农产品认证，有效获证畜产品274个，产量267.6万t；2004年，推进地方认证向全国认证转换，有效获证畜产品1 050个，产量425.5万t；2005年，调整审查分工、加快认证步伐，有效获证畜产品2 484个，产量1 075.84万t；2006年，推行一体认证、全面加快发展，有效获证畜产品2 484个，产量1 075.84万t；2007年，明确审查时限、提高认证效率，有效获证畜产品4 063个，产量1 415.91万t；2008年，实施便捷复查、前移工作重心，有效获证畜产品5 322个，产量1 445.58万t；2009年，严格认证要求、强化风险控制，有效获证畜产品6 761个，产量1 678.6万t；2010年，试点整体认证、探索主体管理，有效获证畜产品8 187个，产量1 882.03万t；2011年，规范审查行为、明确各级重点，有效获证畜产品9 474个，产量2 215.8万t；2012年，强化现场检查、提高认证质量，有效获证畜产品10 168个，产量2 326.52万t；2013年，明确审查责任、严格准入把关，有效获证畜产品10 512个，产量2 097.53万t。至2014年底，全国有效认证无公害畜产品11 136个，比2003年增加40倍，产量达2 039.29万t，约占全国肉蛋奶总产量的13.3%。认证产品结构中，有效无公害畜产品构成中畜类产品占62%，禽类产品占15%、鲜禽蛋占18%、生鲜乳占4%、蜂产品占1%，见图1-2。其中，江苏、河南、福建、浙江、广东、山东、四川、湖北、辽宁、吉林等地认证数量名列前茅。山东、广西、河南、陕西、贵州、吉林、江西等地认证数量增长较快。近年来，无公害畜产品质量安全监测合格率均在99%以上，无公害畜产品质量总体稳定并保持较高水平，为确保不发生重大农产品质量安全目标任务作出了贡献。

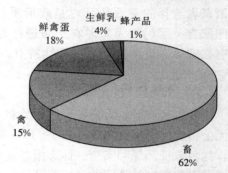

图1-2 2015年有效无公害畜产品结构

2. 认证的制度机制日趋完善 目前，建立了较为完整的无公害农产品认证规章制度和程序规范。部门规章有《无公害农产品管理办法》《无公害农产品标志管理办法》《无公害农产品产地认定程序》《无公害农产品认证程序》等。制度和程序性文件有《关于进一步改进无公害农产品管理有关工作的通知》《关于实施无公害农产品整体认证的意见》《无公害农产品检查员管理办法》《无公害农产品内检员管理办法》《无公害农产品认证现场检查规范》《无公害农产品产地认定复查换证规范》《无公害农产品标志标识征订说明及使用规定》等。建立了无公害农产品认证目录和产品检测目录动态管理机制。

3. 认证体系不断健全 经过12年的发展，基本建立了国家、省、市、县四级无公害畜产品认证体系。截至目前，全国从事无公害畜产品认证的工作机构有39家，河北、天津、吉林、辽宁、黑龙江、山东、河南、四川、广西、新疆10个省（自治区、直辖市）成立了省级无公害畜牧业产品认证工作机构，北京、陕西、甘肃、湖北、湖南、江苏、浙江、海南、宁波9个省（区、市）设置了畜牧业分中心或专业工作组。全国注册无公害畜产品检查员4 264名，无公害畜产品内检员16 689名。自上而下的无公害畜产品认证体系正在逐步建立健全。

4. 品牌影响力逐步提升 很多无公害畜产品成为奥运会、世博会等重大活动的指定供应产品。北京、上海等地把无公害畜产品作为畜产品市场准入的基本要求。北京"华都"鸡肉、广东"天地壹号猪肉"、湖南"U鲜猪肉"等很多获证产品，认证后销售价格显著高于同类普通产品，优质优价得到一定程度的体现。

总结无公害畜产品认证的主要经验，概括起来有以下四个方面：

（1）坚持把无公害畜产品放在发展现代农业全局去谋划　始终坚持无公害畜产品与农业产业发展相融合，把提升畜产品质量安全水平作为工作的出发点，不断深化和强化无公害畜产品工作与农业标准化、产业化和品牌化的工作联系。以无公害畜产品为基础，引领农业品牌化，以品牌化推动标准化，以标准化带动产业化，提高农业生产组织化程度和社会化服务水平；强化基地、企业与生产者的利益联结机制，延长产业链条，实现农业增效、农民增收。

（2）坚持把政府推动、市场拉动作为发展的强大动力　无公害农产品是政府推动的公益事业。无公害农产品从无到有、从小到大，取得成功的关键就是始终坚持以政府公益性推动为主导。各地都在一定程度上将发展无公害畜产品，纳入本地区农业和农村经济工作的重要议事日程，结合不同地区、不同行业的特点，因地制宜，积极在政策引导、资金扶持、市场建设、技术服务等方面采取激励扶持措施，有力地推动了无公害畜产品事业的快速发展。

（3）坚持把维护品牌公信力作为可持续发展的核心　无公害畜产品是政府培育的安全优质农产品公共品牌，公信力是无公害畜产品发展的生命，也是品牌的核心价值。为培育好、维护好无公害品牌，各地采取了一系列措施，做了大量工作，取得了较好成效。如把无公害农产品纳入各级农业行政主管部门的例行监测、执法抽查、风险评估监测范围，加大抽检力度，确保产品质量安全。建立健全"坚持标准、规范认证、加强管理、风险预警"为核心的质量保障体系，落实全程质量监控制度；强化宣传、普及知识、传播理念、引领消费，扩大无公害畜产品品牌的知名度和影响力。鼓励无公害畜产品连锁经营、直销配送，积极探索和推进"农超对接"。组织无公害畜产品生产企业参加农产品交易会等国内外展览展示会，拓展专业平台和贸易渠道，增强市场活力，扩大无公害畜产品品牌影响力。加强无公害畜产品产地认定和产品认证检测机构建设，有力支撑无公害事业的发展。指导认证企业加强内检员队伍建设，强化技术指导和业务咨询。

（4）坚持把体系队伍建设作为推动发展的根本保障　健全体系队伍、强化能力建设，是无公害畜产品认证事业健康发展的组织保障。近年来，各地狠抓认证机构建设明确了工作机构和职责；加强检查员队伍建设，构建上下贯通的工作体系，推动工作机构向地县两级延伸；强化技术培训，为无公害事业持续发展提供保障。

八、加快发展无公害畜产品的思路与措施

随着认证规模的扩大，监管的任务越来越重，工作的压力也越来越大，尤其是在当前中央和各级政府予以重视、群众的期望和要求越来越高、社会关注度越来越大的形势下。为适应新形势、新期待、新要求，必须实现发展方式和工作重心的转移，才能巩固已取得的成效，促进无公害事业持续健康发展。今后一个时期的任务，是由原来相对注重发展规模的外延式总量扩张阶段，尽快转入更加注重发展质量的内涵式质量提升阶段；由打造和树立品牌的开拓发展阶段，尽快转入增强品牌信誉和提升品牌影响力的巩固提高阶段。转方式、稳发展，注重发展质量和生产效益，注重规范管理和质量监督，注重层层把关和证后监管，注重

责任落实和责任追究。落实农业部提出的"严格审查,严格监管;稍有不合,坚决不批;发现问题,坚决出局"的要求。

1. 规范认证,稳步扩大无公害畜产品规模 虽然无公害畜产品规模数量逐年增加,但从整体看,无公害畜产品占全国肉蛋奶总产量的比重依然很小,产品总量相对不足仍是发展的主要矛盾,加快发展仍然是当前和今后一个时期的主要任务。无公害畜产品要围绕稳定数量、保证质量和提高效率三大目标,紧密结合各类农业标准化示范、产业化推进项目,完善工作机制,改进工作方式,挖掘认证潜力,控制认证风险,促进区域均衡发展。各地要以农业龙头企业和专业合作经济组织为重点,加大开发力度,切实提升无公害畜产品产业素质和发展水平。无公害畜产品认证要求从单纯的产地认定、产品认证转变到带动标准化生产创建上来。同时要加强复查换证工作,牢固树立"拓展增量是发展,稳定存量是可持续发展"的理念,把复查换证工作放在更加突出的位置,引导和推动农业龙头企业、产品基数较大地区和企业做好复查换证工作。

2. 强化监管,确保产品质量安全可靠 确保产品质量安全责任重大,要本着"发证负责、监管履职"的原则,狠抓责任落实,确保责任到位、工作到位,逐步建立政府监管、社会监督、企业自律相结合,多角度、全方位的无公害畜产品质量安全监管机制。

要加大监管力度。开展无公害畜产品质量安全例行监测,实行无公害畜产品质量抽检工作规范化和制度化。采取市场随机抽检与定点生产企业产品抽检相结合的方式,适当增加对高风险产品的抽检比重和频率,及时发现问题、消除安全隐患。对抽检不合格的产品,严格按照有关制度规定进行处理。

全面推行无公害畜产品年检制度。严格按照《无公害农产品管理办法》的要求,统一制定全国无公害农产品年检计划。各地负责对获证单位的生产经营活动及标志使用行为实施监督、检查、考核与评定,落实规范化管理。

积极开展获证产品质量可追溯制度建设。将先进的质量追溯技术运用于无公害畜产品质量监管,建立无公害畜产品质量信息平台,丰富监管手段,尽快实现认证产品"生产有记录、信息可查询、流向可跟踪、质量可追溯"。

在无公害农产品上加大标志推广力度,着力提高标志使用率。加强标志使用监管,及时发现并处理伪造、冒用标志的违法违规行为。

要强化应急预警。重点是健全制度,规范程序,建立完善的应急预警机制。

3. 强化宣传,进一步提升品牌影响力和公信力 宣传工作是无公害事业发展的重要推动力。利用电视、广播、报刊等新闻媒体和农业信息网等网络平台,宣传无公害畜产品取得的成效。指导各地在当地主要媒体开展以无公害农产品申报、认证、品牌、消费等知识为主要内容的宣传普及活动,倡导"保护环境、清洁生产、健康养殖、安全消费"的可持续发展理念,营造全社会关心支持农产品质量安全的良好氛围。面向生产者,着重宣传无公害畜产品生产管理、开拓市场、增加效益等方面的作用和效果,进一步增强生产者的生产技能和申报积极性;面向消费者,着重宣传无公害畜产品在质量保证、安全优质等方面的优势,以及辨别假劣无公害畜产品的知识,增强消费者无公害畜产品的消费意识和信心。使无公害畜产品步入"以品牌引领消费、以消费拓展市场、以市场拉动生产"的持续健康发展轨道。

4. 综合施策,着力推进产业化发展 充分发挥无公害畜产品认证在制度规范、技术标准等方面的优势，引领整个畜产品标准化生产、全程质量控制，在保障质量安全水平上发挥更加突出的辐射带动功能。依托无公害畜产品，推进各类农业生产项目和示范基地建设，把现代农业示范园、科技示范场、畜禽养殖小区、标准化示范县创建等活动，与加快发展无公害畜产品紧密结合，把无公害畜产品产地认定作为项目建设和示范创建活动实施的前置条件，把终端产品通过无公害畜产品认证作为项目验收考核的重要指标。通过无公害畜产品认证，强化畜产品质量安全知识的普及、标准化技术的培训、生产服务的指导和畜产品品牌的创建，辐射带动更多的畜产品标准化生产，扩大安全优质畜产品生产总量规模。达到认定一个产地，带动一片标准化基地建设；认证一个产品，保障一方产品安全。积极推荐无公害畜产品企业参加国内、国际展销会等贸易推介活动。通过展示展销活动，大力推介和推广认证产品，推动厂商合作和产销对接，打造和展示无公害畜产品品牌形象，千方百计扩大无公害畜产品在市场的竞争力和占有率。

第二章 无公害畜产品质量管理体系

第一节 无公害畜产品质量管理体系

无公害畜产品质量管理体系是以质量安全为管理目标，按照农产品质量安全监管的法律法规和无公害认证标准的要求，通过确定并控制影响质量安全的关键环节和主要风险因子，从而确保生产的畜产品达到无公害要求。可以将这个管理体系理解为，目标—制度—人—产品之间相互循环的一个过程，即目标决定了使用管理制度，企业人员（包括管理者与员工）按照制度的要求生产满足目标的产品。

一、无公害畜产品质量管理体系的构成

《无公害农产品管理办法》中对于无公害农产品认证的申请人有明确的条件要求，加之畜产品生产的专业性特点，形成了建立无公害畜产品质量安全管理体系的前提条件。

1. 组织条件 若企业为独立的法人单位，应该具备一定的组织框架和明确的职能分工；若为公司加农户或农民合作社等联合体的生产经营形式，应在公司（合作社）与农户之间建立一定的约束力和管理能力，通过管理章程、合约等形式，落实质量管理的要求。

2. 人员条件 作为无公害畜产品的生产企业，首先要拥有具有无公害农产品内检员资质的质量管理人员，还要拥有具有兽医专业知识的专职兽医。其次，企业的员工特别是饲养员应具备一定的文化知识，能够理解岗位要求和生产操作规范，并能够做好生产记录。

3. 生产条件 企业应具备满足国家法律法规要求的生产环境，包括畜牧场选址位置、场区布局等，还要有满足饲养管理要求和卫生防疫要求的设备设施。屠宰场和奶牛养殖场还要有必要的检测实验室和仪器设备。

二、无公害畜产品质量管理体系的特点

（一）以质量安全为核心

无公害的首要任务是保障质量安全，整个无公害质量管理体系都要围绕这个核心来建立。目前对于我国消费者或者说无公害畜产品的最终顾客而言，最为关注的是食品安全，这与质量管理中的以顾客需求为关注焦点相一致。因此，无公害生产企业的质量目标就是确保食品安全，企业领导者应该为实现这一目标提出具体的质量要求，提供满足实现这一目标的人力资源、物质资源、环境资源等，并通过积极的沟通或培训将这一理念让全体员工都了解

和掌握。作为企业的员工，要不断提高自己的生产管理技能，按照质量安全管理要求从事生产操作和生产记录。

（二）推行标准化生产

无公害畜产品质量管理体系不是凭空建立起来的，也不是任何一个企业都可以直接使用的，它需要企业已经实施或者打算实施标准化的生产管理，这是无公害质量管理体系的基础。对于养殖企业来说，标准化生产包括：①有一套标准化的养殖圈舍，即圈舍的建筑条件、内部设施以及周边环境能够满足规模化生产的需求；②有标准化的饲养方式，即全进全出、分阶段饲养、合理分群、科学饲喂的养殖方式，定期监测、定期免疫、定期消毒的防疫措施；③有标准化的管理制度，对养殖场的人员管理，设备设施的使用管理，生产资料的购买、使用管理等，都有明确的规定。这些是一个养殖企业要建立无公害畜产品质量安全管理体系的最根本要求，也是无公害认证的基本要求。

（三）实行质量认证管理

无公害畜产品质量管理体系关注的核心是食品安全。因此，在养殖或屠宰加工过程中采取的任何管理措施都应以食品安全为目的，可以利用 HACCP 原理来找出哪些关键点需要进行控制。目前，我国大中型的屠宰厂大多数通过了 HACCP 认证，其质量安全控制是有保证的。但是我国养殖企业的水平不能达到直接建立 HACCP 管理体系，只能用其原理对关键点进行控制，以确保安全。例如，对于规模化和标准化水平较好的养殖企业而言，涉及最终畜产品安全的关键点，主要包括兽药和饲料的安全以及疫病的防控等，这些就是无公害质量管理体系所要涵盖的内容。

（四）信息可溯源

记录是任何管理体系中必不可缺的关键要素。俗话说"没有记录，就没有发生"。意思是没有看到记录，即使你说你做了很多工作，一样认为没有做过。自 2003 年起，开始实施无公害认证以来，就始终强调生产记录的重要性，必要的生产记录是企业必须具备的申报条件之一。因此，无论是从质量管理要求的角度，还是无公害认证要求的角度，生产过程记录作为企业生产管理的监控检查手段，作为企业产品安全追溯方式，都是必不可缺的。无公害畜产品质量安全管理体系的建立需要以过程记录为依托，将制度的执行情况、产品的质量情况、员工的工作情况不断进行汇总、分析，才能不断完善体系的管理。

三、无公害畜产品质量管理体系的建立

（一）成立组织机构

成立质量安全管理组织，负责无公害畜产品质量管理体系的开发、建立、保持、评审和更新。成员可由生产、质量保证、动物防疫、检验等方面的人员组成。成员应具有农产品质量和食品安全第一责任的风险意识，熟悉农产品质量安全法律和政策规定，了解无公害畜产品生产过程质量安全控制的关键点和主要风险因子。质量安全管理组织应指定一名管理者代表，并规定其职责和权限，保证体系的建立、实施、保持和更新，向企业最高者报告管理体系运行的有效性和符合性，组织并实施体系的内审，以此作为体系更新的基础。

（二）搜集法律法规文件

相关管理组织成员首先应根据各自专业，搜集畜产品生产和质量监管相关法律法规和文件，包括《农产品质量安全法》《畜牧法》《动物防疫法》《食品安全法》《饲料和饲料添加剂

管理条例》《兽药管理条例》《乳品质量安全监管管理条例》等法律法规，《无公害农产品管理办法》等配套规章制度，以及无公害畜产品生产与认证标准、产品认证目录、产品检测目录等。掌握相关的法律、法规和技术标准的变化，并做到及时更新。

（三）描述生产过程

对无公害畜禽的特性进行全面描述，至少包括品种特点、饲养方式、饲养周期、饲养要求等。根据实际确认无公害畜禽及其产品的用途，了解掌握无公害产品的质量安全要求。对整个生产的流程进行描述，绘制过程流程图，确保各个生产过程和环节的相互关系正确，明确每一个生产过程或环节对于最终产品质量安全的作用。这个过程可以参考风险分析和关键

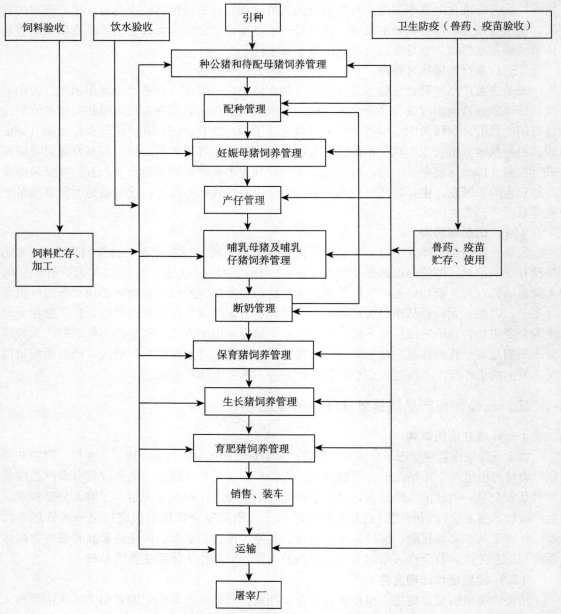

图 2-1 生猪养殖与屠宰生产流程示意图

控制体系，利用危害分析，找出每一个步骤可能引入的生物、物理、化学危害。必要时，可以用试验的方式进行确定。整个生产过程描述完成后，应对照实际生产过程进行确认，防止发生遗漏。以生猪养殖与屠宰为例，其生产流程示意见图2-1。

（四）找出关键控制环节

根据生产实际或历史数据，判断生产过程中哪些环节对最终产品的质量安全可能产生危害，并根据危害发生的可能性和危害后果的严重性进行评估和确认。将可能引起严重危害的环节，列为重点管理的对象，编制严格的管制制度，配备专门的人员进行管理。以兽药为例，其质量安全管理危害分析与防控措施见表2-1。

表2-1　兽药质量安全管理危害分析与防控措施

关键环节	潜在危害	是否显著	判断依据	预防措施	是否关键控制点	理　由
兽药购入	违禁兽药和假冒兽药	是	国家相关的法律法规要求	1. 从正规渠道购入药品； 2. 核实兽药生产许可证号和产品批准文号； 3. 核实产品用途和禁忌。	是	危害严重，后果无法消除
兽药贮存	失效或过期兽药	否	专业经验	1. 根据兽药保存方式保存； 2. 按照保质期要求使用； 3. 定期清理。	否	危害不严重，而且很少发生
兽药使用	违规兽药和兽药残留	是	国家法律法规要求和专业文献	1. 加强兽医技能要求； 2. 严格按照企业药物名录和兽药使用说明用药； 3. 合理使用兽药，减少高残药物使用； 4. 严格执行休药期制度。	是	危害严重，后果无法消除
兽药清理	失效或过期兽药	否	专业经验	1. 专门地点存放； 2. 标识清晰，及时销毁。	否	危害不严重，而且很少发生

（五）编制管理文件

质量管理体系通常是通过文件的形式表现出来，即建立文件化管理体系。一方面，编写出的管理体系文件是企业内的法律法规，用来规范每位员工的行为；另一方面又是企业的作业指导书，指导企业如何生产、操作，以及发生问题时如何处理。管理小组在编写文件时应以法规和标准为依据，特别是无公害畜产品的标准要求。在编写时要突出法规性、唯一性、适用性、见证性等。①法规性，是指质量管理体系文件一旦批准实施，就必须认真执行，如需修改文件，需按规定的程序进行。文件是评价质量体系实际运作符合性的依据。②唯一性，是指一个企业或组织在无公害质量管理中只能有唯一的质量体系文件，一项活动只能规定唯一的程序，一项规定只能有唯一的理解，不能使用重复或无效的文件版本。③适用性，是指养殖场或屠宰厂应根据各自的生产类型、生产任务和特点，制定符合自身实际生产特点的可操作性的质量体系文件。④见证性，是指各项质量活动具有可追溯性和见证性，通过各项记录提供各种质量活动的数据，及时发现体系的缺陷和漏洞，对质量体系进行自我监督、自我完善、自我提高。若国家标准出现更换、新发布、法律依据变更等情况，应及时更新管理体系文件。

无公害畜产品质量的主要管理文件目录见表2-2。

表2-2 无公害畜产品质量管理主要文件目录

序号	主题内容	适用人员
1	企业质量管理目标、方针	全体
2	质量安全管理者代表任命书	全体
3	管理小组成员及职能	全体
4	质量安全组织机构	全体
5	人员岗位聘用管理规定	全体
6	门卫工作职责 外来人员管理要求	门卫
7	厂区环境卫生管理要求 卫生防疫管理制度	全体
8	饲养管理技术手册 饲养员工作职责 畜舍卫生防疫要求	饲养员
9	饲料供应商选择制度 饲料接收制度 饲料仓库卫生安全制度 饲料进出库制度	技术负责人、饲料库管
10	兽药供应商选择制度 兽药接收制度 兽药库管理制度 兽药进出库管理制度 兽药使用管理制度	技术负责人、兽药库管
11	兽医工作职责 养殖场免疫接种制度 兽医室管理制度 兽医器械保管使用要求 疫病诊疗规范 疫病监测要求	兽医
12	粪便、污水无害化处理要求 病死肉尸无害化处理要求 鼠、虫害防治办法	全体
13	记录档案文件管理	全体

（六）全员培训

质量管理体系文件发布前应得到企业内最高管理者的审批，以确保文件的权威性。开展系统的人员培训至关重要，通过培训，提高员工能力，以胜任各岗位的职责要求，满足生产产品的质量要求，保证岗位人员全面推行管理文件并贯彻执行。同时对培训的文件进行考核，对所有与产品质量有关的岗位人员的培训效果进行考核。要保证所有注册成员各岗位员工操作的一致性。

（七）体系试运行

当所有文件的编制与培训完成后，要按照文件的要求对体系进行试运行。在运行期间，要注意观察和搜集出现的各种问题，包括人员的反馈和生产经营指标等。并在运行3个月后，进行一次体系情况全面检查，包括制度执行、人员操作、生产情况等；将发现的问题进行汇总分析，找出哪些是需要改变体系管理方式的，哪些是需要进一步培训的，哪些是需要调整的。

四、无公害畜产品质量管理体系的维护

体系建立容易、保持难，这是所有管理体系都会面对的问题。一方面是由于人们对于体系管理的概念理解不够，认为其只是文件管理要求而已，没有将管理的要求和生产实践相结合；另一方面，由于体系管理运行时间较长，没有及时予以更新完善，导致体系不能完全满足无公害产品质量监管的实际需求。

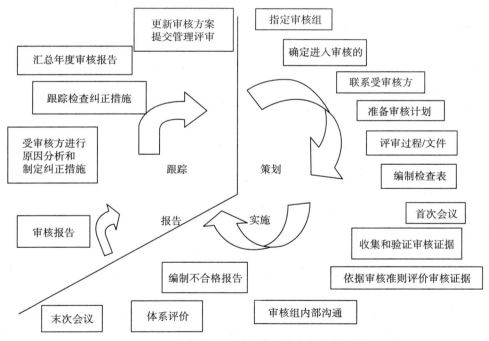

图2-2 无公害畜产品质量管理内审与外审示意图

1. 日常管理 对于体系运行来说，日常管理最重要的内容就是确保各个岗位，特别是与质量安全相关岗位的人员，能够理解和掌握生产操作规程并认真履行岗位职责。

（1）做好记录 各个岗位都应该有生产记录的要求，并且要培养工作人员养成按时如实记录的习惯。管理人员要不定期对工作人员的记录情况进行检查和指导。

（2）定期召开质量管理会议　各相关部门应定期召开质量安全会议，对于一段时间内发现的潜在问题进行讨论和提出解决方案，并制定下一阶段质量安全的重点工作和要求。

（3）严格工作交接　要明确并规范工作交接的内容和程序，防止出现工作衔接过程中的遗漏和空档。

（4）开展绩效考核　将质量安全管理与员工的工资挂钩，形成良性的激励机制。

2. 内审与外审　质量安全管理小组应依据各项管理制度，定期组织人员对各部门质量安全情况和质量安全管理体系运行情况进行内部审查。无公害畜产品质量管理内审与外审示意见图2-2。

3. 持续改进　质量管理活动的全部过程，就是质量计划的制订和组织实现的过程。这个过程就是按照PDCA循环不停地运转。PDCA循环由美国质量管理专家戴明提出，它是全面质量管理所应遵循的科学程序。PDCA循环不仅在质量管理体系中运用，也适用于一切循序渐进的管理工作。如何使管理工作能够不断创新发展，最关键的是铺好轨道，理顺管理者与被管理者的思路。管理的过程重在辅导及反馈，以达成共识，共同进步。

第二节　无公害畜产品质量标准体系

无公害畜产品质量标准体系是无公害畜产品质量管理体系的重要组成部分，是开展无公害畜产品生产与认证的技术依据，是保障无公害畜产品质量安全的重要支撑。无公害畜产品质量标准体系由三部分组成：第一部分是产地环境标准，包括产地环境评价准则、产地环境质量调查规范、畜禽饮用水水质、加工用水等标准；第二部分是生产技术规范和质量安全控制标准，包括兽医防疫准则、兽药使用准则、饲料使用准则、饲养管理准则、质量安全控制技术规范等；第三部分是无公害畜产品质量标准产品检验方法和认证规定规范。

根据《食品安全法》的规定，农业部对无公害食品标准进行了清理，并于2013年6月26日发布公告，废止了132项无公害食品农业行业标准（农业部公告第1963号），其中包括《无公害食品　猪肉》等23项无公害畜产品质量标准。目前，无公害畜产品标准实施检测目录制度，即依据现行畜产品质量安全的法律法规、部门公告和标准规范，按照畜产品质量安全生产的风险程度，结合风险监测发现的隐患状况，提出重点监测的项目指标和技术参数，作为无公害畜产品认证中的主要检测指标和参数。无公害畜产品检测指标参数实施动态管理，国家依据畜产品监督抽查、例行监测和各地畜产品质量安全情况，对无公害畜产品检测参数进行监测评估，并按照评估结果对检测目录进行适当调整，由农业部发布公告后实施。《无公害农产品检测目录》中畜产品质量安全的检测项目、限量值和检测方法，全部采用食品安全国家标准和/或农业部公告的规定。各检测项目除采用检测目录所列检测方法外，如有其他国家标准、行业标准以及农业部公告的检测方法，且其最低检出限能满足限量值要求时，在无公害畜产品认证检测中可以采用。检测目录中所列限量值如与最新颁布的食品安全国家标准的限量值不一致时，按最新颁布的食品安全国家标准的限量值进行判定。各地可在此基础上根据当地农产品质量安全状况，增减相应的检测项目。

截至2015年7月，农业部共颁布了六批无公害农产品认证标准。其中与畜牧业产品认证相关的现行有效标准有39项，包括畜禽环境、水质标准等5项，兽医防疫准则11项，兽药和饲料投入品安全使用准则 3 项，生产与认证过程标准 8 项，饲养管理准则 8 项，无公害产品认证和检测方法类标准 4 项。无公害畜产品检测目录包括畜类产品、禽类产品、鲜禽蛋、蜂产品和生鲜乳共计 5 类产品、41 项检测指标。

一、产地环境标准

产地环境是无公害畜产品生产与认证的基础，标准中对养殖场（区）、屠宰厂和初级加工厂的选址布局、用水水质、卫生条件等给出了明确要求。无公害畜产品产地环境相关标准目录见表 2-3。

表 2-3　无公害畜产品产地环境相关标准

序号	标准名称	标准号
1	无公害食品　畜禽饮用水水质	NY 5027—2008
2	无公害食品　畜禽产品加工用水水质	NY 5028—2008
3	无公害食品　产地环境评价准则	NY/T 5295—2015
4	无公害食品　产地环境质量调查规范	NY/T 5335—2006
5	无公害食品　产地认定规范	NY/T 5343—2006

二、生产与认证过程标准

无公害畜产品生产与认证标准包括生产技术规范和过程控制规范。生产技术规范包括无公害畜禽养殖过程的兽医防疫准则、兽药使用准则、饲料使用准则及饲养管理准则，过程质量控制规范包括生产过程质量控制通则、家畜、肉禽、鲜禽蛋、生鲜乳、蜂产品和畜禽屠宰 7 项。需要注意的问题是，在兽药使用准则和饲料使用准则中关于允许使用的药品种类、部分兽药品种的停药期规定、允许使用的饲料添加剂规定等，如与农业部发布的最新公告不一致的，应以农业部发布的最新公告为准。涉及的相关标准见表 2-4 至表 2-7。

表 2-4　无公害畜禽饲养兽医防疫标准目录

序号	标准名称	标准号
1	无公害食品　生猪饲养兽医防疫准则	NY 5031—2001
2	无公害食品　肉鸡饲养兽医防疫准则	NY 5036—2001
3	无公害食品　蛋鸡饲养兽医防疫准则	NY 5041—2001
4	无公害食品　奶牛饲养兽医防疫准则	NY 5047—2001
5	无公害食品　肉牛饲养兽医防疫准则	NY 5126—2002
6	无公害食品　肉兔饲养兽医防疫准则	NY 5131—2002
7	无公害食品　肉羊饲养兽医防疫准则	NY 5149—2002
8	无公害食品　蛋鸭饲养兽医防疫准则	NY 5260—2004
9	无公害食品　肉鸭饲养兽医防疫准则	NY 5263—2004
10	无公害食品　鹅饲养兽医防疫准则	NY 5266—2004
11	无公害食品　畜禽饲养兽医防疫准则	NY/T 5339—2006

表 2-5　无公害畜禽饲养投入品使用标准目录

序号	标准名称	标准号
1	无公害食品　畜禽饲养兽药使用准则	NY 5030—2006
2	无公害食品　畜禽饲料和饲料添加剂使用准则	NY 5032—2006
3	无公害食品　蜜蜂饲养兽药使用准则	NY 5138—2002

表 2-6　无公害畜禽饲养管理标准目录

序号	标准名称	标准号
1	无公害食品　生猪饲养管理准则	NY/T 5033—2001
2	无公害食品　奶牛饲养管理准则	NY/T 5049—2001
3	无公害食品　肉牛饲养管理准则	NY/T 5128—2002
4	无公害食品　肉兔饲养管理准则	NY/T 5133—2002
5	无公害食品　蜜蜂饲养管理准则	NY/T 5139—2002
6	无公害食品　肉羊饲养管理准则	NY/T 5151—2002
7	无公害食品　家禽养殖生产管理规范	NY/T 5038—2006
8	无公害食品　家禽屠宰加工生产管理规范	NY/T 5338—2006

表 2-7　无公害畜产品生产质量安全控制标准目录

序号	标准名称	标准号
1	无公害食品　认定认证现场检查规范	NY/T 5341—2006
2	无公害农产品生产质量安全控制技术规范　第 1 部分：通则	NY/T 2798.1—2015
3	无公害农产品生产质量安全控制技术规范　第 7 部分：家畜	NY/T 2798.7—2015
4	无公害农产品生产质量安全控制技术规范　第 8 部分：肉禽	NY/T 2798.8—2015
5	无公害农产品生产质量安全控制技术规范　第 9 部分：生鲜乳	NY/T 2798.9—2015
6	无公害农产品生产质量安全控制技术规范　第 10 部分：蜂产品	NY/T 2798.10—2015
7	无公害农产品生产质量安全控制技术规范　第 11 部分：鲜禽蛋	NY/T 2798.11—2015
8	无公害农产品生产质量安全控制技术规范　第 12 部分：畜禽屠宰	NY/T 2798.12—2015

三、产品检测相关标准

无公害畜产品检测相关标准包括产品认证检验标准和产品检测目录。产品认证检验标准有《无公害食品　产品检验规范》（NY/T 5340—2006）、《无公害食品　产品认证准则》（NY/T 5342—2006）、《无公害食品　产品抽样规范　第 1 部分：通则》（NY/T 5344.1—2006）和《无公害食品　产品抽样规范　第 6 部分：畜禽产品》（NY/T 5344.6—2006）。无公害畜产品检测实行检测目录制。例如，2015 年无公害畜禽肉检测氟苯尼考等 9 个指标、无公害禽蛋检测环丙沙星等 9 个指标，其检测目录分别见表 2-8 和表 2-9。无公害生鲜牛乳、生鲜羊乳和生鲜马乳的检测按《食品安全国家标准　生乳》（GB 19301）执行。

表 2-8　2015 年无公害活禽及禽肉检测目录

序号	检测项目	限量 (mg/kg)	执行依据	检测方法
1	硝基呋喃类（nitrofurans）[以 3-氨基-2-噁唑烷基酮（AOZ），5-吗啉甲基-3-氨基-2-噁唑烷酮（AMOZ），1-氨基-乙内酰脲（AHD），氨基脲（SEM）计]	不得检出 (0.001)	农业部 235 号公告	GB/T 21311 动物源性食品中硝基呋喃类药物代谢物残留量检测方法 高效液相色谱—串联质谱法
2	金刚烷胺（amantadine）	不得检出 (0.002)	农业部 560 号公告	动物性食品中金刚烷胺残留量检测方法 液相色谱—串联质谱法（国家标准报批稿，待正式发布后执行）
3	土霉素/金霉素/四环素（oxytetracycline/chlortetracycline/tetracycline）（单个或复合物，parent drug）	0.1	农业部 235 号公告	GB/T 21317 动物源性食品中四环素类兽药残留量检测方法 液相色谱—质谱/质谱法与高速液相色谱法
4	多西环素（doxycycline）	0.1	农业部 235 号公告	
5	恩诺沙星（恩诺沙星＋环丙沙星）（enrofloxacin + ciprofloxacin）	0.1	农业部 235 号公告	农业部 1025 号公告-14-2008 动物性食品中氟喹诺酮类药物残留检测 高效液相色谱法
6	氟苯尼考（florfenicol）（以氟苯尼考＋氟苯尼考胺计 florfenicol+ florfenicol-amine）	0.1	农业部 235 号公告	参照 GB/T 22959—2008 河豚、鳗鱼和烤鳗中氯霉素、甲砜霉素和氟苯尼考残留量的测定 液相色谱-串联质谱法
7	磺胺类（sulfonamides）（以总量计，parent drug）[至少应包括磺胺二甲嘧啶（SM2）、磺胺间甲氧嘧啶（SMM）、磺胺间二甲氧嘧啶（SDM）、磺胺邻二甲氧嘧啶（sulfadoxinc）、磺胺喹噁啉（SQX）等]	0.1	农业部 235 号公告	农业部 1025 号公告-23-2008 动物源食品中磺胺类药物残留检测 液相色谱-串联质谱法
8	总砷（以 As 计）	0.5	GB2762—2012	GB/T 5009.11 食品中总砷及无机砷的测定
9	铅（以 Pb 计）	0.2	GB2762—2012	GB 5009.12 食品安全国家标准 食品中铅的测定

表 2-9　2015 年无公害鲜禽蛋检测目录

序号	检测项目	限量 (mg/kg)	执行依据	检测方法
1	硝基呋喃类（nitrofurans）[以 3-氨基-2-噁唑烷基酮（AOZ），5-吗啉甲基-3-氨基-2-噁唑烷酮（AMOZ），1-氨基-乙内酰脲（AHD），氨基脲（SEM）计]	不得检出 (0.001)	农业部 193 号公告	GB/T 21311 动物源性食品中硝基呋喃类药物代谢物残留量检测方法 高效液相色谱-串联质谱法

（续）

序号	检测项目	限量 (mg/kg)	执行依据	检测方法
2	氯霉素（chloramphenicol）	不得检出 (0.000 3)	农业部 235 号公告	GB/T 22338 动物源性食品中氯霉素类药物残留量测定
3	金刚烷胺（amantadine）	不得检出 (0.002)	农业部 560 号公告	动物性食品中金刚烷胺残留量检测方法 液相色谱-串联质谱法（国家标准报批稿，待正式发布后执行）
4	环丙沙星（ciprofloxacin）	不得检出 (0.004)	农业部 235 号公告	GB/T 21312—2007 动物源性食品中 14 种喹诺酮药物残留检测方法 液相色谱-质谱/质谱法
5	恩诺沙星（enrofloxacin）	不得检出 (0.002)	农业部 235 号公告	
6	氧氟沙星（ofloxacin）	不得检出 (0.002)	农业部 278 号公告	
7	土霉素/金霉素/四环素（oxytetracycline/chlortetracycline/tetracycline）（单个或复合物，parent drug）	0.2	农业部 235 号公告	GB/T 21317 动物源性食品中四环素类兽药残留量检测方法 液相色谱-质谱/质谱法与高效液相色谱法
8	磺胺类（sulfonamides）（以总量计，parent drug）[至少应包括磺胺二甲嘧啶（SM2）、磺胺间甲氧嘧啶（SMM）、磺胺间二甲氧嘧啶（SDM）、磺胺邻二甲氧嘧啶（sulfadoxine）、磺胺喹噁啉（SQX）]	0.1	农业部 235 号公告	农业部 1025 号公告 - 23 - 2008 动物源食品中磺胺类药物残留检测 液相色谱-串联质谱法
9	铅（以 Pb 计）	0.2	GB 2762—2012	GB 5009.12 食品安全国家标准 食品中铅的测定

　　无公害畜产品质量认证标准体现了全程质量控制的理念。标准体系建设包括产地、过程质量控制、产品检测管理等方面，贯穿了无公害畜产品质量安全所有关键环节。无公害畜产品质量标准体系具有以下特点：一是系统性强。标准体系涵盖了产地、生产过程质量控制、产品质量安全整个生产链条。二是安全性强。三是覆盖范围广。基本覆盖了 90% 的食用畜产品及其初加工产品，为无公害畜产品认证和监督检查提供了技术保障。四是具有可操作性。无公害畜产品质量标准体系促进了无公害畜产品生产、检测、认证及监管的科学性和规范化。五是协调性强。无公害畜产品质量标准体系注重标准间的协调性。与我国有关法律、法规和标准的要求以及国外标准体系制定的原则基本协调一致。兽药残留以及相关检测方法限量等同采用食品安全国家标准、农业行业标准和农业部公告。

第三节　无公害畜产品生产质量控制

一、选址和设施

　　关键控制点 1 是场址选择，主要风险因子是致病微生物、废弃物等。质量安全控制措施有：场址选择应符合国家法律、法规的有关规定，符合畜禽养殖所在地的土地利用总体规划；场址宜选在地势高燥、采光充足、水源充沛、水质良好、便于污水粪便等废弃物处理、无污染、交通便利、隔离条件好、远离噪声的区域；场址的防疫条件应符合《动物防疫条件审查办法》的规定；养殖场环境质量应符合《畜禽场环境质量标准》（NY/T 388）的要求。

关键控制点 2 是厂区布局，主要风险因子是致病微生物等。质量安全控制措施有：养殖场区建筑整体布局合理，便于防疫和防火；养殖场区设生活管理区、生产区、生产辅助区、粪污处理区，家畜饲养还应设立隔离饲养区，各区之间相对隔离；生活管理区建在场区主导风向的上风向和地势较高地段，并与生产区严格分开；辅助生产区的干草库、饲料库、饲料加工调制车间、青贮窖应设在生产区边沿主导风向的下风向地势较高处；生产区设在生活管理区主导风向的下风向位置，各圈舍间距 5m 以上或者有隔离设施；粪污处理区和病畜隔离区设在生产区外围主导风向的下风向地势较低处，有单独通道，与生产区保持适当的距离；养殖场区分设净道和污道，互不交叉。

关键控制点 3 是设施设备，主要风险因子是致病微生物、有毒有害物质等。质量安全控制措施有：养殖场区周围应建有隔离设施；养殖场入口处设置能满足进出车辆消毒要求的消毒设施设备，生产区入口设置更衣室和消毒间，并配备安全有效的消毒设备，每栋圈舍入口处应有消毒设备；圈舍配有良好的采食、饮水、采光、通风、控温、集污以及防鼠等设施设备；配有兽药、疫苗冷冻（冷藏）贮存专用设施设备和兽医室；有相对独立的家畜隔离舍和患病家畜隔离舍；圈舍地面稳固防滑，便于清洗消毒；有与生产规模相适应的病死畜禽、废弃物等无害化处理设施设备。另外，奶牛等养殖场还应有保定、修蹄、浴蹄等设备；牛床铺有清洁干燥的垫料或床垫；运动场中央高，向四周方向有一定的缓坡，或从靠近牛舍的一侧向外侧有一定的缓坡，地面具有良好的渗水性和弹性，易于保持干燥；运动场四周设有围栏；采用电围栏的牛场，围栏电流强度、电压等级不应对奶牛、肉牛造成伤害。奶牛等养殖场还应有消毒区、待挤区、挤奶厅、贮奶间、化验室、设备间、更衣室、办公室等挤奶配套设施。

二、畜禽引进

家畜引进的关键环节包括检疫、运输和隔离饲养。

关键控制点 1 是检疫，主要风险因子有致病微生物等。质量安全控制措施有：从具有畜牧兽医主管部门核发的《种畜禽生产经营许可证》的种畜场引种，或经农业部批准直接从国外引进；引进的家畜应经产地动物卫生监督机构检疫合格，具有动物检疫合格证明。

关键控制点 2 是运输，主要风险因子有致病微生物、应激等。质量安全控制措施有：运输车辆运输前后应进行清洗和消毒；运输时有较舒适的空间，并保持良好的通风、饮水，防止阳光暴晒和雨雪直接冲淋，尽量减少动物应激；运输途中不在疫区车站、港口和机场填装饲草饲料、饮水和有关物质，经常观察家畜健康状况，发现异常及时与当地动物卫生监督机构联系，按有关规定处理。

关键控制点 3 是隔离饲养，主要风险因子有致病微生物、应激等。质量安全控制措施有：引进的小家畜宜隔离观察 30d 以上，奶牛等大家畜宜隔离观察 45d 以上，并经当地动物卫生监督机构检查确定健康合格后，方可并群饲养家畜。

家禽引进的关键控制点是来源和运输，主要风险因子有致病微生物等。质量安全控制措施有：应从具有《种禽生产经营许可证》的种禽场或者孵化场引进；不从禽病疫区引进；经产地动物卫生监督机构检疫合格，具有动物检疫合格证明；同一栋舍饲养的家禽应来源于同一种禽场或者孵化场相同批次的禽只；运输所用的车辆和笼具在使用前后应彻底清洗消毒。

三、畜禽饮用水

关键控制点 1 是水质，主要风险因子有致病微生物、重金属等。质量安全控制措施有：定期检测畜禽饮用水质量状况，使其达到《无公害食品 畜禽饮用水水质》（NY 5027）的要求；奶牛饮用水应达到《生活饮用水卫生标准》（GB 5749）的要求。

关键控制点 2 是消毒，主要风险因子有致病微生物等。质量安全控制措施有：定期消毒，清洗供水、饮水设施设备，保持清洁卫生；选用国家许可使用的动物饮用水消毒净化剂；供水、饮水设施设备及其表面涂料对畜禽无毒无害，符合国家有关规定和产品质量要求。

关键控制点 3 是使用，主要风险因子有违禁添加物、药物残留等。质量安全控制措施有：不在动物饮用水中添加国务院农业行政主管部门公布的禁用物质，以及对人体具有直接或者潜在危害的其他物质。如 2002 年 2 月 9 日，农业部、卫生部、国家药品监督管理局联合发布了《禁止在饲料和动物饮用水中使用的药物品种目录》（公告第 179 号），禁止在动物饮用水使用 5 类 40 种药品和物质。2010 年 12 月 27 日，农业部发布了《禁止在饲料和动物饮水使用的物质名单》（农业部公告 1519 号），禁止在动物饮水中使用苯乙醇胺 A 等 11 种物质。

四、饲料

关键控制点 1 是购买，主要风险因子有违禁添加物、重金属、生物毒素、动物源性成分等。质量安全控制措施有：除原粮和粗饲料外，从有农业行政主管部门核发的《饲料生产许可证》的生产企业或饲料经营单位购买饲料和饲料添加剂产品；购买的饲料原料、饲料添加剂和药物饲料添加剂在国务院农业行政主管部门公布的《饲料原料目录》《饲料添加剂品种目录》和《饲料药物添加剂使用规范》范围内；进货时查验饲料和饲料添加剂产品标签、产品质量检验合格证和相应的许可证明文件；购买的饲料和饲料添加剂的质量符合《饲料卫生标准》（GB 13078）的规定和产品质量标准，必要时可进行抽检验证。另外，购买的反刍动物饲料中不含有除乳制品以外的其他动物源性饲料原料成分；购买的饲草来自非疫区。

关键控制点 2 是生产使用，主要风险因子有违禁添加物、重金属、生物毒素、动物源性成分等。质量安全控制措施有：严格执行《饲料和饲料添加剂管理条例》及其配套规章的规定，使用的饲料产品符合《饲料卫生标准》（GB 13078）的规定和其产品质量标准；按照饲料标签规定的产品使用说明和注意事项使用饲料，遵守农业行政主管部门制定的饲料添加剂安全使用规范和药物饲料添加剂使用规范；不在反刍家畜饲料中添加除乳和乳制品以外的动物源性成分；不在饲料中添加农业部第 176 号、第 193 号、第 278 号、第 560 号、第 1519号等公告列出的药品和物质，以及农业行政主管部门公布的其他禁用物质和对人体具有直接或者潜在危害的其他物质；定期抽查饲料原料和饲料产品质量，每批次饲料原料和饲料产品均应留样，并保留至该批产品保质期满后 3 个月。另外，取用青贮饲料时，根据饲养奶牛、肉牛的数量和采食量决定开口大小，开口尽量小，每次取用完毕后，摊平表面，用塑料薄膜盖好；保证青绿饲料新鲜干净，防止有机农药、亚硝酸盐和氢氰酸引起家畜中毒。

关键控制点3是贮存和运输，主要风险因子有交叉污染、变质、鼠虫害等。质量安全控制措施有：有专门贮存和运输饲料的设施设备应定期清洗消毒，保持清洁卫生；饲料贮存在干燥、阴凉的地方；冬季时防止家畜日粮冻结；牧草收割后应及时晾晒，当牧草中水分降到15％以下时及时打捆并放在棚内贮藏；青贮饲料可用防老化的双层塑料布覆盖密封，保证不漏气、不渗水，塑料布表面需覆盖压实；饲料库房及配料库中的不同类饲料应分类存放，标示清楚，本着"先进先出"的原则管理使用；添加兽药或药物饲料添加剂的饲料与其他饲料分开贮藏，防止交叉污染；采取措施控制啮齿类动物和虫害，防止污染饲草饲料。

五、兽药

关键控制点1是购买，主要风险因子有禁用药品、违禁添加物等。质量安全控制措施有：从具有国家许可的有资质的生产经营单位购买兽药，包括取得农业行政主管部门核发的《兽药生产许可证》《兽药 GMP 证书》的生产企业，取得经营许可的兽药经营单位和取得进口兽药登记许可的供应商；购买时查验兽药生产经营单位的许可证明文件，查验产品证明文件，包括兽药批准文号、进口兽药注册证书、产品质量标准、使用说明书等；产品质量符合《中华人民共和国兽药典》等兽药标准，必要时进行抽检验证；交货时查验证件是否齐全、有效，包装是否完整无损；不购买国家兽医主管部门公布的禁用兽药。

关键控制点2是使用，主要风险因子有禁用物质、药物残留等。质量安全控制措施有：尽量不用或者少用药物，兽药使用准则应遵循《无公害食品　畜禽饲养兽药使用准则》（NY 5030）等的有关规定。在兽医指导下用药预防、治疗和诊断家畜疾病，且按照产品说明书或者兽医处方用药；有休药期规定的，执行休药期规定；不使用变质、过期、假冒劣质兽药，不使用未经农业行政主管部门批准作为兽药使用的药品；不将兽药原料药直接用于家畜或添加到畜禽饮用水中，不将人用药用于畜禽，不使用激素和治疗用的兽药作为畜禽促生长剂；不使用农业部第176号、第278号、第193号、第560号、第1519号、第2292号等公告所列药物和物质，不使用国家规定的禁止在养殖环节使用的其他药品和化合物。

关键控制点3是贮存和运输，主要风险因子有交叉污染、变质、失效等。质量安全控制措施有：药房、药品柜等专用贮存设施设备由专人管理，有醒目标记，有安全保护措施；不同类别兽药分类贮存；按照产品标签、说明书的规定贮存、运输兽药。

六、饲养管理

关键控制点1是饲养人员，主要风险因子有致病微生物、人畜共患病等。质量安全控制措施有：饲养人员定期进行健康检查，经检查合格后方可上岗；患有人畜共患病、传染性疾病等的人员患病期间不得从事畜禽饲养工作；饲养人员经专业培训，具备必要的动物防疫、兽药安全使用、病害动物和产品生物安全处理以及自身防护知识。患有下列疾病之一者，不得从事奶牛等奶用家畜的饲养管理和挤奶工作：痢疾、伤寒、弯曲杆菌病、病毒性肝炎等消化道传染病；活动性肺结核、布鲁菌病；化脓性或渗出性皮肤病；其他有碍食品卫生和人畜共患的疾病等。

关键控制点2是饲养管理，主要风险因子有致病微生物、有害气体、应激等。质量安全控制措施有：采取"全进全出制"生产制度；家禽宜采用地面平养、网上平养、笼养等饲养方式；地面平养家禽时，地面应铺设垫料，垫料应干燥松散、卫生干净、厚度合适；保持适宜的畜禽饲养密度，根据畜禽不同生长阶段和饲养方式适当调整饲养密度；采取自然通风或人工通风措施，圈舍通风良好，舍内空气质量符合《畜禽场环境质量标准》（NY/T 388）的要求；采取必要措施，使圈舍内温度、湿度、光照等饲养条件能满足畜禽生产的需要；防止圈舍地面打滑；同一圈舍或者养殖区域内不混养其他种类的畜禽；饲喂时不堆槽，不空槽，不喂发霉变质和冰冻的饲料；拣出饲料中的异物，保持饲槽清洁卫生；家畜运动场设食盐、矿物质补饲槽（或使用矿物质舔砖）和饮水槽，并保证充足的新鲜、清洁饮水；及时清扫干净粪便、垫料等污物，保持环境卫生；及时清除杂草和水坑等蚊蝇滋生地，定期喷洒消毒药物，或在场外围设诱杀点消灭蚊蝇；定时定点投放灭鼠药，控制啮齿类动物；及时收集死鼠和残余鼠药，做好无害化处理；禽舍应安装防鸟网，防止鸟类侵入；饲养过程中避免采取导致畜禽伤害和疾病发生的管理方式。

关键控制点3是养殖档案和家畜标识。质量安全控制措施有：按照《畜禽标识和养殖档案管理办法》的规定，加施家畜免疫标识；标识严重磨损、破损、脱落后，应及时加施新标识，并在养殖档案中记录新标识编码；建立家畜唯一识别码和有效运行的追溯制度，所有家畜应能被单独或者批次识别。

另外，奶牛保健是饲养奶牛的关键控制点之一，主要风险因子有致病微生物等。质量安全控制措施有：保持乳房清洁，清除损伤乳房的隐患；干奶前10d进行隐性乳房炎检测，确定乳房正常后方可干奶；保持牛蹄清洁，清除趾间污物，坚持定期消毒。每年对全群奶牛肢蹄检查一次，春季或秋季对蹄变形者统一修整。供应营养全面且平衡的日粮，防止蹄叶炎发生。高产奶牛在停奶时和产前10d进行血样抽样检查，做好营养代谢性疾病的监控。定期监测酮体，发现异常及时采取治疗措施。

七、卫生防疫

关键控制点1是卫生消毒，主要风险因子有致病微生物等。质量安全控制措施有：根据当地生产企业的实际制定卫生消毒制度；依据不同的消毒对象，可采用喷雾消毒、浸液消毒、紫外线消毒、喷洒消毒、热水消毒等方法；选择国家批准使用的、符合产品质量标准的消毒药，不宜长期使用一种消毒药；定期对料槽、水槽、蛋托、料车等饲养用具进行消毒，定期对圈舍空气进行消毒，定期对场区内道路、场周围及场内污水池、粪坑、下水道等进行消毒；在疫病多发季节，应适当增加消毒频率；确保消毒设施设备运行良好、安全有效；及时更换养殖场和圈舍出入口的消毒液，保持有效消毒浓度；带畜消毒时尽量选择刺激性低的消毒药；畜禽转群或出栏后，对圈舍、运动场和通道进行清扫消毒，保持圈舍清洁卫生；对进出养殖场的车辆进行消毒。

关键控制点2是免疫接种，主要风险因子有致病微生物等。质量安全控制措施有：执行《动物防疫法》及配套法规的要求，结合当地实际情况制定并实施符合自身要求的免疫程序和免疫计划；按照免疫程序和疫苗说明书进行免疫预防接种，做到应免尽免，要求实施强制免疫的疫病，免疫密度应达到100%；使用疫苗前仔细检查疫苗外观质量，确保疫苗在有效期内；猪、牛、羊等家畜免疫"一畜一针头"，防止交叉感染；定期对免疫效果进行监测，发现免疫失败及时进行补免或强化免疫。

关键控制点3是疫病监测，主要风险因子有致病微生物等。质量安全控制措施有：依据

《动物防疫法》及其配套法规以及当地兽医行政管理部门的有关要求，积极配合当地动物卫生监督机构或动物疫病预防控制机构进行定期或不定期的疫病监测、监督抽查、流行病学调查等工作。

关键控制点 4 是卫生防疫，主要风险因子有致病微生物等。质量安全控制措施有：结合当地实际情况制定卫生防疫制度；建立出入人员登记制度，非生产人员不得擅自进入生产区；进入生产区的人员应穿戴工作服，经消毒、洗手后方可入场，并遵守场内防疫制度；不同畜舍的饲养员不串岗，不交叉使用工具；不将同一畜种的活畜及生鲜产品带入养殖场区；本场的兽医、配种员不对外开展诊疗、配种业务；当发生疑似传染病或附近养殖场出现传染病时，立即采取隔离和其他应急防控措施。

关键控制点 5 是驱虫，主要风险因子有寄生虫、药物残留等。质量安全控制措施有：选择农业行政主管部门批准使用的驱虫药；按照产品使用说明书正确用药，并观察用药效果；有休药期要求的，严格执行休药期规定。

关键控制点 6 是疫病控制与扑灭，主要风险因子有致病微生物、药物残留等。质量安全控制措施有：畜禽发病时，由执业兽医或当地动物疫病预防控制机构兽医实验室进行临床和实验室诊断，必要时送至省级实验室或国家指定的参考实验室进行确诊；在执业兽医指导下进行治疗，并按照规定使用兽药；治疗用药期间和休药期内的畜禽不得作为无公害畜产品上市、屠宰；在发生重大疫情时，配合当地兽医机构实施封锁、隔离、扑杀、销毁等扑灭措施，并对全场进行清洁消毒；按《畜禽产品消毒规范》（GB/T 16569）的规定进行彻底消毒。

八、挤奶操作

关键控制点 1 是挤奶厅建设，主要风险因子有违禁添加物、致病微生物等。质量安全控制措施有：挤奶厅建在奶牛场的常年主导风向上风处或中部侧面，距牛舍较近，有专用生鲜乳运输车辆通道，不与污道交叉；挤奶厅墙面光滑，便于清洗消毒；地面防滑，易于清洁；使用清洁水冲洗挤奶厅地面，不使用循环水，并保持一定的压力；保持下水道通畅；贮奶间的门及制冷罐应加锁，专人管理，有防蚊蝇和防鼠设施，不堆放任何化学物品和杂物。

关键控制点 2 是挤奶员，主要风险因子有微生物等。质量安全控制措施有：挤奶员经奶牛泌乳生理和挤奶操作工艺培训合格，并取得职业技能鉴定证书；保证个人卫生，勤洗手、勤剪指甲、不涂抹化妆品、不佩戴饰物；手部刀伤和其他开放性外伤未愈前不能挤奶；挤奶操作时，穿工作服和工作鞋，戴工作帽。

关键控制点 3 是挤奶操作，主要风险因子有微生物、兽药残留等。质量安全控制措施有：挤奶前先观察或触摸乳房，观察其外表是否有红、肿、热、痛症状或创伤；用专用药浴液对乳头进行挤奶前药浴，如果乳房污染严重，可先用含消毒水的温水清洗干净，再药浴乳头；挤奶前药浴后用毛巾或纸巾将乳头擦干，一头牛一条毛巾，纸巾不能重复使用；将前三把奶挤到专用容器中，检查其是否有凝块、絮状物或水样，正常的牛可上机挤奶；异常时应及时报告兽医进行治疗，单独挤奶；挤奶后用专用药浴液对乳头进行药浴；患病奶牛和产犊 7d 内的奶牛不上挤奶厅挤奶，单独挤奶，挤出的奶放入专用容器中单独处理。

关键控制点 4 是设备清洗和消毒，主要风险因子有微生物等。质量安全控制措施有：选择经国家批准，对人、奶牛和环境安全没有危害、对生鲜乳无污染的清洗剂；每次挤奶前用清水对挤奶及贮运设备进行冲洗；挤奶完毕后，立即用 35～40℃温水对挤奶设备进行预冲洗，不加任何清洗剂；预冲洗过程循环冲洗到水变清为止；挤奶设备预冲洗后立刻用 pH11.5 的碱洗液循环清洗 10～15min；碱洗温度开始在 70～80℃，循环到水温不低于 41℃；碱洗后可继续进行酸洗，酸洗液 pH4.5，循环清洗 10～15min，酸洗温度与碱洗温度相同；在每次碱（酸）清洗后，再用温水冲洗 5min，清洗完毕管道内不留有残水；奶罐每次用完后先用 35～40℃温水清洗，再用 50℃热碱水循环清洗消毒，最后用清水冲洗干净。

九、畜禽运输

主要风险因子有致病微生物、应激等。质量安全控制措施有：装运猪、肉牛等家畜时，有专门运输车辆和装卸台；装卸台设有安全围栏，防滑，坡度适宜；运输车辆和笼具使用前后进行清洗和消毒；运输畜禽时要保证较舒适的空间，并保持良好的通风、饮水，防止阳光暴晒和雨雪直接冲淋，尽量减少应激；装卸和运输过程中不使用棍棒等易引起畜禽应激的设备，同时采取有效措施，尽量减少畜禽应激；运输时，携带畜禽个体或者批次识别标识、检疫合格证、休药记录等文件；不同种类的畜禽、不同批次的畜禽，分开运输。

十、生鲜乳贮存运输

关键控制点 1 是生鲜乳贮存，主要风险因子有微生物、违禁添加物等。质量安全控制措施有：贮奶罐符合《散装乳冷藏罐》（GB/T 10942）的要求，奶罐盖子应保持上锁状态，不向罐中加入任何物质；贮奶罐使用前进行预冷处理；挤出的生鲜乳在 2 h 内冷却到 0～4℃保存；生鲜乳挤出后在贮奶罐的贮存时间不超过 48 h。

关键控制点 2 是生鲜乳检测，主要风险因子有微生物、兽药残留、违禁添加物等。质量安全控制措施有：设立生鲜乳化验室，并配备必要的乳成分分析检测设备和卫生检测仪器、试剂；生鲜乳检测人员熟悉生鲜乳生产质量控制及相关的检验检测技术；奶牛养殖场采取贮奶罐混合留样方式，奶农专业生产合作社采取生鲜乳分户留样和贮奶罐混合留样方式，留存生鲜乳样品，并做好采样编号、记录登记，样品至少冷冻保存 10d；按照《食品安全国家标准 生乳》（GB 19301）的要求对生鲜乳的感官、酸度、密度、含碱和抗生素等指标进行检测并做好检测记录。

关键控制点 3 是生鲜乳运输，主要风险因子有微生物、违禁添加物等。质量安全控制措施有：生鲜乳运输罐使用前进行预冷处理；生鲜乳运输时必须随车携带生鲜乳交接单，生鲜乳运输罐在起运前加铅封，不应在运输途中开封和添加任何物质；从事生鲜乳运输的驾驶员、押运员有保持生鲜乳质量安全的基本知识。生鲜乳运输车必须获得所在地县级畜牧兽医主管部门核发的生鲜乳准运证明，并具备以下条件：奶罐隔热、保温，内壁由防腐蚀材料制造，对生鲜乳质量安全没有影响；奶罐外壁用坚硬光滑、防腐、可冲洗的防水材料制造；奶罐设有奶样存放舱和装备隔离箱，保持清洁卫生，避免尘土污染；奶罐密封材料耐脂肪、无毒，在温度正常的情况下具有耐清洗剂的能力；奶车顶盖装置、通气和防尘罩设计合理，可防止奶罐和生鲜乳受到污染。

十一、无害化处理

关键控制点 1 是粪污处理，主要风险因子有环境污染等。质量安全控制措施有：严格执行《畜禽规模养殖污染防治条例》的规定，遵循减量化、无害化、资源化和综合利用的原则；有与生产规模相适应的粪污处理设施设备，且运行维护良好；及时清除圈舍及运动场内的粪便、垫草、污物等；严格按《畜禽粪便无害化处理技术规范》（NY/T 1168）等标准的要求对畜禽粪便进行无害化处理；畜禽规模养殖粪污排放应符合《畜禽养殖业污染物排放标准》（GB 18596）的要求。

关键控制点 2 是病死家畜及其相关产品处理，主要风险因子有致病微生物等。质量安全控制措施有：按照农业部制定的《病死动物无害化处理技术规范》的要求及时处理病死家畜及相关产品；有受控的专用场所或者容器贮存病死家畜，且易于清洗和消毒；没有处理能力的养殖场（小区），应与在当地登记注册的专业机构签订正式委托处理协议；严格按照国家有关规定，对废弃鼠药和毒死鼠、鸟等进行处理。

关键控制点 3 是不合格产品处理，主要风险因子有致病微生物、违禁添加物、药物残留等。有下列情形的，应予以销毁或进行无害化处理：经检测不符合健康标准或者未经检疫合格家畜生产的；在规定用药期和休药期内生产的；添加违禁添加物的；其他不符合无公害畜产品质量安全要求的。

关键控制点 4 是其他废弃物处理，主要风险因子有环境污染等。质量安全控制措施有：及时收集过期、失效兽药以及使用过的药瓶、针头等一次性兽医用品，并按国家法律法规进行安全处理。

十二、记录要求和记录事项

畜禽引进记录，包括产地、养殖场名称、品种、数量、引进日期等家畜引进的相关情况。

饲料记录，记录并保存购买饲料时的主要信息，包括购买时间、名称、规格、数量、生产厂家、经营单位、产品批准文号、发票或收据、出入库数量、经办人等；记录自配料的原料来源、配方、生产程序、生产数量、生产记录等资料。

兽药记录，记录并保存购买兽药时主要信息，包括购买时间、名称、规格、数量、生产厂家、经营单位、产品批准文号、发票或收据、出入库数量、经办人等；记录用药情况，包括家畜标识、发病时间及症状、预防或者治疗用药名称（通用名称及有效成分）、用药量、用药时间、休药期、兽医签字等。

养殖记录，记录畜禽圈舍号、饲养时间、存栏数、出栏补栏数、死淘数等。

消毒记录，记录使用消毒剂的名称、用量、消毒方式、消毒日期、操作员等。

免疫监测记录，记录免疫日期、家畜标识、免疫数量、疫苗名称、疫苗生产厂、批号、免疫方法、免疫剂量、具体免疫人员、监测效果等。

疾病诊断与治疗记录，记录畜禽发病时间、症状、诊断结论、治疗措施、日期、人员等。

无害化处理记录，记录无害化处理的内容、畜禽标识、数量、畜禽及产品病害情况、处理方式、处理日期、处理单位及责任人等。

销售记录，记录名称、数量、日期、价格、购买单位及联系人等内容。

第四节　无公害畜禽屠宰质量控制

一、厂区布局及环境

关键控制点 1 是厂址选择，主要风险因子有废气、废水、废渣、致病微生物等。质量安全控制措施有：屠宰厂厂址符合国家法律法规有关规定，且通过当地有资质的环境测评部门的环境评估；屠宰厂不建在居民稠密地区，按《农副食品加工业卫生防护距离　第 1 部分：屠宰及肉类加工业》（GB 18078.1）的规定，保持与这些区域的卫生防护距离；远离水源保护区和饮用水取水口；远离受污染水体，避开产生有害气体、烟雾、粉尘等污染源的工业企业或其他产生污染源的场所或地区；与上述场所或地区距离不小于 3km，污染场所或地区处于厂址下风向；厂址地势较高、干燥，具备符合国家标准要求的水源和电源，排污方便，交通便利。

关键控制点 2 是厂区布局，主要风险因子有交叉污染、致病微生物等。质量安全控制措施有：厂区布局符合《肉类加工厂卫生规范》（GB 12694）、《猪屠宰与分割车间设计规范》（GB 50317）等的规定；生产区与生活区、清洁区与非清洁区严格分开，并有明确标识，各车间（区域）布局必须满足生产工艺流程和卫生要求；畜禽待宰圈（区）、可疑病畜隔离圈、急宰间、无害化处理间、废弃物存放场所、污水处理站、锅炉房等应设置于非清洁区，位于清洁区主导风向的下风向，与清洁区间距符合环保、食品卫生等方面的要求；人员、畜禽、废弃物和产品的出入口分别设置，不得相互交叉。

关键控制点 3 是厂区环境，主要风险因子有致病微生物、有毒有害物质等。质量安全控制措施有：厂区环境符合 GB 12694、GB 50317 及《屠宰和肉类加工厂企业卫生注册管理规范》（GB/T 20094）等的相关规定；进入厂区的主要道路和厂区主要道路（包括车库和车棚）的路面，坚硬平坦（如铺设混凝土或沥青路面）、易冲洗、无积水；建筑物周围和道路两侧空地植树种草，无裸露地面；除待宰畜禽外，厂区一律不得饲养其他动物；厂区内不得有臭水沟、垃圾堆或其他有碍卫生的场所；厂区内有与生产规模相适宜的车辆清洗、消毒设施和场地；厂区排水系统保持畅通，生产中产生的废水和废料的处理与排放符合《肉类加工工业水污染物排放标准》（GB 13457）的有关规定；厂区定期进行除虫灭害工作，采取有效措施防止鼠、蝇、虫等。

二、车间及设施设备

关键控制点 1 是待宰区，主要风险因子有致病微生物等。质量安全控制措施有：待宰区符合 GB 12694、《生猪屠宰加工场（厂）动物卫生条件》（NY/T 2076）、《牛羊屠宰与分割车间设计规范》（SBJ 08）、《禽类屠宰与分割车间设计规范》（SBJ 15）等的相关规定；设有健康畜禽圈（区）、疑似病畜禽圈、病畜禽隔离圈、急宰间和兽医工作室；设有畜禽卸载台和车辆清洗消毒设施，并设有良好的污水排放系统。

关键控制点 2 是车间布局，主要风险因子有致病微生物等。质量安全控制措施有：车间布局符合 GB 12694、GB/T 20094 等的相关规定；同一屠宰车间不得屠宰不同种类的动物，以防疫病交叉感染；按照生产工艺先后顺序和产品特点，将屠宰、食用副产品处理、分割、原辅料处理、工器具清洗消毒、成品内包装和外包装、检验和贮存等不同清洁卫生要求的区域分开设置，并在关键工序车间入口处有明确标识和警示牌，防止交叉污染；留有足够的空间以便于宰后检验检疫，应设有专门的检验检疫工作室（区），畜类屠宰车间设有旋毛虫检验室；车间适当位置留有专门的可疑病害胴体或组织留置轨道（区域）。

关键控制点 3 是车间建筑，主要风险因子有致病微生物、有毒有害物质等。质量安全控制措施有：车间建筑符合 GB 50317、GB/T 20094、NY/T 2076、SBJ 08 和 SBJ 15 的相关规定；屠宰加工车间地面采用不渗水、不吸收、易清洗、无毒、防滑材料铺砌，表面平整无裂缝，无局部积水，有适当坡度，屠宰车间坡度不小于 2.0%，分割车间坡度不小于 1.0%；墙壁用浅色、不吸水、不渗水、无毒材料覆涂，表面应平整光滑，并用易清洗、防腐蚀材料装修高度不低于 2.0m 的墙裙，四壁及其与地面交界处呈弧形；顶棚或吊顶表面采用光滑、无毒、耐冲洗、不易脱落的材料制作，顶角具有弧度以防止冷凝水下滴；门窗采用密封性能好、不变形、不渗水、防锈蚀的材料制作，窗台面向下倾斜 45°或无窗台；尽量减少车间内地面、顶棚、墙、柱、窗口等处的连接角，并设计成弧形；楼梯与电梯便于清洗消毒，楼梯、扶手及栏板均做成整体式，面层采用不渗水、易清洁材料制作。

关键控制点 4 是卫生消毒设施，主要风险因子有微生物、化学试剂等。质量安全控制措施有：卫生消毒设施符合 GB 12694、GB/T 20094 和《畜禽屠宰 HACCP 应用规范》（GB/T 20551）的相关规定；建有与车间相连接的更衣室，将个人衣物和工作服分开存放，不同清洁程度的区域应设单独更衣室；建有卫生间、淋浴间，卫生间门窗不直接开向车间，门能自动关闭，设有排气通风设施和防鼠、蝇、虫等设施；车间入口处设鞋靴清洗、消毒设施；车间入口处、卫生间及车间适当位置设有温度适宜的温水洗手、消毒、干手设施，洗手水龙头应为非手动开关，洗手设施排水应直接接入下水管道；屠宰线使用刀具、电锯工序的适当位置配备有 82℃以上热水的刀具、电锯等消毒设施；加工车间的工器具使用后，在专门的房间进行清洗消毒，消毒间备有冷、热水清洗消毒设施。

关键控制点 5 是屠宰分割设备及工器具，主要风险因子有微生物、设备脱落物等。质量安全控制措施有：屠宰分割设备符合 GB 12694 和《畜禽屠宰加工设备通用要求》（GB/T 27519）相关规定，采用不锈蚀金属和符合肉品卫生要求的材料制作，表面光滑、不渗水、耐腐蚀，便于清洗消毒，禁止使用竹木器具；设备连接处紧密，不带死角，连接件在正常工作条件下不得脱落；屠宰、分割加工设备便于安装、维护和清洗消毒，并按工艺流程合理布局，避免交叉污染；不同用途容器有明显标识，废弃物容器和可食产品容器不得混用。

关键控制点 6 是车间照明，主要风险因子有致病微生物、物理脱落物等。质量安全控制措施有：车间内有适度光照度，以满足动物检疫人员和生产操作人员的工作需要；车间照明符合 GB/T 20094 的相关规定，宰前检验区域在 220lx 以上，生产车间在 220lx 以上，宰后检疫岗位照明强度在 540lx 以上，预冷间、通道等其他场所在 110lx 以上；生产线上方的照明设施装有防爆装置和安全防护罩。

关键控制点 7 是供排水系统，主要风险因子有致病微生物、鼠虫害等。质量安全控制措施有：屠宰、分割和无害化处理等场所配备冷、热水供应系统，供排水系统符合 GB/T 20094 的相关规定；车间排水系统有防止固体废弃物进入的装置，排水沟底角呈弧形，便于清洗，排水系统流向应从清洁区流向非清洁区；车间出入口及与外界相连的排水口设有防鼠、蝇、虫等设施。

关键控制点 8 是通风设施，主要风险因子有微生物、鼠虫害、异味等。质量安全控制措施有：车间设有排气通风设施，以防止和消除异味及气雾；通风设施符合 GB 12694 和 GB/T 20094 的相关规定，通风口设有防鼠、蝇、虫等设施。

关键控制点 9 是冷却或冻结间，主要风险因子有微生物等。质量安全控制措施有：冷却或冻结间符合 GB 12694、GB/T 20094、《畜类屠宰加工通用技术条件》（GB/T 17237）等的相关规定；避免胴体与地面或墙壁接触；在适当位置设有存放可疑病害胴体或组织的独立隔离区；配备温湿度自动记录和调节装置，并定期校准温湿度计。

三、畜禽来源

主要风险因子有致病微生物、人畜共患病、药物残留、重金属等。质量安全控制措施有：畜禽为经无公害认证合格的畜禽，且附有动物检疫合格证明及其他必需的证明文件；对于畜禽屠宰企业，应与无公害畜禽养殖企业或养殖户签有委托加工或购销合同，并且无公害畜禽养殖场（或基地）相对固定，同时对无公害畜禽养殖场（或基地）进行定期评估和监控，对来自无公害养殖基地的畜禽在出栏前应进行随机抽样检验，经检验不合格的活畜禽不能进厂接收；对于有无公害养殖场（或基地）的"公司＋基地（农户）"型屠宰企业，按无公害认证标准规范生产畜禽活体，并提供无公害产地证书复印件。

四、宰前检验检疫

主要风险因子有致病微生物、药物残留等。质量安全控制措施有：畜禽屠宰前，由考核合格的检验检疫人员按照《畜禽屠宰卫生检疫规范》（NY 467）的规定进行检验检疫；宰前应核验畜禽初级生产信息，包括动物饲养、用药及疫病防治情况；生猪、肉牛、肉羊进入屠宰厂时，应对"瘦肉精"进行逐批自检；对符合国家急宰规定的患病畜禽，以及因长途运输所致伤病的畜禽，应进行急宰处理；对判定不适宜屠宰的畜禽，应按《病害动物和病害动物产品生物安全处理规程》（GB 16548）的规定进行处理；做好宰前检验记录，并将宰前检验信息及时反馈给饲养场和宰后检验人员。

五、屠宰加工过程质量控制

关键控制点 1 是人员卫生，主要风险因子有致病微生物、物理危害等。质量安全控制措施有：人员卫生要求符合 GB 12694 等的相关规定；人员进车间前，穿戴整洁的工作服、帽、靴、鞋，工作服盖住外衣，头发不得露于帽外，不得佩戴饰品，洗净双手并消毒；不同卫生区域的人员不得串岗，以免交叉污染。

关键控制点 2 是屠宰加工操作，主要风险因子有致病微生物、腐败微生物、化学药剂、设备脱落物、毛发等。质量安全控制措施有：严格按照《家禽屠宰质量管理规范》（NY/T 1340）、《家畜屠宰质量管理规范》（NY/T 1341）等的要求进行畜禽屠宰加工的规定执行；屠宰加工设备调试适当，避免金属配件或残渣脱落，污染胴体或产品；人员操作规范，开膛时不得割破胃、肠、胆囊、膀胱、孕育子宫等，避免动物消化道内容物、胆汁、粪便等污染胴体和产品，一旦污染，按规定修整、剔除或废弃；剥皮前冷水湿淋，剥皮过程中，凡是接触过皮毛的手和工具，未经消毒不得再接触胴体；使用《食品安全国家标准 食品添加剂使用标准》（GB 2760）中规定允许使用的加工助剂进行脱毛处理，加工结束后产品中不应残留可见加工助剂；用清水对剥皮或脱毛后的胴体表面进行冲洗，或使用乳酸喷淋等新技术对胴体表面进行抑菌处理；胴体、内脏、头蹄（爪）等产品不得接触地面或其他不清洁表面，若有接触应采取适当措施消除污染；副产物中内脏、血、毛、皮、蹄壳及废弃物的流向不对产品和周围环境造成污染；加工过程中运送产品的设备和容器应与盛装废弃物的容器相区别，并有明显标识；屠宰分割过程中，被污染的刀具应立即更换，并经过彻底消毒后方可继续使用，已经污染的设备和场地经清洗和消毒后方可重新屠宰加工正常动物及产品；对工器具、操作台和接触产品的表面进行定期清洗消毒，不得残留清洗剂或消毒剂。

关键控制点 3 是温度控制，主要风险因子有致病微生物、腐败微生物等。质量安全控制措施有：屠宰分割过程温度控制应符合 GB/T 17237 和 GB/T 20094 的规定；屠宰后，立即冷却胴体，畜类胴体进入预冷间冷却，预冷间温度控制在 −1～4℃，冷却后畜肉中心温度保持在 7℃ 以下；禽胴体宜采用水冷却，冷却水温在 4℃ 以下，冷却终水温保持在 0～2℃，冷却后禽肉保持 4℃ 以下；食用副产品保持 3℃ 以下；冷分割加工环境温度控制在 12℃ 以下，热分割加工环境温度控制在 20℃ 以下；生产冷冻肉时，应将肉送入冻结间快速冷却，冻结间温度控制在 −28℃ 以下，48h 内使肉品中心温度达到 −15℃ 以下后转入冷藏库，冷藏库温度控制在 −18℃。

关键控制点 4 是生产用水，主要风险因子有致病微生物、腐败微生物、氯残留等。质量安全控制措施有：生产企业卫生管理符合 GB/T 20094 的要求；生产用水符合《无公害食品畜禽产品加工用水水质》（NY 5028）的要求，若使用自备水源作为加工用水，应进行有效处理，并实施卫生监控；定期对加工用水（冰）进行微生物和残氯检测，对水质的全面公共卫生检测每年不得少于两次。

关键控制点 5 是加工助剂及消毒药剂，主要风险因子有化学药剂、有毒有害物质等。质量安全控制措施有：严格按照 GB 2760 和 GB/T 20094 的规定，使用和管理加工助剂、消毒药剂；清洗剂、消毒剂等化学药剂应标识分明，由专人保管，分类存放于专门库房或柜橱，履行出入库登记手续；杀虫剂、灭鼠剂等有毒药剂应标识明显，单独存放，专人保管，实行双人双锁，履行出入库登记手续；除卫生和工艺需要外，不得在生产车间使用和存放可能污染产品的任何药剂，各类药剂的使用应由经过培训的专人负责。

六、宰后检验检疫

主要风险因子有致病微生物、寄生虫等。质量安全控制措施有：严格按照《畜禽屠宰卫生检疫规范》（NY 467）的规定，由经考核合格的检验检疫人员对畜禽的头、蹄（爪）、胴体和内脏进行宰后检验检疫；利用初级生产信息、宰前和宰后检验检疫结果，判定肉类是否适于人食用；对于感官检验不能判定肉类是否适于人食用时，应采用其他适当手段做进一步检验或检测；宰后检验检疫判定无害化处理或废弃的肉或组织，按《病害动物和病害动物产品生物安全处理规程》（GB 16548）等的相关规定处理，并做好处理记录；做好检验检疫记录，及时分析检验结果，按规定上报政府主管部门，并反馈给饲养场。

七、产品检验

主要风险因子有药物残留、重金属、微生物、非法添加物等。质量安全控制措施有：按无公害检测目录和国家相关规定，对宰后畜禽产品进行质量检验。

八、无害化处理

关键控制点 1 是可疑畜禽及病害产品处理，主要风险因子有致病微生物、人畜共患病等。质量安全控制措施有：对经宰前、宰后检疫发现的患病或可疑畜禽活体，以及病害胴体或组织，应使用专门的容器、车辆及时运送，并按《病害动物和病害动物产品生物安全处理规程》（GB 16548）的规定予以处理；对病死或死因不明的畜禽进行无害化处理；对屠宰过程中经检疫或肉品品质检验确认为不可食用的畜禽产品进行无害化处理。

关键控制点 2 是废弃物处理，主要风险因子有致病微生物、药物残留等。质量安全控制措施有：对加工过程中产生的不合格品、下脚料和废弃物，应在固定地点用明显标识的专用容器分别收集盛放，并在检验人员监督下进行无害化处理。

九、包装与贮运

关键控制点 1 是产品包装，主要风险因子有微生物、化学残留等。质量安全控制措施有：包装间温度控制在 12℃以下；畜禽肉包装与标识可参照《畜禽产品包装与标识》（SB/T 10659）执行；直接接触肉类产品的包装材料应符合相关卫生标准；包装材料有足够强度，保证运输和搬运过程中不破损；内外包装材料分开存放，保持干燥、通风和卫生；在畜禽肉包装上加盖或加贴检验检疫标识和无公害标识。

关键控制点 2 是产品贮存，主要风险因子有微生物等。质量安全控制措施有：冷藏库和冻结间温度应符合被贮存肉类特定的要求；贮存库内保持清洁、整齐、通风，不放有碍卫生的物品，有防霉、防鼠、防虫设施，定期消毒；冷藏库定期除霜。

关键控制点 3 是产品运输，主要风险因子有微生物等。质量安全控制措施有：鲜、冻肉运输应符合《鲜、冻肉运输条件》（GB/T 20799）的规定，使用专用冷藏车或保温车；猪、牛、羊等大中型动物胴体应实行悬挂式运输；包装肉和裸装肉不同车运输，除非采取物理性隔离防护措施；运输车辆进出厂前彻底清洗，装运前消毒；运输车辆配备制冷、保温等设施，保持适宜的温度；配备温度记录仪，对温度进行实时监控。

十、可追溯管理

主要风险因子有信息不完整、不真实、不可溯源等。质量安全控制措施有：利用生产记录和电子化信息手段建立畜禽产品可追溯管理体系；参照《农产品质量安全追溯操作规程》等，建立畜禽产品可追溯系统。

十一、记录要求和记录事项

畜禽入厂记录，包括畜禽入厂时的基本信息，如产地、养殖场名称、品种、数量、有无检疫证件、进厂日期、运输车辆消毒情况等；批次检验记录，包括宰前检验检疫情况、用药和休药期执行核验、"瘦肉精"入厂自检、特殊情况下急宰记录等。

屠宰加工过程记录，包括车间温湿度和光照度记录，如屠宰分割车间温湿度、预冷间温度、冻结间温度、冷藏库温度、生产各区域光照度等；人员进出车间记录，包括人员基本信息、进出车间时间、工作服穿戴及整洁程度、饰品佩戴情况、人员进出车间消毒情况等；生产期间消毒记录，包括消毒液配制、消毒时间、巡回洗手消毒、生产期间设施设备及器具消毒、班后设施设备及器具消毒、消毒负责人等；宰后检验检疫记录，包括胴体检验记录、内脏检验记录等。

产品检验及出厂记录，包括产品检验记录，如产品外观检验、兽药及化学药剂残留检测、产品中心温度、检验负责人等；产品出厂记录，如产品名称、销往地区或单位、销售数量、销售价格、出厂日期、联系人等。

无害化处理记录，包括畜禽、胴体或产品病害情况，无害化处理方式、处理数量、处理日期、处理单位及责任人等。

生产用化学品领用记录，包括领用化学品种类、领用数量、用途、领用时间、领用人等。

第五节　无公害蜂产品生产质量控制

一、蜂场设置

关键控制点 1 是场址选择和布局，主要风险因子有重金属污染、农药残留、大气污染物等。质量安全控制措施有：蜂场远离粉尘、居民点、繁忙交通干道和化工厂、农药厂及经常喷洒农药的地区，地势高燥、背风向阳、排水良好、小气候适宜；周围半径 5 km 范围内无以蜜、糖为生产原料的食品厂；蜂场周围空气中各种污染物的浓度限值符合《环境空气质量标准》（GB 3095）中二类区的要求；蜂场附近有便于蜜蜂采集的良好水源；若周边水源达不到要求，在蜂巢内（外）放置合适的饮水装置，水质符合《无公害食品　畜禽饮用水水质》（NY 5027）的要求。

关键控制点 2 是蜜源植物，主要风险因子有有毒蜜源、农药残留、重金属污染等。质量安全控制措施有：距蜂场半径 5 km 范围内有丰富的蜜粉源植物，避免受到农药污染；距蜂场半径 5 km 范围内有毒蜜粉源植物（如雷公藤，*Tripterygium wilfordii* 等）分布数量多的地区，有毒蜜粉源开花期不能放蜂。

二、养蜂机具

关键控制点是饲养和生产用具，主要风险因子有重金属污染、微生物污染、有害物质等。质量安全控制措施有：蜂箱、隔王板、饲喂器、脱粉器、台基条、移虫针、取浆器具、起刮刀、蜂扫、覆布、蜂王幽闭器和脱蜂器具等饲养生产用具无毒、无异味；割蜜刀和分蜜机的制作材料为不锈钢或无毒塑料；蜂产品贮存器具无毒、无害、无污染、无异味。

三、饲养管理

关键控制点 1 是饲料，主要风险因子有违禁添加物、微生物污染、重金属污染等。质量安全控制措施有：饲料来源于相关行政部门批准的生产企业；饲喂蜂群的蜂蜜、白糖、糖浆、花粉和花粉代用品符合相关的质量要求；饲料中不添加未经国家有关部门批准使用的添加剂；饲料中不应人为添加违禁兽药。

关键控制点 2 是喂水和补充饲喂，主要风险因子有违禁添加物、微生物污染、糖浆混入等。质量安全控制措施有：早春和夏季喂水时，保持饲喂器具清洁；可在水中添加少许食盐，浓度不超过 0.5%；补充饲喂时使用蜂蜜或者白砂糖，不使用红糖；饲喂花粉或花粉代用品前灭菌消毒；生产期不补充饲喂。

关键控制点 3 是饲养管理，主要风险因子有微生物污染等。质量安全控制措施有：保持蜂箱内温度相对稳定和通风良好；根据季节采取适当的控温措施；蜂巢内相对湿度保持在65％～85％。

四、用药管理

关键控制点 1 是预防管理，主要风险因子有药物污染、微生物污染等。质量安全控制措施有：选择抗病蜂种；饲养强群、保持蜂群饲料充足、预防盗蜂，提高蜂群自身的抗病能力；保持养蜂场地和蜂机具清洁卫生。

关键控制点 2 是药物选择和购买，主要风险因子有禁用兽药、药物污染等。质量安全控制措施有：所用药物符合《蜜蜂病虫害综合防治规范》（GB/T 19168）、《食品动物禁用的兽药及其他化合物清单》（农业部公告第 193 号）等的相关规定；所用药物的标签符合《兽药管理条例》的规定；从有资质的蜂药生产企业和经营单位购买蜂药，并保存记录。

关键控制点 3 是药物使用，主要风险因子有禁用兽药、药物污染等。质量安全控制措施有：不使用氯霉素、氨苯砜、呋喃唑酮、克死螨、甲硝唑、金刚烷胺、金刚乙胺等禁用药物；严格执行休药期规定；投喂或使用蜂药的员工应经过相关培训，并具备用药的相关能力和知识；保持用药记录。

五、卫生管理

关键控制点 1 是选择消毒剂，主要风险因子有药物污染等。质量安全控制措施有：选用的消毒剂符合《无公害食品　蜜蜂饲养管理准则》（NY/T 5139）的规定；对人和蜂安全、无残留毒性，对设备无破坏性，不会在蜜蜂产品中产生有害积累。

关键控制点 2 是场地和机具卫生管理，主要风险因子有微生物、药物污染等。质量安全控制措施有：建立蜂场清理、消毒程序；每周清理一次蜂场死蜂和杂草，清理的死蜂应及时深埋；霉迹用 5％的漂白粉乳剂喷洒消毒；建立养蜂用具进行消毒程序；定期对蜂箱、隔王栅、饲喂器等养蜂用具进行消毒，并保持用具清洁卫生。

关键控制点 3 是消毒记录，主要风险因子有质量追溯等。质量安全控制措施有：对于场地、蜂机具的物理和化学消毒措施、时间、所用消毒剂种类、来源等信息进行详细记录。

六、产品采收、贮存和运输

关键控制点 1 是采收过程，主要风险因子有兽药残留、微生物污染等。质量安全控制措施有：蜜蜂产品采收期内不得使用任何蜂药；在休药期内，不得采收任何蜜蜂产品；蜜粉源植物施药期间不应进行蜜蜂产品采收；生产用具、盛具用前严格清洗、消毒；不用手直接采集或接触蜜蜂产品；在采收现场提供蜜蜂产品采收记录，包括采收日期、产品种类、数量、采集人、用具及盛具清洗和消毒、贮存等记录；在蜜蜂产品包装上，应当用标签在醒目位置标记所生产的蜜蜂产品品名、生产日期、重量、生产者姓名、蜂场名称、所属省市县名和产地。

关键控制点 2 是蜂蜜采收和贮存，主要风险因子有糖浆残留、微生物污染等。质量安全控制措施有：采收蜂蜜之前，应取出生产群中的饲料糖或蜜；不用废旧铁桶、铅制桶和非食品级塑料桶等不适宜盛装蜂蜜的容器；巢脾中蜂蜜至少有一半以上封盖后，才可取蜜；每个花期第一次生产的蜂蜜与后续生产的蜂蜜标记后分开存放；单花种蜂蜜与混合蜜要分桶存放；盛放蜂蜜的钢桶或塑料桶应放在阴凉干燥处，不可暴晒和雨淋。

关键控制点 3 是蜂王浆采收和贮存，主要风险因子有微生物污染、交叉污染等。质量安全控制措施有：采收移虫后 72h 以内的蜂王浆；移虫、采浆作业在对所用器具消毒过的室内或者帐篷内进行；采收后的蜂王浆长期贮存时在－18℃以下，短期内（15d 内）可在 4℃以下冷藏贮存；在 4℃以下贮运蜂王浆。

关键控制点 4 是蜂花粉采收和贮存，主要风险因子有粉尘污染、微生物污染、交叉污染等。质量安全控制措施有：安装脱粉器（材质最好选用不锈钢或塑料，且使用前经过消毒）前，洗净生产群蜂箱和巢门板上的尘土；收集花粉粒过程中，随时清除混入花粉中的杂物；花粉干燥时尽可能采用风干的方式，避免日光暴晒；干燥后的花粉要密封遮光存放，避免污染。

第三章 无公害畜禽养殖环境

养殖环境是指畜禽养殖场内及周边环境中，各种影响畜产品生产和质量安全的自然因素和社会因素的总称。良好的养殖环境，是无公害畜禽健康养殖、安全生产的基础。只有养殖环境达到标准要求，才有可能生产出安全优质的畜禽产品。养殖环境质量控制是实施无公害畜禽产品生产质量安全控制的重要内容，是无公害畜产品认证的关键环节。养殖环境主要包括两项：一是畜禽正常生长发育所需的生活环境——舍内小环境。舍内环境又分为舍内生态环境和舍内空气环境，舍内生态环境包括温度、湿度、噪声、光照等生态环境，舍内空气环境包括氨气、硫化氢、二氧化碳、恶臭气体、总悬浮颗粒物、微生物等。二是畜禽养殖场、场区及周围的环境——大环境，包括养殖场周边地区的大气、水体、土壤动植物、动物疫病以及交通运输等。从大的范围讲，畜禽饮用水也属于畜禽养殖环境的范畴。

养殖环境对畜产品质量安全的影响分为直接影响和间接影响两个方面。直接影响主要指环境中有毒有害物质通过食物链在畜禽体内的残留积累，如畜禽饮用水中的重金属、氟化物等的残留累积。间接影响主要指不适宜环境因素，如温度、湿度、噪声等超标，将会导致畜禽应激、免疫力下降，进而引发疾病，治疗时可能造成药物残留甚至超标。

第一节 无公害畜禽养殖环境质量要求

影响无公害畜产品质量安全的环境因子，可分为物理因素、化学因素、生物因素和社会因素。其中物理因素包括温度、湿度、光照、噪声等。化学因素包括空气、水体中的化学成分，其来源分内源性和外源性两种，外源性因素主要是由于场区外环境中工业企业生产排放的氮氧化物、硫化物、氟化物等有害物质，这种外源性污染的影响通常可通过建场选址避免；内源性因素主要是由于家畜家禽呼吸、粪尿分解等产生的氨气、硫化氢等有毒有害气体。生物因素包括空气、水体、饲草料、人员、车辆、啮齿类动物、鸟等携带或者传播的病原微生物。

目前，我国现行有效的畜禽养殖环境相关标准有《畜禽场环境质量标准》（NY/T 388—1999）、《规模猪场环境参数及环境管理》（GB 17824.3—2008）、《畜禽场环境质量及卫生控制规范》（NY/T 1167—2006）、《畜禽场环境污染控制技术规范》（NY/T 1169—2006）、《畜禽场环境质量评价准则》（GB/T 19525.2—2004）、《无公害农产品 产地环境评价准则》（NY/T 5295—2015）、《无公害食品 畜禽饮用水水质》（NY 5027—2008）等。这些标准对无公害畜禽养殖环境质量要求及检测方法做出了严格规定。

一、温度要求

温度对畜禽生产性能的影响主要为产生冷热应激。当环境温度在适宜范围内时，机体利用自身调节机能即可维持正常的体温，畜禽生产力可充分发挥，且饲料利用率和经济效益较高。当环境温度低于畜禽生产适宜温度时，机体维持正常代谢耗能增加，导致畜禽生产力下降，饲料转化率降低。当环境温度高于畜禽生产适宜温度时，畜禽为了散热呼吸频率加快，新陈代谢受到影响，采食量减少，饮水量增加，导致生产力降低，严重者致死。相对来讲，冷应激对成年畜禽生产性能的影响远小于热应激。

二、湿度要求

湿度通过影响机体的体热调节及环境中微生物的消长而影响家畜生产力和健康，即与温度、气流、辐射等因素综合作用对家畜产生影响。一般来说，在等热区内（家畜仅靠物理调节就能维持体热平衡的环境温度范围）湿度对家畜的生产性能影响不大，但温度过高或过低时，高湿、低湿均不利。高温高湿环境中，饲料、垫料易霉变腐烂，病原微生物和寄生虫滋生，传染病易蔓延，畜禽也易患疥癣、球虫病和湿疹等疾病；低温高湿环境中，可使畜禽体热散失增加，畜禽易患各种呼吸道病及风湿症；低温低湿环境对幼畜和雏禽危害更大，易引起各种消化道疾病如痢疾、肠炎等；高温低湿环境中，畜禽皮肤和外露黏膜易发生干裂，皮肤和黏膜对微生物的防卫能力减弱，呼吸道疾病和皮肤病多发；同时，湿度过低也是家禽羽毛生长不良、啄羽和脱毛的原因之一。畜禽舍内相对湿度以60%～70%为宜，在舍内温度适宜的情况下，相对湿度要求可适当放宽。

三、光照要求

光照主要通过光照强度和时间、光周期、光色等影响家畜生产力和健康。适宜的光照可促进动物机体新陈代谢，利于蛋白质、矿物沉积，生长发育良好，提高繁殖力和抗病力；弱而短的光照效果则正好相反；强而长的光照会导致畜禽神经兴奋、眼睛疲劳、活动过多、饲料转化率下降，甚至形成恶癖等。一般来讲，鸡对光照较其他畜禽更为敏感。光照管理在蛋鸡养殖中尤为重要，光照不仅可使鸡看到饮水和饲料，促进鸡的生长发育，而且对鸡的性成熟、排卵和产蛋均有影响。因此，家禽养殖特别是蛋鸡养殖要建立科学的光照管理制度，通过人工控制光源，改变光照强度和时间，改变光照周期和节律，克服自然光照的季节性，提高产蛋率。高产蛋鸡养殖生产光照推荐程序见表3-1。

表3-1　高产蛋鸡生产光照程序建议表

周龄	日龄（d）	控制时间	光照时间（h）	周平均（h）	光照强度（lx）
1	1～3	全天	24	24	20
	4	2：00～24：00	22	21.13	
	5～6	2：00～23：00	21		
	7	2：30～23：00	20.5		

（续）

周龄	日龄（d）	控制时间	光照时间（h）	周平均（h）	光照强度（lx）
2	8	2：30～22：00	19.5	18.21	20
	9	3：00～22：00	19		
	10	3：30～22：00	18.5		
	11～12	4：00～22：00	18		
	13	4：00～21：30	17.5		
	14	4：30～21：30	17		
3	15	5：00～21：00	16	15	20
	16	5：00～20：30	15.5		
	17～19	5：00～20：00	15		
	20	5：00～19：30	14.5		
	21	5：00～19：00	14		
4	22	5：30～19：00	13.5	12	20
	23	6：00～18：30	12.5		
	24～26	6：00～18：00	12		
	27	6：30～18：00	11.5		
	28	7：00～18：00	11		
5	29	7：30～18：00	10.5	10	10
	30～34	8：00～18：00	10		
	35	8：00～17：30	9.5		
6	36	8：00～17：30	9.5	9	10
	37～41	8：00～17：00	9		
	42	8：00～16：30	8.5		
7～8	43～56	8：00～16：00	8	8	5
9～18	57～126	8：00～16：00	8	8	5
19	127～133	8：00～16：00	8	8	5
20	134～140	8：00～17：00	9	9	5
21	141～147	8：00～18：00	10	10	5
22	148～154	8：00～19：00	11	11	5

（续）

周龄	日龄（d）	控制时间	光照时间（h）	周平均（h）	光照强度（lx）
23	155～161	8：00～20：00	12	12	5
24	162～168	7：30～20：00	12.5	12.5	5
25	169～175	7：00～20：00	13	13	5
26	176～182	6：30～20：00	13.5	13.5	5
27	183～189	6：00～20：00	14	14	5
28	190～196	5：30～20：00	14.5	14.5	5
29	197～203	5：00～20：00	15	15	5
30	204d至淘汰	4：00～20：00	16	16	5

四、噪声要求

养殖场噪声主要包括舍外传入、舍内机械运行及动物鸣叫、争斗、采食、活动等产生，主要通过听觉（神经、内分泌）影响家畜行为、代谢和各种活动。养殖场适宜的声音或音乐，可以兴奋神经，刺激食欲，提高畜禽代谢机能；突然、强烈的噪声则会干扰人和动物的正常生活，引起应激，导致畜禽神经紧张，呼吸、心跳加速，食欲下降，乱跑、挤堆，免疫力下降，影响生产力；长期或过强的噪声易造成听力障碍，对神经系统、心血管系统形成危害，从而对家畜的健康和生产性能产生影响。为减轻噪声的危害，需要在选址、场区布局、机械设备选型等方面提前加以考虑。成年畜禽舍内噪声不超过 80dB 为宜，雏禽不超过 60dB，要尽量避免突发的强烈噪声。

五、空气质量要求

畜禽场空气质量包括氨气、硫化氢、二氧化碳等有害气体，微生物、恶臭、可吸入颗粒物（PM_{10}）、总悬浮颗粒物（TSP）等。优良的空气环境可以保证畜禽正常的生理机能，如果空气受到有害物质的污染，可给畜禽带来不良影响，甚至引起疾病、死亡。1999 年，我国颁布的《畜禽场环境质量标准》（NY/T 388—1999），对缓冲区、场区和畜禽舍内的空气环境质量做出了明确规定。

对于微生物指标，《畜禽场环境质量标准》（NY/T 388—1999）对场区的细菌总数上限做了规定，即家禽 2.5 万个/m^3、猪 1.7 万个/m^3、牛 2 万个/m^3。《规模猪场环境参数及环境管理》（GB 17824.3—2008）对各类猪舍的细菌总数做了规定，哺乳母猪舍、保育舍要求不超过 4 万个/m^3，其他猪舍不超过 6 万个/m^3。生产实践中无公害畜禽养殖场的空气质量要求按以上标准执行。

六、饮用水水质

畜禽养殖场要有水质良好和水量充足的水源，且便于取用和防护。水质要清洁卫生，符合畜禽饮用水的卫生要求，否则将影响畜禽机体健康，进而影响畜禽产品安全。水源一旦被污染，如化学污染（重金属或其他有毒有害物质等）或生物污染（致病菌、寄生虫等），就可能引起畜禽中毒或者感染水介传染病和某些寄生虫病。反映水质好坏的主要参数包括色、浑浊度、臭和味、总硬度、溶解性总固体、氯化物、总大肠菌群、氟化物、氰化物、硝酸盐、总砷、总汞、铅、铬、镉等。《无公害食品　畜禽饮用水水质》（NY 5027—2008）给出了无公害畜禽养殖生产过程畜禽饮用水水质要求，见表3-2。水源不符合畜禽饮用水卫生标准时，应经净化消毒处理，达到标准后方可用于畜禽饮用。另外，考虑到生鲜乳安全生产的实际情况，奶牛饮用水水质应达到《生活饮用水卫生标准》（GB 5749—2006），见表3-3。

表3-2　无公害畜禽饮用水水质

项目		标准值	
		畜	禽
感官性状及一般化学指标	色	≤30°	
	浑浊度	≤20°	
	臭和味	不得有异臭、异味	
	总硬度（以 $CaCO_3$ 计），mg/L	≤1 500	
	pH	5.5～9.0	6.5～8.5
	溶解性总固体，mg/L	≤4 000	≤2 000
	硫酸盐（以 SO_4^{2-} 计），mg/L	≤500	≤250
细菌学指标	总大肠菌，MPN/100mL	成年畜100，幼畜和禽10	
毒理学指标	氟化物（以 F^- 计），mg/L	≤2.0	≤2.0
	氰化物，mg/L	≤0.20	≤0.05
	总砷，mg/L	≤0.20	≤0.20
	汞，mg/L	≤0.01	≤0.001
	铅，mg/L	≤0.10	≤0.10
	铬（六价），mg/L	≤0.10	≤0.05
	镉，mg/L	≤0.05	≤0.01
	硝酸盐（以 N 计），mg/L	≤10.0	≤3.0

引自：《无公害食品　畜禽饮用水水质》（NY 5027—2008）。

表3-3　生活饮用水水质常规指标及限值

指　标	限　值
1. 微生物指标[a]	
总大肠菌群/（MPN/100mL 或 CFU/100mL）	不得检出
耐热大肠菌群/（MPN/100mL 或 CFU/100mL）	不得检出
大肠埃希氏菌/（MPN/100mL 或 CFU/100mL）	不得检出
菌落总数/（CFU/mL）	100
2. 毒理指标	
砷/（mg/L）	0.01

（续）

指　　标	限　　值
镉/（mg/L）	0.005
铬（立价）/（mg/L）	0.05
铅/（mg/L）	0.01
汞/（mg/L）	0.001
硒/（mg/L）	0.01
氰化物/（mg/L）	0.05
氟化物/（mg/L）	1.0
硝酸盐（以 N 计）/（mg/L）	10 地下水源限制时为 20
三氯甲烷/（mg/L）	0.06
四氯化碳/（mg/L）	0.002
溴酸盐（使用臭氧时）/（mg/L）	0.01
甲醛（使用臭氧时）/（mg/L）	0.9
亚氯酸盐（使用二氧化氯消毒时）/（mg/L）	0.7
氯酸盐（使用复合二氧化氯消毒时）/（mg/L）	0.7
3. 感官性状和一般化学指标	
色度（铂钴色度单位）	15
浑浊度（散射浑浊度单位）/NTU	1 水源与净水技术条件限制时为 3
臭和味	无异臭、异味
肉眼可见物	无
pH	不小于 6.5 且不大于 8.5
铅/（mg/L）	0.2
铁/（mg/L）	0.3
锰/（mg/L）	0.1
铜/（mg/L）	1.0
锌/（mg/L）	1.0
氯化物/（mg/L）	250
硫酸盐/（mg/L）	250
溶解性总固体/（mg/L）	1 000
总硬度（以 $CaCO_3$ 计）/（mg/L）	450
耗氧量（COD_{Mn}法，以 O_2 计）/（mg/L）	3 水源限制，原水耗氧量＞6mg/L 时为 5
挥发酚类（以苯酚计）/（mg/L）	0.002
阴离子合成洗涤剂/（mg/L）	0.3
4. 放射性指标[b]	指导值

（续）

指　标	限　值
总 α 放射性/（Bq/L）	0.5
总 β 放射性/（Bq/L）	1

ª MPN 表示最可能数；CFU 表示菌落形成单位。当水样检出总大肠菌群时，应进一步检验大肠埃希氏菌或耐热大肠菌群；水样未检出总大肠菌群，不必检验大肠埃希氏菌或耐热大肠菌群。

ᵇ 放射性指标超过指导值，应进行核素分析和评价，判定能否饮用

引自：《生活饮用水卫生标准》（GB 5749—2006）。

七、主要畜禽圈舍内环境质量要求

规模猪场舍内环境质量参数见表 3-4，奶牛舍热环境和通风参数见表 3-5 和表 3-6，羊舍环境参数推荐值见表 3-7，其他畜禽舍环境参数见表 3-8 和表 3-9。

表 3-4　猪舍内环境质量参数

猪舍环境参数			种公猪舍	空怀妊娠母猪舍	哺乳母猪舍	保育猪舍	生长育肥猪舍	哺乳仔猪保温箱
空气温度和相对湿度	空气温度（℃）	舒适范围	15～20	15～20	18～22	20～25	15～23	28～32
		高临界	25	27	27	28	27	35
		低临界	13	13	16	16	13	27
	相对湿度（%）	舒适范围	60～70	60～70	60～70	60～70	65～75	60～70
		高临界	85	85	80	80	85	80
		低临界	50	50	50	50	50	50
空气卫生指标	氨（mg/m³）		25	25	20	20	25	—
	硫化氢（mg/m³）		10	10	8	8	10	—
	二氧化碳（mg/m³）		1 500	1 500	1 300	1 300	1 500	—
	细菌总数（万个/m³）		6	6	4	4	6	—
	粉尘（mg/m³）		1.5	1.5	1.2	1.2	1.5	—
通风量与风速	通风量[m³/（h·kg）]	冬季	0.35	0.3	0.3	0.3	—	
		春秋季	0.55	0.45	0.45	0.45	0.5	
		夏季	0.7	0.6	0.6	0.6	0.65	
	风速（m/s）	冬季	0.3	0.2	0.15	0.2	0.3	
		夏季	1	1	0.4	0.6	1	
采光参数	自然光照	窗地比	1：10～12	1：12～15	1：10～12	1：10	1：12～15	—
		辅助照明（lx）	50～75	50～75	50～75	50～75	50～75	—
	人工照明	光照度（lx）	50～100	50～100	50～100	50～100	30～50	—
		光照时间（h）	10～12	10～12	10～12	10～12	8～12	—

（续）

注：1. 表中哺乳仔猪保温箱的温度是仔猪 1 周龄以内的临界范围，2～4 周龄时的下限温度可降至 26～24℃。表中其他数值均指猪床上 0.7m 处的温度和湿度。

2. 表中的高、低临界值指生产临界范围，过高或过低都会影响猪的生产性能和健康状况。生长育肥猪舍的温度，在月份平均气温高于 28℃ 时，允许将上限提高 1～3℃；月份平均气温低于 −5℃ 时，允许将下限降低 1～5℃。

3. 在密闭式有采暖设备的猪舍，其适宜的相对湿度比上述数值要低 5%～8%。

4. 通风量是指每千克活猪每小时需要的空气量。

5. 风速是指猪只所在位置的夏季适宜值和冬季最大值。

6. 在月份平均温度≥28 ℃的炎热季节，应采取降温措施。

7. 窗地比是以猪舍门窗等透光构件的有效透光面积为 1，与舍内地面积之比。

8. 辅助照明是指自然光照猪舍设置人工照明以备夜晚工作照明用。

引自：《规模猪场环境参数及环境管理》（GB/T 17824.3—2008）。

表 3-5　奶牛舍热环境参数表

类别	温度（℃）			相对湿度（%）		风速（m/s）		
	耐受范围	正常体热调节	适宜范围	上限值	适宜范围	夏季	冬季	过渡季节
犊牛	—	—	12～20	75	50～70	0.3～0.5	0.1～0.2	0.2～0.3
成年牛	−20～30	−15～25	10～18	85	50～70	0.8～1.0	0.3～0.4	0.5
空气质量	CO_2<0.3%，NH_3<15mg/m³，H_2S<0.8mg/m³，粉尘<3mg/m³							
光照	工作照明 100～200lx，夜间照明 5～10lx，光照时间 8～16h							

引自：李保明，施正香. 设施农业工程工艺及建筑设计. 北京：中国农业出版社，2005.
李如治. 家畜环境卫生学. 第 3 版. 北京：中国农业出版社，2003.

表 3-6　不同类型奶牛所需的通风量

单位：m³/（min·头）

奶牛生长阶段	冬季	夏季	过渡季节
0～2 月龄	0.42	2.83	1.42
2～12 月龄	0.57	3.68	1.70
12～24 月龄	0.85	5.10	2.26
成母牛（635kg 及以上）	1.42	13.31	4.81

引自：Bickert W G，Holmes B，Janni K，et al. Dairy freestall：housing and equipment (7th edition)，MWPS-7，2000.

表 3-7　羊舍环境参数推荐值

序号	项目	羔羊	成年
1	温度（℃）	10～25	5～30
2	相对湿度（%）	30～70	

（续）

序号	项目	羔羊	成年
3	风速（m/s）	0.15～0.5	0.2～1.0
4	照度（lx）	30	30～75
5	噪声（dB）	≤60	≤70

引自：《无公害食品畜禽场环境质量　第三部分羊场环境质量》（DB11/T 551.3—2008）。

表 3-8　畜禽场空气环境质量

序号	项目	缓冲区	场区	舍区			
				禽舍		猪舍	牛舍
				雏	成		
1	氨气（mg/m³）	2	5	10	15	25	20
2	硫化氢（mg/m³）	1	2	2	10	10	8
3	二氧化碳（mg/m³）	380	750	1 500		1 500	1 500
4	PM₁₀（mg/m³）	0.5	1	4		1	2
5	TSP（mg/m³）	1	2	8		3	4
6	恶臭（稀释倍数）	40	50	70		70	70

注：表中数据皆为日均值。

引自：《畜禽场环境质量标准》（NY/T 388—1999）。

表 3-9　舍区生态环境质量

序号	项目	禽		猪		牛
		雏	成	仔	成	
1	温度（℃）	21～27	10～24	27～32	11～17	10～15
2	相对湿度（%）	75		80		80
3	风速（m/s）	0.5	0.8	0.4	1.0	1.0
4	照度（Lx）	50	30	50	30	50
5	细菌（个/m³）	25 000		17 000		20 000
6	噪声（dB）	60	80	80		75
7	粪便含水率（%）	65～75		70～80		65～75
8	粪便清理	干法		日清粪		日清粪

引自：《畜禽场环境质量标准》（NY/T 388—1999）。

第二节　无公害畜禽场环境质量控制

环境质量控制的主要措施有科学选择场址、场区合理布局、提供清洁卫生饮用水以及完善环境调控设施和卫生防疫设施等。科学选址主要是调控养殖大环境，合理布局和完善设施建设可解决养殖小环境问题。改善圈舍环境质量，加强卫生防疫，可减少疾病发生，提高畜禽生产力和产品质量安全水平。

一、场址选择

卫生防疫安全、减少环境污染是畜禽场规划建设与健康养殖的最基本要求。场址选择必须综合考虑占地规模、场区内外环境、市场与交通运输条件、区域基础设施、生产与饲养管理水平等因素。场址选择不当，可导致整个畜禽场不但得不到理想的经济效益，污染周边环境，而且还会带来产品安全隐患。因此，场址选择是畜禽场建设的主要内容，无论是新建畜禽场，还是在现有设施基础上进行改建或扩建，选址时必须综合考虑自然环境、社会经济、畜群的生理和行为需求、卫生防疫条件、生产工艺、饲养技术、生产流通、组织管理和场区发展等各种因素，科学地、因地制宜地处理好相互之间的关系。

场址选择应从自然环境和社会环境两个方面进行综合考虑，既符合区域发展规划要求、不污染周边环境，同时又能满足畜禽生产所需的卫生防疫要求，使养殖环境能够保障畜产品质量安全。

（一）自然条件

畜禽养殖场自然条件主要包括地势地形、水源水质、土壤地质、气候因素等。

1. 地势地形　地势是指场地的高低起伏状况。地形是指场地的形状、范围以及地物（如山岭、河流、道路、草地、树林、居民点等）的相对平面位置状况。总体上，畜禽场应选在地势较高、干燥平坦及排水良好的场地，要避开低洼潮湿地，远离沼泽地。地势要向阳背风，以保持场区小气候温热状况的相对稳定，减少冬春季风雪的侵袭。

平原地区一般场地比较平坦、开阔，应将场址选择在较周围地段稍高的地方，以利排水防涝。地面坡度以 1%～3% 为宜。地下水位至少低于建筑物地基深埋 0.5m 以下。对靠近河流、湖泊的地区，场地应比当地水文资料中最高水位高 1～2m，以防涨水时被淹没。山区建场应选在稍平缓的坡上，坡面向阳，总坡度不超过 25%，建筑区坡度应在 2.5% 以内。坡度过大，不但在施工中需要大量填挖土方，增加工程投资，而且在建成投产后也会给场内运输和管理工作造成不便。山区建场还要注意地质构造情况，避开断层、滑坡、塌方的地段，也要避开坡底和谷地以及风口，以免受山洪和暴风雪的袭击。有些山区的谷地或山坳，常因地形地势限制，易形成局部空气涡流现象，致使场区内污浊空气长时间滞留、潮湿、阴冷或闷热，应注意避免。

场地地形宜开阔整齐，避免过多的边角和过于狭长。狭长场地影响建筑物的合理布置，拉长生产作业线，不利于场区的卫生防疫和生产联系。边角过多会增加防护设施等投资。

2. 水源水质　畜禽养殖生产过程需要大量用水，畜禽养殖场要有水质良好和水量丰富的水源，且便于取用和防护。水量能满足场内人畜饮用和其他生产、生活用水的需要，且在干燥或冻结时期也能满足场内全部用水需要。水质要清洁卫生，符合人、畜饮用水的卫生要求。没有充足的水源或者水质达不到用水卫生标准，将直接影响畜禽机体健康，进而影响畜禽产品安全。因此，畜禽场选址时一定要充分考虑水源情况，保证运营期间饮用水的稳定供应和卫生安全。一般来说，对水源考察时，需要了解场址周围地面水系分布情况，水源附近有无大的污染源，地下水水位、含水层及水质情况。

3. 土壤地质　土壤的透气性、吸湿性、毛细管特性及土壤化学成分等不仅直接和间接影响畜禽场的空气、水质及地上植被等，还影响土壤的净化作用。沙壤土最适合场区建设，但在一些客观条件限制的地方，选择理想的土壤条件很不容易，需要在规划设计、施工建造和日常使用管理上，设法弥补土壤缺陷。对施工地段工程地质状况的了解，主要是收集工地附近的地质勘察资料，地层的构造状况，如断层、陷落、塌方及地下泥沼地层。对土层土壤的了解也很重要，如土层土壤的承载力，是否是膨胀土或回填土。膨胀土遇水后膨胀，导致基础多破坏，不能直接作为建筑物基础的受力层；回填土土质松紧不均，会造成建筑物基础不均匀沉降，使建筑物倾斜或遭受破坏。遇到这样的土层，需要做好加固处理，严重不便处理的或投资过大的则应放弃选用。此外，了解拟建地段附近的土质情况，对施工用材也有意义，如砂层可以作为砂浆、垫层的骨料，可以就地取材，节省投资。

4. 气候因素　气候因素主要是指与建筑设计有关和造成养殖场小气候的气候气象条件。规划畜禽场时，需要收集拟建地区与建筑设计有关和影响畜禽场小气候的气候气象资料，如平均气温、绝对最高气温、最低气温、土壤冻结深度、降水量与积雪深度、最大风力、常年主导风向、风向频率、日照情况等。气温资料对养殖场防暑、防寒日程安排，及畜禽舍朝向、防寒与遮阳设施的设计等均有重要意义。风向、风力、日照情况与畜禽舍的建筑方位、朝向、间距、排列次序均有关系。各地均有民用建筑施工设计规范和标准，在畜禽舍建筑施工计算时可以参照使用。

（二）社会条件

选择畜禽养殖场场址时，还应充分考虑社会条件，包括城乡建设规划、交通运输、水电供应、卫生防疫、土地征用、周边环境等。

1. 城乡建设规划　在我国现阶段及未来一个时期内，城乡建设将呈现和保持较快的发展态势。因此，畜禽养殖场场址选择应符合区域和产业发展规划要求，与区域功能定位相适应。要符合本地区农牧业发展总体规划、土地利用发展规划、城乡建设发展规划和环境保护规划等。养殖场的选址应考虑城镇和乡村居民点的长远发展。不要在城镇建设发展方向上选址，以免影响城乡人民的生活环境，造成频繁的搬迁和重建，造成不必要的经济损失。

禁止在下列区域内建设畜禽养殖场：生活饮用水的水源保护区、风景名胜区以及自然保护区的核心区和缓冲区；城镇居民区、文化教育科学研究区等人口集中区域；法律、法规规定的其他禁养区域。另外，自然灾害多发地带、自然环境污染严重的地区，不宜建设畜禽养殖场。除在禁养区域不得建设畜禽场之外，畜禽场选址涉及禁养区域边界时，在遵循场界与禁建区域边界的最小距离符合畜禽防疫、畜禽场缓冲区设计要求时，根据当地的常年主导风向、风频等气象条件，尽可能选在保护目标的下风下水方位，尽可能降低畜禽场对周边环境产生污染的风险。

2. 卫生防疫要求　为防止畜禽场受到周围环境的污染，选址时应避开居民点的污水排出口，不能将场址选在化工厂、屠宰场、制革厂等容易产生环境污染企业的下风向处或附近。从动物卫生防疫角度讲，畜禽饲养场选址应当符合下列条件：距离生活饮用水源地、动物屠宰加工场所、动物和动物产品集贸市场 500m 以上；距离种畜禽场 1 000m 以上；距离动物诊疗场所 200m 以上；畜禽饲养场（养殖小区）之间距离不少于 500m；距离动物隔离场所、无害化处理场所 3 000m 以上；距离城镇居民区、文化教育科研等人口集中区域及公路、铁路等主要交通干线 500m 以上。场区周围可以利用树林或自然山丘等作为绿色隔离带，起到绿化美化环境、阻断疫病传播途径的天然屏障作用。

3. 交通运输条件　畜禽场每天都有大量的饲料、粪便、畜禽产品进出，因此在满足卫生防疫的前提下，场址应尽可能接近饲料产地和加工地，靠近产品销售地，确保其有合理的运输半径。大型集约化商品畜禽养殖场，其物资需求和产品供销量非常大，对外联系密切，故应保证交通方便，场外应通有公路，但应远离交通干线。

4. 水电供应情况　供水及排水要统一考虑，水源水质的选择前面已谈到，拟建场区附近如有地方自来水公司供水系统，可以尽量引用，但需要了解水量水质能否满足畜禽场的需要。畜禽场生产、生活用电都要求有可靠的供电条件，一些畜禽生产环节如孵化、育雏、机械通风、挤奶厅等的电力供应必须保证。通常建设畜禽场要求有Ⅱ级供电电源。在Ⅲ级以下供电电源时，则需自备发电机，以保证场内供电的稳定可靠。为减少供电投资，应尽可能靠近输电线路，以缩短新线路铺设距离。

5. 土地征用需要　应遵守节约、合理利用土地的原则，不占用基本农田，尽量利用荒地和劣地建场。大型养殖场分期建设时，场址选择应一次完成，分期征地。近期工程应集中布置，征用土地满足本期工程所需面积。远期工程可预留用地，随建随征。征用土地可按场区总平面设计图计算实际占地面积。土地证用面积估算见表 3-10。

表 3-10　土地征用面积估算表

场别	饲养规模	占地面积（m²/头）	备注
奶牛场	100~400 头成乳牛	160~180	按成乳牛计
肉牛场	年出栏育肥牛 1 万头	16~20	按年出栏量计
种猪场	200~600 头基础母猪	75~100	按基础母猪计
商品猪	600~3 000 头基础母猪	5~6	按基础母猪计
绵羊场	200~500 只母羊	10~15	按成年种羊计
山羊场	200 只母羊	15~20	按成年母羊计
种鸡场	1 万~5 万只种鸡	0.6~1.0	按种鸡计
蛋鸡场	10 万~20 万只产蛋鸡	0.5~0.8	按种鸡计
肉鸡场	年出栏肉鸡 100 万只	0.2~0.3	按年出栏量计

6. 周边环境协调　应根据区域负荷控制一定区域范围内的饲养密度，根据当地种植业生产与土地利用情况，将畜禽粪便进行发酵等无害化处理后还田，实行土地消纳，使畜禽废弃物变废为宝，实现零排放，促进畜禽养殖业与环境的可持续发展。这样既有利于改善畜禽场空气环境质量，又能与当地环境容量相协调。另外，畜禽场的辅助设施，特别是蓄粪池，一定要避开邻近居民的视线，应尽量利用树木等将其遮挡。多风地区的夏秋季节，良好的通风有利于畜禽场及周围难闻气味的扩散，但也易对大气环境造成不良影响。因此，畜禽场的蓄粪池应尽可能远离周围住宅区，并要采取防范措施，建立良好的邻里关系。仔细核算粪便和污水的排放量，以准确计算粪便的储存能力，并在粪便最易向环境扩散的季节里，储存好所产生的所有粪便，防止深秋至来年春天因积雪、冻土或水涝使粪便发生流失和扩散。

二、场区布局

1. 场区布局原则　场区合理布局是保障无公害畜禽安全生产的重要措施。场区布局是在养殖场范围内对各类建筑物进行功能组团与合理分区，是养殖场规划设计的重要组成部分。养殖场场区布局应本着因地制宜、科学饲养、环保高效的原则，合理布局，统筹安排。综合考虑周围情况，有效利用场地的地形、地势、地貌，并为今后的进一步发展留有空间。场区建筑物的布局在做到紧凑整齐，兼顾防疫要求、安全生产和消防安全的基础上，提高土地利用率、节约用地。场区各建筑物布局是否合理，直接影响基建投资、经营管理、生产组织、劳动生产率、经济效益、场区的环境状况与防疫卫生。因此，场区合理布局至关重要，应遵循以下原则：

根据不同畜禽场的生产工艺设计要求，结合地区的气候条件、场地的地形地势及周围的环境特点，因地制宜地进行场区的功能分区，合理布置各种建（构）筑物，满足生产使用功能，创造经济的生产环境和良好的工作环境。充分利用原有的地形、地势，尽量减少土石方工程量和基础设施工程费用，减少基本建设费用。合理组织场内外的人流和物流，创造最有利的环境条件和生产联系，实现高效生产。保证建筑物具有良好的朝向与间距，满足采光、通风、防疫和防火的要求。养殖场建设必须考虑粪尿、污水及其他废弃物的处理和资源化利用，确保其符合清洁生产的要求。在满足生产要求的前提下，建（构）筑物布局紧凑，节约用地，少占或不占可耕地。应充分考虑今后的发展，留有发展余地。特别是对生产区的规划，在占地满足当前使用功能的同时，必须兼顾将来技术进步和改造的可能性，可按照分阶段、分期、分单元建场的方式进行规划，以确保达到最终规模后总体的协调和一致。

2. 功能分区及要求　畜禽养殖场一般分生活管理区、生产区、辅助生产区、隔离区和粪污处理区等功能区。各功能分区应符合以下要求：

生活管理区和辅助生产区位于场区常年主导风向的上风处和地势较高处，隔离区和粪污处理区位于场区常年主导风向的下风处和地势较低处（图3-1）。地势与主导风向不是同一个方向，而按防疫要求又不好处理时，则应以风向为主。地势的矛盾可以通过挖沟设障等工程设施和利用偏角（与主导风向垂直的两个偏角）等措施来解决。

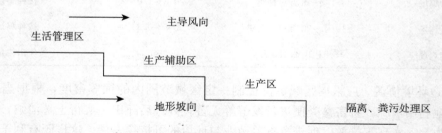

图3-1　畜禽场按地势和风向的功能分区规划图

生产区与生活管理区、辅助生产区设置围墙或树篱严格分开，生产区配备相应设施防止场外人员直接进入生产区。严格控制非生产人员出入生产区，出入人员和车辆必须进行严格消毒。在生产区入口处设置更衣消毒室和车辆消毒设施，各养殖栋舍出入口设置消毒池或者消毒垫。生产区内清洁道、污染道分设。生产区内与场外运输、物品交流较为频繁的有关设施，如挤奶厅、人工授精室、家畜装车台、销售展示厅、蛋库等，应布置在靠近场外道路的地方，并通过围墙、林带与生产区隔开，尽量避免相关车辆进入生产区。

生产辅助区的设施要紧靠生产区布置。饲料仓库的卸料口开在辅助生产区内，取料口开在生产区内。杜绝外来车辆进入生产区，保证生产区内外运料车互不交叉使用。青贮、干草、块根等多汁饲料及垫草等大宗物料的储存场地，应按照储用合一的原则，布置在靠近畜禽舍的边缘地带，并且要求储存场地排水良好，便于机械化装卸、粉碎加工和运输。干草棚等粗饲料库设在生产区下风口且地势高处，与周围建筑物的距离符合国家现行的防火规范要求。

生活管理区应在靠近场区大门内侧集中布置。隔离区与生产区之间应设置适当的卫生间距和绿化隔离带。区内的粪污处理设施也应与其他设施保持适当的卫生间距，与生产区有专用道路相连，与场区外有专用大门和道路相通。病畜隔离区应有围墙和独立通道，与外界相对独立，便于消毒和污物处理等。

综合考虑防疫、采光与通风状况，生产区内各养殖栋舍之间距离应在 5m 以上或者有隔离设施。我国地处北纬 20°～50°，太阳高度角冬季小、夏季大，故畜禽舍朝向在全国范围内均以南向（即畜禽舍长轴与纬度平行）为好。冬季有利于太阳光照进入舍内，提高舍内温度；夏季阳光则照不到舍内，可避免舍内温度升高。由于地区的差异，综合考虑当地地形、主导风向以及其他条件，畜禽舍朝向可因地制宜向东或向西作 15°的偏转。南方夏季炎热，以适当向东偏转为宜。

三、畜禽饮用水质量控制

畜禽饮用水主要来源于自来水、自备井和地表水，不同的水源应采取不同的质量卫生控制措施。应定期检测畜禽饮用水质量卫生状况，确保达标使用。定期检查传送管道、水塔、水槽等供水设施设备，保证水质在贮存、传送过程中无污染。自备井应建在畜禽场粪便堆放处理场等污染物的上方和地下水的上游，水量要丰富，水质良好，取水方便。避免在低洼沼泽或者容易积水的地方打井。水井附近 30m 范围内，不得建有渗水的厕所、渗水坑、粪坑、垃圾堆等污染源。地表水是暴露在地表面的水源，受污染的机会多，含有较多的悬浮物和细菌，如果作为畜禽饮用水，应进行净化和消毒处理，使之满足畜禽饮用水水质标准。净化的方法有混凝沉淀法和过滤法，消毒方法有物理消毒法（如煮沸消毒）和化学消毒法（如氯化消毒）。

四、设施设备配置

（一）各功能区设施组成

畜禽养殖场基础设施设计和建造时，应将为畜禽创造适宜环境和提高生产力作为主要目标，并遵循以下原则：根据当地气候特点和生产要求选择畜禽设施类型和构造方案；尽可能采用科学合理的生产工艺，并注意节约用地；在满足生产要求的情况下，通过设施的合理投入，降低生产成本。

生活管理区包括办公室、接待室、会议室、技术资料室、监控室、化验室、场内人员淋浴消毒更衣室、食堂餐厅、职工值班宿舍、厕所、传达室、围墙、大门，以及外来人员更衣消毒室和车辆消毒设施等。其中，办公室、人员淋浴、消毒、更衣室等，宜靠近场部大门，以利对外联系及防疫。

生产区是畜禽场的主体部分。生产区的主体是畜禽舍，应根据其互相关系，结合现场条件，考虑光照、风向等环境因素，进行合理布置。因幼畜禽容易感染疫病，幼畜禽舍要设在生产区的上风向。隔离舍是病原微生物相对集中的场所，需设在生产区的下风向，并与其他畜禽舍有一定的距离要求。

生产辅助区主要由饲料库、兽医室、饲料加工车间和供水、供电、供热、维修、仓库等建筑设施组成。饲料库与饲料加工间应靠近场部大门，并有直接道路对外联系。一般饲料区约占全场面积的25%～30%，用于工程防疫的设施及给排水设施约占全场面积的3%～5%，生活、锅炉等建筑用地约占全场面积的6%～8%。生产辅助区与生产区有道路相连，但要注意保持适当的隔离距离和配置必要的工程防疫设施。

粪污处理与隔离区内主要有兽医室、隔离畜禽舍、畜禽尸体解剖室、畜禽病尸高压灭菌或焚烧处理设备间、粪便和污水储存与处理设施。这些设施通常是污染集中的场所，需设在生产区的下风向，并离畜禽舍有不小于50m的距离要求。

规模化养鸡场、养猪场、羊牛场的建筑设施组成分别参见表3-11、表3-12和表3-13。

表3-11　规模化鸡场建筑设施组成

类别	生产建筑设施	辅助生产建筑设施	粪污处理与隔离区设施	工程配套设施	生活与管理建筑
蛋鸡场	育雏舍、育成舍、蛋鸡舍	消毒门廊、消毒沐浴室、饲料加工间、饲料库、蛋库、物料库	兽医化验室、病死禽无害化处理设施、污水及粪便处理设施	场区工程、汽车库、修理间、变配电室、发电机房、水塔、蓄水池和压力罐、水泵房、通信设施	办公用房、食堂、宿舍、大门、门卫间、厕所
肉鸡场	育雏舍、肉鸡舍				

表3-12　规模化养猪场建筑设施组成

生产建筑设施	辅助生产建筑设施	配套设施	生活与管理建筑
配种舍（含公猪）、妊娠舍、分娩哺乳舍、仔猪培育舍、育成舍、育肥舍、装卸猪台	消毒沐浴室、兽医化验室（含病猪隔离间）、病死猪无害化处理设施、饲料加工间与饲料库、物料库、污水及粪便处理设施	场区工程、汽车库、修理间、变配电室、发电机房、水塔、蓄水池和压力罐、水泵房、通讯设施等	办公用房、食堂、宿舍、大门、门卫间、厕所

表3-13　规模化养牛场建筑设施组成

类别	生产建筑设施	辅助生产建筑设施	配套设施	生活与管理建筑
奶牛场	成乳牛舍、青年牛舍、育成牛舍、犊牛舍或犊牛岛、产房、挤奶厅	消毒沐浴室、兽医化验室（病畜隔离间）、病死牛无害化处理设施、饲料加工间、饲料库、青贮窖、干草房、物料库、污水及粪便处理设施	场区工程、汽车库、修理间、变配电室、发电机房、水塔、蓄水池和压力罐、水泵房、通信设施等	办公用房、食堂、宿舍、围墙、大门、门卫间、厕所
肉牛场	母牛舍、后备牛舍、育肥牛舍、犊牛舍			

畜禽舍布置应根据实际生产规模和地形条件决定，畜禽舍布置主要有单列式、双列式和多列式等形式（图3-2）。单列式布置形式便于将净道（饲料道）与污道（粪便道）分别设置在两侧，不会产生交叉，但会使道路和工程管线线路过长。适于小规模场或者因场地狭窄受限的养殖场，地面宽度足够的大型场不宜采用。双列式是畜禽场最常使用的布置形式，其优点是既能保证场区净污分流明确，又能缩短道路和工程管线的长度。双列式布置时，应尽量避免净污道交叉。大规模场可采用多列式布置，但需要重点解决场区道路的净污分流，避免因线路交叉而引起互相污染。

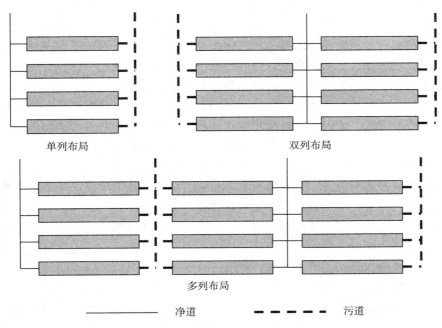

图3-2 畜禽舍畜舍建筑布置示意图

每栋圈舍独立成为一个单元，有利于防疫隔离。各圈舍之间保持一定的间距，其间距大小一般综合考虑采光、通风、防疫和防火等要求，一般为檐口高度的3～5倍。奶牛场的运动场最好设置在牛舍南侧，场地要宽敞（20m²/头），并设置凉棚、饮水池，水池周围地面须硬化。运动场四周可种植树冠大的乔木，夏日遮阳，但冬季不能遮挡光线。

（二）舍内环境调控

1. 温湿度调控

（1）防暑降温技术与设备 在高温高湿的气候下，防暑措施非常重要，可从圈舍结构设计、方位及场址选择等方面着手，也可根据当地气候条件适当配备风机、喷雾降温、湿帘降温、水冷或空气冷却机等防暑降温设备。结构设计主要包括屋顶使用隔热材料或隔热涂料、屋顶开天窗、采用开放或半开放的畜舍、外遮阳等，减少日照、降低日射吸收量，加强自然通风效果，以达到防暑降温的目的。

目前，生产实践中普遍使用的降温技术主要有生态法调温、喷雾降温、通风和湿帘降温。生态法调温是借鉴日光温室和植物群落蒸发降温与隔热原理，寒冷季节在圈舍两侧建立塑料薄膜温室。白天天气晴朗时温室内热气体经进气口进入畜禽舍内与原有气体混合换热后由排气筒排出，晚间则由于温室墙体和土壤的储热作用，圈舍内温度也不会迅速降低而造成冷热应激。在炎热夏季，种植在圈舍两侧的高秆饲用玉米和攀附于畜禽舍屋顶及墙体的绿萝，因植物的蒸发作用和遮阳而使舍内空气温度低于周围，这种玉米田里的低温湿空气被吸入舍内，可以有效解决舍内不良的高温状态，降低高温对畜禽的热应激。

喷雾降温系统由连接在管道上的各种型号的雾化喷头、压力泵组成。用高压嘴将低温的水喷成雾状，随着湿度的增加，热能（太阳光线＋禽体热）转化为蒸发能，数分钟内温度即降至所需值。采用喷雾降温时，水温越低、空气越干燥，降温效果越好。这种系统可同时用作消毒。但喷雾会造成舍内空气湿度提高，故在湿热天气和潮热地区不宜使用。

湿帘降温系统一般由湿帘、风机、循环水路和控制装置组成。湿帘通常有普通型介质和加强型介质两种，普通型介质由波纹状的纤维纸黏结而成，通过在造纸原材料中添加特殊的化学成分、特殊的后期工艺处理制成，具有耐腐蚀、强度高、使用寿命长等特点。加强型介质是通过特殊工艺在普通型介质的表面加上黑色硬质涂层，使纸垫便于刷洗消毒，有效地解决了空气中各种飞絮的困扰，遮光、抗鼠，使用寿命更长。湿帘降温系统是利用热交换的原理，给空气加湿和降温。通过供水系统将水送到湿帘顶部，从而将湿帘表面湿润，当空气通过湿帘时，水与空气充分接触，使空气温度降低，达到降温目的，降温效果显著。夏季可降温5～8℃，气温越高降温幅度越大。该系统投资少、耗能低，被称为"廉价的空调"。

（2）防寒保暖技术与设备　在我国东北、西北、华北等寒冷地区，冬季气温低，持续期长，四季及昼夜气温变化大。低温寒冷会对畜牧业产生极为不良的影响。因此，寒冷是制约我国北方地区畜牧业发展的主要限制因素。在寒冷地区修建隔热性能良好的畜禽舍，是确保畜禽安全越冬并进行正常生产的重要措施。对于产仔舍和幼畜舍，除确保畜舍隔热性能良好之外，还需通过采暖保证幼畜要求的适宜温度。

畜禽舍设施保温应考虑冬季低限热阻，并加强屋顶和天棚的保温隔热设计。在圈舍外围护结构中，散失热量最多的是屋顶与天棚，其次是墙壁、地面。与屋顶、墙壁比较，地面散热在整个外围护结构中虽然位于最后，但由于畜禽直接在地面上活动，所以畜禽舍地面的热工状况会直接影响畜禽的生产性能。此外，圈舍形式与保温有密切关系，在热工学设计相同的情况下，大跨度圈舍、圆形圈舍外围护结构的面积相对地比小型圈舍、小跨度圈舍小。所以，大跨度圈舍和圆形圈舍通过外围护结构的总失热量也小，所用建筑材料也省。同时，圈舍的有效面积大、利用率高，便于采用先进的生产技术和生产工艺，实现畜牧业生产过程的机械化和自动化。

在严寒冬季，仅靠建筑保温难以保障畜禽要求的适宜温度。因此，必须采取供暖设备，尤其是幼畜和雏禽舍。当圈舍保温不好或舍内过于潮湿、空气污浊时，为保持适宜的温度和通风换气，也必须对圈舍供暖。圈舍采暖分集中采暖和局部采暖。常用圈舍供暖设备有热风炉式空气加热器、暖风机式空气加热器、太阳能式空气加热器、电热保温伞、电热地板、红外线灯保温伞、加热地板和电热育雏笼等。

2. 光环境调控　不同畜禽品种、同一品种的不同生长阶段，对光照的生物学反应程度均有不同。在实际生产中，通常采用自然采光或者人工照明来满足畜禽养殖生产的需要。只要合理设计圈舍朝向、窗户数量、窗户位置和大小、形状以及窗户间距等，自然采光可获得良好的采光效果。

人工照明有两个目的，一是补充自然采光的不足；二是按畜禽生物学要求建立适当的光照制度，提高畜禽生产力。人工照明一般可在早、晚延长照明时间，也可根据自然照度系数确定补充光照度来满足畜禽的生物学需求，尤其是在现代养鸡生产中人工光照应用普遍。

3. 通风换气　通风换气是调控圈舍空气环境质量的重要措施。在气温较高时，通常采取措施加大空气流动，使畜禽感到舒适，进而缓解高温引起的不良反应。换气是指引进舍外的新鲜空气，排除舍内的污浊空气，以改善畜舍空气环境状况。通风与换气在含义上不但有所区别，而且在数量上也有所差异，通常通风和换气是结合在一起的，即通风时起到换气作用。

通风换气工艺设计应满足下列要求：详细掌握圈舍通风系统的通风方式，每台风机的排风量、舍内静压、进风口的大小、风速、风的走向等。根据外界温度的变化、设定一天中不同时段的舍内目标温度值，根据目标温度值确定风机及进风口的数量和开启角度、大小。维持适宜气温，保持舍内温度和风速的均匀，不使其发生剧烈变化、不留死角，防止通风不足和通风过度。通风可排除圈舍内多余的水汽，使空气中的相对湿度保持在适宜状态，防止水汽在物体表面凝结；减少圈舍空气中的微生物、灰尘以及圈舍内产生的氨、硫化氢和二氧化碳等有害气体。有条件的养殖场，尤其是规模化集约化养禽舍最好使用自动温度控制系统，以达到随时调整风机的目的。

通风设备应在计算通风量的基础上设置。机械通风设备包括通风机、进气口和配气管道。风机可分为轴流式风机和离心式风机两种。生产实践中多采用轴流式风机。进气口分为开口式进气口、缝隙式进气口等。配气管是由管道分布新鲜空气的正压式或联合式通风系统，适合于冬季通风，应用范围较广。

圈舍结构、风机设计模式、进风口位置决定了通风所采取的方式，不论是横向通风还是纵向通风，通风管理的最终目标是实现圈舍要求的目标温度值，使舍内风速均匀、空气清新。通风管理要在考虑畜禽饲养密度和生长阶段的基础上，决定开启风机和进风口的数量与角度。

五、场区环境质量控制

（一）工程防疫措施

通过工程隔离、合理分区、有效消毒手段等，阻止其他动物进入场区，防止交叉感染，创造有利于动物卫生防疫和净化场区环境卫生的工程技术，称为工程防疫。工程防疫的主要措施有：畅通生产功能联系，保持良好的建筑设施布局，配备良好的雨、污水分流排放系统，采取因地制宜的绿化隔离措施等。工程防疫的建设内容主要有以下几方面。

1. 隔离　畜禽场应有明确的场界，按照缓冲区、场区、畜禽舍实施三级防疫隔离。场区内各功能区之间应保持 50m 以上的距离。无法满足时，应通过设置围墙、防疫沟、种植树木等加以隔离。不同生理阶段的畜禽，可实施分区饲养。场区内隔离舍、病畜舍、尸体解剖室、病死畜禽处理间等设施应设在场区常年下风向处，距离生产区的距离不应小于 100m，并设置绿化隔离带。

规模较大的场区，四周应建较高的围墙或坚固的防疫沟，以防止场外人员及其他动物进入场区。为了更有效地切断外界的污染因素，必要时可往沟内放水。但这种防疫沟造价较高，也很费工。采用刺网隔离不能达到安全目的，最好采用密封墙，以防止野生动物侵入。在场内各区域间，也可设较小的防疫沟或围墙，或结合绿化培植隔离林带。不同年龄的畜

（禽）群，最好不集中在一个区域内，并使它们之间保持足够的卫生防疫距离（100～200m）。场区周围可以栽种具有杀菌功能的树木，如银杏、桉树、柏树等，既能起到防护林的作用，又可以绿化环境、改善场区小气候。鸡场场区内及场界周围 20m 范围以内不宜种植高大树木。场内各区域间应修筑沟渠，疏导地面雨水的流向，阻隔流水穿越畜禽舍，防止交叉污染。

2. 场区内配备工程防疫设施 在对外的大门及各区域入口处、畜禽舍入口处，应设置相应的消毒设施，如车辆消毒池、人的脚踏消毒槽或喷雾消毒室、更衣换鞋间等。车辆消毒池的进出口处应设 1：8～1：10 的坡度和地面连接，宽度应与大门同宽，长不小于4 000mm，深不少于 300mm，以淹没车轮胎外圈橡胶为宜。消毒池应有防渗漏措施，底部设置排水孔。人员消毒通道或消毒室内应配置紫外线照射装置、消毒池、消毒湿槽或高压喷雾消毒设施。同时应强调安全时间（3～5min），通过式（不停留）的紫外线杀菌灯照射达不到消毒目的，应安装定时通过指示器严格消毒时间。场内应设置淋浴更衣室、衣帽消毒室、兽医室、隔离舍、装卸台、尸体解剖室、病死畜禽处理间等设施，并配备场内专用衣服、鞋帽。

3. 舍内配备工程防疫设施 畜禽舍的地面、墙壁、顶棚应便于清洗，并能耐受酸、碱等消毒药液的清洗消毒，安装的设备基础、脚垫等应牢固、填实、便于清洗，不留清理死角。

4. 粪污无害化处理 堆粪场地标高应与污道末端形成较大的落差，防止粪堆充盈后由污道反向延伸，污染生产场区，造成环境污染。污水走地下管道，由始端到末端以 1‰、2‰、3‰三级倾斜的坡度流向污水池。加强粪污无害化处理和综合利用，避免对环境造成污染。

对畜禽养殖场的所有工程防疫技术设施，必须建立严格的管理制度，否则会流于形式。工程防疫设施能否行之有效，要与防疫生物技术措施结合，形成综合防制体系才能发挥作用。工程防疫能否做好，需要从工程设计、施工投产及日常管理等方面，自始至终给予关注、重视并贯彻落实。

（二）畜禽场环境污染物控制

畜禽场的环境污染主要有恶臭污染、粪便污染、污水污染、病原微生物污染、药物污染和畜禽尸体污染等。要建设与畜禽饲养规模相配套的各种设施设备，并采取有效的污染物排放控制措施。

1. 恶臭污染控制措施 按照畜禽的营养需要科学合理地配制日粮，使氨基酸等各种营分达到平衡，提高饲料的利用率，减少粪尿中氨氮化合物、含硫化合物等恶臭气体的产生和排放。合理调整日粮中纤维素的水平，提高粗纤维质量，减少吲哚和粪臭素的产生。在饲料中科学使用微生物制剂、酶制剂等活性物质，减少粪便中恶臭气体的产生。及时清除和处理畜禽圈舍内的粪便、污物和污水，减少粪尿贮存过程中恶臭气体的产生和排放。在畜禽粪便中添加沸石粉、丝兰属植物提取物等，抑制恶臭扩散或者除臭。根据实际情况，适当增加垫料厚度或者在垫料中添加沸石粉、丝兰属植物等物质，也可达到除臭效果。

2. 粪便污染控制措施 已建、新建、改扩建的畜禽场应同步建设相应的粪便处理设施。采用种养结合的畜禽场，粪便还田前必须经过无害化处理，按照土壤质地以及种植作物的种类确定施肥数量。施入农田后应尽快将粪便混合到土壤中，裸露时间不宜超过 12h，不在冻土或者冰雪覆盖的土地上施粪。对于没有足够土地消纳的畜禽场，可根据实际情况采用堆肥发酵、沼气发酵、粪便脱水干燥等方法，对粪便进行无害化处理。

3. 污水污染控制措施　采用干清粪工艺收集粪便，减少污水量。采用清污分流和雨污分流，减少污水处理量。采用自然和生物方法处理污水，实现达标排放。对于种养结合的畜禽场，可将污水进行无害化处理，达到农田灌溉水质标准后用于农田灌溉，实现污水的循环利用。若使用次氯酸钠消毒，灌溉旱作时污水中"余氯"浓度应小于 1.5mg/L，灌溉蔬菜时小于 1.0mg/L。对于没有足够土地消纳能力的畜禽场，可根据当地实际情况采用综合处理措施，如经生物发酵浓缩成商品液体有机肥料；采用沼气发酵，对沼渣、沼液进行农业综合利用，及时将沼渣运至粪便储存场所，沼液尽量还田利用，避免二次污染。若采用管道运输污水，应定期检查、维护管道，避免出现跑、冒、滴、漏现象。若用车辆运输污水，应采用封闭运送车，避免运输过程中污水洒漏。

4. 其他有毒有害物质污染控制措施　畜禽场其他有毒有害物质引起的环境污染也不容忽视，必须采取有效措施予以控制。这些有毒有害物质包括畜禽粪尿中的重金属、药物残留、病原微生物等，以及病死畜禽、环境消毒药残留、鼠药残留等。科学配制畜禽日粮，严格规范使用铜、锌等微量元素饲料添加剂，严格控制砷、镉等饲料卫生指标。当畜禽粪尿中重金属等有毒有害物质含量超标时，应进行回收、集中处理，避免由于其累积造成对环境的污染。进行环境消毒、空气消毒、带畜（禽）消毒、用具消毒时，尽量选择适用性广泛、杀菌力和稳定性强、不易挥发、不易变质，且对人畜危害小，不易在畜产品中残留，对圈舍、器具腐蚀性小的消毒药。严禁随意丢弃病死畜禽。严格按照国家有关规定，对病死畜禽进行无害化处理。

第三节　无公害畜禽场环境监测评价

环境监测评价是根据无公害畜产品养殖环境的要求，从产地环境、社会经济及工农业生产对养殖环境质量的影响入手，重点调查产地及周边环境质量现状、养殖场环境质量、发展趋势及区域污染控制措施。包括产地环境现状调查、畜禽场环境监测和畜禽场环境评价三部分。

一、产地环境状况调查

（一）调查内容

产地环境状况调查的内容包括产地自然环境特征、社会经济环境概况、水环境、环境空气质量、污染源概况和生态环境保护措施等。

自然环境特征调查的内容包括畜禽养殖场所在地的自然地理、气候与气象、水文状况、自然灾害和疫病发生等。自然地理调查包括产地所在地的地理位置（经度、纬度）、距公路的距离、养殖区域面积、产地所在区域地形地貌特征。气候与气象调查包括产地所在地的主要气候特征，如主导风向、风速、年均气温、年均相对湿度、年均降水量等。水文状况包括河流、水系、地面、地下水源特征及利用情况。自然灾害和疫病发生包括结核病、布鲁菌病等人畜共患病发生情况、畜禽传染性疫病发生情况。社会经济环境概况调查包括行政区划、主要道路、人口状况，工业布局和农田水利，农、林、牧、渔业发展情况，养殖用地等土地利用规划与利用状况，以及当地畜禽产品质量安全水平及主要影响因素等。水环境调查包括畜禽饮用水来源、水量、水质及污染情况。环境空气质量调查包括畜禽养殖场所在区域的环境空气质量，空气污染的种类、性质以及数量等，畜禽圈舍内部的环境空气质量，如氨气、硫化氢、恶臭以及可吸入颗粒物等。污染源概况调查包括工矿污染源分布及污染排放情况，所在地周边医院、动物诊疗所和集贸市场的污染排放情况，兽药、饲料等投入品使用情况，畜禽粪便和病死畜禽处理和综合利用情况，生活废弃物排放情况，以及污染源对环境生态的影响与危害情况等。生态环境保护措施调查包括畜禽粪便无害化处理与资源化利用情况、病死畜禽及其产品无害化处理情况，工业"三废"处理与利用情况等。

（二）调查方法

采用资料收集、现场调查和召开座谈会等形式相结合的方法。资料收集主要收集近 3 年来农业生产部门（包括种植业、养殖业和农产品初级加工部门）、环境监测部门与被调查区产地环境质量状况的监测数据和报告资料。当资料收集不能满足需要时，应进行现场调查和实地考察。实地调查产地周围 1km 以内工矿企业污染源分布情况（包括企业名称、产地、生产规模、方位、距离）、养殖场分布情况；调查产地周围 3km 范围内生活垃圾填埋场、工业固体废弃物和危险废弃物堆放和填埋场、电厂、灰厂等情况；调查产地自身农业生活对养殖环境的影响，调查水源及水质情况，调查是否符合动物防疫的要求。对与评价项目有密切关系的指标，如畜禽场空气质量、畜禽饮用水等，应进行全面、详细的调查。对重要的环境质量指标应有定量的数据并作出分析或评价，对一般自然环境与社会环境的调查应根据实际情况适当增减。

（三）总结分析与编制报告

汇总现场调查所得到的各种资料、数据，编制现场调查报告，分析得出影响畜禽产品质量安全的主要环境因子，提出免测或者检测指标计划。调查报告应全面、概括地反映环境质量调查的全部工作，文字简洁、准确，并尽量采用图表。原始数据、全部计算过程等不必在报告中列出，必要时可编入附录。所参考的主要文献应按其发表的时间次序由近至远列出目录。调查报告的主要内容包括描述调查任务来源、调查单位、调查人员和调查时间；描述产地位置、地形、地貌，气象（主导风向、气温、年均相对湿度、年均降水量），水源状况（水量、水质情况），自然灾害情况，畜牧业生产状况，兽药、饲料投入品使用情况等。综合水文状况和水环境调查，提出畜禽饮用水的检测和免测指标参数，说明理由依据，制定采样方法和检测分析方法以及采样检测计划。综合环境空气质量等调查，提出畜禽圈舍内生态环境检测和免测指标参数，说明理由依据，制定采样方法和检测分析方法以及采样检测计划。综合污染源概况和生态环境保护措施调查，提出畜禽养殖废弃物检测和免测指标参数，说明理由依据，制定采样方法和检测分析方法。综合产地环境调查和当地畜禽产品质量安全调查，提出影响畜禽产品质量安全的、需要检测的其他养殖环境指标参数。

二、畜禽场环境监测

对畜禽场生态环境、空气环境、水环境以及废弃物排放进行定期监测，可及时了解舍内、场区内部及场外环境的卫生状况。根据现行有效标准判断环境质量是否达标，判断污染物的分布情况，追溯污染物的污染途径和污染趋势，以便采取相应措施避免畜产品安全和生态安全事件的发生。同时，根据监测结果可采取措施，为畜禽营造一个良好的生活生产环境。从监测目的、监测手段以及监测作用方面，无公害畜禽场环境监测与其他环境监测具有一定的共性；但从行业排污以及环境保护的角度来讲，它又区别于种植业环境监测。一种观点认为畜禽场监测就是对畜禽养殖废弃物的监测。这一观点并不全面，它仅强调了畜禽养殖污染监测，而忽视了圈舍环境质量对畜禽养殖生产和产品安全的影响。如恶劣的养殖环境可增加畜禽发病率，养殖环境中有毒有害物质可通过饲料、饮水在畜禽产品中聚集，最后通过食物链进入人体，对人体健康产生不良影响。这就涉及畜产品质量安全问题。无公害食品的概念也正是在这一基础上提出来的，即通过环境监测评价的手段来防止和控制养殖环境对畜产品的污染，保证食用畜禽产品的安全。因此，在畜禽养殖生产中，不仅应做好畜禽废弃物排放对周围环境的污染防治工作，同时从提高畜禽生产水平、保证畜禽产品质量安全的角度出发，加强对畜禽场周围以及圈舍内环境的监测。

（一）　环境监测内容

实施畜禽场环境监测是实施无公害畜产品生产过程质量安全控制的有效措施。按照监测对象的不同，畜禽场环境监测可分为畜禽场养殖环境监测和畜禽场养殖废弃物监测。畜禽场环境监测包括畜禽场生态环境监测和畜禽饮用水监测，畜禽场养殖废弃物监测包括畜禽场污水排放和畜禽粪污排放。根据《畜禽场环境质量标准》（NY/T 388—1999）、《无公害食品畜禽饮用水水质》（NY 5027—2008）等规定，畜禽场生态环境监测内容包括畜禽圈舍内温度、湿度、光照、噪声，氨气、硫化氢等有毒有害气体，空气中可吸入颗粒物、总悬浮颗粒物，空气中微生物。畜禽饮用水的监测内容有 pH、总硬度、氯化物、溶解性固体、细菌总数、大肠杆菌数、氟化物、硝酸盐、铅、六价铬、镉、铜等。畜禽场污水排放监测内容包括悬浮物、氨氮、COD、BOD$_5$、细菌总数、大肠菌群、铅、六价铬、镉、铜等。畜禽粪污监测内容包括蛔虫卵死亡率、粪便含水率、铅、六价铬、镉、铜等。畜禽场环境监测内容详见图 3-3。

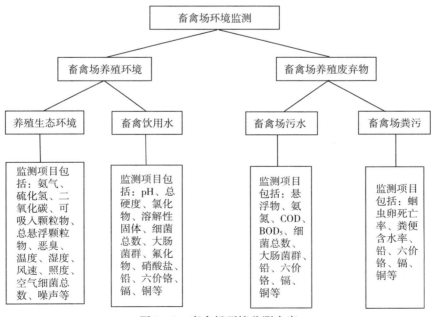

图 3-3　畜禽场环境监测内容

（二）环境监测分类

进行畜禽场环境监测时，应结合自身特点，根据测定目的和条件而定。一般可分为经常性监测、定点性监测和定时性监测。经常性监测指在场区或者圈舍内某一位置，利用仪器设备随时观测各环境因素的变化情况。如监测畜禽舍内温度时，可在畜禽舍中央及四个角悬挂温度计或温度传感器，即可随时了解舍内温度的变化情况。定点监测是指全年中每旬、每月或每季进行一次调查监测，设定一定的时间间隔进行监测或采样，根据测试的原始数据进行分析、整理，计算出相应的平均参数值，以推算出旬、月、季的平均参数。通常观测的时间和地点应能比较全面地反映当时当地的实际情况。定时性监测是根据畜禽的健康状况、生产性能以及环境突变程度进行测定。如畜禽发生疾病，或生产性能直线下降，或突然的冷热应激，或生产过程造成有害物质的剧增等，则需要进行短时间有针对性的测定，以确定其危害程度。

（三）环境监测方法

畜禽场环境监测一般可采用化学分析、生物学监测或直接使用仪器设备测定。表3－14列出了一些畜禽场环境监测常规项目的检验检测方法，仅供参考。

表3－14　畜禽场环境监测常规项目的检验检测方法

监测项目	测试方法	常用仪器仪表	监测目的	注意事项
一、气象参数监测				
温度	仪器测定	普通温度计，自记温度计，数字温湿度计	掌握温度变化与适合程度	布点时间和位置
湿度	仪器测定	干湿球湿度表，数字温湿度计	掌握湿度变化与适合程度	布点位置
光照度	仪器测定	照度计	确定光照强度适合程度	布点位置
气流	仪器测定	风速仪	了解风向、风速等通风状况	读数地点与重复次数
二、空气质量监测				
氨气	纳氏试剂光度法	大气采样器	监测氨气浓度	采样高度和布点
硫化氢	碘量法	大气采样器	监测硫化氢浓度	采样高度和布点
总悬浮颗粒物（TSP）	重量法	粉尘采样器，分析天平	了解微粒含量	采样时流量适宜管道密封不漏气
微生物	平皿沉降法	采样平板，恒温培养箱	了解微生物含量	布点位置
三、水质监测				
pH	仪器测定	pH计，精密或广泛pH试纸	了解水体的酸碱度	减小读数误差
水的总硬度	滴定法	水采样器	了解水体硬度	减小滴定误差
细菌总数	平板培养计数法	水采样器，恒温培养箱	了解水体细菌总含量	布点位置
四、畜禽场污染源监测				
COD	重铬酸钾法	微波消解炉，滴定装置	掌握水体受有机物为主的还原性物质污染的程度	消除干扰，污水样分析时要取用适宜的体积进行稀释
氨氮	纳氏试剂光度法	分光光度计	掌握污水含氮特性	纳氏试剂毒性大，使用后须对废液进行妥善处理

采样布点对环境监测非常重要。布点原则以布设点位能充分客观地反映畜禽生活的环境质量状况为主，同时兼顾畜禽场排污对周边环境的污染。在采样布点时，主要按照畜禽场养殖品种、生活生产要求、排污特点及各个功能分区情况，按照区域大小选择适当的采样密度进行布点。

1. 畜禽饮用水环境监测布点与采样　对于水资源丰富、水质相对稳定的同一水源（系），可布设1~3个采样点。不同水源（系）则依次叠加。对于水资源相对贫乏、水质稳定性较差的水源，则应根据实际情况适当增设采样点数。对于采用舍饲饲养、养殖相对集中的地区，每个水源（系）可布设1个采样点，对于分散养殖的应适当增加采样点数。生产实践中，可根据检测需要确定采样时间与频率，生产期内至少采样一次。

2. 畜禽场空气环境监测布点与采样　监测布点时应遵循以下原则：根据养殖场功能分区，即缓冲区、场区与舍内分别布点。对于缓冲区、场区等较大区域，应在高、中、低三种不同污染浓度的地方分别布点；对圈舍等小环境，按照样品代表性原则布设1个采样点即可。室外空气采样点周围环境应开阔，采样口水平线与周围建筑物高度夹角小于30°。同一区域各采样点的设置条件要尽可能一致，使各监测数据之间具有可比性。布点数量通常根据监测范围、污染物空间分布、养殖场规模、气象等因素综合考虑决定。选择空气污染对环境和产品质量影响较大，且正常天气条件下采样，每天8：00~9：00、11：00~12：00、14：00~15：00、17：00~18：00各采1次，连采2d。遇异常天气如雨、雪、风雹等应当顺延，待天气转好后再安排采样。

3. 畜禽场污水监测布点与采样　畜禽场污水主要来源于生产用水和生活用水，含有尿、粪以及垫料、饲草料等残余物。生产用水主要用于冲洗圈舍、清洗饲槽、调制饲料等，是畜禽场污水的主要来源，约占全场总用水量的80%以上。采集有代表性的水样是畜禽场污水排放监测的关键环节之一。采样点位置的布设，采样时间和频率尤为关键。采样断面和采样点位置是影响样品代表性的因素之一。采样布点时，应进行深入的调查研究，查阅相关资料，并综合考虑监测目的、污水均匀性以及人力、物力等因素。多数畜禽养殖场仅设一个排污口，采样点位置相对固定，即在养殖场的污水汇合后的对外排放口设置一个采样点即可。采样时间和采样频率与畜禽生产周期相一致，根据畜禽场用水情况和污水排放情况确定。对于连续排放污水的畜禽养殖场，应在不同时段采集水样，特别是污水排放高峰、污染物浓度最高等重要节点，增加样品的代表性。对于集中排放的养殖场，可适当减少采样次数。对畜禽场排放的污水进行监测，掌握污水中各种污染物的浓度、排放量及污染物种类、毒性等，为选取适当工艺、技术、设备对其进行处理提供依据。对已有污水处理设备的畜禽场，要对处理后的出水进行定期监测，以对设备运行情况进行调节，确保达标排放。

三、畜禽场环境评价

畜禽场环境评价包括养殖环境评价和对外环境影响评价。在评价养殖环境质量时，根据污染因子的毒理学特征和生物吸收、富集能力，将养殖环境评价指标分为严格控制指标和一般控制指标两类。根据《无公害农产品　产地环境评价准则》（NY/T 5295）等，畜禽饮用水的严格控制指标有总大肠菌群、细菌总数、氟化物、氰化物、砷、汞、铅、铬（Cr^{6+}）、镉、硝酸盐，畜禽场养殖区域的严格控制指标有氨气、硫化氢、恶臭，其他为一般控制指标。畜禽养殖区域的环境空气质量评价可按照《畜禽场环境质量标准》（NY 388）的规定执行，畜禽饮用水水质评价可按照《无公害食品 畜禽饮用水水质》（NY 5027）的规定执行，奶牛饮用水水质评价可按照《生活饮用水卫生标准》（GB 5749）的规定执行。

养殖环境质量评价采用单项污染指数与综合污染指数相结合的方法，分步进行。严格控制指标的评价采用单项污染指数法，按公式 $P_i=C_i/S_i$ 计算。其中，P_i 代表环境中污染物 i 的单项污染指数，C_i 代表环境中污染物 i 的实测值，S_i 代表污染物 i 的评价标准。若 $P_i>1$，严格控制指标有超标，判定为不合格，则不再进行一般控制指标的评价；若 $P_i\leqslant1$，严格控制指标未超标，则需要继续进行一般控制指标的评价。一般控制指标的评价方法与严格控制指标的评价方法相同，采用单项污染指数法。若 $P_i\leqslant1$，表明一般控制指标未超标，判定为合格，不再进行综合污染指数法评价；若 $P_i>1$，表明一般控制指标有超标，则需进行综合污染指数法评价。若严格控制指标未超标，而只有一般控制指标超标下时，应采用单项污染指数平均值和单项污染指数最大值相结合的综合污染指数法。综合污染指数法包括水综合污染指数和空气综合污染指数。若综合污染指数≤1，判定为合格；综合污染指数>1，判定为不合格。

另外，畜禽场应严格按照《环境保护法》《畜禽规模化养殖污染防治条例》等的要求，对畜禽粪便、废水进行无害化处理，实现达标排放，防止污染环境。《建设项目环境保护管理条例》规定，国家根据建设项目对环境的影响程度，按照相应规定对建设项目的环境保护实行分类管理。环保部《建设项目环境保护分类管理名录》对不同类型畜禽场的环境影响评价作了具体规定：可能造成环境重大影响的畜禽养殖项目，应编写环境影响报告书，对该项目产生的环境影响进行全面详细的评价；可能造成轻度环境影响的畜禽养殖项目，应编写环境影响报告表，对该项目产生的环境影响进行分析或者专项评价；对环境影响很小，不需要进行环境影响评价的，应填报环境影响登记表。

对外环境影响评价的指标参数包括物理性参数，如可吸入颗粒物、温度、湿度等；化学性参数，如恶臭、氨气、硫化氢、溶解性固体、粪便含水率、COD、BOD_5 等；生物性参数，如细菌总数、大肠菌群、蛔虫卵死亡率等。选择环境影响评价参数时，应尽量选择排放量大、浓度高、毒性强、难于在环境中降解、对人体健康和生态系统危害大的污染因子作为评价参数，尽量与现行有效标准一致。就畜禽场而言，对环境造成影响的主要污染源是粪便及其他残余物、污水和恶臭，并且具有浓度高、频率大，对人群及畜禽危害严重等特点。粪便及其他残余物包括畜禽粪便、病死畜禽及孵化的死胚、蛋壳等。污水有畜禽尿液、冲刷圈舍污水等。恶臭是指畜禽圈舍内外和粪堆、粪池周围散发的有害挥发性气体，主要有氨气、硫化氢等。畜禽场环境影响评价应重点选取能反映恶臭（如氨气、硫化氢等）、污水和粪便污染状况的指示性参数。畜禽养殖环境影响评价可参照《畜禽养殖业污染物排放标准》（GB 18596）的规定执行。

第四章 无公害畜禽养殖规范用料

第一节 饲料与饲料添加剂

一、基本概念

饲料是指能为动物提供所需的某种或多种营养物质的天然或人工合成的可食物质。一般泛指饲料原料和饲料产品，如玉米、豆粕、菜籽粕、工业饲料产品等。饲料添加剂通常是指添加到饲料中起辅助作用的可食用物质，如微量元素、香味剂、防霉剂、酶制剂等。我国《饲料工业通用术语》（GB/T 10647—2008）中对饲料的定义是能提供饲养动物所需营养素，促进动物生长、生长和健康，且在合理使用下安全有效的可饲物质。营养素是指饲料中的构成成分，以某种形态和一定数量帮助维持动物生命。饲料营养素主要包括蛋白质、脂肪、碳水化合物、矿物元素和维生素。饲料添加剂的定义是为满足特殊需要而加入饲料中的少量或微量物质。

2011年10月26日，国务院第177次常务会议修订通过的《饲料和饲料添加剂管理条例》（以下简称《条例》）对饲料和饲料添加剂相关名词术语给出了界定。《条例》中所称饲料是指经工业化加工、制作的供动物食用的产品，包括单一饲料、添加剂预混合饲料、浓缩饲料、配合饲料和精料补充料。

《条例》中所称饲料添加剂是指在饲料加工、制作、使用过程中添加的少量或者微量物质，包括营养性饲料添加剂和一般饲料添加剂。饲料原料是指来源于动物、植物、微生物或者矿物质，用于加工制作饲料但不属于饲料添加剂的饲用物质。单一饲料是指来源于一种动物、植物、微生物或者矿物质，用于饲料产品生产的饲料。添加剂预混合饲料是指由两种（类）或者两种（类）以上营养性饲料添加剂为主，与载体或者稀释剂按照一定比例配制的饲料，包括复合预混合饲料、微量元素预混合饲料、维生素预混合饲料。复合预混合饲料是指以矿物质微量元素、维生素、氨基酸中任何两类或两类以上的营养性饲料添加剂为主，与其他饲料添加剂、载体和（或）稀释剂按一定比例配制的均匀混合物，其中营养性饲料添加剂的含量能够满足其适用动物特定生理阶段的基本营养需求，在配合饲料、精料补充料或动物饮用水中的添加量不低于0.1%且不高于10%。微量元素预混合饲料是指两种或两种以上矿物质微量元素与载体和（或）稀释剂按一定比例配制的均匀混合物，其中矿物质微量元素含量能够满足其适用动物特定生理阶段的微量元素需求，在配合饲料、精料补充料或动物饮用水中的添加量不低于0.1%且不高于10%。维生素预混合饲料是指两种或两种以上维生素与载体和（或）稀释剂按一定比例配制的均匀混合物，其中维生素含量应当满足其适用动特定生理阶段的维生素需求，在配合饲料、精料补充料或动物饮用水中的添加量不低于0.01％且不高于10％。浓缩饲料是指主要由蛋白质、矿物质和饲料添加剂按照一定比例配制的饲料。配合饲料是指根据养殖动物的营养需要，将多种饲料原料和饲料添加剂按照一定比例配制的饲料。精料补充料是指为补充食草动物的营养，将多种饲料原料和饲料添加剂按照一定比例配制的饲料。营养性饲料添加剂是指为补充饲料营养成分而掺入饲料中的少量或者微量物质，包括饲料级氨基酸、维生素、矿物质微量元素、酶制剂、非蛋白氮等。一般饲料添加剂，是指为保证或者改善饲料品质、提高饲料利用率而掺入饲料中的少量或者微量物质。药物饲料添加剂是指为预防、治疗动物疾病而掺入载体或者稀释剂的兽药的预混合物质。

二、饲料与饲料添加剂分类

可供动物食用的饲料多种多样。为了科学反映不同饲料营养价值的差异，便于饲料生产者和购买者准确理解同一名称的饲料代表的对象及其品质，世界各地陆续建立了饲料分类法。

（一）常用饲料分类

目前，世界各国饲料分类方法尚未完全统一。其中 Harris 制定的饲料分类原则和编码体系，为多数学者认同并逐步发展成为当今饲料分类编码体系的基本模式，被称为国际饲料分类法。

国际饲料分类是以各种饲料干物质中的主要营养特性为基础，将饲料分为 8 大类，并对每类饲料冠以 6 位数的国际饲料分类标示码（英文缩写为 IFN）。IFN 的第 1 位数代表饲料归属类型，第 2、3 位数为该饲料所属亚类，后 3 位数为同种饲料根据不同的饲用部分、加工方法、成熟阶段、等级等进行编号。编码分 3 节，表示为△－△△－△△△。每一类饲料可供 99 999 种饲料编号用，8 大类共计可供 799 992 种饲料编号。

国际饲料分类法把饲料分为 8 大类，分别是粗饲料、青绿饲料、青贮饲料、能量饲料、蛋白质饲料、矿物质饲料、维生素饲料和非营养性添加剂饲料。

（1）粗饲料　指饲料干物质中粗纤维含量大于或等于 18％，以风干物为饲喂形式的饲料，如干草、农作物秸秆等。

（2）青绿饲料　指天然水分含量在 60％以上的青绿牧草、饲用作物、树叶类及非淀粉质的根茎、瓜果类，如黑麦草、萝卜等。

（3）青贮饲料　指以天然新鲜青绿植物性饲料为原料，在厌氧条件下经过以乳酸菌为主的微生物发酵后调制成的饲料。该类饲料具有青绿多汁的特点，包括水分含量在 45％～55％的低水分青贮（或半干青贮）饲料，如玉米秸秆青贮，但不包括青贮谷物籽实和块根、块茎等。

（4）能量饲料　指饲料干物质中粗纤维含量小于 18％，同时粗蛋白质含量小于 20％的饲料，如谷实类（玉米、小麦等）麸皮、淀粉质的根茎（马铃薯、甘薯等）等。

（5）蛋白质饲料　指饲料干物质中粗纤维含量小于 18％，而粗蛋白质含量大于或等于20％的饲料，如豆类、饼（粕）类、动物源性饲料等。

（6）矿物质饲料　指可供饲用的天然矿物质、化工合成无机盐类和有机配位体与金属离子的螯合物，如饲料用食盐、石粉、磷酸氢钙、硫酸锌等。

（7）维生素饲料 指由工业合成或提取的单一的或复合的维生素，如维生素 D、维生素 A 等，但不包括富含维生素的天然青绿饲料，如胡萝卜。

（8）非营养性添加剂饲料 指为了提高营养物质的消化吸收、改善饲料品质、促进动物生长和繁殖、保障动物健康而添加到饲料中的少量或微量物质，主要包括防腐剂、着色剂、抗氧化剂、生长促进剂和其他药物添加剂等，但不包括矿物质元素、维生素、氨基酸等营养物质添加剂。

我国在 20 世纪 80 年代将国际饲料分类原则与我国传统分类体系相结合，提出了我国饲料分类法和编码系统，即中国饲料分类法。该分类法首先根据国际饲料分类原则，然后结合中国传统分类习惯，将饲料分为 17 类，分别是：青绿饲料，树叶类饲料，青贮饲料，块根、块茎、瓜果类饲料，干草类饲料，农副产品类饲料，谷实类饲料，糠麸类饲料，豆类饲料，饼粕类饲料，糟渣类饲料，草籽树实类饲料，动物性饲料，矿物质饲料，维生素饲料，饲料添加剂，油脂类饲料及其他。

（二）工业饲料的分类

工业饲料又称加工饲料，是根据畜禽不同品种、性别、年龄、体重、不同生长发育阶段和不同生产方式对各种营养物质的需要量，将多种饲料原料按科学比例配制而成的饲料。通常按营养物质、饲料形状、饲养对象等进行分类。

1. 按营养成分分类 工业饲料可分为全价配合饲料、浓缩饲料、精料补充料、添加剂预混合饲料和混合饲料 5 种。

（1）全价配合饲料 是由能量饲料、蛋白质饲料、矿物质饲料和维生素、氨基酸、微量元素添加剂等，按规定的饲养标准配合而成的饲料。是一种营养全面、平衡的饲料，可以直接饲喂动物。主要通过工业生产获得，也是目前养殖业使用较多的饲料。

（2）浓缩饲料 是由蛋白质饲料、矿物质饲料、添加剂预混料按一定比例混合而成的饲料，是配合饲料工业的中间产品。浓缩饲料不能直接饲喂，与一定比例的玉米或其他能量饲料混合可制成全价配合饲料。

（3）精料补充料 是指为补充食草动物的营养，将多种饲料原料和饲料添加剂按一定比例配制的饲料。食草动物以粗饲料、青饲料、青贮饲料为基础饲喂时，需要适当饲喂精料补充料。

（4）添加剂预混合饲料 是由两种（类）或者两种（类）以上营养性饲料添加剂（如维生素、微量矿物质元素、氨基酸等）为主，和一般性饲料添加剂（如抗氧化剂等），按一定比例加入适量载体（如石粉、玉米粉、小麦粉等），均匀配制成的一种饲料半成品。不能直接用来饲喂畜禽，必须与其他饲料按规定比例均匀混合后才能使用，多由专门工厂生产。

（5）混合饲料 是由多种饲料原料经过简单加工混合而成，主要包括能量、蛋白质、钙、磷等营养物质。混合饲料可直接饲喂动物，能够适度提高动物生长速度，效果高于单一饲料原料。

2. 按物理形状分类 工业饲料可分为粉状饲料、颗粒饲料、膨化饲料、碎粒料和块状饲料 5 种。

（1）粉状饲料 是将按比例混合好的饲料经粉碎而制成的颗粒大小几乎相同的配合饲料。粉料是目前国内普遍采用的一种饲料。

（2）颗粒饲料　是以粉状饲料为基础，经过蒸汽加压处理而制成的饲料，其形状有圆桶筒状和角状，这种饲料养分均匀，在贮运过程中不会分级，改善了适口性，并可避免动物挑食。颗粒饲料在制料过程中经加热加压处理，起到了杀虫灭菌作用，有利于贮藏，减少了霉变的发生。

（3）膨化饲料　是粉状配合饲料加水蒸煮后通过高压喷嘴压制干燥而成的。由挤压机生产，加工时物料经由高温、高压、高剪切处理，使物料的结构发生变化，使饲料质地疏松，有利于营养物质的消化吸收，一般用于幼龄动物如断奶仔猪。因膨化饲料比重较小，含有较多空气，可以漂浮在水面上，待吸水后慢慢下沉，因此多用于鱼类等水产养殖，便于水产动物采食，减少浪费。

（4）碎粒饲料　主要用于鸡，在保证饲料养分均匀的同时，增加了采食适口性，减少了浪费。

（5）块状饲料　是指为放牧的牛羊补充微量元素及其他矿物质的块状饲料，俗称盐砖。

3. 按饲养动物分类　工业饲料可分为猪饲料、奶牛饲料、肉牛饲料、肉羊饲料、蛋鸡饲料、兔饲料、鱼饲料等。

按饲养动物不同生长阶段，又将饲料进步分类。如猪饲料又可分为仔猪饲料、育肥猪饲料、妊娠猪饲料、种猪饲料等。

（三）饲料添加剂分类

目前使用的主要有营养性饲料添加剂、一般饲料添加剂和药物饲料添加剂等三类。

1. 营养性饲料添加剂　包括饲料级氨基酸、维生素、矿物质微量元素、酶制剂、非蛋白氮等营养元素。氨基酸类饲料添加剂包括必需氨基酸（如赖氨酸、蛋氨酸、色氨酸、苏氨酸等）、非必需氨基酸（如谷氨酸、丙氨酸、甘氨酸、天门冬氨酸）和条件性必需氨基酸（如精氨酸、组氨酸等）等。维生素类饲料添加剂包括脂溶性维生素（如维生素 A、维生素 D、维生素 E 等）和水溶性维生素（如 B 族维生素、维生素 C 等）。微量元素类饲料添加剂包括硫酸铜、硫酸亚铁、硫酸锌、硫酸锰、硫酸镁、氯化钴、亚硒酸钠等。

2. 一般饲料添加剂　生产中使用较多的有抗氧化剂、酸化剂、防霉剂、调味剂、着色剂等。抗氧化剂指能够阻止和延迟饲料氧化、提高饲料稳定性和延长保质期的物质，常用的抗氧化剂有乙氧基喹啉、丁基羟基茴香醚、二丁基羟基甲苯等。酸化剂主要用于仔猪配合饲料中，其主要作用是弥补胃酸分泌的不足，提高养分消化率，抑制病原微生物。常用的酸化剂有柠檬酸、丙酸、苹果酸等。防霉剂是指能抑制有害微生物生长繁殖，防止饲料发霉变质和延长贮存时间的饲料添加剂。常用的防霉剂有甲酸、丁酸、山梨酸、柠檬酸等。调味剂通过改善饲料的气味来满足不同动物的要求。常用的调味剂有糖精、大蒜素等。着色剂是通过改变饲料产品的色泽从而刺激动物采食，或通过增加着色物质在动物体内的沉积而改变动物产品的色泽。常用的着色剂有 β-胡萝卜素、天然叶黄素、虾青素等。

3. 药物饲料添加剂　是指为预防、治疗动物疾病而掺入载体或者稀释剂的兽药预混合剂。常用药物饲料添加剂按其发挥的主要作用可分为三大类：第一类是具有促生长作用的药物饲料添加剂，常用产品有金霉素（饲料级）预混剂、杆菌肽锌预混剂、维吉尼亚霉素预混剂、喹乙醇预混剂等。第二类是具有抑菌作用的药物饲料添加剂，常用产品有恩拉霉素预混剂、金霉素（饲料级）预混剂等。第三类是具有驱虫作用的药物饲料添加剂，常用产品有伊维菌素预混剂、地克珠利预混剂等。

药物饲料添加剂的使用应符合《饲料和饲料添加剂管理条例》《饲料药物添加剂使用规范》等规定。除了《饲料药物添加剂使用规范》收载品种及农业部今后批准允许添加到饲料中使用的药物饲料添加剂外，任何其他兽药产品一律不得添加到饲料中使用。兽用原料药不得直接加入饲料中使用，必须制成预混剂方可添加到饲料中使用。

第二节　饲料质量安全与无公害畜禽养殖

一、饲料质量安全的含义

饲料质量安全是指饲料和饲料添加剂及其产品中，不含有对饲养动物健康造成实际危害的物质，利用饲料产品生产的畜产品不会危害人体健康，并且不会对人类的生存环境产生负面影响。饲料质量安全通常包括三个方面的内容：一是饲料本身所含的有毒有害物质或饲料在加工、贮存和运输过程中通过物理或化学反应生成的有毒有害物质，不足以对饲养动物的健康和生长产生危害；二是动物采食饲料后生产出的畜产品作为人的食物不会对人的健康产生危害；三是饲料被动物采食后，未利用的物质排入环境后不会对环境质量产生危害，或通过环境再作用于动物或人后不会对动物和人的健康产生危害。

二、影响饲料质量安全的主要因素

（一）饲料中的禁用物质

从 20 世纪 90 年代至今，国内外已报道过多起因饲料中含有禁用物质而引发的饲料安全事件。如 1999 年比利时暴发的二噁英污染事件，最初就是因运输动物油脂的油罐车遭到工业用油的严重污染，致使动物油脂被二噁英污染。受二噁英污染的动物油脂卖给了比利时、法国、荷兰、德国的 13 家饲料厂，这些饲料厂又把污染了的饲料卖给了数以千计的饲养场，导致大量畜禽产品和乳制品中残留较高浓度的二噁英，不仅引发了食品恐慌，最终导致比利时内阁全体辞职。

1998 年，我国广州发生"瘦肉精"中毒事件，经查证实，猪饲料中添加了盐酸克伦特罗（"瘦肉精"）。2011 年，中央电视台曝光河南"瘦肉精"事件，也是不法分子在猪饲料中使用了"瘦肉精"。"瘦肉精"是一类叫做 β-肾上腺素受体激动剂的化学物质的统称，能够提高瘦肉率、抑制动物脂肪沉积。一些不法商贩为了牟取暴利在猪饲料中添加"瘦肉精"，消费者一旦食用了含有"瘦肉精"残留的猪肉或其内脏后，有可能会导致血压升高、呼吸急促，严重者引起死亡。

近年来，从全国打击"瘦肉精"等违禁添加物的情况分析，"瘦肉精"使用呈现出新趋势：使用地区从发达地区向欠发达地区转移；使用环节从饲料等投入品中添加向养殖过程中直接添加转移；使用的产品以盐酸克伦特罗为主向莱克多巴胺和沙丁胺醇等产品转移；使用对象从生猪养殖为主向牛羊生产中转移；使用目的由饲养环节添加以提高瘦肉率向屠宰前注射以提高胴体重转移。

饲料中违禁物质污染或违法使用违禁物质，已严重危害动物以及人类的健康和生命。1997 年以来，我国农业部多次发布公告，禁止饲料和动物养殖环节使用违禁物质。目前，已公告的禁止在饲料和动物养殖环节使用的物质有 130 多种，其中包括克伦特罗、莱克多巴胺、沙丁胺醇、苯乙醇胺 A、三聚氰胺、苏丹红、氯霉素、硝基呋喃、地西泮、雌激素、抗生素滤渣，等等。

（二） 超范围、 超剂量和不按休药期使用药物饲料添加剂

为增强畜禽的抗病能力，缩短饲养周期，提高饲料报酬，农业部批准了土霉素等药物可在饲料中使用，同时也明确规定了可以使用的药物饲料添加剂种类、剂量、休药期、适用动物和阶段等，要求必须严格执行。如果超范围、超剂量使用药物饲料添加剂或不按规定执行休药期，药物就会残留在动物组织和器官中。这些动物组织和器官常常会成为人的食品，残留的药物就会直接危害人体健康。长期食用含抗生素的食品，就相当于在人体内安装了"隐形炸弹"，细菌的耐药性不断增强，人一旦发生疾病，很可能会出现"无药可治"的情况。1957 年日本首先发现细菌抗药性病例，引起痢疾的志贺菌有一种以上的抗药性；到了 1964 年 40％的流行株有四重或多重抗药性。1992 年美国科学家在肉鸡饲料中发现了超级细菌，该细菌对所有抗生素具有耐药性。1972 年墨西哥有 1 万多人感染了抗氯霉素的伤寒杆菌，导致 1 400 人死亡。1992 年美国有 13 300 人死于抗生素耐药性细菌感染。因此，药物残留导致的细菌耐药性已严重威胁着人类的健康，成为影响饲料和畜产品安全的重要隐患。

（三） 超剂量使用营养性饲料添加剂

营养性饲料添加剂可改善畜禽健康状况，提高生产性能，通过调节采食量来提高营养物质和能量的消化利用率等。因此，营养性饲料添加剂已成为动物生长、繁殖和疾病预防等不可缺少的重要组成成分，给养殖业带来了巨大的经济效益。但过量或超剂量使用营养性饲料添加剂不仅会造成饲料资源浪费、饲养成本增加，还会给动物生长带来不良影响，甚至引发中毒，危害畜禽产品安全。如铜、铁、锌、锰等微量元素在动物生长过程中发挥着重要作用，而且高铜和高锌配方饲料在猪早期生长阶段具有明显的促生长效果。但过量使用微量元素对动物生长不仅无益，还可能造成危害。有研究发现，在中大猪饲料中添加铜 100～125mg/kg 时，猪肝铜含量上升 2～3 倍；添加 250mg/kg 时，猪肝铜含量升高 10 倍；添加到 500mg/kg 时，肝铜水平可达到 1 500mg/kg。过高的肝铜可影响肝脏功能，降低血红蛋白含量和血液比容值，人食用这种猪肝后会出现血红蛋白降低和黄疸等中毒症状。

维生素在动物生产中也发挥着重要作用，但过量添加或长期超量饲喂会对畜禽产生不良影响，尤其是过量添加脂溶性维生素会给畜禽带来严重危害。如维生素 A 的添加量超过正常量的 50 倍以上时，鸡表现精神抑郁、步态不稳、采食量下降，以至于完全拒食。在蛋鸡饲料中添加过量的维生素 D，可以使大量钙从蛋鸡骨组织中转移出来，并促进钙在胃肠道内的吸收，使血钙浓度增高，钙沉积于动脉管壁、关节、肾小管、心脏及其软组织中，鸡表现为食欲减退、腹泻、肾脏衰竭。因此，在饲料中添加脂溶性维生素时切忌过量。

氨基酸在饲料中的添加量也不是越多越好。超剂量添加氨基酸不仅会增加饲料成本，还会因为饲料中氨基酸的不平衡而降低饲料利用率，影响畜禽生长。由于氨基酸在消化吸收和体内代谢过程中存在着协同和颉颃作用。某种必需氨基酸的不足或过量都会影响其他氨基酸的有效利用。如赖氨酸和精氨酸，日粮中赖氨酸过高，会阻碍精氨酸的吸收并加速精氨酸的降解；亮氨酸过多影响异亮氨酸的吸收，增加尿中排泄。因此，饲料中氨基酸的使用需要均衡适量。

（四） 大量使用有机胂制剂

有机胂制剂作为药物饲料添加剂因其可促进动物生长、提高饲料转化率、使畜禽皮红毛亮、改善畜禽外观、具有防治痢疾等功效，被广泛使用。农业部批准允许使用的有机胂饲料药物添加剂有氨苯胂酸和洛克沙胂，用于促进猪、鸡生长，规定每 1 000kg 饲料添加 50g（以有效成分计），休药期 5d。蛋鸡产蛋期禁用。

但是，饲料中长期大量添加有机胂制剂，可能对动物、人类和环境造成严重威胁。有机胂在动物体内会部分分解为无机砷（即砒霜），如果过量可能会造成畜禽砷中毒，表现为食欲不振、体重减轻、内脏腐蚀，甚至引起死亡。国际癌症研究机构（IARC）将砷列为致癌因子。有机胂在饲料加工过程中有可能会转化为无机砷。有试验表明，饲料加工温度达到 70℃时有机胂就可能分解成无机砷，对饲喂动物安全造成威胁。饲料中大量使用的有机胂制剂，动物只能吸收一部分，没有吸收利用的砷随动物粪便排泄到周围环境中，对环境并通过环境对人类安全造成危害。据预测，一个万头猪场按美国食品药品管理局（FDA）允许使用的胂制剂剂量推算，若连续使用添加有机胂饲料，5～8 年之后将可能向猪场周边排放近 1t 砷，16 年后土壤中砷含量即上升到 0.28mg/kg。按此计算，不出 10 年该地所产甘薯中砷含量会超过国家食品卫生标准，这片耕地只能废弃或改种其他作物。由此可见，饲料中大量使用有机胂对环境和人类健康存在重大安全隐患。近年来，美国政府通过劝说等方式，希望养殖业主和生产企业放弃使用、生产有机胂制剂，取得了积极成效。

（五）饲料原料和饲料添加剂生产、贮存过程中自然伴生或难以去除的有毒有害物质

这些有毒有害物质有的可能影响饲料的消化利用率，降低经济效益；有的超过一定浓度直接危害动物健康。目前已知的饲料中有毒有害物质主要包括以下三类。

1. 饲料原料中抗营养因子　抗营养因子是植物性饲料原料中普遍存在的，是植物自身代谢产生的一些物质。饲料原料中抗营养因子主要有蛋白酶抑制因子、外源凝集素、植酸、非淀粉多糖、抗维生素因子、单宁等。其危害主要表现为降低饲料适口性、影响动物对饲料中蛋白质等营养物质的消化吸收，从而影响动物的正常生长。目前，根据抗营养因子的性质和作用机理，可以使用物理、化学和生物化学等方法消除或减少其危害。

2. 饲料中重金属污染　饲料中重金属主要指铅（Pb）、砷（As）、汞（Hg）、镉（Cd）等毒性显著的元素。重金属元素通过饲料和饮水进入动物机体后，蓄积在器官中，引起动物急性或慢性中毒，再通过食物链危害人体健康。同时通过动物粪、尿排泄到土壤或水中，对人类的生存环境构成威胁。

（1）铅　主要抑制动物细胞内含巯基的酶而使体内的生理生化功能发生障碍，主要表现在对神经系统、血液系统、心血管系统、骨骼系统等终身性的伤害。动物铅中毒表现为腹痛、腹泻、呕吐、呼吸困难、消瘦、失明、神经症状等。动物体组织中以骨骼、肝和肾中铅含量较高。人体摄入的铅在体内较易蓄积，当达到一定量时将呈现毒性反应。

（2）砷　主要通过对动物局部组织的刺激和抑制酶系统，影响细胞的氧化和呼吸以及正常代谢，从而引起消化系统功能紊乱和实质性脏器、神经系统损伤。砷制剂通过消化道时对胃肠有直接腐蚀作用，吸收后造成毛细血管通透性增加，胃肠道出血、水肿和炎症。皮肤接触后，高浓度造成局部腐蚀性坏死，低浓度被迅速吸收引起全身中毒。人砷中毒刚开始表现全身不适、疲乏无力、头痛头晕等，继而出现恶心、腹痛、腹泻，严重时还有类似霍乱一样的"米汤样大便"或便血。患者因脱水引起休克、蛋白尿和尿少、痉挛、昏睡，甚至由于呼吸及血管中枢麻痹而死亡。

（3）汞　是重金属中毒性较高的元素之一。主要通过对动物体局部组织的刺激作用和与多种酶的巯基结合影响细胞正常代谢，从而导致以消化、泌尿和神经系统为主的中毒性疾病。汞中毒表现为口腔黏膜溃疡、齿龈红肿甚至出血、流涎，牙齿松动、易脱落，痉挛、肌肉震颤、吞咽困难，共济失调等神经系统病变，最后全身抽搐、在昏迷中死亡。

（4）镉　镉中毒是因为动物长期摄入低浓度的镉或者被镉污染的饲料或饮水所致。主要症状为肺水肿、食欲减退、营养不良、消瘦、贫血、尿中出现低蛋白、糖类等。镉中毒还会影响动物的繁殖性能，对胚胎有毒害作用。镉还可以通过与 DNA 的共价结合表现致突变的效应。

重金属污染已成为影响饲料安全的重要隐患。饲料中重金属污染主要来源于环境中高本底含量、农业生产活动中杀虫剂使用、工业"三废"等。控制饲料中重金属污染应充分发挥《饲料卫生标准》在生产和监管中的作用，合理选择饲料原料和饲料添加剂，所选产品应符合《饲料卫生标准》的要求。同时，加工设备、管道、容器和包装材料都可能成为饲料中重金属的污染源。因此，饲料生产企业要科学、合理选择饲料加工设备和包装材料，不能为了降低成本一味追求价格低的设备和材料。

3. 饲料在贮存中产生的有毒有害物质　在现今贮存条件下，饲料霉变可以说不可避免。特别是南方梅雨季节和高温高湿的多雨季节，饲料最易发生霉变。霉变饲料营养价值下降，粗脂肪和蛋白质减少，氨基酸含量下降，蛋白质可消化利用性降低。同时，霉变释放热量，饲料及原料温度升高，易引起其他细菌的污染和侵害，并影响饲料的贮存和使用。霉菌在生长繁殖过程中能产生大量毒素，主要有黄曲霉毒素、赭曲霉毒素、伏马毒素、呕吐毒素等。动物采食后会降低生产性能，对动物产生多方面的危害，严重的甚至死亡。如黄曲霉毒素是剧毒物质，属于一类致癌物，对动物肝脏有强烈的破坏作用，可降低动物免疫力、引起消化系统紊乱、降低生育能力。同时，黄曲霉毒素在动物体内残留，可通过食物链对人体健康产生严重危害。因此，饲料在贮存中产生的有毒有害物质，也是严重影响饲料质量安全的隐患。防止饲料霉变，应加强饲料的贮存管理工作，控制好贮存室的温度、湿度和保持通风，保证环境干净卫生，做好防鼠防虫工作，也可向饲料中适当添加防霉剂、抗氧化剂等。

（六）反刍动物饲料中的动物源性物质

牛脑海绵状病（俗称疯牛病）事件发生前，人们并不清楚动物源性物质对反刍动物饲料安全的影响。1987 年，英国首次报道疯牛病。1996 年，英国政府宣布疯牛病可能感染人并致人死亡。到 2000 年，英国有超过 34 000 个牧场的 176 000 多头牛感染了此病。以后其他欧洲国家也发现了疯牛病。经研究发现，疯牛病传播的主要途径之一就是饲料中使用了来自患病动物的肉骨粉。该肉骨粉中含有一种致病因子，称之为"疯牛病因子"，既不是细菌、也不是病毒，是一类不含核酸，仅由蛋白质构成的可自我复制并具感染性的因子，常规防治疾病的措施对疯牛病无效。疯牛病主要传染对象是牛、羊等反刍动物。因此，许多国家全面禁止在反刍动物饲料中使用肉骨粉等动物加工副产品。我国也明文规定，禁止在反刍动物中添加除乳和乳制品以外的动物源性成分。

三、饲料质量安全对无公害畜禽养殖的影响

饲料是畜牧业的主要投入品，饲料质量安全直接关系到畜产品安全，对无公害畜产品生

产至关重要。饲料中存在的质量安全隐患不仅影响无公害畜禽养殖,对无公害畜产品质量安全、人类健康和自然环境还会造成多种危害。概括起来主要包括以下几个方面。

1. 影响动物健康和生产性能的发挥 如菜籽粕中含有异硫氰酸酯、硫氰酸酯、噁唑烷硫酮,棉籽粕中含有游离棉酚,高粱籽实中含有单宁,豆科籽实含有蛋白酶抑制因子和植物凝集素等,这些都会影响动物的健康和生产性能的发挥,降低饲粮中某些营养物质的消化吸收和代谢利用率。

2. 引起动物中毒 当动物采食的有毒有害饲料达到一定量、超过机体本身的解毒能力时,饲料毒物进入机体,通过多种方式干扰和破坏机体的生理生化过程,引起动物健康损害甚至死亡。饲料中毒属于一类以急性过程为主的食源性疾病。饲料中毒具有暴发性特点,其潜伏期短、发病过程急,在较短时间内可能引起大批动物同时发病甚至死亡,会造成重大的经济损失。如饲料中黄曲霉毒素 B_1 超标,可引起动物肝脏病变,长时间或高浓度的污染就会造成动物大批量死亡。

3. 影响畜产品品质、人类食用安全 饲料中的有毒有害物质,不仅会降低畜禽生长速度,而且会使畜产品质量下降,还会在畜禽体内蓄积和残留,并通过食物链转到人体内,对人的身体健康造成伤害。如重金属元素铅超标,蓄积在动物组织器官中引起中毒反应,不仅影响动物的正常生长和生命活动,破坏动物产品品质,还会通过动物产品进入人体,危害人的健康。抗生素等药物添加剂会在畜产品中残留,诱导病原菌产生耐药性和变异,使药物疗效降低或消失;饲料中沙门菌、大肠杆菌等微生物污染不但会引起畜禽肠道感染,而且影响畜产品品质,直接威胁到人类健康。

4. 污染环境 饲料中化学性污染物如铅、砷、汞等,从动物体内排出后,会对土壤、地表水、地下水造成污染。饲料中过量使用高铜、高锌等添加剂,大量铜、锌被排到环境中,也会造成土壤、水污染,从而危害人类的生存环境。

第三节 饲料质量安全监管

我国政府高度重视饲料质量安全监管,在法律法规、制度建设、质量安全、监督管理等方面做了大量工作,取得了明显成效。下面简要介绍我国饲料质量安全监管的主要法规及其要求。

一、饲料质量安全监管法律体系

1999 年 5 月 29 日,国务院颁布了《饲料和饲料添加剂管理条例》(国务院令第 266 号)。分别于 2011 年 10 月 26 日和 2013 年 12 月 7 日进行了两次修订(国务院令第 609 号、第 645 号)。新修订的条例有 51 条,比原条例增加了 16 条,在内容上做了重大调整,进一步强化了政府的领导责任,明确了饲料生产企业、经营者为饲料质量安全的责任主体,增加了《饲料原料目录》等 3 个目录和 5 项禁止性规定。为贯彻落实《饲料和饲料添加剂管理条例》,农业部制定了一系列规章制度,主要有《饲料和饲料添加剂生产许可管理办法》(农业部令 2012 年第 3 号)、《新饲料和新饲料添加剂管理办法》(农业部令 2012 年第 4 号)、《饲料添加剂和添加剂预混合饲料产品批准文号管理办法》(农业部令 2012 年第 5 号)、《饲料质量安全管理规范》(农业部令 2014 年第 1 号)、《进口饲料和饲料添加剂登记管理办法》(农业部令 2014 年第 2 号）。2009 年，国家质量监督检验检疫总局公布了《进出口饲料和饲料添加剂检验检疫监督管理办法》（总局令第 118 号）。另外，还制定了《饲料标签》《饲料卫生标准》等 500 多项饲料质量安全国家标准和行业标准。以上法律法规和标准规范的发布实施，为加强饲料质量安全监管提供了保障。

二、饲料质量安全管理体系

地方政府统一领导、各级饲料管理部门负责监督管理，饲料、饲料添加剂生产企业为饲料质量安全的第一责任人。饲料、饲料添加剂生产企业、经营者应当建立健全质量安全制度，对其生产、经营的饲料、饲料添加剂的质量安全负责。目前，我国建立了中央、省、市、县四级饲料质量监督管理机构，农业部负责全国饲料、饲料添加剂的监督管理，省级由农业厅（局）或畜牧厅（局）负责，市、县级由畜牧局负责，每一级均建立了独立的管理机构并配备了专职人员。农业部畜牧业司（全国饲料工作办公室）具体负责全国饲料、饲料添加剂的监督管理工作，负责起草行业法律、法规、规章并组织实施，组织拟订行业发展战略及政策，编制行业发展规划和计划，制定全国饲料质量安全监测计划和全国饲料监督抽查计划。县级以上地方人民政府统一领导本行政区域饲料、饲料添加剂的监督管理工作，建立健全监督管理机制，保障监督管理工作的开展。县级以上饲料管理部门负责本行政区域饲料、饲料添加剂的监督管理工作，拟定本区域饲料质量安全监测计划和监督抽查计划。

三、审定登记和生产许可制度

饲料质量安全监管制度主要有饲料和饲料添加剂生产许可制度、新饲料和新饲料添加剂审定制度、进口饲料和饲料添加剂登记制度等。根据规定，生产饲料（包括单一饲料、浓缩饲料、配合饲料和精料补充料）和饲料添加剂的企业必须取得饲料生产许可证，生产饲料添加剂和添加剂预混合饲料还应取得产品批准文号。新饲料、新饲料添加剂投入生产前，应当取得新饲料、新饲料添加剂证书。进口饲料和饲料添加剂的必须办理进口登记证。生产或者使用涉及转基因动物、植物、微生物的，还应当遵守《农业转基因安全管理条例》的有关规定。禁止生产、经营、使用未取得新饲料、新饲料添加剂证书的新饲料、新饲料添加剂，禁止经营、使用无产品标签、无生产许可证、无产品质量标准、无产品质量检验合格证的饲料、饲料添加剂，禁止经营、使用无产品批准文号的饲料添加剂、添加剂预混合饲料，禁止经营、使用未取得饲料、饲料添加剂进口登记证的进口饲料、进口饲料添加剂。

四、饲料原料、饲料添加剂和药物饲料添加剂目录制动态管理

根据《饲料和饲料添加剂管理条例》和《兽药管理条例》的规定，饲料生产企业使用的饲料原料、饲料添加剂和药物饲料添加剂实行目录制动态管理。2012 年农业部公布了《饲料原料目录》，2013 年公布了《饲料添加剂品种目录》。根据生产的需要，在风险评估、科学评价的基础上，农业部陆续对目录进行了多次修订。《饲料原料目录》和《饲料添加剂品种目录》的颁布实施，为规范饲料和饲料添加剂生产、经营和使用，保障饲料和畜产品质量安全提供了依据。目录以外的物质用作饲料原料和饲料添加剂的，应经过科学评价并由农业部公告列入目录后方可使用。目前，我国尚未公布《药物饲料添加剂品种目录》，但 2001 年 9 月公布了《饲料药物添加剂使用规范》，列出了允许在饲料中添加使用的药物饲料添加剂，

并且规定除规范收载品种及农业部批准允许使用的药物饲料添加剂外，任何其他兽药产品一律不得添加到饲料中使用。禁止使用国务院农业行政主管部门公布的《饲料原料目录》、《饲料添加剂品种目录》和《饲料药物添加剂使用规范》以外的任何物质生产的饲料，禁止经营3个目录以外的任何物质生产的饲料。

五、严格执行饲料标签等强制性国家标准

《饲料标签》和《饲料卫生标准》是饲料行业两个强制性国家标准，是饲料生产企业必须严格遵守的标准，是用户检验产品卫生状况的依据，是饲料行业管理部门实施监督检查的技术法规。《饲料和饲料添加剂管理办法》规定，饲料、饲料添加剂的包装上应当附具标签。标签应当以中文或者适用符号标明产品名称、原料组成、产品成分分析保证值、净重或者净含量、贮存条件、使用说明、注意事项、生产日期、保质期、生产企业名称以及地址、许可证明文件编号和产品质量标准等。加入药物饲料添加剂的，还应当标明"加入药物饲料添加剂"字样，并标明其通用名称、含量、适用范围、停药期规定及注意事项等。乳和乳制品以外的动物源性饲料，还应当标明"本产品不得饲喂反刍动物"字样。标签上标示的内容应真实、科学、准确，符合国家相关法律法规和标准的规定，内容的表述应通俗易懂，不得使用虚假、夸大或容易引起误解的表述，不得以欺骗性表述误导消费者，不得标示具有预防或者治疗动物疾病作用的内容。但饲料中添加药物饲料添加剂的，可以对所添加的药物饲料添加剂的作用加以说明。

饲料、饲料添加剂和饲料原料应符合相应的强制性卫生标准要求。饲料和饲料原料应标有"本产品符合饲料卫生标准"字样。目前，执行的饲料卫生标准有《饲料卫生标准》（GB 13078—2001）强制性国家标准及其修改单《饲料中亚硝酸盐允许量》（GB 13078.1—2006）、《饲料中赭曲霉毒素 A 和玉米赤霉烯酮的允许量》（GB 13078.2—2006）、《配合饲料中脱氧雪腐镰刀菌烯醇的允许量》（GB 13078.3—2007）和《配合饲料中 T - 2 毒素的允许量》（GB 21693—2008）。饲料卫生标准规定了饲料和饲料原料中的有毒有害物质及微生物等 21 项指标的安全限量。其中重金属类包括铅（以 Pb 计）、砷（以总砷计）、铬（以 Cr 计）、汞（以 Hg 计）、镉（以 Cd 计）等 5 项，毒素类包括黄曲霉毒素 B_1、赭曲霉毒素 A、玉米赤霉烯酮、脱氧雪腐镰刀菌烯醇、T - 2 毒素等 5 项，农药类有六六六、滴滴涕 2 项，微生物类包括霉菌、沙门氏杆菌、细菌总数等 3 项，其他有毒有害类物质包括氟（以 F 计）、氰化物（以 HCN 计）、亚硝酸盐（以 $NaNO_2$ 计）、游离棉酚、异硫氰酸酯（以丙烯基异硫氰酸酯计）、噁唑烷硫酮等 6 项。标准对适用于不同动物的饲料产品、饲料原料中各项卫生指标的限量都有明确规定，覆盖全面，可操作性强。

另外，2009 年 6 月 8 日，农业部发布公告，将饲料原料和饲料产品中三聚氰胺限量值定为 2.5mg/kg，高于 2.5mg/kg 的饲料原料和饲料产品一律不得销售（农业部公告第 1218 号）。

六、饲料中禁止使用的物质

《饲料和饲料添加剂管理条例》规定，禁止在饲料、动物饮用水中添加国务院农业行政主管部门公布禁用的物质以及对人体具有直接或者潜在危害的其他物质，或者直接使用上述物质养殖动物。禁止在反刍动物饲料中添加乳和乳制品以外的动物源性成分。为加强饲料及

养殖环节的质量安全监管，保障饲料及畜产品质量安全。条例实施前后，农业部公布了三批次禁止在饲料中使用的物质名单。2002年2月9日，农业部、原卫生部、原国家药品监督管理局联合发布了《禁止在饲料和动物饮用水中使用的药物品种目录》（公告第176号），禁止40种物质在饲料中添加使用，分别是盐酸克仑特罗、沙丁胺醇、硫酸沙丁胺醇、莱克多巴胺、盐酸多巴胺、西马特罗、硫酸特布他林、己烯雌酚、雌二醇、戊酸雌二醇、苯甲酸雌二醇、氯烯雌醚、炔诺醇、炔诺醚、醋酸氯地孕酮、左炔诺孕酮、炔诺酮、绒毛膜促性腺激素（绒促性素）、促卵泡生长激素（尿促性素主要含卵泡刺激FSHT和黄体生成素LH）、碘化酪蛋白、苯丙酸诺龙及苯丙酸诺龙注射液、（盐酸）氯丙嗪、盐酸异丙嗪、安定（地西泮）、苯巴比妥、苯巴比妥钠、巴比妥、异戊巴比妥、异戊巴比妥钠、利血平、艾司唑仑、甲丙氨脂、咪达唑仑、硝西泮、奥沙西泮、匹莫林、三唑仑、唑吡旦、其他国家管制的精神药品和各种抗生素滤渣。2010年12月27日，农业部公布了《禁止在饲料和动物饮用水中使用的物质名单》（农业部公告第1519号），禁止11种药物在饲料中添加使用，分别是苯乙醇胺A、班布特罗、盐酸齐帕特罗、盐酸氯丙那林、马布特罗、西布特罗、溴布特罗、酒石酸阿福特罗、富马酸福莫特罗、盐酸可乐定和盐酸赛庚啶。

七、饲料生产经营和使用的质量安全监管

饲料与饲料添加剂生产企业必须具备相应的生产条件，建立档案记录、保存制度和产品召回制度。饲料与饲料添加剂生产企业应有与生产相适应的厂房、设备和仓储设施，有相适应的专职技术人员，有必要的产品质量检验机构、人员、设施和质量管理制度，有符合规定的安全、卫生要求的生产环境，有符合国家环保要求的污染防治措施。生产企业应如实记录采购的饲料原料、单一饲料、饲料添加剂、药物饲料添加剂、添加剂预混合饲料和用于饲料添加剂生产的原料的名称、产地、数量、保质期、许可证明文件编号、质量检验信息、生产企业名称或者供货者名称及其联系方式、进货日期等。同时生产企业还应如实记录出厂销售的饲料、饲料添加剂的名称、数量、生产日期、生产批次、质量检验信息、购货者名称及其联系方式、销售日期等。记录保存期限不得少于2年。饲料与饲料添加剂生产企业发现其生产的饲料、饲料添加剂对养殖动物、人体健康有害或者存在其他安全隐患的，应当立即停止生产，通知经营者、使用者，向饲料管理部门报告，主动召回产品，并记录召回和通知情况。召回的产品应当在饲料管理部门监督下予以无害化处理或者销毁。

饲料与饲料添加剂经营者应建立进货查验制度和产品购销台账。饲料与饲料添加剂经营者进货时应当查验产品标签、产品质量检验合格证和相应的许可证明文件。不得对饲料、饲料添加剂进行拆包、分装，不得对饲料、饲料添加剂进行再加工或者添加任何物质。饲料与饲料添加剂经营者发现其销售的饲料、饲料添加剂对养殖动物、人体健康有害或者存在其他安全隐患的，应当立即停止销售，通知生产企业、供货者和使用者，向饲料管理部门报告，并记录通知情况。饲料与饲料添加剂经营者应当建立产品购销台账，如实记录购销产品的名称、许可证明文件编号、规格、数量、保质期、生产企业名称或者供货者名称及其联系方式、购销时间等。购销台账保存期限不得少于2年。

养殖者使用自行配制的饲料时，应当遵守农业部制定的自行配制饲料使用规范，并不得对外提供自行配制的饲料。

八、违规使用添加剂和其他物质的责任追究

《饲料和饲料添加剂管理条例》规定，使用违禁添加物或使用未批准的物质生产饲料的，没收违法所得、违法生产的产品和用于违法生产饲料的饲料原料、单一饲料、饲料添加剂、药物饲料添加剂、添加剂预混合饲料以及用于违法生产饲料添加剂的原料，违法生产的产品货值金额不足 1 万元的，并处 1 万元以上 5 万元以下罚款；货值金额 1 万元以上的，并处货值金额 5 万元以上 10 倍以下罚款；情节严重的，由发证机关吊销、撤销相关许可证明文件，生产企业的主要责任人和直接负责的主管人员 10 年内不得从事饲料、饲料添加剂生产、经营活动；构成犯罪的，依法追究刑事责任。

除了受到以上经济处罚外，触犯法律的还将受到刑事处罚。最高人民法院、最高人民检察院《关于办理危害食品安全刑事案件适用法律若干问题的解释》（法释〔2013〕12 号）明确规定，违反国家规定，生产、销售国家禁止生产、销售、使用的饲料和饲料添加剂，或者饲料原料和饲料添加剂原料，情节严重的，依照刑法第二百二十五条的规定以非法经营罪定罪处罚。2002 年 8 月 16 日，最高人民法院、最高人民检察院联合发布公告《关于办理非法生产、销售、使用禁止在饲料和动物饮用水中使用的药品等刑事案件具体应用法律若干问题的解释》（法释〔2002〕26 号），规定非法生产、销售、使用盐酸克伦特罗等禁止在饲料和动物饮用水中使用的药品等犯罪活动，除依照《刑法》第二百二十五条的规定以非法经营罪定罪处罚外，视情节还将依照《刑法》第一百四十四条的规定，以生产、销售有毒、有害食品罪追究刑事责任。

第四节　许可使用的饲料原料、饲料添加剂和药物饲料添加剂

一、允许使用的饲料原料

为规范饲料原料生产、经营和使用，提高饲料产品质量，保障畜禽产品质量安全，根据《饲料和饲料添加剂管理条例》的规定，2012 年 6 月，农业部公布了《饲料原料目录》（农业部公告第 1773 号），许可 577 种饲料原料在饲料生产经营中使用。另外，在科学评价的基础上，农业部分别于 2013 年 12 月、2014 年 7 月和 2015 年 4 月，对《饲料原料目录》进行了修订（农业部公告第 2038 号、第 2133 号、第 2249 号），目前许可饲料生产企业使用的饲料原料共计 13 类 600 余种。饲料生产企业应按照保证饲料及养殖动物质量安全的原则和要求，报据饲喂对象和原料特点，科学合理选择和使用目录中所列原料。许可饲料生产企业使用的饲料原料包括以下几类。

（一）谷物及其加工产品

1. 大麦及其加工产品　包括：大麦、大麦次粉、大麦蛋白粉、大麦粉、大麦粉浆粉、大麦麸、大麦壳、大麦糖渣、大麦纤维、大麦纤维渣［大麦皮］、大麦芽、大麦芽粉、大麦芽根、烘烤大麦、喷浆大麦皮、膨化大麦、全大麦粉、压片大麦。

2. 稻谷及其加工产品　包括：稻谷、糙米、糙米粉、大米、大米次粉、大米蛋白粉、大米粉、大米抛光次粉、大米糖渣、稻壳粉［砻糠粉］、稻米油［米糠油］、米糠、米糠饼、米糠粕［脱脂米糠］、膨化大米（粉）、碎米、统糠、稳定化米糠、压片大麦、预糊化大米、

蒸谷米次粉。

3. 高粱及其加工产品 包括：高粱、高粱次粉、高粱粉浆粉、高粱糠、高粱米、去皮高粱粉、全高粱粉。

4. 黑麦及其加工产品 包括：黑麦、黑麦次粉、黑麦粉、黑麦麸、全黑麦粉。

5. 酒糟类 包括：干白酒糟、干黄酒糟、_____干酒精糟［DDG］（包括大麦 DDG、大米 DDG、玉米 DDG、高粱 DDG、小麦 DDG、黑麦 DDG、谷物 DDG 和薯类 DDG）、_____干酒精糟可溶物［DDS］（包括大麦 DDS、大米 DDS、玉米 DDS、高粱 DDS、小麦 DDS、黑麦 DDS、谷物 DDS 和薯类 DDS）、干啤酒糟、含可溶物的_____干酒精糟［_____干全酒精糟］［DDGS］（包括大麦 DDGS、大米 DDGS、玉米 DDGS、高粱 DDGS、小麦 DDGS、黑麦 DDGS、谷物 DDGS 和薯类 DDGS）、_____湿酒精糟［DWG］（包括大麦 DWG、大米 DWG、玉米 DWG、高粱 DWG、小麦 DWG、黑麦 DWG、谷物 DWG 和薯类 DWG）、_____湿酒精糟可溶物［DWS］（包括大麦 DWS、大米 DWS、玉米 DWS、高粱 DWS、小麦 DWS、黑麦 DWS、谷物 DWS 和薯类 DWS）。

6. 荞麦及其加工产品 包括：荞麦、荞麦次粉、荞麦麸、全荞麦粉。

7. 筛余物 包括：_____筛余物，因谷物种类不同，可分为大麦筛余物、大米筛余物、玉米筛余物、高粱筛余物、小麦筛余物、黑麦筛余物、荞麦筛余物、黍筛余物、粟筛余物、小黑麦筛余物和燕麦筛余物。

8. 黍及其加工产品 包括：黍［黄米］、黍米粉、黍米糠。

9. 粟及其加工产品 包括：粟［谷子］、小米、小米粉、小米糠。

10. 小黑麦及其加工产品 包括：小黑麦、全小黑麦粉、小黑麦次粉、小黑麦粉、小黑麦麸。

11. 小麦及其加工产品 包括：小麦、发芽小麦［芽麦］、谷朊粉［活性小麦面筋粉］［小麦蛋白粉］、喷浆小麦麸、膨化小麦、全小麦粉、小麦次粉、小麦粉［面粉］、小麦粉浆粉、小麦麸［麸皮］、小麦胚、小麦胚芽饼、小麦胚芽粕、小麦胚芽油、小麦水解蛋白、小麦糖渣、小麦纤维、小麦纤维渣［小麦皮］、压片小麦、预糊化小麦。

12. 燕麦及其加工产品 包括：燕麦、膨化燕麦、全燕麦粉、脱壳燕麦、燕麦次粉、燕麦粉、燕麦麸、燕麦壳、燕麦片。

13. 玉米及其加工产品 包括：玉米、喷浆玉米皮、膨化玉米、去皮玉米、压片玉米、玉米次粉、玉米蛋白粉、玉米淀粉渣、玉米粉、玉米浆干粉、玉米酶解蛋白、玉米胚、玉米胚芽饼、玉米胚芽粕、玉米皮、玉米糁［玉米碴］、玉米糖渣、玉米芯粉、玉米油［玉米胚芽油］。

（二）油料籽实及其加工产品

1. 扁桃［杏］及其加工产品 包括：扁桃［杏］仁饼、扁桃［杏］仁粕、扁桃［杏］仁油。

2. 菜籽及其加工产品 包括：菜籽［油菜籽］、菜籽饼［菜饼］、菜籽蛋白、菜籽皮、菜籽粕［菜粕］、菜籽油［菜油］、膨化菜籽、双低菜籽、双低菜籽粕［双低菜粕］。

3. 大豆及其加工产品 包括：大豆、大豆分离蛋白、大豆磷脂油（大豆磷脂油粉）、大豆酶解蛋白、大豆浓缩蛋白、大豆胚芽粕［大豆胚芽粉］、大豆胚芽油、大豆皮、大豆筛余物、大豆糖蜜、大豆纤维、大豆油［豆油］、豆饼［大豆饼］、豆粕［大豆粕］、豆渣［大豆渣]、烘烤大豆（粉）、膨化大豆［膨化大豆粉］、膨化大豆蛋白［大豆组织蛋白］、膨化豆粕。

4. 番茄籽及其加工产品 包括：番茄籽粕、番茄籽油。

5. 橄榄及其加工产品 包括：橄榄饼［油橄榄饼］、橄榄粕［油橄榄粕］、橄榄油。

6. 核桃及其加工产品 包括：核桃仁饼、核桃仁粕、核桃仁油。

7. 红花籽及其加工产品 包括：红花籽、红花籽饼、红花籽壳、红花籽粕、红花籽油。

8. 花椒籽及其加工产品 包括：花椒籽、花椒籽饼［花椒饼］、花椒籽粕［花椒粕］、花椒籽油。

9. 花生及其加工产品 包括：花生、花生饼［花生仁饼］、花生蛋白、花生红衣、花生粕［花生仁粕］、花生油。

10. 可可及其加工产品 包括：可可饼（粉）、可可油［可可脂］。

11. 葵花籽及其加工产品 包括：葵花籽［向日葵籽］、葵花头粉［向日葵盘粉］、葵花籽壳［向日葵壳］、葵花籽仁饼［向日葵籽仁饼］、葵花籽仁粕［向日葵籽仁粕］、葵花籽油［向日葵籽油］。

12. 棉籽及其加工产品 包括：棉籽、棉仁饼、棉籽饼［棉饼］、棉籽蛋白、棉籽壳、棉籽酶解蛋白、棉籽粕［棉粕］、棉籽油［棉油］、脱酚棉籽蛋白［脱毒棉籽蛋白］。

13. 木棉籽及其加工产品 包括：木棉籽饼、木棉籽粕、木棉籽油。

14. 葡萄籽及其加工产品 包括：葡萄籽粕、葡萄籽油。

15. 沙棘籽及其加工产品 包括：沙棘籽饼、沙棘籽粕、沙棘籽油。

16. 酸枣及其加工产品 包括：酸枣粕、酸枣油。

17. 文冠果加工产品 包括：文冠果粕、文冠果油。

18. 亚麻籽及其加工产品 包括：亚麻籽［胡麻籽］、亚麻饼［亚麻籽饼，亚麻仁饼，胡麻饼］、亚麻粕［亚麻籽粕，亚麻仁粕，胡麻粕］、亚麻籽油。

19. 椰子及其加工产品 包括：椰子饼、椰子粕、椰子油。

20. 油棕榈及其加工产品 包括：棕榈果、棕榈饼［棕榈仁饼］、棕榈粕［棕榈仁粕］、棕榈仁、棕榈仁油、棕榈油（棕榈脂肪粉）。

21. 月见草籽及其加工产品 包括：月见草籽、月见草籽粕、月见草籽油。

22. 芝麻及其加工产品 包括：芝麻籽、芝麻饼［油麻饼］、芝麻粕、芝麻油。

23. 紫苏及其加工产品 包括：紫苏籽、紫苏饼［紫苏籽饼］、紫苏粕［紫苏籽粕］、紫苏油。

24. 其他 包括：氢化脂肪。

（三）豆科作物籽实及其加工产品

1. 扁豆及其加工产品 包括：扁豆、去皮扁豆。

2. 菜豆及其加工产品 包括：菜豆［芸豆］。

3. 蚕豆及其加工产品 包括：蚕豆、蚕豆粉浆蛋白粉、蚕豆皮、去皮蚕豆、压片蚕豆。

4. 瓜尔豆及其加工产品 包括：瓜尔豆、瓜尔豆胚芽粕、瓜尔豆粕。

5. 红豆及其加工产品 包括：红豆［赤豆、红小豆］、红豆皮、红豆渣。

6. 角豆及其加工产品 包括：角豆粉。

7. 绿豆及其加工产品 包括：绿豆、绿豆粉浆蛋白粉、绿豆皮、绿豆渣。

8. 豌豆及其加工产品　包括：豌豆、去皮豌豆、豌豆次粉、豌豆粉、豌豆粉浆蛋白粉、豌豆粉浆粉、豌豆皮、豌豆纤维、豌豆渣、压片豌豆。

9. 鹰嘴豆及其加工产品　包括：鹰嘴豆。

10. 羽扇豆及其加工产品　包括：羽扇豆、去皮羽扇豆、羽扇豆皮、羽扇豆渣。

11. 其他　包括：_____豆荚、_____豆荚粉、烘烤_____豆。

（四）块茎、块根及其加工产品

1. 白萝卜及其加工产品　包括：萝卜干（片、块、粉、颗粒）。

2. 大蒜及其加工产品　包括：大蒜粉（片）、大蒜渣。

3. 甘薯及其加工产品　包括：甘薯［红薯、白薯、番薯、山芋、地瓜、红苕］干（片、块、粉、颗粒）、甘薯渣、紫薯干（片、块、粉、颗粒）。

4. 胡萝卜及其加工产品　包括：胡萝卜干（片、块、粉、颗粒）、胡萝卜渣。

5. 菊苣及其加工产品　包括：菊苣根干（片、块、粉、颗粒）、菊苣渣。

6. 菊芋及其加工产品　包括：菊糖、菊芋渣。

7. 马铃薯及其加工产品　包括：马铃薯［土豆、洋芋、山药蛋］干（片、块、粉、颗粒）、马铃薯蛋白粉、马铃薯渣。

8. 魔芋及其加工产品　包括：魔芋干（片、块、粉、颗粒）。

9. 木薯及其加工产品　包括：木薯干（片、块、粉、颗粒）、木薯渣。

10. 藕及其加工产品　包括：藕［莲藕］干（片、块、粉、颗粒）。

11. 甜菜及其加工产品　包括：甜菜粕［渣］、甜菜粕颗粒、甜菜糖蜜。

12. 食用瓜类及其加工产品　包括：_____瓜、_____瓜子。

（五）其他籽实、果实类产品及其加工产品

1. 辣椒及其加工产品　包括：辣椒（粉）、辣椒渣、辣椒籽粕、辣椒籽油。

2. 水果或坚果及其加工产品　包括：鳄梨［牛油果］干（片、块、粉）、鳄梨［牛油果］浓缩汁、_____果仁、_____果渣。

3. 枣及其加工产品　包括：枣、枣粉。

（六）饲草、粗饲料及其加工产品

1. 干草及其加工产品　包括：_____草颗粒（块）、_____干草、_____干草粉、苜蓿渣。

2. 秸秆及其加工产品　包括：_____氨化秸秆、_____碱化秸秆、_____秸秆、_____秸秆粉、_____秸秆颗粒（块）。

3. 青绿饲料　包括：_____青绿粗饲料。

4. 青贮饲料　包括：_____半干青贮饲料、_____黄贮饲料、_____青贮饲料。

5. 其他粗饲料　包括：灌木或树木茎叶、灌木或树木茎叶粉、灌木与树木茎叶颗粒（块）。

（七）其他植物、藻类及其加工产品

1. 甘蔗加工产品　包括：甘蔗糖蜜、甘蔗渣。

2. 丝兰及其加工产品　包括：丝兰粉。

3. 甜叶菊及其加工产品　包括：甜叶菊渣。

4. 万寿菊及其加工产品　包括：万寿菊渣。

5. 藻类及其加工产品　包括：_____藻、_____藻渣、裂壶藻粉、螺旋藻粉、拟微绿球藻粉、微藻粕、小球藻粉。

6. 其他可饲用天然植物（仅指所称植物或植物的特定部位经干燥或粗提或干燥、粉碎获得的产品）　包括：八角茴香、白扁豆、百合、白芍、白术、柏子仁、薄荷、补骨脂、苍术、侧柏叶、车前草、车前子、赤芍、川芎、刺五加、大蓟、淡豆豉、淡竹叶、当归、党参、地骨皮、丁香、杜仲、杜仲叶、榧子、佛手、茯苓、甘草、干姜、高良姜、葛根、枸杞子、骨碎补、荷叶、诃子、黑芝麻、红景天、厚朴、厚朴花、葫芦巴、花椒、槐角［槐实］、黄精、黄芪、藿香、积雪草、姜黄、绞股蓝、桔梗、金荞麦、金银花、金樱子、韭菜子、菊花、橘皮、决明子、莱菔子、莲子、芦荟、罗汉果、马齿苋、麦冬［麦门冬］、玫瑰花、木瓜、木香、牛蒡子、女贞子、蒲公英、蒲黄、茜草、青皮、人参、人参叶、肉豆蔻、桑白皮、桑葚、桑叶、桑枝、沙棘、山药、山楂、山茱萸、生姜、升麻、首乌藤、酸角、酸枣仁、天冬［天门冬］、土茯苓、菟丝子、五加皮、乌梅、五味子、鲜白茅根、香附、香薷、小蓟、薤白、洋槐花、杨树花、野菊花、益母草、薏苡仁、益智［益智仁］、银杏叶、鱼腥草、玉竹、远志、越橘、泽兰、泽泻、制何首乌、枳壳、知母、紫苏叶。

（八）乳制品及其副产品

1. 干酪及干酪制品　包括：奶酪［干酪］。

2. 酪蛋白及其加工制品　包括：酪蛋白［干酪素］、水解酪蛋白。

3. 奶油及其加工制品　包括：奶油［黄油］、稀奶油。

4. 乳及乳粉　包括：_____乳，生牛乳或生羊乳，包括全脂乳、脱脂乳、部分脱脂乳，_____初乳（粉），_____乳粉［奶粉］。

5. 乳清及其加工制品　包括：乳清粉、分离乳清蛋白、浓缩乳清蛋白、乳钙［乳矿物盐］、乳清蛋白粉、脱盐乳清粉。

6. 乳糖及其加工制品　包括：乳糖。

（九）陆生动物产品及其副产品

1. 动物油脂类产品　包括：_____油、_____油渣（饼）。

2. 昆虫加工产品　包括：蚕蛹（粉）、蚕蛹粕［脱脂蚕蛹（粉）］、蜂花粉、蜂胶、蜂蜡、蜂蜜、_____虫（粉）、脱脂_____虫粉。

3. 内脏、蹄、角、爪、羽毛及其加工产品　包括：肠膜蛋白粉、动物内脏、动物内脏粉、动物器官、动物水解物、膨化羽毛粉、_____皮、禽爪皮粉、水解蹄角粉、水解畜毛粉、水解羽毛粉。

4. 禽蛋及其加工产品　包括：蛋粉、蛋黄粉、蛋壳粉、蛋清粉。

5. 蚯蚓及其加工产品　包括：蚯蚓粉。

6. 肉、骨及其加工产品　包括：_____骨、_____骨粉（粒）、骨胶、_____骨髓、明胶、_____肉、_____肉粉、_____肉骨粉、骨源磷酸氢钙、脱胶骨粉。

7. 血液制品　包括：喷雾干燥_____血浆蛋白粉、喷雾干燥_____血球蛋白粉、水解_____血粉、水解_____血球蛋白粉、水解珠蛋白粉、_____血粉、血红素蛋白粉。

（十）鱼、其他水生生物及其副产品

1. 贝类及其副产品　包括：_____贝、贝壳粉、干贝粉。

2. 甲壳类动物及其副产品　包括：虾、磷虾粉、虾粉、虾膏、虾壳粉、虾油、蟹、蟹粉、蟹壳粉。

3. 水生软体动物及其副产品　包括：乌贼、乌贼粉、乌贼膏、乌贼内脏粉、乌贼油、鱿鱼、鱿鱼粉、鱿鱼膏、鱿鱼内脏粉、鱿鱼油。

4. 鱼及其副产品　包括：鱼、白鱼粉、水解鱼蛋白粉、鱼粉、鱼膏、鱼骨粉、鱼排粉、鱼溶浆、鱼溶浆粉、鱼虾粉、鱼油、鱼浆、低脂肪鱼粉〔低脂鱼粉〕。

5. 其他　包括：卤虫卵。

（十一）矿物质

天然矿物质　包括：凹凸棒石（粉）、沸石粉、高岭土、海泡石、滑石粉、麦饭石、蒙脱石、膨润土〔斑脱岩、膨土岩〕、石粉、蛭石、腐殖酸钠、硅藻土。

（十二）微生物发酵产品及副产品

1. 饼粕、糟渣发酵产品　包括：发酵豆粕、发酵_____果渣、发酵棉籽蛋白、酿酒酵母发酵白酒糟。

2. 单细胞蛋白　包括：产朊假丝酵母蛋白、啤酒酵母粉、啤酒酵母泥、食品酵母粉、酵母水解物、酿酒酵母培养物、酿酒酵母提取物、酿酒酵母细胞壁。

3. 利用特定微生物和特定培养基培养获得的菌体蛋白类产品（微生物细胞经休眠或灭活）　包括：谷氨酸渣〔味精渣〕、核苷酸渣、赖氨酸渣。

4. 糟渣类发酵副产物　包括：_____醋糟、酱油糟、柠檬酸糟、葡萄酒糟（泥）、甜菜糖蜜酵母发酵浓缩液。

（十三）其他饲料原料

1. 淀粉及其加工产品　包括：_____淀粉、糊精。

2. 食品类产品及副产品　包括：果蔬加工产品及副产品、食品工业产品及副产品。

3. 食用菌及其加工产品　包括：白灵侧耳（白灵菇）、刺芹侧耳（杏鲍菇）。

4. 糖类　包括：白糖〔蔗糖〕、果糖、红糖〔蔗糖〕、麦芽糖、木糖、葡萄糖、葡萄糖胺盐酸盐、葡萄糖浆。

5. 纤维素及其加工产品　包括：纤维素。

另外，根据《饲料和饲料添加剂管理条例》及《饲料和饲料添加剂生产许可管理办法》和《进口饲料和饲料添加剂登记管理办法》的规定，从事单一饲料品种生产经营的，应当办理生产许可证和进口登记证。未取得生产许可证或进口登记证的单一饲料产品，不得作为饲料原料生产、经营和使用。2012年6月，农业部公布了依法取得生产许可证或进口登记证的单一饲料产品。根据生产经营使用实际情况，农业部又进行了修订。截至2015年5月，依法取得生产许可证或进口登记证的单一饲料产品共计95种，包括：大麦蛋白粉、大米蛋白粉、大米酶解蛋白、干白酒糟、干黄酒糟、_____干酒精糟〔DDG〕、_____干酒精糟可溶物〔DDS〕、干啤酒糟、含可溶物的干酒精糟〔干全酒精糟〕〔DDGS〕、谷朊粉〔活性小麦面筋粉〕〔小麦蛋白粉〕、小麦水解蛋白、喷浆玉米皮、玉米蛋白粉、玉米浆干粉、玉米酶解蛋白、菜籽蛋白、菜籽粕〔菜粕〕、双低菜籽粕〔双低菜粕〕、大豆分离蛋白、大豆酶解蛋白、大豆浓缩蛋白、大豆糖蜜、豆粕、膨化大豆蛋白〔大豆组织蛋白〕、膨化豆粕、花生蛋白、花生粕〔花生仁粕〕、棉籽蛋白、棉籽酶解蛋白、棉籽粕〔棉粕〕、脱酚棉籽蛋白〔脱毒棉籽蛋白〕、蚕豆粉浆蛋白粉、绿豆粉浆蛋白粉、豌豆粉浆蛋白粉、马铃薯蛋白粉、_____藻渣、裂壶藻粉、螺旋藻粉、拟微绿球藻粉、微藻粕、小球藻粉、_____油、_____油渣

（饼）、肠膜蛋白粉、动物内脏粉、动物水解物、膨化羽毛粉、水解蹄角粉、水解畜毛粉、水解羽毛粉、蛋粉、蛋黄粉、蛋壳粉、蛋清粉、_____骨粉（粒）、_____肉粉、_____肉骨粉、酸化骨粉［骨质磷酸氢钙］、脱胶骨粉、喷雾干燥_____血浆蛋白粉、喷雾干燥_____血球蛋白粉、水解_____血粉、水解_____血球蛋白粉、水解珠蛋白粉、_____血粉、血红素蛋白粉、磷虾粉、虾粉、白鱼粉、水解鱼蛋白粉、鱼粉、鱼排粉、鱼溶浆、鱼溶浆粉、鱼虾粉、鱼油、低脂肪鱼粉［低脂鱼粉］、腐殖酸钠、发酵豆粕、发酵_____果渣、发酵棉籽蛋白、酿酒酵母发酵白酒糟、产朊假丝酵母蛋白、啤酒酵母粉、食品酵母粉、酵母水解物、酿酒酵母培养物、酿酒酵母提取物、酿酒酵母细胞壁、谷氨酸渣、核苷酸渣、赖氨酸渣、柠檬酸糟、甜菜糖蜜酵母发酵浓缩液、葡萄糖胺盐酸盐。

二、允许使用的饲料添加剂

为加强对饲料添加剂的管理，保障饲料和养殖产品质量安全，2013 年 12 月，农业部依法公布了《饲料添加剂品种目录（2013）》，之后又对目录进行了修订（农业部公告第 2134号、第 2167 号）。同时，农业部相继审定通过并公告了"新饲料添加剂"（农业部公告第2167 号、第 2309 号）。目前，许可生产、经营、使用的饲料添加剂有 13 大类 350 种。

（一）氨基酸、氨基酸盐及其类似物（31 种）

包括 L-赖氨酸、液体 L-赖氨酸（L-赖氨酸含量不低于 50%）、L-赖氨酸盐酸盐、L-赖氨酸硫酸盐及其发酵副产物（产自谷氨酸棒杆菌、乳糖发酵短杆菌，L-赖氨酸含量不低于 51%）、DL-蛋氨酸、L-苏氨酸、L-色氨酸、L-精氨酸、L-精氨酸盐酸盐、甘氨酸、L-酪氨酸、L-丙氨酸、天（门）冬氨酸、L-亮氨酸、异亮氨酸、L-脯氨酸、苯丙氨酸、丝氨酸、L-半胱氨酸、L-组氨酸、谷氨酸、谷氨酰胺、缬氨酸、胱氨酸、牛黄酸、半胱胺盐酸盐、蛋氨酸羟基类似物、蛋氨酸羟基类似物钙盐、N-羟甲基蛋氨酸钙、α-环丙氨酸和胍基乙酸。

（二）维生素及类维生素（37 种）

包括维生素 A、维生素 A 乙酸酯、维生素 A 棕榈酸酯、β-胡萝卜素、盐酸硫胺（维生素 B_1）、硝酸硫胺（维生素 B_1）、核黄素（维生素 B_2）、盐酸吡哆醇（维生素 B_6）、氰钴胺（维生素 B_{12}）、L-抗坏血酸（维生素 C）、L-抗坏血酸钙、L-抗坏血酸钠、L-抗坏血酸-2-磷酸酯、L-抗坏血酸-6-棕榈酸酯、维生素 D_2、维生素 D_3、天然维生素 E、dl-α-生育酚、dl-α-生育酚乙酸酯、亚硫酸氢钠甲萘醌（维生素 K_3）、二甲基嘧啶醇亚硫酸甲萘醌、亚硫酸氢烟酰胺甲萘醌、烟酸、烟酰胺、D-泛醇、D-泛酸钙、DL-泛酸钙、叶酸、D-生物素、氯化胆碱、肌醇、L-肉碱、L-肉碱盐酸盐、甜菜碱、甜菜碱盐酸盐、25-羟基胆钙化醇（25-羟基维生素 D_3）和 L-肉碱酒石酸盐。

（三）矿物元素及其络（螯）合物（83 种）

包括氯化钠、硫酸钠、磷酸二氢钠、磷酸氢二钠、磷酸二氢钾、磷酸氢二钾、轻质碳酸钙、氯化钙、磷酸氢钙、磷酸二氢钙、磷酸三钙、乳酸钙、葡萄糖酸钙、硫酸镁、氧化镁、氯化镁、柠檬酸亚铁、富马酸亚铁、乳酸亚铁、硫酸亚铁、氯化亚铁、氯化铁、碳酸亚铁、氯化铜、硫酸铜、碱式氯化铜、氧化锌、氯化锌、碳酸锌、硫酸锌、乙酸锌、碱式氯化锌、氯化锰、氧化锰、硫酸锰、碳酸锰、磷酸氢锰、碘化钾、碘化钠、碘酸钾、碘酸钙、氯化钴、乙酸钴、硫酸钴、亚硒酸钠、钼酸钠、蛋氨酸铜络（螯）合物、蛋氨酸铁络（螯）合物、蛋氨酸锰络（螯）合物、蛋氨酸锌络（螯）合物、赖氨酸铜络（螯）合物、L-硒代蛋氨酸、赖氨酸锌络（螯）合物、甘氨酸铜络（螯）合物、甘氨酸铁络（螯）合物、酵母铜、酵母铁、酵母锰、酵母硒、氨基酸铜络合物（氨基酸来源于水解植物蛋白）、氨基酸铁络合物（氨基酸来源于水解植物蛋白）、氨基酸锰络合物（氨基酸来源于水解植物蛋白）、氨基酸锌络合物（氨基酸来源于水解植物蛋白）、蛋白铜、蛋白铁、蛋白锌、蛋白锰、羟基蛋氨酸类似物络（螯）合锌、羟基蛋氨酸类似物络（螯）合锰、羟基蛋氨酸类似物络（螯）合铜、烟酸铬、酵母铬、蛋氨酸铬、吡啶甲酸铬，丙酸铬、甘氨酸锌、丙酸锌、硫酸钾、三氧化二铁、氧化铜、碳酸钴、稀土（铈和镧）壳糖胺螯合盐和乳酸锌（α-羟基丙酸锌）。

（四）酶制剂（13种）

包括淀粉酶（产自黑曲霉、解淀粉芽孢杆菌、地衣芽孢杆菌、枯草芽孢杆菌、长柄木霉3、米曲霉、大麦芽、酸解支链淀粉芽孢杆菌）、α-半乳糖苷酶（产自黑曲霉）、纤维素酶（产自长柄木霉、黑曲霉、孤独腐质霉、绳状青霉）、β-葡聚糖酶（产自黑曲霉、枯草芽孢杆菌、长柄木霉3、绳状青霉、解淀粉芽孢杆菌、棘孢曲霉）、葡萄糖氧化酶（产自特异青霉、黑曲霉）、脂肪酶（产自黑曲霉、米曲霉）、麦芽糖酶（产自枯草芽孢杆菌）、β-甘露聚糖酶（产自迟缓芽孢杆菌、黑曲霉、长柄木霉）、果胶酶（产自黑曲霉、棘孢曲霉）、植酸酶（产自黑曲霉、米曲霉、长柄木霉、毕赤酵母）、蛋白酶（产自黑曲霉、米曲霉、枯草芽孢杆菌、长柄木霉）、角蛋白酶（产自地衣芽孢杆菌）和木聚糖酶（产自米曲霉、孤独腐质霉、长柄木霉、枯草芽孢杆菌、绳状青霉、黑曲霉、毕赤酵母）。

（五）微生物（34种）

包括地衣芽孢杆菌、枯草芽孢杆菌、双歧杆菌、粪肠球菌、屎肠球菌、乳酸肠球菌、嗜酸乳杆菌、干酪乳杆菌、德式乳杆菌乳酸亚种（原名乳酸乳杆菌）、植物乳杆菌、乳酸片球菌、戊糖片球菌、产朊假丝酵母、酿酒酵母、沼泽红假单胞菌、婴儿双歧杆菌、长双歧杆菌、短双歧杆菌、青春双歧杆菌、嗜热链球菌、罗伊氏乳杆菌、动物双歧杆菌、黑曲霉、米曲霉、迟缓芽孢杆菌、短小芽孢杆菌、纤维二糖乳杆菌、发酵乳杆菌、德氏乳杆菌保加利亚亚种（原名保加利亚乳杆菌）、产丙酸丙酸杆菌、布氏乳杆菌、副干酪乳杆菌、凝结芽孢杆菌和侧孢短芽孢杆菌（原名侧孢芽孢杆菌）。

（六）非蛋白氮（10种）

包括尿素、碳酸氢铵、硫酸铵、液氨、磷酸二氢铵、磷酸氢二铵、异丁叉二脲、磷酸脲、氯化铵和氨水。

（七）抗氧化剂（9种）

包括乙氧基喹啉、丁基羟基茴香醚（BHA）、二丁基羟基甲苯（BHT）、没食子酸丙酯、特丁基对苯二酚（TBHQ）、茶多酚、维生素E、L-抗坏血酸-6-棕榈酸酯和迷迭香提取物。

（八）防腐剂、防霉剂和酸度调节剂（38种）

包括甲酸、甲酸铵、甲酸钙、乙酸、双乙酸钠、丙酸、丙酸铵、丙酸钠、丙酸钙、丁酸、丁酸钠、乳酸、苯甲酸、苯甲酸钠、山梨酸、山梨酸钠、山梨酸钾、富马酸、柠檬酸、柠檬酸钾、柠檬酸钠、柠檬酸钙、酒石酸、苹果酸、磷酸、氢氧化钠、碳酸氢钠、氯化钾、碳酸钠、乙酸钙、焦磷酸钠、三聚磷酸钠、六偏磷酸钠、焦亚硫酸钠、焦磷酸一氢三钠、二甲酸钾、氯化铵和亚硫酸钠。

（九）着色剂（18 种）

包括 β-胡萝卜素、辣椒红、β-阿朴-8'-胡萝卜素醛、β-阿朴-8'-胡萝卜素酸乙酯、β，β-胡萝卜素-4，4-二酮（斑蝥黄）、天然叶黄素（源自万寿菊）虾青素、红法夫酵母、柠檬黄、日落黄、诱惑红、胭脂红、靛蓝、二氧化钛、焦糖色（亚硫酸铵法）、赤藓红、苋菜红和亮蓝。

（十）调味和诱食物质（13 种）

包括糖精、糖精钙、新甲基橙皮苷二氢查耳酮、糖精钠、山梨糖醇、纽甜、索马甜、食品用香料、牛至香酚、谷氨酸钠、5'-肌苷酸二钠、5'-鸟苷酸二钠和大蒜素。

（十一）黏结剂、抗结块剂、稳定剂和乳化剂（41 种）

包括 α-淀粉、三氧化二铝、可食脂肪酸钙盐、可食用脂肪酸单/双甘油酯、硅酸钙、硅铝酸钠、硫酸钙、硬脂酸钙、甘油脂肪酸酯、聚丙烯酸树脂Ⅱ、山梨醇酐单硬脂酸酯、聚氧乙烯 20 山梨醇酐单油酸酯、丙二醇、二氧化硅（沉淀并经干燥的硅酸）、卵磷脂、海藻酸钠、海藻酸钾、海藻酸铵、琼脂、瓜尔胶、阿拉伯树胶、黄原胶、甘露糖醇、木质素磺酸盐、羧甲基纤维素钠、聚丙烯酸钠、山梨醇酐脂肪酸酯、蔗糖脂肪酸酯、焦磷酸二钠、单硬脂酸甘油酯、聚乙二醇 400、磷脂、聚乙二醇甘油蓖麻酸酯、辛烯基琥珀酸淀粉钠、丙三醇、硬脂酸、卡拉胶、决明胶、刺槐豆胶、果胶和微晶纤维素。

（十二）多糖和寡糖（9 种）

包括低聚木糖（木寡糖）、低聚壳聚糖、半乳甘露寡糖、果寡糖、甘露寡糖、低聚半乳糖、壳寡糖〔寡聚 β-（1-4）-2-氨基-2-脱氧-D-葡萄糖〕（n＝2～10）、β-1，3-D-葡聚糖（源自酿酒酵母）和 N，O-羧甲基壳聚糖。

（十三）其他（14 种）

包括天然类固醇萨洒皂角苷（源自丝兰）、天然三萜烯皂角苷（源自可来雅皂角树）、二十二碳六烯酸（DHA）、糖萜素（源自山茶籽饼）、乙酰氧肟酸、苜蓿提取物（有效成分为苜蓿多糖、苜蓿黄酮、苜蓿皂苷）、杜仲叶提取物（有效成分为绿原酸、杜仲多糖、杜仲黄酮）、淫羊藿提取物（有效成分为淫羊藿苷）、共轭亚油酸、4，7-二羟基异黄酮（大豆黄酮）、地顶孢霉培养物、紫苏籽提取物（有效成分为 α-亚油酸、亚麻酸、黄酮）、硫酸软骨素和植物甾醇（源于大豆油/菜籽油，有效成分为 β-谷甾醇、菜油甾醇、豆甾醇）。

三、允许使用的药物饲料添加剂

药物饲料添加剂属于限制使用的物质，凡在饲料中添加使用药物饲料添加剂的，应当遵守国家限制性规定，并符合产品说明书和注意事项的要求，不应超范围、超剂量使用药物饲料添加剂。根据《兽药管理条例》的规定，国务院兽医行政部门负责制定公布在饲料中允许添加的药物饲料添加剂品种目录，但目前该目录尚未出台。为规范药物饲料添加剂的合理使用，早在《兽药管理条例》实施前，农业部公布了《饲料药物添加剂使用规范》（农业部公告第 168 号）。《饲料药物添加剂使用规范》列出了允许在饲料中添加的 57 种药物饲料添加剂及其有效成分、含量规格、适用动物、用法与用量、注意事项等。经风险评估，2002 年农业部发布公告禁止使用复方硝基酚钠预混剂（农业部公告第 193 号）。2003 年，农业部批准了允许喹烯酮预混剂在饲料中添加使用（农业部公告第 295 号）。另外，牛至油预混剂因进口注册期满后未申请继续注册，因此该药物添加剂不再允许使用。目前，我国允许在饲料中添加使用的药物饲料添加剂有 56 种。除《饲料药物添加剂使用规范》收载品种及农业部批准允许使用的药物饲料添加剂外，任何其他兽药产品一律不得添加到饲料中使用。兽药原料药不得直接加入饲料中使用，必须制成预混剂后方可添加到饲料中。畜（禽）种不同、生产阶段不同，药物饲料添加剂使用的限制性规定也有可能不同，如喹乙醇预混剂可用于促进猪生长，休药期为 35d，但禁止用于体重超过 35kg 的猪，在生产实践中应严格遵守这些限制性规定。

根据《饲料药物添加剂使用规范》的规定，农业部将药物饲料添加剂分两类进行管理。第一类药物饲料添加剂是具有预防动物疾病、促进动物生长作用的药物添加剂，可在饲料中长时间添加使用。目前，农业部批准允许使用的第一类药物饲料添加剂有 32种，包括二硝托胺预混剂，马杜霉素铵预混剂，尼卡巴嗪预混剂，尼卡巴嗪、乙氧酰胺苯甲酯预混剂，甲基盐霉素、尼卡巴嗪预混剂，甲基盐霉素预混剂，拉沙诺西钠预混剂，氢溴酸常山酮预混剂，盐酸氯苯胍预混剂，盐酸氨丙啉、乙氧酰胺苯甲酯预混剂，盐酸氨丙啉、乙氧酰胺苯甲酯、磺胺喹噁啉预混剂，氯羟吡啶预混剂，海南霉素钠预混剂，赛杜霉素钠预混剂，地克珠利预混剂，氨苯胂酸预混剂，洛克沙肿预混剂，莫能菌素钠预混剂，杆菌肽锌预混剂，黄霉素预混剂，维吉尼亚霉素预混剂，喹乙醇预混剂，喹烯酮预混剂，那西肽预混剂，阿美拉霉素预混剂，盐霉素钠预混剂，硫酸黏杆菌素预混剂，杆菌肽锌、硫酸黏杆菌素预混剂，吉它霉素预混剂，土霉素钙预混剂，金霉素预混剂和恩拉霉素预混剂。

农业部批准允许使用的第二类药物饲料添加剂有 24 种，包括磺胺喹噁啉、二甲氧苄啶预混剂，越霉素 A 预混剂，潮霉素 B 预混剂，地美硝唑预混剂，磷酸泰乐菌素预混剂，盐酸林可霉素预混剂，赛地卡霉素预混剂，伊维菌素预混剂，呋喃苯烯酸钠粉，延胡索酸泰妙菌素预混剂，环丙氨嗪预混剂，氟苯咪唑预混剂，复方磺胺嘧啶预混剂，盐酸林可霉素、硫酸大观霉素预混剂，硫酸新霉素预混剂，磷酸替米考星预混剂，磷酸泰乐菌素、磺胺二甲嘧啶预混剂，甲砜霉素散预混剂，诺氟沙星、盐酸小檗碱预混剂，维生素 C 磷酸酯镁、盐酸环丙沙星预混剂，盐酸环丙沙星、盐酸小檗碱预混剂，噁喹酸散预混剂和磺胺氯吡嗪钠可溶性粉。其中，呋喃苯烯酸钠粉、甲砜霉素散预混剂、诺氟沙星、盐酸小檗碱预混剂、维生素 C 磷酸酯镁、盐酸环丙沙星预混剂、盐酸环丙沙星、盐酸小檗碱预混剂和噁喹酸散预混剂 6种药物添加剂主要用在水产动物饲料中添加使用。

两类药物饲料添加剂的共同点是均可通过饲料途径对动物给药。不同之处在于：一是目的作用不同，第一类药物饲料添加剂主要用于预防动物疾病、促进动物生长；第二类药物饲料添加剂用于防治动物疾病。二是产品批准文号不同，第一类药物饲料添加剂的文号为"药添字"；第二类药物饲料添加剂的文号为"兽药字"。三是使用者不同，第一类药物饲料添加剂为饲料生产企业使用；第二类药物饲料添加剂须凭兽医处方购买后由畜禽养殖场（户）使用，所有商品饲料中不得添加。四是用药期不同，第一类药物饲料添加剂可在饲料中长时间添加使用；第二类药物饲料添加剂规定了疗程，不能长时间使用。

第五节　饲料与饲料添加剂的规范使用

饲料和饲料添加剂是养殖过程中主要的投入品，规范使用饲料、饲料添加剂是实现无公害畜禽养殖的关键环节之一。无公害畜禽养殖不仅要严格遵守国家相关法律法规的规定，而且要确保产品质量安全，坚持环境友好。饲料和饲料添加剂的购进、贮存和使用过程必须科学、规范，切实把好质量安全关和环境友好关。

一、严把购进关，做到"五看""五不用"

一看产品标签，无产品标签的商品饲料和饲料添加剂不用。目前，执行的标准为2013年发布的《饲料标签》（GB 10648—2013）。饲料标签应当注明卫生要求、产品名称、产品成分分析保证值、原料组成、产品标准编号、使用说明、净含量、生产日期、保质期、贮存条件及方法、许可证明文件编号等信息。产品名称应采用通用名称，产品成分分析保证值应符合产品所执行的标准。无标签的产品无法提供产品信息，对使用者来说承担着使用未知物质的风险。

二看标签标示物质和成分，标示物或成分不在"三个目录"中的商品饲料不用。《饲料和饲料添加剂管理条例》第十七条规定"禁止使用国务院农业行政主管部门公布的饲料原料目录、饲料添加剂品种目录和药物饲料添加剂品种目录以外的任何物质生产饲料"。养殖场（户）在购买商品饲料时可查验标签上标示的物质名称和成分，与本章第四节所列允许使用的《饲料原料目录》、《饲料添加剂品种目录》和《饲料药物添加剂使用规范》等对照，标签中标示的物质名称或成分不在《饲料原料目录》《饲料添加剂品种目录》等中的物质不能使用，避免可能带来的安全风险。

三看许可证明文件，无许可证明文件或许可证明文件过期的产品不用。许可证明文件包括新饲料、新饲料添加剂证书，饲料、饲料添加剂进口登记证，饲料、饲料添加剂生产许可证，饲料添加剂、添加剂预混合饲料产品批准文号。

《饲料和饲料添加剂管理条例》要求，饲料产品必须取得生产许可证号，饲料添加剂、添加剂预混合饲料必须取得生产许可证号和相应的产品批准文号，新饲料、新饲料添加剂必须取得新饲料、新饲料添加剂证书，进口饲料、进口饲料添加剂必须取得进口登记证书。禁止经营、使用无许可证明的饲料和饲料添加剂。

生产许可证格式为×饲字（××××）××××××，新饲料和饲料添加剂产品证书号为新饲证字（××××）××号，进口饲料和饲料添加剂产品登记证号为（××××）外饲准字××号。饲料添加剂产品批准文号格式为×饲添字（××××）××××××，添加剂预混合饲料产品批准文号格式为×饲预字（××××）。×代表核发产品批准文号的省、自治区、直辖市的简称，（××××）代表年份，×××××× 前三位表示本辖区企业的固定编号，后三位表示该产品获得的产品批准文号序号。许可证明文件的有效期或监测期为5年。

取得许可证明文件的饲料和饲料添加剂生产企业是通过管理部门核查许可的，其生产条件能够满足相应要求，经常接受主管部门的监督检查，对饲料原料、饲料添加剂和药物饲料添加剂的使用、生产过程的有效控制和产品质量的检验等都能按要求执行。因此，选择这样的饲料和饲料添加剂生产企业能够基本保证产品质量安全，并能避免使用违禁添加物或使用"三个目录"以外的物质的风险。饲料和饲料添加剂生产企业取得的许可证明可以通过查验饲料和饲料添加剂产品标签上的"生产许可证号"、"产品批准文号"、"新饲料、新饲料添加剂证书号"、"进口登记证书号"进行识别。

四看产品合格证和检验报告，无产品合格证、检验报告不符合要求的不用。产品合格证是生产企业对该批产品进行出厂检验合格后必须附具的标示。产品检验报告是经有资质的饲料和饲料添加剂检测机构出具的。出厂检验项目通常较少，如生长育肥猪配合饲料执行国家标准（GB/T 5915—2008）时，其出厂检验项目仅包括感官性状、水分、细度、粗蛋白质和粗灰分含量。产品检验报告可以为用户提供该产品执行标准和国家强制性标准中规定的检测指标，包括营养指标（如水分、粗蛋白质、钙、磷、氨基酸等）、卫生指标（如砷、重金属、黄曲霉毒素 B_1 等）、添加的兽药成分、需要检测的违禁添加物等。

无公害畜禽养殖使用的饲料、饲料添加剂、添加剂预混合饲料等在确保营养指标达标的基础上还应重点加强对产品卫生指标、安全指标的检测。如奶牛饲料中黄曲霉毒素 B_1 的检测、三聚氰胺的检测，生长育肥猪饲料中"瘦肉精"的检测，添加药物饲料添加剂的可以检测兽药成分是否超过允许使用的限量等。凡是产品检测报告中所检项目有一项不合格或不符合无公害养殖要求的，都不能使用。

五看产品生产日期和保质期，未标示产品生产日期和保质期以及过期的产品不用。以防饲料和饲料添加剂产品质量无保证，甚至出现霉变、酸败变质等质量安全风险。饲料、饲料添加剂产品生产日期和保质期可以通过产品标签查验。

二、减少使用环境污染风险较大的饲料和饲料添加剂

无公害养殖不仅要保障畜产品质量安全，同时还要坚持环境友好，尽可能保护环境免遭破坏。部分饲料添加剂如有机胂制剂，高铜、高锌预混料等，经动物消化代谢后没有吸收利用的砷、铜、锌随动物粪便排泄到周围环境中，会造成环境污染。因此，饲料产品标签中标示添加有机胂制剂（如氨苯胂酸又名阿散酸、洛克沙胂等）的，无公害养殖中应尽量减少使用或不使用。

《饲料添加剂安全使用规范》（农业部公告第 1224 号）对铜的限制使用量为：仔猪（≤30kg）不超过 200mg/kg，生长育肥猪（30～60kg）不超过 150 mg/kg，生长育肥猪（≥60kg）不超过 35mg/kg。对锌的限制使用量为：仔猪（断奶后两周）不超过 2 250mg/kg，其他阶段推荐 43～120mg/kg，不得超过 150mg/kg。对牛、羊、家禽等其他动物都有限量要求。因此，高铜高锌添加剂应按规定限量使用，无公害养殖中最好减少高铜高锌饲料的使用。

三、严格按饲料标签和产品使用说明饲喂

要根据饲喂动物的不同，选择与饲喂动物相对应的商品饲料。相同动物但生长阶段不同的，应使用与之相匹配的饲料，不能交叉使用或混用各个阶段的饲料，以确保满足畜禽的营养需要。商品饲料的配方都是按照不同动物、不同生长阶段的营养需要完成的，适用于相应动物和特定生长阶段。如果不按动物生长阶段随意使用配合饲料，就或多或少会给无公害畜产品生产带来安全风险和隐患。例如，个别养殖户认为仔猪饲料营养水

平高，在生猪行情好的时候，养殖户宁愿提高饲料成本，全程使用仔猪全价配合饲料，希望提高猪的生长速度，获得较高经济收益。这样可能带来的安全隐患有三个方面：①浪费资源，有环境污染风险。仔猪饲料通常是高能量和高蛋白水平，不适用于中大猪的需要，不仅成本提高，而且浪费蛋白质饲料资源，同时多余的蛋白质随粪便排出体外会增加环境污染，影响人类健康。②超量使用饲料添加剂的风险。《饲料添加剂安全使用规范》列出了各种饲料添加剂的含量规格、适用动物、推荐用量、最高限量等。其中，在配合饲料或全混合仔猪日粮中的最高限量为强制性指标，饲料企业和养殖单位必须严格遵照执行。猪配合饲料常常使用高铜和高锌配方，这种日粮配方在猪的早期生长阶段具有明显的促生长效果。但对于中大猪生长阶段，高铜可能引起肾脏组织结构受损，人食用此类动物产品后会导致脂肪代谢异常；高锌对断奶仔猪有明显的防腹泻、促生长效果，但仅仅在断奶后 2 周比较明显，长期过量的锌可降低猪血液、肾和肝内的铁含量，引发顽固性缺铁性贫血。③违法使用药物饲料添加剂的风险。仔猪饲料中可以使用的药物饲料添加剂喹乙醇，如果用于 35kg 以上的生猪，就成为了违禁物质，将会受到使用违禁物质的处罚。④违法使用动物源性成分的风险。如有个别养殖户为提高肉牛、肉羊的生长速度，使用肉鸡、育肥猪商品饲料饲喂肉牛、肉羊，肉鸡和育肥猪饲料中含有动物源性成分，这样就会导致违法使用动物源性成分的风险。因此，日常生产中应按饲料标签标示的动物生长阶段使用饲料，日常监督检查时也应注意相关细节。

四、严格执行休药期规定

饲料中添加了药物饲料添加剂的，饲料标签中均标明了所添加药物的名称、含量、适用范围、停药期规定及注意事项等。自配料自行添加的药物饲料添加剂，其产品标签应有该药物添加剂的名称、适用范围、添加量和休药期规定等。因此，使用者应严格按照标签上注明的休药期执行。这也是日常生产中容易忽视的问题。休药期间使用的饲料不应添加任何药物饲料添加剂，日常生产中应注意购买并使用休药期饲料。日常监督检查时，应通过对照饲料使用记录和饲料标签内容判断休药期执行情况。

五、严禁使用违禁添加物

目前，我国公布了禁止在饲料和动物饮用水中使用的药物品种和物质名单目录（农业部公告第 176 号、第 1519 号），列出了 51 种禁止在饲料和动物饮用水中使用的物质，如盐酸克仑特罗、氯烯雌醚、氯丙嗪、苯乙醇胺 A 等。凡生产、经营、使用《名单》所列禁止使用的饲料和饲料添加剂的企业或个人，将依法追究刑事责任。但是，违法使用违禁添加物的案件时有发生。有些是利益驱使主动添加，如"瘦肉精"事件中养殖场（户）在生猪养殖中使用盐酸克仑特罗等；有些是不了解的情况下使用了掺入违禁物质的饲料添加剂或药物。如2010 年克仑巴安（后被命名为苯乙醇胺 A）被违法分子作为新型添加剂卖给养殖户使用。当时并不清楚该物质的具体结构，也没有检测方法，只是在生猪尿液检测中发现莱克多巴胺阳性，后经专业技术人员研究发现该物质为福莫特罗的同分异构体，使用效果与苯克多巴胺效果相同，均属 β-肾上腺素受体激动剂，也就是通常说的"瘦肉精"。因此，在日常生产和监督检查中，应严密防范违禁物质的使用，确保无公害畜产品安全。

六、严禁超范围、超剂量使用药物饲料添加剂

所有药物饲料添加剂的使用必须符合《药物饲料添加剂使用规范》，按规定的适用动物、使用方法、使用疗程、允许用量等使用。有个别养殖户缺乏相关知识，不清楚相关规定，超范围使用药物饲料添加剂。如生长猪使用喹乙醇，蛋鸡在产蛋期使用磺胺类、氟喹诺酮类药物等，严重危害动物产品安全和人类健康。有试验表明，磺胺在产蛋鸡饲料中使用后，第2天即残留于鸡蛋中，停药后第7天鸡蛋中仍然可以检出磺胺。有的超剂量使用药物，即使执行了规定的休药期，药物在动物体内无法完全代谢，造成动物产品中药物残留，危害食用者健康。无公害养殖应通过加强动物疫病防疫、提高饲养管理水平、调整饲养密度、生态放养等科学方法，减少动物疾病的发生和药物使用，降低疾病和药物带来的质量安全风险。在使用药物饲料添加剂时必须严格遵守《药物饲料添加剂使用规范》等的规定，不得使用公告目录以外的药物，不得在规定动物以外使用，不得在规定生长阶段以外使用，不得超过规定疗程使用，不得超过允许量使用。

七、严格按照饲料贮存条件和有效期使用饲料

饲料和饲料添加剂产品贮存条件妥善与否直接影响饲料品质。有些饲料添加剂或添加剂预混料需要低温保存，有些需要避光保存，大部分饲料需要通风干燥保存。不按产品标签说明保存或超过产品有效期使用，可能会造成产品失效或发生霉变，不仅带来经济损失，霉变饲料还会直接影响动物健康。因此，使用者应当按饲料标签上注明的保存方式并在有效期内使用饲料产品。

日常检查中可以通过多种方式加强监督管理，防范风险，保障无公害畜产品质量安全。一是运用科技手段监测违禁物质。如现场抽取生长猪尿液，使用多联卡快速检测盐酸克伦特罗、莱克多巴胺、沙丁胺醇等"瘦肉精"。牛奶中黄曲霉毒素 M_1、三聚氰胺也可使用检测卡快速检测。二是通过现场检查排查可疑物质。如查看养殖区、饲料生产区、饲料和药物库房等，查阅配料记录，检查使用后的饲料、饲料添加剂和药物的包装标签，检查库存饲料、饲料添加剂、药物的包装标签等，从中发现可疑物质和不规范用药情况。三是通过询问了解饲料和饲料添加剂使用周期，掌握休药期执行情况。如询问出栏前使用的饲料和饲料添加剂，查看饲料和饲料添加剂标签、配料记录；了解出栏前是否使用了药物，结合饲料使用记录、兽药使用记录等判断是否执行了休药期。四是通过现场查看饲料库房和配料库，了解饲料和饲料添加剂贮存情况。如环境是否干燥、阴凉，特殊饲料添加剂是否按标签要求单独存放，饲料库房及配料库中不同类饲料是否分类存放并标示清楚，加药饲料是否分开贮藏、防止交叉污染，有无过期饲料和饲料添加剂，有无防虫防鼠措施等。

八、完善记录记载，实现可追溯

建立饲料采购、生产、使用等相关记录档案，既能反映养殖过程主要投入品的来源、成分、用法、用量等信息，同时也能证明养殖过程是否受控和规范。特别是当前消费者对食品安全广泛关注的情况下，生产记录档案构成的可追溯体系，可以为消费者提供无公害畜产品质量安全受控的数据信息，能够赢得更多的消费市场，提升无公害畜产品品

牌形象。

　　生产实践中，生产记录档案不能照搬硬套，养殖场（户）应根据动物生长特点和生产需要，适当调整各项记录的信息内容。只要确保畜禽产品的生产过程能够通过各项记录真实再现，产品的质量安全能够追根溯源，记录档案的作用就达到了。下面以生猪为例列举饲料购进和使用记录。

　　饲料购进记录包含的信息包括饲料名称、购进时间、来源或生产厂家、生产许可证号、饲料添加剂和预混合饲料的批准文号、产品有效期、药物饲料添加剂同时（注明休药期）、保管人签字等。无公害畜禽养殖场饲料购进记录见表4-1。

表4-1　　　　　　　　　　养殖场饲料购进记录（样表）

时间	购进饲料名称	来源或生产厂家	生产许可证号（如果有）	产品批准文号（如果有）	产品有效期	所含药物名称	规定休药期（天）	保管人签字

注："如果有"是指按相关法规要求应该具有的。

　　饲料使用记录主要包含的信息包括时间，动物圈舍号，动物日龄，饲料名称、用量，使用的药物饲料添加剂名称，添加的兽药名称、休药期（按休药期最长的兽药计）等。自配饲料还需附具配方。无公害畜禽养殖场饲料使用记录样表见表4-2。

表4-2　　　　　　　　养殖场饲料使用记录（样表）

时间	圈舍号及动物日龄	饲料名称	用量	外购饲料所含药物添加剂名称	自配料添加的药物饲料添加剂名称	规定休药期（d）	自配料配方人签字	饲养人员签字

注："规定休药期"在该表中按添加的所有药物饲料添加剂中休药期规定最长的计。

第五章　无公害畜禽养殖规范用药

　　兽药是畜牧业生产中的重要投入品，在畜禽养殖中发挥着重要作用，特别是动物疫病预防和治疗等都离不开兽药。近年来，随着现代畜牧业的蓬勃发展，畜禽养殖数量与规模的不断增加，兽药使用量也不断攀升。但是，一些不规范用药甚至违法使用违禁药物的行为时有发生，兽药残留超标严重，成为公众高度关注的焦点和影响畜产品安全的重要因素。规范安全使用兽药，严格控制兽药残留，不仅直接关系到畜禽健康和养殖效益，更与食品安全息息相关，是保障无公害畜产品质量安全的关键措施。

第一节　兽药残留与无公害畜产品安全

一、基本概念

　　兽药：用于预防、治疗、诊断动物疾病，或者有目的地调节动物生理机能的物质。包括化学药品、抗生素、中药材、中成药、生化药品、血清制品、疫苗、诊断制品、微生态制剂、放射性药品和消毒剂等。

　　兽药残留：给动物使用药物后蓄积、残存在动物细胞、组织或器官、肉、蛋、奶等食用产品中的药物原形、代谢物和药物杂质。

　　最高兽药残留（MRL）：为了保障动物源性食品安全，经过测定兽药对人体的无作用剂量，并以此推断日允许量（ADI），进而制定出的动物源性产品中最高残留限量。即兽药在动物性食品中的残留量不能超过这个标准，否则将对消费者的健康产生危害。

　　日允许摄入量（ADI）：人一生中每日从食物或饮水中摄取某种物质而对健康没有明显危害的量。

　　休药期（停药期）：食品动物最后一次给药至许可屠宰或者其产品（肉、蛋、奶等）许可上市的间隔时间。

　　弃奶期：奶牛从停止用药到所产牛奶许可上市的间隔时间。

　　弃蛋期：蛋禽从停止用药到所产禽蛋许可上市的间隔时间。

　　兽用处方药：凭兽医处方方可购买和使用的兽药，如注射用青霉素钠、土霉素注射液等。

　　兽用非处方药：不需要凭兽医处方就可以自行购买并按照说明书使用的兽药，如板蓝根注射液、黄芪多糖注射液等。

　　兽药残留超标：兽药残留量超过国家规定的该类兽药在某类动物产品中的最高残留允许

量时，称该动物产品的兽药残留超标。

食品动物：各种供人食用或其产品供人食用的动物。

动物源性食品：全部可食用的动物组织以及蛋和奶。

二、兽药残留对无公害畜产品质量安全的危害

兽药主要通过药物残留影响无公害畜产品的质量安全。没有药物残留或者药物残留不超标，其对畜产品就没有不良影响，畜产品就是安全的；相反，药物残留超标将会造成畜产品的安全隐患，甚至给人的健康带来安全风险。兽药残留对无公害畜产品的主要危害包括以下几方面。

1. 造成一般性毒副作用　俗话说"是药三分毒"，许多兽药或者添加剂都有一定的毒性作用。若长期摄入兽药残留超标的动物性食品，将造成药物在人体内蓄积，可能产生急性或（和）慢性毒性作用。如四环素类药物能够与骨骼中的钙结合，抑制骨骼和牙齿的发育；红霉素等大环内酯类药物可致急性肝毒性；氨基糖苷类的庆大霉素和卡那霉素能损害前庭和耳蜗神经，导致眩晕和听力减退；磺胺类药物能够破坏人体造血机能等。长期摄入喹诺酮类药物残留超标的动物源性食品，可引起轻度胃肠道刺激或不适、头痛、头晕、睡眠不良等，大剂量或者长期摄入可能引起不同程度的肝损害。违禁药物造成的危害将更加严重，如国内外均有发生人食用含有"瘦肉精"的猪肉和内脏发生急性中毒甚至死亡的事件。氯霉素可引起婴幼儿致命的"灰婴综合征"反应，严重时还会造成人的再生障碍性贫血。

2. 造成特殊毒副作用　有些残留在畜产品中的药物具有特殊毒副作用，如致畸作用、致突变作用、致癌作用和生殖毒性作用等。例如，硝基咪唑类、卡巴氧等兽药有致癌作用，苯并咪唑类、氯羟吡啶等有致畸和致突变作用。特殊毒性作用对人体健康危害极大。如克仑特罗是肾上腺素类神经兴奋剂，能促进肌肉特别是骨骼肌中蛋白质合成、抑制脂肪合成和积累等，可增加食品动物的瘦肉率。但该药在食品动物肝、肾、肺和肌肉等组织中沉积后，可使食用者心率过速，导致心律失常，诱发心肌梗死，长期食用可引起慢性中毒，导致染色体畸变，诱发恶性肿瘤。

3. 造成人体过敏反应　动物性食品中残留的多种抗生素，可能引起敏感人群发生过敏反应。如青霉素、四环素类、磺胺类和氨基糖苷类等能使部分人群发生过敏反应甚至休克，并在短时间内出现血压下降、皮疹、喉头水肿、呼吸困难等严重症状。如青霉素等在牛奶中的残留可引起人体过敏反应，严重者可出现过敏性休克并危及生命。四环素药物可引起过敏和荨麻疹。磺胺类则表现为皮炎、白细胞减少、溶血性贫血和药热。氟喹诺酮类药物也可引起变态反应和光敏反应。

4. 导致激素样毒副作用　使用雌激素、同化激素等作为畜禽的促生长剂，其残留除有致癌作用外，还对人体产生其他有害作用；超量残留可能干扰人的内分泌功能，破坏人体正常的激素平衡，甚至致畸、引起儿童性早熟等。

5. 造成病原菌耐药性增加，威胁动物和人的健康　动物机体长期反复接触某种抗菌药物后，其体内敏感菌株受到选择性的抑制，从而使耐药菌株大量繁殖。耐药性细菌的产生使得一些药物的疗效下降甚至失去疗效，动物或人体一旦被耐药性细菌感染，可能会处于"无药可救"的危险境地。另外，抗菌药在动物性食品中残留可能使动物病原菌产生耐药性，耐药基因可能通过转化、转导、接合、易位等方式在细菌之间传播，也可能通过食物链等途径

扩散耐药基因，使细菌的耐药基因在人群中细菌、动物中细菌和生态系统中细菌间相互传递，由此导致沙门菌、大肠杆菌等人类致病菌的耐药性增加。

6. 对人的胃肠道菌群产生不良影响 含有抗菌药残留的动物性食品可能对人的胃肠道的正常菌群产生不良影响，致使平衡被破坏，病原菌大量繁殖，损害人体健康。另外，胃肠道菌群在残留抗菌药的选择压力下可能产生耐药性，使胃肠道成为细菌耐药基因的重要贮藏库。

违规违法使用兽药还有可能造成环境污染。兽药经动物代谢后，其代谢产物和一部分性质稳定的药物原型会随动物粪便、尿液排泄到外界环境，破坏环境中正常的菌群结构，造成土壤、水域等污染。如有机胂制剂经动物代谢后，排泄到环境中的砷对土壤中固氮细菌、解磷细菌、纤维分解菌、真菌和放线菌均有抑制作用，严重影响土壤的正常结构和功能。阿维菌素、伊维菌素在动物粪便中能保持 8 周左右的活性，对草原中的多种昆虫都有强大的抑制或杀灭作用，破坏正常的生物链。己烯雌酚、氯羟吡啶在环境中降解很慢，能在食物链中高度富集而造成动植物产品残留超标。另外，消毒药物的过量使用也使环境变得愈发脆弱。养殖过程中过量使用酚和醛制剂，会造成环境中酚和醛超标，造成环境污染。人大量吸入后会对呼吸系统造成腐蚀，重则引起人体中毒。

三、兽药残留超标的主要原因

在畜禽饲养过程中，除了使用兽药防治动物疾病外，还使用药物饲料添加剂用于预防疾病和促生长。因此，畜产品中存在微量的兽药残留是很难避免的。环境污染物或者其他途径进入动物体内的药物及其他化学物，有可能导致残留的发生，但兽药残留主要通过饲料、饮水、口服、注射等方式给动物用药引起。导致兽药残留超标的主要原因是违法违规用药，其主要行为表现有以下几种。

1. 非法使用违禁药物或者其他化合物 为保证动物源性食品安全，维护人民身体健康，国家公布了《食品动物禁用的兽药及其他化合物清单》，如 β-兴奋剂类、性激素类、具有雌激素样作用的物质、氯霉素及其盐、酯、氨苯砜及制剂、硝基呋喃类、硝基化合物、催眠、镇静类等。但个别养殖户为追求疗效和经济效益，违法使用氯霉素、硝基呋喃等禁用药物的情况时有发生，造成严重的畜产品质量安全隐患，威胁消费者的健康安全。例如，呋喃类药物进入动物体内很快发生代谢，其代谢产物在动物组织中存在较长时间，人体长期摄入后可能会引起溶血性贫血、多发性神经炎、眼部损害和急性肝坏死。

2. "人药兽用"造成潜在安全隐患 《兽药管理条例》规定人用药品不得用于动物。个别养殖户不清楚国家法规，误认为人可以使用的药物，动物一定能够使用，而且疗效优于同类兽药。事实上，人用药物用于动物将造成大量耐药菌生长，严重影响人用药物的疗效。

3. 不遵守休药期规定造成兽药残留超标 执行休药期的目的是为了保证兽药在动物体内充分代谢和降解，使动物产品中兽药残留量能够降低至人体允许的耐受量，人食用后不会因兽药残留危害健康。因此，严格执行休药期规定，是确保动物产品中兽药残留保持在安全限量的重要手段，也是保障动物产品质量安全的必要措施。食品动物在使用兽药后，为使可食性组织或其产品（蛋、奶）中残留的兽药有足够的时间排除，国家规定了兽药用于不同动物时的休药期。达不到休药期时，将可能导致动物组织中的药物残留超标。但是，部分养殖场（户）在使用兽药或含药物添加剂的饲料后经常忽视休药期规定，不按规定执行休药期，造成畜禽产品中兽药残留超标，危害消费者健康。

4. 不按兽医师处方、药物标签和使用说明书用药，超量超范围使用兽药造成兽药残留超标　每种兽药的适应证、给药途径、用量、疗程等均有明确的规定，但有的使用者随意加大剂量、延长用药时间或者同时使用多种药物，造成兽药残留超标。在日常养殖过程中，有个别养殖场（户）为提高疗效、缩短疗程，随意加量使用抗生素，或不按规定的给药途径、用药部位和适用动物用药，有的重复使用几种商品名不同但成分相同的药物，这些因素都会造成药物在动物体内过量积累，导致兽药残留超标。

5. 屠宰前违规用药或使用违禁物质形成不安全畜产品　个别不法分子为掩饰有病畜禽的临床症状，逃避宰前检验，在畜禽屠宰前违规使用兽药，造成畜禽带病屠宰，同时使畜禽产品中兽药残留严重超标。有的为追求非法获利，屠宰前使用违禁药物，如不法分子在生猪屠宰前使用沙丁胺醇，以提高胴体重，增加非法所得，却对消费者健康造成严重危害。

另外，使用未经批准的药物易造成药物残留超标。未经审批的药物，一般没有准确的用法、用量和休药期规定，用药后产生残留超标难以避免。饲料中随意添加某些药物，但又没有在标签和说明书中注明品种和浓度，会造成饲养者重复用药，使兽药残留超标。这些也是造成动物性食品中兽药和有害物质残留的原因。

第二节　兽药质量安全监管

兽药作为畜禽养殖中重要的投入品，是影响畜产品安全的主要因素之一。为了加强兽药管理，保证兽药质量，防治动物疾病，促进养殖业的发展，维护人体健康，2004 年 4 月 9 日国务院发布了新《兽药管理条例》（国务院令第 404 号，以下简称《条例》）。该《条例》对新兽药研制、兽药生产、兽药经营、兽药进出口、兽药使用、兽药监督管理、法律责任等作了明确规定。为贯彻落实《条例》，农业部制定了一系列配套的部门规章和制度规范，主要有《新兽药研制管理办法》（农业部令 2005 年第 55 号）、《兽药注册办法》（农业部令 2004 年第 44 号）、《兽用处方药和非处方药管理办法》（农业部令 2013 年第 2 号）、《兽用处方药品种目录（第一批）》（农业部公告第 1997 号）、《乡村兽医基本用药目录》（农业部公告第 2069 号）、《兽药进口管理办法》（农业部海关总署令 2007 年第 2 号）、《兽药标签和说明书管理办法》（农业部令 2007 年第 22 号）、《兽药生产质量管理规范》（农业部令 2002 年第 11 号）、《兽药经营质量管理规范》（农业部令 2010 年第 3 号）、《兽药产品批准文号管理办法》（农业部令 2004 年第 45 号）、《兽药进口管理目录》（农业部海关总署联合公告 2009 年第 1312 号）、《兽用生物制品经营管理办法》（农业部令 2007 年第 3 号）等。先后颁布了《中华人民共和国兽药典》《兽药质量标准》《进口兽药质量标准》等强制性技术标准，并按照控制质量的需要和现代技术水平，对其进行了多次修订。以上法规、规章和标准的发布实施，为加强兽药质量安全监管提供了法律保障和技术依据。

下面，简要介绍我国兽药质量安全监管的主要要求。

一、兽用处方药和非处方药分类管理

《兽药管理条例》规定，国家对兽药实行分类管理，根据兽药的安全性和使用风险程度，将兽药分为兽用处方药和非处方药；兽用处方药须凭兽医处方购买、使用，兽用处方药目录以外的兽药为兽用非处方药，从法律上正式确立了兽药的处方药管理制度。未经兽医开具处方，任何人不得销售、购买和使用处方兽药。通过兽医开具处方后购买和使用兽药，可以防止滥用兽药尤其抗菌药，避免或减少动物产品中发生兽药残留超标等问题，达到保障动物用药规范、安全的目的。因此，兽药使用者应严格遵守兽用处方药与非处方药分类管理制度，没有兽医处方的，不得销售、购买和使用处方兽药。

2013 年 9 月 11 日，农业部发布了《兽用处方药和非处方药管理办法》（农业部令 2013 年第 2 号），自 2014 年 3 月 1 日起施行。兽药处方和非处方分类管理制度的主要内容有：对兽用处方药的标签或者说明书的印制提出了特殊要求，规定兽用处方药的标签或者说明书应当印有国务院兽医行政管理部门规定的警示内容；兽用非处方药的标签或者说明书应当印有国务院兽医行政管理部门规定的非处方药标志。禁止未经兽医开具处方擅自销售、购买和使用国务院兽医行政管理部门规定实行处方药管理的兽用处方药。兽药生产企业不得以任何方式直接向动物饲养场（户）推荐、销售兽用处方药。兽药批发、零售企业不得采用开架自选方式销售兽用处方药。开具处方的兽医人员发现可能与兽药使用有关的严重不良反应，有义务立即向所在地人民政府兽医行政管理部门报告。

2013 年 9 月 30 日，农业部公布了《兽用处方药品种目录（第一批）》（农业部公告第 1997 号）。第一批兽医处方药品种目录以加强对养殖者自我使用存在安全隐患、易造成滥用引发动物源性产品安全的兽药为重点，列出了 9 类 229 种药品为兽用处方药。遴选的原则是：国家特殊管制的兽用精神药物；对动物性产品安全构成隐患，严格限制使用的品种；对使用方法有特殊要求的品种；安全范围窄、副作用大的品种；其他不适合按非处方药管理的品种。

为规范乡村兽医用药行为，2014 年 2 月 29 日，农业部公布了《乡村兽医基本用药目录》（农业部公告第 2069 号），规定从事动物诊疗服务活动的乡村兽医，须凭乡村兽医登记证购买目录第二项所列兽药；兽药经营者向乡村兽医销售目录第二项所列兽药的，应当单独建立销售记录，并载明兽药通用名称、规格、数量、乡村兽医的姓名及登记证号，以资核查。《乡村兽医基本用药目录》包括 9 类 157 种兽用处方药和所有兽用非处方药。

二、实行兽药生产经营许可制

根据《兽药管理条例》等的规定，兽药生产企业必须按规定取得国务院兽医行政管理部门颁发的兽药生产许可证和 GMP（good manufacturing practice）证书，生产的兽药应取得产品批准文号。兽药生产企业应有与生产相适应的厂房、设备和仓储设施，有相适应的专职技术人员，有必要的产品质量检验机构、人员、设施和质量管理制度，有符合规定的安全、卫生要求的生产环境。按照《兽药生产质量管理规范》组织生产，接受监督检查。兽药生产企业应当建立兽药生产记录，记录应当完善、准确。兽药出厂前应经过质量检验，附产品质量合格证，不符合质量标准的不得出厂。

兽药经营企业应按规定取得县级以上地方人民政府兽医行政管理部门颁发的兽药经营许可证，遵守《兽药经营质量管理规范》（good supply practice，GSP），建立进货查验制度和产品购销台账。进货时应当查验兽药标签、说明书、产品质量检验合格证和相应的许可证明文件。向购买者说明兽药的功能主治、用法、用量和注意事项。禁止经营人用药品和假、劣兽药。建立产品购销台账，如实记录销售兽药的商品名称、通用名称、剂型、规格、批号、有效期、生产厂商、购销单位、购销数量、购销日期等。兽用处方药的购买和使用必须凭兽医处方笺。兽用非处方药不需要兽医处方笺可自行购买并按说明书使用。兽药经营者对兽医处方笺进行查验并建立兽用处方药购销记录。

三、遵守兽药包装的相关规定

兽药标签和说明书是经国务院兽医行政管理部门批准的有法定意义的文件，是除了《中国兽药典》和《兽药使用指南》外，畜禽养殖者正确使用兽药的依据和遵循。《兽药管理条例》规定，兽药包装必须按照规定印有或者贴上标签并附有说明书，并在显著位置注明"兽用"字样，以避免与人用药品混淆。凡在我国境内销售、使用的兽药其包装标签及所附说明书的文字必须以中文为主，提供兽药信息的标志及文字说明应当字迹清晰易辨、标示清楚醒目，不得有印字脱落或者粘贴不牢等现象。

兽药标签或者说明书的主要内容：一是兽药的通用名称，即兽药国家标准中收载的兽药名称。通用名称是药品国际非专利名称的简称，通用名称不能作为商标注册。标签和说明书不得只标注兽药的商品名，要用中文显著标注通用名。二是兽药的成分及其含量，以满足兽医和使用者的知情权。三是兽药规格，便于兽医和使用者计算使用剂量。四是兽药的生产企业。五是兽药批准文号（进口兽药注册证号）。六是产品批号，以便出现问题的兽药溯源检查。七是生产日期和有效期。兽药有效期是涉及兽药效能和使用安全的标识。八是适应证或者功能主治、用法、用量、配伍禁忌、不良反应和注意事项等涉及兽药使用须知、保证用药安全有效的事项。

为了便于识别，保证用药安全，对麻醉药品、精神药品、剧毒药品、放射性药品、外用药品、非处方药，在其包装、标签的醒目位置和说明书中还应注明，并印有符合规定的标志。

四、严格执行休药期规定

食品动物发病后，可通过饲料添加剂给药，也可通过其他途径给药。治疗疾病所使用的药物及其休药期，农业部都有严格的规定。使用药物饲料添加剂的休药期应严格执行《饲料药物添加剂使用规范》（农业部公告第 168 号）的规定。治疗用药的休药期应符合《兽药停药期规定》（农业部公告第 278 号）、《兽药使用指南》和兽药标签、说明书的规定。

农业部公告《兽药停药期规定》中，规定了治疗动物疾病可以使用、不需要停药期的兽药，这些兽药在动物体内代谢较快或没有毒副作用，包括二巯丙磺钠注射液、三氯异氰脲酸粉、大黄碳酸氢钠片等 91 种，还有中药及中药制剂、维生素类、微量元素类、兽用消毒剂、生物制品类等 5 类产品。同时规定了 202 种允许使用的兽药的停药期、弃奶期和弃蛋期。特别要注意蛋禽产蛋期和乳用动物产奶期禁用的药物，未规定休药期的兽药应遵守休药期不少于 28d，弃奶期和弃蛋期不少于 7d 的规定。

在停药期规定中，药物的使用规范有一定的规律性。相同类型的药物停药期规定基本相同。如阿维菌素和伊维菌素都属于大环内酯类抗生素，是广谱、高效驱线虫药，对体外寄生虫也有较好的驱除作用，尽管制剂种类不同，但使用伊维菌素注射液、阿维菌素片、阿维菌素注射液、阿维菌素粉、阿维菌素胶囊等制剂时，牛、羊的停药期均为 35d，猪的停药期均为 28d，泌乳期都不能使用。磺胺类药物是人工合成的化学药品，具有抗菌谱广、性质稳定、价格便宜等优势，是重要的抑菌药，能抑制大多数革兰阳性菌和一些革兰阴性菌，临床应用范围很广。目前，允许使用的磺胺类药物，如磺胺二甲嘧啶钠注射液、磺胺对甲氧嘧啶片、磺胺甲噁唑片、磺胺间甲氧嘧啶片、磺胺间甲氧嘧啶钠注射液、磺胺脒片、磺胺对甲氧嘧啶与二甲氧苄氨嘧啶（增效磺胺）片、磺胺对甲氧嘧啶与二甲氧苄氨嘧啶（增效磺胺）预混剂、磺胺噻唑片、磺胺噻唑钠注射液等，所有食品动物的停药期均为28d，但产蛋期禁用磺胺对甲氧嘧啶与二甲氧苄氨嘧啶预混剂。

有的药物剂型不同、给药方式不同，其停药期不同。如土霉素是四环素类药物，是临床上常用的广谱抗生素，对多数革兰阳性菌和阴性菌都有抑制作用，对支原体、螺旋体等也有一定的抑制作用，是养殖场的常备药。使用土霉素片剂时，牛、羊、猪停药期为7d，禽停药期为5d，弃蛋期为2d，弃奶期为3d；使用土霉素注射液时，牛、羊、猪停药期为28d，弃奶期为7d；使用注射用盐酸土霉素时，牛、羊、猪停药期为8d，弃奶期为48h。

有的药物用于不同的动物，会有不同的停药期规定。如四环素片，用于牛时停药期为12d，用于猪时停药期为10d，用于鸡时停药期则为4d，产蛋期和产奶期均禁用。再如乳酸环丙沙星注射液，用于牛时停药期为14d，用于猪时停药期为10d，用于禽时停药期为28d，弃奶期为84h。

五、禁止在食品动物中使用的兽药和其他化合物

为加强兽药和人用药品的管理，防范滥用违禁药品的行为，保证动物源性食品安全，农业部单独或者联合有关部门先后公布了5个禁止使用的药品和化学物公告。2002年2月，农业部、卫生部、国家药品监督管理局发布了《禁止在饲料和动物饮水中使用的药物品种目录》，禁用药物包括肾上腺素受体激动剂、性激素、蛋白同化激素、各种抗生素滤渣5大类共40种药物。2002年4月，农业部发布了《食品动物禁用的兽药及其他化合物清单》（农业部第193号公告），禁止食品动物使用的兽药和化合物包括β-兴奋剂类，性激素类，具有雌激素样作用的物质，氯霉素及其盐、酯，氨苯砜及制剂，硝基呋喃类，硝基化合物，催眠、镇静类，硝基咪唑类等21类药物。2005年10月，农业部发布了《兽药地方标准废止目录》（农业部公告第560号），沙丁胺醇、呋喃西林、呋喃妥因、替硝唑、卡巴氧、万古霉素、金刚烷胺、头孢哌酮、代森铵等兽药地方标准，因不符合安全有效审批原则，予以废止，相应兽药品种停止生产、经营和使用。2010年12月，农业部发布了《禁止在饲料和动物饮水中使用的物质》（农业部公告第1519号），规定禁止在饲料和动物饮水中使用苯乙醇胺A、班布特罗、盐酸赛庚啶等11种物质。

目前，禁止在食品动物中使用的药品和物质包括以下种类。

1. 肾上腺素受体激动剂（β-兴奋剂类）　包括盐酸克仑特罗、沙丁胺醇、硫酸沙丁胺醇、莱克多巴胺、盐酸多巴胺、西马特罗、硫酸特布他林、苯乙醇胺A、班布特罗、盐酸齐帕特罗、盐酸氯丙那林、马布特罗、西布特罗、溴布特罗、酒石酸阿福特罗和富马酸福莫特罗等。

2. 性激素及具有雌激素样作用的物质　包括乙烯雌酚、雌二醇、戊酸雌二醇、苯甲酸雌二醇、氯烯雌醚、炔诺醇、炔诺醚、醋酸氯地孕酮、左炔诺孕酮、炔诺酮、绒毛膜促性腺激素、促卵泡生长激素、玉米赤霉醇、去甲雄三烯醇酮、甲基睾丸酮、丙酸睾酮、苯丙酸诺龙和醋酸甲孕酮等。

3. 蛋白同化激素　碘化酪蛋白。

4. 精神药品　包括盐酸氯丙嗪、盐酸异丙嗪、地西泮、苯巴比妥、苯巴比妥钠、巴比妥、异戊巴比妥、异戊巴比妥钠、利血平、艾司唑仑、甲丙氨酯、咪达唑仑、硝西泮、奥沙西泮、匹莫林、三唑仑、唑吡旦、安眠酮、盐酸可乐定、盐酸赛庚啶，以及其他国家管制的精神药品等。

5. 抗菌药类　包括氯霉素、氨苯砜、呋喃唑酮、呋喃它酮、呋喃苯烯酸钠、呋喃西林、呋喃妥因、硝基酚钠、硝呋烯腙、甲硝唑、地美硝唑、替硝唑、卡巴氧、万古霉素、头孢哌酮、头孢噻肟、头孢曲松、头孢噻吩、头孢拉啶、头孢唑啉、头孢噻啶、罗红霉素、克拉霉素、阿奇霉素、磷霉素、硫酸奈替米星、氟罗沙星、司帕沙星、甲替沙星、克林霉素、妥布霉素、胍哌甲基四环素、盐酸甲烯土霉素、两性霉素和利福霉素等。

6. 抗病毒药　包括金刚烷胺、金刚乙胺、阿昔洛韦、吗啉（双）胍（病毒灵）和利巴韦林等。

7. 杀虫剂　包括林丹、毒杀芬、呋喃丹、杀虫脒、双甲脒、酒石酸锑钾、锥虫胂胺、五氯酚酸钠、氯化亚汞、硝酸亚汞、醋酸汞和吡啶基醋酸汞等。

8. 其他药物　包括双嘧达莫、聚肌胞、氟胞嘧啶、代森铵、磷酸伯氨喹、磷酸氯喹、异噻唑啉酮、盐酸地酚诺酯、盐酸溴己新、西咪替丁、盐酸甲氧氯普胺、甲氧氯普胺、比沙可啶、二羟丙茶碱、白细胞介素－2、别嘌醇、多抗甲素和盐酸赛庚啶等。

9. 复方制剂　注射用的抗生素与安乃近、氟喹诺酮类等化学合成药物的复方制剂；镇静类药物与解热镇痛药等治疗药物组成的复方制剂。

10. 抗生素滤渣　该类物质是抗生素类产品生产过程中产生的工业三废，因含有微量抗生素成分，在饲料和饲养过程中使用后对动物有一定的促生长作用。但对养殖业的危害很大：一是容易引起耐药性；二是由于未做安全性试验，存在各种安全隐患。

另外，经安全性评价，洛美沙星等4种兽药存在较大的食品安全隐患。为保障动物产品质量安全和公共卫生安全，2015年9月1日，农业部发布公告，决定在食品动物中停止使用洛美沙星、培氟沙星、氧氟沙星、诺氟沙星4种兽药原料药的各种盐、酯及其各种制剂，撤销相关兽药产品批准文号（农业部公告第2292号）。自公告发布之日起，除用于非食品动物的产品外，停止受理洛美沙星、培氟沙星、氧氟沙星、诺氟沙星4种原料药的各种盐、酯及其各种制剂的兽药产品批准文号的申请。自2015年12月31日起，停止生产用于食品动物的洛美沙星、培氟沙星、氧氟沙星、诺氟沙星4种原料药的各种盐、酯及其各种制剂，涉及的相关企业的兽药产品批准文号同时撤销。2015年12月31日前生产的产品，可以在2016年12月31日前流通使用。自2016年12月31日起，停止经营、使用用于食品动物的洛美沙星、培氟沙星、氧氟沙星、诺氟沙星4种原料药的各种盐、酯及其各种制剂。

六、对违法违规用药的刑罚

2013年4月，最高人民法院、最高人民检察院印发了《关于办理危害食品安全刑事案件适用法律若干问题的解释》（法释〔2013〕12号）。违反规定生产、经营和使用畜牧业投入品将受到法律的严厉制裁，直至追究刑事责任。在食品动物养殖、销售、运输等过程中，违反食品安全标准，超限量或者超范围滥用添加剂、兽药等，足以造成严重食物中毒事故或者其他严重食源性疾病的，依照《刑法》第一百四十三条的规定以生产、销售不符合安全标准的食品罪定罪处罚。在食品动物养殖、销售、运输等过程中，使用禁用兽药等禁用物质或者其他有毒、有害物质的，依照《刑法》第一百四十四条的规定以生产、销售有毒、有害食品罪定罪处罚。违反国家规定，生产、销售国家禁止生产、销售、使用的兽药，饲料、饲料添加剂或者饲料原料、饲料添加剂原料，情节严重的，依照《刑法》第二百二十五条的规定以非法经营罪定罪处罚。同时规定国务院有关部门公告禁止使用的兽药以及其他有毒、有害物质认定为"有毒、有害的非食品原料"。

第三节　安全规范使用兽药

随着畜禽养殖规模化、集约化水平的提高，兽药用于畜禽一般都是群体性用药，一旦使用不当就会造成大批畜禽产品出现兽药残留，影响产品安全，给广大消费者的健康带来威胁。安全合理使用兽药至关重要。安全规范用药要求做到正确选择药物种类、剂量适当、给药途径适宜、联合用药及重复用药合理、疗程适合，最大限度地发挥药物对疾病的预防、治疗或者诊断等有益作用，同时使药物对畜禽及其产品、动物性食品消费者、环境生态等的有害作用尽量降到最低程度。

无公害畜禽养殖提倡通过改善养殖环境、采用先进的生产工艺、提高饲养管理水平、加强生物安全体系建设等手段和措施，尽量减少动物疾病的发生和兽药使用，保护动物健康。确需使用兽药时，必须严格遵守国家相关法律法规的规定，科学、规范、严谨地使用，确保产品质量安全和环境友好。因此，无公害畜禽养殖在使用兽药时应遵循以下原则。

一、严把兽药来源关，做到"三看""三不用"

正确采购兽药是兽药质量控制的源头，是安全用药的基础。采购兽药时，应从具有《兽药生产许可证》《兽药 GMP 证书》、兽药产品批准文号的生产企业、进口企业和《兽药经营许可证》的单位购买。购买时查验兽药生产企业、进口企业和经营单位的许可证明文件，查验生产经营兽药的有效证明文件，包括国内已批准生产的兽药和疫苗的批准文号、新兽药和疫苗证书、进口兽药和疫苗的证明文件、产品质量标准、使用说明书等。交货时查验证件是否齐全、有效，包装是否完整无损。不购买兽药原料药及国家兽医行政管理部门规定的禁用兽药。购买时保存所有证明文件复印件，以及购销合同、发票、收据等，确保能溯源到供应商。建立兽药采购记录，载明兽药名称、主要成分、规格、数量、批号、批准文号、生产厂家、经销商电话等。

采购兽药时做到"三看""三不用"。一看产品标签、说明书和产品质量合格证，无产品标签、说明书或产品质量合格证的不用。无标签、无说明书或无产品质量合格证的产品无法提供有效产品信息，对使用者来说承担着使用不合格产品和未知物质的风险，不应用于无公害畜禽养殖中。按照规定，标签或者说明书列出了兽药的通用名称、成分及其含量、规格、生产企业、产品批准文号（进口兽药注册证号）、产品批号、生产日期、有效期、适应证或者功能主治、用法、用量、休药期、禁忌、不良反应、注意事项、运输贮存保管条件及其他应当说明的内容。兽用处方药的标签或者说明书，还应当印有国务院兽医行政管理部门规定的警示内容，如"兽用处方药"字样。其中，兽用麻醉药品、精神药品、毒性药品和放射性药品，应当印有国务院兽医行政管理部门规定的特殊标志。兽用非处方药的标签或者说明书，应当印有国务院兽医行政管理部门规定的非处方药标志，如"兽用非处方药（OTC）"字样。

二看许可证明文件，无许可证明文件或许可证明文件过期的产品不用，不到无兽药经营许可证或兽药经营许可证过期的门市购买兽药产品。兽药许可证明文件的有效期为5年。兽药生产许可证的格式为：年代号（4位数字）＋兽药生产证字＋企业所在地省（区、市）序号（2位数字）＋企业序号（3位数字），如（2015）兽药生产证字13005号。兽药产品批准文号的格式为：兽药类别简称＋年代号（4位数字）＋企业所在地省（区、市）序号（2位数字）＋企业序号（3位数字）＋兽药品种编号。药物添加剂的类别简称为"兽药添字"，血清制品、疫苗、诊断制品、微生态制品等的类别简称为"兽药生字"，中药材、中成药、化学药品、抗生素、生化药品、放射性药品、外用杀虫剂和消毒剂等的类别简称为"兽药字"。兽药产品批准文号的示例：如兽药字（2014）130050009，兽药生字（2015）150131001，兽药添字（2015）190050041等。兽药GMP证书的格式为：年代号＋兽药GMP证字＋序号，如（2015）兽药GMP证字50号。

三看产品生产日期和有效期，未标示产品生产日期和有效期以及过期的产品不用。以防兽药质量无保证，甚至出现质量安全风险。兽药生产日期和保质期可以通过产品标签查验。无公害畜禽养殖必须选择取得兽药经营许可证的门市，购买的兽药必须具有产品批准文号，其生产企业必须取得兽药生产许可证。只有这样才能尽可能避免购入假、劣兽药和使用违禁兽药的风险。兽药经营许可证可在经营企业或门市查验；兽药生产许可证号和兽药产品批准文号等可通过产品标签查验。

二、兽药贮存方法正确、安全可控

兽药贮存是影响兽药质量和安全使用的重要因素。影响兽药质量的主要因素有日光、温度、空气、湿度、时间、微生物等。日光可使许多药物直接或间接发生化学变化而变质，如氧化、还原、分解、聚合等，其中紫外线的作用最强烈。温度过高会促进药品氧化、分解等化学反应，增加药品的挥发速度；温度过低会使某些药品冻结、沉淀。恶劣的空气环境会引起药品酸化，导致失效、变质。空气中的氧气可使许多具有还原性的药物发生氧化、变质甚至产生毒性。湿度过大能使药品吸潮进而发生潮解、稀释、变形、发霉等，湿度太小可使某些药品风化、失效和变质。一般药品都有一定的有效期，贮藏时间过久，药品就会失效变质，应在其有效期内使用。

为保障药品质量安全，在贮藏过程中应采取以下措施：根据标签和说明书的要求贮藏药物，配备与贮藏药物数量、要求相适应的储藏间、药品柜、冰箱等专门设施设备，有醒目标记，由专人管理，有安全保护措施，避免交叉污染。采用正确的贮存方法，如遇光易分解、吸潮、风化的药物，应密封贮存；在空气中易变质的药物，应装在密封容器中，保存在遮光、阴凉处；受热易挥发、分解、变质的药物，应在4~10℃或4℃以下冷藏；生物制品等有特殊要求的，应按照要求冷藏或者冷冻保存。有腐蚀性、有毒有害药品应单独存放，杀虫药、灭鼠药与内服药、外用药远离存放，外用药与内服药分别存放，性质相抵触的药物应分别存放。远离易燃易爆等其他材料，确保贮存安全。有效期内药物按先进先出、近期先用的原则分期分批存放。建立并保存兽药和疫苗出入库记录。

三、正确选择药物，制定合理的给药方案

药物合理应用的前提条件是疾病的正确诊断。只有正确诊断，对动物发病的原因、病原和病理学过程要有充分的了解，才能有的放矢地选择安全、可靠的药物，对症下药，避免盲目滥用药物。选用药物时要将对因治疗和对症治疗结合起来，遵循治病必求其本、急则治其标、缓则治其本的原则。选用药物必须有明确的临床指征。指征不明显、原因不清楚的，不宜马上用药。因为用药后可使病原微生物不易被检出，使临床表现为非典型而影响正确诊断或延误治疗。诊断为病毒病或者被病毒感染的，不宜选用抗生素药物治疗，因为一般抗菌药无抗病毒作用。

熟悉药物性质，正确选择药物，制定合理的给药方案。动物的种属、日龄、性别，疾病的类型和病理学过程，药物的剂型、剂量和给药途径等因素均能影响药物的药动学和药效学结果。用药前要了解药物的理化性质，根据药物的作用和药物在动物体内的药效学和药动学特点，选用正确的药物，制定科学的给药方案。尽量选择使用无屠宰前停药期的药物，选用与人用药无交叉抗药性的畜禽专用药物，改终身用药的方法为阶段适时用药。提倡使用天然药物和制剂，最大限度地减少抗生素和合成药的使用。

合并用药及重复用药要科学合理。临床上能用一种药物治好某种疾病就不要用两种以上的药物，尤其不要使用两种以上的抗菌药。两种或者两种以上药物合用，可能产生有利的相互作用，也可能出现有害的相互作用。用药时，一般情况下应尽量避免同时使用两种或者两种以上的药物。合并用药时，除了具有确实的协同治疗作用的联合用药外，要注意药物的配伍禁忌，慎用固定剂量的联合用药，如复方药物制剂。配伍禁忌是指两种以上药物混合使用时，可能发生体外相互作用，产生药物中和、水解、破坏失效等理化反应，进而出现浑浊、沉淀、产生气体及变色等外观异常现场。临床混合使用两种以上药物时应十分慎重。

预期药物的疗效和不良反应。大多数药物在发挥治疗作用的同时，都存在程度不同的不良反应，即药物作用具有二重性。药物的治疗作用和不良反应一般是可以预期的。在防治动物疾病时，要分析使用药物的利弊，在发挥药物治疗作用的同时，预期药物的疗效和药物的不良反应，根据观测的结果，随时调整给药方案，尽量减少或者消除不良反应。另外，畜禽的种属、性别、年龄、体况不同，对药物的反应也有差异。有些畜禽对某些药物敏感，对另一种药物不敏感，因而应根据临床反应，随时调整用药方案。

四、科学选择用药途径

生产中常见的兽药使用方式主要有内服、注射、外用等形式。不同给药途径对药效出现快慢和药物的利用度产生不同影响。口服虽然比较方便，但药物要在消化道中经历酸性物质和碱性物质的作用，还要经历肠道微生物的作用和消化酶的作用，甚至会受食物成分的影响。静脉注射可立即出现药物作用，其次为肌内注射、皮下注射和内服。体内寄生虫通常内服驱虫药，体表寄生虫则用药浴方式效果较好。生产中或临床上应根据病情和药物的特性选择合适的给药途径。

内服给药是指动物口服兽药，主要吸收部位是小肠。多见于药物饲料添加剂（在兽药原药中掺入载体或者稀释剂制成的兽药预混剂），以一定比例添加到饲料或饮水中饲喂动物。这种给药方式适用于畜禽预防、治疗疾病或改善畜禽生产性能，使用范围广，用药时间较

长，疗效持久。注射给药是指通过静脉注射、肌内注射或皮下注射等方式用药，可以很好地控制用药剂量，且疗效迅速。静脉注射可立即产生药效，肌内、皮下注射一般 30min 内血液中药物浓度达峰值，吸收速率取决于注射部位的血管分布状态。注射给药方式多见于动物防疫注射、急性病抢救等。呼吸道给药是将气体或挥发性液体和其他气雾剂型药物通过呼吸道喷雾给药。特点是由于肺的表面积大、血流量大，肺泡细胞结构较薄，故药物极易吸收。皮肤给药是经皮肤吸收的一种给药方式，常见有体外局部喷涂用于外伤消毒，消毒液按比例要求稀释后采用喷淋方式，喷洒于动物体表进行畜体消毒，药浴驱除畜禽体外寄生虫等。

五、使用兽药时应做到"三严格"

严格执行兽用处方药和非处方药分类管理制度。无公害畜禽养殖场必须严格遵守兽医处方制度，通过有资质的兽医人员对畜禽疾病进行诊断并开具处方，根据兽药分类按规定购买、使用兽用处方药和非处方药。不允许随意购买、使用"兽药字"药物和药物饲料添加剂。兽医人员根据不同畜禽种类、不同生长阶段、个体况、症状等，做出病情诊断，并开具处方。如果没有专业兽医人员，往往无法正确诊断，延误治疗或者过度治疗均会造成经济损失。兽医处方通常包含养殖场（户）名称、畜禽日龄、体重及数量、诊断结果、兽药通用名称、规格、数量、用法、用量及休药期等，养殖场应严格按照兽医处方使用兽药，不得随意加量、改变用药方式或任意延长用药疗程等。如动物个体大小和体重直接影响用药剂量，个体小、体重轻的用药剂量较小，用多了不仅浪费还会加重残留量，有的甚至出现药物中毒症状。如果不按兽医处方随意增加药量、扩大用药范围或延长用药时间，一是浪费兽药资源，增加饲养成本；二是加大药物残留风险，危害动物产品质量安全；三是降低动物抵抗力，影响健康生长。这些都是无公害畜禽养殖应该避免的。

严格按照标签和说明书规定用药、科学用药，杜绝标签外用药。在我国现有饲养管理条件下，当养殖者缺乏安全、合理使用兽药知识时，为片面追求养殖生产效率，存在盲目超量、超疗程等不合理用药现象，导致兽药残留超标。不合理用药的情形之一是不按标签和说明书用药，对食品动物必须严格按照标签说明书用药。因为标签外用药可能改变药物在动物体内的动力学过程，延长药物在动物体内的消除时间，使食品动物出现潜在的药物残留超标。

严格执行停药期规定。兽药残留产生的主要原因是没有遵守休药期规定。因此，严格执行休药期规定是减少兽药残留的关键措施。2015 年 10 月 1 日起实施的新《食品安全法》规定，食用农产品生产者应当按照食品安全标准和国家有关规定使用兽药、饲料和饲料添加剂等农业投入品，严格执行农业投入品使用安全间隔期或者休药期的规定。药物的休药期受剂型、剂量和给药途径的影响。另外，联合用药或者饲料中超范围添加药物，由于药动学的相互作用也会影响药物在体内的消除时间。无公害畜禽养殖者对此应有足够的认识，必要时要适当延长休药期，以保证动物性食品的安全。

六、使用兽药时应做到"四禁止"

"四禁止"即禁止使用违禁物质，禁止使用人用药物，禁止使用假、劣兽药，禁止直接使用原料药。《兽药管理条例》规定，在畜禽养殖中禁止使用假、劣兽药以及国务院兽医行政管理部门规定禁止使用的药品和其他化合物，禁止将原料药直接添加到饲料及动物饮用水中或者直接饲喂动物，禁止将人用药品用于动物。

本章第二节详细介绍了我国公布的食品动物禁用的药物和其他化合物，畜禽养殖者应严格遵守。劣兽药是指成分含量不符合兽药国家标准或者不标明有效成分的；不标明或者更改有效期或者超过有效期的；不标明或者更改产品批号的；其他不符合兽药国家标准，但不属于假兽药的。假兽药包括以非兽药冒充兽药或者以他种兽药冒充此种兽药的；兽药所含成分的种类、名称与兽药国家标准不符合的。违法违规使用禁用药物、人用药品、假劣兽药以及其他禁用物质，将对无公害畜产品造成严重安全隐患，无公害畜禽养殖者应严格遵守这些规定。

兽药原粉是兽药厂制造成品兽药的原料，属于兽药原料药。成品兽药不仅包括原料药，还含有增效剂、助溶剂、稳定剂等多种成分。国家规定的停药期一般都是针对制剂规定的，原粉药没有停药期数据，会造成严重的兽药残留问题。在制成成品兽药时添加增效剂、助溶剂、稳定剂、缓释剂等，其目的或是提高兽药药效，或是防止动物胃肠道遭受原料药带来的酸碱刺激，或是适当延长药效时间等，最终达到较好的治疗效果。养殖场直接使用兽药原粉曾经是一个普遍现象。很多养殖户错误地认为，使用兽药原粉投药量小、操作简单、方便省事、经济便宜，可在一定程度上降低药费开支。其实，养殖者直接使用兽药原粉有很多危害。

一是使用兽药原粉时，剂量难以掌握且不易混合均匀，很难做到有效用药。如果用量过小，对预防和治疗疾病不能起到应有的效果；若长期使用容易产生抗药性，甚至会出现超级耐药菌株，给以后的疾病防治留下隐患，严重者有可能影响到人类疾病的防治，后果十分严重。如果用量过大，则可能直接对食品动物造成毒害，严重者会出现中毒反应，有些药物还可能在畜禽产品中残留或蓄积，从而对人类造成危害。若将几种兽药原粉配合起来应用，很容易发生配伍禁忌，轻者对疾病防治无效，重者可能发生中毒反应，严重威胁食品动物的安全。

二是使用原料药可能会影响畜禽采食和饮用。如猪的味觉比较敏感，如果使用兽药原粉，猪会拒绝采食混有药物特殊气味的饲料和饮水，既造成浪费，也会耽误治疗时机。禽类的味觉虽然不敏感，但有些兽药原粉兑水使用时，禽类会出现饮水量大幅下降的现象，这对疾病的治疗和病禽的康复十分不利。只有将原粉通过特殊的加工工艺制成成品制剂，才能很好地掩盖药物的不良味道或者改善药物的某些代谢方式，在防病治病的同时，不会对食品动物造成不良影响。另外，有些药物酸性或碱性太强，直接使用原粉对食品动物胃肠道的刺激很大，也容易造成不应有的危害。

三是有些药物的半衰期很短，如果使用原粉，药物在体内很快消除，达不到防治疾病所需要的有效血药浓度时间。这类药物必须经过兽药厂的科学加工，做成缓释制剂或控释制剂，才能适当延长药效时间。有些药物，使用原粉时吸收缓慢，在体内起效的时间较长，不利于防治疾病。这类药物必须通过制剂技术，加工制成速释制剂，才能达到快速起效的目的。所以，使用兽药原粉往往不能达到理性的防治效果。

七、用药记录完整翔实，实现可追溯

做好兽药记录非常重要。《兽药管理条例》规定，有休药期规定的兽药用于食品动物时，饲养者应当向购买者或者屠宰者提供准确、真实的用药记录。2015年10月1日起实施的新

《食品安全法》规定，食用农产品的生产企业和农民专业合作经济组织，应当建立农业投入品使用记录制度。《兽药管理条例》规定，兽药使用单位应当遵守国务院兽医行政管理部门制定的兽药安全使用规定，并建立用药记录；有休药期规定的兽药用于食品动物时，饲养者应当向购买者或者屠宰者提供准确、真实的用药记录；购买者或者屠宰者应当确保动物及其产品在用药期、休药期内不被用于食品消费。因此，在无公害畜禽养殖中，兽药使用者必须对兽药的品种、剂型、剂量、给药途径、疗程或给药时间等进行登记，以备检查和溯源。用药记录包括：用药的名称（商品名和通用名）、剂型、剂量、给药途径、疗程，药物的生产企业、产品的批准文号、生产日期、批号等，发病畜禽圈舍号、日龄、数量、耳标号、发病时间及症状、开始用药时间、停止用药时间、休药期和兽医签字等。无公害畜禽养殖场兽药使用记录见表5-1。

表5-1　养殖场兽药使用记录（样表）

时间	圈舍号或耳标号	兽药名称（通用名）	生产厂家	批号	用量	用药方式（拌料/饮水/注射）	休药期（d）	执行人员签字

第四节　消毒药物的安全使用

消毒药是指杀灭传播媒介上病原微生物，使其达到无害化要求的制剂。消毒药不同于抗菌药物，主要作用是将病原微生物消灭于机体之外，切断传染病的传播途径，达到控制传染病的目的。畜牧业生产中，较理想的消毒药应具备抗菌谱广、杀菌能力强，且在体液、脓液、坏死组织和其他有机物存在时，仍能保持抗菌活性；产生作用迅速，有效期长；分布均匀；对人和动物安全，不具有残留活性；药物性质稳定，价格低廉，容易买到；无易燃性和爆炸性；对金属、橡胶、塑料、衣物等无腐蚀性。生产实践中，应根据实际情况加以选择。

一、畜牧业常用消毒药

常用消毒药的种类很多，它们的作用也各不相同。根据化学分类，主要有酸类、碱类、酚类、醇类、氧化剂、卤素类、重金属类、表面活性剂、染料类、挥发性烷化剂等。在畜牧业生产实践中，常用的消毒剂主要有氢氧化钠、碳酸钠、石灰、漂白粉、氯铵、次氯酸钠、溴氯海因、过氧乙酸、二氧化氯、乙醇、来苏儿、新洁尔灭、洗必泰、消毒净、度灭芬、环氧乙烷、福尔马林、氨水、戊二醛和菌毒敌等。

二、影响消毒效果的因素

1. 病原微生物的类型　不同的病原微生物对消毒剂的敏感性不同。例如，繁殖期细菌对药物敏感，但芽孢的抵抗力强；病毒对碱和甲醛敏感，但对酚类的抵抗力却很强。因此，在消灭传染病时应考虑病原微生物的类型，合理选用消毒剂。

2. 环境中的有机物　环境中存在有机物，如畜禽的粪、尿、炎性渗出物等，能阻碍消毒药直接与病原微生物接触，进而影响消毒药力的发挥。同时，环境中有机物能中和、吸附药物或者与药物发生化学反应，使消毒作用减弱。受环境中有机物影响较大的消毒剂有新洁尔灭、乙醇、次氯酸盐等。因此，在使用消毒药前，必须清扫消毒场所、清理创伤，使消毒药能够充分发挥作用。

3. 消毒药的浓度 一般说来，消毒药的浓度越高，其杀菌力越强，但随着药物浓度的提高，对活组织的毒性作用也在增大。另外，当浓度达到一定程度后，消毒药的效力就不再增加。因此在畜牧业生产中应配制有效、安全的消毒药浓度。

4. 温度和湿度 大部分消毒剂在较高的温度下，消毒效果好、杀菌力增强，并能缩短消毒时间。一般情况下，夏季消毒作用比冬季要好。但个别消毒剂随着温度升高，其杀菌力反而降低。对热稳定的药物，常用其热溶液消毒。湿度对熏蒸消毒的影响较大，用甲醛或过氧乙酸气体熏蒸消毒时，相对湿度以 $60\%\sim80\%$ 为宜。

5. 作用时间 一般消毒剂接触到微生物后，不可能立刻将其杀灭，必须与消毒对象作用一定时间才能发挥作用，最快的几秒钟，一般几分钟至几十分钟，长的可达数小时至数天。消毒时间的长短，主要取决于病原微生物的抵抗力和消毒剂的种类、浓度和温度等。

6. 其他因素 如环境中酸碱度的变化可影响某些消毒剂的作用。如新洁尔灭等阳离子消毒剂，在碱性环境中杀菌力强，石炭酸、来苏儿、氯消毒剂和碘消毒剂，在酸性环境中杀菌力增强。配制消毒剂时若使用硬水，因硬水中含过多的矿物质，尤其是钙，可影响某些消毒剂的杀菌能力。当环境中存在某些消毒剂的中和剂时，也影响该消毒剂的杀菌能力。因此，多种消毒剂配合使用时，应该特别慎重。

三、消毒剂的正确使用

1. 合理选择消毒药物 不同的病原微生物对消毒剂的敏感性存在很大差异，不同的消毒场所对消毒剂的要求也各不相同。消毒前应根据消毒场所、物体和目的，合理选择消毒药。杀灭病毒、芽孢的，应选用具有较强杀灭作用的氢氧化钠、甲醛等消毒剂；皮肤、用具消毒或者带畜空气消毒，应选择无腐蚀性、无毒性或者腐蚀性、毒性较低的消毒剂，如新洁尔灭、洗必泰、度米芬、百毒杀、畜禽安等；饮水消毒应选择容易分解的卤素类消毒药，如漂白粉、次氯酸钙等。

2. 科学配合 为了增强杀菌效果或者减少用药量，可将两种或者两种以上的消毒剂配合使用。但配合要恰当，要注意防止产生物理或化学配伍禁忌，如酸性消毒剂不能与碱性消毒剂配合使用。

3. 浓度合理有效 消毒效力与药物浓度密切相关，浓度太高或太低，消毒效果都不理想。如乙醇的最适消毒浓度是 $70\%\sim75\%$，低于 50% 或者高于 80% 都会影响杀菌效果。另外，消毒剂的浓度调制，必须符合说明书和消毒目的。如菌毒清用于种蛋和洁蛋消毒时，应按 1∶400 加水稀释；用于环境、器械消毒时，应按 1∶500 加水稀释；用于饮水消毒时则按 1∶2 000 加水稀释。

4. 温度、湿度合适 多数消毒剂的杀菌作用与环境温度呈正相关关系，即在一定范围内，环境温度越高，消毒剂的杀菌效力越强。一般情况下，温度每增加 10℃，消毒效果增加 1 倍。但是，以氯和碘为主要成分的消毒剂，在高温条件下有效成分会很快失活。所以，这些消毒剂不宜在高温季节使用。空气的相对湿度会影响消毒效果，如使用甲醛溶液进行熏蒸消毒或使用过氧乙酸进行喷雾消毒时，最适相对湿度为 60%～80%，如果湿度太低，应先喷水提高湿度。

5. 水质良好　水质的酸碱度与一些消毒剂的杀菌效果密切相关。因此，除了要充分考虑环境中的酸碱物质以外，还要注意选择水质并进行适当处理，如过滤、沉淀、滴加酸性或者碱性液体，使其 pH 符合消毒剂的要求。

6. 时间足够　一般情况下，消毒剂与微生物接触时间越长，消毒效果越好。如用石灰乳进行粪便消毒时，石灰乳与粪便至少应接触 2h 以上；使用高锰酸钾与福尔马林进行圈舍内空气熏蒸消毒时，应密闭门窗 10h 以上。

7. 清除异物　如果消毒环境中有血污、脓汁等有机物，会与消毒剂结合成不溶性的化合物，阻碍消毒剂发挥杀菌作用，影响消毒效果。因此，在消毒创伤感染或者受污染的物品时，一定要先将血污、脓液等清除干净。对车辆、用具、场地、墙壁等进行消毒时，也应先将垃圾和脏物清扫、冲洗干净。另外，配制消毒剂的容器必须刷洗干净，要把旧的消毒剂溶液全部倒掉，把容器彻底洗净，随后配制新消毒剂溶液。

8. 加热药液　加热可以增强去污能力，使消毒剂的消毒效力增加。使用碱性消毒剂，如氢氧化钠、草木灰水时，最好先将消毒剂进行加热。

9. 防止腐蚀　很多消毒剂都有腐蚀作用，除了强酸、强碱外，甲醛、复合酚类消毒剂、高浓度的高锰酸钾溶液等对皮肤、黏膜等都有腐蚀作用，漂白粉对金属有腐蚀作用，过氧乙酸会刺激眼、鼻黏膜，使用时必须注意，既要防止损害器具，又要做好自身防护。

10. 准确配制　配制消毒溶液时，要求药与水的比例要准确。对固态消毒剂，要用比较精密的天平称量，对液态消毒剂要用刻度精细的量筒或吸管量取。称好或量好后，先将消毒剂原粉或原液溶解在少量的水中，使其充分溶解后再与足量的水混匀。稀释消毒剂时，一般应使用自来水或白开水，并且应现用现配，配好的消毒药应一次用完。因此，在配制消毒药时，应认真根据药物说明书和消毒面积来测算用量。最好现配现用，在尽可能短的时间内用完。在配制消毒溶液前，要注意检查消毒剂的有效浓度。消毒剂保存时间过久，浓度会降低，严重的可能失效，配制时应注意有效期。

四、常用消毒方法

常用消毒方法有物理消毒法、化学消毒法和生物热消毒法。每种方法都有优缺点，在实践中可根据实际情况和用途进行选择。

1. 物理消毒法　包括清扫、清洗、通风换气、紫外线消毒、高温消毒等。如清扫、洗刷圈舍地面，将粪尿、垫草、饲料残渣等及时清除干净，洗刷畜体被毛，除去体表污物及附在污物上的病原体，可以有效地减少畜禽圈舍及体表的病原微生物。通风换气虽不能直接杀灭病原体，但通过交换圈舍内空气，可减少病原体的数量。

紫外线消毒法：就是利用阳光曝晒，对牧场、草地、畜栏、用具和物品等进行消毒，可以杀灭一般病毒和非芽孢病原菌。生产实践中，如养殖场生产区、出入口、更衣消毒间等处，常用紫外线来对空气和物体表面进行消毒。紫外线灯波长为 250～260nm（其杀菌力最强）。在使用紫外线灯时应注意：在室内安装紫外线灯消毒时，灯管以不超过地面 2m 为宜，灯管周围 1.5～2m 处为消毒有效范围。被消毒物表面与灯管相距以不超过 1m 为宜。紫外线灯的功效，按每 0.5～1m^2 房舍面积需 1W 计算。紫外线穿透力弱，只对直接照射的物体表面有较好的消毒效果，但对被遮盖的阴影部分及畜禽的排泄物等无杀菌作用。普通玻璃能吸收几乎全部紫外线，故紫外线对经玻璃隔离的物品无消毒作用。应经常除去紫外线灯管表面的灰尘，以减少对消毒作用的影响。每次照射消毒物品的时间应在 2h 以上。环境相对湿度以 40%～60%为好，并尽量减少空气中的灰尘和水雾。紫外线灯照射消毒时，人员应不超过 3min，否则可因紫外线直射而致急性眼结膜炎、皮炎等。

高温消毒法：包括火焰消毒、焚烧消毒、煮沸消毒、流通蒸汽消毒、高压蒸汽消毒、干热消毒等。火焰消毒法是用酒精、汽油、柴油和液化气喷灯，对不易燃烧的圈舍、圈栏、笼具、产床、墙壁、金属制品等进行火焰消毒。焚烧消毒是对清扫的垃圾、污秽的垫草等进行焚烧，对病畜禽或可疑病畜禽的粪便、残余饲料以及被污染的价值不大的物品，均可采用焚烧的方法杀灭其中的病原体。煮沸消毒法适宜金属制品和耐煮物品的消毒。在铁锅、铝锅或煮沸消毒器中放入被消毒物品，加水浸没，加盖煮沸一定时间即可。在水中加入 1%～2%苏打或 0.5%肥皂液可防止金属器械生锈和增强消毒效果。流通蒸汽消毒是利用常压蒸汽达到消毒目的。可以用来对多数物品如各种金属、木质、玻璃制品和衣物等进行消毒，其效果与煮沸消毒相似。高压蒸汽消毒温度控制在 121℃、维持 20min，即可达到杀灭所有病原体和芽孢的效果。干热消毒通常在干热灭菌器（烘箱）内进行，常用于实验室玻璃器皿、金属器械等的消毒、烘干。一般控制在 160℃维持 2h，或 170℃维持 1h。

2. 化学消毒法　包括喷雾消毒、熏蒸消毒、喷洒消毒、浸泡消毒等。喷洒消毒法是在圈舍周围、入口外、地面等地方撒生石灰或火碱进行消毒。喷雾消毒是将稀释好的消毒剂装入气雾发生器内，通过压缩空气形成雾化粒子，达到消毒目的的一种消毒方法。常用于畜舍内空气、畜禽体表、进场车辆等的消毒。浸泡消毒是将稀释好的消毒剂放入消毒池或消毒盆（缸）中，将被消毒的物体浸泡于消毒剂中一定时间，以达到消毒目的的一种消毒方法。常用于饲养管理工具、治疗与手术器械等物品的消毒。熏蒸法是于密闭的畜禽舍内使消毒剂产生大量的气体，通过气体熏蒸以达到消毒目的的一种消毒方法。常用于畜禽空舍及舍内物品的消毒，但不可用于带畜消毒。

3. 生物热消毒法　是利用微生物发酵产热以达到消毒目的的一种消毒方法。常用于粪便、垫料等的消毒。

第五节　疫苗安全规范使用

给动物接种疫苗可以有效预防动物疫病的发生，控制动物疫病的传播和流行，保护人和动物健康。我国对动物疫病实行预防为主的方针，对严重危害养殖业生产和人体健康的动物疫病实施强制免疫。

一、疫苗的定义与分类

疫苗是指由完整的微生物（天然或人工诱导）、或微生物的组成成分、或微生物的代谢产物（毒素）、或其部分基因序列、或人工合成的微生物的组成成分，经生物学、生物化学和分子生物学等技术加工制成的用于疾病预防控制的一种生物制品。依据微生物的种类，可分为细菌疫苗、病毒疫苗、寄生虫疫苗。依据疫苗的性质，可分为灭活疫苗（死苗）、活疫苗（弱毒疫苗）。依据研究技术，分为常规疫苗（全病原体苗、类毒素、亚单位疫苗）、工程疫苗（重组疫苗、载体疫苗、多肽疫苗、核酸疫苗）。依据疫苗的组成，分为单价疫苗（单一病原）、多价疫苗（同种病原不同血清型）和联合疫苗（不同病原）。

二、正确认识兽用疫苗及其作用

防控传染病的原理是针对引起传染病流行的三个环节分别采取防控措施，即消灭传染源、切断传播途径和保护易感动物。疫苗免疫只是针对保护易感动物（降低易感性）一个环节，只有结合消灭传染源、切断传播途径的措施，才能在防控传染病中发挥较好的作用。故疫苗不是万能的。

1. 疫苗免疫可以降低群体的易感性　疫苗产生免疫力的评价分为临床保护和抗感染保护两个层次。临床保护是保护不发生死亡或不出现临床症状，抗感染保护是免疫动物在受到强毒感染时，病毒在体内的复制能力（病毒载量）下降或排出持续时间缩短。绝大多数动物疫苗不能保证完全的抗感染保护，用一种疫苗免疫后，还可以感染该病的病原，并在其体内繁殖和排出。不同疫苗产生的免疫力，不仅其临床保护率差别很大，抗感染保护率差异可能更明显。

2. 疫苗免疫效果存在个体差异　由于遗传差异、母源抗体水平差异和各种原因带来的差异。使疫苗免疫的动物群体中个体产生的免疫力之间存在较大的差异。

3. 疫苗免疫无法有效保护已感染个体　如果疫苗免疫前已感染强毒，接种疫苗往往会激发疾病的发生。疫苗免疫不能清除动物群体中已经存在的强毒感染，而已经存在的感染会严重影响疫苗免疫后正常免疫力的产生。

4. 疫苗免疫会产生不同程度的副作用　如免疫应激、过敏反应、促进变异和损伤等。

三、动物防疫与强制免疫

根据动物疫病对养殖业生产和人类健康的危害程度，《动物防疫法》将动物疫病分为一类动物疫病、二类动物疫病和三类动物疫病。一类动物疫病是指对人与动物危害严重，需要采取紧急、严厉的强制预防、控制、扑灭等措施的疫病。二类动物疫病是指可能造成重大经济损失，需要采取严格控制、扑灭等措施，防止扩散的疫病。三类动物疫病是指常见多发、可能造成重大经济损失，需要控制和净化的疫病。

国务院办公厅 2012 年印发《国家中长期动物疫病防治规划（2012—2020 年）》（国办发〔2012〕31 号），规定了需优先防治的 16 种动物疫病。其中一类动物疫病 5 种，包括口蹄疫（A 型、亚洲Ⅰ型、O 型）、高致病性禽流感、高致病性蓝耳病、猪瘟、新城疫等；二类动物疫病 11 种，包括布鲁菌病、奶牛结核病、狂犬病、血吸虫病、包虫病、马鼻疽、马传染性贫血、沙门菌病、禽白血病、猪伪狂犬病、猪繁殖与呼吸综合征（经典猪蓝耳病）。《规划》还明确了重点防范的外来动物疫病共 13 种，其中一类动物疫病 9 种，包括牛海绵状脑病、非洲猪瘟、绵羊痒病、小反刍兽疫、牛传染性胸膜肺炎、口蹄疫（C 型、SAT1 型、SAT2 型、SAT3 型）、猪水疱病、非洲马瘟、H7 亚型禽流感等；另有未纳入病种分类名录、但传入风险已增加的动物疫病 4 种，如水疱性口炎、尼帕病、西尼罗河热、裂谷热等。

为防止重大动物疫病的发生和流行，国家对严重危害养殖业生产和人体健康的重大动物疫病实施强制免疫。根据《动物防疫法》的规定，每年农业部都会同财政部等有关部门制定国家动物疫病强制性免疫计划。省、自治区、直辖市人民政府兽医主管部门根据国家动物疫病强制免疫计划，制订本行政区域的强制免疫计划，各地按计划实施免疫接种。

以《2013年国家动物疫病强制免疫计划》（农医发〔2013〕8号）为例，明确要求对高致病性禽流感、口蹄疫、高致病性猪蓝耳病、猪瘟等4种动物疫病实行强制免疫，群体免疫密度应常年维持在90%以上，其中应免畜禽免疫密度要达到100%，免疫抗体合格率全年保持在70%以上。西藏、新疆、新疆生产建设兵团等地区对羊实施小反刍兽疫免疫，群体免疫密度常年维持在90%以上，其中应免羊免疫密度要达到100%。同时，该计划对上述5种动物疫病的强制免疫计划分别进行了说明，包括免疫畜禽、免疫程序、紧急免疫、使用疫苗、免疫方法、效果监测等相关内容。

1. 高致病性禽流感免疫计划

免疫动物：对所有鸡、水禽（鸭、鹅）进行高致病性禽流感强制免疫。对人工饲养的鹌鹑、鸽等，参考鸡的相应免疫程序进行免疫。

使用疫苗：重组禽流感病毒H5亚型二价灭活疫苗（Re-6株＋Re-4株）、重组禽流感病毒灭活疫苗（H5N1亚型，Re-4株）、重组禽流感病毒灭活疫苗（H5N1亚型，Re-6株）、禽流感二价灭活疫苗（H5N1 Re-6株＋H9N2 Re-2株）、禽流感-新城疫重组二联活疫苗（rLH5-6株）。

2. 口蹄疫免疫计划

免疫动物：对所有猪进行O型口蹄疫强制免疫，对所有牛、羊进行O型和亚洲Ⅰ型口蹄疫强制免疫，对所有奶牛和种公牛进行A型口蹄疫强制免疫，对广西、云南、西藏、新疆和新疆生产建设兵团边境地区的牛、羊进行A型口蹄疫强制免疫。散养家畜在春秋两季各实施一次集中免疫，对新补栏的家畜要及时免疫。

牛、羊使用疫苗种类：口蹄疫O型-亚洲Ⅰ型二价灭活疫苗、口蹄疫O型-A型二价灭活疫苗和口蹄疫A型灭活疫苗、口蹄疫O型-A型-亚洲Ⅰ型三价灭活疫苗。

猪使用疫苗种类：口蹄疫O型灭活疫苗，口蹄疫O型合成肽疫苗（双抗原）。空衣壳复合型疫苗在批准范围内使用。

3. 高致病性猪蓝耳病免疫计划

免疫动物：对所有猪进行高致病性猪蓝耳病强制免疫。散养猪在春秋两季各实施一次集中免疫，对新补栏的猪要及时免疫。

使用疫苗：高致病性猪蓝耳病活疫苗、高致病性猪蓝耳病灭活疫苗。

4. 猪瘟免疫计划

免疫动物：对所有猪进行猪瘟强制免疫。

使用疫苗：猪瘟活疫苗、传代细胞源猪瘟活疫苗。

5. 小反刍兽疫免疫计划

免疫动物：对西藏、新疆、新疆生产建设兵团等受威胁地区的羊进行小反刍兽疫强制免疫。

使用疫苗：小反刍兽疫活疫苗。

四、免疫接种

疫苗免疫是坚持"预防为主"方针的重要手段。《动物免疫接种技术规范》（NY/T 1952）规定了动物预防用疫苗运输、贮存、使用的技术要求，适用于动物免疫接种。常用的免疫接种方法包括个体免疫法和群体免疫法。个体免疫法包括注射（肌内注射、皮下注射和皮内注射等）、刺种、涂擦、点眼和滴鼻等免疫方法；群体免疫法包括口服、饮水、气雾、浸嘴法等。群体免疫法主要用于家禽。开展免疫接种工作应注意以下几个方面。

1. 科学制定免疫程序　根据不同畜禽常发的各种传染病的性质、流行病学、母源抗体水平、有关疫苗首次接种的要求以及免疫期长短等，制定该种畜禽从出生到出栏全过程各种疫苗的首免时间、复免的次数和接种时期等免疫接种程序。

2. 接种前检查　预防接种前，应对被接种的畜禽进行详细检查和调查了解，特别注意其健康与否、年龄大小、是否正在怀孕或泌乳，以及饲养条件的好坏等情况。对那些年幼的、体质弱的、有慢性病的和怀孕后期的母畜，如果不是已经受到传染病的威胁，最好暂时不接种；对那些饲养条件不好的畜禽，在进行预防接种的同时，必须创造条件改善饲养管理。

3. 科学选择和使用疫苗　安全和有效是疫苗的两个最重要的指标，而安全又是第一位的。正确选择疫苗，首先要考虑疫苗的安全性，在保证安全的基础再考虑疫苗的免疫效果。应从四个方面考虑：要考虑预防疫病的种类及流行特点，采用与预防疾病种类、型别相一致的单苗、多价苗（多种血清型）、联苗（多种疫病）。考虑疫苗的使用对象，包括动物的品种、年龄、是否怀孕，不同动物、年龄对疫苗的反应是不同的。考虑疫苗的类型，是灭活疫苗还是活疫苗，根据养殖场的抗体水平情况采取不同的免疫程序，有时采用灭活疫苗，有时需要免疫接种活疫苗。要考虑疫苗的特性，包括疫苗的安全性，如活疫苗的毒力、灭活疫苗的副反应、免疫持续期、与其他疫苗的干扰等。

正规合法疫苗生产企业的产品都有相应的标签和说明书，标签和说明书中至少包含疫苗的名称、疫苗性状、企业名称、批准文号、生产日期、注意事项、有效期等信息。重大动物疫病疫苗（猪瘟、禽流感、口蹄疫、猪蓝耳病），还应有中国兽药质量监督标志的防伪标签。

4. 把好使用过程关　选择合理的免疫途径，确定科学的免疫剂量，使用匹配的疫苗稀释液。免疫过程中使用的器具和溶液应不影响疫苗的活性，配合使用促进免疫应答、减少免疫应激的药物或添加剂。

使用兽用疫苗时，应仔细阅读使用说明书，了解疫苗的使用途径、使用剂量、免疫次数、使用对象及年龄、疫苗保存条件、注意事项、禁忌证等，这些都是制定免疫程序的基础。要特别注意使用说明书中的注意事项和禁忌证，以便对可能出现的紧急情况，做出必要的物品准备和制定相应的应急处理措施。

使用疫苗时应注意：用户买到生物制品后应尽快放到规定的温度下贮存，并严格按照说明书及瓶签上的各项规定使用，不得任意改变。接种前要认真检查所使用的疫苗，凡疫苗瓶破裂、疫苗过期、疫苗物理性状发生变化，如变色、收缩、破乳、有异物、污染的，一律不得使用。疫苗要避免阳光直接照射，使用前方可从冷藏容器中取出。已开启的活疫苗必须在规定的时间内用完，未用完的部分应废弃。注意生物制品的使用效果，如在使用时发现问题，应保留同批样品并及时与有关生产或销售单位联系。注射细菌性活疫苗前 7d 或注射后 10d，不得饲喂或注射任何抗菌类药物。各种活疫苗应使用各制品标准中规定的稀释液。活疫苗作饮水免疫时，不得使用含有氯等消毒剂的水，忌用对生物制品活性有危害的容器。

5. 疫苗接种人员应具有相应的专业素质　参与疫苗接种的人员必须具有相关的兽医和疫苗接种知识。要熟悉所使用疫苗的性质、使用方法和注意事项，能够正确理解和掌握说明书的内容。要正确掌握接种动物的特性和免疫程序，正确保存和使用疫苗，正确消毒接种部位和注射器，正确报告和处理疫苗引起的不良反应。养殖场人员自行接种时，应在兽医的指导下进行。

6. 疫苗的保存和运送　各种疫苗应保存在低温、避光及干燥的场所。灭活疫苗、免疫血清、类毒素及各种诊断液等应保存在 2～10℃，防止冻结。弱毒冻干疫苗，应保存在－15℃以下，冻结保存。运送疫苗时，要求疫苗包装完善，防止碰坏瓶子和散播活的弱毒病原体。运输途中要避免高温和日光直接照射，尽快送至保存地点或预防接种地点。弱毒疫苗应放在装有冰块的广口保温瓶内运送，以免降低或丧失其功效。

五、做好免疫记录和免疫监测

免疫记录应载明圈舍号、免疫时间、存栏数量、应免数量、实免数量、疫苗名称、生产厂家、生产批号、购入单位、免疫方法、免疫剂量、免疫人员签字、防疫监督责任人签字等内容。预防接种后，要注意观察被接种畜禽的局部或全身反应。局部反应是接种动物局部出现一般的炎症变化（红、肿、热、痛）；全身反应是播种动物呈现体温升高、精神不振、食欲减少、泌乳量降低、产蛋量减少等。这些反应一般属于正常现象，只要给予适当的休息和加强饲养管理，几天后就可以恢复。但如果反应严重，则应进行适当的对症治疗。

免疫接种后是否达到了预期的效果，可通过监测是否产生了抗体以及抗体水平的高低，评价免疫接种的效果。免疫接种后要仔细观察并记录免疫反应情况，定期监测抗体水平，以便及时调整免疫程序。

第六章 无公害畜禽养殖与畜产品生产

养殖过程的质量控制是生产安全优质无公害畜产品的关键措施之一。在养殖生产过程中，影响畜产品质量的关键点有畜禽引进、日粮配制、生产制度、饲养管理、卫生防疫、贮存运输等，主要风险因子有致病微生物、违禁添加物、兽药残留、应激、污染等。本章将从过程质量控制角度分畜（禽）种介绍无公害畜禽养殖和畜产品生产，包括无公害奶牛养殖与生鲜乳生产、无公害生猪养殖、无公害肉牛养殖、无公害肉羊养殖、无公害禽蛋生产、无公害肉鸡养殖、无公害水禽养殖和无公害肉兔养殖。

第一节 无公害奶牛养殖与生鲜牛乳生产

与其他畜禽产品生产相比，生鲜乳生产具有其特殊性，涉及的环节多、链条长。在饲料、兽药等投入品环节，由于投入品采购、贮存和使用不当，容易造成兽药残留和有毒有害物质超标；在饲养环节，由于管理不当，容易引发奶牛各种疾病，引起致病微生物的传播和生鲜乳品质下降；在挤奶环节，由于受到挤奶设备和人员操作等因素的影响和污染，容易造成细菌总数超标，导致生鲜乳内在品质变差；在贮运环节，存在人为添加违禁物质的风险。因此，作为乳制品质量安全的第一道关口，奶牛养殖和生鲜乳贮运过程中关键环节的控制，会直接影响乳制品质量。本节主要介绍奶牛养殖与生鲜乳生产过程中关键点质量控制和存在的风险因子，主要包括饲料与日粮配制、兽药安全使用、饲养管理、疫病防控、挤奶厅建设与管理、挤奶操作与卫生、生鲜乳贮运、设备清洗与维护、记录与档案管理等。

一、奶牛引进

奶牛养殖主要采用"自繁自养"，除新建奶牛场外，大规模引进较少。引进奶牛时应采取的质量控制措施有以下几方面。

1. 严格检疫把关 引进的奶牛必须来自非疫区，并经输出地县级动物卫生监督机构按照 GB 16567《种畜禽调用检疫技术规范》的规定进行检疫，合格后方可运输。跨省调入奶牛，调运前应到输入地省级动物卫生监督机构办理审批手续，批准后方可引进。

2. 运输时尽量减少应激 运输前后应对运输车辆进行清洗和消毒。运输时应给奶牛提供较舒适的环境，保持良好的通风、提供充足的饮用水，防止阳光暴晒和雨雪直接冲淋，尽量减少应激。运输途中不准在疫区车站、港口和机场填装饲草饲料、饮水等其他物质；押运员应经常观察奶牛的健康状况，发现异常及时与当地动物卫生监督机构联系，并按有关规定处理。

3. 隔离饲养 奶牛引进后隔离观察至少 45d，经当地动物卫生监督机构检查确定健康合格后，方可并群饲养。

二、饲料与日粮配制

饲料配制应以满足奶牛健康为前提，根据奶牛饲养各阶段的营养需求加以调整。奶牛饲养常用饲料一般分为粗饲料和精饲料，粗饲料主要包括青绿饲料、青贮饲料、干草和秸秆等，精饲料包括玉米等能量饲料、豆粕等蛋白类饲料以及矿物质饲料和维生素等饲料添加剂。优质粗饲料是保证奶牛高产、瘤胃健康以及改善生鲜乳品质的重要因素。在奶牛养殖中往往会出现精饲料使用过多、粗饲料饲喂量不足或者品质差，导致奶牛发生营养代谢病，增加饲养成本，降低养殖效益。因此，应增加优质牧草的饲喂量，满足奶牛合成乳脂和乳蛋白的需要。

（一）饲料加工与调制

1. 精饲料 将各种饲料原料经过粉碎，按照配方进行充分混合。粉碎颗粒宜粗不宜细，如粉碎玉米的直径以 2～4mm 为宜。也可采用压扁、制粒、膨化等加工工艺。

2. 干草 干草的营养成分与适口性与牧草的收割期和晾晒方式等有密切关系。在生产过程中，禾本科牧草应在抽穗期收割，豆科牧草应于初花现蕾期刈割。牧草收割后应及时晾晒，适时打捆，避免打捆之前淋雨。打捆后放在棚内贮藏，也可露天堆垛，垛基应用秸秆或石头铺垫，垛顶应封好，避免发霉变质。

3. 青贮饲料 奶牛青贮饲料主要有玉米青贮和半干苜蓿青贮两种，目前国内制作的青贮饲料多为玉米青贮。青贮玉米适宜收割期为乳熟后期至蜡熟前期。青贮前，将原料切至 1～2cm。入窖时青贮玉米水分应控制在 70% 左右。青贮原料应含一定的可溶性糖，一般要求大于 2%。含糖量不足时，应掺入含糖量较高的青绿饲料或添加适量淀粉、糖蜜等。填料时，应边装料边用装载机或链轨推土机层层压实，避免雨淋。可用防老化的双层塑料布覆盖密封，保证不漏气、不渗水，塑料布表面应覆盖压实。应经常检查塑料布的密封情况，有破损应及时进行修补。青贮饲料一般在制作 45d 后可以使用。

4. 秸秆类饲料 农作物秸秆的加工处理方法包括物理、化学和微生物处理。物理处理主要包括切短、粉碎、揉碎、压块、制粒和膨化；化学处理主要包括石灰液处理、氢氧化钠液处理和氨化处理；微生物处理主要包括黄贮和微贮。

（二）日粮配制

1. 原则 应根据《奶牛饲养标准》和《饲料营养成分表》，结合牛群实际，科学设计日粮配方。日粮配制应精、粗料比例合理，营养全面，能够满足奶牛的营养需要；保证适当的日粮容积和能量浓度；成本低、经济合理；适口性强，生产效率高；营养素间搭配合理，确保奶牛健康和乳成分的正常稳定。

2. 注意事项 ①优先保证粗饲料尤其是优质粗饲料的供给，日粮中应确保有稳定的玉米青贮供应，产奶牛以日均 15kg 以上为宜；奶牛每天需采食 5kg 以上干草，应优先选用苜蓿、羊草和其他优质干草，最好多种搭配。②精粗饲料搭配合理，应注意合理的能量蛋白比，过多的蛋白质会引起奶牛酮病等代谢病，过量的脂肪会降低乳蛋白率。③营养平衡日粮的配合比例一般为粗饲料占 45%～60%，精饲料占 35%～50%，矿物质类饲料占 3%～4%，维生素及微量元素添加剂占 1%，钙磷比为 (1.5～2.0)∶1。

3. 推荐使用全混合日粮（TMR）　TMR 是根据奶牛营养需要，把粗饲料、精饲料及辅助饲料等按合理的比例及要求，利用专用饲料搅拌机械进行切割、搅拌，使之成为混合均匀、营养平衡的全价日粮。配制时应遵循"先干后湿、先轻后重"的原则，添加顺序为先干草，然后是青贮饲料，最后是精料补充料和湿糟类。一般情况下，最后一种饲料加入后搅拌 5～8min，确保搅拌后 TMR 中至少有 20％ 的干草长度大于 4cm。为避免饲料变质，TMR 的水分应控制在 40％～50％，夏季应分 2～3 次搅拌投喂。搅拌效果好的 TMR 表现为精、粗饲料混合均匀，松散不分离，色泽均匀，新鲜不发热，无异味，不结块，以奶牛不挑食为佳。

（三）饲料质量控制

（1）禁止在饲料中添加国家禁用的药物以及其他对动物和人体具有直接或者潜在危害的物质；禁止在饲料中添加肉骨粉、骨粉、肉粉、血粉、血浆粉、动物下脚料、动物脂肪、干血浆及其他血浆制品、脱水蛋白、蹄粉、角粉、鸡杂碎粉、羽毛粉、油渣、鱼粉、骨胶等动物源性成分（乳及乳制品除外），以及用这些原料加工制作的各类饲料；禁止在饲料中加入三聚氰胺、三聚氰酸以及含三聚氰胺的下脚料。

（2）使用的精料补充料、浓缩饲料等要符合饲料卫生标准。防止饲草被养殖动物、野生动物的粪便污染，避免引发疾病。不喂发霉变质的饲料，避免造成生鲜乳中黄曲霉毒素等生物毒素的残留超标。

（3）优质青贮饲料呈青绿色或黄褐色，带有酒香，质地柔软湿润，可看到茎叶上的叶脉和绒毛。对于颜色发黑或呈深褐色，酸中带臭，甚至发霉、腐烂、变质的应立即扔掉，切勿饲喂奶牛。取用青贮饲料时，要从青贮池的一端开始，根据奶牛数量和采食量决定开口大小，自上而下分层取之，每次取料数量以饲喂一天的量为宜。青贮饲料取出后，必须立即摊平表面，用塑料薄膜盖好，防止青贮饲料长期与空气接触引起腐败变质。

（4）青绿饲料含水量高、不易久存、易腐烂，如不青贮或晒制成干草，应及时饲用，保证新鲜干净，防止奶牛有机农药、亚硝酸盐和氢氰酸中毒。

（5）不饲喂可使生鲜乳产生异味的饲料，如丁酸发酵的青贮饲料、芜菁、韭菜、葱类等。

三、兽药安全使用

近年来，在政府对奶业的政策支持和市场需求的双重作用下，我国奶牛养殖业迅速发展，但仍存在奶牛养殖水平低和奶农健康意识薄弱，过量使用抗生素、不合理联合用药、盲目使用药物原粉、人药兽用的现象，在一定程度上影响了奶业的持续、稳定、健康发展。因此，加强兽药使用的控制至关重要。奶牛养殖过程中，严格禁止使用《禁止在饲料和动物饮用水中使用的药物品种目录》（农业部　卫生部国家药品监督管理局公告第 176 号）、《食品动物禁用的兽药及其化合物清单》（农业部公告第 193 号）、《兽药地方标准废止目录》（农业部公告第 560 号）、《禁止在饲料和动物饮水中使用的物质》（农业部公告第 1519 号）等列出的药品和物质。2015 年 9 月 1 日，农业部发布第 2292 号公告，决定自 2016 年 1 月 1 日起，停止经营和使用洛美沙星、培氟沙星、氧氟沙星、诺氟沙星 4 种原料药的各种盐、酯及其各种制剂。养殖场在严格禁止使用这些"禁用药"的同时，还需要密切关注行业动态和国务院农业行政主管部门公布的其他禁用物质和对人体具有直接或者潜在危害的其他物质，并及早做好应对准备。在奶牛养殖用药中，还要坚持"两少"原则、保证"三个选准"、落实"三个禁止"和注意两个阶段。

（一）坚持"两少"原则

1. 少用抗生素 部分奶牛养殖者在养殖过程中，为了治疗和预防疾病经常使用抗生素，而实际上抗生素仅适用于由敏感细菌、真菌等引起的炎症。一般情况下，奶牛患病如果不是很严重，不要使用抗生素。生鲜乳在销售前以及淘汰奶牛在屠宰前，应严格遵守休药期的规定，未规定休药期的品种，应遵守奶废弃不少于7d的规定。

2. 少注射 奶牛性情胆小、比较敏感，注射时应激反应大，产奶量会有所下降。给奶牛接种疫苗也要尽量采用联苗。注射时，应选择合适的注射针头和注射部位，否则会引起奶牛组织损伤、降低药效和增加药物残留量。在静脉注射时，扎针要准确，不能跑针，还要注意注射速度，尤其是第一次使用某类抗生素时，要先观察20min以上，防止奶牛药物过敏或者其他不良反应。

（二）保证"三个选准"

1. 选准时间 一般奶牛疾病不是很严重时，要等到停奶后的2个月内再做治疗。健脾理气药、涩肠止泻药应在饲喂前给药；治疗瘤胃疾病的助消化药物，在饲喂时给药效果最好；对一些刺激性强的药物，饲喂后给药可缓解对胃的刺激性；慢性疾病，饲喂后服药可缓慢吸收，作用持久。每年春秋两季全群驱虫很重要，对于饲养环境较差的养殖场（户），还要增加一次驱虫。犊牛在断奶前后必须进行保护性驱虫，母牛要在进入围产期前进行驱虫，育成奶牛在配种前进行驱虫。

2. 选准药物 在选择药物时，要认真、仔细阅读药物说明标签，按标签上注明的家畜种类用药，还要注意药瓶标签的有效期。奶牛孕期选药，所选药物首先应考虑对胎儿有无直接或间接危害，其次要考虑对母体有无毒副作用，同时还应考虑是否会影响泌乳期孕牛所产奶的质量。

3. 选准给药途径 对于量少、对口腔刺激性不大的粉剂、片剂或丸剂，可直接经口投药；对于有异味、奶牛不喜欢喝的，可以用灌药瓶投药或者胃管投药。一般情况下，选用抗生素时，为避免抗生素杀灭奶牛瘤胃内的有益微生物，造成瘤胃中微生物群落失衡，最好采用注射方式，不要口服。在选择外用药时，要注意防止奶牛自己或者其他牛舔舐，一般需要隔离；要注意避免外用的抗寄生虫药污染鲜奶。

（三）落实"三个禁止"

1. 禁止不按量用药 药物的使用量是药理研究者长期研究和实践的经验积累，符合奶牛的生理特性和药物的药效机理。任何不按照药品说明书要求和奶牛体重实际，随意增大或者减少用药量的做法都是不科学的。特别是超量用药现象较多。减量用药表现在不按照疗程用药，病情好转马上停止给药。由于治疗不彻底，病情并未得到有效巩固，致使病症再次复发或加重。

2. 禁止乱配药物 联合用药的目的是为了增强疗效，扩大抗菌谱，减少用药量，降低细菌耐药性的产生。但如果两种或多种药物随意搭配使用，不但不能增强疗效，反而会增加药物的不良反应。如维生素C禁止与青霉素配伍，以防止青霉素在弱酸性环境下分解；在使用中药类针剂的时候，不宜使用生理盐水稀释，应以5%的葡萄糖溶液为溶媒给药，以防止中药类物质在生理盐水强电解质下不稳定。

3. 禁止重复用药　药物都有一定的治疗周期，不少奶牛养殖户急于求成，喂药 1 天后病症未见好转，就更换替代药物，误以为品种多可加速治疗，殊不知同一天使用的药物里面可能含有相同的药物成分，会造成奶牛用药量过大或者产生抗药性，为以后用药埋下隐患或引起不良药物反应。

（四）注意两个阶段

1. 泌乳期奶牛　除明文规定禁止用于所有食品动物的兽药外，泌乳期禁用的兽药有伊维菌素注射液、苄星邻氯青霉素注射液、阿维菌素、盐酸左旋咪唑注射液、碘醚柳胺混悬液、醋酸氟孕酮阴道海绵和磷酸左旋咪唑等。另外，在泌乳期必须严格执行弃奶期有关规定的兽药：一是弃奶期 90d，有碘硝酚注射液。二是弃奶期 7d，有二氢吡啶、土霉素注射液、甲砜霉素片（散）、安乃近片（注射液）、安钠咖注射液、吡喹酮片、芬苯哒唑片、注射用苯巴比妥钠、注射用喹嘧胺、苯丙酸诺龙注射液、苯甲酸雌二醇注射液、复方水杨酸钠注射液、复方氨基比林注射液、复方磺胺对甲氧嘧啶片、复方磺胺对甲氧嘧啶钠注射液、复方磺胺甲噁唑片、枸橼酸乙胺嗪片、氢溴酸东莨菪碱注射液、氧氟沙星注射液、氨茶碱注射液、盐酸异丙嗪注射液、盐酸苯海拉明注射液、盐酸洛美沙星片（注射液）、盐酸氯丙嗪片（注射液）、盐酸氯胺酮注射液、盐酸赛拉唑注射液、维生素 D_3 注射液等。三是弃奶期 5d，有芬苯哒唑粉（苯硫苯咪唑粉剂）、硝碘酚腈注射液（克虫清）等。四是弃奶期 96h，有注射用酒石酸泰乐菌素。五是弃奶期 84h，有乳酸环丙沙星注射液。六是弃奶期 3d，有土霉素片、地塞米松磷酸钠注射液、注射用苄星青霉素（注射用苄星青霉素 G）、注射用乳糖酸红霉素、注射用苯唑西林钠、注射用青霉素钠、注射用青霉素钾、磺胺嘧啶钠注射液等。七是弃奶期 72h，有注射用硫酸双氢链霉素、注射用硫酸链霉素等。八是弃奶期 60h，有阿苯达唑片。九是弃奶期 48h，有双甲脒溶液、水杨酸钠注射液、注射用氨苄青霉素钠、注射用盐酸土霉素、注射用盐酸四环素、复方磺胺嘧啶钠注射液、普鲁卡因青霉素注射液等。

2. 怀孕期奶牛　孕牛慎用全麻药、攻下药和驱虫药。禁用有直接和间接影响机能的药物，如前列腺素、雌（雄）激素，也禁用缩宫药物如催产素、垂体后叶素、麦角制剂、氨甲酰胆碱、毛果芸香碱以及中药桃仁、红花等。

四、奶牛散栏饲养分群管理

我国奶牛养殖多采用"自繁自养"、分群散栏饲养的方式。散栏饲养是按照奶牛的自然和生理需要，不拴系、无固定床位、自由采食、自由饮水、自由运动，并于挤奶厅集中挤奶、TMR 日粮相结合的一种现代饲养工艺。1 月龄内犊牛单栏饲养，1 月龄后不同生产阶段采用分群散栏饲养、自由采食。后备牛散栏饲养可根据牛群规模分群，对各群牛分别提供相应日粮。成母牛群散栏饲养一般将牛群分成五种，即干奶期、围产期、泌乳早期、泌乳中期和泌乳后期牛群。

（一）犊牛哺乳期（0～60 日龄）

犊牛出生后立即清除口、鼻、耳内黏液，确保呼吸畅通，擦干牛体。在距腹部 6～8cm 处断脐，挤出脐内污物，并用 5% 的碘酒消毒，然后称重、佩戴耳标、照相、登记系谱、填写出生记录，放入犊牛栏（岛）。犊牛出生后 1～2h 内，应吃到初乳。每次饲喂量为 2～2.5kg，日喂 2～3 次，温度为 38℃±1℃，连续 5 天。5d 后逐渐过渡到饲喂常乳或犊牛代乳粉。出生 1 周后可开始训练犊牛采食优质青干草等固体饲料，以促进瘤胃的发育。犊牛哺乳期日增重应不低于 650g。犊牛出生 15～30d 用电烙铁或药物去角。去副乳头的最佳时间在 2～6 周，先清洗消毒副乳头周围，再轻拉副乳头，沿着基部剪除，用 5％碘酒消毒。饲养环境要清洁、干燥、宽敞、阳光充足、冬暖夏凉。保证犊牛有充足、新鲜、清洁卫生的饮水，冬季应饮温水。饲喂犊牛应做到"五定"，即定质、定时、定量、定温、定人，每次喂完奶后擦干牛嘴部。卫生应做到"四勤"，即勤打扫、勤换垫草、勤观察、勤消毒。

（二）犊牛断奶期（断奶至 6 月龄）

该阶段犊牛生长发育所需的营养主要来源于精饲料。随着月龄的增长，应逐渐增加优质粗饲料的喂量，选择优质干草、苜蓿供犊牛自由采食。4 月龄前最好不喂青贮等发酵饲料。干物质采食量逐步达到每头每天 4.5kg，其中精料喂量为每头每天 1.5～2kg。犊牛断奶期日增重应不低于 600g。要保证充足、新鲜、清洁卫生的饮水，冬季应饮温水。

（三）育成牛（7～15 月龄）

日粮以粗饲料为主，每天饲喂精料 2～2.5kg。日粮蛋白水平达到 13％～14％，选用中等质量的干草，培养其耐粗饲性能，以增进瘤胃消化粗饲料的能力。干物质采食量每头每天应逐步增加到 8kg，日增重不低于 600g。定期监测体尺、体重指标，及时调整日粮结构，以确保 15 月龄前达到配种体重（成年牛体重的 75％），保持适宜体况。同时注意观察发情，做好发情记录，以便适时配种。

（四）青年牛（初配至分娩前）

青年牛的管理重点是在怀孕后期（预产期前 2～3 周），可采用干奶后期饲养方式。日粮干物质采食量每头每天 10～11kg，粗蛋白水平 14％，混合精料每头每天 3～5kg。冬季要防止牛在冰冻的地面或冰上滑倒，预防流产。依据膘情适当控制精料供给量，防止过肥。产前 21d 控制食盐喂量和多汁饲料的饲喂量，预防乳房水肿。

（五）成母牛

成母牛饲养管理可划分为干奶期、围产期、泌乳早期、泌乳中期和泌乳后期。

1. 干奶期 奶牛进入妊娠后期，一般在产犊前 60d 停止挤奶，这段时间称为干奶期。干奶期奶牛的饲养根据具体体况而定，对于营养状况较差的高产母牛应提高营养水平，使其产前达到中上等膘情。日粮应以粗料为主，日粮干物质采食量占体重的 2％～2.5％，粗蛋白水平 12％～13％，精粗料比 30：70，精料每头每天 2.5～3kg。奶牛停止挤奶前 10d，应进行隐性乳房炎检测，确定乳房正常后方可停奶。做好保胎工作，禁止饲喂冰冻、腐败变质的饲草饲料，冬季饮水不宜过冷。

2. 围产期 围产期指母牛分娩前后各 15d 的一段时间。产前 15 天为围产前期，产后 15d 为围产后期。围产前期，奶牛日粮干物质采食量占体重的 2.5％～3.0％，含粗蛋白 13％、钙 0.4％、磷 0.4％，精粗料比为 40：60，粗纤维不少于 20％。奶牛临产前 15d 转入产房，要保持产房安静、干净卫生。根据预产期做好产房、产间、助产器械的清洗消毒等准备工作。母牛产前应对其外生殖器和后躯消毒。通常情况下，让其自然分娩。如需助产时，要严格消毒术者手臂和器械。奶牛产后粗饲料以优质干草为主，自由采食。精料换成泌乳料，视食欲状况和乳房消肿程度逐渐增加饲喂量。日粮干物质含钙 0.6％、磷 0.3％，精粗料比为 40：60，粗蛋白提高到 17％，粗纤维含量不少于 18％。刚开始挤奶时，头三把奶要弃掉，一般产后第 1 天每次只挤 2kg 左右，满足犊牛需要即可，第 2 天每次挤奶 1/3，第 3 天挤 1/2，第 4 天才可将奶挤尽。奶牛分娩后乳房水肿严重，要加强乳房的热敷和按摩，每次挤奶热敷按摩 5～10min，促进乳房消肿。

3. 泌乳早期 泌乳早期是指产后 16～100d 的泌乳阶段，也称泌乳盛期。奶牛干物质采食量由占体重的 2.5%～3.0% 逐渐增加到 3.5% 以上，粗蛋白水平 16%～18%，钙 0.7%、磷 0.45%。应加大饲料投喂，奶料比为 2.5：1。饲喂优质干草，保证每头高产奶牛每天饲喂 3kg 羊草和 2kg 苜蓿。适当增加饲喂次数，有条件的牛场最好采用 TMR 饲养。如果没有 TMR 搅拌车，可以利用人工 TMR。搞好产后发情检测，及时配种。

4. 泌乳中期 泌乳中期是指产后 101～200d 的泌乳阶段。日粮干物质应占奶牛体重的 3.0%～3.2%，含粗蛋白 14%、粗纤维不低于 17%、钙 0.65%、磷 0.35%，精粗料比为 40：60。该阶段产奶量渐减（月下降幅度为 5%～7%），精料可相应逐渐减少，尽量延长奶牛的泌乳高峰。此阶段为奶牛能量正平衡，奶牛体况恢复，日增重为 0.25～0.5kg。

5. 泌乳后期 泌乳后期是指产后 201d 至停奶阶段。日粮干物质应占奶牛体重的 3.0% 左右，粗蛋白水平 13%，粗纤维不少于 20%，钙 0.55%、磷 0.35%，精粗料比以 30：70 为宜。调控好精料比例，防止奶牛过肥。该阶段应以恢复奶牛体况为主，加强管理，预防流产。做好停奶准备工作，为下一个泌乳期打好基础。

五、日常管理

（一）日常管理要点

喂料时不堆槽、不空槽，不喂发霉变质或者冰冻的劣质饲料。饲喂过程中如发现奶牛有腹泻现象应立即减量或停喂，检查饲料中是否混进霉变饲料或其他疾病原因造成奶牛腹泻，待恢复正常后再继续饲喂。检出饲料中的异物，及时清理饲槽，尤其是死角部位，把已变质的饲料清理干净，再喂给新鲜的饲料。运动场设食盐、矿物质补饲槽（或者使用矿物质舔砖）和饮水槽。保证充足的新鲜、清洁饮水，水质达到《生活饮用水卫生标准》（GB 5749）的要求，冬季不应饮用冰水。每天定时梳刷牛体，可去除牛体上的尘土，促进奶牛血液循环，加快其新陈代谢，增强其体质，促使奶牛多产奶。及时清扫粪便、垫料等污物，保持舍内和运动场环境卫生。清除场内和周边杂草。水坑等蚊蝇滋生地定期喷洒消毒药物；或者在牛场外围设置诱杀点，消灭蚊蝇。定时定点投放灭鼠药，及时收集死鼠和残余鼠药，做好无害化处理。定期巡查奶牛及设施设备状况，出现异常情况及时处理，避免损伤奶牛。

（二）夏季饲养管理要点

相对而言，夏季饲养奶牛特别是华北和南方地区出现的问题较多，管理难度较大，需要加强饲养管理。①应确保新鲜、清洁、充足的饮水供应，适当提高日粮精料比例，但精料最高不宜超过 60%。②在日粮中添加脂肪，如添喂 1～2kg 全棉籽；使用瘤胃缓冲剂，在日粮干物质中添加 1%～1.5% 的碳酸氢钠或 0.4%～0.5% 的氧化镁；提高维生素添加量。③运动场应有凉棚，减少太阳辐射热；打开牛舍门窗，必要时安装排风扇，保证通风；在牛舍和运动场四周植树绿化。④调整牛只的活动时间，中午尽量将牛留在舍内，避免辐射热，同时对高产牛要及时淋浴降温。

六、疫病防控

奶牛场应严格按照《动物防疫法》及其配套规章的要求，贯彻"预防为主"的方针，净化奶牛主要动物疫病，防止疾病传入或发生，控制动物传染病和寄生虫病的传播。

（一）卫生防疫

1. 日常预防措施　奶牛场应科学制定并有效实施防疫措施。具体包括：建立出入人员登记制度，非生产人员不得进入生产区。职工进入生产区，应穿戴工作服，经过消毒间洗手消毒后方可入场。奶牛场员工每年必须进行一次健康检查，如患传染性疾病应及时在场外治疗，痊愈后方可上岗。新员工必须持有当地相关部门颁发的健康证方可上岗。奶牛场不得饲养其他畜禽，特殊情况需要养犬时应加强管理，并实施防疫和驱虫处理。食堂不准外购生鲜牛肉及其副产品，本场兽医和配种员不得对外开展诊疗和配种业务。

2. 紧急防制措施　当奶牛发生疑似传染病时：①立即组成防疫小组，迅速向当地兽医机构报告疫情，由执业兽医或当地动物疫病预防控制机构兽医实验室进行临床和实验室诊断，必要时送至省级实验室或国家指定的参考实验室进行确诊。②迅速隔离病牛，当发生重大疫情时，应配合当地兽医机构实施封锁、隔离、扑杀、销毁等扑灭措施，并对全场进行消毒。③对病牛及封锁区内的牛只实行合理的综合防制措施，包括疫苗的紧急接种、抗生素疗法、高免血清的特异性疗法、化学疗法、增强体质和生理机能的辅助疗法等。

（二）卫生消毒

卫生消毒是切断疫病传播的重要措施，奶牛场应严格执行卫生消毒制度，尽量减少疫病的发生。选择国家批准的，对人、奶牛和环境比较安全、没有残留毒性，对设备没有破坏和不伤害牛只体表以及在牛体内不产生有害积累的消毒剂。禁止使用酚类消毒剂。不宜长期使用一种消毒药，应轮换交替使用。消毒方法可采用喷雾消毒、浸液消毒、紫外线消毒、喷洒消毒、热水消毒等。定期消毒奶牛场周围环境、牛舍、运动场、饲养用具（料槽、水槽、饲料车等）和生产环节（挤奶、助产、配种、注射治疗及任何与奶牛进行接触）的器具。对进出奶牛场的车辆随时进行消毒。及时更换场区入口和生产区入口的消毒液，并保持有效浓度。定期检查消毒设施设备的运行状况，确保运行良好、安全有效。

（三）免疫接种

根据《动物防疫法》及其配套法规的要求，结合当地实际情况，制定并实施符合自身实际的免疫程序和免疫计划，对口蹄疫等强制免疫病种和有选择的疫病进行预防接种。农业部推荐的奶牛免疫程序为：犊牛 90 日龄时，每头注射 O 型-亚洲 I 型口蹄疫疫苗 0.5 头份；所有新生家畜初免后，间隔 1 个月再注射一次强化免疫；以后根据免疫抗体检测结果，每隔 4～6 个月免疫一次；配种前 1 个月再注射一次；经产奶牛在配种前 1 个月和配种后第 5～6 个月时各注射一次，每次每头注射 1 头份。

免疫接种时质量控制措施包括：①规模奶牛场按免疫程序进行免疫，对于同一批次疫苗，有条件的可以首先进行小规模注射试验，确定使用安全后，再进行大范围的免疫注射。②怀孕母牛必须进行免疫时，为减轻免疫副反应，可将疫苗多点多次进行免疫，并避免奶牛剧烈活动。③注射口蹄疫疫苗时应注意严格按照疫苗要求的操作规程和剂量进行，对患病牛、瘦弱牛、临产前 2 个月的怀孕牛、吃奶犊牛、不足月龄早产牛以及经过长途运输的牛不予注射，待病牛康复、母牛产后或犊牛断奶以及恢复正常后再按规程补注。④奶牛群体口蹄疫免疫密度常年维持在 90% 以上，其中应免奶牛免疫密度应达到 100%。⑤疫苗注射前要充分摇匀，瓶口消毒后再启封。启封后的疫苗应于 2h 内用完。⑥注射口蹄疫疫苗的人员要随身携带肾上腺素等药品，以防奶牛发生过敏反应。免疫接种后，要注意观察畜体的变化，由于个体差异，有的牛可能出现短时间精神不振、减食、呕吐、轻度体温反应，这为正常现象，一般 2～3d 便可自愈；出现注射部位肿块、皮肤丘疹、瘙痒等症状属局部严重反应，应采用消炎、消肿、止痒等药物治疗；出现震颤、抽搐、休克等神经症状属过敏反应，应立即注射 0.1％盐酸肾上腺素 1mL 等脱敏药物救治，治愈后补注疫苗。⑦注射疫苗要保证注到肌肉内，不要过浅。若注射剂量大，最好分点注射，做到"一牛一针头"。注射口蹄疫疫苗的同时不能注射其他疫苗。

（四）疫病监测

按照国家有关规定，结核病、布鲁菌病的检测和净化及口蹄疫抗体的监测均由当地兽医机构组织实施。奶牛养殖场（小区）配合当地兽医机构，对结核病和布鲁菌病每年春秋两季各进行一次全群检测，检出阳性的牛只及时进行扑杀。奶牛口蹄疫免疫抗体监测合格率在70％以上确定为合格，低于 70％应进行补免。

（五）奶牛保健

奶牛隐性乳房炎、肢蹄病和营养代谢性疾病是奶牛养殖的三类常见病，应采取预防为主的措施，对提升奶牛健康水平、提高产奶量、降低淘汰率具有重要的意义。奶牛保健措施主要包括乳房卫生保健、蹄部卫生保健和营养代谢病监测。

1. 乳房卫生保健　乳房应保持清洁，注意清除损伤乳房的隐患。挤奶时清洗乳房的水和毛巾必须清洁，水中可加 0.03％漂白粉或 3％～4％的次氯酸钠等进行消毒。挤奶后，每个乳头要立即药浴。停奶前 10d 监测隐性乳房炎，阳性或临床乳房炎必须治疗；在停奶前3d 再监测两次，阴性者方可停奶。一定做好挤奶人员、挤奶器等工具的清洗消毒工作。

2. 蹄部卫生保健　保持牛蹄清洁，清除趾间污物或用水清洗。坚持定期蹄浴，夏、秋季每隔 5～7d 消毒一次，冬天可适当延长间隔。每年对全群牛只肢蹄检查一次，春季或秋季对变形蹄者统一修整。对患蹄病牛应及时治疗。坚持供应平衡日粮，预防蹄叶炎的发生。

3. 营养代谢病监控　高产牛在停奶时和产前 10d 左右做血液抽样检查，监测营养代谢情况。定期监测酮体，产前 1 周、产后 1 月内每隔 1～2d 监测一次，发现异常及时采取治疗措施。加强临产牛的监护，对高产、体弱、食欲不振的牛，在产前 1 周可适当补充 20％葡萄糖酸钙 1～3 次，以增加抵抗力。每年随机抽检 30～50 头高产牛进行血钙、血磷监测。

七、挤奶厅建设与管理

目前，全国机械挤奶率已达到 90％以上。机械挤奶分为提桶式和管道式两种，管道式挤奶又分为定位挤奶和厅式挤奶两种，厅式挤奶主要有鱼骨式、并列式和转盘式三种类型。挤奶设施包括挤奶厅、待挤区、设备室、贮奶间、更衣室、办公室、锅炉房等。挤奶厅有机房、牛奶制冷间、热水供应系统等。待挤区能容纳一次挤奶头数 2 倍的奶牛。

1. 挤奶厅建设要求　挤奶厅应建在奶牛场的上风处或中部侧面，距离牛舍较近；有专用的生鲜乳运输通道，不可与污道交叉，即便于集中挤奶，又可减少污染。要避免运奶车直接进入生产区。挤奶厅采用绝缘材料或砖石墙，墙面最好贴瓷砖，要求光滑，便于清洗消毒；地面要防滑，易于清洁。挤奶厅地面冲洗用水不能使用循环水，必须使用清洁水，并保持一定的压力；地面可设一个到几个排水口，排水口应比地面或排水沟表面低 1.25m，防止积水。挤奶厅通风系统应尽可能考虑能同时使用定时控制和手动控制的电风扇，光照强度应便于工作人员进行相关的操作。

2. 贮奶间要求与管理　贮奶间只能用于冷却和贮存生鲜乳，不得堆放任何化学物品和杂物；禁止吸烟，并张贴"禁止吸烟"的警示；有防止昆虫的措施，如安装纱窗，使用灭蝇喷雾剂、捕蝇纸和电子灭蚊蝇器，捕蝇纸要定期更换，不得放在贮奶罐上；贮奶间的门应保持经常性关闭状态；贮奶间污水排放口需距贮奶间15m以上。贮奶罐外部应保持清洁、干净，没有灰尘；贮奶罐的盖子应保持关闭状态，不得向罐中加入任何物质，交完奶应及时清洗贮奶罐并将罐内的水排净。保持挤奶厅和贮奶间建筑外部环境的清洁卫生，防止滋生蚊蝇等。用于杀灭蚊蝇的杀虫剂和其他控制害虫的产品应当经国家批准，对人、奶牛和环境安全、无危害，并在牛体内不产生有害积累。

八、挤奶操作与卫生

1. 挤奶员要求 挤奶员必须定期进行身体检查，获得县级以上医疗机构出具的健康证明。挤奶员应保证个人卫生，勤洗手、勤剪指甲、不涂抹化妆品、不佩戴饰物。手部有刀伤或其他开放性外伤者，未愈前不应挤奶。进行挤奶操作时，应穿工作服和工作鞋、戴工作帽。患有下列疾病之一者，不能从事挤奶工作：痢疾、伤寒、弯曲杆菌病、病毒性肝炎等消化道传染病；活动性肺结核、布鲁菌病；化脓性或渗出性皮肤病；患其他有碍食品卫生、人畜共患的疾病等。

2. 挤奶操作 挤奶前应对奶牛进行健康检查，观察或触摸乳房外表是否有红、肿、热、痛症状或创伤。选用专用的乳头药浴液对乳头进行预药浴，药液作用时间应保持在20～30s。如果乳房污染特别严重，可先用含消毒水的温水清洗干净，再药浴乳头。挤奶前用毛巾或纸巾将乳头擦干，保证一头牛一条毛巾。将前三把奶挤到专用容器中，检查牛奶中是否有凝块、絮状物或水样，正常的牛可上机挤奶；异常时应及时报告兽医进行治疗，单独挤奶。严禁将异常奶混入正常牛奶中。上述工作结束后，及时套上挤奶杯组。奶牛从进入挤奶厅到套上奶杯的时间应控制在90s以内，以保证最大的奶流速度和产奶量，并尽量避免空气进入杯组中。挤奶过程中观察真空稳定情况和挤奶杯组奶流情况，适当调整挤奶杯组的位置。奶牛排乳接近结束，先关闭真空，再移走挤奶杯组。严禁下压挤奶机，避免过度挤奶。挤奶结束后，应迅速进行乳头药浴，停留时间为3～5s。

3. 注意事项 固定挤奶顺序，切忌频繁更换挤奶员。药浴液应在挤奶前现用现配，并保证有效的药液浓度。每班药浴杯使用完毕应清洗干净。应用抗生素治疗的牛只，应单独使用一套挤奶杯组；每挤完一头牛后应进行消毒，挤出的奶放置容器中单独处理。奶牛产犊后7d以内的初乳用于饲喂新生犊牛或者单独贮存处理，不能混入商品奶中。

九、生鲜乳贮运

生鲜乳贮运过程主要包括贮存、检测和运输，其质量控制有以下几方面。

贮存时，贮奶罐应符合《散装乳冷藏罐》（GB/T 10942—2001）的要求，奶罐盖子应保持上锁状态，不应向罐中加入任何物质。贮奶罐使用前应进行预冷处理。挤出的生鲜乳应在2h内冷却到0～4℃保存，生鲜乳挤出后在贮奶罐的贮存时间不超过48h。

挤奶厅和生鲜乳收购站应设立生鲜乳化验室，并配备必要的乳成分分析检测设备和卫生检测仪器、试剂。生鲜乳检测人员应熟悉生鲜乳生产质量控制及相关的检验检测技术。奶牛养殖场采取贮奶罐混合留样方式，奶农专业生产合作社采取生鲜乳分户留样和贮奶罐混合留样方式，留存生鲜乳样品，并做好采样编号、记录登记，样品至少应冷冻保存 10d。按照食品安全国家标准《生乳》（GB 19301）的要求对生鲜乳的感官、酸度、密度、含碱和抗生素等指标进行检测并做好检测记录。

生鲜乳运输车必须获得所在地县级畜牧兽医主管部门核发的生鲜乳准运证明，并具备以下条件：奶罐隔热、保温，内壁由防腐蚀材料制造，对生鲜乳质量安全没有影响；奶罐外壁用坚硬光滑、防腐、可冲洗的防水材料制造；奶罐设有奶样存放舱和装备隔离箱，保持清洁卫生，避免尘土污染；奶罐密封材料耐脂肪、无毒，在温度正常的情况下具有耐清洗剂的能力；奶车顶盖装置、通气和防尘罩设计合理，防止奶罐和生鲜乳受到污染。从事生鲜乳运输的驾驶员、押运员应有保持生鲜乳质量安全的基本知识。生鲜乳运输罐使用前应进行预冷处理。生鲜乳运输时必须随车携带生鲜乳交接单。生鲜乳运输罐在起运前应加铅封，不应在运输途中开封和添加任何物质。在运输过程中，尽量保持生鲜乳装满奶罐，避免运输途中生鲜乳振荡与空气接触发生氧化反应。保持运输车辆清洁卫生。

十、挤奶和贮运设备的清洗与维护

（一）设备清洗

选择经国家批准，对人、奶牛和环境安全无危害、对生鲜乳无污染的清洗剂清洗挤奶设备和贮运设备。

1. 挤奶设备的清洗　每次挤奶前用清水将挤奶及贮运设备冲洗干净。挤奶完毕后，应马上用清洁的温水（35～40℃）进行预冲洗，不加任何清洗剂，循环冲洗到水变清为止。预冲洗后立刻用 pH11.5 的碱洗液（碱洗液浓度应考虑水的 pH 和硬度）循环清洗 10～15min。碱洗温度开始在 70～80℃，循环到水温不低于 41℃。碱洗后可继续进行酸洗，酸洗液 pH 为 3.5（酸洗液浓度应考虑水的 pH 和硬度），循环清洗 10～15min，酸洗温度应与碱洗温度相同。视管路系统清洁程度，碱洗与酸洗可在每次挤奶作业后交替进行。在每次碱（酸）清洗后，再用温水冲洗 5min。清洗完毕管道内不应留有残水。

2. 贮运设备的清洗　奶车、奶罐每次用完后应清洗和消毒。具体程序是：先用温水清洗，水温 35～40℃，再用热碱水（温度 50℃）循环清洗消毒，最后用清水冲洗干净。奶泵、奶管、阀门每用一次，都要用清水清洗一次。

（二）挤奶设备的维护

应定期对挤奶设备进行检查和维护，包括每天检查维护、每周检查维护和每月检查保养。除日常保养外，每年都应当由专业技术工程师对挤奶设备进行系统检查和全面维护保养。不同类型的设备应根据设备厂商的要求作特殊维护。检查中发现有任何问题，都应立即解决。

1. 每天检查维护的主要内容　包括真空泵油量是否保持在要求的范围内；集乳器进气孔是否被堵塞；橡胶部件是否有磨损或漏气；真空表读数是否稳定，套杯前与套杯后真空表的读数应当相同，摘取杯组时真空会略微下降但 5s 内应上升到原位；真空调节器是否有明显的放气声，如没有放气声说明真空储气量不够；奶杯内衬/杯罩间是否有液体进入，如果有水或奶表明内衬有破损，应当更换。

2. 每周检查维护的主要内容　包括检查脉动率与内衬收缩是否正常，在机器运转状态下，检查人员将拇指伸入一个奶杯，其他 3 个奶杯堵住或折断真空，检查每分钟按摩次数（脉动率），拇指应感觉到内衬的充分收缩；奶泵止回阀是否断裂，空气是否进入奶泵。

3. 每月检查保养的主要内容 包括真空泵皮带松紧度是否正常，检查人员用拇指按压皮带应有 1.25cm 的张度；清洁脉动器进气口，有些进气口有过滤网，需要清洗或更换，脉动器加油需按供应商的要求进行；清洁真空调节器和传感器，用湿布擦净真空调节器的阀、座等，传感器过滤网可用皂液清洗，晾干后再装上；奶水分离器和稳压罐浮球阀应确保工作正常，检查其密封情况，有磨损时应立即更换；冲洗真空管，清洁排泄阀，检查密封状况。

十一、记录与档案管理

根据农业部发布的《畜禽标识与养殖档案管理办法》和《生鲜乳生产收购管理办法》，建立生鲜牛乳生产收购等相关记录制度，应配备专门或兼职的记录员，并逐步建立健全档案管理制度。

1. 奶牛引进记录 记录引进奶牛的相关情况，包括产地、养殖场名称、年龄、数量、引进日期等，并应有动物卫生防疫许可证。

2. 饲料记录 记录并保存购买饲料时主要信息，包括购买时间、名称、规格、数量、生产厂家、经营单位、产品批准文号、批号、发票或收据、出入库数量、经办人等。记录自配料的原料来源、配方、生产程序、生产数量、生产日期等。

3. 兽药记录 记录并保存购买兽药时主要信息，包括购买时间、名称、规格、数量、生产厂家、经营单位、产品批准文号、批号、发票或收据、出入库数量、经办人等。记录用药情况，包括奶牛耳标号、发病时间及症状、预防或者治疗用药名称（通用名称及有效成分）、批号、用药剂量、用药方法、用药时间、休药期、兽医签字等。

4. 养殖记录 记录奶牛圈舍号、年龄、时间、变动情况（出生、调入、调出、死淘）、存栏数等。

5. 消毒记录 记录使用消毒剂的名称、用量、消毒方式、消毒场所、消毒日期、操作员签字等。

6. 免疫记录 记录奶牛圈舍号、年龄、免疫日期、存栏数量、应免数量、实免数量、疫苗名称、生产厂家、批号、免疫方法、免疫剂量、免疫人员签字、防疫监督责任人签字等。

7. 防疫监测记录 记录采样日期、圈舍号、采样数量、监测项目、监测单位、疫病监测阳性数量和阴性数量、免疫抗体监测合格数和不合格数、处理情况等。

8. 诊疗记录 记录诊疗时间、耳标号、圈舍号、年龄、发病数、症状、诊断结论、治疗措施、治疗人员等。

9. 无害化处理记录 记录无害化处理的内容、耳标号、数量、处理或死亡原因、处理方式、处理日期、处理单位或责任人等。

10. 生鲜乳留样记录 记录采样日期、样品来源、样品编号、留样截止日期、采样人签字等。

11. 生鲜乳检测记录 记录样品编号、检测时间、感官指标、相对密度、酸度、含碱、抗生素残留、检测结果、不合格原因、检测人签字等。

12. 生鲜乳销售记录 记录销售日期、准运证编号、车辆牌照、驾驶员、押运员、装车时间、生鲜乳装载量、装运时罐内生鲜乳温度、销售去向、记录人等。

13. 不合格生鲜乳处理记录 记录到站时间、生鲜乳来源、不合格原因、确认单位、数量、无害化处理方式、处理时间、处理人、上报时间、接报人等。

14. 设施设备清洗消毒记录 记录日期、设施设备名称、消毒药品、消毒方式、负责人签字等。

15. 生鲜乳交接单 记录生鲜乳收购站名称、运输车辆牌照、装运数量、装运时间、装运时生鲜乳温度等内容，并由生鲜乳收购站经手人、押运员、驾驶员、收奶员签字。生鲜乳交接单一式两份，分别由生鲜乳收购站和乳品生产者保存。

第二节 无公害生猪养殖生产

本节主要介绍无公害商品育肥猪养殖生产过程的质量控制，包括品种选择引进、饲料与日粮配制、生产制度、饲养工艺、卫生防疫、记录档案等。

一、品种选择与引进

（一）品种选择

猪肉质量安全的源头在养猪生产，即种、料、养。因此，要从源头监控，选择适合本地饲养条件、生产性能较高、适应性强的品种是关键之一。品种不同，饲料转化率和日增重差异较大，例如，长白猪、大约克夏猪、杜洛克猪等瘦肉型猪品种，以及 PIC、TOPIC 等配套系，具有生长快、日增重高、饲料转化率高等特点。地方品种各具特色，如二花脸猪、金华猪等产仔数高、繁殖力强，莱芜猪、大河猪等肌内脂肪含量高，五指山猪等体型较小、耐近交，民猪耐寒冷，藏猪适应高海拔等。因此，在选择品种时，应根据当地产业发展、生产模式和饲养条件等实际情况，因地制宜地选择适宜的品种。目前，我国规模化商品猪生产中多以杂交生产为主，如用引进品种猪杂交生产的杜长大三元杂交生产模式，以引进品种为父本、地方品种或培育品种为母本杂交生产的模式等。

（二）引进风险及其防控措施

生猪引进的关键环节包括检疫、运输和隔离饲养。为降低疫病风险，预防和减少应激反应，保障猪只健康安全，引进时应采取以下措施：调运季节最好在春季和秋季，冬季调运要采取有效的防寒措施，夏季气温高，不宜调运。从非疫区引进；从具有"种畜禽生产经营许可证"的种猪场引进种猪，或经农业部批准从国外直接引进。猪只引进时应经产地动物卫生监督机构检疫合格，并具有动物检疫合格证明。引进时，检查猪只的免疫标识和免疫记录，没有免疫标识的要补加标识。装运猪只时，有专门装卸台，装卸台设有安全围栏、防滑、坡度适宜；运输前彻底清洗和消毒运输车辆，保持清洁卫生；运输时提供较舒适的运输环境，保持良好的通风、饮水，防止阳光暴晒和雨雪直接冲淋；不使用棍棒等易引起应激的设备和管理，尽量减少应激；运输途中不在疫区车站、港口和机场填装饲草饲料、饮水和有关物质。运输时携带猪只个体识别标识、检疫合格证等文件。引进后种猪应隔离观察至少 30d，商品仔猪隔离时间可适当缩短，经当地动物卫生监督机构检查确定健康合格后，方可并群饲养。

二、饲料与日粮配制

不同生长发育阶段猪的营养需要不同，其日粮配制亦存在差异。针对目前养猪生产实际，兼顾猪的增重速度和饲料转化率，瘦肉率较高的生长育肥猪的日粮营养水平推荐量为：消化能含量育肥前期（20～60kg）13.39MJ/kg、育肥后期（60～110kg）13.60 MJ/kg；粗蛋白质前期17.8％～19.0％、后期14.5％～16.4％。中等瘦肉率的生长育肥猪的日粮营养水平推荐量为：消化能含量以12.95MJ/kg为宜，粗蛋白质前期以16.0％～18.2％为宜、后期以13.0％～14.0％为宜。

生产实践中，需要调控与优化日粮配方，使其氨基酸达到相对平衡状态。如采用玉米-豆粕型的日粮，应首先满足赖氨酸（第一限制性氨基酸）的需要，其次是第二限制性氨基酸的需要，依次类推。对于高瘦肉率的生长育肥猪，日粮中的赖氨酸推荐添加量为育肥前期（20～60kg）0.90％～1.16％、育肥后期（60～110kg）0.70％～0.82％；中等瘦肉率生长育肥猪日粮中的赖氨酸推荐添加量为前期（20～60kg）0.85％～1.05％、后期（60～110kg）0.60％～0.69％。

为保证日粮的适口性和消化率，断奶仔猪日粮的粗纤维水平应控制在2％～3％，育肥前期不宜超过4％，育肥后期不宜超过6％。日粮中粗纤维水平与其来源有关，如玉米秸秆粉、稻草粉等高纤维粗饲料不宜喂猪。选择适口性好、体积适中、易于消化的饲料原料，如麸皮、米糠、次粉、植物根茎粉等，以适度控制粗纤维含量。

商品育肥猪必需矿物质元素有10多种，通常情况下主要计算日粮中钙、磷及食盐（钠）的含量，满足需要即可。日粮中微量元素的添加量应适量，如铁的推荐添加量为40～100mg/kg，最高限量为断奶前仔猪每头每天250mg；铜的推荐添加量为3～6mg/kg，日粮中最高限量为仔猪（≤30kg）200mg/kg、生长育肥猪前期（30～60kg）150mg/kg、生长育肥猪后期（≥60kg）35mg/kg；锌的推荐添加量为40～110mg/kg，日粮中最高限量为150mg/kg，但仔猪断奶后前2周配合饲料中氧化锌形式的锌的添加量≤2 250mg/kg。等。需要说明的是，猪饲养标准中规定生长育肥猪的维生素需要量，实际是需要在饲料中的添加量。也就是说，日粮配方一般不计算饲料原料中各种维生素的含量，只按添加量来添加，以满足其需要。

猪饲料中添加使用药物饲料添加剂，应严格遵守标签和说明书规定的适用范围、休药期及注意事项等规定，禁止超范围、超剂量添加使用药物饲料添加剂。目前，我国允许32种药物饲料添加剂在猪饲料中添加使用。按作用不同可分为四类，每类包括的药物饲料添加剂及休药期规定如下：一是促生长类，有喹乙醇预混剂（禁用于体重超过35kg的猪只，休药期35d）、喹烯酮预混剂（休药期0d）、维吉尼亚霉素预混剂（商品名速大肥，休药期1d）、阿美拉霉素预混剂（用于6月龄以内，休药期0d）、盐霉素钠预混剂（商品名优素精或赛可喜，休药期5d）、氨苯胂酸预混剂（休药期为5d）、洛克沙胂预混剂（休药期为5d）、杆菌肽锌预混剂（严禁用于4月龄以上的猪只，休药期0d）、黄霉素预混剂（商品名富乐旺，休药期0d）等。二是抑菌类，有硫酸黏杆菌素预混剂（商品名抗敌素，休药期7d）、杆菌肽锌、硫酸黏杆菌素预混剂（商品名万能肥素，休药期7d）、土霉素钙预混剂（用于4月龄以内猪，连续用药不超过5d）、金霉素预混剂（休药期7d）、恩拉霉素预混剂（休药期7d）等。三是疾病预防治疗类，有吉他霉素预混剂（也可用于促进生长，休药期 7d)、地美硝唑预混剂（休药期 3d，禁止用于促生长）、磷酸泰乐菌素预混剂（休药期 5d）、硫酸安普霉素预混剂（商品名安百痢，休药期 21d）、盐酸林可霉素预混剂（商品名可肥素，休药期 5d）、延胡索酸泰妙菌素预混剂（商品名枝原净，休药期 5d）、复方磺胺嘧啶预混剂（商品名立可灵，休药期 5d）、盐酸林可霉素、硫酸大观霉素预混剂（商品名利高霉素，休药期 5d）、硫酸新霉素预混剂（商品名新肥素，休药期 3d）、磷酸替米考星预混剂（休药期 14d）、磷酸泰乐菌素、磺胺二甲嘧啶预混剂（商品名泰农强，休药期 15d）等。四是驱虫类，有越霉素 A 预混剂（商品名得利肥素，休药期 15d）、潮霉素 B 预混剂（商品名效高素，休药期 15d）、赛地卡霉素预混剂（商品名克泻痢宁，休药期 1d）、伊维菌素预混剂（休药期 5d）、氟苯咪唑预混剂（商品名弗苯诺，休药期 14d）、地克珠利预混剂（休药期 0d）等。

严禁在商品育肥猪饲料中添加使用"瘦肉精"、兴奋剂、镇静剂、激素类、高铜、高锌等物质，严禁在饲料中添加国家公布禁用的物质，如《禁止在饲料和动物饮用水中使用的药物品种目录》（公告第 176 号）、《禁止在饲料和动物饮水中使用的物质》（农业部公告第 1519 号）等，以及对人体具有直接或者潜在危害的其他物质。

饲料与日粮配制影响猪肉质量安全的关键点是饲料选购加工贮存和使用等，主要风险因子是霉菌毒素（如黄曲霉毒素 B_1、玉米赤霉烯酮、$T-2$ 毒素、呕吐毒素等）、违禁添加物（如盐酸克伦特罗、沙丁胺醇、莱克多巴胺等）、违禁药物（如硝基呋喃类）、重金属（如铅、镉、汞、砷等）。第四章已详细论述了饲料和饲料添加剂影响无公害畜禽产品质量安全的关键环节、主要风险因子以及采取的质量控制措施，这里不再累述。需要进一步提醒的是，如果使用的是外购配合饲料，则应选择信誉优良、质优价廉的饲料生产厂商，且妥善保存好采购合同。如果使用的是预混料，不仅需要选择信誉优良、质优价廉的饲料生产厂商，还需要选择信誉优良、质优价廉的饲料原料供应商，且需要妥善保存好各种原料的采购合同及其质量承诺或检验报告，严禁添加违禁品和违禁药物；如果使用的是自配饲料，则应适度增加酶制剂、微生物制剂类饲料添加剂，减少或不使用抗生素类药物添加剂，严禁添加违禁品和违禁药物；购买预混料、浓缩饲料配制生长育肥猪饲料的，应认真查阅并核实购买的预混料和浓缩饲料中是否已含有药料饲料添加剂，避免重复添加药物饲料添加剂导致超剂量添加。严格按标签规定饲喂饲料，不同生长阶段的猪只不得交叉用料。因为有些药物饲料添加剂允可在小猪饲料和中猪料中添加使用，但不能用于大猪料。

综上所述，无论是外购全价料、预混料，还是自配料，从源头上把控采购、贮运等环节，是保障无公害生猪养殖的核心。妥善保管好各种类型的投入品的采购凭证，是规避养殖风险的关键。

三、生产制度

建立健全生产制度是实现生猪健康养殖，保障猪肉质量安全、产品可追溯的前提。因此，制定符合生产实际的规章制度，是保障生产各个环节有据可依、有章可循的基础。

（一）建立并实施防疫消毒制度

猪场的防疫消毒内容涉及外来人员、车辆进入猪场的防疫消毒措施，饲料、猪群转运的防疫消毒措施，生产辅助区域如饲料加工区、办公区、生活区等防疫消毒措施，工作服、工作鞋以及员工等的消毒方法，净区、污区、栏舍的消毒方法，驱虫、灭蚊、灭鼠、灭蝇等内容。进入生产区人员的喷淋（沐浴）消毒、净区、污区等为单一流向，严禁出现双向互串。严禁在场内饲养犬、猫、家禽等其他动物，严防野鸟的侵入，谢绝外来人员进入。在进猪之前，应对猪舍、圈栏、用具、车辆、走道等进行彻底消毒。

（二）建立并实施饲料使用登记管理制度

饲料和饲料添加剂是养猪生产中的主要投入品。近年来，因饲料霉变、污染等引发牛奶黄曲霉毒素超标、猪肉重金属超标甚至食品事件的曝光，饲料和饲料添加剂成为社会和媒体关注的热点之一。因此，建立并实施饲料和饲料添加剂使用登记管理，是实现养猪生产过程中可追可控、保障出栏生猪质量安全的需要。对于无公害养猪生产而言，饲料使用登记内容涉及本书第四章无公害养殖规范用料以及国家政令、相关标准的规定，严禁使用任何种类的违禁品和添加剂。推荐使用无公害饲料添加剂，如微生态制剂、酶制剂、寡糖、生物活性肽、酸制剂等，实行饲料原料、饲料添加剂及其产品使用登记管理制度，明确规定饲料使用登记管理的要求与职责。

（三）建立并实施药品使用登记管理制度

药品特别是抗生素类兽药和消毒剂，是养猪生产中为保障猪群健康、防治疾病、降低死亡率而广泛使用的物质。然而，兽药在饲料中的超剂量添加、治疗过程中的超剂量使用和滥用，导致的兽药残留已成为社会关注的热点和焦点。对无公害生猪养殖而言，药品使用登记管理涉及本书第五章无公害养殖安全用药以及国家政令和相关标准的规定。因此，建立并实施药品使用登记管理是保障出栏生猪质量安全、实现产品可追溯的需要。严格执行休药期的规定，严禁使用过期药品，严禁使用国家禁止使用的药物和其他物质，有必要健全无公害养殖药品采购使用档案。

（四）建立并实施疫病防治与无害化处理制度

伴随着种猪引进，商品猪销售，运猪车辆、人员和猪贩子的进进出出，养猪场出现多种疾病混合感染时有发生。某些疫病如传染性腹泻、蓝耳病等在区域内流行也屡见不鲜，发病原因复杂多变。因此，非常有必要建立并实施疫病防治与无害化处理制度。疫病防治与无害化处理涉及国家政令以及相关标准的规定，内容包括综合防治技术、免疫程序、疫情监测机制（把疫病扑灭在萌芽状态）、隔离办法（将病原微生物拒于门外）、消毒措施（杀灭病原微生物）、捕杀方式（清除疫源）、病死尸及其排泄物无害化处理方法（清除疫源及其潜在危险）等，以及官方检疫、猪群健康（抗体水平）检测、周边疫情掌控、紧急防疫措施、生物安全体系应激预案等，其核心是确保猪群健康与安全。

（五）建立并实施产品质量安全追溯制度

建立并实施猪肉质量安全可追溯制度，是厘清产品质量安全责任的需要。对于无公害生猪养殖而言，追溯内容包括饲料和饲料添加剂、兽药消毒剂和疫苗等投入品的采购与使用记录，仔猪转群、肥猪出栏等猪群变动记录，场区消毒、人员进出、免疫注射、隔离观察、栏舍消毒、疫病治疗等猪群保健记录，周边疫情预报、疫情动态监测、猪群健康与抗体水平检测、产地检疫、精液质量检验、肥猪出栏前的兽药和有害物质残留检测等记录。

四、饲养工艺与关键技术

（一）饲养工艺

随着养猪规模化、集约化水平的提高，做好疫病防控、提高生产性能和保证产品质量安全，逐渐成为猪场实现"产出高效、产品安全、资源节约、环境友好"的技术关键。"全进全出"、多点式生产、分阶段饲养等先进工艺，对切断病原微生物传播、提高生产效率发挥着越来越重要的作用。因此，无公害养猪宜采用"全进全出"或多点式生产工艺。

1. 多点式生产工艺　多点式生产工艺（模式）是养猪的一种生产组织形式。即在组织生产时，根据其饲养规模、养殖环境、病原体种类、当地气候条件等因素，设立相对隔离的生产区，在不同生产区内按照规定的工艺流程完成整个生产过程。其理论依据是，不同生理阶段的猪只易感的病原体不一致，隔离饲养不同生理阶段的猪只能够有效切断病原体的传播，进而减少发病率。

多点式生产工艺因操作简单、实施效果明显，逐渐受到商品养猪场的重视和青睐。多点式生产工艺的核心是点的规划与布局。例如，规划布局为两点式生产工艺，还是规划布局为三点式生产工艺，这一点十分关键。因为，规划布局的点数与猪群的生理阶段密切相关。比较而言，三点式隔离饲料管理模式是相对典型的生产模式，在国内外得到了较大范围的应用。

2. "全进全出"饲养工艺　"全进全出"饲养工艺是指猪从出生开始到上市的整个过程中，按照猪群不同生理时期将其分为空怀、妊娠、分娩、保育、生长育肥等阶段，把同一时期内同一阶段的猪群，按照流水式生产工艺，将其全部从一个阶段猪舍转至另一阶段猪舍进行饲养，然后再全部转到下一阶段猪舍；同一猪舍在某一时间段内只饲养同一批次的猪群，同批次的猪群实行同时进、同时出的管理模式。每个流程结束后，必须对猪舍进行彻底的清洗消毒，空栏（这一点十分关键）一段（1～2周）时间后，再饲养下一批次的猪群。

"全进全出"模式有多种，有在小单元间进行的"单元式全进全出"，在场内不同养殖区或不同栋舍内实施的"区域式全进全出"，也有在整个猪舍进行的"全场式全进全出"。较为流行的通用模式是，母猪分娩哺乳阶段常采用"单元式全进全出"，育肥阶段常采用"全场式全进全出"。生产实践中，"全进全出"工艺流程分三阶段、四阶段、五阶段等。三阶段"全进全出"分为空怀妊娠阶段、分娩哺乳阶段和生长育肥阶段。四阶段"全进全出"是在三阶段饲养工艺中，将仔猪保育阶段独立出来。五阶段"全进全出"包括空怀妊娠阶段、分娩哺乳阶段、仔猪保育阶段、生长阶段和育肥阶段。大规模商品猪场多采用四阶段或者五阶段"全进全出"饲养工艺，中小规模商品猪场多采用三阶段"全进全出"。该饲养工艺的特点是可有效防控疫病，减少猪只发病率，保证猪群健康；便于组织管理，降低管理协调难度，提高工作和生产效率；可降低养殖成本，提高养殖效益，产品质量安全。

（二）关键技术

分阶段饲养技术是"全进全出"饲养工艺的关键技术之一，是依据猪群不同生长阶段的营养需要，通过调控优化饲料配制，提供分阶段饲喂的平衡日粮，以满足不同猪群在不同阶段的最佳营养需求。

仔猪不同阶段的发育顺序依次是骨骼、肌肉和脂肪。发育顺序的不同，饲料及其日粮配制、营养需要也不同。例如，断奶仔猪消化系统发育不完善，不能大量利用玉米等植物性能量饲料，日粮中需要补充适量的乳清粉、油脂等动物性能量饲料，以降低腹泻的发生率。20～50kg阶段猪处于肌肉生长高峰期，机体内蛋白质代谢旺盛，需要较高水平的日粮蛋白质及氨基酸。育肥后期猪肌肉生长减慢、脂肪沉积增加，养分需求随之变化，要求提高日粮能量水平。

以三阶段"全进全出"饲养工艺为例概述如下。

1. 妊娠哺乳期母猪饲养管理技术 本饲养阶段的关键点是适时配种与护理,包括临产前母猪的护理、分娩护理和初生仔猪护理等。

在做好发情鉴定与适时配种的基础上,采用人工授精技术,降低种公猪的引种风险和饲养成本。但应注意精液的来源与质量,合理利用杂交优势,以提高受胎率、产仔数、育成数。母猪进入产床前,应认真核查母猪登记卡。如果发现母猪登记卡与母猪实际情况不符,应向相关人员如配种员、技术员查询,确认无误后方可转入产床。注意观察待产母猪的情况,如出现临产征状,则应准备好保温灯、接产布、消毒水等物品。接产前,先用湿毛巾清洁母猪乳房和奶头,并挤出一些乳汁。清洁消毒母猪外阴,铺上干净的麻袋。仔猪产出、断脐并消毒后,应立即放入保育箱(特别是冬季),并用毛巾擦干体表,然后放到母猪奶头前吃奶。分娩完毕,及时登记好母猪号、分娩时间以及产仔情况。24h内完成剪牙、打耳号、称初生重等工作。

哺乳母猪饲喂原则应根据母猪体况进行调控,旨在提高母猪的泌乳能力和断奶后的发情率,降低甚至控制子宫炎、乳房炎、无乳综合征的发病率。哺乳母猪每天饲喂 3～4 次,高温期宜少喂多餐(5～6 餐为宜)。通常情况下,哺乳母猪可采用自由采食的饲喂方式,也可按每头母猪日喂饲料 2.5kg 的基准量,按每多带 1 头仔猪增加 0.3kg 的饲喂量进行调控。推荐饲喂量为:产前 2d 至产仔当天减料,日减喂料量 1kg(基准为 2.5kg);分娩当天采食量为 0.5kg,产后第 1 天日喂饲量控制在 1kg 左右,之后按每天 1kg 的饲喂量增加,到产后第 7 天达到最高峰(6.5～7kg)。

仔猪出生后应尽早吃到母乳,通常情况下应在产出后 30min 内吃到初乳。做好奶头固定工作,即按出生大小进行调整。体重小、体质弱的固定在前端的奶头,体重大且强壮的固定在后端的奶头。每隔 1～1.5h 哺乳一次。如果出现缺乳、死亡、仔猪数量超过母猪乳头数时,应及时做好寄养工作。生产实践中,仔猪出生 3d 内可任其自由饮水,2～4d 肌内注射补铁制剂,5～7d 开始补料。

及时清理母猪栏,因为积粪易引起仔猪下痢和母猪子宫炎。产房内宜采用干清粪方式,不宜采用水冲洗方式,以保持整个环境的干燥卫生。每栋产房的洁具应分开,不要混用。如果产房内某一栏位出现了下痢,清洁时应先做健康的,后做下痢的。一般情况下,先撒上干性消毒剂如消毒灵、石灰粉等,15min 后再清扫干净。

注意事项:做好保温通风工作,特别是刚刚出生的仔猪,在保温的同时要注意通风,以免因氨气浓度增加而影响仔猪的健康。分娩前后应注意减料与加料时间,哺乳期应注意早晚多给母猪加料,防止母猪掉膘过于严重而影响仔猪生长和母猪断奶后发情。寄养前要确保寄养仔猪从原母猪获得至少 6h 的初乳;寄养应在分娩后 24h 内完成,以免造成疾病的横向传播。调控舍内环境温度与保育箱内温度。通常情况下,保育箱内温度高于舍内环境温度。因此,做好舍内环境温度与保育箱内温度调控是保障仔猪健康、提高育成率、防治下痢的关键。建立哺乳猪群健康档案,以方便猪群调整与免疫。

2. 仔猪保育期饲养技术 本饲养阶段的关键是温湿度调控、适时断奶与合理分群、减少应激、预防下痢等。

仔猪断奶前,应做好保育舍的清洁卫生与消毒工作,将保育舍的环境温度提前升高至超过仔猪断奶时温度的 2℃。

适时断奶。断奶时间与仔猪的保育技术、母猪的繁殖节律有关。断奶时间有 21 日龄、28 日龄和 35 日龄等，较为常用的是 28 日龄。断奶方式是一刀切，即母猪转入空怀配种舍，仔猪转入保育舍，产房彻底清洗、消毒、空栏，等待下一批猪的到来。

合理分群。分群原则是"留弱不留强、拆多不拆少、夜并昼不并、同窝同栏"。如果同窝中出现较大的分化或有下痢现象，则应按大小进行适当微调，并将病弱仔猪隔离到专用的隔离区内，以控制疾病的水平传播。如果出现严重感染的个体，应及时、果断、坚决淘汰，以切断感染源，并进行彻底消毒。

减少应激预防下痢。断奶（由母仔共处到独处）、环境（由产房到保育舍）变化、日粮（由奶水加饲料到仅有饲料）变化，常常导致仔猪出现应激。因此，做好过渡饲养是预防应激和下痢的关键。推荐做法是饲喂过渡料。即第 1～2 天，将水和饲料按 2.5∶1 的比例混合后，撒在料盘上让仔猪自由采食，第 1 天间隔 1h 观察一次，第 2 天间隔 2h 观察一次；第 3 天，将水和饲料比例调整为 1.5∶1，撒在料盘上让仔猪自由采食，间隔 3h 观察一次；第 4 天，将一半的饲料撒在料盘上，另一半投在料槽中，间隔 4h 观察一次；第 5 天，将饲料全部投放在料槽中，间隔 4h 观察一次；第 6 天，将水和饲料的比例调整为 1∶1，全部投放在料槽中饲喂。

转入保育舍后，前 3 周用乳猪料饲喂不变，之后逐渐向小猪料过渡。推荐的换料方式为：第 1 天，在乳猪料中加入约 20% 的小猪料，之后每天按 20% 的比例增加，直至全部替换为小猪料。

同时按程序做好免疫消毒工作，即按猪免疫卡完成免疫注射，并做好免疫注射登记工作。严禁随意调换栏内猪群或个体，以免造成免疫工作的混乱。

另外，做好保温与通风工作非常重要。过度强调控温，栏舍内可能因通风换气不足而导致空气质量变差，诱发呼吸道疾病；但过度强调栏舍通风换气，则可能因温度降低而诱发下痢。因此，前期以控温为主，中期适度增加通风量，后期应加强通风，以保证空气质量。

3. 生长育肥期饲养技术 本阶段的关键是合理分群、猪群调教、适时换料、休药期掌控、违禁品管控等。

合理分群。通常情况下，生长发育猪群应按其大小、强弱进行分群饲养，以便于同进同出。

猪群调教的核心是三定位，即迫使猪只在同一区域内做同一件事，或者说调教猪只按照采食区、休息区、饮水排泄区形成条件反射，以保持栏舍的干燥、卫生。生长育肥期应根据猪群的生长状况进行适时换料，换料时应注意做好换料期（4～5d）的过渡工作。换料阶段一般是转入后至体重 40kg 阶段饲喂小猪料，体重 40～60kg 阶段饲喂中猪料，体重 60kg 至出栏饲喂大猪料。

宜采用"多清粪、少冲水"的方式做好清洁卫生，以保持栏舍的干燥。栏舍冲洗次数、冲洗时间等与内环境的温湿度有关。当湿度大于 75% 时应减少冲洗次数，每天最多冲洗栏舍一次，并应开启通风系统排除湿气；当湿度小于 40% 时应增加冲洗次数，每天可冲洗栏舍 2～3 次，以使舍内湿度达到 60%～70%。

猪群保健与消毒主要包括猪群健康观察、内外环境的消毒、灭鼠、灭蚊蝇工作。做到异常情况早发现、早治疗，免疫程序科学规范，免疫注射按时按量、落到实处。一旦发现疫情，应及时上报并迅速处理，包括封锁、隔离、消毒、扑杀等。

出栏肥猪是养猪生产的终极产品，是获取经济效益、确保产品质量安全的载体。换言之，掌控好药用添加剂的休药期、治疗性用药的停药期是降低产品药残的关键。而管控好各类饲料添加剂，特别是杜绝违禁品如瘦肉精，则是保障出栏肥猪质量安全的关键。因此，科学规范使用药物和饲料添加剂，做好投入品的采购使用登记，有利于规避生猪养殖风险。

饲养管理注意事项：调控好饲养密度。实践证明，体重 30～60kg 阶段猪所占面积为 0.6～1.0m²/头，体重 60kg 以上猪所占面积为 1.0～1.2m²/头。尽可能地一次性分群到位，严禁频繁分群、混群，以减少猪只分群混群时的打斗。如果发现异常情况或有传染性风险的病猪，应及时隔离治疗。冬季应做好防寒保暖，夏季应做好防暑降温工作，协调好通风换气与防寒保暖或防暑降温的关系。如夏季可采用室外遮阳、室内水帘或喷淋等方法进行降温，以提高猪群的舒适度和采食量。搞好饲料贮运工作，防止发生饲料霉变、霉菌毒素污染。合理使用药物，注意用药的休药期、配伍禁忌、剂量、疗程和疗效。严禁使用任何违禁品，做好饲料兽药等投入品的采购、使用、存贮登记，以及猪群病历档案的记录与保存工作。

五、卫生防疫与疫病防控

（一）预防为主，防治结合

严格按照《动物防疫法》的规定，建立场长、兽医技术人员和饲养员防疫卫生岗位责任制，明确各自职责，严格执行卫生消毒和防疫制度。贯彻"预防为主"的方针，防止疾病的传入或发生，控制动物传染病和寄生虫病的传播。

猪场要具有与生产能力相适应的更衣消毒室、兽医诊断室、药房等防疫设施，有条件的场应开展主要传染病的免疫监测工作。建立免疫接种、抗体监测、疾病诊疗、检疫、消毒、疫苗和药品进货及保管、使用记录以及病死猪剖检（送指定单位）、无害化处理记录等资料档案。记录应保持完整、整洁，并有相关人员的签名。落实灭鼠、灭蚊、灭蝇工作计划和措施，禁止其他畜禽、犬、猫等动物进入场内。发现疫情或疑似疫情，应立即向当地县以上动物防疫监督机构报告，接受动物防疫监督机构的指导，尽快控制、扑灭疫情。规范引种程序，必须进行隔离饲养并进行疫情监测，经检查确定为健康猪后方可混群饲养。猪只出场必须经所在地兽医部门的检疫员按照规定实施产地检疫，检疫合格后出具动物检疫合格证明，凭证上市或运输。外来人员和车辆进入场内应遵守本场的防检疫规章制度。疫病流行期间或受疫病威胁期间，严禁外来人员和车辆进入生产区。

（二）疫病防控

猪场要制定相应的控制疫病的实施方案和措施。饲养员和兽医每天应对猪群栏舍进行检查。凡发现可疑个体或受伤个体，应及时进行诊断与治疗。严禁出售病死和检疫不合格的猪只。对疑似传染病的个体，在实施隔离的同时抽样送往指定实验室进行诊断；采取与隔离同步的消毒措施，对疑似传染病的个体所在栏及其相邻的 2～3 个栏位进行彻底的消毒。一经确诊，应及时向当地动物防疫机构通报。制定猪常见寄生虫的驱虫方案和驱虫程序，应选用高效、安全、广谱、低残留的抗寄生虫药，定期对不同猪群实施驱虫灭虫。

（三）免疫监控

结合当地实际情况，制定并实施符合自身要求的免疫程序和免疫计划。按照免疫程序和说明书进行预防免疫接种，做到应免尽免。要求实施强制免疫的，免疫密度达到100%。免疫时做到"一猪一针头"，防止出现交叉感染。免疫注射后注意观察猪只的免疫反应情况，接受动物防疫监督机构的免疫监测、疫病监测和监督检查。按照《动物免疫标识管理办法》的要求，做好猪群的免疫标识管理工作。免疫用具要在免疫前后彻底清洗和消毒，疫苗现用现配，剩余或废弃的疫苗以及使用过的疫苗瓶要进行无害化处理。

（四）严格消毒

凡进入生产区的所有工作人员要洗手、定点消毒。场内建立必要的消毒制度并认真实施，应定期开展场内的外环境消毒、猪只体表喷洒消毒、饮水消毒、夏季灭源消毒和全场大消毒等，并观察和监测消毒效果。定期对料槽、水槽、料车等饲养用具进行消毒，定期对圈舍空气进行消毒，对场区内道路、场周围及场内污水池、粪坑、下水道等进行消毒。疫病流行期间应增加消毒次数。使用的消毒药应安全、高效、低毒、低残留且配制方便。应根据消毒药的特性和场内卫生状况等选用不同的消毒药，以获得最佳消毒效果。猪群转出后，应进行彻底清扫、冲洗和严格消毒，空栏 5～7d 后再进猪。

（五）安全使用兽药

树立"养重于防、防重于治"的理念，尽量不用或者少用药物。使用兽药时，严格遵守《兽药管理条例》以及《中国兽药典》《兽药使用指南》《无公害食品　畜禽饲养兽药使用准则》（NY 5030）等的有关规定。在兽医指导下用药预防、治疗和诊断疾病，按照产品说明书或者兽医处方用药。严格遵守兽药处方药和非处方药管理制度。育肥猪出栏前，严格执行休药期规定。不使用变质、过期、假劣兽药，不使用未经农业行政主管部门批准作为兽药使用的药品，不将兽药原料药直接用于生猪治疗或添加到饲料、饮用水中，不将人用药用于生猪，不使用国家规定的其他禁止在养殖环节使用的药品和其他化合物。

（六）无害化处理

按照农业部《病死动物无害化处理技术规范》的要求，及时对病死猪及其产品进行无害化处理。没有无害化处理能力的，要与在当地登记注册的专业机构签订正式委托处理协议。及时收集过期、失效兽药以及使用过的药瓶、针头等一次性兽医用品，收集废弃鼠药和毒死的鼠、鸟，严格按照国家有关规定进行无害化处理。

六、记录与档案管理

建立翔实完整的养殖档案和生产记录非常重要，它是无公害猪肉质量追溯的依据。要按照《畜禽标识与养殖档案管理办法》的有关规定，加施生猪免疫标识；耳标严重磨损、破损、脱落后，及时加施新标识，并在养殖档案中记录新标识编码。建立并实施商品育肥猪养殖过程中投入品的采购使用记录，配备专门或兼职人员负责猪群养殖档案管理。建立唯一识别和有效运行的追溯制度，所有猪只都能被单独或者批次识别。

无公害生猪养殖生产的档案记录，主要包括猪只引进记录，饲料和兽药投入品购买、贮存和安全使用记录，猪只养殖生产过程记录，消毒记录，免疫监测和疫病诊疗记录，无害化处理记录和产品销售记录等。以兽药记录为例，包括兽药购买时间、名称、规格、数量、生产厂家、经营单位、产品批准文号、发票或收据、出入库数量、经办人等。用药情况记录包括家畜标识、发病时间及症状、预防或者治疗用药名称（通用名称及有效成分）、用药量、用药时间、休药期、兽医签字等。档案记录内容要完整、真实，档案记录至少保存 2 年。

第三节　无公害肉牛养殖生产

一、品种选择和引进

无公害肉牛养殖使用的品种，包括黄牛、水牛、牦牛、乳肉兼用牛等主要以牛肉生产为主的品种。目前，我国肉牛品种改良和杂交生产中使用的主要父本有西门塔尔牛、安格斯牛、夏洛来牛、利木赞牛、日本和牛等引进品种，以及中国西门塔尔牛、夏南牛、辽育白牛、延黄牛等培育品种。优良地方品种有鲁西牛、晋南牛、秦川牛、南阳牛、延边牛等以及牦牛、水牛等当地品种。比较而言，引进品种和培育品种对饲养条件要求高，但生长速度快、饲料转化效率高、产肉率高、经济效益好。地方品种适应性强、肉质较好，但生长速度慢、饲料转化效率低。不同地区应根据当地资源禀赋、产业发展、饲养习惯、技术水平等具体实际情况，选择适宜的肉牛品种和养殖模式。

青藏高原地势高寒、空气稀薄，肉牛生产以当地牦牛放牧饲养为主；南方地区潮湿多雨，生产使用的以水牛、西门塔尔牛及杂交牛为主；中原地区饲草料资源丰富、气候温和，生产使用的主要有西门塔尔牛、夏洛莱牛等国外优良品种，鲁西牛、南阳牛等地方品种，以及培育品种和杂交牛，养殖模式以舍饲圈养为主。内蒙古、新疆等牧区多采取放牧或者"放牧＋补饲"的养殖方式，使用的主要有西门塔尔牛、安格斯牛等引进优良品种以及与地方品种的杂交牛。在奶牛养殖区，生产中也使用奶牛公牛进行集中育肥。高档牛肉生产多以安格斯牛、日本和牛、鲁西牛、秦川牛等优良品种纯种繁育和集中育肥为主，其他牛肉生产以杂交牛育肥为主。

肉牛引进的主要风险是疫病和应激反应。为降低疫病风险、预防和减少应激反应、保障肉牛健康安全，引进时应采取以下措施：肉牛调运季节最好在春季和秋季，冬季调运要采取有效的防寒措施，夏季气温高不宜调运。不从有牛海绵状脑病、口蹄疫等高风险地区引进。从非疫区引进，引进的肉牛个体应经当地动物卫生机构检疫合格，具有动物卫生检疫合格证明。引进时检查肉牛的免疫标识，没有免疫标识的，要求对方提供完整详实的免疫记录，并补加标识。选好牛只后，有条件的应在当地暂养 3～5d，让新购牛合群，并观察牛的健康状况，确保牛只健康后方可装运。异地运输时，运输车辆应彻底清洗消毒，保持清洁卫生；车厢底部放置适量沙土、干草、麦秸、稻草等防滑垫料。运输过程中不要接触其他偶蹄类动物。长途运输时，保证牛只每天饮水 2～3 次，每头牛每天采食干草 3～5kg。确保牛只有较舒适的空间，并保持良好的通风，防止阳光暴晒和雨雪直接冲淋。引进后隔离饲养观察15～30d，确认健康安全后方可合群饲养。在隔离观察期间对布鲁菌病、结核病进行疫病监测，并对口蹄疫进行免疫抗体监测。如发现有结核病、布鲁菌病，要依据有关规定进行处理。如口蹄疫免疫抗体未达到要求标准，要进行加强免疫或补免。

二、饲料与日粮配制

日粮营养全面与否直接影响到肉牛的生长发育，其质量直接影响牛肉质量安全。应以肉牛饲养标准为依据，根据饲料中所含营养物质的量，科学配制日粮，确保肉牛生长发育对能量、蛋白质、矿物质、维生素等的需要。肉牛饲养以粗饲料为主，但粗饲料不能满足其营养需要，需要补充精饲料。粗饲料主要包括青贮饲料、青干草、青绿饲料、农副产品、糟渣类饲料等。精饲料包括能量饲料、蛋白质饲料、矿物质饲料和维生素等。能量饲料主要包括玉米、小麦、高粱等，约占精饲料的60%～70%。蛋白质饲料主要包括大豆粕、棉籽粕、花生粕等，约占精饲料的20%～25%。矿物质和维生素饲料包括骨粉、石粉、食盐和维生素添加剂，一般占精饲料的3%～5%。在大量使用精饲料的情况下，还应使用碳酸氢钠等缓冲剂，防止肉牛出现酸中毒，用量一般占日粮干物质的1%～1.5%。

根据肉牛体况和生长发育阶段，确定饲料配方的营养水平及精粗饲料比例。幼牛处于生长发育阶段，增重以肌肉为主，需要较多的蛋白质饲料；成年牛和育肥后期增重以脂肪为主，需要较高比例的能量饲料。通常，在肉牛育肥阶段，育肥前期粗饲料比例为55%～65%、精饲料比例为45%～35%，中期粗饲料比例为45%、精饲料比例为55%，后期粗饲料比例为30%～40%、精饲料比例为60%～70%。不同生长发育阶段肉牛对日粮干物质进食量、净能、小肠可消化粗蛋白质、矿物质元素和维生素的需要量，可参考《肉牛饲养标准》（NY/T 815）。

为了促进肉牛生长，肉牛饲料中可添加使用莫能菌素、黄霉素、杆菌肽锌、盐霉素、硫酸黏杆菌素等药物饲料添加剂。例如，生产中经常使用莫能菌素钠预混剂作为肉牛促生长剂，商品名称叫瘤胃素、欲可胖等，其有效成分为莫能菌素钠，每1 000g中含莫能菌素50g、100g或200g，每头每天用量为200～360mg，休药期为5d。禁止与泰妙菌素、竹桃霉素并用。配料时应避免与人的皮肤、眼睛接触。瘤胃素使用不当会发生牛中毒反应，甚至会导致肉牛死亡，生产上一定要注意适量使用。具体使用量应根据肉牛体况、育肥阶段和饲养水平而定。放牧期推荐安全用量：0～5d每头每天用100mg，6d以后每头每天用200mg；舍饲推荐安全用量：以精饲料为主时，每头每天用150～200mg；以粗饲料为主时，每头每天用200mg；育肥期内，每头每天最高使用量不得超过360mg。

目前，规模化肉牛养殖场开始应用全混合日粮饲喂。全混合日粮（total mixed ration，简称TMR），是指根据肉牛不同生长发育阶段的营养需要和饲养方案，用搅拌机将铡切成适当长度的粗饲料、精料补充料和各种添加剂，按照配方要求进行充分混合，得到的一种营养相对平衡的日粮。具体加工制作方法是，将干草、青贮饲料、农副产品和精料补充料或者精饲料，按照"先干后湿、先轻后重、先粗后精"的顺序投入到TMR专用加工设备或者搅拌机中。通常适宜装载量占总容积的60%～75%，加工时通常采用边投料边搅拌的方式。在最后一批原料加完后再混合4～8min完成。加工过程中，应视粗饲料的水分多少加入适量水，最佳水分含量为35%～45%。因饲料原料产地、收割季节及调制方法不同，TMR日粮干物质含量和营养成分差异较大。因此，应定期或者每批次检测饲料原料的营养成分。混合好的饲料要保持新鲜，精粗饲料混合均匀，质地柔软、不结块，无发热、异味以及杂物。含水量控制在35%～45%，过低或者过高均会影响肉牛干物质的采食量。检查日粮含水量，可将饲料放到手心里抓紧后再松开，日粮松散不分离、不结块，没有水滴渗出，表明水分适宜。

影响肉牛饲料质量安全的关键环节有购买、使用和贮存，主要风险因子有违禁添加物、重金属、生物毒素、交叉污染、变质等。针对影响饲料质量安全的关键点和主要风险因子，应采取有效防控措施：使用的饲料原料和饲料添加剂应在农业部公布许可使用的《饲料原料目录》《饲料添加剂品种目录》范围内。除原粮、青绿饲料和粗饲料外，应从有农业行政主管部门核发的《饲料生产许可证》的生产企业或饲料经营单位购买饲料和饲料添加剂产品。进货时查验饲料和饲料添加剂产品标签、产品质量检验合格证和相应的许可证明文件；购买的饲料和饲料添加剂的质量应符合《饲料卫生标准》（GB 13078）的规定和产品质量标准，必要时进行抽检验证；按照饲料标签规定的产品使用说明和注意事项使用饲料，遵守《饲料添加剂安全使用规范》和《饲料药物添加剂使用规范》，严禁超范围、超剂量添加药物饲料添加剂，严格执行休药期的规定；饲料中不能添加"瘦肉精"及肉骨粉、血粉等动物源性饲料成分（乳和乳制品除外）；不添加农业部第 176 号和农业部第 1519 号公告列出的药品和物质，以及农业行政主管部门公布的其他禁用物质和对人体具有直接或者潜在危害的其他物质；将饲料贮存在干燥、阴凉的地方，冬季应防止饲料冻结；饲料库房及配料库中不同类饲料应分类存放，标示清楚，本着"先进先出"的原则管理使用；添加兽药或药物饲料添加剂的饲料与其他饲料应分开贮藏，防止交叉污染；应采取措施控制啮齿类动物和虫害，防止污染饲草料。

三、饲养管理

（一）育肥方式

肉牛育肥分短期快速育肥（架子牛育肥）、直线育肥（持续育肥）等方式。架子牛短期快速育肥，是指犊牛断奶后在低营养水平下饲养至 12～18 月龄后，再供给较高营养水平的日粮，集中快速育肥 3～6 个月，活重达到 500kg 左右时出栏屠宰。直线育肥（持续育肥），是指犊牛断奶后直接转入育肥阶段进行育肥，一直到 18 月龄左右、体重达到 500kg 左右时出栏屠宰。不同的饲养育肥方式，其质量控制措施不同。

由于架子牛短期快速育肥养殖成本较低、精饲料消耗相对较少等，该育肥方式目前在我国肉牛生产中较为普遍。架子牛育肥一般分为过渡期和育肥期。新购入的架子牛经长途运输后往往应激反应很大，体内严重缺水，体重损失较大，有的甚至染病、死亡。必须经过一段时间的适应期才能进入正常的育肥程序，这段适应期称为"过渡期"。因此，做好新购架子牛过渡期的饲养管理非常重要。

刚引进的架子牛要有 10～15d 适应环境和饲料。到达目的牛场后让新引进的牛尽快喝上洁净水，这是恢复体重的第一步。最好在饮水槽中加入一些电解质。牛的饮水量是否充足，可以通过粪便的物理状况来判断，如粪便干硬或堆积得很高，表明牛只饮水不足。日粮以优质粗饲料为主，第 1 天可饲喂羊草等禾本科干草。为预防双孢子虫感染，应避免直接在地上饲喂干草。棉籽壳虽然营养价值不高，但它在瘤胃中具有"耐磨性"，可以刺激瘤胃蠕动，是新购牛很好的粗饲料。苜蓿干草的蛋白质在瘤胃中降解速度过快，易造成瘤胃鼓气，一般不建议给新购牛饲喂苜蓿干草。豆科-禾本科混播牧草则是新购架子牛的很好粗饲料。裹包青贮牧草、玉米秸青贮等发酵饲料的蛋白质在瘤胃中降解率较高，一般不推荐饲喂新购牛。少量饲喂精料，可以给新购牛饲喂营养丰富的谷物饲料，第 1 天的饲喂量可以占体重的0.5%～0.75%，以后逐日减少干草给量，并增加精料给量约 500g。尽量使新购牛在到达目的牛场的 10d 内，总干物质采食量达到牛体重的 2.5%，尽快完成过渡期。

育肥期可分为育肥前期、育肥中期和育肥后期，时间一般为 3～6 个月。出栏时间主要取决于牛只生长发育情况、体重和当时市场行情等。过渡期后，应根据牛只年龄、体重、体况、生产阶段等对架子牛进行合理分群。育肥期饲养主要采用围栏小群散养、拴系饲养两种方式。利用补偿生长原理进行高谷物精料催肥，是架子牛育肥的基本特点。一般采用三阶段育肥法：即育肥前期（开始 30d）精料与粗料比 3：7～5：5，粗蛋白质含量为 12.5%～

13.5％；育肥中期（60～70d）精料与粗料比6：4，粗蛋白质含量为11％；育肥后期（最后30～60d）精粗饲料比为7：3～8：2，粗蛋白质含量10％。推荐规模养殖场使用全混合日粮（TMR）饲喂。如无此条件，可采用精粗料分开饲喂。饲喂时，一般采用先粗后精、先干后湿、定时定量、少喂勤添，最大限度地让牛吃饱。喂完料再饮水。架子牛饮水要做到慢、匀、足。一般冬季日饮2次水，水温在10～15℃；夏季饮3次水，除早、晚外，中午加饮1次。育肥3～6个月后，牛的增重速度开始变缓，体重达到500kg左右，大体型肉牛育肥后体重会更大，牛被毛光亮、肌肉丰满即可出栏，亦可根据市场需求适时出栏。

（二）管理要点

饲养管理环节的关键点有饲养人员管理、饲养条件、免疫安全、生物防控等，主要风险因子有致病微生物、应激反应、有害生物等。加强日常管理对确保牛肉质量安全十分重要。

1. 加强饲养人员管理　定期对饲养人员进行健康检查，经检查合格后方可上岗。患有人畜共患病、传染性疾病等的人员，患病期间不应从事肉牛饲养工作。对饲养人员进行专业培训，使其具备肉牛防疫、安全用药、病害动物及产品生物安全处理以及自身防护知识。

2. 改善饲养条件　为降低养殖风险、确保产品质量，规模化肉牛养殖生产宜采用"分段饲养、TMR饲喂、集中育肥、全进全出"的饲养工艺，实行小围栏分群分批次饲养。保持适宜的饲养密度，并根据肉牛不同生长阶段和饲养方式做适当调整。一般每头育肥肉牛6～8m²，小群围栏散养肉牛20头左右为宜。食槽长度要能够容纳新购牛的采食，每头牛的槽位应有45～60cm的有效长度。水槽必须能够连续提供清洁的饮水，冬季最好能够提供温水。采取自然通风或人工通风措施，保证圈舍通风良好，舍内空气质量应符合NY/T 388的要求。采取必要措施，保持适宜的牛舍温度、湿度，以满足肉牛生产育肥的需要。牛舍内温度以15～21℃为宜。牛舍地面放置垫料，防止牛打滑。养殖场内不应混养猪、山羊、绵羊等其他家畜。牛舍周围保持安静，以减少应激。平时应注意观察牛的精神状态及食欲，发现异常及时处理。

3. 严格休药期　育肥后期使用药物的，要严格执行休药期规定。利用限制使用的物质养殖肉牛的，应当遵守国务院农业行政主管部门的限制性规定。不在肉牛饲料和饮水中添加国务院农业行政主管部门公布的禁用物质以及对人体具有直接或者潜在危害的其他物质。

4. 做好免疫标识、编号和生产记录　引进时检查肉牛的免疫标识，标识严重磨损、破损、脱落的，应当按照《畜禽标识和畜禽养殖档案管理办法》及时加施新标识，并在养殖档案中记录新标识编码。建立肉牛唯一识别编码和完整的生产记录，对生产管理、防疫治疗、质量追溯具有重要意义。异地育肥时，应在牛进场后立即编号，可以与免疫标识号相结合。生产记录主要包括肉牛引进记录、养殖记录、用料记录、用药记录、消毒记录、免疫记录、销售记录、疾病诊疗记录、无害化处理记录等。

5. 加强有害生物防治　在养殖场区和牛舍周围采取保护措施，减少啮齿类动物和鸟类侵入。投放灭鼠药等诱饵应定时、定点，诱饵投放位置应避免牛只接触，做好诱饵投放示意图和记录。

6. 称重　育肥过程中最好每月称重一次，通过称重可准确掌握育肥牛生长情况，及时调整饲养方案。一般在早晨饲喂前空腹称重。为减轻劳动强度，可以随机抽取存栏肉牛数的10％，计算平均增重情况，估算全群整体育肥效果。

7. 驱虫　架子牛过渡饲养期结束后转入育肥期前，应做一次全面的体内外驱虫。驱虫药最好选择效果好、广谱、无毒、无公害、低残留的药物。如阿维菌素可同时驱杀体内外多种寄生虫。

8. 刷拭牛体 刷拭有利于尽早建立人畜亲和力，保持牛体卫生清洁，还可使牛尽快适应新的生活环境，同时可促进架子牛血液循环和增重。结合饲喂时间，在饲喂前进行牛体刷拭，每天 2 次，每次 5～7min。夏季高温时可用水冲洗牛体。

9. 清洁畜舍 每日打扫牛舍，尤其在冬季要铺垫草，保持牛舍干燥，忌让牛体沾有粪污。牛舍要定期消毒，保持饮水和饲喂用具清洁。

四、卫生消毒和疫病防控

卫生消毒和疫病防控是无公害肉牛养殖的主要环节，包括卫生消毒、免疫防疫、疫病监测、安全用药等，涉及的主要风险因子有兽药残留、致病微生物、寄生虫等。

要建立健全卫生消毒制度，定期对养殖环境、人员、牛舍、用具等进行消毒。消毒方法有喷雾消毒、紫外线消毒、熏蒸消毒、喷洒消毒等。新购架子牛入场前，对整个场区进行最少 2 次以上彻底消毒，第一次用 2％～3％氢氧化钠溶液消毒，3d 后再用常规消毒药液进行一次消毒。对新购架子牛在保持好温度的情况下，进行牛体消毒，以消灭牛体表有害细菌、病毒等病原微生物以及寄生虫等。在场区出入口设消毒池（或消毒带）和紫外线消毒室，对进出车辆、过往人员进行严格消毒，以防将疫病带入牛场而引起牛群发病，造成不必要的损失。定期对养殖场周围、圈舍环境、料槽和水槽等饲养用具进行清扫和消毒，保持养殖环境清洁卫生。牛转群或出栏后，应对牛舍、运动场和通道进行清扫消毒，保持圈舍清洁卫生。选择国家批准使用的、符合产品质量标准的消毒药，不宜长期使用一种消毒药。带牛消毒时应尽量选择刺激性低、无毒或低毒的消毒药。

严格执行卫生防疫制度。非生产人员不能擅自进入生产区。进入生产区的人员应穿戴工作服，经消毒、洗手后方可入场，并遵守场内防疫制度。饲养员不能串岗，不交叉使用工具，不将其他家畜及生牛肉带入养殖场区。本场的兽医、配种员不对外开展诊疗、配种业务。发生疑似传染病或附近养殖场出现传染病时，应立即采取隔离和其他应急防控措施。

建立并实施科学严谨的免疫监测制度。结合当地实际情况，制定并实施符合养殖场自身要求的免疫程序和免疫计划。新购架子牛经过渡期饲养后，可以对牛群进行免疫注射。重点加强对口蹄疫等的免疫监测。按照免疫程序和疫苗说明书进行预防免疫接种，做到应免尽免。要求实施强制免疫的疫病，免疫密度应达到 100％。使用疫苗前应仔细检查疫苗外观质量，确保疫苗在有效期内。免疫时"一牛一针头"，防止交叉感染。定期对免疫效果进行监测，发现免疫失败应及时进行补免或强化免疫。

及时治疗肉牛疫病。肉牛发病时，应由执业兽医或当地动物疫病预防控制机构兽医实验室进行临床和实验室诊断，必要时送至省级实验室或国家指定的参考实验室进行确诊。在执业兽医指导下进行治疗，兽药使用质量控制见第五章。治疗用药期间和休药期内的肉牛，不能作为无公害产品上市或屠宰。

五、育肥牛常见病的防治

生产实践中，经常遇到的育肥牛常见病有瘤胃酸中毒、瘤胃鼓气、尿结石、猝死综合征、脑灰质软化症、腐蹄病等。

1. 瘤胃酸中毒　在采用高谷物精料育肥期间，瘤胃酸中毒是常见的牛代谢性疾病。急性瘤胃酸中毒会引起牛瘤胃 pH 急剧下降（≤4.5），随后，这些有机酸被吸收入血，进而牛出现全身性中毒症状：四肢僵硬、蹄叶炎、严重的瘤胃损伤，有时甚至引起死亡。发生亚急性酸中毒的牛随着酸的累积，瘤胃 pH 下降（5.0～5.5），同时采食量降低。为减少瘤胃酸中毒的发生，推荐采取以下措施：逐渐提高育肥牛日粮的精料水平，并增加粗饲料的给量；添加缓冲剂，如碳酸氢钠、氧化镁等；在日粮中添加莫能菌素，能够减少瘤胃酸中毒的发生，同时还能降低采食量的波动。

2. 瘤胃鼓气　育肥牛饲喂高谷物精料时发生瘤胃鼓气的情况尤为常见，其特征是瘤胃产生大量泡沫，有时也可能发生无气体型的鼓气。另外，肉牛采食大量幼嫩豆科植物，如紫花苜蓿、白三叶和红三叶等，也可造成瘤胃鼓气。急性瘤胃鼓气可能会引起牛的死亡，并且死亡的牛通常没有早期病症出现。消除瘤胃鼓气的有效办法是胃插管，或者在危急情况下用套管针穿刺瘤胃以减小压力。同时，应立即给患牛灌服 0.5L 消泡剂，如植物油或石蜡油等。饲喂莫能菌素也能降低牛瘤胃鼓气的发生率，这可能与莫能菌素影响气体的产生和肉牛采食模式有关。

3. 尿结石　是指牛尿道局部或膀胱有大量矿物质沉积的现象。这些矿物质沉积物会阻塞公牛的正常排尿，进而可能导致膀胱和尿道破裂，导致牛死亡。发生严重尿结石的牛会有大量尿液淤积于膀胱和尿道，动物呈现"水腹"。育肥牛尿结石中的矿物质有两类：一类为磷酸盐，常发于高精料育肥的谷饲牛；另一类为硅酸盐类，偶尔见于草地放牧的草饲牛。生产上以磷酸盐类尿结石最为常见。尿结石病牛的处理措施：采用尿道松弛剂让病牛尿道舒张，然后尽快导尿；如果不能奏效，应尽快采用手术法排出尿液。为了预防围栏育肥牛发生尿结石，建议采取以下措施：严格控制饲粮钙磷比为 2∶1，绝不允许日粮中磷的含量比钙含量高；提高饲粮中食盐含量至 1％～4％，使牛多喝水和多排尿；在饲粮中加入 2％氯化铵，使日粮呈酸性，以防尿液中形成磷酸盐沉淀；饲粮能量、蛋白质、矿物质和维生素必须平衡，特别是注意添加维生素 A；在冬季给牛饮温水。

4. 猝死综合征　表现为育肥肉牛在饲养阶段突然倒地死亡，其原因可能有：急性瘤胃臌气、急性瘤胃酸中毒、梭菌性肠毒血症、破裂性肝脓肿等。应当通过尸体剖检找到病因，根据病因采取预防策略。例如，为追求高大理石纹状牛肉而长期饲喂高谷物饲料，可导致牛的毛细血管被脂肪充塞，进而引起牛血管破裂而死亡。为此，需要降低精料水平或尽早屠宰。

5. 脑灰质软化症　这一疾病与维生素 B_1（硫胺素）缺乏有关。早期症状是失明和肌肉震颤，随后出现喘息和死亡。瘤胃中产生的硫胺素分解酶或饲粮中存在硫胺素颉颃物诱导硫胺素缺乏，可能是发病的原因；饲料或饮水中高水平的硫也可能诱发该病，因为高水平的硫在瘤胃中会产生硫化氢，使后者吸收入血。如果在刚开始出现症状时，可以采用静脉注射硫胺素盐酸盐（每千克体重 10mg）的方法治疗，患牛康复的可能性很大。其余有潜在患病可能性的牛，需要在饲粮中添加硫胺素（每头牛每天添加 1g），连续饲喂 2～3 周，可预防此病的发生。

6. 腐蹄病　这是一种由梭菌属类细菌引起的传染性疾病，可导致育肥牛出现蹄叶炎，严重时出现跛行。当天气多雨、潮湿或育肥场中潮湿、泥泞时，腐蹄病的发生率会显著增加。常规治疗方法是抗生素治疗和处理蹄损伤。预防腐蹄病的措施包括栏舍维修、改善泥泞潮湿的环境、放牧肉牛饲料中补充蛋氨酸锌等。对于经常发生腐蹄病的肉牛育肥场，建议在饲粮中适当增加锌或有机锌化合物的添加量。

第四节　无公害肉羊养殖生产

一、品种选择和引进

目前，我国农区和半农半牧区肉羊生产模式以杂交生产为主，公羊多选择杜泊羊、萨福克羊、无角道赛特羊、波尔山羊等国外优良品种，母羊多选择小尾寒羊、湖羊等繁殖率较高的地方品种。在北方牧区，肉羊生产主要以地方品种为主，如蒙古羊、藏羊、哈萨克羊等。

肉羊引进时采用的主要质量控制措施有：

1. 确保引进生产性能高而稳定的品种　根据不同的生产目的，有选择性地引入生产性能高而稳定的品种。如从肉羊生产角度出发，既要考虑其生长速度、出栏时间和体重，尽可能增加肉羊生产效益，又要考虑其繁殖能力，有的时候还应考虑肉质，同时要求各种性状能保持稳定和统一。选择市场需求的品种，根据市场调研，引入能满足市场需要的。不同的市场需求不同的品种，如有些地区喜欢购买山羊肉，有些地区则喜食绵羊肉，并且对肉质的需求也不尽相同。生产中要根据当地市场需求和产品的主要销售地区选择合适的品种。

2. 做好充分准备　肉羊引进前，要根据引入地饲养条件和引入品种的生产要求，做好充分准备。准备好圈舍和饲养设备。圈舍、围栏、采食、饮水、卫生维护等基础设施准备到位，做好饲养设备的清洗、消毒，同时备足饲料和常用药物。如果引入地与饲养地区温度差异较大，则要做好防寒保暖或防暑降温工作，减小环境应激，使引入品种能逐渐适应气候的变化。培训饲养和技术人员。技术人员能够做到熟悉不同生理阶段肉羊的饲养技术，具备对常见问题的观察、分析和解决能力，能够指导和管理饲养人员，对羊群的突发事件能够及时采取相应措施。

3. 引进程序规范，技术资料齐全　签订正规的引进合同。引进肉羊时一定要与场家签订引进合同，内容包括品种、性别、数量、生产性能，以及售后服务项目及责任、违约索赔事宜等。索要相关技术资料。不同品种、不同生理阶段的羊，其生产性能、营养需求、饲养管理技术都会有差异。因此，引进时应向供应方索要相关生产技术资料，有利于生产中参考。了解肉羊的免疫情况。不同场家肉羊免疫程序和免疫种类有可能有差异，必须了解供应场家已经对肉羊做过何种免疫，避免引进后重复免疫或者漏免，造成不必要的损失。

4. 确定适宜的引羊时间　引羊最适季节为春秋两季，冬季华南、华中地区也能进行引种，但要注意保温。引羊最忌在夏季，6～9月份天气炎热、多雨，不利于远距离运羊。如果引羊距离较近，运输不超过1d的时间，可不考虑季节因素。如果引进地方品种，要尽量避开"夏收"和"三秋"农忙时节，这时大部分农户顾不上卖羊，选择面窄，难以引到好羊。

5. 保证运输安全　运输时，羊只装车不要太拥挤，一般加长挂车装50只。冬天可适当多几只。夏天要适当少几只。汽车运输要匀速行驶，避免急刹车。一般每1～3d要停车检查一下，及时将趴倒的羊拉起，防止踩压致残、致死，特别是山地运输更要小心。途中要给予羊充足的饮水。

6. 严格检疫，做好隔离饲养　引进肉羊时必须符合国家法规规定的检疫要求，认真检疫，办齐一切检疫手续。严禁从疫区引种。引入品种必须单独隔离饲养，一般商品肉羊引进隔离饲养观察 2 周，引进种羊则需要隔离观察 1 个月，经观察确认引入羊只无病后方可入场。有条件的羊场可对引入品种及时进行重要疫病的检测。

二、饲料与日粮配制

肉羊的营养需要是制定饲养标准及配制日粮的科学依据，是保证肉羊正常生产和生命活动的基础。饲养标准是总结大量饲养试验结果和实际生产经验，对各个阶段肉羊所需要的各种营养物质的定额所作的系统的规定。它是肉羊生产计划中组织饲料供给、设计饲料配方、生产平衡日粮及实行标准化饲养的技术指南和科学依据。

（一）肉羊饲养标准

肉羊饲养标准的核心是保证日粮中能量、粗蛋白质、粗纤维及钙、磷的平衡，使肉羊既能表现出应有的生产性能，又能经济有效地利用饲料。一个完整的饲养标准包括 4 个部分：规定各种营养物质的日需要量或供应量，日粮营养物质的含量水平，常用饲料的营养价值表，典型的日粮配方。

在具体应用过程中需注意以下几方面：各国的饲养标准多是以本国饲养条件和生产水平为基础编制的，应灵活应用，切忌生搬硬套。肉羊对营养物质的需要量不是固定不变的。随着品种的改良、日粮全价性的完善以及对饲料利用率的提高，其对营养物质的需要量也有所变化。饲养标准是科学试验和生产实践相结合的产物，只有一定的代表性，但自然条件、管理水平等的差异，决定了广大肉羊生产者需根据具体条件适当修改肉羊的营养需要量。

（二）肉羊饲料加工与配制

按营养成分分类，肉羊饲料分为全混合日粮、精料补充料、浓缩饲料和添加剂预混合饲料；按饲料形态分类，包括粉状饲料、颗粒饲料、块状饲料和膨化饲料等。如何选择合适的饲料，需要根据自身养殖规模、硬件设施以及饲料的特性、生产成本等综合考虑。

饲料配制原则是以肉羊饲养标准为依据，因地制宜和因时制宜地选择当地来源广、价格低廉、营养丰富、质量可靠的饲料资源。饲料选择应尽量多样化，羊的日粮要以青、粗饲料为主，适当搭配精饲料，并注意饲料的适口性。选购的饲料原料及产品卫生指标应符合《饲料卫生标准》（GB 13078）的规定，且质量符合相应的标准。除乳及乳制品外，其他动物源性饲料不应添加到肉羊饲料中。饲料原料及产品贮存不当时，极易发生霉变、变质或者受到污染。要将饲料原料及产品贮存在阴凉、通风、干燥、洁净，具有防鼠、防鸟设施的仓库内。

正确选择和使用饲料添加剂。尽量使用微生物制剂、酶制剂、益生素、酸化剂、植物提取物等饲料添加剂，最大限度地减少抗生素等药物添加剂的使用。非蛋白氮类饲料添加剂因其在应用过程中存在一定的风险，饲喂不当极易发生中毒，使用时应予以注意。羔羊因其瘤胃发育不完全，不能利用非蛋白氮合成微生物蛋白质。因此，羔羊饲料中不能添加非蛋白氮类饲料添加剂。育肥肉羊饲料中，非蛋白氮提供的总氮含量不要超过饲料中总氮量的 10%。使用药物饲料添加剂的，应严格遵守农业部《饲料药物添加剂使用规范》等规定，严格遵守产品标签和说明书的要求，严格执行休药期的规定，严禁超剂量、超范围、超时限使用药物饲料添加剂。严禁在肉羊饲料中违法添加"瘦肉精"、镇静类药物等国家明令禁止使用的物质，以及对人体具有直接或者潜在危害的其他物质。

使用精料补充料和浓缩饲料时，生产中常常存在使用误区，会额外添加维生素和微量元素等添加剂，造成重复添加，应加以防范，以免造成浪费或者引起羊只中毒。浓缩饲料和添加剂预混合饲料不可直接饲喂，生产中要对其应用加以规范。给肉羊饲喂青贮饲料时，要经过短期的过渡适应，逐渐增加饲喂量，宜与青干草等其他粗饲料搭配使用。天冷时防止使用冻冰饲料。牧草、菜叶、块根块茎类、水生植物等青绿饲料的适口性好、营养价值较高、易消化，不需深加工，可以直接饲喂肉羊；但其水分含量高、不易贮藏，放置过久容易发霉、变质，一般刈割后直接饲喂。因此，在饲喂时要注意防止亚硝酸盐、氢氰酸等有毒及次生有害物质中毒。糟渣类饲料因其来源广、价格低廉，是肉羊养殖中常用的粗饲料。但因其含水量高，极易发生变质，使用时要选用新鲜的糟渣类饲料。饲喂量由少到多，严格控制用量，不要饲喂霉变等变质糟渣。另外，糟渣类饲料纤维含量高、营养价值低，微量元素和维生素等含量不足，在饲喂时要注意补充，同时要注意搭配一定比例的优质粗饲料。

规模化肉羊养殖场宜采用全混合日粮饲喂。全混合日粮（total mixed ration，TMR）技术，就是根据肉羊不同生理阶段需要的粗蛋白、能量、粗纤维、矿物质和维生素等，用特制的搅拌机将粗料、精料、矿物质、维生素和其他添加剂充分混合而得到的营养平衡的全价日粮，能够提供足够的营养以满足动物需要的饲养技术。全混合日粮饲养技术质量控制要点有：水分含量以 35%～45% 为宜，过干或过湿均会影响肉羊干物质的采食量；不同育肥阶段的肉羊应饲喂不同配方的 TMR，或者制作基础 TMR＋精料（草料）的方式来满足不同羊群的需要；根据羊群规模、肉羊采食量、日粮种类（容重）、饲喂次数以及混合度等选择合适的 TMR 搅拌机；搅拌时注意称量准确、投料准确，要边加料边混合，一般在最后一批原料添加完后，再搅拌 4～6min。已搅拌好的 TMR 饲料需要及时饲喂，不宜存放过长时间。

三、饲养管理

规模化肉羊养殖场宜采用分群、分类、分阶段进行饲养和管理。根据当地具体情况，肉羊舍可建成封闭式、半封闭式或开放式羊舍。各类羊只所需面积见表 6-1。

表 6-1　各类羊只所需面积参考值（m²/只）

类　别		羊舍面积	运动场面积
种公羊	单栏	4.0～6.0	
	群饲	2.0～2.5	
种母羊（含妊娠母羊）		1.0～2.0	
育成公羊		0.7～1.0	运动场面积为羊舍面积的 2～4 倍
育成母羊		0.7～0.8	
断奶羔羊		0.4～0.5	
育肥羊		0.6～0.8	

场区门口和生产区入口设有消毒池，场内有专门消毒设施，有专用药浴设施。农区运动场内应设有专用补饲槽，牧区运动场内有草料架。同时配套饲草料加工等机具和饲料库。

母羊产后 1～3d 内，不能喂过多的精料，不宜喂冷水、冰水。羔羊断奶前，要逐渐减少母羊多汁饲料和精料的喂量，防止发生乳房疾病。妊娠前期胎儿发育较慢，一般饲喂普通日粮即可满足母羊的营养需求。妊娠后期胎儿生长发育加快，要最大限度地满足母羊的营养需要，管理上要特别精心。围产期（产前 10d 和产后 10d），要让母羊适当运动、加强营养，做好接产准备。

适时断奶。根据羔羊生长发育和体质强弱，一般在 2 月龄左右断奶。提倡羔羊早期断奶。羔羊可在 3 周龄左右断奶，饲喂羔羊代乳品和开食料及干草等。在 2 月龄左右、固体饲料采食量能够满足羔羊的营养供给时，即可停止饲喂羔羊代乳品。初生羔羊抵抗力弱，消化机能不完善，对外界适应能力较差，且营养来源从血液、奶汁转为草料的过程变化很大，必须高度重视羔羊的饲养管理，把好羔羊培育关。保证羔羊吃足初乳，保持环境干净清洁，及时补料。做好羔羊编号、免疫驱虫、日常管理记录等。

断奶后用于育肥的羔羊，要按性别、体重进行分群饲养，实施精细化管理。育肥前做好准备工作，制定育肥计划，配制日粮。育肥前对肉羊进行免疫和驱虫。做好日增重、饲料消耗等记录。山羊羔羊育肥至 25kg 左右、绵羊羔羊育肥至 45kg 左右即可出栏。在育肥过程中，严禁在肉羊体内埋植或者在饲料、饮水中添加镇静剂，激素类等违禁物质，严禁使用"瘦肉精"等违禁物质。

四、卫生防疫

严格按照《动物防疫法》的规定，贯彻"预防为主"的方针，防止疾病的传入或发生，控制动物传染病和寄生虫病的传播。采取的主要防疫措施有：羊场建立出入人员登记制度，非生产人员不得进入生产区；非生产人员进入生产区必须穿戴工作服，经过消毒间洗手消毒后方可入场；羊场员工每年必须进行一次健康检查，如患传染性疾病要及时在场外治疗，痊愈后方可上岗；新员工必须持有当地相关部门颁发的健康证方可上岗；污水、粪尿、死亡羊只及产品应进行无害化处理，并做好器具和环境等的清洁消毒工作。场内兽医人员不对外开展诊疗业务，场内配种人员不对外开展配种工作。不将其他场的羊及生鲜羊肉带入养殖场区内。

建立卫生消毒制度，并严格执行，确保消毒效果。卫生消毒主要包括环境消毒，羊舍消毒、用具消毒、人员消毒和带畜消毒。选择对人和羊安全、无残留、不对设备造成破坏、不会在羊体内产生有害积累的消毒剂。生产中常用的消毒剂有石炭酸（酚）、美酚、双酚、次氯酸盐、有机碘混合物（碘伏）、过氧乙酸、生石灰、氢氧化钠、高锰酸钾、硫酸铜、新洁尔灭、松馏油、酒精和来苏儿等。

肉羊引进后和育肥前，要定期进行驱虫和药浴。药浴工作可根据气候条件进行，与剪毛工作相结合。一般在剪毛后 10～15d 内组织药浴，以防止疥癣等皮肤病的发生。药浴使用的药剂有 0.05% 辛硫磷乳油、1% 敌百虫溶液、速灭菊酯、溴氰菊酯；也可用石硫合剂，其配方是生石灰 7.5kg、硫黄粉末 12.5kg，用水拌成糊状，加水 300kg，边煮边搅拌，煮至浓茶色为止，沉淀后取上清液加温水 1 000kg 即可。池浴在专门建造的药浴池进行，最常见的药浴池为水泥沟形池，药液的深度以没及羊体为原则，羊出浴后在滴流台上停留 10～20min。淋浴在特设的淋浴场进行，淋浴时把羊赶入，开动水泵喷淋，经 3min 淋透全身后关闭，将淋过的羊赶入滤液栏中，经 3～5min 后放出。

肉羊驱虫可选用阿维菌素、伊维菌素、丙硫咪唑、左旋咪唑等抗寄生虫药。使用时，严格按产品标签和说明书规定的要求使用，严格遵守休药期的规定。

肉羊的免疫程序、免疫内容不能照抄照搬，而应根据各地的具体情况制定。羊接种疫苗时要详细阅读说明书，查看有效期，记录生产厂家和批号。对半月龄以内的羔羊、除紧急免疫外，一般不予免疫。免疫接种时，要做到"一羊一针头"，严防接种过程中通过针头传播疾病。经常检查羊只的营养状况，肉羊要适时进行重点补饲，防止营养缺乏，尤其对妊娠、哺乳母羊和育成羊更重要。严禁饲喂霉变饲料、毒草和喷过农药不久的牧草。禁止羊只饮用死水或污水，以减少病原微生物和寄生虫的侵袭。要保持羊舍干燥、清洁、通风。根据本地区常发传染病的种类及当前疫病流行情况，制定切实可行的免疫程序。按免疫程序进行预防接种，使羊只从出生到淘汰都可获得特异性抵抗力，增强肉羊对疫病的抵抗力。

进行预防、治疗和诊断疾病所用的兽药必须符合《中华人民共和国兽药典》《中华人民共和国兽药使用指南》《兽药质量标准》和《进口兽药质量标准》的相关规定。严格遵守规定的作用与用途、用法与用量及其他注意事项，严格遵守休药期的规定。未达到休药期的，不得作为无公害肉羊上市。所用兽药必须来自具有《兽药生产许可证》和产品批准文号的生产企业，或者具有《进口兽药许可证》的供应商。所有兽药的标签必须符合《兽药管理条例》的规定。禁止使用未经国家畜牧兽医行政管理部门批准的兽药和已经淘汰的兽药。禁止使用《食品动物禁用的兽药及其他化合物清单》中的药物。

对可疑病羊应进行隔离观察、确诊，有使用价值的病羊要进行隔离治疗，彻底治愈后少合群饲养。因传染病和其他需要处死的病羊，要严格按照农业部《病死动物无害化处理技术规范》进行无害化处理。羊场不得出售病羊、死羊。羊场废弃物无害化处理可参照第十章的内容。

五、生产记录和养殖档案

严格按照《畜禽标识和畜禽养殖档案管理办法》的规定，对每只肉羊加施免疫标识。免疫标识磨损、破损、脱落后，要及时加施新标识，并在养殖档案中标明。检肉羊唯一识别码和有效进行的保证所有肉羊都能被识别。建立肉羊养殖档案，翔实完整地记录生产情况，主要内容包括：肉羊的品种、数量、标识、来源和进出场日期；饲料和饲料添加剂等投入品和兽药的来源、名称、使用对象、时间和用量等有关情况；检疫、免疫、消毒等情况；肉羊发病、诊疗、死亡和无害化处理情况；肉羊出栏、销售等情况。

第五节　无公害禽蛋生产

无公害禽蛋生产包括无公害鸡蛋和鸭蛋生产。本节重点介绍影响鸡蛋和鸭蛋质量安全的关键环节和主要风险因子质量控制。

一、无公害蛋鸡养殖与鸡蛋生产

（一）蛋鸡引进

蛋鸡引进的主要风险因子是致病微生物。首先要保证引进的鸡只健康，其次要控制引进过程中的卫生条件和减少应激。应在"来源、检疫、运输"三个关键点，控制主要风险因子。

1. 来源要合法　根据《无公害农产品生产质量安全控制技术规范　第11部分：鲜禽蛋》（NY/T 2798.11—2015）要求，拟引进鸡只的种禽场必须具有《种畜禽生产经营许可证》，同时同一栋禽舍所有蛋禽应来源于同一种禽场相同批次的蛋禽。

2. 检疫要合格　　按照 GB 16549《畜禽产地检疫规范》，经产地动物卫生监督机构检疫合格的禽只是健康的，并应具有动物检疫合格证明。雏鸡不能带有鸡白痢、禽白血病和支原体病等蛋传染性疾病。品质优良、健康的雏鸡主要表现：眼大有神，向外突出，随时注意环境动向；反应灵敏，叫声宏亮，活泼好动；绒毛长度适中、整齐、清洁、均匀而富有光泽；肛门干净，察看时频频闪动；腹部大小适中、平坦，脐愈合良好、干燥，有绒毛覆盖，无血迹；喙、腿、趾、翅无残缺，发育良好；抓握在手中感觉有挣扎力。

3. 运输时尽量减少应激　　首先要对引进过程的卫生条件加以严格控制，运输使用的车辆需经过有效清洗和消毒，以减少病原体在生产单位或养殖场之间传播的风险。其次运输过程中应减小雏鸡应激，初生雏运输的关键是解决好保温与通风的矛盾，防止顾此失彼。只重视保温不注重通风，会造成闷热、缺氧，甚至导致雏鸡窒息死亡；而只注意通风忽视保温，雏鸡容易受风感冒或发生腹泻。

（二）蛋鸡的饲养管理

蛋鸡品种种类较多，规模生产中常用的蛋鸡品种（配套系）主要有：京红 1 号、京粉 1 号、农大 3 号、海兰白蛋鸡、海兰褐蛋鸡、罗曼褐蛋鸡等。

1. 雏鸡的饲养管理　　做好育雏前各项准备工作。进雏前必须有计划地做好育雏舍的清扫、冲刷、熏蒸消毒、供温保暖，备好饲料及常用药品、器具。

（1）雏鸡的饲养

①饮水：雏鸡进舍后先给水，间隔 2～3h 后再给料。1 周龄内雏鸡饮水中添加 5％葡萄糖＋电解多维或速补，并开食补盐等，其功能主要是保健、抗应激并有利于胎粪排泄。雏鸡对水的需求远远超过饲料，水质应符合《无公害食品　畜禽饮用水水质》（NY 5027）的要求，且应保证不断水和水质的清洁卫生；过夜水应及时更换，避免细菌滋生。

②雏鸡日粮：雏鸡日粮中碳水化合物含量较为丰富，热能一般不会缺乏。配合雏鸡饲料时，重点在蛋白质、维生素和矿物质的供给。蛋白质是雏鸡生长发育最主要的营养成分，雏鸡日龄越小，对蛋白质营养的要求越高。日粮中粗蛋白质含量 6 周龄内雏鸡应为 20％左右。要重点满足雏鸡对蛋氨酸和赖氨酸两种限制性氨基酸的需要。另外，在雏鸡日粮中还应该添加足够的维生素和微量元素添加剂。

③饲料饲喂量：雏鸡营养要全面，饲喂量要恰当，要求能达到各个品种的生长发育指标（表 6 - 2）。

表 6 - 2　不同类型雏鸡喂料量

周龄	白壳蛋鸡		褐壳蛋鸡	
	日耗料（g/只）	周累计耗料（g/只）	日耗料（g/只）	周累计耗料（g/只）
1	7	49	12	84
2	14	147	19	217
3	22	301	25	392
4	28	497	31	609
5	36	749	37	868
6	43	1 050	43	1 169

注：引自王生雨主编《蛋鸡生产新技术》，1991。

（2）雏鸡的管理

①温度控制：一般要求 1 周龄内舍温昼夜保持在 34～36℃，以后每周下降 2℃，直到 22～24℃维持恒定。舍内相对湿度以 2 周龄内保持在 65%～70%、3 周龄起逐渐降为 55%～60%为宜。

②通风：室内空气新鲜是保持雏鸡正常生长发育的重要条件之一。雏鸡对氨相当敏感，氨的浓度应低于 20mg/m³。育雏室内氨的浓度偏高会刺激雏鸡的感觉器官，降低雏鸡抵抗力，导致其发生呼吸道疾病，降低饲料转化率，影响生长发育；持续时间较长时，雏鸡肺部发生充血、水肿，鸡新城疫等传染病感染率增高。通风的目的是满足雏鸡对氧气的需要，排除有害气体和湿气。

③湿度：雏鸡健康生长对湿度有一定的要求，育雏的相对湿度以 56%～70%为宜。

④断喙：断喙是蛋鸡饲养过程中不可缺少的一项工作，一般在 7～9 日龄进行。它可节省饲料消耗，减少啄癖发生。在断喙前 3 天和当日向饮水或饲料中添加倍量的维生素 K、维生素 C。

2. 育成鸡的饲养管理

（1）育成鸡的饲养　育成鸡的目标：18 周龄的育成鸡要求健康无病，体重符合该品种标准，肌肉发育良好，无多余脂肪，骨骼坚实，体质状况良好。故要特别注意控制育成鸡的体重和性成熟。

①饲养方式：传统蛋鸡场常采用三段式饲养方式，生产区内有育雏、育成、产蛋三种鸡舍。育成鸡舍安排在育雏和产蛋鸡舍之间，顺应转群的顺序，便于操作。雏鸡从 6～8 周龄由雏鸡舍转入育成鸡舍，一直饲养到性成熟再转入产蛋鸡舍。三段式饲养是我国目前主要的饲养方式。目前采用二段式饲养方式的蛋鸡场越来越多，育成鸡分别在育雏舍或产蛋鸡舍中饲养，不需要专用的育成鸡舍。不论是平养还是笼养，1 日龄雏鸡在育雏舍内一直养到 10 周龄，再转入产蛋鸡舍。

②饲养密度：无论是平面饲养还是笼养，都要保持适宜的饲养密度，才能使个体发育均匀。适时分群，保持适当的饲养密度：育成期是鸡体重增长最快的阶段，调整好饲养密度有益于群体生长发育和整齐度，并可减少疾病发生。网上平养时每平方米 10～12 只鸡，在育成期的前几周每平方米 12 只鸡，后几周每平方米 10 只鸡；笼养条件下比较适宜的密度，按笼底面积计算，每平方米 15～16 只鸡。

（2）育成鸡的管理

①通风：育成鸡的环境适应能力比雏鸡强，但是育成鸡的生长和采食量增加，呼吸和排粪量相应增多，舍内空气很容易污浊。若通风不良，鸡羽毛生长不良，生长发育减慢，整齐度差，饲料转化率下降，容易诱发疾病。通风要适当，既要维持适宜的鸡舍温度，又要保证鸡舍内有较新鲜的空气。夏季舍内温度升至 30℃时，鸡表现不安、采食量下降、饮水减少，温度越高，应激越大，越要加大通风量。

②控制性成熟：若性成熟过早鸡就会早产蛋、产小蛋，持续高产时间短，出现早衰、产蛋量减少；若性成熟过晚，会推迟开产时间，产蛋量减少。因此，要控制性成熟期，做到适时开产。控制性成熟的方法主要有两个：一是限制饲养，二是控制光照。特别是 10 周龄以后，光照对育成鸡性成熟的影响很大。

在育成期为避免因采食过多造成产蛋鸡体重过大或过肥，在此期间实行必要的限制饲养，或在能量蛋白质质量上给予限制。目前对蛋鸡的限制饲养多采用限量法，减少母雏在8～20周龄的饲料量，按正常采食量，轻型蛋鸡减少7％～8％，中型蛋鸡减少10％左右。采用限量法时，日粮质量要好，否则量少质差会使鸡群生长发育受阻。另外注意，育成期饲料中应该添加砂砾，以便提高鸡只胃肠消化能力，提高饲料转化率。10周龄以后，光照对育成鸡的性成熟影响很大。在育成鸡生长期间特别是后半期，尽可能使每天的光照时间短一些，每天最好少于11 h，否则必须人为加以控制，尽量避免光照时间逐渐延长，使育成鸡生长期间保持稳定的或逐渐缩短的光照时间。

③卫生和防疫：合理使用兽药、不仅能有效防治动物疾病，而且可有效降低对环境、动物特别是给人带来的危害。疫苗接种方案应在育雏之前制订好，因时、因地区、因不同季节、不同批次的鸡群而异。鸡群免疫按照《无公害食品　蛋鸡饲养兽医防疫准则》（NY 5041）的要求进行。严格遵守程序，执行无公害食品蛋鸡饲养用药规范。接种要认真、正确。育成鸡后期（产蛋期）应停止用药，停药时间取决于所用药物，但应保证产蛋开始时体内和蛋内药物残留量不超标。

3. 产蛋鸡的饲养管理　产蛋期一般是指从21周龄至72周龄。当产蛋鸡即将达到性成熟而由育成鸡舍转入产蛋鸡舍时，必须对鸡舍及设备进行彻底清洗和消毒。供水、供电、通风设施以及鸡舍的防雨、保暖设施有问题要及时维修。及时填堵鼠洞，安好门窗玻璃。在鸡舍最后一次消毒前应对供水、供料、供电、刮粪系统进行试运行，工作状态正常后才能进行鸡舍的最后一次消毒。

鸡群在转群上笼或转入其他饲养方式的产蛋鸡舍之前要进行整顿，严格淘汰病、残、弱、瘦、小的不良个体。为便于管理，有利于控制全场疾病，提高经济效益，应实行"全进全出"制。

（1）产蛋鸡的饲养

①饲养密度：饲养密度与鸡的生产性能呈负相关，密度越大单产相对越低，死淘率高，破蛋率高，饲料转化率低。应根据整体规模，充分考虑建筑面积等诸多因素，确定合理的饲养密度。

②饲喂方法：从鸡群开始产蛋之时起，可供给产蛋期日粮，应让母鸡自由采食，不得限饲，一直到产蛋高峰过后2周为止。将育成阶段0.9％左右的低钙水平提高到2.0％～2.5％。经过两周的过渡准备，为产蛋期贮备足够的营养物质，使后备蛋鸡快速、整齐地进入产蛋高峰。

从5％产蛋率（21周龄）开始就给以高峰期日粮，这时产蛋率呈直线快速增长，同时鸡只体重仍在继续增加。这种营养先于产蛋率到达高峰的饲养方法，有益于育成蛋鸡营养物质的贮备和体成熟，有益于高产遗传潜力的发挥，可延长产蛋高峰期。产蛋前期是新产母鸡最关键的时期，其管理要严格、细致。首先要满足鸡的营养需要，日粮粗蛋白18％～19％、代谢能11.7MJ/kg以上、钙3.3％～3.6％、有效磷不低于0.4％。尤其重要的是保证日粮中各种氨基酸比例的平衡，并含有足够量的复合维生素、矿物盐及酶类物质，否则难以保证维持较长时间的高峰期。实践证明，蛋鸡日粮中钙源饲料采用1/3贝壳粉、2/3石粉混合应用的方式，对蛋壳质量有较大的提高作用。

（2）产蛋鸡的管理

①补充光照：18周龄时抽检鸡只体重应达到品种标准，应在18周龄或20周龄开始补

充光照。如果在 20 周龄时仍达不到标准体重，可将补光时间往后推迟 1 周。补光的幅度一般为每周增加 0.5～1 h，直至增加到 16 h。

严格确定合理的光照时间。开产后随着产蛋率的提高，相应地逐步延长光照时间（只能延长不能缩短），直至产量高峰（27～28 周龄）将光照时间恒定在 16.0～16.5 h，且将每天的开关灯时间严格固定下来，不可随意更改。

营造一个舒适的产蛋环境。主要包括舍内温度（13～23℃）、相对湿度（55%～65%）、空气质量、通风与光照及饲料质量等综合因素。

②产蛋期饲养管理的质量控制措施：第一，观察鸡群。根据光照制度的安排，在早晨开灯后观察鸡群的精神状态、采食情况、粪便情况。第二，减少应激。蛋鸡对环境的变化非常敏感，尤其是轻型蛋鸡更为明显，任何环境条件的变化都能引起应激反应。所以要固定饲养员，并经常注意鸡群环境的变化，使光照、温度、通风、供水、供料、集蛋等符合要求，并力求合理和相对稳定。根据生产情况需要调整日粮时，不能突然改变，最好有 1 周的过渡时间。第三，采取综合性卫生防疫措施。注意保持鸡舍的环境卫生，经常洗刷水槽、料槽，定期消毒。第四，采用品质优良的全价日粮。要求饲料必须是全价日粮；保持饲料的新鲜度，不喂霉败变质的饲料。及时淘汰低产鸡和停产鸡。第五供给水质良好的饮水。必须确保全天供水，饮水器具要每天清洗。产蛋鸡的饮水量随气温的变化而变化，一般情况下每只鸡每日饮水量为 200～300mL。第六做好生产记录。生产记录的内容很多，最低限度必须含以下几项：日期、鸡龄、存栏数、产蛋量、存活数、死亡数、淘汰数、耗料、蛋重和体重。管理人员必须经常检查鸡群的实际生产记录，并与该品种（系）鸡的性能指标相比较，找出不足，纠正和解决饲养管理中存在的问题。

③兽药使用：蛋鸡养殖过程中，杜绝使用《禁止在饲料和动物饮用水中使用的药物品种目录》（农业部 卫生部国家药品监督管理局公告第 176 号）、《食品动物禁用的兽药及其化合物清单》（农业部公告第 193 号）、《兽药地方标准废止目录》（农业部公告第 560 号）、《禁止在饲料和动物饮水中使用的物质》（农业部公告第 1519 号）等列出的药品和物质。2015年 9 月 1 日，农业部发布第 2292 号公告，决定自 2016 年 1 月 1 日起，停止经营、使用洛美沙星、培氟沙星、氧氟沙星、诺氟沙星 4 种原料药的各种盐、酯及其各种制剂。养殖场在严格禁止使用这些"禁用药"的同时，还需要密切关注行业动态和国务院农业行政主管部门公布的其他禁用物质和对人体具有直接或者潜在危害的其他物质，并及早做好应对准备。

除上述明文规定禁止用于所有食品动物的兽药外，产蛋期禁用的兽药有以下两类：一是抗菌药类，其中有四环素类的四环素、多西环素；青霉素类的阿莫西林、氨苄西林；氨基糖苷类的新霉素、安普霉素、越霉素 A、大观霉素；磺胺类的磺胺氯哒嗪、磺胺氯吡嗪钠；酰胺醇类的氟苯尼考；林可胺类的林可霉素；大环内酯类的红霉素、泰乐菌素、吉他霉素、替米考星、泰万菌素；喹诺酮类的达氟沙星、恩诺沙星、沙拉沙星、环丙沙星、二氟沙星、氟甲喹；多肽类的那西肽、黏霉素、恩拉霉素、维吉尼霉素；聚醚类的海南霉素钠等。二是抗寄生虫类，有二硝托胺、马杜霉素、地克珠利、氯羟吡啶、氯苯胍和盐霉素钠等。另外，其他一些兽药在产蛋期必须严格执行有关弃蛋期规定，如土霉素片（弃蛋期 2d）等。

④卫生和防疫：为减少免疫带来的应激影响产蛋率，蛋鸡免疫多在产蛋前进行。鸡群开产前可投服抗生素 1～2 次，进行疾病净化，使开产鸡群健康无病。产蛋期要注意保持鸡舍的环境卫生，定期进行带鸡消毒，降低条件性疾病的发生。同时可定期抽测禽流感、新城疫

的抗体效价水平，若出现新城疫抗体效价不高或不均匀现象时，应立即注射一次油剂灭活菌或饮一次弱毒苗，以提高保护力。

（三）鸡蛋的收集与贮存

鸡蛋产出后要及早收集，以避免长期暴露导致污损。大规模养殖时，要求每 2h 集蛋一次，每天至少集蛋 6 次。收集蛋时，要将脏蛋、破蛋、畸形蛋、特大或特小蛋剔除，减少以后再挑选的人工污染机会。收集蛋最好使用集蛋车和塑料蛋托，可减少破蛋率。其中盛放鸡蛋的集蛋车、蛋托需消毒才可使用。收集后的蛋应立即消毒，之后送至蛋库保存。

健康母鸡所产的鸡蛋内部是没有微生物的，新生蛋壳表面覆盖着一层由输卵管分泌的黏液所形成的蛋白质保护膜，蛋壳内也有一层由角蛋白和黏蛋白等构成的蛋壳膜，这些膜能够阻止微生物的侵入。因此，不能用水洗待贮放的鸡蛋，以免洗去蛋壳上的保护膜。此外，蛋清中含有多种防御细菌的蛋白质，如球蛋白、溶菌酶等，可保持鸡蛋长期不被污染变质。在鸡蛋贮存过程中，由于蛋壳表面有气孔，蛋内容物中水分会不断蒸发，使蛋内气室增大，蛋的重量不断减轻。蛋的气室变化和重量损失程度与保存温度、湿度、贮存时间密切相关。久贮的鸡蛋其蛋白和蛋黄成分也会发生明显变化，鲜度和品质不断降低。采取适当的贮存方法，对保持鸡蛋品质是非常重要的。

（1）冷藏贮存 即利用适当的低温抑制微生物的生长繁殖，延缓蛋内容物自身的代谢，达到减少重量损耗，长时间保持蛋新鲜度的目的。冷藏库温度以 $-1℃$ 左右为宜，可降至 $-2℃$，但温度不能经常波动，相对湿度以 80％ 为宜。鲜蛋入库前，库内应先消毒和通风。消毒方法可用漂白粉液（次氯酸）喷雾消毒和高锰酸钾甲醛熏蒸消毒。送入冷藏库的蛋必须经严格的外观检查和灯光透视，只有新鲜清洁的鸡蛋才能贮放。经整理挑选的鸡蛋应整齐排列，大头朝上在容器中排好，送入冷藏库前应在 $2\sim5℃$ 环境中预冷，使蛋温逐渐降低，防止水蒸气在蛋表面凝结成水珠，给真菌生长创造适宜环境。同样原理，出库时应使蛋逐渐升温，以防止出现"汗蛋"。冷藏开始后，应注意保持和监测库内温、湿度，定期透视抽查，每月翻蛋一次，防止蛋黄黏附在蛋壳上。保存良好的鸡蛋可贮放 10 个月。

（2）充氮贮存 将清洁的鲜蛋密封于充满氮气的聚乙烯薄膜袋中，可起到隔绝氧气、抑制微生物繁殖和鸡蛋代谢的作用，达到贮放保鲜目的。

二、无公害蛋鸭养殖与鸭蛋生产

蛋鸭养殖是我国的一个传统产业，也是农民家庭养殖的重要致富项目。蛋鸭不仅具有抗逆性强、饲养设施要求简单、合群性好、易于管理、便于规模养殖等特点，而且能充分利用水面资源、提高饲料报酬。当前，我国饲养的蛋鸭品种主要有绍兴鸭、金定鸭、山麻鸭等。

引种雏鸭必须来自有《种畜禽经营许可证》的种鸭场。雏鸭必须健康活泼。应选按时出壳，眼突有神、喙爪光泽、绒毛蓬松、卵黄吸收良好、活泼喜动的雏鸭。饲养的蛋鸭品种应符合该品种特征、特性。引种运输前，按《畜禽产地检疫规范》（GB 16549—1996）的规定进行检疫，并取得《畜禽运输检疫证明》。运输工具需按照《种畜禽调用检疫技术规范》（GB 16567）的规定进行清洗消毒。

（一）饲养前期准备

蛋鸭的饮水应符合《无公害食品 畜禽饮用水水质》（NY 5027），所有的饮水设备应定期清洗和消毒。产蛋期及产前 5 周禁止添加、使用药物饲料添加剂。

（二）蛋鸭育雏管理技术

1. 开水 雏鸭第一次饮水称为"开水"。雏鸭干毛、打转，有 1/3 小鸭伸长头颈，形似觅食状，即可"开水"。注意雏鸭出壳后 24h 内不要喂食，应先饮水后开食，否则不利于雏鸭腹内卵黄的吸收。

2. 开食 开食应在开水后半小时内进行。开食应选用蛋雏鸭专用开食料，撒在塑料布或草席、竹席上，应一边轻撒料，一边温和调教让鸭啄食。1～7 日龄每天喂 6 次，其中白天 4 次、晚上 2 次；7～21 日龄每天喂 5 次，以后可逐渐减少次数。饲喂时应分批分群，每群 250 只为宜。俗话说："鹅要青，鸭要腥"，在出壳后第 3 天即可按 10%～20% 的比例给予动物性饲料，可选螺蛳、小鱼虾、蚯蚓、蚕蛹、河蚌等。动物性饲料要求新鲜干净、切碎捣烂，也可用含有鱼粉的配合饲料喂鸭。

3. 温度与湿度 在雏鸭休息时及夜间，鸭舍内离鸭背 20cm 处的温度：1 日龄 32℃，2～7 日龄 31～28℃，8～14 日龄 28～25℃，15 日龄以后保持在一 20～2℃。白天及鸭活动时舍内温度可低 2～3℃。应特别注意阴雨天及夜间的保温工作，注意保持空气流畅、干燥、无贼风。1～14 日龄相对湿度为 60%～65%，14 日龄后相对湿度 65%～75%。光照时间 1～3 日龄 24h，4 日龄以后每天减少 0.5h，直至自然光照。

4. 密度 合理分群，1～7 日龄 25～30 只/m²，7～14 日龄 20～25 只/m²，15～28 日龄 15～20 只/m²。夏季适当降低，冬季适当增加。

5 日龄后雏鸭可以调教下水，分批分时将雏鸭慢慢赶入浅水中活动 3～5min，然后在无风的太阳下运动。每天 1～2 次，1 周后增加到 3～4 次，每次 5～10min，以后逐渐延长时间。水温以不低于 15℃为宜。下水时如果发现雏鸭发抖应立即停止，并烘干雏鸭羽毛。7 日龄后在鸭舍内外温差低于 5℃时，每天让雏鸭运动 20min 左右。

（三）育成期鸭（7～16 周龄）**的饲养管理**

该阶段蛋鸭体重增长快、羽毛生长迅速、性器官发育快、适应性强，需要进行科学饲养管理，使其生长发育整齐，同期开产。

1. 控制体重 育雏料过渡到育成料宜 5d，替换比例一般每天 20% 左右。喂料应遵循少喂勤添、定时定量、控制总量的原则。青年蛋鸭很容易因活动量小而过肥，影响日后产蛋。所以首先要加强运动，晴天尽量放鸭到运动场活动，阴雨天可定时赶鸭在舍内做转圈运动，每次 5～10min，每天活动 2～4 次。其次限制喂料，6 周龄后要多喂些青饲料和粗饲料，以控制体重，使青年鸭 120 日龄的平均体重控制在 1.2～1.4kg，且均匀一致。蛋鸭进入育成期后应及时淘汰病弱伤残鸭。

2. 光照 蛋鸭育成期只利用自然光照，每天的光照时间要求稳定在 8～10h，每天观察项目包括鸭群活动、呼吸及粪便形态、分布情况，了解饮水、采食是否正常。发现病鸭及时送检，查明原因，及时处理。

（四）产蛋期鸭（17～72 周龄）**的饲养管理**

在蛋鸭开产前 2 周放入少量公鸭，放入比例为 2%～3%。

产蛋鸭一般指 120～500 日龄的蛋鸭。青年鸭培育至 120 日龄时进行个体选择，按照羽毛、体重、生长发育状况逐只选择。要求羽毛完整，特别是翼下七根性羽发育正常，体重达标，体形"三长"（嘴长、颈长、身躯长）、"二硬"（龙骨硬、嘴骨硬）。根据蛋鸭品种的不同，适时掌握开产期。开产期体重要求在 1 400～1 500g。

1. 不同阶段的管理　开产至 150 日龄为产蛋前期，151～400 日龄为产蛋高峰期，401～500 日龄为产蛋后期。该阶段鸭代谢旺盛、觅食能力强、营养需求高，需根据产蛋情况及时调整日粮营养水平和喂料量，以提高产蛋率和蛋品质量，获得最佳经济效益。

（1）产蛋前期　从产蛋初期（120～200 日龄）和前期（201～300 日龄）开始，根据产蛋率上升的趋势，不断增加饲料营养，提高粗蛋白水平，并适当增加饲喂次数，满足营养需要，保证鸭群顺利到达产蛋高峰。白天喂 3 次，夜间 9～10 点增喂 1 次。从产蛋率达到60％起应供给蛋鸭高峰期配合饲料。应掌握饲料过渡时间，一般以 5d 为宜，每天替换比例为 20％。让鸭自由采食，每只鸭日采食量控制在 150g 左右。此期间鸭蛋越大，增产势头越快，说明饲养管理越好。开产后鸭产蛋率逐渐上升，尤其早春开产的鸭产蛋率上升很快。一般到 200 日龄，产蛋率可达 98％左右。若产蛋率忽高忽低甚至下降，属饲养方面原因。每月抽样称重（在早晨鸭空腹时）一次，若平均体重接近标准体重，说明饲养管理得当；若超过标准体重，说明营养过剩，应减料或增加粗料比例；若低于标准体重，说明营养不足，应提高饲料质量。

（2）产蛋中期（301～400 日龄）　重点是确保鸭高产，力争使产蛋高峰期维持到 400日龄以后，日粮营养浓度应比前一阶段略高。要适当增加动物性蛋白饲料，在前期的基础上提高营养水平，日粮中粗蛋白质的含量应达到 20％。高峰期饲料种类和营养水平要相对稳定，以延长鸭群的产蛋高峰期。注意增加钙量，可在饲料中添加 1％～2％的颗粒状贝壳粉，或在料槽内单独放置贝壳粉，供鸭自由采食。同时，适量喂给青绿饲料或添加多种维生素、鱼肝油、蛋氨酸和赖氨酸。每天光照稳定在 16h。舍温维持在 5～10℃，如超过或低于这个标准，应进行调整。日常操作程序保持稳定。此时，若蛋壳光滑厚实、有光泽，说明质量好。若蛋形变长、壳薄透亮、有砂点，甚至出现软壳蛋，说明饲料质量差，特别是钙含量不足或缺乏维生素 D，应加以补充。若蛋鸭产蛋时间集中、产蛋整齐，说明饲养管理得当。否则，应及时采取措施。

（3）产蛋后期（401～500 日龄）　根据蛋鸭体重和产蛋率确定饲料的质量及喂料量。若鸭群的产蛋率仍在 80％以上，而鸭的体重略有下降，应在饲料中适当增加动物性饲料；若体重增加，应将饲料中的代谢能适当降低或控制采食量；若体重正常，饲料中的粗蛋白质应比上一阶段略有增加。光照每天保持在 16h，每天在舍内赶鸭转圈运动三次，每次5～10min。蛋壳质量和蛋重下降时，补充鱼肝油和矿物质。保持鸭舍内小气候和操作程序的相对稳定，避免应激反应。

稳定光照：改自然光照为人工补充光照。日平均光照时间应逐渐增加，增加人工光照时每次增加 1h，每隔 7d 增加一次，直到每天光照时间达到 16～17h。光照时间稳定后，不得增减。光强度为 3～5lx，避免强光应激。

2. 产蛋期管理注意事项　规模养殖蛋鸭最好选择分阶段半开放饲养方式。采用自由饮水，并保证饮水清洁卫生。要保持舍内干燥、通风，如遇寒流应注意保温，逢阴雨天应缩短放鸭时间。梅雨季节敞开门窗，勤换垫草，疏通排水沟，严防饲料发霉；盛夏季节注意防暑降温，可在鸭滩搭建凉棚，敞开鸭舍门窗，每天早开迟关，雷雨前赶鸭入舍；秋季每天光照不少于 16h，保持舍内小气候平衡，适当增加营养；冬季做好防寒保暖工作。室内相对湿度宜为 60％～75％。根据蛋鸭品种和鸭舍面积合理确定饲养密度，一般情况下 8～9 只/ m²。

产蛋中期不断淘汰停产鸭、低产鸭和残次鸭。

（1）严格消毒　消毒工作要坚持做到经常化、制度化。进鸭前和淘汰蛋鸭后，应彻底清扫鸭舍，并用生石灰、2.5％漂白粉或2％烧碱对场地、器具进行全面消毒。场内无疫情时每月带鸭消毒2次，有疫情时每周消毒1次。

（2）适时免疫　切实做好防疫工作。根据本地区蛋鸭生产情况，建议免疫程序为：1日龄皮下注射雏鸭病毒性肝炎疫苗，15日龄注射禽流感疫苗，20日龄注射鸭瘟疫苗，60～90日龄注射鸭瘟疫苗和禽霍乱疫苗，120日龄注射鸭瘟疫苗和禽流感疫苗。以后每隔6个月注射一次鸭瘟疫苗，每隔4个月注射一次禽流感疫苗。

（3）规范用药　一般情况下蛋鸭抗病力较强，很少发病，但应特别注意防止消化系统和生殖系统疾病。蛋鸭的常见病主要有球虫病、大肠杆菌病、软腿病等。蛋鸭球虫病可使用马杜霉素、抗球灵、复方敌菌净等药物防治；蛋鸭大肠杆菌病可使用氟苯尼考等药物防治；蛋鸭软腿病可使用维丁胶性钙等药物防治。在防治疾病时，应选择高效、安全、副作用小、残留少的药物，严格执行休药期规定。

对鸭舍清理出的垫料和粪便应进行无害化处理，对病死肉尸进行处理应符合《畜禽病害肉尸及其产品无害化处理规程》（GB 16548）的规定。

（五）鸭蛋的收集与贮存

初产母鸭的产蛋时间集中在后半夜1～6时之间，随着产蛋日龄的延长，产蛋时间往后推迟；产蛋后期的母鸭多数在上午10时以前产完蛋。蛋产出后及时收集，既可减少种蛋的破损也可减少种蛋受污染的程度，这是保持较好的种蛋品质、提高种蛋合格率和孵化率的重要措施。一般从鸭蛋产出到蛋库保存之间时间最好不超过5h。放牧饲养的种鸭可在产完蛋后再赶出去放牧。

舍饲饲养的种鸭可在舍内设置产蛋箱；随时保持舍内垫料的干燥，特别是产蛋箱内的垫草应保持新鲜、干燥、松软；刚开产的母鸭可通过人为训练让其在产蛋箱内产蛋；同时应增加检蛋次数，这是产蛋期种鸭饲养日程中的重要工作环节。当气温低于0℃时，如果不及时收集种蛋，时间过长种蛋受冻；气温炎热时，种蛋易受热。环境温度过高、过低，都会影响胚胎的正常生长发育。

在收集贮存鸭蛋过程中，盛放鸭蛋的蛋箱或蛋托应经过消毒；定时集蛋，集蛋时将破蛋、砂皮蛋、软蛋、特大蛋、特小蛋单独存放；鸭蛋收集后立即用福尔马林熏蒸消毒，消毒后送蛋库保存。

第六节　无公害肉鸡养殖生产

一、品种选择与引进

目前，我国饲养的肉鸡分为白羽肉鸡、黄羽肉鸡和肉杂鸡。据不完全统计，2013年我国白羽肉鸡出栏量约45亿只，黄羽肉鸡出栏量约38亿只，肉杂鸡出栏量约10亿只。黄羽肉鸡、白羽肉鸡和肉杂鸡所产鸡肉的主要营养成分没有明显差异，口感有所不同。饲养何种肉鸡，主要取决于消费市场的需求和在当地养殖的经济效益。

1. 白羽肉鸡　又称快大肉鸡，生长速度快，整个生长期只有40d左右，体型大、饲料报酬高，适宜于工厂化生产。屠体中胸肉和腿肉所占比例较高，适合于制作快餐食品。主要品种有科宝肉鸡、罗斯肉鸡和哈巴德肉鸡。

2. 黄羽肉鸡　品种类型较多，分布较广，按照来源分为地方品种、培育品种和引入品种。按照生产性能和体型大小可分为优质型、中速型和快速型。与白羽肉鸡比较，黄羽肉鸡生长周期长、生长速度慢、饲料报酬低，风味物质沉积较多，味道鲜美，适用于中餐方式加工食用，深受国人和东南亚人的喜爱。

3. 肉杂鸡　一般是直接用生长快的父母代肉鸡公鸡与商品代蛋鸡杂交而成的肉用鸡。肉杂鸡生产不属于规范的良繁体系，但因生长速度快、种鸡生产成本低、肉品口感强于快大肉鸡且成活率高，市场占有量在逐年增加。

在引种方面，存在的主要风险因素是垂直传染疾病和外界感染疾病。在品种选择和引进过程中，要做到以下几点：从具有《种畜禽生产经营许可证》的种禽场引进雏鸡；父母代种鸡没有鸡白痢、支原体病、禽白血病等垂直传染疾病；雏鸡经产地动物卫生监督机构检疫合格，具有动物检疫合格证明；使用专用的雏鸡运输箱；运输车辆使用前彻底消毒，保持清洁卫生；不从疫区引进。引进的雏鸡健康活泼、手握有力、反应灵敏、叫声响亮；脐部愈合良好；腹部柔软，卵黄吸收良好，肛门周围无污物黏附；喙、眼、腿、爪等无畸形；体重大小适中且均匀，体型外貌符合品种要求。

二、饲料和日粮配制

肉鸡需要高能量、高蛋白水平的饲料，要求日粮中各种养分齐全、充足且比例平衡。任何必需营养素的缺乏与不足，都会使肉鸡出现病理状态。在这一方面肉仔鸡比蛋用雏鸡更为敏感，反应更为迅速。

相对而言，肉鸡生长周期短、生长速度快、饲料利用率高，要求饲料营养全价、高能量、高蛋白质，且比例恰当、搭配合理、养分浓度高，饲料容积不宜过大。日粮中以含能量高而纤维低的谷物为主，不宜配合较多的含能量较低而纤维高的糠麸类。必要时在肉鸡日粮中添加一定比例的植物油，制成颗粒饲料，提高日粮能量水平。

1. 肉鸡常用能量饲料　有玉米、小麦和麸皮。玉米富含淀粉，适口性好，能量吸收消化率高，是最常用的能量饲料原料。黄玉米含有丰富的类胡萝卜素和叶黄素，有利于鸡的生长，并能加深皮肤颜色。玉米中缺乏赖氨酸、蛋氨酸等限制性氨基酸，与豆粕配合效果好，可以达到氨基酸互补。玉米在肉鸡日粮中用量最大，一般比例为45％～70％。小麦中含有较多的寡糖，在消化道内会使食糜发黏而影响其消化，并导致鸡排黏粪，在肉鸡日粮中最高可用到40％，并需要配合使用专门的酶制剂。麦麸能量含量低，B族维生素含量丰富，粗纤维含量较高，容积大，有轻微轻泻作用，肉鸡饲料中用量不宜过大。

2. 肉鸡蛋白质饲料　分植物性蛋白质饲料和动物性蛋白质饲料。植物性蛋白质饲料主要有大豆饼粕、菜籽饼粕、棉籽饼粕、花生饼粕等。大豆饼粕蛋白质含量和蛋白质营养价值都很高，且赖氨酸含量高，是肉鸡常用的优良蛋白质饲料。当动物性蛋白质饲料缺乏或价格太高时，利用豆饼粕添加氨基酸作为蛋白质饲料是比较经济的。花生饼粕易霉变，导致黄曲霉毒素超标，使用时需注意。棉籽饼粕蛋白质含量较高，粗纤维含量较高，棉籽饼含有棉酚过量时可导致鸡中毒，用量应加以限制。菜籽饼中含有硫葡萄糖苷，在机体内可转化为有毒物质，引起鸡只中毒，用量应控制在5％以下。在饲料配方中，菜籽粕常与棉籽粕配合使用，达到氨基酸互补，提高利用率的效果。DDGS 饲料是酒糟蛋白饲料的一种，其蛋白质含量在 26％ 以上，已成为国内外饲料生产企业广泛应用的一种新型蛋白饲料原料，在畜禽配合饲料中通常用来替代豆粕、鱼粉，添加比例可达 30％。动物性蛋白质饲料主要有鱼粉、肉骨粉、羽毛粉、血粉等。鱼粉蛋白质含量高，氨基酸组成完善，尤以蛋氨酸、赖氨酸含量丰富，含有大量的 B 族维生素和钙、磷等矿物质元素，是养殖业理想的动物性蛋白质饲料。此类饲料价格高，质量参差不齐，使用时应注意有否腐败变质、沙门菌污染及食盐含量是否合适。

3. 肉鸡矿物质饲料 主要有石粉、磷酸氢钙、贝壳、骨粉、食盐等。石粉是最经济的矿物质饲料，含钙多，且容易吸收。磷酸氢钙等是优良的钙、磷饲料。使用骨粉时应注意质量问题，防止腐败变质。磷酸氢钙和其他磷酸盐作为磷原料时，对含氟量高的应做脱氟处理，用量在 1％～2％。食盐是钠和氯的来源，占饲料的 0.35％～0.50％。

4. 药物饲料添加剂 尽量少用或者不使用药物饲料添加剂，必须添加时应严格按照《饲料药物添加剂使用规范》执行，严格遵守标签和说明书规定的适用范围、休药期及注意事项等规定，禁止超范围、超剂量添加使用药物饲料添加剂。严禁在饲料中添加国家公布禁用的物质，如《禁止在饲料和动物饮用水中使用的药物品种目录》（农业部 卫生部国家药品监督管理局公告第 176 号）、《禁止在饲料和动物饮水中使用的物质》（农业部公告第 1519 号）等，以及对人体具有直接或者潜在危害的其他物质。

目前，我国允许 41 种药物饲料添加剂在肉鸡饲料中添加使用。按作用不同可分为四类，每类包括的药物饲料添加剂及休药期规定如下：一是促生长类，有氨苯胂酸预混剂（休药期为 5d）、洛克沙胂预混剂（休药期为 5d）、杆菌肽锌预混剂（严禁用于 16 周龄以上的肉鸡，休药期 0d）、黄霉素预混剂（休药期 0d）、维吉尼亚霉素预混剂（休药期 1d）、那西肽预混剂（休药期为 3d）、阿美拉霉素预混剂（休药期 0d）和喹烯酮预混剂（休药期 0d）。二是抑菌和促生长类，有硫酸黏杆菌素预混剂（休药期 7d），杆菌肽锌、硫酸黏杆菌素预混剂（休药期 7d），土霉素钙预混剂（连续用药不超过 5d），金霉素预混剂（休药期 7d），恩拉霉素预混剂（休药期 7d）和吉他霉素预混剂（休药期 7d）。三是疾病预防治疗类，有磷酸泰乐菌素预混剂（休药期 5d）、盐酸林可霉素预混剂（休药期 5d）、复方磺胺嘧啶预混剂（休药期 1d）和硫酸新霉素预混剂（休药期 5d）。四是抗虫驱虫类，有二硝托胺预混剂（休药期 3d），马杜霉素铵（休药期 5d），尼卡巴嗪预混剂（高温季节慎用，休药期 4d），尼卡巴嗪、乙氧酰胺苯甲酯预混剂（高温季节慎用，休药期 9d），甲基盐霉素预混剂（禁止与泰妙菌素、竹桃霉素并用，休药期 5d），甲基盐霉素、尼卡巴嗪预混剂（禁止与泰妙菌素、竹桃霉素并用，高温季节慎用，休药期 5d），拉沙洛西钠预混剂（休药期 3d），氢溴酸常山酮预混剂（休药期 5d），盐酸氯苯胍预混剂（休药期 5d），盐酸氨丙啉、乙氧酰胺苯甲酯预混剂（休药期 3d），盐酸氨丙啉、乙氧酰胺苯甲酯、磺胺喹噁啉预混剂（休药期 7d），氯羟吡啶预混剂（休药期 5d），海南霉素钠预混剂（休药期 7d），赛杜霉素钠预混剂（休药期 5d），地克珠利预混剂（休药期 0d），莫能霉素钠预混剂（禁止与泰妙菌素、竹桃霉素并用，休药期 5d），盐霉素钠预混剂（也可用于促进生长，禁止与泰妙菌素、竹桃霉素并用，休药期 5d），磺胺喹噁啉、二甲氧苄啶预混剂（连续用药不得超过 5d，休药期 10d），越霉素 A 预混剂（休药期 3d），潮霉素 B 预混剂（休药期 3d），地美硝唑预混剂（连续用药不得超过 10d，休药期 3d，禁止用于促生长），环丙氨嗪预混剂，氟苯咪唑预混剂（休药期 14d）和磺胺氯吡嗪钠可溶粉（休药期 1d）。

肉鸡饲料中除了蛋白质饲料、能量饲料、矿物质饲料等主要原料外，另外还需要各种微量元素。这些需要量很少的物质都是以添加剂的形式供给，在加入大量饲料前，一般要经过稀释剂的稀释，才能混合均匀，以防止鸡只中毒。肉鸡饲料原料、饲料添加剂和配合饲料的质量控制见第四章。

三、饲养管理

采取"全进全出"阶段饲养方式。尽量采取全场"全进全出"制，如果做不到，应以养殖圈舍或者养殖区域为单位，实施"全进全出"。即一个肉鸡养殖场只饲养同批次、同日龄（或者日龄相差不超过 1 周）的肉鸡，场内饲养的肉鸡全群同期引进、同时饲养、一起出栏。空栏后，对场内栋舍、设备、用具等进行彻底清扫、冲洗、消毒，空舍 2 周以上，再引进另一批次雏鸡。这种生产制度技术方案单一、管理效率高，有利于规模化和标准化、专业化生产，能最大限度地消灭场内的病原体，防止各种传染病循环交叉感染。

肉鸡生产中多采取阶段饲养。不同阶段的鸡只对饲料营养、饲养管理等的要求不同。阶段饲养既能满足不同阶段肉鸡的生长发育需求，又便于科学化管理，降低养殖成本，增加养殖效益。根据肉鸡的生长特点，一般将肉鸡饲养阶段分为育雏期、生长期和育肥期。快大白羽肉鸡育雏期一般指 0～2 周龄或 0～3 周龄，黄羽肉鸡为 0～4 周龄或 0～5 周龄；中期也称为生长期，为肉鸡快速生长阶段，白羽肉鸡为 3～5 周龄或 4～5 周龄，黄羽肉鸡则为育雏期后至出栏前 2～3 周；后期为肉鸡上市前 2～3 周的育肥期。

1. 饲养方式　肉鸡饲养管理方式有平养、笼养两种。平养又分为网上平养、垫料平养、陆地或林下平养。垫料平养的优点是简便易行，设备投资少，胸囊肿的发生率低，残次品少；缺点是较难控制球虫病，药品和饲料费用较大。专业养殖户和中小型养殖场多采用垫料平养饲养肉鸡。垫料质量对肉鸡生长、胸腿肌发育以及鸡肉产品质量影响较大。垫料潮湿、板结最易发生胸囊肿，进而降低肉鸡商品等级。因此，要求垫料厚 10～15cm，材质干燥松软、吸水性强、不霉坏、不污染。常用的垫料有切碎的玉米秸、锯末、稻草、干沙土等。要及时更换水槽、饮水器及料槽（桶）周围的潮湿垫料。必要时饲养后期应再加一层垫料。网上平养，由于离地饲养，肉鸡不与粪便、垫料接触，容易控制球虫病；但胸囊肿发生率、腹水率、腿部疾病高，残次品多。生产中，常用方眼塑网铺在金属地板网（或者竹夹板）上面，以增加弹性，减少胸囊肿。笼养的优点是单位面积饲养量大，球虫病发生率低，便于公母分群饲养，劳动效率高等；缺点是胸囊肿和腿病较为严重，商品合格率不高，投资大，技术要求高。由于用地难、雇工难、饲养成本高等因素，一些大型肉鸡养殖企业开始采用立体笼养肉鸡，是今后肉鸡饲养管理发展的方向之一。

肉鸡适合高密度饲养，但究竟饲养密度多大为好，要根据具体情况和条件来定。在垫料上饲养密度应低些，在网上饲养密度可适当高些；通风条件好的密度可大些，夏季气温高则应降低饲养密度。环境控制好的肉鸡场，出场时最大饲养量为每平方米出栏 30kg 活鸡重。不同饲养方式的适宜饲养密度推荐值见表 6-3。

表6-3 不同体重和饲养条件下肉鸡的最大饲养密度推荐值

屠宰时平均活重（kg）	每平方米只数	
	环境控制鸡舍	常规开放式鸡舍
1.0	28	22
1.5	20	15
1.8	16	12
2.0	14	11
2.5	12	9
3.0	9	7

2. 温度要求　育雏前2周雏鸡体温调节能力差，必须提供适宜的环境温度。环境温度过低，雏鸡体热散发加快，因冷而扎堆，不爱采食和活动，影响生长发育并可诱发鸡白痢或造成挤压伤亡。环境温度过高，影响雏鸡的正常代谢，雏鸡食欲减退、大量失水、抵抗力下降，容易发生感冒或感染呼吸道疾病以及发生啄癖，使生长发育缓慢。不同日龄肉鸡适宜温度见表6-4。育雏时保温伞边缘距地面5cm处的温度以35℃为宜。从第2周起伞下温度每周降低3℃左右，到第5周降至21～23℃为止，以后保持15～21℃。或者从35℃开始，每天降低0.5℃至30天时降到20℃左右。温度下降太快，易诱发疾病，影响肉鸡增重；温度下降太慢，影响鸡只采食量和羽毛生长。可采取风暖、水暖、电暖等方式调控舍内温度。夏季温度较高时，可通过安装湿帘、加大通风等措施调控舍内温度。施温原则是：要求温度弱雏高，强雏低；夜间高，白天低；大风降温和雨天时要求高，正常晴天要求低；冬春育雏时要求高，夏秋时要求低；小群育雏密度小的要求高，大群育雏密度大的要求低。饲养人员应每天检查和记录温度变化，根据季节和肉鸡行为变化灵活掌握。

表6-4 不同日龄鸡的适宜环境温度

日龄	1～3	4～7	8～14	15～21	22～28	29～35	36至出栏
温度（℃）	33～35	30～33	27～30	25～27	22～25	18～23	15～21

3. 湿度要求　湿度对雏鸡的健康和生长影响较大。高湿低温雏鸡很容易受凉感冒。湿度过低则雏鸡体内水分随着呼吸而大量散发，影响雏鸡体内卵黄的吸收，反过来导致饮水增加，易发生腹泻，脚趾干瘪、无光泽。第1周相对湿度应为70%～75%，第2周为60%～65%，3周以后保持在55%～60%即可。3周龄后鸡体重增大、呼吸量增加，应保持舍内干燥，注意通风，避免饮水器漏水，防止垫料潮湿。

4. 光照要求　合理的光照制度有利于提高肉仔鸡的生长速度和饲料效率。肉仔鸡的光照制度有两个特点：一是光照时间较长，目的是为了延长采食时间；二是光照强度小，弱光可以降低鸡的兴奋性，使其保持安静的状态，防止发生啄癖。肉鸡1～3日龄每天光照24h，4～7日龄光照23h。对于前期生长较快的科宝系列肉鸡，建议8～17日龄限制光照为9～12h，以减少猝死综合征及腹水综合征发生率；18日龄增加到16h；以后每周增加2h，直到23h。其他品种建议每天光照18～20h。快速型和中速型黄羽肉鸡，建议每天光照16～18h；慢速型可先减后加，以促进性腺发育，即第2～8周光照8～12h，第9周开始增加，至出栏为18～20h。对于有窗鸡舍，白天利用自然光照，后期育肥期可夜间补光1～2h。

肉鸡生长不需要强光照。以鸡背高度的光照强度为准，7 日龄以内以 20lx 照度为宜，以后减为 5lx，一般 3W 的 LED 灯即能满足要求。光照强度除了与灯泡功率有关外，还与灯泡高度、墙面材料、灰尘及灯罩有关，建议以实测为准。

5. 通风要求　通风的目的是排除舍内氨气、二氧化碳等有害气体，排除空气中的尘埃和病原微生物，以及排除多余的水分和热量。良好的通风对于保持鸡体健康非常重要。肉仔鸡饲养密度大、生长速度快、代谢旺盛、吃料多、排便多，特别是采用地面厚垫料平养，易产生不良气体。如果鸡舍通风换气不良，往往使舍内温度过高、有害气体增加，造成肉用仔鸡增重缓慢，饲料利用率降低，胸部囊肿发病率增加，屠体等级下降，残次率提高。因此，饲养肉用仔鸡必须加强鸡舍通风换气。鸡舍内每立方米氨气含量不能超过 20mg、硫化氢不能超过 10mg。鸡舍通风量一般应根据舍内温度、湿度和有害气体浓度等因素综合确定。环境控制鸡舍每小时每千克体重通风量一般为 3.6～4m³。在不影响舍温的前提下尽量多通风。鸡舍通风分机械通风和自然通风两种，机械通风又可分为横向通风和纵向通风、正压通风和负压通风。夏天高温季节宜采用"湿帘-负压风机"通风降温系统降温。养殖生产中，应根据具体情况选择适宜的通风方式。

6. 肉仔鸡饲养关键技术　一是加强早期饲喂。肉仔鸡生长速度快，相对生长强度大，前期生长稍有受阻则以后很难补偿，这与蛋用雏鸡有很大差距。在实际饲养中，一定要使雏鸡早入舍、早饮水、早开食。饮水最好在雏鸡出壳后 12～24h 内进行，最长不超过 36h，且在开食前进行。水温应与舍温接近，保持在 20℃左右。最好在饮水中加入 5%～8%葡萄糖或电解质多维。二是日粮营养水平高，且保证足够的采食量。采用的措施有：保证足够的采食位置，保证充足的采食时间；高温季节采取有效的降温措施，加强夜间饲喂；检查饲料品质，在饲料中添加香味剂，增强适口性；采用颗粒饲料等。

肉鸡出栏前 4～6h 停喂饲料，以减少饲料浪费和应激，但不停止供水。抓鸡过程中尽可能避免惊扰鸡群，防止鸡群挤压。捉鸡时应抓住鸡的双腿，往笼内轻放，鸡笼内不可放鸡过多。运输途中要平稳，尽量不停留，到达目的地后及时卸车，以减少应激和挤压导致的死亡。

四、卫生防疫与疫病控制

重点围绕三个关键环节开展卫生防疫工作：一是控制传染源，二是切断传播途径，三是保护易感动物。

1. 制定并实施科学有效的卫生消毒制度　具体质量措施包括：在肉鸡养殖场和生产区及鸡舍出入口安装消毒设施设备，且保证运行良好、安全有效。保持鸡舍清洁卫生，料桶、饮水器要定期清洗消毒。饲养过程中各种用具、设备使用前后须认真消毒；定期灭鼠，防止蚊蝇、昆虫滋生，防止野禽飞入鸡舍。鸡舍内定期进行全群带鸡消毒。选择国家批准使用的、符合产品质量标准的消毒药，不宜长期使用一种消毒药。垫料、车辆、用具等须消毒处理后进入生产区。外来人员不能进入生产区；病死鸡做无害化处理。肉鸡转群或出栏后，对场区、鸡舍、用具等进行彻底消毒等。

2. 控制人员、车辆和物品流动　人员是传染病传播中的潜在危险因素，是极易被忽略的传播媒介。养鸡场应设置供工作人员出入的通道，进场时必须通过消毒池或者经过消毒设施消毒。进入鸡舍前应进行更衣消毒。对工作人员及其常规防护物品进行可靠的清洗和消毒，最大限度地防止可能携带病原体的工作人员进入养殖区。生产过程中，工作人员不能在生产区各鸡舍间随意走动，工具不能交叉使用。非生产区人员未经批准不得进入生产区。不得从场外携带活禽等产品进入生产区，禁止在生产区内养殖其他禽类，以防止被相关病原体污染。定期对养殖场所有相关人员进行兽医生物安全知识培训。尽可能减少外来人员进入或者参观养殖区。外来人员或者车辆经许可并严格按照要求消毒后方可进入。物品流动控制包括对进出养殖场的物品和场内物品流动方式的控制。物品流动方向应从最小日龄肉鸡流向较大日龄肉鸡，从养殖区流向粪污处理区，或者从正常养殖区流向隔离饲养区。

3. 制定并实施符合当地实际的肉鸡免疫程序 应详细调查提供鸡苗的种鸡的免疫状况、出壳鸡苗的母源抗体水平、当地疫病流行状况等，在此基础上制订合理的免疫程序。表 6-5 给出的肉鸡免疫推荐程序是基于种鸡规范免疫、雏鸡母源抗体水平较高等状况下制订的，仅供参考。生产实际中可根据鸡群的健康状况和当地疫病的流行情况进行适当调整。对于优质肉鸡（饲养 90～120d），应在 30 日龄增加一次禽流感灭活疫苗的免疫。

表 6-5　肉鸡的参考免疫程序

日　龄	疫　苗
7	新城疫—支原体二联活疫苗
10～12	法氏囊病弱毒活疫苗
18	新城疫—支原体二联活疫苗
24	法氏囊病中等毒力活疫苗和鸡痘苗
42（黄羽肉鸡）	新城疫弱毒活疫苗

五、无公害肉鸡生产中主要非传染性疾病及防控

1. 胸囊肿 是肉鸡常见的疾病，表现为肉鸡特别是白羽肉仔鸡的胸部皮下局部炎症，既不传染也不影响生长，但影响胴体的商品价值和等级。预防措施主要有：尽量保持垫料干燥、松软，厚度应保持在 5～10cm，及时更换黏结、潮湿的垫料；若采用铁网平养或者笼养，应加一层弹性塑料网；采取少喂多餐的方法，促使肉鸡吃食活动，尽量减少肉鸡卧地时间等。

2. 肉鸡腹水综合征 导致肉鸡腹水综合征的因素很多，主要由以下原因导致的缺氧引起：饲料蛋白、能量水平过高；氨气、灰尘过多，湿度过大；一氧化碳、日粮或饮水中硝酸盐慢性中毒、钠含量过高、添加剂和药物使用过量、黄曲霉毒素中毒等；维生素 E、微量元素硒等营养缺乏；苗鸡孵化后期温度过高；继发大肠杆菌等病；高海拔低压缺氧等。一般初期症状不明显，到产生腹水时已是病程后期，并发症导致死亡率增高，治疗困难，故应以预防为主。主要从改善饲养环境、科学管理、科学配方等方面考虑。如用 0.3% 的过氧乙酸每周带鸡喷雾 1～2 次，既可除氨，又可给鸡舍增氧；日粮中添加亚麻油，可降低腹水综合征；每吨饲料中添加 500g 维生素 C 和饲料中添加 1% 微量元素硒添加剂，可有效预防腹水综合征。

3. 肉鸡猝死综合征 又称暴死症、急性死亡综合征，是发生于肉鸡的一种常见病，常发生于生长特快、体况良好的 2 周龄至出栏时肉鸡。特点是发病急、死亡快，死亡率 1%～5%。

防治措施：改善饲养环境，保持鸡舍清洁卫生，注意通风换气，养殖密度适当，保持鸡群安静，尽量减少噪声及应激，注意光照时间。科学调配日粮，注意各种营养成分的平衡，生长前期给予充足的生物素、硫磺素等B族维生素，以及维生素A、维生素D、维生素E等。

第七节　无公害肉鸭和肉鹅养殖生产

本节主要介绍无公害肉鸭和肉鹅养殖过程中关键点和风险因子质量控制，包括品种选择、引种、饲料与日粮配制、饲养管理、生物安全措施等。

一、品种选择与引进

品种是影响水禽养殖的关键因素之一。对于肉鸭、肉鹅而言，选择产肉性能好、饲料转化效率高、肉质优良、特色鲜明的品种，是保证健康养殖、安全生产的前提。在规模化肉鸭养殖生产中，使用的主要品种有北京鸭及在其基础上培育的新品种和配套系，如樱桃谷肉鸭配套系、Z型北京鸭配套系、南口1号北京鸭配套系等，以及番鸭和部分地方麻鸭品种及杂交后代。肉鹅品种按体型大小可分为大型、中型和小型品种，按羽色可分为白羽和灰羽品种，按主要生产用途可分为肉用型鹅和肝用型鹅品种。肉鹅养殖生产中，使用的品种以地方品种为主。近年来，扬州鹅、天府肉鹅等培育品种（配套系）以及朗德鹅、莱茵鹅等引进品种在生产中也得到了广泛应用。

引进肉鸭和肉鹅时，应加强三个关键环节的质量控制：一是雏禽来源；二是选择健康雏禽；三是运输时减少应激。

雏禽必须来自非疫区且有《种畜禽生产经营许可证》的种禽场或专业孵化厂。雏鸭不应携带沙门菌属细菌；雏鹅不应引自有小鹅瘟、禽流感、鹅副黏病毒病的种鹅场。雏禽应符合所引进品种的特征和特性，经产地动物防疫检疫部门检验合格，达到农业部《家禽产地检疫规程》（农医发〔2010〕20号）的要求。同一栋禽舍的所有家禽应来源于同一种禽场相同批次。

选择雏禽时，雏禽的体重、绒毛颜色等外貌特征应符合所引品种的特征。雏禽苗须体质健壮，体重大，行动活泼，眼睛灵活、有神，躯体长而宽，腹部柔软、有弹性，绒毛粗、干燥、有光泽，叫声有力。凡是绒毛太细、太稀、潮湿乃至相互黏着、无光泽，瞎眼、歪头、跛腿、大肚脐、眼睛无神、行走不稳的禽苗，表明发育不佳、体质差，不宜选用。

运输前需清洗和消毒运输工具。运输时，携带产地动物卫生监督机构出具的《动物检疫合格证明》等证明文件，并交由目的地养殖场保存；运输及装卸过程中尽可能减小雏禽的应激；装载密度雏鸭不少于 $40cm^2$/只，雏鹅不少于 $50cm^2$/只。有充分的通风系统，通风口可调节，以保持适宜的温度、湿度环境。运输车辆车厢内温度应可进行随时监控和记录。装卸与运输过程中，尽力避免噪声和剧烈震动与碰撞，保证雏禽处于相对安静、舒适的状态。应有追溯程序，能追溯到所有引进雏禽的孵化厂和种禽场。

二、饲料与日粮配制

饲料成本一般占肉鸭和肉鹅养殖成本的70％以上。饲料质量是影响无公害水禽安全生产的关键控制点之一。只有在饲料原料、添加剂的购进、运输、贮藏、配制、使用等各环节，做到严格的安全控制和合理的营养搭配，才能保证肉鸭和肉鹅的无公害生产。

日粮配制应保证营养全面，满足不同种类、不同阶段水禽的营养需要。不同类型的商品肉鸭的饲料配制可参考《肉鸭饲养标准》（NY/T 2122—2012），结合鸭群实际情况，科学设计日粮配方。肉鹅的饲料配制可参考美国 NRC（1994）鹅的营养物质需要量和苏联（1990）的营养推荐量，结合肉鹅品种和养殖实际情况科学配制日粮，根据商品肉鹅生长情况，合理搭配精饲料和青绿饲料。

肉鸭养殖中主要以商业化生产的全价配合饲料为主，养殖场自配料的不多，但应该注意对饲料品质、安全的选择。

在缺少肉鹅专用配合饲料的情况下，肉鹅养殖场需要进行日粮搭配。配制日粮时，应根据鹅的品种类型、产品方向、环境特点、饲养方式及当地饲料资源的实际情况，因地制宜地将各种饲料按不同比例搭配在一起，以满足鹅生长和生产的营养需要。配制的日粮首先应满足鹅的能量需要，蛋白能量比适宜，粗纤维含量在鹅日粮中占 5%～10%。肉鹅日粮主要包括全价配合饲料、粗饲料和青绿饲料三大类。全价配合饲料是按照鹅不同时期的营养需要配制而成的饲料；粗饲料主要是指谷物类饲料（50%左右）、米糠（10%～15%）、麦麸（10%～15%）、白酒糟（10%）、玉米酒精糟或啤酒糟（10%～20%）等加上矿物质、微量元素的混合物；青绿饲料主要指人工种植的多花黑麦草、苏丹草、苦荬菜、菊苣等。商品肉鹅 70～75 日龄出栏，一般每只鹅需要全价配合料 1.5～2kg（主要用于育雏期）、粗饲料 5～6kg（从 20 日龄后可逐步增加补饲量）、青饲料 35～40kg。

肉鸭和肉鹅的日粮应保持相对稳定，育雏期、生长育肥期饲料必须改变时最好有 1 周的过渡期。夏季适当增加日粮营养浓度，特别是蛋白质含量；冬春季节适当提高饲料的能量水平，添加复合维生素。

饲料质量控制措施有：日粮配制中所有使用的饲料原料和饲料添加剂应在农业部公布的《饲料原料目录》和《饲料添加剂品种目录》中。添加剂的使用应符合《饲料添加剂安全使用规范》《饲料药物添加剂使用规范》《无公害食品 畜禽饲料和饲料添加剂使用准则》（NY 5032）等的相关规定。购买的单一饲料、饲料添加剂及添加剂预混合饲料、浓缩饲料和全价配合饲料应具有合格的生产许可证、产品批准文号等证明文件。饲料原料要无发霉、变质、结块、虫蛀及异味、异臭、异物，应安全、有效、无污染。禁止在肉鸭和肉鹅饲料中添加使用喹乙醇预混剂。禁止在饲料中添加各种镇静剂、兴奋剂、激素等违禁药物以及其他对动物和人体具有直接或者潜在危害的物质。

饲料应贮存在干燥、卫生、阴凉的地方，确保在贮存过程中不受害虫、化学、物理、微生物或其他不期望物质的污染。饲料应堆放整齐、标识鲜明，便于先进先出。饲料库要有严格的管理制度，有准确的出入库、用料和库存记录。肉鸭和肉鹅饲料质量控制参见第四章。

三、饲养管理

1. 饲养方式 水禽饲养方式主要有放牧饲养、放牧与舍饲相结合和集约化全舍饲饲养三种方式。放牧饲养是我国传统的水禽养殖方式，主要依托众多的水网、湖泊水域、稻田等进行养殖。需要注意的是养殖数量与环境粪污承载能力间的平衡。半牧半舍饲饲养方式指的是在放牧饲养自由采食野生饲料之后，人工进行适当补饲，有固定的圈舍供避风挡雨、避寒及夜晚休息。此种方式可应用于"稻鸭共育"等模式。集约化舍饲饲养是水禽无公害养殖的发展趋势，具有成活率高、易于管理、节约劳动力、受外界环境因素影响小、雏禽生长速度快等特点。但由于饲养生活空间相对狭小，应注意饲养密度，保持垫料、运动场、戏水池清洁卫生。

饲养方式的选择必须根据生产任务、饲养品种、当地气候和饲料条件等，进行综合考虑。目前，商品肉鸭的养殖方式主要采用全舍饲饲养，主要有地面垫料平养和网上平养两种方式。商品肉鹅的饲养方式仍然是放牧饲养、放牧与舍饲相结合和全舍饲饲养三种方式并存。

2. 饲养阶段的划分　商品肉鸭、商品肉鹅的饲养阶段均可分为育雏期（0～3 周龄）和生长育肥期（4 周龄至上市）两个主要阶段。商品肉鸭一般 5～8 周龄上市，商品肉鹅一般10～12 周龄上市。肉鸭和肉鹅饲养阶段划分见表 6-6。

表 6-6　肉鸭和肉鹅饲养阶段的划分

水禽	育雏期	生长育肥期	上市
肉鸭	0～21 日龄	22～56 日龄	35～56 日龄
肉鹅		22～70 日龄	70～84 日龄

3. 育雏期的饲养管理　育雏前应完成各种设施设备的检修安装，做好喂料器具、育雏舍内及周围环境的清洁消毒等工作。育雏温度应先高后逐渐降低。1 日龄雏禽保持在 32℃，2～7 日龄 32～28℃，8～14 日龄 28～25℃，15 日龄以后维持在 20～25℃。育雏期间应保持育雏舍内清洁、干燥，1～14 日龄时相对湿度以 60%～65% 为宜，14 日龄后相对湿度65%～75%。光照控制方面，商品肉鸭光照时间一般为 24h 或 23h，商品肉鹅光照时间逐步降低。此外，舍内氨气浓度保持在 10mg/L 以下，二氧化碳浓度在 0.2% 以下。肉鸭和肉鹅主要育雏条件见表 6-7。

表 6-7　肉鸭和肉鹅的育雏条件

育雏条件	1 日龄	2～7 日龄	8～14 日龄	15～21 日龄
温度（℃）	32	32～28 （逐渐降低）	28～25 （逐渐降低）	20～25 （降低至室温）
湿度（%）		60～65	65～75	
光照（鸭，h）		23～24		
光照（鹅，h）	24		18	16
其他		氨气浓度≤10mg/L，二氧化碳浓度≤0.2%		

育雏期的饲养密度应随日龄增加而减少，并且根据饲养方式不同而有所差异。商品肉鸭和商品肉鹅的饲养密度参考值见表 6-8。

表 6-8　商品水禽育雏期饲养密度参考值（只/m²）

水禽	类型	饲养方式	1～7 日龄	8～14 日龄	15 日龄后
商品肉鸭	大型（北京鸭系列）	网上平养≤	25	20	15
		地面平养≤	20	15	10
	中小型	网上平养≤	30	25	20
		地面平养≤	25	20	15

（续）

水禽	类型	饲养方式	1～7 日龄	8～14 日龄	15 日龄后
商品肉鹅	大型	网上平养≤	15	10	8
		地面平养≤	10	8	5
	中型	网上平养≤	20	15	10
		地面平养≤	15	10	8
	小型	网上平养≤	25	20	15
		地面平养≤	20	15	10

出壳后 24h 内，让雏禽进行第一次饮水。饮水时，宜采用小型饮水器或乳头式饮水器。首次饮水后 1h 左右即可开食，可将饲料撒在浅平料盘或塑料布上，让雏禽啄食。如用颗粒饲料，要将颗粒料破碎，以便雏禽采食。雏鹅开食时应饲喂少量青饲料，常用的青饲料包括苦荬菜、莴苣、青菜等，饲喂之前切成细丝。

日常管理方面，育雏期注意适时添加饲料，但食槽内余料不能过多。1～3 日龄每天饲喂 6～8 次，4～10 日龄每天饲喂 4～6 次（或自由采食），11～20 日龄自由采食。对于雏鹅要适当补充青绿饲料，使用量随年龄增长逐步增加。地面平养条件下要保持垫料干燥，供给充足清洁的饮水，保持料槽及用具清洁干净。

4. 商品肉鸭生长育肥期的饲养管理 对于大型肉鸭，地面平养育肥时，适宜的饲养密度为：4 周龄 7～8 只/m²，5 周龄 6～7 只/m²，6 周龄 5～6 只/m²；网上平养育肥时 4 周龄 12～14 只/m²，5 周龄之后降为 6～7 只/m²。商品肉鸭生长育肥期一般采用 24h 或 23h 光照，夜间宜采用弱光照明，光照强度为 10～15lx（2～3W/m²）。鸭舍内应备有应急灯。商品肉鸭的饲喂通常采用自由采食，同时保证充足的饮水。但在喂料时不要一次投放饲料过多。料盘与饮水处保持适当距离。

肉鸭地面平养时，要注意保持垫料干燥。经常打扫舍内卫生，保持清洁；经常通风换气，避免空气污浊。尽量减少人员出入，饲喂应定人、定时、定饲料，减少肉鸭的应激反应。肉鸭上市日龄通常为 5～8 周龄，但根据品种类型、品质要求等有所变化。可根据饲养品种的特点、当地市场需求、消费习惯等，确定适宜的上市时间。

5. 商品肉鹅生长育肥期的饲养管理 生长育肥期商品肉鹅的饲养密度需随饲养天数增加而适当降低。网床平养时，中、小型鹅种从 4 周龄 5～6 只/m² 逐渐降低至 5 周龄以后 2～3 只/m²；大型鹅种从 4 周龄 4～5 只/m²，降到第 5 周后控制在 1～2 只/m²。地面平养时，应该在上述饲养密度水平上适当降低。生长育肥期一般采用自然光照。夜晚加夜宵灯，即每 100m² 用 1 只 20W 灯泡，高度 2m。

舍饲的商品肉鹅一般多使用配合饲料，饲喂时应注意饲料中粗纤维含量。条件适宜的地区可种草养鹅，放牧与舍饲结合饲养，制订合理的青绿饲料种植和刈割利用计划，同时充分利用糠麸糟渣类等当地物美价廉的粗饲料。对于有较好放牧条件的地方，建议采用放牧饲养的方式，并根据仔鹅放牧采食情况加强补饲。适合人工种植的牧草品种有多花黑麦草、苏丹草、鹅菜、杂交狼尾草、墨西哥玉米、紫花苜蓿等。种植地应远离工业污染区。

饲养过程中要根据仔鹅的体况及时分群，放牧鹅群以 100～200 只为宜。要保持鹅舍清洁卫生。随日龄的增加应逐步增加青饲料的饲喂量。在育肥后期（9～10 周龄）需要多添加能量饲料进行短期育肥。全舍饲条件下要限制鹅的活动，保持较暗的舍内光线，减少外界干扰。商品肉鹅一般在70～80日龄时就可以达到上市体重。不同地区可根据市场需求及时出栏。

6. 水禽饲养管理的主要风险因子及防控措施　肉鸭与肉鹅的饲养管理过程中，主要风险因子有舍内环境、饲养密度、垫料、饮水、饲料等。主要防控措施包括：设计安装合理的温度控制、通风及照明设施，通风系统应保证舍内污染程度不会引起肉鸭和肉鹅的明显不适，在保证家禽活动的情况下使用低光照强度，温度控制应避免雏禽打堆或远离热源；定期检测舍内的氨气、二氧化碳和硫化氢浓度，防止超标；饲养密度应能够保证家禽的正常、自由活动；禽只生活区域应排水良好，保持垫料干燥松软；每天持续供给充足、清洁、新鲜的饮水，供给满足禽只生长发育的营养需要并保证饲料优质，肉鹅养殖中还应尽量供给充足、鲜嫩的青绿饲料。

四、生物安全措施

疫病防控是无公害肉鸭和肉鹅养殖生产中风险较高的重要环节。生物安全措施是为了减少疾病侵入以及防止已患病个体将疾病传播到其他个体而采取的系列措施，主要包括消毒、免疫、综合控制、兽药施用等内容。

（一）消毒

消毒是减少疫病发生最重要的措施之一，是通过对环境、用具等进行处理，达到减少或杀灭养殖环境及禽体表的病原体，将病原体数量和浓度控制在无害的程度，防止个体发病或疫病蔓延。常用消毒方法有卫生消毒法、物理消毒法、化学消毒法、生物消毒法等。卫生消毒法是通过清扫、冲洗、粉刷等手段减少病原体；物理消毒法是利用阳光、紫外线、火焰及高温蒸煮等手段杀灭病原体；化学消毒法是利用各种化学消毒剂进行浸泡、喷洒或熏蒸以杀灭病原体；生物消毒法主要针对粪便和垫料等，是利用微生物发酵的方法杀灭病原体。水禽养殖场的消毒主要包括环境消毒、用具消毒、人员消毒、带禽消毒等。

1. 环境消毒　在进禽前对禽舍、运动场、洗浴池等进行彻底清洁、冲洗，通风干燥后用0.1%新洁尔灭或4%来苏儿、0.3%过氧乙酸等国家批准允许使用的消毒剂进行全面喷洒消毒。生产区和禽舍门口设消毒池，定期更换消毒液，保持有效浓度。车辆进入水禽场应通过消毒池，并用消毒液对车身进行喷洒消毒。水禽舍周围环境每2周消毒一次。水禽场周围及场内污水池、排粪坑下水道出口每月消毒一次。

2. 用具消毒　至少每月对料槽、饮水器、推车等用具进行一次消毒。消毒前将用具清洗干净，先用0.1%新洁尔灭或0.2%～0.5%过氧乙酸消毒，然后在密闭的室内用甲醛熏蒸消毒。

3. 人员消毒　工作人员进入生产区要更换工作服，经紫外线消毒、脚踏消毒池。严格控制外来人员进入生产区。必须进入生产区的外来人员应严格遵守场内防疫制度，更换一次性防疫服和工作鞋，并经紫外线消毒和脚踏消毒池，按指定路线行走，并做好来访记录。

4. 带禽消毒　定期进行带禽消毒。消毒时选择刺激性相对较小的消毒剂，如0.2%过氧乙酸、0.1%新洁尔灭、0.1%次氯酸钠等。场内无疫情时每隔2周带禽消毒一次，有疫情时每隔1～2d带禽消毒一次。

（二）免疫接种

要根据《动物防疫法》等相关法律法规的要求，结合当地疫病流行实际，有选择地进行疫病的预防接种工作。选用的疫苗应符合《兽用生物制品质量标准》等的要求，并注意选择科学的免疫程序和免疫方法。

商品肉鸭需对鸭传染性浆膜炎、鸭瘟、鸭病毒性肝炎、禽流感等疫病进行免疫接种。如父母代种鸭按正规程序进行了免疫，则商品肉鸭只需在 7～10 日龄皮下注射 0.5mL 雏鸭大肠杆菌病多价蜂胶复合佐剂二联苗一次。如父母代种鸭未按正规程序进行免疫或免疫情况未知，则应在雏鸭 1～3 日龄皮下注射 0.5mL 雏鸭大肠杆菌病多价蜂胶复合佐剂二联苗，且口服 1～2 个剂量的鸭瘟-鸭病毒性肝炎二联弱毒疫苗。此外，在 10～15 日龄可皮下注射禽流感二价灭活苗。

商品肉鹅需对鹅新型病毒性肠炎、小鹅瘟等疫病进行免疫接种。推荐的商品肉鹅免疫程序为：1～3 日龄，抗雏鹅新型病毒性肠炎病毒-小鹅瘟二联高免血清，每只 0.5mL 皮下注射；7 日龄，副黏病毒灭活苗，每只 0.25mL 皮下注射；4 周龄，鹅巴氏杆菌蜂胶复合佐剂灭活苗，每只 1mL 皮下注射。

（三）综合控制措施

水禽场疫病的综合控制主要包括疫情监测、疫情控制与扑灭、加强日常管理等方面。疫情监测应依照《动物防疫法》及其配套法规的要求，结合当地实际情况，制定疫病监测方案并组织实施。疫病监测结果要及时报告当地畜牧兽医行政管理部门。肉鸭饲养场常规监测的疫病包括：高致病性禽流感、鸭瘟、鸭病毒性肝炎、禽衣原体病、禽结核病。鹅饲养场常规监测的疫病包括：禽流感、鹅副黏病毒病、小鹅瘟。除上述疫病外，还要根据当地当时实际情况，选择其他一些必要的疫病进行监测。

水禽饲养场发生疫病或怀疑发生疫病时，立即向当地畜牧兽医行政管理部门报告疫情。确诊发生高致病性禽流感时，积极配合当地畜牧兽医行政管理部门，对禽群采取严格的隔离、扑杀措施。发生鸭瘟、鸭病毒性肝炎、禽衣原体病、禽结核、小鹅瘟、鹅副黏病毒病、禽霍乱、鹅白痢、伤寒等疫病时，要对禽群实施净化措施，对全场进行清洗消毒。病死禽及其养殖废弃物，按照农业部《病死动物无害化处理技术规范》（农医发〔2013〕34 号）的规定进行无害化处理。

建立日常管理程序，不得随意改变。生产人员和管理人员至少每年进行一次健康检查，持健康证上岗。各禽舍专人专职管理，饲养员不互相串舍。对新参加工作和临时参加工作的人员需进行上岗卫生、安全培训。水禽生产采用全进全出制度，每次周转完毕后，及时对禽舍、用具、工作服等进行清洗和消毒。不同种家禽不得混养，强、弱禽应分开饲养。养殖场应建立环境净化制度，确保管理措施完备，并配合当地动物防疫监督机构进行疫病监督抽查。

（四）兽药使用

商品肉鸭与商品肉鹅养殖周期较短，在做好消毒、防疫和综合控制的情况下，应尽量避免兽药的使用。特殊情况下如需使用兽药，应符合第五章的有关要求。严格执行休药期，肉鸭和肉鹅出栏前 1～2 周应停止用药。停药时间取决于所用药物，要保证生产的禽肉中药物残留量符合无公害食品的要求。休药期内的肉鸭和肉鹅不能作为无公害产品上市或屠宰。

五、记录与档案管理

水禽场要建立完善生产过程中的各种记录，尽量做到产品可追溯。这些记录包括引种记录、饲养管理记录、饲料及饲料添加剂采购和使用记录、废弃物记录、消毒记录、兽药使用记录、免疫记录、病死或淘汰禽尸体处理记录、活禽检疫记录、销售记录以及其他记录。各种原始记录保存 2 年以上。

第八节　无公害肉兔养殖生产

本节以生产无公害兔肉为目标、提高兔群健康水平，以控制疫情，减少兔肉产品的药物残留为重点，介绍商品肉兔养殖生产过程中的关键环节。

一、肉兔引进

商品肉兔的生产是从肉用仔兔断奶开始，因此，商品肉兔的健康和日增重在很大程度上取决于断奶仔兔的质量。对仔兔质量进行必要的选择，已成为无公害肉兔生产质量控制的重要措施。评价断奶仔兔质量比较简单：一是看健康，二是看体重。根据仔兔质量并结合生产实际，对用于无公害肉兔生产的仔兔进行必要的选择，改变传统的"全窝育肥法"很有必要。引进仔兔时应注意：用于无公害肉兔生产的仔兔，最好来自本场繁殖的断奶兔；外购仔兔进行育肥生产的，应从种兔质量好、卫生防疫条件好、经营管理好、坚持实施"仔兔补饲"的商品仔兔生产场（户）选购，并经检疫合格。仔兔应选自良种兔的杂交后代，最好选用肉兔配套系的商品代仔兔。30～35 日龄断奶体重达 450g 以上。备选仔兔应毛被光滑、健康活泼、无明显发育缺陷。引进的种兔要隔离饲养 30～40d，经观察无病后，才可引入生产区进行饲养。不从疫区引进种兔。

二、营养调控与日粮配制

商品肉兔的营养调控主要涉及 18～90 日龄的仔、幼兔，调控的主要目的：一方面是满足 18～90 日龄仔、幼兔快速生长发育的营养需要；另一方面是根据仔、幼兔的消化生理特点，控制其日粮中粗蛋白质和粗纤维水平，维护肉兔消化道健康，减少发病用药，达到控制兔肉产品兽药残留的目的。

目前，我国还没有发布肉兔营养需要量的行业标准和国家标准，生产中可参考山东省 2011 年 3 月发布的《肉兔饲养标准》（DB37/T 1835—2011）配制商品肉兔日粮。为解决仔兔 21 日龄之后母兔泌乳量逐渐下降、仔兔营养需要量快速上升的矛盾，肉兔养殖场可购买或配制"仔兔补饲专用料"，让仔兔自由采食。一方面可满足仔兔后期生长发育的营养需要，同时有利于减少仔兔断奶的换料应激、提高仔兔免疫力。仔兔补饲专用料的营养水平，一般以消化能 10.0MJ/kg、粗蛋白质 16%、粗纤维 14%左右为宜，木质素含量不低于 5.5%。

肉兔是食草动物，必须饲喂一定比例的优质粗饲料。肉兔饲料由精饲料和粗饲料组成，精饲料主要由玉米等能量饲料、豆粕等蛋白质饲料以及饲料添加剂组成，粗饲料有牧草、可饲用的树叶、农作物秸秆等。要因地制宜地选择质优价廉的饲料原料。饲料原料质量对保障肉兔饲料质量安全至关重要。饲料原料要有该饲料应有的色泽、嗅、味及组织形态特征，质地均匀，无发霉、变质、结块及异味、异臭、异物。粗饲料要来源稳定、质量可靠，无污染、无结块、无发霉变质，没有夹杂塑料、泥土等杂物。生产中使用较多的粗饲料有农作物秸秆、秕糠、花生秧等。生产中，人们往往重视精饲料而忽视粗饲料。殊不知与精饲料一样，粗饲料对肉兔健康养殖非常重要。一些生产中出现的问题如肉兔腹泻、腹胀等，往往是由于粗饲料来源不稳定、发霉变质、塑料杂物等原因引起。相对而言粗饲料的质量更不好控制。因此生产实践中，既要重视精饲料的质量，又要重视粗饲料的来源和质量。

目前，我国允许在商品肉兔饲料中添加使用 4 种药物饲料添加剂，分别是盐酸氯苯胍预混剂、氯羟吡啶预混剂、地克珠利预混剂和磺胺氯吡嗪钠可溶粉，它们都是抗球虫类药物添加剂。兽用原料药不得直接加入饲料中使用，必须制成预混剂后方可添加到饲料中。任何其他兽药产品一律不得添加到肉兔饲料中使用。使用药物饲料添加剂的，应严格遵守农业部《饲料药物添加剂使用规范》及其补充说明，严格遵守产品标签和说明书规定的适用范围、休药期及注意事项等规定。如每 1 000kg 肉兔饲料中允许添加盐酸氯苯胍 1 000～1 500g，休药期为 7d；每 1 000kg 饲料中允许添加氯羟吡啶 800g，休药期为 5d；每 1 000kg 饲料中允许添加地克珠利 1g；每 1 000kg 饲料中允许添加磺胺氯吡嗪钠 600mg，连用 16d。禁止超范围、超剂量使用药物饲料添加剂。严禁在商品肉兔饲料中使用镇静剂、激素类等物质，严禁在饲料中添加国家公布禁用的物质以及对人体具有直接或者潜在危害的其他物质。

在规模化肉兔生产中，绝大多数养殖场（户）使用全价颗粒饲料。外购或者自配的商品肉兔颗粒饲料，其卫生质量应符合《饲料卫生标准》的要求，养分含量要满足不同阶段肉兔的营养需要，重点控制粗蛋白、粗纤维、消化能和中性、酸性洗涤纤维及木质素等营养素的含量水平。颗粒饲料含水量北方不宜超过 14%、南方不宜超过 12.5%，破碎率不宜超过 3% 或者成形颗粒比例不低于 97%（粉料比例过高，易诱发肉兔消化和呼吸道紊乱），直径 3～4mm，颗粒大小、硬度适宜仔兔、幼兔采食。定期或者按批次检验饲料中的微生物污染情况，重点检测霉菌毒素、大肠杆菌、沙门菌等，保证饲料中有害有害物质不超标。

三、商品肉兔的饲养管理

商品肉兔生产的突出特点是幼兔育肥，育肥期幼兔日增重快、采食积极性高，但机体免疫功能、体温调节功能和食物消化功能均尚未发育健全，对环境的应变能力及疫病的抵抗能力弱，因此，育肥前期是肉兔发病率、死亡率较高的阶段。加强商品肉兔的饲养管理，减少消化道疫病等的发生，不仅是提高商品肉兔出栏率、增加养兔收益的重要环节，也是控制药物残留、保障兔肉安全的关键节点。

为此，在应用一般幼兔饲养管理技术的基础上，特别推荐以下技术要点：

1. 实施"分阶段饲养" 对 4～8 周龄（前期）的育肥幼兔，要实行限制饲养。限制饲养可采用定量饲喂或限制日粮能量、蛋白质水平两种方法。采用定量饲喂的方法，即坚持随幼兔日龄增长逐步增加颗粒饲料的日饲喂量，不让幼兔自由采食。采用限制日粮营养水平的方法，是按照生长兔营养需要量 80%～90% 的水平配制幼兔前期颗粒饲料，达到"限制饲养"的目的。对 8～13 周龄（后期）的育肥幼兔，首先要改限制饲喂为任其自由采食，同时提高颗粒饲料的能量、蛋白质水平，使其达到《肉兔饲养标准》的要求。其中，消化能的控制水平可略微超过标准，达到 11.2MJ/kg。

2. 加强精细化管理，减少应激反应 对断奶后 3 周龄的育肥幼兔，其日粮中的"仔兔补饲专用颗粒饲料"所占比例不宜低于 50%，之后用 1 周左右的时间，逐渐将日粮中的"仔兔补饲专用颗粒饲料"全部更换为商品肉兔育肥颗粒饲料。加强管理和对环境因素的调控，严防因控制失误使舍内温度、湿度、风速、噪声等发生突然改变，对育肥幼兔造成应激危害。加强健康检查，一旦发现有行为障碍或出现病征的个体要及时淘汰，禁止用药治疗。及时清扫兔笼粪便，定期维护饮水设备，保持料槽、饮水器等器具和兔舍清洁卫生。

3. 推行全进全出饲养工艺　商品肉兔生产宜采用全进全出饲养工艺，这样有利于实施无公害肉兔生产质量安全控制。在商品肉兔每次全出栏之后，对兔舍、笼具和工器具等设备设施，按工艺要求进行彻底的清理、清洗和消毒，减少养殖环境中病原微生物的数量和种类，提高兔群的健康水平。

四、卫生防疫

卫生防疫的主要目的是加强卫生消毒，清除或遏制致病微生物的滋生和蔓延，切断疫病传播途径；加强免疫接种，增强肉兔免疫力，保护易感动物。为此，肉兔卫生防疫应做好以下工作：严格执行《动物防疫法》，建立严格的生物安全体系，减少肉兔发病和死亡；及时淘汰病兔，最大限度地减少化学药品和抗生素的使用。结合当地肉兔养殖和疫病流行实际，建立并严格执行卫生消毒制度，完善消毒、防疫、隔离等设施设备。每 2～3 周对场区环境消毒一次，每月对场内污水池、堆粪坑、下水道出口消毒一次。定期对兔笼、兔舍、料槽等进行彻底消毒，保持清洁卫生。非生产人员未经批准不得进入生产区。特殊情况下，非生产人员经严格消毒，更换防护服后方可入场，并遵守场内的一切防疫制度。

健全防疫制度，加强免疫接种，制定免疫程序和计划，有效防止重大疫病的发生。要注意科学选择和使用适宜的疫苗、免疫程序和免疫方法。目前，用于商品肉兔免疫接种的生物制剂主要有兔瘟疫苗、巴氏杆菌疫苗、魏氏梭菌疫苗以及与兔瘟疫苗搭配的二联苗、三联苗。商品肉兔生产必须接种兔瘟疫苗。首免一般在 35～40 日龄。根据实际情况，可考虑接种魏氏梭菌疫苗。兔瘟-巴氏杆菌二联苗、兔瘟-魏氏梭菌二联苗或三联苗可用于加强免疫接种。

同时做好药物预防。肉兔用药方式为群体用药，重点是预防球虫病。球虫病是常见且危害最严重的一种寄生虫病，以断奶至 3 月龄以内的幼兔最易感染，死亡率较高。生产中常用的抗球虫药物添加剂有盐酸氯苯胍、地克珠利、氯羟吡啶、磺胺氯吡嗪钠 4 种，一般以预混剂形式添加到肉兔饲料中，用于预防或者防治兔球虫病。另外，应严格按照农业部《病死动物无害化处理技术规范》等规定，对病死肉兔及其产品进行无害化处理。

五、活兔出栏和运输

商品肉兔出栏时间、健康状况和运输笼具及交通工具的卫生质量，不仅会影响待宰肉兔的健康和生命安全，对兔肉的营养、风味及安全卫生等品质也会产生直接影响。因此，把好活兔出场、运输这一关，对提高商品肉兔的质量等级及市场售价、保证无公害兔肉质量安全均具有重要作用。

1. 适时出栏屠宰　根据我国商品肉兔生产的客观实际，结合国内外兔肉消费市场的发展变化，确定商品肉兔适宜出场屠宰时间。当前大多养殖场（户）肉兔趋向 70～90 日龄出场屠宰，本地兔育肥出场屠宰以 100～110 日龄为宜。

2. 严格出场检疫，确保产品安全上市 严格执行休药期规定，确保出栏上市肉兔药物残留不超标。上市前，经当地动物卫生监督机构检疫合格，并附具检疫合格证明。出栏肉兔要精神活泼，采食正常，毛被光滑，体况良好，体表无包块，体躯无明显粪尿污染和损伤。凡健康状况可疑的个体须留场查看。不出售病兔、死兔。

3. 规范活体运输，减少应激反应 装运肉兔前，运输笼具需要彻底消毒后用清水冲洗、晾干备用。运送笼具要完好，根据其容量大小决定装载商品兔的数量，避免商品肉兔因拥挤而造成损伤或死亡。运送笼具在运输车上的叠放要有隔离，避免上层兔的粪尿污染下层兔体。注意提供足够的通风间隙，避免商品兔在运输过程中缺氧窒息。远距离运输时，应采取适当的防应激、防日晒、防风挡雨和供应清洁饮水的措施，最大限度地减少商品兔在运输过程中的应激反应和伤亡。

六、加强记录和档案管理

建立健全商品肉兔生产档案制度，将商品肉兔生产全过程的各项原始记录归档，有利于做到正向和逆向的信息可追溯，是监控兔肉安全生产的必要而有效的措施，是无公害兔肉生产与认证管理的重要依据。记录要准确可靠、完整。无公害肉兔养殖应做好以下记录：建立并保存商品肉兔生产全程的饲料记录，包括使用的全价配合颗粒饲料或精料补充料、浓缩饲料、添加剂预混料及自配饲料的原料来源、出厂批号、检验报告、投喂数量等。建立并保存商品肉兔所用的生物制剂及其免疫程序记录和全部兽医处方及用药记录。建立并保存商品肉兔重要生产环节的记录，如断奶仔兔转入育肥群的时间及出场送宰时间、育肥期的死淘率、检验检疫报告、出栏数量及销售等记录。

第七章 无公害畜禽屠宰加工

第一节 厂区环境及设施设备

屠宰厂的设计与设施不仅直接影响生鲜肉的产量与质量，而且对环境卫生也有很大影响。因此，屠宰厂厂区及基础设施设计要求经济上合理、技术上先进，能生产出在产量和质量上均达到规定标准的产品，并且在"三废"治理及环境保护等方面符合国家有关法律法规的规定。

一、厂区环境与布局

畜禽屠宰厂选址、总体布局要符合科学管理、方便生产和清洁卫生的原则。

（一）厂址选择

屠宰厂应建在地势较高、干燥，交通方便，无有害气体、灰沙及其他污染源，便于排放污水的地区，应具备达到国家标准要求的水源和电源。厂址选择要符合国家相关法律法规的规定，经当地县级以上土地、规划、畜牧、环保等相关政府部门批准，通过有资质的环境检测机构的环境评估。选址和布局要符合《动物防疫条件审查办法》的规定，取得《动物防疫条件合格证》。

屠宰厂不得建在居民稠密区，远离水源保护区和饮用水取水口，避开居民住宅区、公共场所及畜禽饲养场，应位于当地常年主导风向的下风向。厂区周边应有良好的环境卫生条件，远离受污染水体，避开产生有害气体、烟雾、粉尘等污染源的工业企业或其他产生污染源的地区或场所，与上述场所或区域距离应不小于3km，污染场所或区域应处于屠宰厂的下风向。

（二）厂区布局

屠宰厂布局必须符合流水作业的要求，应避免产品倒流和原料、半成品、成品之间，健畜和病畜之间，产品和废弃物之间互相接触，以免交叉污染。具体要求如下：①生产作业区应与生活区分开设置，要区分生产区和非生产区，清洁区和非清洁区，并有明显标识。畜禽待宰圈（区）、可疑病畜隔离圈、病畜隔离圈、急宰间、无害化处理间、废弃物存放场所、污水处理站、锅炉房等应设置于非清洁区，可疑病畜隔离圈和急宰间的位置不能对健康畜禽造成传染风险。②运送活畜禽与成品出厂不得共用一个大门和厂内通道，厂区应分别设人员进出、成品出厂和活畜禽进厂大门。③生产车间一般应按待宰、屠宰、分割、加工、冷藏的顺序合理设置。④污水与污物处理设施应在距生产区和生活区有一定距离

（100m 以上）的下风处。

（三）环境卫生

厂区的环境卫生应符合国家相关标准规定，避免致病微生物或有毒有害物质对生产造成影响。厂区内的环境卫生具体要求如下：①厂区内应定期进行除虫灭害工作，采取有效措施防止滋生鼠类、蚊蝇及昆虫等。②厂区主要道路和进入厂区的主要道路（包括车库和车棚）应铺设适于车辆通行的坚硬路面（如混凝土或沥青路面），路面应平坦、易冲洗、无积水。厂区内建筑物周围、道路两侧空地均应植树种草，保证无裸露地面。③厂区除待宰畜禽外，一律不得饲养其他动物。④畜禽待宰圈、可疑病畜隔离圈、急宰间、无害化处理间等场所均应配备足够的清洗、消毒设施。屠宰厂区应设有用于畜禽废弃物等运输工具清洗、消毒的专门设施和区域。⑤厂区排水系统应保持畅通，生产中产生的废水、废料的处理和排放应符合《肉类加工工业水污染物排放标准》（GB 13457）的要求。

二、车间布局与设施

屠宰加工车间应按待宰、屠宰、分割、加工、储存等工艺流程合理设置，符合卫生要求。

（一）车间布局

生产区各车间布局必须满足生产工艺流程和卫生要求。车间布局按照生产工艺先后次序和产品特点，将待宰、屠宰、食用副产品处理、分割、原辅料处理、工器具清洗消毒、成品内包装与外包装、检验和贮存等不同清洁卫生要求的区域分开设置，并在关键工序车间入口处有明确标识和警示牌，防止交叉污染。

1. 待宰区　为保证宰后的肉品质量和卫生安全，畜禽屠宰厂应设置待宰区，在宰前对畜禽进行检疫和检验。待宰区要求如下：①应包括检疫间、司磅间、健康畜禽圈、疑似病畜禽圈、病畜禽隔离圈、急宰间、无害化处理间和兽医工作室等，并配备完整的检验检疫设施和装备。其中健康畜禽圈是为了让健康畜禽得到充足的饮水和休息，疑似病畜禽圈和病畜禽隔离圈是为了防止人畜共患病、畜禽传染病、寄生虫病等发生与传播。急宰间和无害化处理间要单独设置。②应设立专门的畜禽卸载台，卸载台应有缓坡通向地面，尽量减小畜禽卸载过程中的应激反应，提高肉品的质量和卫生安全。③待宰区要有完善的车辆清洗、消毒设施和良好的污水排放系统，防止运输工具传播疫病。

2. 屠宰车间　车间面积应与生产能力相适应，布局合理。①不应在同一屠宰间屠宰不同种类的畜禽。②浸烫、脱毛、刮毛、燎毛或剥皮等加工区域应与宰杀、胴体加工和心肺加工区域明显分开，相隔至少 5m 或用至少 3m 高的墙分开。应设有专门的心、肝、肺、肾加工处理间，胃、肠加工处理间和头、蹄（爪）、尾加工处理间。③车间应留有足够的空间以便于宰后检验检疫，应设有专门的检验检疫工作室，猪屠宰间应设有旋毛虫检验室，面积应符合检疫工作的需要，保证光线充足、通风良好。④在适当位置留有专门的可疑病害胴体或组织的留置轨道（区域）。

（二）车间建筑要求

车间建筑安全和卫生是避免微生物污染和物理性危害的重要防护措施，屠宰与分割车间地面、墙壁、门窗等建筑设施应符合以下要求：①车间地面应采用不渗水、不吸收、易清洗、无毒、防滑材料铺砌，表面应平整、无裂缝、无局部积水，有适当坡度。屠宰车间坡度应不小于 2.0%，分割车间坡度应不小于 1.0%。②墙壁应用浅色、不吸水、不渗水、坚固、无毒的材料覆涂，表面平整光滑，并用易清洗、防腐蚀材料装修墙裙，高度不低于 2.0m。③顶棚或吊顶表面应采用光滑、无毒、耐冲洗、不易脱落的材料，顶角应具有弧度，防止冷凝水下滴。④门窗应采用密封性能好、不变形、不渗水、防锈蚀的材料制作，窗台应向下倾斜 45°或无窗台。⑤车间内地面、顶棚、墙、柱、窗口等处的连接角应尽量减少，并设计成弧形。⑥楼梯与电梯应便于清洗消毒，楼梯、扶手及栏板均应做成整体式，面层应采用不渗水、易清洁材料制作。⑦车间内的灯具、管道、电线等设施，应采取适当的固定和安全防护措施，防止脱落造成安全和卫生隐患。

（三）卫生消毒设施

卫生消毒设施是屠宰加工过程中有效的卫生防疫手段，通过严格的卫生消毒，可以有效避免病菌的传播和不必要的交叉污染。

1. 更衣室　应设有与车间相连接的更衣室，不同清洁程度要求的区域应设单独更衣室，个人衣物和工作服分开存放。更衣室面积应与生产加工的人员数量相适应，且更衣室应与车间相连，操作人员换好工服后应直接进入车间，避免外出造成不必要的污染。室内应设立换气设施，保持良好通风。更衣室一般应有人员进入和更衣后进入车间的两个门，应放置悬挂围裙、手套等设施。一般男女更衣室应分别设立。不同清洁区域的更衣室要求不同，宰杀、副产品等区域的更衣室应有存衣、放鞋靴设施；但清洁区（如分割加工环节）的更衣室应有更高的要求，推荐设置换鞋区、一次更衣区、二次更衣区，二次更衣区的工作服一般应吊挂以避免被污染。

应设卫生间、淋浴间，卫生间的门应能自动关闭，门窗不应直接开向车间，卫生间也应设有排气通风设施和防鼠、防蝇、防虫等设施。应有专门洗衣房，工作服、帽、鞋应集中管理，统一清洗消毒，统一发放。应设立卫生间、淋浴间，其设施布局不应对产品造成潜在污染。

2. 消毒设施　车间入口处应设有鞋靴清洗、消毒设施，设置与门同宽、长度为操作人员一步不能迈过的消毒池，深度以消毒液没过靴子脚面为宜；消毒池使用材料应由防滑、坚固、不渗水、易清洗消毒、耐腐蚀的材料铺制；消毒池内应设地漏便于排放废水。

车间入口处、卫生间及车间适当位置应设有温度适宜的温水洗手设施及消毒、干手设施，洗手水龙头应为非手动开关，洗手设施的排水应直接接入下水管道。

屠宰加工车间的工器具应在专门的房间内进行清洗消毒，清洗消毒间内应备有冷热水及清洗消毒设施和良好的排气通风装置。车间、更衣室内不宜用紫外灯消毒，而应采用臭氧发生装置。

（四）车间照明装置

车间内应有充足的自然光线或人工照明，亮度能满足动物检疫人员和生产操作人员的工作需要。

车间所采用的光源以不改变加工物的本色为宜，特别是不能影响屠宰过程中对胴体和内脏颜色的检查。照明强度生产车间应在 220 lx 以上，宰后检疫岗位应在 540 lx 以上，预冷间、通道等其他场所应在 110 lx 以上。生产、包装、储存区域的照明设施应装有防爆装置。

（五）给排水系统

车间内应有完善的供排水系统，设冷热两套供水系统，排水系统的流向应从清洁区流向非清洁区。

地面排水沟应采用表面光滑、不渗水的材料铺砌，不得出现凹凸不平和裂缝，底部呈弧形，易清洗消毒。地沟和排水管应设计一定坡度，便于排水通畅，地面坡度一般为1％～2％，屠宰车间应在2％以上。排水沟、地漏应数量充足、位置适宜，以保证地面不积水。地漏应有防止固体废物流入的装置，还应有反水弯，防止臭气倒流。排水管还要设有防止异味溢出的装置和防鼠防虫的网罩等。

宰杀、打毛间的排水应直接单独排入车间外的沉淀池。急宰间及无害化处理间应有独立的排水设施，排出的污水和粪便在排入厂区污水管网前应进行消毒处理。

（六）通风设施

宰杀间、沥血间、烫毛间、打毛间、副产品处理间等会产生异味和蒸汽，应设有强制排风设施，以消除异味及气雾。

为防止冷凝水产生和热气窜入冷区，加热间、热水清洗消毒间等应设有强制排风设施，其他各车间应设有换气设施（可采用自然通风）。在排气和换气间应设有给风设施，防止造成负压和车间内气体相互串流。通风口应设有防鼠、蝇、虫等设施，送风设施空气入口处应有防尘设施，有的还应有过滤装置。排风设施内应有防止气体倒流的装置。

（七）冷却或冷冻间

冷却或冻结间应避免胴体与地面和墙壁接触以及胴体与胴体的接触，悬挂胴体冷却或冻结时距地面、墙壁不少于300mm。冷却间和冻结间适当位置应设置存放可疑病害胴体或组织的独立隔离区域，并贴挂适当标识，避免与其他胴体或组织触碰，防止交叉污染。预冷间、冻结间、冷藏库应配备自动温度和湿度记录装置，以便对贮存温度和湿度进行实时监测。冷却间的温度应保持在−1～4℃，湿度为85％～90％；冷冻间的温度保持在−18℃以下，湿度为90％～95％。避免温湿度的较大波动对产品质量造成影响。

三、屠宰设备

屠宰加工设备的规范使用可有效避免不同部位、不同个体间相互污染，确保生鲜肉的安全卫生。

（一）一般要求

设备、工器具和容器的制作材质要求为无毒、无味、不吸水、耐腐蚀、不生锈、易清洗消毒且坚固的材料，车间使用的软管、传送带制作材料必须达到食品级要求。设备、工器具和容器的结构应易于拆洗、维护，其表面应平滑、无凹坑和缝隙，设备的电机或电动传动系统应有保护装置，防止污染食品。车间内禁止使用竹木器具。

不同设备的连接处应保持紧密，不能出现泄露现象。设备尽量避免出现死角，以免污物残留。设备要便于安装、维护和清洗消毒，并按照加工操作的工艺流程进行布局，避免倒流和交叉污染。

车间内使用的容器、设备应该明确标识，特别是移动的容器具，避免使用时出现混乱。标识方法可以是不同的颜色，也可以贴标签。标签要牢固，标签一定要贴在使用的容器上。废弃物容器应防水、防腐蚀、防渗漏、易清洗消毒，必要时应带能上锁的盖子。如使用管道输送废弃物，则管道的建造、安装和维护应避免对产品造成污染，要易于清洗消毒。

（二）材料要求

1. 设备材料的一般要求

（1）所用材料应能耐受工作环境温度、压力、潮湿的条件；耐受化学清洁剂、紫外线或其他消毒剂的腐蚀作用。

（2）所用材料表面的涂层或电镀层应光滑、易清洗消毒、耐腐蚀、耐磨损、不易碎、无破损、无裂缝及无脱落。

（3）产品接触面所用的材料还应符合下列条件：无毒；不得污染产品或对产品有负面影响；无吸附性；不得直接或间接地进入产品，造成产品中含有掺杂物；不应因相互作用而产生有害物质或超过食品安全国家标准中规定数值而有害于人体健康的物质；不得影响产品的色泽、气味及其品质；易于清洗及消毒。

（4）非产品接触表面应由耐腐蚀材料制成，允许采用表面涂覆过能耐腐蚀的材料。如经表面涂覆，其涂层应黏附牢固。非产品接触表面应具有较好的抗吸收、抗渗透的能力，具有耐久性和可清洁性。

2. 产品接触面的材料要求

（1）以下材料不得用于产品接触面：含有锑、砷、镉、铅、汞等重金属物质的材料；含硒量超过 0.5％ 的材料；石棉和含有石棉的材料；木质材料；皮革；没有经表面涂层处理（如氧化处理）的铝及其合金；电镀铝、电镀锌及涂漆；对产品可能产生污染的其他材料。

（2）推荐采用《不锈钢和耐热钢 牌号及化学成分》（GB/T 20878—2007）中规定的 $O_6Cr_{19}Ni_{10}$、$O_6Cr_{17}Ni_{12}Mo_2$ 等牌号不锈钢，不得采用可能生锈的金属材料制作产品接触面。

（3）形状复杂的产品接触性零部件允许采用《铸造铝合金》（GB/T 1173—1995）中的 ZL104 或与之在性能上相近的铝合金，应经表面涂层处理（如氧化处理），具有一定的抗腐蚀能力。

（4）允许采用具有耐腐蚀作用和符合条件的其他金属或合金材料。铜、铜合金以及电镀锌不得用于产品接触面，但可用于非产品接触面的其他零部件。

（5）橡胶和塑料应具有耐热、耐酸碱、耐油性，并能保持固有形态、色泽、韧性、弹性、尺寸等特性。橡胶制品应符合《食品用橡胶制品卫生标准》（GB 4806.1）的有关规定；塑料制品应符合《食品包装用聚乙烯成型品卫生标准》（GB 9687）、《食品包装用聚丙烯成型品卫生标准》（GB 9688）、《食品包装用聚苯乙烯成型品卫生标准》（GB 9689）、《食品容器、包装材料用三聚氰胺—甲醛成型卫生标准》（GB 9690）、《食品包装用聚乙烯树脂卫生标准》（GB 9691）的有关规定。

（6）碳、青玉、石英、氟石、尖晶石、陶瓷在正常的工作环境下，清洗、消毒、杀菌过程中不应改变其固有形态。

（7）焊接材料应与被焊接材料性能相近。

（8）纤维材料在工作环境下应不含有挥发性或其他可能污染空气和产品品质的物质；具有吸附性的纤维材料只能用于过滤装置。

（9）粘接材料在工作环境下应能保证粘接面具有足够的强度、紧密度、热稳定性，并应耐潮湿。

（三）设备要求

1. 型号和参数 设备的型号和主要参数应确切、合理、简明，并符合有关规定。

2. 造型和布局 设备的造型设计应力求美观、匀称、和谐，整机（成套设备）应协调一致、布局合理，便于调整维修；操作方便，利于观察工作区域。

3. 结构与性能 设备应具备相关技术文件所规定的结构和使用性能，并且结构合理，运行性能良好，使用性能可靠。设备应满足使用环境、工作条件、产品质量的要求。

4. 设备表面 产品接触面的表面粗糙度 Ra 值金属制品不得大于 $3.2\mu m$，塑料和橡胶制品不得大于 $0.8\mu m$，非产品接触面的表面粗糙度 Ra 值不得大于 $25\mu m$。产品接触面应无凹陷、疵点、裂纹、裂缝等缺陷。镀层和涂层表面的表面粗糙度最大 Ra 值为 $50\mu m$。应无分层、凹陷、脱落、碎片、气泡和变形。同一表面，既有产品接触面又有非产品接触面，按产品接触面要求。

5. 设备连接 产品接触面上的连接处应保证平滑，不应有凹陷及死角，装配后易于清洗。产品接触面上永久连接处应连续焊接，焊接紧密、牢固。焊口应平滑，无凹坑、气孔、夹渣等缺陷，经磨光、喷砂或抛光处理，其表面粗糙度 Ra 值不得大于 $3.2\mu m$。产品接触面上粘接的橡胶件、塑料件等应连续粘接，保证在正常工作条件下不脱落。螺纹连接处应尽量避免螺纹表面外露。

6. 外观质量 设备外观不应有图样规定以外的凸起、凹陷、粗糙和其他损伤等缺陷。外露件与外露结合面的边缘应整齐，不应有明显的错位，其错位量应不大于表 7-1 的规定。设备的门、盖与设备应贴合良好，其贴合缝隙值应不大于表 7-1 的规定。电气、仪表等的柜、箱的组件和附件的门、盖周边与相关件的缝隙应均匀，其缝隙不均匀值应不大于表 7-1 的规定。装配后的沉孔螺钉应不突出于零件表面，也不应有明显的偏心；紧固螺栓尾端应突出于螺母端面，突出值一般为 $0.2\sim0.3$ 倍螺栓直径；外露轴端应突出于包容件的端面，突出值一般为倒棱值。非防腐材料制成的手轮轮缘和操作手柄应有防锈层。电气、气路、液压、润滑和冷却等管道外露部分应布置紧凑、排列整齐，必要时采取固定措施；管道不应出现扭曲、折叠等现象。镀件、发蓝件和发黑件等的色调应均匀一致，保护层不应有脱落现象。涂漆表面质量应符合《食品机械通用技术条件 表面涂漆》（SB/T 228）的有关规定。喷砂、拉丝、抛光等的表面应均匀一致。

表 7-1 错位量及缝隙值

单位：mm

结合面边缘及门、盖边长尺寸	≤500	>500～1 250	>1 250～3 150	>3 150
错位量	2	3	3.5	4.5
贴合缝隙值或缝隙不均匀	1.5	2	2.5	—

7. 轴承 任何与产品接触的轴承都应为非润滑型。若润滑型轴承穿过产品接触面时，该轴承应有可靠的密封装置并有防污措施。当温升对使用性能和使用寿命有影响时，应有控制温升的定量指标；主要轴承部位的稳定温度和温升应不超过表 7-2 的规定。

表 7-2 轴承温度温升控制值

单位：℃

轴承型式	稳定温度	温升
滑动轴承	≤70	≤35
滚动轴承	≤70	≤40

8. 卫生 设备的产品接触面可拆卸部分要确保易清洗检查，且便于移动；不可拆卸的部分应易清洗检查。产品接触面应能满足所要求的卫生处理或消毒条件；主要部件的清洁度

应有限量值，其限量值应确切、合理。对工作时可能产生的有害气体、液体、油雾等，应有排除装置，并应符合国家环保的有关规定。产品接触面上任何等于或小于135°的内角应加工成圆角；圆角半径一般不小于6.5mm。所有的设备、支持物和构架应防止积水、有害物和灰尘积聚，且便于清洁、检查、保养和维护。

第二节　宰前质量管理

强化畜禽屠宰过程中的宰前管理，要符合动物固有的生理习性，有利于保证动物福利，减少应激反应，提高肉类品质，提高效率和产量。

一、畜禽来源

屠宰加工的活畜禽一定要来源于产地明确的非疫区。入厂活畜禽应健康状况良好，附有《动物检疫合格证明》及其他必需的证明材料。对于采取收购活畜禽模式的屠宰企业，应与无公害畜禽养殖企业（或基地）签有委托加工或购销合同，并且无公害养殖企业（或基地）相对固定，同时应对无公害养殖场（或基地）进行定期评估和监控，对来自无公害养殖基地的畜禽在出栏前应进行随机抽样检验，检验不合格批次的活畜禽不能接收进厂。对于自有无公害畜禽养殖场（或基地）的"公司＋基地"型屠宰企业，应按无公害畜禽养殖规范要求养殖畜禽。

二、宰前饲养

（一）宰前静养

运送到屠宰厂的家畜，必须先放入指定的圈舍中静养，使其缓解运输途中的疲劳，降低屠宰过程中微生物的污染。待宰圈要靠近屠宰间，保持安静。家畜在屠宰前不得用竹竿、木棍、绳鞭抽打，防止跌滑、撞、摔、踢、压、踏、挤、绑、恐吓、急速驱赶和互相撕咬，否则宰后易引起瘀血和表皮伤痕，使产品质量降低，造成不必要的损失。天气炎热季节要防止烈日曝晒和引起中暑；冬天要防止寒冷侵袭，使屠宰加工过程中剥皮或褪毛困难。

（二）宰前断食

宰前断食可以使肝糖原分解为葡萄糖，使肌肉中含糖量增加，利于成熟。同时可减少胃肠内容物，防止割腹时胃肠内容物污染胴体，利于屠宰和清洗。因此，宰前12～24h必须禁食，供给畜禽充足的饮水并在安静环境下休养。断食时间必须适当，一般牛、羊宰前24h断食，猪宰前12h断食，家禽屠宰前18～24h断食。

（三）宰前断水

畜禽断食后，应供给充足的饮水。充足的饮水可以保证畜禽进行正常的生理活动，调节体温，促使粪便排泄，使血液变稀，有利于放血完全，提高肉品质量和耐贮性。为了避免屠畜倒挂放血时胃内容物从食管流出污染胴体，宰前2～4h应停止供水。

三、宰前检验检疫

《动物防疫法》和《生猪屠宰管理条例》将宰前检验检疫的内容分给了两个部门实施，宰前检疫属于政府行为，由法律授权的动物卫生监督机构负责实施；宰前检验属于企业行为，由屠宰企业自行实施。检验和检疫都是保证生鲜肉质量的重要措施。

（一）基本要求

（1）宰前检疫由动物卫生监督机构的驻场官方兽医负责，包括动物入场前的查证验物，查验并回收畜禽《动物检疫合格证明》和畜禽标识，按照群体检查和个体检查的步骤对畜禽进行传染病和寄生虫病的临床健康检查，必要时采样送实验室检验。根据检查结果，做出准宰、急宰、缓宰或禁宰的处理。

（2）宰前检验由屠宰企业肉品品质检验员负责，按照宰前健康检查、"瘦肉精"抽检等规定要求做好验收检验、待宰检验和送宰检验，对发现的病害畜禽和"瘦肉精"抽检不合格家畜进行无害化处理。

（二）生猪检验检疫步骤

1. 检疫步骤

（1）入厂监督查验　查验入厂生猪的《动物检疫合格证明》和佩戴的畜禽标识；询问了解生猪运输途中有关情况；检查生猪群体的精神状况、外貌、呼吸状态及排泄物状态等情况。《动物检疫合格证明》有效、证物相符、畜禽标识符合要求、临床检查健康，方可入厂，并回收《动物检疫合格证明》。厂方须按产地分类将生猪送入待宰圈，不同货主、不同批次的生猪不得混群。对不符合条件的，按国家有关规定处理。

（2）检疫申报　屠宰厂应在屠宰前 6h 申报检疫，填写检疫申报单。官方兽医接到检疫申报后，根据相关情况现场决定是否予以受理。受理的，应当及时实施宰前检查；不予受理的，应说明理由。

（3）宰前检查　屠宰前 2h 内，官方兽医应对待宰生猪实施临床检查。临床检查包括群体检查和个体检查。群体检查是从静态和动态等方面，检查生猪群体的精神状况、外貌、呼吸状态、运动状态及排泄物状态等；个体检查是通过视诊、触诊和听诊等方法，检查生猪个体的精神状况、体温、呼吸、皮肤、被毛、可视黏膜、胸廓、腹部及体表淋巴结，排泄动作及排泄物性状等。

①出现发热、精神不振、食欲减退、流涎；蹄冠、蹄叉、蹄踵部出现水疱，水疱破裂后表面出血，形成暗红色烂斑，感染造成化脓、坏死、蹄壳脱落、卧地不起；鼻盘、口腔黏膜、舌、乳房出现水疱和糜烂等症状的，怀疑感染口蹄疫。

②出现高热、倦怠、食欲不振、精神委顿、弓腰、腿软、行动缓慢；间有呕吐，便秘腹泻交替；可视黏膜充血、出血或有不正常分泌物、发绀；鼻、唇、耳、下颌、四肢、腹下、外阴等多处皮肤点状出血，指压不褪色等症状的，怀疑感染猪瘟。

③出现高热；眼结膜炎，眼睑水肿；咳嗽、气喘、呼吸困难；耳朵、四肢末梢和腹部皮肤发绀；偶见后躯无力、不能站立或共济失调等症状的，怀疑感染高致病性猪蓝耳病。

④出现高热稽留；呕吐；结膜充血；粪便干硬呈栗状，附有黏液，下痢；皮肤有红斑、疹块，指压褪色等症状的，怀疑感染猪丹毒。

⑤出现高热；呼吸困难，继而哮喘，口鼻流出泡沫或清液；颈下咽喉部急性肿大、变红、高热、坚硬；腹侧、耳根、四肢内侧皮肤出现红斑，指压褪色等症状的，怀疑感染猪肺疫。

⑥咽喉、颈、肩胛、胸、腹、乳房及阴囊等局部皮肤出现红肿热痛，肿块坚硬，继而肿块变冷、无痛感，最后中央坏死形成溃疡；颈部、前胸出现急性红肿，呼吸困难，咽喉变窄，窒息死亡等症状的，怀疑感染炭疽。

（4）结果处理　宰前检查合格的，准予屠宰；不合格的，按以下规定处理。

①发现有口蹄疫、猪瘟、高致病性猪蓝耳病、炭疽等疫病症状的，限制移动，并按照《中华人民共和国动物防疫法》《重大动物疫情应急条例》《动物疫情报告管理办法》和《病害动物和病害动物产品生物安全处理规程》（GB 16548）等有关规定处理。

②发现有猪丹毒、猪肺疫、猪Ⅱ型链球菌病、猪支原体肺炎、副猪嗜血杆菌病、猪副伤寒等疫病症状的，患病猪按国家有关规定处理，同群猪隔离观察，确认无异常的，准予屠宰；隔离期间出现异常的，按《病害动物和病害动物产品生物安全处理规程》（GB 16548）等有关规定处理。

③怀疑患有口蹄疫、猪瘟、高致病性猪蓝耳病、炭疽、猪丹毒、猪肺疫、猪副伤寒、猪Ⅱ型链球菌病、猪支原体肺炎、副猪嗜血杆菌病、丝虫病、猪囊尾蚴病、旋毛虫病及临床检查发现其他异常情况的，按相应疫病防治技术规范进行实验室检测，并出具检测报告。实验室检测必须由省级动物卫生监督机构指定的具有资质的实验室承担。

④发现患有口蹄疫、猪瘟、高致病性猪蓝耳病、炭疽、猪丹毒、猪肺疫、猪副伤寒、猪Ⅱ型链球菌病、猪支原体肺炎、副猪嗜血杆菌病、丝虫病、猪囊尾蚴病、旋毛虫病以外疫病的，隔离观察，确认无异常的，准予屠宰；隔离期间出现异常的，按《病害动物和病害动物产品生物安全处理规程》（GB 16548）等有关规定处理。

⑤确认为无碍于肉食安全且濒临死亡的生猪，视情况进行急宰。

2. 检验步骤

（1）验收检验　活猪进屠宰厂后，在卸车前检验人员要先向送猪人员索取产地动物防疫监督机构开具的"动物检疫合格证明"，经临车观察未见异常，证货相符时准予卸车。生猪卸车后，检验人员必须逐头观察活猪的健康状况，按检查结果进行分圈、编号。健康猪赶入待宰圈休息；可疑病猪赶入隔离圈，继续观察；病猪及伤残猪送急宰间处理。对检出的可疑病猪，经过饮水和充分休息后，恢复正常的，可以赶入待宰圈；症状仍不见缓解的，送往急宰间处理。

（2）待宰检验　生猪在待宰期间，检验人员要进行"静、动、饮水"的观察，检查有无病猪漏检和静养、饮水情况。按批次接取待宰猪尿液进行"瘦肉精"自检，自检发现"瘦肉精"疑似阳性的，应立即向驻厂动物卫生监督机构报告，配合动物卫生监督机构及时采取控制措施，限制该批待宰猪移动。驻场动物卫生监督机构应立即向当地畜牧兽医部门报告；畜牧兽医部门应立即委托有资质的检验机构进行确证检验；确认检验呈阳性的，立即报告当地政府，由当地政府组织进行扑杀和无害化处理。

（3）送宰检验　生猪在送宰前，检验人员还要进行一次全面检查，确认健康的，签发"宰前检验合格证明"，注明货主和头数，车间凭证屠宰。

（三）肉牛检验检疫步骤

1. 检疫步骤

（1）入厂监督查验　查验入厂牛的《动物检疫合格证明》和佩戴的畜禽标识；询问了解牛运输途中有关情况；检查牛群的精神状况、外貌、呼吸状态及排泄物状态等情况。《动物检疫合格证明》有效、证物相符、畜禽标识符合要求、临床检查健康，方可入厂，并回收《动物检疫合格证明》。屠宰厂须按产地分类将牛只送入待宰圈，不同货主、不同批次的牛只不得混群。对不符合条件的，按国家有关规定处理。

（2）检疫申报　屠宰厂应在屠宰前6h申报检疫，填写检疫申报单。官方兽医接到检疫申报后，根据相关情况现场决定是否予以受理。受理的，应当及时实施宰前检查；不予受理的，应说明理由。

（3）宰前检查　屠宰前2h内，官方兽医应对待宰牛实施临床检查。临床检查包括群体检查和个体检查。群体检查是从静态和动态等方面，检查牛群体的精神状况、外貌、呼吸状态、运动状态、反刍状态及排泄物状态等；个体检查是通过视诊、触诊和听诊等方法，检查牛个体的精神状况、体温、呼吸、皮肤、被毛、可视黏膜、胸廓、腹部及体表淋巴结，排泄动作及排泄物性状等。

①出现发热、精神不振、食欲减退、流涎；蹄冠、蹄叉、蹄踵部出现水疱，水疱破裂后表面出血，形成暗红色烂斑，感染造成化脓、坏死、蹄壳脱落，卧地不起；鼻盘、口腔黏膜、舌、乳房出现水疱和糜烂等症状的，怀疑感染口蹄疫。

②孕牛出现流产、死胎或产弱胎，生殖道炎症、胎衣滞留，持续排出污灰色或棕红色恶露以及乳房炎症状；公牛发生睾丸炎或关节炎、滑膜囊炎，偶见阴茎红肿，睾丸和附睾肿大等症状的，怀疑感染布鲁菌病。

③出现渐进性消瘦、咳嗽，个别可见顽固性腹泻，粪中混有黏液状脓汁；淘汰奶牛偶见乳房淋巴结肿大等症状的，怀疑感染结核病。

④出现高热，呼吸增速，心跳加快；食欲废绝，偶见瘤胃臌胀，可视黏膜紫绀，突然倒毙；天然孔出血、血凝不良呈煤焦油样，尸僵不全；体表、直肠、口腔黏膜等处发生炭疽痈等症状的，怀疑感染炭疽。

⑤出现高热稽留，呼吸困难、鼻翼扩张，咳嗽；可视黏膜发绀，胸前和肉垂水肿；腹泻和便秘交替发生，厌食，消瘦，流涕或口流白沫等症状的，怀疑感染传染性胸膜肺炎。

（4）结果处理　宰前检查合格的，准予屠宰；不合格的，按以下规定处理。

①发现有口蹄疫、牛传染性胸膜肺炎、牛海绵状脑病及炭疽等疫病症状的，限制移动，并按照《动物防疫法》《重大动物疫情应急条例》《动物疫情报告管理办法》和《病害动物和病害动物产品生物安全处理规程》（GB 16548）等有关规定处理。

②发现有布鲁菌病、牛结核病、牛传染性鼻气管炎等疫病症状的，病牛按相应疫病的防治技术规范处理；同群牛隔离观察，确认无异常的，准予屠宰。

③怀疑患有口蹄疫、牛传染性胸膜肺炎、牛海绵状脑病、布鲁菌病、牛结核病、炭疽、牛传染性鼻气管炎、日本血吸虫病及临床检查发现其他异常情况的，按相应疫病防治技术规范进行实验室检测，并出具检测报告。实验室检测必须由省级动物卫生监督机构指定的具有资质的实验室承担。

④发现患有口蹄疫、牛传染性胸膜肺炎、牛海绵状脑病、布鲁菌病、牛结核病、炭疽、牛传染性鼻气管炎、日本血吸虫病以外疫病的，隔离观察，确认无异常的，准予屠宰；隔离期间出现异常的，按《病害动物和病害动物产品生物安全处理规程》（GB 16548）等有关规定处理。

⑤确认为无碍于肉食安全且濒临死亡的牛只，视情况进行急宰。

2. 检验步骤

（1）验收检验　卸车前检验人员应索取产地动物防疫监督机构开具的《动物检疫合格证明》，经临车观察未见异常，证货相符时准予卸车。合格的牛送待宰圈；可疑病牛送隔离圈观察，通过饮水、休息后，恢复正常的，并入待宰圈；病牛和伤残牛送急宰间处理。

（2）待宰检验　待宰期间检验人员应定时观察，发现病畜送急宰间处理。按批次接取待宰牛尿液进行"瘦肉精"自检，自检发现"瘦肉精"疑似阳性的，应立即向驻厂动物卫生监督机构报告，配合动物卫生监督机构及时采取控制措施，限制该批待宰牛移动。驻场动物卫生监督机构应立即向当地畜牧兽医部门报告；畜牧兽医部门应立即委托有资质的检验机构进行确证检验；确认检验呈阳性的，立即报告当地政府，由当地政府组织进行扑杀和无害化处理。

（3）送宰检验　牛送宰前应赶入测温巷道逐头测量体温（牛的正常体温为 37.5～39.5℃）。经检验合格的牛，由检验人员签发《宰前检验合格证》，注明畜种、送宰头（只）数和产地，屠宰车间凭证屠宰。体温高、无病态的，可最后送宰。病牛由检验人员签发急宰证明，送急宰间处理。

（四）肉羊检验检疫步骤

1. 检疫步骤

（1）入厂监督查验　查验入厂羊只的《动物检疫合格证明》和佩戴的畜禽标识；询问了解羊只运输途中有关情况；检查羊群的精神状况、外貌、呼吸状态及排泄物状态等情况。《动物检疫合格证明》有效、证物相符、畜禽标识符合要求、临床检查健康，方可入场，并回收《动物检疫合格证明》。屠宰厂须按产地分类将羊只送入待宰圈，不同货主、不同批次的羊只不得混群。对不符合条件的，按国家有关规定处理。

（2）检疫申报　屠宰厂应在屠宰前 6h 申报检疫，填写检疫申报单。官方兽医接到检疫申报后，根据相关情况现场决定是否予以受理。受理的，应当及时实施宰前检查；不予受理的，应说明理由。

（3）宰前检查　羊只屠宰前 2h 内，官方兽医对羊只进行临床检查，临床检查包括群体检查和个体检查。群体检查是从静态和动态等方面，检查羊群体的精神状况、外貌、呼吸状态、运动状态、反刍状态及排泄物状态等；个体检查是通过视诊、触诊和听诊等方法，检查肉羊个体的精神状况、体温、呼吸、皮肤、被毛、可视黏膜、胸廓、腹部及体表淋巴结，排泄动作及排泄物性状等。

①出现发热、精神不振、食欲减退、流涎；蹄冠、蹄叉、蹄踵部出现水疱，水疱破裂后表面出血，形成暗红色烂斑，感染造成化脓、坏死、蹄壳脱落，卧地不起；鼻盘、口腔黏膜、舌、乳房出现水疱和糜烂等症状的，怀疑感染口蹄疫。

②孕羊出现流产、死胎或产弱胎，生殖道炎症、胎衣滞留，持续排出污灰色或棕红色恶露以及乳房炎症状；公羊发生睾丸炎或关节炎、滑膜囊炎，偶见阴茎红肿，睾丸和附睾肿大等症状的，怀疑感染布鲁菌病。

③出现渐进性消瘦，咳嗽，个别可见顽固性腹泻，粪中混有黏液状脓汁，怀疑感染结核病。

④出现高热，呼吸增速，心跳加快；食欲废绝，偶见瘤胃膨胀，可视黏膜紫绀，突然倒毙；天然孔出血，血凝不良呈煤焦油样，尸僵不全；体表、直肠、口腔黏膜等处发生炭疽痈等症状的，怀疑感染炭疽。

⑤出现高热稽留，呼吸困难、鼻翼扩张，咳嗽；可视黏膜发绀，胸前和肉垂水肿；腹泻和便秘交替发生，厌食，消瘦，流涕或口流白沫等症状的，怀疑感染传染性胸膜肺炎。

⑥羊出现突然发热，呼吸困难或咳嗽，分泌黏脓性卡他性鼻液，口腔内膜充血、糜烂，齿龈出血，严重腹泻或下痢，母羊流产等症状的，怀疑感染小反刍兽疫。

⑦ 羊出现体温升高，呼吸加快；皮肤、黏膜上出现痘疹，由红斑到丘疹，突出于皮肤表面，遇化脓菌感染则形成脓疱继而破溃、结痂等症状的，怀疑感染绵羊痘或山羊痘。

（4）结果处理　临床检查合格的，准予屠宰；不合格的，按以下规定处理。

①发现有口蹄疫、痒病、小反刍兽疫、绵羊痘和山羊痘、炭疽等疫病症状的，限制移动，并按照《动物防疫法》《重大动物疫情应急条例》《动物疫情报告管理办法》和《病害动物和病害动物产品生物安全处理规程》（GB 16548）等有关规定处理。

②发现有布鲁菌病症状的，病羊按布鲁菌病防治技术规范处理；同群羊隔离观察，确认无异常的，准予屠宰。

③怀疑患有口蹄疫、痒病、小反刍兽疫、绵羊痘和山羊痘、炭疽、布鲁菌病、肝片吸虫病、棘球蚴病及临床检查发现其他异常情况的，按相应疫病防治技术规范进行实验室检测，并出具检测报告。实验室检测必须由省级动物卫生监督机构指定的具有资质的实验室承担。

④发现患有口蹄疫、痒病、小反刍兽疫、绵羊痘和山羊痘、炭疽、布鲁菌病、肝片吸虫病、棘球蚴病以外疫病的，隔离观察，确认无异常的，准予屠宰；隔离期间出现异常的，按《病害动物和病害动物产品生物安全处理规程》（GB 16548）等有关规定处理。

⑤确认为无碍于肉食安全且濒临死亡的羊只，视情况进行急宰。

2. 检验步骤

（1）验收检验　卸车前检验人员应索取产地动物卫生监督机构开具的《动物检疫合格证明》，经临车观察，未见异常，证货相符时准予卸车。合格的羊送待宰圈；可疑病羊送隔离圈观察，通过饮水、休息后，恢复正常的，并入待宰圈；病羊和伤残羊送急宰间处理。

（2）待宰检验　待宰期间检验人员应定时观察，发现病羊送急宰间处理。按批次接取待宰羊尿液进行"瘦肉精"自检，自检发现"瘦肉精"疑似阳性的，应立即向驻厂动物卫生监督机构报告，配合动物卫生监督机构及时采取控制措施，限制该批待宰猪移动。驻场动物卫生监督机构应立即向当地畜牧兽医部门报告；畜牧兽医部门应立即委托有资质的检验机构进行确证检验；确认检验呈阳性的，立即报告当地政府，由当地政府组织进行扑杀和无害化处理。

（3）送宰检验　羊送宰前可进行体温抽测（羊的正常体温为38.5～40.0℃）。经检验合格的羊，由检验人员签发《宰前检验合格证》，注明畜种、送宰头（只）数和产地，屠宰车间凭证屠宰。体温高、无病态的，可最后送宰。病羊由检验人员签发急宰证明，送急宰间处理。

（五）家禽检验检疫步骤

1. 检疫步骤

（1）检疫　申报货主应在屠宰前6h申报检疫，填写检疫申报单。官方兽医接到检疫申报后，根据相关情况决定是否予以受理。受理的，应当及时实施宰前检查；不予受理的，应说明理由。

（2）入厂监督查验和宰前检查　查验入厂家禽的《动物检疫合格证明》，询问了解家禽运输途中有关情况。官方兽医应对家禽进行临床检查，临床检查包括群体检查和个体检查。群体检查是从静态和动态等方面，检查禽群体的精神状况、外貌、呼吸状态、运动状态及排泄物状态等；个体检查是通过视诊、触诊和听诊等方法，检查家禽个体的精神状况、体温、呼吸、羽毛、天然孔、冠、髯、爪、粪，触摸嗉囊内容物性状等。个体检查的对象包括群体检查时发现的异常禽只和随机抽取的禽只（每车抽 60～100 只）。

①禽只出现突然死亡、死亡率高；病禽极度沉郁，头部和眼睑部水肿；鸡冠发绀、脚鳞出血和神经紊乱；鸭、鹅等水禽出现明显神经症状，腹泻，角膜炎、甚至失明等症状的，怀疑感染高致病性禽流感。

②出现体温升高，食欲减退，神经症状；缩颈闭眼，冠髯暗紫；呼吸困难；口腔和鼻腔分泌物增多，嗉囊肿胀；下痢；产蛋减少或停止；少数禽突然发病，无任何症状而死亡等症状的，怀疑感染新城疫。

③出现食欲减退，消瘦，腹泻，体重迅速减轻，死亡率较高；运动失调，劈叉姿势；虹膜褪色，单侧或双眼灰白色混浊所致的白眼病或瞎眼；颈、背、翅、腿和尾部形成大小不一的结节及瘤状物等症状的，怀疑感染马立克病。

④出现体温升高，食欲减退或废绝；翅下垂，脚无力，共济失调、不能站立；眼流浆性或脓性分泌物，眼睑肿胀或头颈浮肿；绿色下痢，衰竭，虚脱等症状的，怀疑感染鸭瘟。

⑤出现突然死亡；精神萎靡，倒地两脚划动，迅速死亡；厌食，嗉囊松软，内有大量液体和气体；排灰白或淡黄绿色混有气泡的稀粪；呼吸困难，鼻端流出浆性分泌物，喙端色泽变暗等症状的，怀疑感染小鹅瘟。

⑥出现冠、肉髯和其他无羽毛部位发生大小不等的疣状块，皮肤增生性病变；口腔、食管、喉或气管黏膜出现白色节结或黄色白喉膜病变等症状的，怀疑感染禽痘。

⑦出现精神沉郁，羽毛松乱，不喜活动，食欲减退，逐渐消瘦；泄殖腔周围羽毛被稀粪沾污；运动失调，足和翅发生轻瘫；嗉囊内充满液体，可视黏膜苍白；排水样稀粪、棕红色粪便、血便、间歇性下痢，怀疑感染鸡球虫病。

（3）结果处理　宰前检查合格的，准予屠宰，并回收《动物检疫合格证明》；不合格的，按以下规定处理。

①发现有高致病性禽流感、新城疫等疫病症状的，限制移动，并按照《动物防疫法》《重大动物疫情应急条例》《动物疫情报告管理办法》和《病害动物和病害动物产品生物安全处理规程》（GB 16548）等有关规定处理。

②发现有鸭瘟、小鹅瘟、禽白血病、禽痘、马立克病、禽结核病等疫病症状的，患病家禽按国家有关规定处理。

③ 怀疑患有高致病性禽流感、新城疫、禽白血病、鸭瘟、禽痘、小鹅瘟、马立克病、鸡球虫病和禽结核病及临床检查发现其他异常情况的，按相应疫病防治技术规范进行实验室检测，并出具检测报告。实验室检测必须由省级动物卫生监督机构指定的具有资质的实验室承担。

④发现患有高致病性禽流感、新城疫、禽白血病、鸭瘟、禽痘、小鹅瘟、马立克病、鸡球虫病和禽结核病以外疫病的，隔离观察，确认无异常的，准予屠宰；隔离期间出现异常的，按《病害动物和病害动物产品生物安全处理规程》（GB 16548）等有关规定处理。

2. 检验步骤

（1）验收检验　运载活禽车辆进场时，检验人员应索取产地动物卫生监督机构开具的《动物检疫合格证明》，经临车观察，未见异常，证货相符时准予进厂。

（2）送宰检验　禽送宰前可进行临床健康检查。经检验合格的禽，由检验人员签发《宰前检验合格证》，注明畜种、送宰只数和产地，屠宰车间凭证屠宰。病弱禽、死禽直接剔除，并交驻场动物卫生监督机构官方兽医按《病害动物和病害动物产品生物安全处理规程》（GB 16548）等有关规定处理。

第三节　屠宰过程质量安全

畜禽的屠宰加工过程包括刺杀、放血、解体等一系列流程，屠宰畜禽种类和实际条件不同，屠宰方法和质量控制措施也会有所不同。

一、屠宰工艺

（一）猪

1. 致昏　宜采用电致昏或二氧化碳（CO_2）麻醉法进行致昏。

（1）电致昏

①人工麻电：操作人员应穿戴合格的绝缘靴、绝缘手套和绝缘围裙。使用人工麻电器应在其两端分别蘸盐水（防止电源短路），操作时在猪头颞颥区（俗称太阳穴）额骨与枕骨附近（猪眼与耳根交界处）进行麻电。将电极的一端揿在颞颥区，另一端揿在肩胛骨附近。应按生猪品种和屠宰季节，适当调整电压和麻电时间。

②自动麻电：采用自动麻电器对猪进行麻电。

③三点式低压高频麻电：采用麻电设备对猪的头部两边、心脏进行麻电。

（2）麻醉法　将猪赶入麻醉室后麻醉致昏。麻醉室内气体组成为：二氧化碳（CO_2）65%～75%，空气25%～35%。麻醉时间设定为15s。

（3）致昏要求　猪致昏后心脏应跳动，呈昏迷状态。不应使其致死或反复致昏。

2. 刺杀放血　致昏后应立即进行卧式放血或用链钩套住猪左后脚跖骨节，将其提升上轨道进行立式放血。从致昏至刺杀放血，不应超过30s。刺杀放血刀口长度约5cm，沥血时间不少于5min。刺杀时操作人员应一手抓住猪前脚，另一手握刀，对准第一肋骨咽喉正中偏右0.5～1cm处向猪的心脏方向刺入，再侧刀下拖切断颈部动脉和静脉，不应刺破心脏或割断食管、气管。刺杀时不应使猪呛膈、瘀血。放血刀应经不低于82℃热水消毒后轮换使用。沥血后的猪屠体应用喷淋水（40℃左右温水）或清洗机冲淋，清洗血污、粪便及其他污物。

3. 剥皮　可采用机械剥皮或人工剥皮。

（1）机械剥皮　按剥皮机性能，预剥一面或两面，确定预剥面积。剥皮按以下程序操作：

①挑腹皮：从颈部起沿腹部正中线切开皮层至肛门处。

②剥前腿：挑开前腿腿裆皮，剥至脖头骨脑顶处。

③剥后腿：挑开后腿腿裆皮，剥至肛门两侧。

④剥臀皮：先从后臀部皮层尖端处割开一小块皮，用手拉紧，顺序下刀，再将两侧臀部皮和尾根皮剥下。

⑤剥腹皮：左右两侧分别剥。剥右侧时，一手拉紧、拉平后裆肚皮，按顺序剥下后腿皮、腹皮和前腿皮；剥左侧时，一手拉紧脖头皮，按顺序剥下脖头皮、前腿皮、腹皮和后腿皮。

⑥夹皮：将预剥开的大面猪皮拉平、绷紧，放入剥皮机卡口夹紧。

⑦开剥：水冲淋与剥皮同步进行，按皮层厚度掌握进刀深度，不应划破皮面，少带肥膘。

（2）人工剥皮　将屠体放在操作台上，按顺序挑腹皮、剥臀皮、剥腹皮、剥脊背皮。剥皮时不应划破皮面，少带肥膘。

4. 浸烫脱毛

（1）浸烫　采用蒸汽烫毛隧道或浸烫池进行烫毛。应按猪屠体的大小、品种和季节差异，调整浸烫温度和时间。

①蒸汽烫毛隧道：调整隧道内温度至 59～62℃，烫毛时间为 6～8min。

②浸烫池：调整水温至 58～63℃。烫毛时间为 3～6min，应设有溢水口和补充净水的装置。浸烫池水根据卫生情况每天更换 1～2 次。不应使猪屠体沉底、烫生、烫老。

（2）脱毛　采用脱毛机进行脱毛。应根据季节不同适当调整脱毛时间，脱毛机内的喷淋水温度控制在 59～62℃，脱毛后屠体应无浮毛、无机械损伤、无脱皮现象。

（3）猪屠体修刮、冲淋后应进行头部和体表检验。

（4）对每头屠体进行编号，不应漏编、重编。

5. 预干燥　采用预干燥机或人工刷掉猪体上的残留猪毛与水分。

6. 燎毛　采用喷灯或燎毛炉燎毛，烧去猪体表面残留的猪毛及杀死体表微生物。

7. 清洗抛光　采用人工或抛光机将猪屠体体表残毛、毛灰清刮干净并进行清洗。

8. 割尾、头、蹄　此工序也可以放在 10 后进行。

①割尾：一手抓猪尾，一手持刀，贴尾根部关节割下，使割后肉尸没有骨梢突出皮外，没有明显凹坑。

②割头：从生猪左右嘴角、眼角处各 4cm 齐两耳根割下；割平头，经颈部第一皱纹下 1～2cm 位置下刀，走势呈弧形，刀中圆滑，不应出现刀茬和多次切割。

③割蹄：前蹄从腕关节处下刀，后蹄从跗关节处下刀，割断连带组织。

9. 雕圈　刀刺入肛门外围，雕成圆圈，掏开大肠头垂直放入骨盆内。应使雕圈少带肉，肠头脱离括约肌，不应割破直肠。

10. 开膛、净腔

①挑胸、剖腹：自放血口沿胸部正中线挑开胸骨，沿腹部正中线自上而下剖腹，将生殖器从脂肪中拉出，连同输尿管全部割除，不应刺伤内脏。放血口、挑胸、剖腹口应连成一线，不应出现三角肉。

②拉直肠、割膀胱：一手抓住直肠，另一手持刀，将肠系膜及韧带割断，再将膀胱和输尿管割除，不应刺破直肠。

③取肠、胃（肚）：一手抓住肠系膜及胃部大弯头处，另一手持刀在靠近肾脏处将系膜组织和肠、胃共同割离猪体，并割断韧带及食管，不应刺破肠、胃、胆囊。

④取心、肝、肺：一手抓住肝，另一手持刀，割开两边隔膜，取横膈膜肌脚备检。左手顺势将肝下掀，右手持刀将连接胸腔和颈部的韧带割断，并割断食管和气管，取出心、肝、肺，不应使其破损。

⑤冲洗胸、腹腔：取出内脏后，应及时用足够压力的净水冲洗胸腔和腹腔，洗净腔内瘀血、浮毛、污物，并摘除两侧肾上腺。

11. 劈半（锯半） 可采用手工劈半或自动劈半。劈半时应沿着脊柱正中央线将胴体劈成两半。劈半后的片猪肉应摘除肾脏（腰子），撕断腹腔板油，冲洗血污、浮毛等。

12. 整修、复验 按顺序整修腹部，修割乳头、放血刀口、割除槽头、护心油、暗伤、脓包、伤斑和遗漏病变腺体。整修后的片猪肉应进行复验，计量分级。

13. 整理副产品

（1）分离心、肝、肺 切除肝膈韧带和肺门结缔组织，摘除胆囊时，不应使其损伤、残留；猪心上不应带护心油、横膈膜；猪肝上不应带水泡；猪肺上允许保留 5cm 肺管。

（2）分离脾、胃（肚） 将胃底端脂肪割除，切断与十二指肠连接处和肝胃韧带。剥开网油，从网膜上割除脾脏，少带油脂。翻胃清洗时，一手抓住胃尖冲洗胃部污物，用刀在胃大弯处戳 5～8cm 小口，再用洗胃机或长流水将胃翻转冲洗干净。

（3）扯大肠 摆正大肠，从结肠末端将花油撕至离盲肠与小肠连接处 15～20cm，割断，打结。不应使盲肠破损，残留油脂过多。翻洗大肠，一手抓住肠的一端，另一手自上而下挤出粪污；将肠翻出一小部分，用一手二指撑开肠口，另一手向大肠内灌水，使肠水下坠，自动翻转。经清洗、整理的大肠不应带粪污，不应断肠。

（4）扯小肠 将小肠从割离胃的断面拉出，一手抓住花油，另一手将小肠末梢挂于操作台边，自上而下排除粪污。操作时不应扯断、扯乱。扯出的小肠应及时采用机械或人工方法清除肠内污物。

（5）摘胰脏 从肠系膜中将胰脏摘下，胰脏上应少带油脂。

14. 预冷 将片猪肉送入冷却间进行预冷，采用一段式预冷或二段式预冷工艺。

（1）一段式预冷 片猪肉冷却间相对湿度应为 75％～95％，温度 -1～4℃，胴体间距 3～5cm，时间 16～24h。

（2）二段式预冷 将片猪肉送入 -15℃ 以下的快速冷却间进行冷却，时间 1.5～2h；然后进入预冷间预冷，预冷间温度 -1～4℃，胴体间距 3～5cm，时间 14～20h。

15. 分割 分割间温度应控制在 15℃ 以下。分割肉加工工艺宜采用冷剔骨工艺，即片猪肉在冷却后进行分割剔骨。分割肉应修割净伤斑、出血点、碎骨、软骨、血污、淋巴结、脓包、浮毛及杂质。严重苍白的肌肉及其周围有浆液浸润的组织应剔除。片猪肉可采用卧式或立式分段，并分别使用卧式分段锯和立式分段锯。分割的原料及产品采用平面带式输送设备，其传动系统应选用电辊筒减速装置。在输送带两侧设置不锈钢或其他符合食品卫生要求的材料制作的分割工作台，进行剔骨分割。输送机末端配备分检台，对分割产品进行检验。屠宰车间非清洁区的器具和运输工具不应进入分割间，非分割间工作人员不应随意进人分割区。

16. 冻结 冻结间温度应为 -28℃ 以下。分割冻结猪肉系列产品应在 24～48h 内使中心温度降至 -15℃ 以下。

（二）牛

1. 致昏 致昏的方法有多种，推荐使用刺昏法、击昏法、麻电法。致昏要适度，牛昏而不死。

①刺昏法：固定牛头，用尖刀刺牛的头部"天门穴"（牛两眼角连线中点后移 3cm）使牛昏迷。

②击昏法：用击昏枪对准牛的双角与双眼对角线交叉点，启动击昏枪使牛昏迷。

③麻电法:用单杆式电麻器击牛体,使牛昏迷(电压不超过 200V,电流为 1~1.5A,作用时间 7~30s)。

2. 挂牛 用高压水冲洗牛腹部、后腿部及肛门周围。用扣脚链扣紧牛的右后小腿,匀速提升,使牛后腿部接近输送机轨道,然后挂至轨道链钩上。挂牛要迅速,从击昏到放血之间的时间间隔不超过 1.5min。

3. 放血 从牛喉部下刀,横断食管、气管和血管,采用伊斯兰"断三管"的屠宰方法,由阿訇主刀。刺杀放血刀应每次消毒,轮换使用。放血完全,放血时间不少于 20s。

4. 结扎肛门 冲洗肛门周围,将橡皮筋套在左臂上,将塑料袋反套在左臂上。左手抓住肛门并提起,右手持刀将肛门沿四周割开并剥离,随割随提升,提高至 10cm 左右。将塑料袋翻转套住肛门,并用橡皮筋扎住塑料袋,将结扎好的肛门送回深处。

5. 剥后腿皮 从跗关节下刀,刀刃沿后腿内侧中线向上挑开牛皮。沿后腿内侧线向左右两侧剥离,从跗关节上方至尾根部牛皮,同时割除生殖器。割掉尾尖,放入指定容器中。

6. 去后蹄 从跗关节下刀,割断连接关节的结缔组织、韧带及皮肉,割下后蹄,放入指定的容器中。

7. 剥胸、腹部皮 用刀将牛胸腹部皮沿胸腹中线从胸部挑到裆部。沿腹中线向左右两侧剥开胸腹部牛皮至肷窝止。

8. 剥颈部及前腿皮 从腕关节下刀,沿前腿内侧中线挑开牛皮至胸中线,沿颈中线自下而上挑开牛皮,从胸颈中线向两侧进刀,剥开胸颈部皮及前腿皮至两肩止。

9. 去前蹄 从腕关节下刀,割断连接关节的结缔组织、韧带及皮肉,割下前蹄,放入指定的容器内。

10. 换轨 启动电葫芦,用两个管轨滚轮吊钩分别钩住牛的两只后腿附关节处,将牛屠体平稳送到管轨上。

11. 扯(撕)皮 用锁链锁紧牛后腿皮,启动扯皮机由上到下运动,将牛皮卷撕。要求皮上不带膘、不带肉,皮张不破。扯到尾部时,减慢速度,用刀将牛尾的根部剥开。扯皮机均匀向下运动,边扯边用刀轻剁皮与脂肪、皮与肉的连接处;扯到腰部时适当增加速度;扯到头部时,把不易扯开的地方用刀剥开。扯完皮后将扯皮机复位。

12. 割牛头 用刀在牛脖一侧割开一个手掌宽的孔,将左手伸进孔中抓住牛头。沿放血刀口处割下牛头,挂同步检验轨道。

13. 开胸、结扎食管 从胸软骨处下刀,沿胸中线向下贴着气管和食管边缘,锯开胸腔及脖部。剥离气管和食管,将气管与食管分离至食道和胃结合部。将食管顶部结扎牢固,使内容物不流出。

14. 取白内脏 在牛的裆部下刀向两侧进刀,割开肉至骨连接处。刀尖向外,刀刃向下,由上向下推刀割开肚皮至胸软骨处。用左手扯出直肠,右手持刀伸入腹腔,从左到右割离腹腔内结缔组织。用力按下牛肚,取出胃肠送入同步检验盘,然后扒净腰油。取出牛脾挂到同步检验轨道。

15. 取红内脏 左手抓住腹肌一边,右手持刀沿体腔壁从左到右割离横膈肌,割断连接的结缔组织,留下小里脊。取出心、肝、肺,挂到同步检验轨道。割开牛肾的外膜,取出肾并挂到同步检验轨道。冲洗胸腹腔。

16. 劈半 沿牛尾根关节处割下牛尾,放入指定容器内。将劈半锯插入牛的两腿之间,从耻骨连接处下锯，从上到下匀速地沿牛的脊柱中线将胴体劈成二分体。要求不得劈斜、断骨，应露出骨髓。

17. 胴体修整 取出骨髓、腰油放入指定容器内。一手拿镊子，一手持刀，用镊子夹住所要修割的部位，修去胴体表面的瘀血、淋巴、污物和浮毛等不洁物，注意保持肌膜和胴体的完整。

18. 冲洗 用32℃左右温水，由上到下冲洗整个胴体内侧及锯口、刀口处。

19. 胴体预冷 将预冷间温度降到－2～0℃，推入胴体，胴体间距保持不少于10cm。启动冷风机，使库温保持在0～4℃，相对湿度保持在85%～90%。预冷后检查胴体pH及深层温度，符合要求进行剔骨、分割、包装。

（三）鸡

1. 挂鸡 轻抓轻挂，将鸡的双腿同时挂在挂钩上。死鸡、病弱、瘦小鸡只不得挂上线。鸡体表面和肛门四周粪便污染严重的鸡只集中处理，最后上挂。挂鸡间与屠宰间要分开。

2. 麻电 挂鸡上传送带后，自动麻电，电压30～50V，要求麻昏不致死。

3. 刺杀放血 在鸡下颌后的颈部横切一刀，将颈部的气管、血管和食管一齐切断，放血时间为3～5min。

4. 浸烫 浸烫水温一般60～62℃为宜，浸烫时间60～90s。烫池中应设有温度显示装置。浸烫时采用流动水或经常换水，一般要求每烫一批需调换一次。保持池水清洁。

5. 脱毛 鸡屠体出烫毛池后，要经过至少二道打毛机进行脱毛。第一台去除屠体上的微毛及体表黄衣，在第二台打毛机后设专人去除屠体表面残留的毛及毛根。脱毛后要用清水冲洗鸡屠体，要求体表不得有粪污。

6. 去嗉囊 割开嗉囊处表面皮肤，将嗉囊拉出割除。

7. 摘取内脏

（1）切肛 从肛门周围伸入旋转环形刀切成半圆形或用剪刀斜剪成半圆形，刀口长约3cm，要求切肛部位准确，不得切断肠管。

（2）开腹皮 用刀具或自动开腹机从肛门孔向前划开3～5cm，不得超过胸骨，不得划破内脏。

（3）用自动摘脏机或专用工具从肛门剪口处伸入腹腔，将肠管、心、肝、胗全部拉出，并拉出食管。消化道内容物、胆汁不得污染胴体，损伤的肠管不得垂直挂在鸡胴体表面。

（4）取出内脏后，要用一定压力的清水冲洗体腔，并冲去机械或器具上的污染物。

（5）落地或粪污、胆污的肉尸，必须冲洗干净，另行处理。

8. 冷却 预冷却水控制在5℃以下。终冷却水温度控制在0～2℃，勤换冷却水。冷却总时间控制在30～40min。鸡胴体在冷却槽中逆水流方向移动。冷却后的鸡胴体中心温度降至5 ℃以下。

9. 全鸡整理 摘取胸腺、甲状腺、甲状旁腺及残留气管。修割整齐、冲洗干净，要求无肿瘤、无溃疡、无毛囊炎、无严重创伤、无出血点、无骨折、无血污、无杂质、无残毛等。

10. 分割加工

①鸡全翅：从壁骨与喙状骨结合处紧贴肩胛骨下刀，割断筋腱，不得划破骨关节面和伤残里脊。

②鸡胸：紧贴胸骨两侧用刀划开，切断肩关节，紧握翅根连同胸肉向尾部方向撕下，剪下翅。修净多余脂肪、肌膜。使胸皮与肉大小相称，无瘀血、无熟烫。

③鸡小胸（胸里脊）：在锁骨与喙状骨间取下胸里脊，要求条形完整、无破碎、无污染。

④鸡全腿：从背部到尾部居中和两腿与腹部之间割一刀。从坐骨开始，切断髋关节，取下鸡腿，皮与肉大小相称，剔除骨折、畸形腿。

二、屠宰加工操作规范

屠宰加工操作的规范化是实现无公害生产最重要的工艺部分，操作中的人员及使用的工器具、工作环境等涉及的物理、化学和微生物污染等，都是影响质量安全的重要方面。

（一）卫生消毒总体要求

（1）屠宰厂应设有宰前管理区、屠宰间、分割加工间、患病动物隔离观察圈、急宰间、无害化处理间和检疫室。

（2）屠宰厂应建立健全下列卫生管理规章制度：车间内场地、器具、操作台等定期清洗、消毒制度；更衣室、淋浴室、厕所、休息室等公共场所定期清洗、消毒制度；废弃物定期处理、消毒制度；定期除虫、灭鼠制度；危险物保存和管理制度；动物入场和动物产品出场登记、检疫申报、疫情报告、消毒、无害化处理制度。

（二）屠宰设备及加工器具

（1）屠宰间厂房、机械设备、设施、给排水系统等必须保持良好的状态，正常情况下每年至少进行一次全面检修。

（2）屠宰加工操作前应先对设备进行适当调试，了解设备的使用状况。操作人员应熟悉设备的使用和操作流程，避免出现设备问题及不当操作造成畜禽的不当宰杀或金属配件脱落等质量安全问题。

（3）畜禽屠宰、检验检疫过程使用的某些工器具和设备，如宰杀和去角设备、头部检验刀具、开胸和开片刀锯、同步检验盛放内脏的托盘等，每次使用后，都应使用82℃以上的热水进行清洗消毒。连续使用的刀具应至少准备两把以上，以备消毒过程中轮换使用。此外，加工过程中使用的工器具（如盛放产品的容器、清洗用的水管等）不应落地或与不清洁的表面接触；在被污染之后应立即进行清洗消毒，保证再次使用时不会对产品造成影响。生产中所用的工器具、操作台和接触食品的加工表面应定期进行清洗消毒，不得残留清洗剂或消毒剂。不同用途的刀具在清洗消毒后要放在不同的盛放容器中，避免相互接触。

总体上，屠宰加工间的环境和设备的卫生消毒应符合以下三方面的要求：①物理性清洁，没有可见尘土或污渍；②化学性清洁，没有清洁剂和其他化学残留；③微生物清洁，没有病原菌及超过合理数量的其他生物体及生物体产生的残留物。

（三）操作要求

（1）人员应操作规范，做好管理和培训工作，特别要保证从事屠宰加工的人员及其使用的设备和操作过程科学合理，符合卫生要求。注意开膛时不得割破胃、肠、胆囊、膀胱、孕育子宫等。操作时应避免动物消化道内容物、胆汁、粪便等污染胴体和产品。一旦污染，应按规定修整、剔除或废弃。

（2）需要剥皮的动物，在剥皮前使用冷水湿淋，冲洗干净。在剥皮过程中，凡是接触过皮毛的手和工具，未经消毒不得再接触胴体；每次使用后的工器具要立即进行消毒，每一种操作的工器具要有专门悬挂式的消毒设施，避免不同操作、不同个体间交叉污染。脱毛处理应使用《食品安全国家标准 食品添加剂使用标准》（GB 2760）中规定允许使用的加工助剂，加工结束后产品中不应残留可见加工助剂。禁止使用沥青等有毒有害物进行烫毛。一般采用70℃左右的热水，浸泡3～5min，以能轻易拔掉毛且不破损表皮为宜。若用石蜡脱毛，应保证不残留石蜡碎片。剥皮或脱毛后应用清水对胴体表面进行冲洗，或使用乳酸喷淋等新技术对胴体表面进行抑菌处理。

（3）操作过程中胴体、内脏、头蹄（爪）等不能落地，若有落地，应单独存放在可识别、不会误用的区域或容器内，并视其污染情况决定修整、剔除或废弃，并及时记录处理过程和结果。副产品中内脏、血、毛、皮、蹄壳等应设置专门的传送通道和存放间，避免污染屠体的可食用部分、设备和场地以及周围环境。加工过程中运送产品的设备和容器应与盛装废弃物的容器区别，并有明确标识。盛装肉品的容器不应直接接触地面或其他不清洁表面，避免对产品造成污染。加工过程中使用的工器具、操作台和接触产品的表面要定期清洗消毒，清洗消毒时应采取适当措施防止对产品造成污染。

（四）加工过程卫生状况处理

1. 不合格品或废弃物的处理　对加工过程中产生的不合格品和废弃物，应在固定地点用有明显标志的专用容器分别收集盛装，并在检验人员监督下及时处理，其容器和运输工具应及时清洗消毒。废弃物从可食产品车间运送到非食用产品车间的管道、滑道、车辆等必须有效地加盖，且不漏水，出料口合理，防止在食用产品车间产生令人不快的异味。不在工厂内加工的动物血必须放在加盖的不漏水的容器内，每天运到厂外。把动物血灌入到容器内的场地应排水良好，配有水龙头，铺有水泥地；该场地至少每天冲洗一次，必要时多冲几次。毛发、胃肠内容物和类似物应每天清理出厂。

2. 落地肉的处理　生产中有产品落地，与地面直接接触时，生产操作人员需及时通知质量检验人员，检验人员应对落地产品进行隔离，单独存放在可识别、不会误用的区域或容器内，视其污染情况决定修整、剔除或废弃，并及时记录处理过程和结果，

3. 腺体或污物污染肉的处理　加工过程中必须对腺体或污物（如粪、尿、毛、胃肠内容物、胆汁、生殖器、病理组织、渗出物和其他污染物）设置专门的传送通道和存放间，避免污染屠体的可食用部分、设备和场地。对于生产中操作不慎造成的污染，处理办法同落地肉。即通知质量检验人员，经隔离存放后，由专业人员根据情况决定处理办法，按有关规定修整、剔除或废弃。

4. 病菌性污染的处理（疫情处理）　经宰前、宰后检疫检验发现患有或可疑患有传染性疾病、寄生虫病或中毒性疾病的动物肉尸及其组织应使用专门的车辆、容器及时运送，并按《畜禽病害肉尸及其产品无害化处理规程》的规定处理。

三、温度控制

畜禽的屠宰、冷却、分割、加工、包装等涉及的不同产品和不同操作工序对温度都有不同的要求。因此，屠宰分割过程中的温度控制也是控制质量安全的重要方面。对温度的控制要求根据《畜类屠宰加工通用技术条件》（GB/T 17237）和《屠宰和肉类加工厂企业卫生注册管理规范》（GB/T 20094）中的相关要求予以制定。

屠宰后胴体应立即冷却，畜类胴体进入预冷间冷却，预冷间温度控制在−1～4℃；禽胴体采用水冷却，冷却水温在4℃以下，冷却终水温保持在0～2℃。冷分割加工环境温度应控制在12℃以下，热分割加工环境温度应控制在20℃以下。在分割、去骨、包裹及包装时，畜肉中心温度必须保持在7℃以下，禽肉保持4℃以下，食用副产品（肝、肾和头等）的温度必须保持在3℃以下。生产冷冻产品时，应将肉送入冻结间快速冷却，冻结间温度控制在−28℃以下，应在48h内使肉的中心温度达到−15℃以下；后转入冷藏库，冷藏库温度控制在−18℃，以避免慢冻造成色泽、血冰等。

四、生产用水

生产加工用水应符合《生活饮用水卫生标准》（GB 5749）。若使用自备水源作为加工用水，应进行有效处理，并实施卫生监控，即水源应距粪池、化工企业、养殖场、厕所、垃圾场等有一定距离（50m以上）；井口要高于地面，不能有雨水流入井内；井口应进行防护，防止虫害、蓄意投毒等；根据需要对水进行沉淀、过滤、离子交换、消毒等理化处理；按照自供水取样计划进行监控。用到的冰必须采用符合饮用水标准的水制取；制冰设备和盛装冰块的器具必须不生锈、清洁卫生；冰的存放、粉碎、运输等必须在卫生条件下进行，防止污染。

五、加工助剂及消毒药剂

屠宰加工企业生产中不可避免地会使用清洗剂、消毒剂、杀虫剂、灭鼠剂、机器润滑油、食品添加剂等化学物质，这些也是影响肉制品质量安全的重要因素。有毒有害物品不正确使用是导致产品外部污染的一个常见因素。

屠宰厂应编制使用有毒有害化学物质的一览表，内容包括主管部门批准生产、销售、使用的证明，且应标识明显，分类贮存于专门库房或柜橱内，并由专人负责保管，履行出入库登记手续。食品级和非食品级的化合物要分开存放，有毒化学品要远离食品设备、工器具和其他易接触食品的地方，严禁使用曾存放清洗剂、消毒剂的容器再存放食品。有毒化学品和限量使用的添加剂要存放于带锁的柜子。除卫生和工艺需要，不得在生产车间使用和存放可能污染产品的任何药剂，各类药剂的使用应由经过培训的专人负责。

六、人员要求

屠宰加工人员的卫生问题是造成交叉污染的主要因素之一。进入屠宰加工前，除了对畜禽进行宰前检疫检验外，还要做好屠宰加工操作人员和管理人员的健康体检，并做好管理和培训工作，避免因人员健康问题或操作不当对生鲜肉造成影响。

（一）人员的健康卫生要求

根据《食品安全法》的相关规定，从事屠宰加工的操作人员，至少每半年进行一次全面的健康检查，必要时还要做临时健康检查。凡是患有痢疾、伤寒、割伤、擦伤、开放性或活动性肺结核、传染性肝炎、肠道传染病、化脓性皮肤病等患者，均应立即调离或暂停工作岗位。生产人员要勤理发、勤洗澡、勤剪指甲，衣服、鞋帽要经常换洗，保持良好的个人卫生。要有专业人员对全体操作员工进行个人卫生和操作规范等的教育培训，使其能保持良好的个人卫生和操作习惯，避免因人员的健康和卫生对屠宰生产造成影响。此外，还要具有一定的处理临时卫生状况的能力。

（二）人员卫生操作要求

1. 管理制度 要制定清晰明确的管理制度和人员分工，并让屠宰加工人员了解具体的操作流程和每一步的实施细节，保证生产过程中的卫生安全符合无公害标准。做好统计和记录工作，将整个屠宰加工过程中的人员数量、任务分配和操作情况记录清楚。若发现疫情或其他严重卫生安全状况，则要详细记录处理过程和处理结果。

2. 人员规范

①穿戴要求：进入车间前要穿戴好整洁的工服和鞋帽等，头发不能外露，接触直接入口食物者必须戴口罩。工服要每天换洗，纱帽和口罩等要及时更换，胶靴要刷洗干净。走出车间后，应立即将工服、鞋帽换下，集中管理，经专业部门统一清洗、消毒，统一保管和发放。非生产时间不得穿戴工服、鞋帽等。工作时，禁止穿戴手表或饰物（耳环、项链、戒指等），不应涂抹任何化妆品，如口红、指甲油、香水等，以免污染或混入肉中。不同工作人员要穿戴不同颜色的工服，不同区域的人员禁止串岗。

②卫生消毒：穿戴好工服的操作人员在进入车间前首先要洗手消毒，一般采用 50g/kg 的次氯酸钠消毒液，在消毒水中浸泡约 30s 后，用清水冲洗干净。注意洗手设备不能用手触发，一般采用脚踏式开启或关闭，以避免交叉污染。洗手后有序走进消毒池，注意不能跨过或绕过，要求双脚全部踏进，保证对胶靴的消毒完全。

③杂物检查：要有专门的卫生检查人员仔细查看操作人员的衣帽等穿戴是否符合规定，是否有毛发或其他会造成卫生问题的杂物，并监督上述清洗消毒工作的完成情况。经检查合格后方可进入车间。

④车间卫生规范：进入屠宰加工车间后，工作人员应有明确的分工，不同工作间以及同一工作间不同操作工艺的人员不能随意串岗。操作过程中如果有事离开车间，则必须换下工服、鞋帽，分开放置到临时存放区。再次回到车间时必须经过清洗消毒和检查过程，确保卫生安全后，才能进入继续工作。最后，车间内的工作人员不得在车间内饮水、进食、吸烟，不许随地吐痰，不准对着产品咳嗽、打喷嚏等。

⑤设备使用规范：屠宰加工操作人员应熟悉设备的使用和操作流程，避免设备问题或不当操作造成畜禽的不当宰杀或加工过程的其他质量和安全问题。完成本班次的屠宰加工操作后，应立即将大型电动设备断电，并对车间地面、设备和工器具进行清洗和消毒，根据规范要求放置好，检查工器具数量和设备使用状态，做好记录。

第四节 宰后检疫和肉品品质检验

宰后检疫和肉品品质检验是保证生鲜肉质量安全的重要环节，是宰前检验检疫的继续和补充，最终目的都是检出不合格产品，防止人畜共患病的传播，保证肉品质量，为消费者提供安全放心的肉品。

一、宰后检验检疫

宰前检验检疫只能剔出症状明显的患病畜禽或疑似患病畜禽，而对处于潜伏期、症状不明显的患病畜禽难以发现。这些不易查出的患病畜禽可混入健康畜禽而被屠宰，宰后其病理变化有可能被检出。因此，畜禽屠宰后对胴体、肉类及内脏的病理变化，同时采取宰后检疫和肉品品质检验两种方式尽早做出判断和处理，可防止病害肉上市销售，具有重要的意义。宰后检疫主要包括头部、蹄部、内脏、皮肤、胴体以及传染病和寄生虫的检查，根据检疫结果作出食用、有条件食用、化制、销毁等处理。肉品品质检验是按《肉品卫生检验试行规程》和有关规定，在动物屠宰过程中对肉品的理化情况和普通微生物的检查，包括传染病和寄生虫病以外的疾病、有害腺体、屠宰加工质量、注水或者注入其他有害物质，根据检验结果对肉品品质作出评估。

宰后检疫与肉品品质检验和屠宰加工过程同步进行，并设置同步检验装置或采用头、蹄、胴体、内脏统一编号对照方法进行。以生猪为例，从生猪进厂到产品出厂，检验、检疫都是在同一地点、同一部位进行。《生猪屠宰产品品质检验规程》（GB/T 17996）和《生猪屠宰检疫规范》（NY/T 909）规定，头部检验检疫均要求剖检左、右两侧颌下淋巴结。也就是说，一个生猪定点厂的每一个生产操作岗位，如头部、剖腹、分离内脏、胴体等部位均有两套检验、检疫队伍和生产人员来工作，宰后检疫和肉品品质检验的内容多有交叉和重复。

1. 头、蹄部检验检疫

（1）猪头（蹄）部检验检疫　屠体经放血后褪毛前，沿放血孔纵向切开下颌区，直到颌骨高峰区，剖开两侧下颌淋巴结（查炭疽、结核病），视检有无肿大、坏死灶（紫、黑、灰、黄），切面是否呈砖红色，周围有无水肿、胶样浸润等。脱毛吊上滑轨后，观察吻突、齿龈和蹄部有无水疱、溃疡、烂斑（查口蹄疫、水疱病）等。剖检两侧咬肌，充分暴露剖面，检查有无猪囊尾蚴。

（2）牛头（蹄）部检验检疫　首先观察鼻唇镜、齿龈及舌面有无水疱、溃疡、烂斑（查牛瘟、口蹄疫等）。触摸舌体，顺舌骨支内侧，纵向剖开舌肌和内外咬肌（检查囊尾蚴，水牛尚须检查舌肌上的住肉孢子虫），观察上下颌骨的状态（查放线菌肿）。剖检一侧咽后内侧淋巴结和两侧下颌淋巴结，同时检查咽喉黏膜和扁桃体有无病变。检查蹄冠、蹄叉皮肤有无水疱、溃疡、烂斑、结痂等。

（3）羊头（蹄）部检验检疫　检查鼻镜、齿龈、口腔黏膜、舌及舌面有无水疱、溃疡、烂斑等。必要时剖开下颌淋巴结，检查形状、色泽及有无肿胀、瘀血、出血、坏死灶等。检查蹄冠、蹄叉皮肤有无水疱、溃疡、烂斑、结痂等。

（4）禽头（爪）部检验　检查禽头、冠和髯有无出血、水肿、结痂、溃疡及形态有无异常等；眼睑有无出血、水肿、结痂，眼球是否下陷等；抽检鼻腔有无瘀血、肿胀和异常分泌物，口腔有无瘀血、出血、溃疡及炎性渗出物等；检查禽爪有无出血、瘀血、增生、肿物、溃疡及结痂等。

2. 胴体（体表）检验检疫　首先检查放血程度是否充分。如果肌肉颜色发暗，皮下静脉血液滞留，且当切开肌肉时，可见到暗红色区域，挤压切面有少量血滴流出，则胴体放血不良，需进行细菌学检查。

（1）猪胴体（体表）检验检疫　猪胴体整体视检体表的完整性、颜色，检查有无规定疫病引起的皮肤病变、关节肿大等；检查皮肤、皮下组织、脂肪、肌肉、淋巴结、骨骼以及胸腔、腹腔浆膜有无瘀血、出血、疹块、黄染、脓肿和其他异常等；剖开腹部底壁皮下、后肢内侧、腹股沟皮下附近的两侧腹股沟浅淋巴结，检查有无瘀血、水肿、出血、坏死、增生等病变；必要时剖检腹股沟深淋巴结、髂下淋巴结及髂内淋巴结。沿荐椎与腰椎结合部两侧腰肌肌纤维方向切开 10cm 左右切口，检查有无猪囊尾蚴。

（2）牛、羊胴体（体表）检验检疫　牛、羊胴体整体检查皮下组织、脂肪、肌肉、淋巴结以及胸腔、腹腔浆膜有无瘀血、出血、疹块、脓肿和其他异常等；在肩关节前稍上方剖开臂头肌、肩胛横突肌下的一侧颈浅淋巴结（肩前淋巴结），检查切面形状、色泽及有无肿胀、瘀血、出血、坏死灶等；剖开一侧髂下淋巴结（股前淋巴结、膝上淋巴结），检查切面形状、色泽、大小及有无肿胀、瘀血、出血、坏死灶等；必要时剖检腹股沟深淋巴结。

（3）禽胴体（体表）检验检疫　禽胴体（体表）检查色泽、气味、光洁度、完整性及有无水肿、痘疱、化脓、外伤、溃疡、坏死灶、肿物等；禽体腔检查内部清洁程度和完整度，有无赘生物、寄生虫等。检查体腔内壁有无凝血块、粪便和胆汁污染和其他异常等。

（4）旋毛虫检验　患旋毛虫病的猪，生前常无任何临床症状，故须在宰后逐头检验，由横膈膜肌采取小样品（两侧各重约 15g），编上与胴体一致的号码，送检验室作成压片，用显微镜检查。

3. 内脏检验检疫

（1）猪内脏检验检疫　取出内脏前，观察胸腔、腹腔有无积液、粘连、纤维素性渗出物。检查脾脏、肠系膜淋巴结有无肠炭疽。取出内脏后，检查心脏、肺脏、肝脏、脾脏、胃肠、支气管淋巴结、肝门淋巴结等。

①心脏：视检心包，切开心包膜，检查有无变性、心包积液、渗出、瘀血、出血、坏死等症状；在与左纵沟平行的心脏后缘房室分界处纵剖心脏，检查心内膜、心肌、血液凝固状态、二尖瓣及有无虎斑心、菜花样赘生物、寄生虫等。

②肺脏：视检肺脏形状、大小、色泽，触检弹性，检查肺实质有无坏死、萎陷、气肿、水肿、瘀血、脓肿、实变、结节、纤维素性渗出物等；剖开一侧支气管淋巴结，检查有无出血、瘀血、肿胀、坏死等。必要时剖检气管、支气管。

③肝脏：视检肝脏形状、大小、色泽，触检弹性，观察有无瘀血、肿胀、变性、黄染、坏死、硬化、肿物、结节、纤维素性渗出物、寄生虫等病变；剖开肝门淋巴结，检查有无出血、瘀血、肿胀、坏死等。必要时剖检胆管。

④脾脏：视检形状、大小、色泽，触检弹性，检查有无肿胀、瘀血、坏死灶、边缘出血性梗死、被膜隆起及粘连等。必要时剖检脾实质。

⑤胃和肠：视检胃肠浆膜，观察大小、色泽、质地，检查有无瘀血、出血、坏死、胶冻样渗出物和粘连；对肠系膜淋巴结做长度不少于 20cm 的弧形切口，检查有无瘀血、出血、坏死、溃疡等病变。必要时剖检胃肠，检查黏膜有无淤血、出血、水肿、坏死、溃疡。

⑥肾脏：剥离两侧肾被膜，视检肾脏形状、大小、色泽，触检质地，观察有无贫血、出血、瘀血、肿胀等病变。必要时纵向剖检肾脏，检查切面皮质部有无颜色变化、出血及隆起等。

（2）牛、羊内脏检验检疫　取出内脏前，观察胸腔、腹腔有无积液、粘连、纤维素性渗出物。检查心脏、肺脏、肝脏、胃肠、脾脏、肾脏，剖检肠系膜淋巴结、支气管淋巴结、肝门淋巴结，检查有无病变和其他异常。

①心脏：检查心脏的形状、大小、色泽及有无瘀血、出血等。必要时剖开心包，检查心包膜、心包液和心肌有无异常。

②肺脏：检查两侧肺叶实质、色泽、形状、大小及有无瘀血、出血、水肿、化脓、实变、结节、粘连、寄生虫等；剖检一侧支气管淋巴结，检查切面有无淤血、出血、水肿等。必要时剖开气管、结节部位。

③肝脏：检查肝脏大小、色泽，触检其弹性和硬度；剖开肝门淋巴结，检查有无出血、瘀血、肿大、坏死灶等。必要时剖开肝实质、胆囊和胆管，检查有无硬化、萎缩、日本血吸虫等。

④肾脏：检查其弹性和硬度及有无出血、瘀血等。必要时剖开肾实质，检查皮质、髓质和肾盂有无出血、肿大等。

⑤脾脏：检查弹性、颜色、大小等，必要时剖检脾实质。

⑥胃和肠：检查肠祥、肠浆膜，剖开肠系膜淋巴结，检查形状、色泽及有无肿胀、瘀血、出血、粘连、结节等。必要时剖开胃肠，检查内容物、黏膜及有无出血、结节、寄生虫等。

⑦子宫和睾丸：检查母牛子宫浆膜有无出血、黏膜有无黄白色或干酪样结节，检查公牛睾丸有无肿大，睾丸、附睾有无化脓、坏死灶等。

（3）禽内脏检验检疫

①禽喉头和气管：检查有无水肿、瘀血、出血、糜烂、溃疡和异常分泌物等。

②气囊：检查囊壁有无增厚浑浊、纤维素性渗出物、结节等。

③肺脏：检查有无颜色异常、结节等。

④肾脏：检查有无肿大、出血、苍白、尿酸盐沉积、结节等。

⑤腺胃和肌胃：检查浆膜面有无异常，剖开腺胃，检查腺胃黏膜和乳头有无肿大、瘀血、出血、坏死灶和溃疡等；切开肌胃，剥离角质膜，检查肌层内表面有无出血、溃疡等。

⑥肠道：检查浆膜有无异常，剖开肠道，检查小肠黏膜有无瘀血、出血等，检查盲肠黏膜有无枣核状坏死灶、溃疡等。

⑦肝脏和胆囊：检查肝脏形状、大小、色泽及有无出血、坏死灶、结节、肿物等，检查胆囊有无肿大等；

⑧脾脏：检查形状、大小、色泽及有无出血和坏死灶、灰白色或灰黄色结节等；

⑨心脏：检查心包和心外膜有无炎症变化等，心冠状沟脂肪、心外膜有无出血点、坏死灶、结节等；

⑩法氏囊（腔上囊）：检查有无出血、肿大等。剖检有无出血、干酪样坏死等。

二、检疫结果处理

（一）结果处理

官方兽医对检疫情况进行复查，综合判定检疫结果。合格的，由官方兽医出具《动物产品检疫合格证明》，猪牛羊胴体应加盖检疫验讫印章，对分割包装的肉品加施检疫标志。禽类在包装袋上加贴检疫合格标识。不合格的，由官方兽医出具《动物检疫处理通知单》，并按以下规定处理。

（1）发现有口蹄疫、猪瘟、高致病性猪蓝耳病、炭疽、猪丹毒、猪肺疫、猪副伤寒、猪Ⅱ型链球菌病、猪支原体肺炎、副猪嗜血杆菌病、丝虫病、猪囊尾蚴病、旋毛虫病、口蹄疫、牛传染性胸膜肺炎、牛海绵状脑病、布鲁菌病、牛结核病、牛传染性鼻气管炎、日本血吸虫病、痒病、小反刍兽疫、绵羊痘和山羊痘、肝片吸虫病、棘球蚴病、高致病性禽流感、新城疫、禽白血病、鸭瘟、禽痘、小鹅瘟、马立克病、鸡球虫病的、禽结核病的，按照《动物防疫法》《重大动物疫情应急条例》《动物疫情报告管理办法》和《病害动物和病害动物产品生物安全处理规程》（GB 16548）等有关规定处理。

（2）发现患有上述规定以外疫病的，监督屠宰厂对患病畜禽胴体及副产品按《病害动物和病害动物产品生物安全处理规程》（GB 16548）处理，对污染的场所、器具等按规定实施消毒，并做好生物安全处理记录。

（二）检疫记录

官方兽医应监督指导屠宰厂做好待宰、急宰、生物安全处理等环节的各项记录。官方兽医应做好入场监督查验、检疫申报、宰前检查、同步检疫等环节的记录。猪、羊、禽检疫记录应保存 12 个月以上；牛检疫记录应保存 10 年以上。

三、肉品品质检验结果处理

（一）生猪

1. 胴体复验与盖章 胴体劈半后，复验人员结合胴体初验结果，进行全面复查。检查片猪肉的内外伤、骨折造成的瘀血和胆汁污染部分是否修净，检查椎骨间有无化脓灶和钙化灶，骨髓有无褐变和溶血现象。肌肉组织有无水肿、变性等变化，仔细检验膈肌有无出血、变性和寄生性损害。检查有无肾上腺和甲状腺及病变淋巴结漏摘。经过全面复验，确认健康无病，卫生、质量及感官性状又符合要求的，盖上本厂的检验合格印章，出具《肉品检验合格证明》。

2. 检验后不合格肉品的处理

（1）放血不全 全身皮肤呈弥漫性红色，淋巴结瘀血，皮下脂肪和体腔内脂肪呈灰红色，以及肌肉组织色暗，较大血管中有血液滞留的，连同内脏做非食用或销毁；皮肤充血、发红，皮下脂肪呈淡红色，肾脏颜色较暗，肌组织基本正常的高温处理后出厂。

（2）白肌病 后肢肌肉和背最长肌见有白色条纹和条块，或见大块肌肉苍白、质地湿润呈鱼肉样，或肌肉较干硬、晦暗无光，在苍白色的切面上散布有大量灰白色小点，心肌也见有类似病变，胴体、头、蹄、尾和内脏全部非食用或销毁；局部肌肉有病变，经切检深层肌肉正常的，割去病变部分后，经高温处理后出厂。

（3）白肌肉（PSE 肉） 半腿肌、半膜肌和背最长肌显著变白、质地变软且有汁液渗出，对严重的白肌肉进行修割处理。

（4）黄脂、黄脂病和黄疸 仅皮下和体腔内脂肪微黄或呈蛋清色，皮肤、黏膜、筋键无黄色，无其他不良气味，内脏正常的不受限制出厂。如伴有其他不良气味，应做非食用处理。皮下和体腔内脂肪明显发黄乃至呈淡黄棕色，稍混浊，质地变硬，经放置一昼夜后黄色不消褪，但无不良气味的，脂肪组织做非食用或销毁处理，肌肉和内脏无异常变化的不受限制出厂。皮下和体腔内脂肪、筋腿呈黄色，经放置一昼夜后黄色消失或显著消退，仅留痕迹的，不受限制出厂或场，黄色不消失的作为复制原料肉利用。黄疸色严重，经放置一昼夜后黄色不消失，并伴有肌肉变性和苦味的，胴体和内脏全部做非食用或销毁处理。

（5）骨血素病肌肉可以食用，有病变的骨骼和内脏做非食用或销毁处理。

（6）种公母猪和晚阉猪 种公母猪肉和晚阉猪肉不得鲜销食用，可作复制原料肉利用。

（7）有下列情况之一的病猪及其产品全部做非食用或销毁：脓毒症、尿毒症、急性及慢性中毒、全身性肿瘤、过度清瘦及肌肉变质、高度水肿的。

（8）组织器官仅有下列病变之一的，应将有病变的局部或全部做非食用或销毁处理：局部化脓、创伤部分、皮肤发炎部分、严重充血与出血部分、浮肿部分、病理性肥大或萎缩部分、钙化变性部分、寄生虫损害部分、非恶性局部肿瘤部分、带异色、异味及异臭部分及其他有碍食肉卫生部分。

（9）注入水或其他物质的，做销毁处理。

3. 检验结果的登记　每天检验工作完毕，要将当天的屠宰头数、产地、货主、宰前检验和宰后检验病猪以及不合格产品的处理情况进行登记。

（二）牛羊

1. 胴体复验

（1）牛　胴体复验于劈半后进行，复验人员结合初验的结果，进行一次全面复查。检查有无漏检；有无未修割干净的内外伤和胆汁污染部分；椎骨中有无化脓灶和钙化灶，骨髓有无褐变和溶血现象；肌肉组织有无水肿、变性等；膈肌有无肿瘤和白血病病变；肾上腺是否摘除。

（2）羊　胴体不劈半，按初检程序复查。检查有无病变漏检，肾脏是否正常，有无内外伤修割不净和带毛情况。

2. 不合格肉品的处理

（1）创伤性心包炎　心包膜增厚，心包囊极度扩张，其中沉积有多量的淡黄色纤维蛋白或脓性渗出物，有恶臭，胸、腹、腔中均有炎症，且膈肌、肝、脾上有脓疡的，应全部做非食用或销毁；心包极度增厚，被绒毛样纤维蛋白所覆盖，与周围组织膈肌、肝发生粘连的，割除病变组织后，应高温处理后出厂；心包增厚被绒毛样纤维蛋白所覆盖，与膈肌和网胃愈着的，将病变部分割除后，不受限制出厂。

（2）神经纤维瘤　牛的神经纤维瘤首先见于心脏，当发现心脏四周神经粗大如白线，向心尖处聚集或呈索状延伸时，应切检腋下神经丛，并根据切检情况，分别处理。见腋下神经粗大、水肿呈黄色时，将有病变的神经组织切除干净，肉可用作复制加工原料；腋下神经粗大如板、呈灰白色，切检时有韧性，并生有囊泡，在无色的囊液中浮有杏黄色的核，这种病变见于两腋下，粗大的神经分别向两端延伸，腰荐神经和坐骨神经均有相似病变，应全部做非食用或销毁。

（3）牛的脂肪坏死　在肾脏和胰脏周围、大网膜和肠管等处，见有手指大到拳头大的、呈不透明灰白色或黄褐色的脂肪坏死凝块，其中含有钙化灶和结晶体等。将脂肪坏死凝块修割干净后，肉可不限制出厂。

（4）骨血素病（卟啉沉着症）　全身骨髓均呈淡红褐色、褐色或暗褐色，但骨膜、软骨、关节软骨、韧带均不受害。有病变的骨骼或肝、肾等应做工业用，肉可以用作复制品原料。

（5）白血病　全身淋巴结均显著肿大，切面呈鱼肉样、质地脆弱、指压易碎，实质脏器肝、脾、肾均见肿大，脾脏的滤泡肿胀、呈西米脾样，骨髓呈灰红色，应整体销毁。

（6）种公牛、种公羊健康无病且有性气味的，不应鲜销，应做复制品加工原料。

（7）有下列情况之一的病畜及其产品应全部做非食用或销毁：脓毒症，尿毒症，急性及慢性中毒，恶性肿瘤、全身性肿瘤，过度瘰瘦及肌肉变质、高度水肿的。

（8）组织和器官仅有下列病变之一的，应将有病变的局部或全部做非食用或销毁处理：局部化脓，创伤部分，皮肤发炎部分，严重充血与出血部分，浮肿部分，病理性肥大或萎缩部分，变质钙化部分，寄生虫损害部分，非恶性肿瘤部分，带异色、异味及异臭部分，其他有碍食肉卫生部分。

（9）注入水或其他物质的，做销毁处理。

3. 盖章　复验合格的，在胴体上加盖本厂的肉品品质检验合格印章，准予出厂；对检出的病肉按照不合格肉品处理的规定，分别盖上相应的高温处理章、非食用处理章、复制处理章或销毁处理章。

4. 检验结果登记　每天检验工作完毕，应将当天的屠宰头（只）数、产地、货主、宰前和宰后检验查出的病畜以及不合格肉的处理情况进行登记。

（三）禽类

（1）胴体复验　禽类胴体按下列程序复查：检查有无病变漏检，内脏是否正常，有无内外伤修割不净和带毛情况。

（2）不合格肉品的处理　净膛采用全净膛和半净膛方式，拉破肠管或拉破胆囊，导致污染的禽体，应全部做非食用处理或销毁。放血不良导致禽体皮肤呈红色，皮下血管出血的胴体做非食用处理。内脏检查有异常，应将内脏及其对应的胴体一并做销毁处理。注入水或其他物质的，做销毁处理。组织和器官仅有下列病变之一的，应将有病变的局部或全部做非食用或销毁处理：局部化脓、皮肤发炎部分，严重充血与出血部分，浮肿部分，病理性肥大或萎缩部分，变质钙化部分，寄生虫损害部分，非恶性肿瘤部分，带异色、异味及异臭部分，其他有碍食肉卫生部分。

（3）复验合格的，加本厂的肉品品质检验合格标识后出厂；对检出的病肉按照不合格肉品处理的规定，分别盖上相应的非食用处理章或销毁处理章。

（4）检验结果登记　每天检验工作完毕，应将当天的屠宰只数、产地、货主、宰前和宰后检验查出的病禽以及不合格肉的处理情况进行登记。

第五节　产品包装储运

经过屠宰和检验检疫合格的肉类产品，在进入市场之前要经过包装储运环节。包装储运过程的质量安全控制对于肉品质量安全至关重要。包装储运过程需要控制的危害因素主要包括微生物、包装材料带入的有毒有害化学物质。

一、产品包装

产品包装安全性对肉品质量安全至关重要，影响产品包装安全的因素包括包装温度、使用的包装材料和包装操作。

（一）包装间温度

不同的肉类产品，其包装的温度可能会不同。热包装和常温包装产品可以在常温下进行包装；冷却或冷冻肉类产品的包装则必须在低温下进行，包装间的温度一般要求在 15℃以下。

（二）包装材料要求

包装材料分为内包装和外包装，其中内包装材料的主要作用是保护肉品不受污染及延缓其品质下降，外包装材料的主要作用是避免肉品在搬运、储存、运输、销售的过程中其内包装受损。直接接触肉类产品的包装材料应符合相关卫生标准。在首次采购内、外包装材料之前，应对供应商的资质、工艺、管理水平、产品质量状况等进行评价，应要求供应商提供质量保证书、官方检验报告（一般一年一次）、出厂合格证书等。包装材料进厂时，应对每批包装材料进行验收。

1. 卫生要求 包装材料的质量安全直接影响生鲜肉的质量安全，特别是内包装材料一般与产品直接接触，如果包装材料中含有毒有害物质，特殊情况下可能会迁移到肉品中，从而影响肉品的质量安全。内、外包装应无毒、无害、无味，符合国家的卫生标准，不能影响对肉品感官性状（主要指色泽和鲜度）的判定。外包装用的瓦楞纸箱，其卫生要求应符合《运输包装用单瓦楞纸箱和双瓦楞纸箱》（GB/T 6543）的规定；内包装用的聚乙烯塑料薄膜（PVC）应不含氟氯烃化合物，其卫生要求应符合《包装用聚乙烯吹塑薄膜》（GB/T 4456）的规定。

2. 强度要求 包装好的产品在运输和搬运过程中，可能会因某种外界原因造成包装破损，从而造成产品遭受污染或腐败变质。因此，内、外包装材料都应有一定的强度。肉类生产企业应根据不同的产品种类、不同的储存和运输条件，选择具有不同的耐压、防水、防潮性能的包装，保证产品在正常的储存、运输和搬运条件下包装不破损。

3. 存放要求 内、外包装物料应分别专库存放，包装物料库应保持干燥、通风和清洁卫生。内包装材料由于其通常与产品直接接触，因此其卫生要求较高，一旦遭受污染就会直接影响肉类产品的安全卫生。外包装材料在其生产、储存、运输过程中的外侧污染不可避免。因此，内、外包装材料应分库存放，避免交叉污染的可能。包装材料不允许与其他物料、化学物品同库存放，否则一旦发生交叉污染，将造成更大的危害。

为防止包装材料受到周围环境的污染或霉变，存放内包装的库房要有环境消毒设施，并定期消毒。存放内、外包装的库房应有通风设施，要保持库房干燥卫生。存放内、外包装物料的库房要有防虫、防鼠设施，并定期进行清扫。

（三）包装过程要求

1. 不得混装 肉类产品在包装时，应按照货源批次进行包装，不得将不同种类、不同批次的产品混合包装，避免不同批次间的混乱造成产品质量混杂，溯源困难。不得与有毒有害有碍于食品安全的物品接触。

2. 标签标识要求 包装好的肉类产品应在内外包装上进行标识，裸装产品应在胴体、分割肉或其他地方附加标识，保证产品的信息安全可靠。标识的内容应准确、清晰、显著，文字应使用规范的汉字，可以同时使用拼音、少数民族文字或外文。标签或标识中的说明或文字不得虚假，不能直接提及或暗示任何可能与该产品造成混淆的其他产品，不可误导或欺骗消费者。裸装畜禽产品的标识可直接加盖在畜禽胴体上，所用的印章色素必须为食品级；其他包装所用的印刷油墨、标签粘合剂等也应无毒无害，且不可直接接触产品。

3. 其他要求 对于包装好的产品，不得拆封后重新包装，不得更改原有生产日期或私自延长保质期。符合规定包装的肉类产品拆封后直接向消费者销售的，可以不再另行包装。包装的体积应限制在最低水平，保证盛装、运输贮存和销售功能的前提下，应尽量减少材料使用的总量。

二、产品储存

肉类产品储存不当会导致微生物过量繁殖和腐败变质，直接影响肉类产品的货架期。肉类产品储存应注意控制以下方面。

1. 储存温度　不同的肉类产品，其储存的温度也不相同。因此，存放不同产品的库房的温度应该满足产品储存的要求，冷却肉的储存温度为 0～4℃，冷冻肉的储存温度为 −18℃，并设有与运输车辆对接用的门套密封装置。库房的温度应根据不同产品的特性来确定，避免温度过高造成微生物繁殖、产品变质而影响其保质期。

2. 卫生清洁　库房的卫生清洁应符合《冷库管理规范》（GB/T 30134）对冷库管理规范的要求。储存库应保持清洁、整齐、通风，不应存放影响卫生的物品，同一库内不应存放可能造成相互污染或串味的食品。要做到库内墙壁、地面、天花板、管道清洁，货物垛位整齐，与产品无关的物品不得与产品混放，防止交叉污染。堆放时，产品与墙壁距离不少于30cm，与地面距离不少于 10cm，离排管和风道不少于 30cm，与天花板保持一定的距离，按不同种类、批次、规格的畜禽产品分垛码放，码放应稳固、整齐、适量，并施加标识。货垛应置于拖板上，不得直接着地，且满足"先进先出"的原则。此外，要有防霉、防鼠和防虫设施，定期消毒。冷库内的产品不应存放太久，及时记录出入库产品。对于出现腐坏的产品，应及时进行清理，并对腐坏产品存放的区域进行清洗消毒，避免污染其他产品。

3. 定期除霜　冷库除霜主要包括对制冷设备、库内墙壁和天花板进行除霜。定期除霜有利于维护设备正常运转和节能降耗，发挥最大的制冷效果，降低冷库内的湿度，防止库内产品受潮。

三、产品运输

（一）卫生要求

（1）运输工具应及时清洗消毒，保持清洁卫生。无论从动物防疫的角度还是从食品卫生的角度，装运前都应该对运输工具进行清洗、消毒。卸货后，运输工具也要及时清洗、消毒，使运输工具保持清洁。应有专门的记录员记录运输过程中的卫生安全状况，作为交接时的凭证。所用的洗涤剂和消毒剂应符合《食品安全国家标准　洗涤剂》（GB 14930.1）、《食品安全国家标准　消毒剂》（GB 14930.2）等的有关规定。

（2）包装肉与裸装肉不应同车运输。除了工具、设备的清洁要求外，运输的产品要求不同种类隔离或分车存放。如包装肉与裸装肉同车运输时，包装肉的外包装容易对裸装肉造成污染，给肉类产品安全造成潜在的危害。因此，包装肉与裸装肉不应同车运输。装载时，肉类产品离车顶应不少于 2cm，并有支架、栅栏或其他装置防止货物移动，以保证车内产品稳固，不会出现坍塌或散乱的现象，造成产品破坏。

（二）运输工具要求

1. 专车（船）运输　专用的运输工具可以有效防止交叉污染。用于运输肉类的工具不得运输活动物，其目的是防止活动物的排泄物、体表污染物对运输工具造成污染，从而污染肉类产品；从防疫方面的角度来考虑，有利于控制动物疫病的传播。

2. 应配备制冷、保温等设施　运输工具所采用的厢体材料、密封性能等应该符合《保温车、冷藏车技术条件及试验方法》（QC/T 449）中对保温车、冷藏车的相关要求，确保其不会给肉类产品带来污染。运输肉类产品的运输工具应根据运输产品的特点配备制冷、保温的设施，制冷能力和保温效果应达到维持特定温度的要求。运输冷冻肉类产品的车辆，其车厢温度应达到－18℃以下；运输冷却肉的车辆，其车厢温度应符合 0～4℃的装运要求。

如果保温车能保证运抵目的地的产品温度仍然符合要求，短途运输可以使用不制冷的保温车运输。在运输过程中车辆应持续保持所规定的温度要求。为了便于司机及时检查车厢的温度状况，其运输工具应配备温度显示装置和/或温度自动记录装置。

（三）温度要求

1. 生鲜产品　生鲜产品的运输温度要求稳定，全程控制在 0～4℃。装运前要求车厢内的温度降至 4℃以下，装货后实时测定温度，并要求在 1h 之内降到 4℃以下；整个运输过程都要实时监测温度，始终控制在 0～4℃。产品抵达目的地后要在 30min 内卸货完毕，中间产品不得落地，避免造成污染。交接时，生鲜肉的温度必须在 7℃以下。

2 冷冻产品　冷冻产品的温度要求全程控制在－15℃左右。产品装运前必须将车厢温度降至 10℃以下，冷冻产品的中心温度降到－15℃或更低。冷库到冷库间运送时，要求运输时间少于 12h，可采用保温车运输，但应加冰块以保持车厢温度。对于运送时间超过 12h 的情况，运输设备应能使产品保持在－15℃或更低的温度。冷库到零售商运送时，应该使温度上升的速度维持在最低水平，产品中心温度不能高于－12℃。

第八章 无公害蜜蜂饲养与蜂产品生产

第一节 产地环境

蜂场场地与环境直接影响蜂群的繁殖、生产和蜂产品质量安全。场地选择主要从地理位置的气候、水源、蜜粉源、环境污染等方面来考虑，这几个方面选择合理，可保证蜜蜂在饲养过程中能够健康生长，同时从源头上确保蜂产品质量安全，避免蜂群受到中毒或死亡的威胁，避免蜂产品的污染。

一、蜂场场地选择

蜂场应远离污染源，距离交通主干线、城市、村镇居民区至少 1km 以上，周围3km内无大型化工厂、矿厂，距离其他养殖场至少 2km 以上。工业污染来源（如垃圾焚烧炉释放二噁英，表面处理加工厂释放溶剂或重金属等）、空气污染（如附近的道路上汽车排放铅和碳氢化合物）、土壤污染（工业废物）或扩散的有害物质（如开放的城市垃圾等）等，均可给养蜂生产环境带来危害；养殖过程产生的废水、粪便等可能污染环境，间接给蜂群健康和蜂产品质量造成影响；与其他养殖场距离过近，会增加相互间疾病传播的风险。蜂场场地选择应重点考虑上述因素。

蜂场场址要求平坦、开阔、地势高燥，背风向阳，排水良好，小气候适宜。阴坡、低洼潮湿、山顶、谷口风大地带及蜂场前有障碍物的地方均不适宜摆放蜂群。低洼地易积水和潮湿，不利于蜂群的健康；山顶、谷口风大，不利于蜜蜂飞翔；山谷雾多、日照少，影响蜜蜂出巢采集时间；在阴暗的场所摆放蜂群，蜜蜂出巢晚、归巢早，对日出勤量影响较大；蜂场前有障碍物，蜜蜂出巢进巢必须绕过障碍，增加了蜜蜂的飞翔活动，给蜂群采集造成困难；裸露的岩石、水泥地面白天吸热快、夜晚散热快，不利于蜂群适宜生活温度的保持。大江、大河、水库边也不宜建定地蜂场，以免蜂王交尾及大风天工蜂采水落入水中死亡。

蜂场场地的选择要充分考虑放蜂场地的气候因子。蜜源植物的开花泌蜜与气候及温湿度均有密切关系。降水量适宜的湿润地区，蜜源植物生长旺盛、泌蜜丰富。花期阴雨连绵的地区，不利于蜜蜂的采集活动。适宜的温度条件下，蜜腺细胞中的水与糖易溶解，蜜源植物泌蜜丰富。光质、光强和日照时间的变化都对蜜源植物的生长发育、生理变化、形态结构和花蜜分泌有影响。强风使蜜源植物蒸腾加剧，生长发育受阻，花朵被吹落；干热风能使蜜腺分泌的花蜜中的水分迅速蒸发，糖分凝结，使蜜蜂无法采集，甚至使花朵枯焦。如北方的刺槐花期，如遇干热风天气，蜂群产蜜量一般会减少，严重时还会绝收。

山区蜂场，宜建在山腰或近山麓的南面向阳坡地上。背有高山屏障，南面是开阔地，蜂场中间布满稀疏的林木，这样的场地冬天、早春可防寒，盛夏可免遭烈日曝晒。平原地区，蜂场北面可砌一道防风墙，防止冬、春寒风侵袭蜂群。

二、蜂场蜜源条件

（一）主要蜜粉源和辅助蜜粉源植物

蜂蜜和花粉来源于蜜粉源植物，是蜜蜂赖以生存的保证。蜜粉源植物分为主要蜜粉源植物和辅助蜜粉源植物。其中，主要蜜粉源植物是指数量多、分布广、面积大、花期长、蜜粉丰富，能生产商品蜂蜜或蜂花粉的植物；辅助蜜粉源植物是指能分泌花蜜或产生花粉，并被蜜蜂采集利用，对维持蜜蜂生活和蜂群发展起作用的植物。

蜜源植物又可分为栽培蜜粉源植物和野生蜜粉源植物。前者包括枣树、荔枝、油菜等，后者包括荆条、洋槐、乌桕等。不论栽培蜜粉源植物还是野生蜜粉源植物，选择放蜂场地时都要求蜜粉源植物面积大、数量多、长势好，泌蜜稳定。

距离无公害蜂场半径 3km 范围内应具备丰富的蜜粉源植物。定地蜂场附近至少要有一种以上主要蜜粉源植物和种类较多、花期不一的辅助蜜粉源植物。

下面简要介绍几种主要蜜粉源植物。

1. 油菜（Brassica campestris L.） 油菜别名芸苔、菜苔，十字花科。是我国分布面积最广的蜜源植物，几乎分布于从南到北的所有省（自治区）。油菜花期较长且因地而异，适应性强，在土层深厚、土质肥沃而湿润的土壤中泌蜜较好。油菜蜜粉丰富，蜜蜂喜采集，适宜泌蜜温度 18～25℃、相对湿度 70%～80%，花期 30～40d，主要泌蜜期 25～30d。最早花期 12 月份，最晚次年 7 月份。

油菜为一年或二年生草本植物。茎直立，0.3～1.5m。叶片有基叶和苔叶之分，基叶大头羽状分裂，上部茎生叶提琴形。总状花序，顶生或腋生，花黄色，雄蕊外轮 2 枚短，内轮 4 枚长，内轮雄蕊基部有 4 个绿色蜜腺，花粉黄色。油菜主要分为三种类型：白菜型，如黄油菜；芥菜型，如辣油菜；甘蓝型，如胜利油菜。

2. 刺槐（Robinia pseudoacacia L.） 别名洋槐，豆科。主要分布于山东、河南、河北、辽宁、陕西、甘肃、山西、江苏、安徽等。喜湿润肥沃土壤，适应性强，耐旱。开花期 4～6 月份，花期 10～15d，主要泌蜜期 7～10d。气温 20～25℃、无风晴暖天气泌蜜量最大。

刺槐为落叶乔木，高 12～25m。叶互生，奇数羽状复叶，小叶 7～25 枚，呈椭圆形、矩圆形或卵形。总状花序，花多为白色，有香气，花粉乳白色，蜜多粉少。

3. 枣树（Ziziphus jujuba Mill） 别名红枣、大枣、白蒲枣，鼠李科。主要分布于河北、山东、山西、河南、陕西、甘肃等省的黄河中下游冲积平原地区，其次为安徽、浙江、江苏等省。耐寒、耐高温、耐旱、耐涝。开花期 5 月至 7 月上旬，花期 25～30d。气温 26～32℃、相对湿度 50%～70%时泌蜜量大。蜜多粉少。

枣树为落叶乔木，树高达 10m。叶长圆状卵形至卵状披针形。花 3～5 朵，簇生于脱落性的腋间，为不完全的聚伞花序，花黄色或黄绿色。

4. 荔枝（Litchi chinensis Sonn） 别名荔枝母、大荔、离枝，无患子科。有早、中、晚三大品种，主要分布于广东、福建、台湾、广西、海南、四川、云南、贵州。其中广东、福建、广西、台湾种植面积较大，是我国荔枝主产区。荔枝喜温暖湿润的气候，在土层深厚、有机质丰富的冲积土壤中生长最好。花期 1～4 月份，群体花期 30d，主要流蜜期 20d 左右。温度 20～28℃、相对湿度 80％以上泌蜜最多。若遇北风或西南风则不泌蜜。有明显的大小年现象，花期蜜多粉少。

荔枝为常绿乔木，株高 10～30m。双数羽状复叶，互生，小叶 2～8 对，长椭圆形或披针形。混合型的聚伞花序圆锥状排列，花小，黄绿色或淡黄色。

5. 龙眼（*Dimocarpus longan* Lour）　别名桂圆、益智、圆眼，无患子科。主要分布于福建、广西、广东、台湾、四川、海南、云南，贵州也有少量种植。龙眼适于土层深厚而肥沃和稍湿润的酸性土壤，开花期 3 月中旬至 6 月中旬，品种多的地区花期长达 30～45d，泌蜜期 15～20d。泌蜜适温 24～26℃、相对湿度 70％～80％。有大小年现象，花期蜜多粉少。

龙眼为常绿乔木，树高 10～20m。双数羽状复叶，近对生或互生，小叶 2～6 对，长椭圆状披针形。混合型聚伞圆锥花序，花小，淡黄白色。

6. 荆条［*Vitex negundo* L. var. *Heteropohylla*（Franch.）Rehd］　别名荆柴、荆子、荆棵，马鞭草科。主产区为辽宁、河北、北京、山西、山东、内蒙古、河南、安徽、陕西、甘肃。耐寒、耐旱、耐瘠，适应性强。开花期 6～8 月份，主花期 30d。气温 25～28℃时泌蜜量大，蜜多粉少。

荆条为落叶灌木，高 1.5～2.5m。掌状复叶，对生，小叶 5 枚，披针形或椭圆状披针形。圆锥花序顶生或腋生，花冠淡紫色或白色，唇形。

7. 椴树　椴树为椴树科落叶乔木。常见的有紫椴（*Tilia amurensis* Rupr.）和糠椴（*Tilia mandshurica* Rupr. et Maxim.）两种。紫椴别名籽椴、小叶椴，糠椴别名大叶椴。主要分布于长白山、完达山和小兴安岭林区，主产区为黑龙江、吉林。喜凉温气候，耐寒，深根性阳性树种。紫椴开花期为 7 月上旬至下旬，花期约 20d；糠椴为 7 月中旬至 8 月中旬，花期为 20～25d。两种椴树花期交错重叠，群体花期 35～40d。泌蜜适宜温度 20～25℃。蜜多粉少，有大小年之分。

椴树树高达 20m 以上。单叶互生，叶片阔卵形或近圆形。聚伞花序，有花 3～20 朵，花瓣淡黄色，花粉为深黄色。

8. 茶（*Camellia sinensis* O. Ktze）　别名茶叶树，山茶科。主要分布于广东、广西、福建、云南、湖北、湖南、江西、安徽、陕西、河南等地，冬季开花。

落叶灌木或小乔木。叶互生，薄革质，椭圆状披针形至倒卵状披针形，先端急尖或钝，边缘具细锯齿。花白色，1～4 朵成腋生聚伞花序。花粉黄色，蜜粉丰富。花蜜对蜜蜂有毒，蜜蜂采食后，幼虫腐烂。在饲养管理上，采用繁殖区与采蜜区分开，繁殖区脱粉补喂糖浆繁蜂，生产区适时取蜜，可生产大量优质商品蜂花粉。

（二）有毒蜜粉源植物

距离无公害蜂场半径 5km 范围内有毒蜜粉源植物分布数量多的地区，有毒蜜粉源开花期不能放蜂，以防止蜜蜂采集有毒花蜜或花粉。

蜂群处在有毒蜜粉植物区，有毒植物开花泌蜜时蜜蜂采集后会混入蜂群的贮蜜中，若人误食这类蜂蜜或花粉，会出现低热、头晕、眼花、恶心、呕吐、腹痛、四肢麻木、口干、食管灼痛、肠鸣、食欲不振、心悸、乏力、胸闷、心跳急剧、呼吸困难等中毒症状，严重者可导致死亡。蜜蜂采食某些对其有毒的植物花蜜或花粉，常使幼虫、工蜂发病死亡，给养蜂业造成损失。

蜜、粉有毒植物数量不多，且仅分布于部分地区，多数在夏、秋季开花。毒蜜大多是深琥珀色、黄色、绿色、蓝色或灰色，有不同程度的苦、麻、涩味。

蜜、粉有毒植物主要有雷公藤、紫金藤、苦皮藤、博落回、狼毒、羊踯躅、钩吻、乌头、藜芦、喜树、油茶等。

1. 雷公藤（*Tripterygium wilfordii* Hook. f.）　别名黄蜡藤、菜虫药、断肠草，卫矛科藤本灌木。单叶互生，叶卵形至宽卵形。聚伞圆锥花序，顶生或腋生，被锈色短毛，花小、黄绿色。分布于长江以南各山区及华北至东北各山区。湖南花期6月下旬，云南为6月中旬至7月下旬。泌蜜量大，蜜呈深琥珀色，味苦而带涩味；花粉黄色。毒蜜含有毒成分雷公藤碱，不可食用。

2. 苦皮藤（*Celastrus angulatus* Maxim）　别名苦皮树、马断肠，卫茅科藤本灌木。单叶互生，叶片革质，矩圆状宽卵形或近圆形。聚伞圆锥花序，顶生，花黄绿色。粉多蜜少，花粉灰白色。分布于陕西、甘肃、河南、山东、安徽、江苏、江西、福建北部、广东、广西、湖南、湖北、四川、贵州、云南东北部等地。花期5～6月份。

粉蜜含单宁、皂素、生物碱，全株剧毒。蜜蜂采食后腹部胀大，身体痉挛，尾部变黑，吻伸出呈钩状死亡。

3. 博落回〔*Macleaya cordata*（Willd.）R. Br.〕　别名野罂粟、号筒杆，罂粟科多年生草本。叶互生，一般为阔卵形。圆锥花序，花黄绿色，花粉灰白色。分布于湖南、湖北、江西、浙江、江苏等。花期6～7月份。蜜少粉多。蜂蜜和花粉对人和蜜蜂都有剧毒。

4. 狼毒（*Stellera chamaejasme* L.）　别名断肠草、拔萝卜、燕子花，瑞香科多年生草本。叶互生，无柄，椭圆形或椭圆状披针形，全缘。头状花序，花被筒紫红色，上端5裂片，白色或黄色，有紫红色脉纹。主要分布于辽宁、吉林、黑龙江、内蒙古、河北、河南、山西、甘肃、青海、四川、云南、贵州、西藏等地，开花期5～7月份。全株含植物碱和无水酸，剧毒。蜜、粉对蜜蜂和人都有毒。

5. 羊踯躅（*Rhododendron molle* G. Don）　别名闹羊花、黄杜鹃、老虎花，杜鹃花科落叶灌木。叶长椭圆形至长圆状披针形，下面密生灰白色柔毛。伞形花序顶生，有花5～12朵，花冠黄色，阔漏斗形。主要分布于江苏、浙江、江西、湖南、湖北、四川、云南等地，花期4～5月份。蜜、粉对人和蜜蜂都有害。

6. 钩吻〔*Gelsemium elegans*（Gardn. et Champ）Benth.〕　别名胡蔓藤、断肠草，马钱科常绿藤本。叶对生，卵状长圆形至卵状披针形。聚伞花序，顶生或腋生，花小、黄色，花冠漏斗状。主要分布于广东、海南、广西、云南、贵州、湖南、福建、浙江等地。花期10～12月份或至次年1月份，花期60～80d。蜜粉丰富，全株剧毒。

7. 乌头（*Aconitum carmichaele* Debx）　别名草乌、老乌，毛茛科多年生草本。叶互生，卵圆形，三深裂近达基部，两侧裂片再二裂，上部再浅裂。总状花序，顶生或腋生，萼片花瓣状、青紫色，上方萼片盔状，两侧萼片近圆形，雄蕊多数。主要分布于东北、华北、西北和长江以南各地。花期7～9月份，泌蜜量中等。花蜜和花粉对蜜蜂有毒。

8. 藜芦（*Veratrum nigrum* L.）　别名土藜芦、山葱、老汉葱，百合科多年生草本，高约1m。叶互生，基生叶阔卵形。复总状圆锥花序，花絮轴中部以上为两性花，下部为雄花，花冠白色。主要分布于东北林区及河北、山东、内蒙古、甘肃、新疆、四川等地。蜜粉丰富，花期在东北林区 6～7 月份。蜜粉对蜜蜂有毒，蜜蜂采食后表现抽搐、痉挛，有的采集蜂来不及返巢就死亡。毒蜜能毒死幼蜂，造成中毒蜂群群势急剧下降。

三、蜂场环境要求

蜂场周围的环境，如空气质量、土壤状况、水源质量等，也是需要重点考虑的问题。在严重污染的空气、水、土壤环境中生长的蜜源植物，通过根系组织或经根外吸收的有害物质会残留在花粉和花蜜中，对蜂产品造成污染；同时，由于蜜蜂采集范围大、接触的环境介质多、遍布绒毛的生物学特征等，环境中的污染物能通过蜜蜂的飞行被带回蜂箱。

1. 空气质量　对蜜蜂危害较大的大气污染物有硫氧化物、氟化物、氮氧化物、固体颗粒等。大气中常常含有两种以上的污染物，多种污染物共同形成对大气的复合污染。蜜蜂饲养需要的大气环境应空气清新，符合《环境空气质量标准》（GB 3095）中空气质量功能区二类以上的要求。蜂场摆放地点应远离产生工业废气、污染严重的工厂、矿区及空气严重污染的大城市。蜂场周围大气质量应符合下述标准：空气中总悬浮颗粒物日平均 $\leqslant 0.30mg/m^3$，二氧化硫日平均 $\leqslant 0.15mg/m^3$，二氧化氮日平均 $\leqslant 0.12mg/m^3$，氟化物日平均 $\leqslant 1.80\mu g/dm^3$。

2. 土壤与水源　蜂场应选择土质良好、有利于蜜源植物生长、开花泌蜜丰富的地区放蜂。远离曾大量施用过剧毒农药或受到大面积严重污染的农区。有较严重镉、汞、砷、铅等水土污染或土壤中上述重金属含量过高的区域不宜放蜂。

放蜂场地附近应有良好的水源供人蜂饮用。清洁水源不足时应在蜂场设置饮水处，包括在蜂场中放置干净水盆，或设置各种巢门或巢内喂水装置。必要时可在水中添加适量食盐，但浓度不超过 0.05％为宜。蜜蜂饮用水的水质应符合《无公害食品　畜禽饮用水水质》（NY 5027—2008）的要求，具体指标见表 8-1。

表 8-1　蜜蜂饮用水水质要求

项　目			标准值
感官性状及一般化学指标	色度		不超过 30°
	浑浊度		不超过 20°
	臭和味		不得有异臭、异味
	肉眼可见物		不得含有
	总硬度（以 $CaCO_3$ 计），mg/L	$\leqslant$	1 500
	pH		6.4～8
	溶解性总固体，mg/L	$\leqslant$	2 000
	氯化物（以 Cl^- 计），mg/L	$\leqslant$	250
	硫酸盐（以 SO_4^{2-} 计），mg/L	$\leqslant$	250
细菌学指标	总大肠菌群，个/100 mL	$\leqslant$	10

（续）

项　目			标准值
毒理学指标	氧化物（以 F⁻ 计），mg/L	≤	2.0
	氰化物，mg/L	≤	0.05
	总砷，mg/L	≤	0.20
	总汞，mg/L	≤	0.001
	铅，mg/L	≤	0.10
	铬（六价），mg/L	≤	0.05
	镉，mg/L	≤	0.01
	硝酸盐（以 N 计），mg/L	≤	3.0

3. 交通　蜂场场址应选在交通便利、运输车辆可顺畅出入、蜂场及工作人员生活用电便利的地方。现代化的大型蜂场应具备较稳定的电源。

蜂场远离污水排放较重的工厂、农药厂、农药仓库及经常喷施农药的果园，以免引起蜜蜂中毒死亡和污染蜂产品。蜂场不要建在糖厂、糕点厂、罐头厂、果脯厂等附近，蜜蜂飞去采糖不但影响厂方生产，也会造成蜜蜂死亡。蜂场正前方要避开路灯、诱虫灯等强光源，以防止夏季夜晚蜜蜂飞向光源造成不必要的损失。蜂场附近应无其他大型蜂场，否则，不但会造成蜂场间相互争夺蜜源，也容易传播蜜蜂疾病，蜜源缺乏时还会引起蜂场间蜜蜂互盗。

蜂场应远离铁路、厂矿、机关、学校、畜牧场等。蜜蜂性喜安静，烟雾、声响、震动都会惊扰蜜蜂，并容易发生人畜被螫事故。

四、蜂场卫生消毒

脏乱的环境一方面会直接影响蜂产品质量；另一方面易滋生各种病菌和蚊虫，对蜂群和蜂农健康产生不利影响。因此，应该定期对蜂场杂草、死蜂、废旧巢脾进行清理和消毒。

1. 蜂场的卫生保洁　经常进行蜂场卫生清洁，定期清除蜂场内的杂草，及时把蜂场中的死蜂清理干净，并对清理的死蜂进行焚烧或深埋处理。生产前，还应对蜂产品生产场所进行卫生清洁，以防止粉尘等污染蜂产品。向蜂场定期撒些石灰粉与土混合压实，可起到杀灭病原微生物的作用。

2. 蜂场的消毒　蜂场一旦有蜂群患病，病原物会随病尸被清巢工蜂拖到箱外。为杀灭这些病原体，清理完蜂场死蜂后，可用 0.5% 次氯酸钠溶液或 0.5% 过氧乙酸水溶液对蜂场地面或越冬室喷洒消毒。也可用 5% 漂白粉乳剂对蜂场及越冬室进行喷洒消毒。蜂场建筑物、越冬室或蜂场树木粉刷 10%～20% 的石灰乳进行消毒。石灰乳可自制，方法是先将生石灰用少量水化开，然后加水配成含石灰量 10%～20% 的石灰乳。

蜜蜂采集的水源，一定要保持洁净。蜜蜂经常采水的水池等如果不很大，最好定期向水里投放些漂白粉进行消毒。如水源面积很大无法控制，应及时在蜂场设置蜜蜂喂水器，并定期清洗消毒喂水器。另外，为防止蜜蜂到不洁之地采无机盐而传染疾病，给蜜蜂喂水时可在饮水中加入少量食盐，浓度不超过 0.05%。

第二节 无公害蜜蜂饲养和蜂产品生产

一、养蜂机具及其卫生管理要求

养蜂生产中所使用的器具主要有蜂箱、隔王板、饲喂器、脱粉器、台基条、移虫针、取浆器具、起刮刀、蜂扫、覆布、脱蜂器具、割蜜刀和分蜜机，以及各类蜂产品贮存器具。这些器具的污染都会直接或间接地造成蜂产品污染，且易被蜂病或蜂药等污染间接影响蜂群健康和蜂产品质量。因此，养蜂生产所用器具必须无毒、无害、无污染、无异味，割蜜刀和摇蜜机应使用不锈钢或无毒塑料制成。

(一) 蜂箱及其卫生管理

1. 蜂箱材质 蜂箱是蜂群饲养过程中最基本的设备，是人工制造的、供蜂群栖息繁衍和储存食物的固定场所。蜂箱的尺寸和形状多种多样，养殖者可以根据自身习惯和爱好进行选择。一般饲养西方蜜蜂的专业养蜂户多选用郎氏标准蜂箱。

制作蜂箱的材料选择不当会造成蜂产品污染，如用被有害物质污染的木材或本身对人体有害的材料制作蜂箱，用含铅量过高的劣质油漆涂刷蜂箱等，都会对蜂产品造成一定程度的污染。蜂箱应由无毒、无浓烈气味的优质木材制作而成，我国南方的杉木、中部的梧桐木、东北的椴木、红白松等都是制作蜂箱及巢框、隔板的好材料。一般制作蜂箱的木材要求组织细密、无裂纹、无虫蛀，材质要轻，耐磨、耐用，不易变形。制作巢框的侧条最好选用硬杂木，以防拉紧铁丝装巢础时将巢框侧条拉弯。制作蜂箱的其他材料，如塑料、聚合板等，要对人、蜂无毒、无害。特别是聚合板的胶黏剂等，要符合家装材料有害化学物质残留限量标准。

涂刷蜂箱的油漆应选用浅色环保油漆，不可用劣质深色油漆。深色油漆涂刷的蜂箱，容易大量吸收阳光热量、增高巢温，影响蜂群的正常繁殖。为了防止蜂箱干裂和受潮腐烂，蜂箱最好用桐油或熔化的纯蜂蜡浸渍、风干。

2. 蜂箱的卫生与消毒 检查蜂群时应经常用起刮刀清理蜂箱底部的死蜂、蜡屑及霉变物等，保持箱内清洁。对箱内缝隙应及时用洁净蜂蜡或蜂胶堵严。组成蜂箱的副盖、巢框、隔板、闸板、隔王板等也应及时用起刮刀清理干净。

养殖者可随时对蜂箱进行必要消毒。当遇到下述情况时，为了避免蜂箱成为滋生病菌的场所和传染源，必须进行清洁消毒：当蜂群患传染性疾病后，对被换下来的蜂箱要清洁消毒；蜂群在秋季越冬前或春季繁殖前，需对蜂箱进行清洁消毒；购置的旧蜂箱及放置了很久拟重新使用的旧蜂箱应进行清洁消毒。消毒前先用起刮刀将蜂箱内壁、箱底及副盖、隔板、隔王板等表面附着的蜂蜡、蜂胶等杂物清除干净。

消毒方法主要有以下几种。

(1) 灼烧法 灼烧可有效杀灭细菌及芽孢、真菌及孢子、病毒、孢子虫、蜡螟虫等病原。灼烧时，用点燃的酒精喷灯外焰对准要消毒的蜂箱内壁、箱底内侧、隔板、竹制隔王板、副盖等表面及缝隙，仔细灼烧至木质焦黄；灼烧副盖的铁丝至发红，切忌烧过，以免将铁丝烧断。塑料隔王板等不宜灼烧的机具，可用化学药品消毒。

(2) 日光曝晒法 对一些微生物有一定杀灭作用。可将经清理的蜂箱、隔王板、隔板、副盖等放在强烈阳光下曝晒，有一定的消毒作用。此法只限于一般性卫生消毒。患传染性疾病蜂群用过的蜂箱及构件不宜采用此法。运用此法消毒时，要注意防止因蜂蜡和蜂胶的强烈气味而诱发盗蜂。

（3）化学药品消毒法 消毒剂应对人和蜂安全，无残留、无毒性，对蜂箱无破坏性，不会在蜂产品中产生有害积累。常用的化学药品消毒法有以下几种。

①漂白粉溶液消毒：漂白粉又称含氯石灰，是氯化钙（$CaCl_2$）、次氯酸钙［$Ca(ClO)_2$］和消石灰［$Ca(OH)_2$］的混合物。商品漂白粉有效氯含量一般为 $25\%\sim33\%$。漂白粉对多种细菌、病毒及真菌有杀灭作用。其 5% 的水溶液在 1h 内即可杀死生命力很强的细菌芽孢。消毒蜂箱及构件时，可用 5% 的水溶液刷洗蜂箱及隔板、隔王板等表面，或用喷雾器喷雾至表面湿润，消毒 30 min 至 2h，然后用清水冲洗、晾晒。

②84 消毒液消毒：市售 84 消毒液一般有效氯含量为 $5\%\sim6.5\%$，主要成分为次氯酸钠（NaClO），对细菌、病毒均有杀灭作用，需要用水稀释到固定浓度后使用。用有效氯 0.1% 的 84 消毒液洗刷或喷雾浸润消毒被细菌病（如美洲幼虫腐臭病、欧洲幼虫腐臭病、蜜蜂败血病、蜜蜂副伤寒病等）污染的蜂箱、隔板、隔王板等，一般需消毒 10min 以上。用 0.5% 的 84 消毒液，喷雾或擦洗被病毒病（如急性麻痹病、慢性麻痹病、中蜂囊状幼虫病等）污染的蜂箱、隔板、隔王板等，用药后至少保持 90min 以上，方能清洗被消毒的器具表面。84 消毒液对金属有腐蚀作用，不能用金属容器稀释和存放药液及接触金属物品。消毒和配制药液时操作人员要戴橡胶手套和口罩，防止其对皮肤和呼吸道的伤害。操作时不慎将药液溅入眼睛，要迅速用清水冲洗。

③食用碱水溶液消毒：食用碱（Na_2CO_3）为弱碱性，其水溶液对细菌、病毒和真菌均有杀灭作用。一般用 $3\%\sim5\%$ 的水溶液洗刷蜂箱、隔王板、隔板等，消毒至少 30min 后方可清洗被消毒物品。

④新洁而灭消毒：新洁而灭为无色液体，呈碱性，具有很强的消毒和去污作用。常用 0.1% 的新洁而灭水溶液洗刷被美洲幼虫腐臭病和欧洲幼虫腐臭病污染的蜂箱、隔板、隔王板等。使用时要戴橡胶手套，防止药液对皮肤的伤害。

⑤过氧乙酸消毒：过氧乙酸对真菌、细菌、病毒及孢子虫均有较强的杀灭力，蜂场常用 0.2% 过氧乙酸水溶液洗刷或喷雾消毒被真菌（白垩病）、病毒（囊状幼虫病、急慢性麻痹病）和细菌（美洲幼虫腐臭病、欧洲幼虫腐臭病、蜜蜂副伤寒病）等污染的蜂箱、隔板、隔王板、饲喂器等。过氧乙酸为强氧化剂，对金属有较强的腐蚀作用，高浓度对人体呼吸道也有危害。配制和使用该药液时，不宜用金属器具盛放，要戴橡胶手套和口罩。因该药液不稳定，应现用现配。

（二）常用管理器具的卫生与消毒

1. 起刮刀的消毒 起刮刀是蜂群日常管理中最常用的工具之一，是用来撬开被蜂胶黏固的副盖、继箱、隔王板、隔板及巢脾的器具，也可用它铲赘脾、刮蜂胶、刮箱底污物、起小钉等。最好用不锈钢制作。

蜂群检查人员检查完患病或疑似患病的蜂群后，检查健康蜂群前一定要洗手消毒和对起刮刀进行消毒。双手可先经肥皂洗涤，然后用 75% 的酒精擦洗。消毒起刮刀可用 75% 的酒精擦洗，也可用灼烧法和水浴煮沸法消毒。日常管理中，还可将起刮刀置于强烈阳光下，曝晒数小时消毒。

（1）灼烧法 用点燃的酒精喷灯外焰对准起刮刀，或将起刮刀置于煤火、柴火外焰上烧烤数分钟，可有效杀灭附着在起刮刀上的细菌及芽孢、真菌及孢子、病毒、孢子虫等病原体。

（2）煮沸法　将起刮刀直接置于水中，加热煮沸 30min 以上，可有效杀灭病原体。

2. 蜂扫、蜂帽、覆布、工作服的卫生消毒　蜂扫、蜂帽、蜂箱内的覆布及养蜂人员的工作服都经常接触蜜蜂，时刻存在被蜜蜂疾病相关病原体及蜜蜂粪便等污染的可能。其卫生消毒方法主要有清洗曝晒、煮沸消毒和药品消毒。

（1）清洗曝晒　可用清水对上述物品进行清洗，然后置于强烈的阳光下曝晒。

（2）煮沸消毒　对怀疑污染病原的上述物品清洗后，浸泡在净水中煮沸 30min，可达到消毒目的。

（3）食用碱消毒　将上述物品浸在 3‰~5‰食用碱（Na_2CO_3）水溶液中，浸泡 30~60 min 后，取出用净水冲洗干净，晾干，可达到卫生消毒的目的。

3. 饲喂器的卫生消毒　蜂场所选用的饲喂器或设置的喂水设施应是用无毒、无异味的木质或竹制材料制作，亦可选用无毒无味的塑料制作。使用中要经常清洗，保持其卫生洁净。对接触过患病蜂群的饲喂器要进行清洗消毒。木制、竹制饲喂器可用灼烧法和煮沸法消毒，塑料饲喂器宜采用化学药品法消毒。

（1）灼烧法　适用于木制和竹制饲喂器，可用酒精喷灯的外焰对准饲喂器的表面，灼烧至微黄，可达到消毒目的。

（2）煮沸法　将要消毒的木制或竹制饲喂器洗净后，浸没于干净的水中，煮沸消毒 30 min 即可。

（3）化学药品消毒法　用 1‰漂白粉澄清液、0.1‰次氯酸钠水溶液，其中任意一种浸泡或擦洗饲喂器或喂水器，消毒 12h 以上，即可起到消毒作用。消毒后用清水冲洗，晾干后使用。

（三）蜂产品生产用具及其卫生

1. 蜂蜜生产器具　蜂蜜生产器具主要有分蜜机、割蜜刀、滤蜜器、蜜桶等。

（1）蜂蜜生产器具的材料要求　分蜜机、蜜桶、应选用耐腐蚀的不锈钢或无毒无味塑料材料制成。小规模农家养蜂，也可将生产出的蜂蜜暂时储存在陶瓷缸中。不可用脱掉防锈树脂的铁皮分蜜机、铁桶生产和储存蜂蜜，以防止器具被蜂蜜侵蚀，金属铁污染蜂蜜。还要防止摇蜜机齿轮润滑油滴入蜂蜜。

割蜜刀或割蜜盖机的刀具要由不锈钢制成，防止铁制刀具因锈蚀污染蜂蜜。滤蜜器的漏斗骨架也要选用不锈钢条或较粗的不锈钢丝制作。滤网要用不锈钢纱或无毒尼龙纱制成，一则坚固耐用，二则可随时清洗。

（2）蜂蜜生产设备的卫生要求　蜂蜜生产和储备器具，如割蜜刀、分蜜机和蜜桶、脸盆、蜂扫等，在蜂群取蜜前 1d，要提前用清水洗刷，晾干备用。用完后，也要及时清洗。每次用完后应将分蜜机中的蜂蜜倒净，洗刷晾干。不可将分蜜机里所剩蜂蜜混入下次所取蜂蜜。取蜜与储蜜器具只需清洗干净，无需特殊的消毒。

2. 蜂王浆生产器具　蜂王浆生产器具主要有采浆框、塑料王台条、移虫针、取浆片、吸浆器、王台清理器、镊子、刀片、纱布、毛巾、盛浆瓶等。蜂王浆生产和储存器具因直接或间接与蜂王浆接触，如果所用材质不好或不注意其卫生，会直接影响蜂王浆的品质。

（1）**蜂王浆生产器具的材料要求** 蜂王浆生产的采浆框要采用无毒、无异味的优质木材制作；王台条应用无毒、无味塑料加工而成，制造王台条的塑料中不允许添加有毒有害添加剂；移虫针的舌片最好采用纯天然的牛角或羊角，也可用无毒塑料制成；采浆器具可用竹片或无毒橡胶制作，也可采用小型真空泵制作吸浆器；吸浆器的吸浆导管要用玻璃管，导气管要用无毒橡胶管，瓶塞要用无毒橡胶塑料或软木塞；夹虫镊子和割台壁的刀片及王台清理器应使用不锈钢材料；浆框盛放箱、巢脾承托盘均应选用无毒、无害，便于清洁的材料制作；盛浆器具可选用无毒塑料瓶或无毒塑料桶。

（2）**蜂王浆生产器具的卫生要求** 移虫和采收蜂王浆前，提早对蜂王浆生产者的工作服及采收蜂王浆使用的器具进行清洗。移虫前要换上清洁的工作服，洗净擦干巢脾承托盘和移虫针。对采浆器具，如镊子、取浆片、王台清理器、割台刀片、盛浆瓶等进行清洗，并用脱脂棉球蘸 75％的酒精擦洗消毒。待酒精完全挥发后才能接触蜂王浆，以免造成蜂王浆中的蛋白质凝固变性。采收蜂王浆结束后，要清洗所有生产器具，晾干后集中在洁净的器具中存放，以备下次采浆使用。

3. 蜂花粉生产器具 蜂花粉生产器具主要有花粉截留设备和花粉干燥设备、花粉储存器具等。花粉截留设备主要有箱底花粉截留器和巢门花粉截留器等。花粉的干燥有自然干燥法、远红外线干燥法等。

（1）**蜂花粉生产器具的材料要求** 巢门花粉截留器放置在蜂箱巢门口，带有花粉储存盒的截留器，可使截留的花粉团直接落入集粉盒中，这样采的蜂花粉清洁卫生、质量好；同时还节省了养蜂人员的劳动，在蜂花粉生产中应大力推广。其他类型的截留器，如箱底花粉截留器等虽简单、成本低，但容易造成蜂花粉的污染。

构成脱粉器的托粉板、落粉板、集粉盒应选用无毒、无味优质塑料。脱粉板也可用金属丝自制，但要选用不易变形、耐用的不锈钢材料。远红外花粉干燥箱承截花粉的部分也宜选用不锈钢材料。日光晒干和自然风干花粉时，宜将花粉摊放在干净的纸、白布或摊放在架起的洁净细纱网上。为防止沙尘和苍蝇污染蜂花粉，花粉上罩着的防尘纱网应洁净卫生。干燥好的蜂花粉应置于洁净卫生的阴凉干燥处密闭保存，内包装可用、无毒无异味的洁净塑料袋，外包装可用洁净的尼龙袋或纸箱。

（2）**蜂花粉生产器具的卫生要求** 生产蜂花粉前擦洗干净蜂箱前壁及蜜蜂起落板上的尘土，洗净晾干脱粉器的储粉盒、脱粉板和落粉板，擦洗干净蜂花粉干燥设备。晒干和自然风干用的白布、纱网等应经常用净水漂洗，保持其清洁卫生。注意不要用油毛毡等有害材料自制储粉盒或在上面晾晒花粉，油毛毡中的有害物质易对蜂花粉造成污染。

二、蜜蜂饲料规范使用要求

无公害蜜蜂饲养管理技术基本与常规蜜蜂饲养管理技术相似，这里不再赘述。与无公害蜂产品质量安全相关的重点技术将在无公害蜂产品生产环节加以描述。

蜂群在外界蜜源缺乏时需要补充人工饲料。人工饲料主要分为蛋白质饲料（人工花粉）和能量饲料（饲料糖）两大类。由于蜜蜂饲料不仅关系到蜂群的健康与发展，还直接影响蜂产品质量。因此，必须对其质量和应用方法加以关注。

蜜蜂与其他家畜不同，其饲料的营养组成及加工也与家畜饲料不同。在设计蜜蜂人工饲料时必须以天然花粉和花蜜的营养成分作参照，让人工饲料既包含蜜蜂机体所需要的各种营养，又使蜜蜂喜采食、易消化吸收。人工配制的饲料不允许添加未经国家有关部门批准使用的抗氧化剂、防腐剂、激素等。

（一）人工花粉的配制与使用

人工花粉饲料是根据蜜蜂的营养需要，参考蜂花粉中各种营养素的含量，选择富含蛋白质、脂类、维生素等营养成分的动物、植物源性营养物质，添加适量其他营养素，经科学配方、精制加工而成的代用花粉饲料。

1. 人工花粉饲料的原料 人工花粉饲料的原料一般可分为基础原料、饲料补助料两大类。基础饲料占配合饲料的比重大、营养物质比较全面，其中蛋白质含量较高，原料来源广泛，价格比较便宜。饲料补助剂数量较少，主要由补助剂和添加剂组成。补助剂主要有微量元素、维生素、氨基酸等，添加剂主要有酶制剂、调味剂、抗结块剂等。

（1）蛋白质原料 蜜蜂蛋白质饲料原料分植物源性蛋白质饲料和动物源性蛋白质饲料，一般都作为基础原料。常用的植物源性蛋白质饲料包括脱脂大豆粉、饼粕和花生仁饼粕、玉米蛋白粉等，而动物源性蛋白质饲料原料有脱脂蚕蛹粉和啤酒酵母等。

（2）人工花粉补充剂和添加剂 人工花粉的补充剂主要有微量元素，维生素 E、维生素 C、维生素 B_2、乙酰胆碱，氨基酸主要有亮氨酸、缬氨酸、组氨酸、蛋氨酸等。添加剂主要为酶制剂、调味剂等。酶制剂主要是为了帮助蜜蜂对蛋白质的分解和吸收而在饲料中添加的酶，人工花粉饲料中常用蛋白酶。调味剂主要是为了改变饲料的口味，吸引蜜蜂取食，在蜜蜂花粉饲料中常用蜜水或糖水调和。

2. 人工花粉饲料的配制 配制人工花粉要符合蜜蜂的消化生理特点，以提供蛋白质为主要目的；多选择高蛋白原料，原料种类应尽可能多，并且要充分考虑各种氨基酸含量互补平衡；原料对蜜蜂要无毒无害，易被蜜蜂消化吸收。如大豆粉应是加热处理，脱脂、脱毒后的产品。由于大豆粉中的蛋氨酸含量不足，应配以适量蛋氨酸含量较高的玉米蛋白粉或脱脂蚕蛹粉，或直接添加蛋氨酸来平衡营养。用奶粉作蛋白原料时，必须充分考虑奶粉中含有的蜂体不易消化吸收的乳糖和半乳糖，其使用量要尽可能少。

配制人工花粉的原料一定要无农药污染、无霉变、无虫蛀，应是细度小于 60 目[*]的粉末，原料要新鲜、洁净。蜂场常用的简易人工花粉配方如下：

配方 1：脱脂大豆粉或豆饼粉 3 份、酵母粉 1 份、蜂花粉 2～3 份，适量添加多种维生素、蛋白酶片，用蜂蜜或糖水混合制成糖饼，置于框梁饲喂蜜蜂。

配方 2：脱脂豆粉或豆饼粉 3 份、酵母粉 1 份、脱脂奶粉 1 份、白砂糖或蜂蜜 2 份，适量添加多种维生素、蛋白酶片，加水混合制成糖饼，置于框梁饲喂蜜蜂。

配方 3：脱脂豆粉或豆饼粉 3 份、蜂花粉 3 份、白砂糖或蜂蜜 2 份，添加适量多种维生素片，加适量水混合制成糖饼，置于框梁饲喂蜜蜂。

（二）糖饲料

糖饲料是蜜蜂的能量来源，蜂群中糖饲料不足轻影响蜂王产卵数量，重可导致已孵化的幼虫被工蜂清除，影响蜂群的正常繁殖。蜂巢内贮蜜被耗尽后，则整个蜂群会因饥饿死亡。在缺蜜季节，蜂群饲料的补充十分重要。蜜蜂的糖饲料，除蜂蜜或贮备蜜脾外，常用的糖饲料为白砂糖、高果糖浆等。

---

[*] 目为非法定计量单位，生产中常用，在此仍保留。

1. 白砂糖 白砂糖是由甘蔗或甜菜榨汁加工而成的双糖，来源广、易保管、价格低廉，是我国的重要糖饲料。白砂糖的成分是蔗糖，其营养成分虽不如蜂蜜丰富，但是作为蜜蜂的糖饲料，完全可以取代蜂蜜。蜜蜂取食蔗糖后加入其自身分泌的蔗糖转化酶，将蔗糖分解为葡萄糖和果糖，可被蜜蜂完全吸收。用作饲料的白砂糖以甘蔗糖优于甜菜糖，甘蔗糖转化成的蜜蜂饲料不易结晶，更易被蜜蜂采集利用。

2. 高果糖浆 高果糖浆是通过工业生物技术，使粮食淀粉在水解酶的作用下分解为葡萄糖，再用异构酶将部分葡萄糖转化为果糖而获得的。高果糖的成分与蜂蜜接近，价格便宜，但要十分注意生产高果糖的工厂技术设备是否稳定，淀粉或糊精是否转化完全。在用作饲料前，一定要小心试喂，以防蜂群消化不良。

（三）人工饲料的质量管理

影响人工饲料质量的因素很多，但主要为配方是否科学合理、原料与加工质量是否合格。饲料配方决定饲料的营养价值，如果营养价值不高或营养配比不当，不仅达不到饲养效果，而且还会造成不必要的浪费。原料质量低劣、加工质量不好，特别是饲料的细度和均匀程度不够，或饲料糖中淀粉、糊精含量高，蜜蜂食后会产生负面影响。因此，必须加强人工饲料的质量管理，要建立严格的质量标准，并对其实施质量监督与监控。

1. 人工花粉饲料的质量标准

（1）理化指标 蛋白质含量超过25%，碳水化合物含量低于70%，脂类不超过8%，含有维生素C、维生素E、B族维生素等，灰分含量低于1%，纤维素含量低于3%，水分不超过8%。

（2）感官要求

色泽：具有人工花粉原料的自然色泽，以淡黄色、黄色、金黄色为佳。

气味与味道：应有天然原料的香味，不得有异常气味。

状态：粉末状，细度60目以上。

（3）微生物指标 菌落总数不超过1 000CFU/g，霉菌总数不超过100CFU/g，致病菌不得检出。

（4）重金属及农药残留 含铅（以Pb计）不超过1mg/kg，六六六不超过0.05mg/kg，滴滴涕不超过0.05mg/kg。

2. 糖饲料的质量指标

（1）理化指标 蔗糖含量超过99.65%，还原糖含量低于0.15%，灰分含量低于0.10，色值低于2.00s·t，其他不溶于水的物质不超过60mg/kg，水分不超过0.07%。

（2）感官要求 糖的晶粒均匀松散；糖的晶粒或其水溶液味甜，不带杂、臭味；溶解于洁净的水成为清晰的水溶液。

（3）微生物指标 菌落总数不超过350CFU/g，大肠菌群（CFU/100g）不超过30CFU/g，致病菌不得检出。

（4）重金属及农药残留 含砷（以As计）不超过0.5mg/kg，铅（以Pb计）不超过1.0mg/kg，六六六不超过0.05mg/kg，滴滴涕不超过0.05mg/kg。

3. 蜜蜂人工饲料的质量检查与监督 严格把好原料采购与入库关。人工饲料原料要求质量稳定，符合相关要求。其色泽要一致，无杂质、无霉变、无虫蛀、无结块、无异味，水分含量适宜。原料贮存仓库要求清洁卫生、阴凉干燥，无虫害、鼠害。

认真做好加工质量检验。严格执行产品配方标准与计量标准，投料配比准确；人工花粉饲料要保证细度要求；人工花粉所有配料要混合均匀。

把好产品出厂质量关。对产品中规定的成分及有害物质的限量，经过化验达到许可值后，方可出具合格证出厂或自行使用。

三、无公害蜜蜂饲养安全用药

蜜蜂饲养者对蜜蜂的饲养应从加强管理入手，保证蜂群有充足、富含营养的饲料，选择抗病的蜂群，通过场址选择、清洁、消毒等各种预防措施，减少疾病发生，增强蜜蜂自身的抗病能力，力争做到不用药、少用药，避免或减少对蜂产品的污染。

（一）兽药使用原则

一旦少数蜂群发生病虫害或者传染病，应立即将病群搬到远离蜂场、不宜散播病原体、消毒处理方便的地方隔离治疗，并报告给当地动物检疫单位。同时，全面检查蜂场中其他蜂群，根据检查结果分别处理。优先采用消毒措施，重点对蜂场、巢脾、养蜂用具进行消毒，机械性消毒、物理消毒配合化学消毒使用。

主要化学消毒药物及使用方法见表8-2。

表8-2　无公害蜜蜂饲养常用化学消毒药物及使用方法

名　称	浓度及处理时间	配　制	作用病原	使用方法
84消毒液	细菌污染物：0.4％，10min 病毒污染物：5％，90min	水溶液	细菌、芽孢、病毒、真菌	蜂箱、蜂具洗涤，巢脾浸泡（1～2h），金属物品洗涤时间不宜过长
漂白粉	5％～10％，30min～2h	水溶液	细菌、芽孢、病毒、真菌	蜂箱、蜂具洗涤，巢脾浸泡（1～2h），金属物品洗涤时间不宜过长
食用碱（碳酸钠）	3％～5％，30min～2h	水溶液	细菌、病毒、真菌	蜂箱洗涤，巢脾（2h）、蜂具、衣物浸泡30min～1h，越冬室、仓库墙壁、地面喷洒
石灰乳	10％～20％	1份生石灰加1份水制成消石灰，再加水配制成悬液	细菌、芽孢、病毒、真菌	10％～20％水溶液刷越冬室、工作室、仓库墙壁、地面。现配消石灰粉，撒布蜂场地面
饱和食盐水	36％，4h以上	水溶液	细菌、真菌、孢子虫、阿米巴、巢虫	蜂箱、巢脾、蜂具浸泡4h以上
冰醋酸	80％～98％，熏蒸1～5d	10～20mL/群	蜂螨、孢子虫、阿米巴、蜡螟幼虫及卵	密闭熏蒸
福尔马林	2％～4％	水溶液	细菌、芽孢、病毒、孢子虫、阿米巴	喷洒越冬室、工作室、仓库墙面、地面。也可用1～3g/m^3加热熏蒸。4％福尔马林水溶液浸泡蜂箱、巢脾、蜂具12h

（续）

名　称	浓度及处理时间	配　制	作用病原	使用方法
原液		福尔马林 10mL，热水 5mL，高锰酸钾 10g	细菌、芽孢、病毒、孢子虫、阿米巴	密闭熏蒸，时间 12h
硫黄（燃烧产生二硫化碳）	粉剂熏蒸 24h 以上，2～3g/群蜂		蜂螨、蜡螟、真菌	5～8 个箱体叠加，每个继箱 8 张脾，巢箱不放脾。在底箱放置适当容器，燃烧硫黄，密闭熏蒸 12h 以上

消毒结束后，用清水将药品洗涤干净，巢脾用分蜜机甩出水分，将熏蒸消毒的蜂具在空气流通处放置 72h 以上。

病害较重且用消毒等方式无法治愈时，使用适当药物治疗，应遵守《兽药管理条例》的有关规定，所用的药物必须符合《中华人民共和国兽药典》《食品动物禁用的兽药及其他化合物清单》等的相关规定，且必须来自具有《兽药生产许可证》和产品批准文号的生产企业，或者具有《进口兽药许可证》的供应商。严格执行停药期。并应遵循以下原则：使用过任何一种药物的生产蜂群，大流蜜初期应彻底清除巢内存蜜，防止交叉污染。允许使用《中华人民共和国兽药典》及《兽药使用指南》收载的中药材、重要成方制剂。允许使用双甲脒、氟氯苯氰菊酯、氟胺氰菊酯、甲酸溶液用于防治蜂螨。对蜜蜂疾病进行诊断后，针对性使用合适用药，避免重复用药；同时考虑交替用药，避免产生抗药性。使用时严格遵守规定的用法和用量。禁止使用未经国家畜牧兽医行政管理部门批准的兽药或已经淘汰的兽药。严禁使用食品动物禁用、在动物性食品中不得检出的兽药及其他化合物清单中的兽药。

（二）兽药使用记录

蜜蜂饲养者和临床兽医使用兽药应认真做好用药记录。用药记录至少应包括：蜂群编号及数量、诊断结果或用药目的、用药名称（商品名和通用名）、规格、剂量、给药途径、疗程，药物的生产企业、产品的批准文号、生产日期、批号等。使用兽药的单位或个人均应建立用药记录档案，并保存 1 年（含 1 年）以上。

蜜蜂饲养者和临床兽医应严格执行农业部批准的兽药标签和说明书中规定的兽药休药期，并向蜂蜜收购商、加工商和消费者提供准确、真实的用药记录；记录蜜蜂在休药期内生产的蜂产品的处理方式。

四、无公害蜂产品生产

（一）无公害蜂蜜生产

蜂蜜是指蜜蜂采自植物的花蜜、分泌物或蜜露，与自身分泌物结合后，经充分酿造而成的天然甜物质。蜂蜜中含有多种糖，主要是葡萄糖和果糖，占约 65% 以上；此外还含有有机酸、酶和来源于蜜蜂采集的固体颗粒物，如植物花粉等。蜂蜜的气味和色泽随蜜源的不同而不同。色泽分水白色、琥珀色或深色等。蜂蜜在通常情况下呈黏稠流体状，贮存时间较长或温度较低时形成部分或全部结晶。优质成熟的天然无公害蜂蜜，不需任何加工便可直接食用。

饲养蜜蜂和生产蜂蜜，要求放蜂场地有丰富的、流蜜稳定的大宗蜜源；生产期气候良好；生产蜂群健康强壮，采集力强；生产场所及器具卫生洁净；生产人员健康、无传染性疾病。

蜂蜜生产就是将蜂巢中的贮存蜂蜜，通过分蜜机的离心作用将其脱离巢脾的过程。分离蜜的采收要经过采蜜蜂群组织、采蜜蜂群管理、蜂蜜采收前的准备、采收蜂蜜和蜂蜜贮存等过程。

1. 采蜜群的组织　在当地主要蜜源流蜜前 50d，对蜂群进行奖励饲喂，刺激蜂王多产卵，开始培育适龄采集蜂。在主要蜜源流蜜开始前 10～15d，开始组织采蜜群。一般采用双箱体饲养，巢箱为繁殖区，继箱为生产区，巢继箱之间加隔王板。采取饲养管理措施确保流蜜开始后，继箱中的子脾均已出房成为空脾，这些空脾正好用于贮存蜂蜜。此时，如果蜂群内的蜂脾关系为蜂多于脾，继箱中还可适当加入空脾，保持蜂脾相称。采蜜群组织的最终目的是为了保证强群取蜜和生产区无子脾取蜜。

2. 采蜜蜂群的管理　主要蜜源流蜜期取蜜次数多，可以刺激工蜂采蜜的积极性，有利于提高蜂蜜产量。但是过早过勤地采收，会影响蜂蜜的成熟度，使采收下来的蜂蜜含水量高、酶值低、口味差，而且容易发酵变质，不耐久存。由于无公害蜂蜜要求较高，根据我国目前养蜂现状，饲养西方蜜蜂，主要蜜源流蜜期，可在蜜脾上普遍有 1/3 以上的蜜房封盖、其余的蜜房正在封盖时采收蜂蜜。

当一个蜜源流蜜期长达 1 个月以上或近期仍有其他主要蜜源流蜜，而且后一蜜源比较稳产、商品价值也较高时，蜂群管理就要注意既考虑前一花期高产，又要为下一个蜜源花期培养适龄的工作蜂，宜采取繁殖和取蜜并重的做法。一般在巢箱内放脾 6～7 张，为卵虫脾、刚封盖蛹脾及 1 张空脾和 1 张粉脾，每隔 6～7d 调整一次蜂群，使繁殖区有适当空间供蜂王产卵；继箱放老熟蛹脾及适量空脾，供蜂群贮蜜。到前一花期的中后期在繁殖区再加空脾1～2 张，使蜂王大量产卵繁殖。

蜂蜜生产期要注意防止蜂群发生分蜂热。生产期蜂群一旦发生自然分蜂，会严重影响蜂蜜的产量。蜂场可利用群强、蜜足这一黄金时期生产蜂王浆，此期生产的蜂王浆产量高、质量好。也可利用流蜜期给蜂群换王，以新王或处女王取蜜。上述措施均能起到很好地预防分蜂效果。炎热的夏季还要注意给蜂群遮阳、通风、降温。

3. 蜂蜜采收前的准备　蜂蜜采收前，应准备好分蜜机、割蜜刀、滤蜜器、蜜桶、蜂刷、喷烟器、水盆、空继箱套等工具。采收蜂蜜的前一天，必须清洗所有与蜂蜜接触的器具，晾干待用。

采收蜂蜜宜在洁净的室内进行。取蜜前将取蜜间清扫、擦洗干净。露天取蜜作业的转地蜂场，提前清理取蜜场所的杂草、尘土等。取蜜应选择无风天气，临取蜜前用清水喷洒取蜜场所地面，以防止尘土飞扬。

蜂蜜是不经消毒可直接食用的天然食品，因此，蜂蜜采收人员必须健康、无传染性疾病。取蜜操作前换上洁净的工作服，洗净手后再接触分蜜机、蜜桶、滤蜜器等。分蜜机的齿轮和轴承应用食用油或蜂蜜润滑，严禁使用机油润滑，以防机油污染蜂蜜。

采收蜂蜜应避免影响蜂群的采集活动和尽量减少新采进的花蜜。取蜜一般在清晨进行，上午采集蜂开始大量出巢活动前结束。低温季节，如早期油菜蜜生产季节、中蜂采收冬蜜等，为了避免过多影响巢温和蜂子发育，取蜜时间应安排在气温较高的午后。

4. 分离蜜的采收程序　我国养蜂场规模相对较小，取蜜机械化程度低，现绝大多数蜂场仍沿用手工操作取蜜的模式。一般为三人配合，一人开箱抽脾脱蜂；一人切割蜜盖，分离蜂蜜；一人负责将空脾归还原箱，回复蜂群。分离蜜的采收主要包括脱蜂、切割蜜盖、摇取蜂蜜、过滤和分装等程序：

（1）脱蜂　在采收蜂蜜前，将蜜脾上附着的蜜蜂脱掉的过程叫脱蜂。脱蜂的方法有手工抖蜂、工具脱蜂、化学脱蜂、机械脱蜂等。我国目前养蜂取蜜普遍采用手工脱蜂的方法。将完全脱掉蜜蜂的蜜脾，放入备好的空继箱套中，继箱套装满蜜脾后，运到取蜜场所，进入切割蜜盖的工序。脱蜂时如果碰到因天气原因等造成蜂群性情凶暴，可用喷烟器适当喷烟镇服蜜蜂。使用喷烟器时，点燃产生烟雾的材料，应是对人蜂无毒无害的干草等，并注意喷烟时不要将烟灰喷入蜂箱以免污染蜂蜜。

（2）切割蜜盖　采集蜂采回的花蜜经内勤蜂酿造成熟后，就会将其贮存在巢房中，并用蜡盖密封。生产分离蜜时，只有把蜜盖割开，才能在离心力的作用下，将巢房中的蜂蜜取出。切割蜜盖的方法有手工切割和机械电动切割。国外大规模蜂场多采用电动机械切割蜜盖，机械化取蜜。我国目前多采用普通冷式割蜜刀，为了避免污染，割蜜刀宜选用不锈钢材质。切割蜜盖时，用割蜜刀齐巢脾上框梁由上而下拉锯式将蜜盖割下，同时将蜜脾上的赘蜡、巢房的加高部分割除。切割下来的蜜盖用干净的容器承接。

（3）分离蜂蜜　我国基本上采用两框固定手摇式分蜜机分离蜂蜜。将切割掉蜜盖的蜜脾放入分蜜机的固定框笼中，同时放入的两个蜜脾重量应尽量相同，巢脾的上梁方向相反，摇转分蜜机，最初转动缓慢，然后逐渐加快。转动过程中用力要均匀，转速不能过快，以防止巢脾断裂损坏。蜜脾一侧贮蜜摇取完成后，将巢脾翻转取另一侧巢房中的贮蜜。采用平箱饲养和取蜜的蜂群，由于贮蜜区与育子区没有分开，为了减少对蜜蜂卵、虫、蛹发育的影响，从育子区脱蜂后提出的子脾，应立即分离蜂蜜，取蜜完成后迅速将子脾放回原群。在取蜜过程中，要避免碰坏脾面，损伤蜂子。转动摇蜜时，转速要适当放慢，以防止将虫、卵甩出或使虫、蛹移位造成伤子。

（4）过滤和分装　分离出来的蜂蜜，先用粗网不锈钢过滤器或尼龙纱过滤器过滤掉蜂尸、蜂蜡等杂物。将蜂蜜集中于广口容器中，使其澄清。蜂蜜中的细小蜡屑和泡沫会浮到表面，砂粒等较重的物体会沉落到底部。把蜂蜜表面浮起的泡沫蜡屑除去，经细密过滤器过滤后便可将蜂蜜分桶包装了。

5. 蜂蜜的贮存　分离蜜应按蜂蜜的品种、等级分别装入清洁、涂有无毒树脂的蜂蜜专用铁桶或不锈钢桶、塑料桶、陶器等容器中。蜂蜜装桶以九成为宜，蜂蜜装桶过满，在贮运过程中容易溢出，高温季节还易受热胀裂蜜桶。蜂蜜具有很强的吸湿性，因此蜂蜜装桶后必须将桶口封紧，以防蜂蜜吸湿后含水量增高。蜂蜜贮存场所应清洁卫生、阴凉、干燥、避光、通风，远离污染源，并不得与有毒、有害、有异味的物质同库贮存。贮存蜂蜜的容器上应贴标签，注明蜂蜜的品种、浓度、重量、产地、取蜜日期等。若为商品蜂蜜应尽早送交收购部门。

6. 无公害分离蜂蜜优质高产技术措施　无公害蜂蜜生产技术应用的最终目的是为了生产品质好、产量高的优质蜂蜜。要实现这一目的，在蜂群管理、蜂蜜生产中，就要积极采取相应的优质高产措施。如科学引种养王；适时培育适龄采集蜂；蜂病防治中合理使用药物；用健康强壮蜂群取蜜；追花夺蜜，取成熟蜜；选择无污染场地放蜂；保持蜂蜜采收场所及使用器具的卫生等。

蜜蜂病敌害防治中不科学用药是造成蜂蜜污染的一个重要原因。蜂群疾病重在预防这一概念是指通过对抗病蜂种的选育与应用、蜂群的科学管理、蜂机具及蜂场的无公害化消毒等综合措施，达到预防蜂群患病的目的。目前，部分蜂农在未对蜜蜂疾病进行综合诊断的情况下，采取的预防性喂药措施，是造成蜂产品中兽药残留污染的重要因素。为了保证无公害优质蜂产品的生产，养蜂者一定要严格遵守蜜蜂饲养兽药使用准则。

采收蜂蜜应在洁净的室内进行，并保持采收和贮存器具的卫生。如在车流频繁、尘土飞扬的马路边放蜂并进行取蜜操作，飞扬的粉尘很容易污染蜂蜜。至今，仍有少数蜂农在使用过去十几年前遗留下来的一批已脱掉防锈树脂的生锈铁桶贮蜜，更有为数不少的蜂农使用铁皮分蜜机生产分离蜜，用这些器具生产和贮存的蜂蜜，很容易导致铁、铅等重金属污染。无公害蜂蜜生产中严禁使用此类器具生产和盛装蜂蜜，应严格遵守蜂产品生产对场地及使用器具的要求。

（二）无公害蜂王浆生产

蜂王浆是工蜂哺育蜂咽下腺和上颚腺分泌的、主要用于饲喂蜂王和幼虫的乳白色、淡黄色或浅橙色浆状物质，又称蜂皇浆、蜂乳、王乳等。

1. 无公害蜂王浆采收的基本要求

（1）对环境及蜜粉源的要求　蜂王浆生产蜂群的繁殖及生产场地，不但要有丰富的蜜粉源及辅助蜜粉源，还必须远离污染严重的城区、重工业区、化工厂、农药厂、垃圾处理及填埋厂、污水处理厂、重污染的河流沟渠，经常喷施农药的果园及农区，以防止环境中污染物对蜂王浆的间接污染。

蜜粉丰富的大流蜜期是生产优质蜂王浆的最佳时期，如油菜花期、刺槐花期、椴树花期、荆条花期等。在非主要蜜源流蜜季节，有辅助粉源的地区可以通过给蜂群饲喂糖浆生产蜂王浆，一般也能获得较高的蜂王浆产量。在缺乏粉源的地区，蜂农往往给蜂群饲喂黄豆粉等营养补充剂，坚持生产蜂王浆，虽也能获得一定的产量，但这样生产的蜂王浆外观及色泽品质远远不及自然蜜粉源丰富时生产的蜂王浆。因此，优质蜂王浆的生产除考虑避免环境污染外，生产期的放蜂场地、蜜粉源条件也是必须考虑的重要因素。

（2）对蜂王浆生产场所及人员的要求　生产蜂王蜂的移虫、取浆房间应清洁卫生并与生活区分开。流动放蜂的蜂场，生产帐篷应选择卫生洁净的地方搭建，并与生活帐篷分开，生产帐篷进口要挂阻挡苍蝇的纱帘。蜂王浆生产工作人员要身体健康、无传染性疾病，每年至少做一次身体健康状况检查。蜂王浆生产过程中工作人员要穿洁净工作服、戴工作帽，保持手和服装干净。

（3）对蜂王浆生产器具的要求　蜂王浆生产器具因直接或间接与蜂王浆接触，如器具材质选用不当或使用操作不规范都会在一定程度上对蜂王浆质量造成影响。蜂王浆生产设备应无害化，并应在使用前采取消毒灭菌措施。

（4）对生产蜂群的要求　蜂王浆生产蜂群的种质与蜂王浆的产量和质量关系十分密切。浙江"浆蜂"高产品系在同等群势下，单次蜂王浆产量比意大利蜂提高1倍以上，比黑色的卡尼蜂或高加索蜂高出数倍，所生产的蜂王浆品质也有相当大差异。

但产浆量很高的蜂群一般而言抗病力较差，为了保证蜂群的健康和生产能力，避免蜂群用药，在蜂王浆生产中，选择种用蜂王不能只偏重蜂王浆产量高这一项指标，同时要十分注意该品系所生产蜂王浆的质量指标、抗病性能、采蜜能力等。如果所引进的蜂王系杂交种，该种王只能使用一代培育生产用王，第二代则不宜用于生产。

生产期生产蜂群中要有大量8～20日龄的适龄哺育蜂，蜂群群势至少在8足框蜂以上。蜂群健康、无传染性疾病。群内蜜粉饲料充足。生产蜂群应在生产期到来前50d，开始奖励饲喂，刺激蜂王多产卵，刺激工蜂积极育虫，使蜂群尽快强壮。

2. 生产蜂群的组织

（1）原群组织法　用隔王板将蜂群隔成繁殖区和生产区，生产区内放1～2张蜜粉脾、1～2张幼虫脾，其余为封盖子脾，采浆框插在幼虫脾与蜜粉脾或封盖子脾之间。繁殖区放卵虫脾、空脾、即将或开始出房的蛹脾、蜜粉脾，使生产群蜂脾相称或蜂略多于脾。

（2）多群拼组法　如外界气候、蜜粉源条件良好，而蜂群群势尚不足，可采用多群拼组法，提前生产蜂王浆。即于生产蜂王浆前1周，将数群非生产群中正在出房的老熟子脾及刚出房的幼蜂提入预定的生产群。1周后生产群群势达8框蜂以上，在巢、继箱之间加隔王板，继箱为无王生产区，巢、继的巢脾摆放同原群组织法。

3. 蜂王浆生产蜂群的管理

（1）哺育群管理　王浆生产群群势要适当密集，蜂略多于脾。炎热季节注意给蜂群遮阳或将蜂群放在树荫下，扩大巢门，打开箱底纱窗和箱盖上的通风口。高温干旱时用打湿的覆布或毛巾盖在铁纱副盖上，或在巢内加饲喂器喂水，便于蜜蜂吸水降温和保持巢内湿度。每隔5～7d检查调整一次蜂群。检查调整时，将繁殖区的新封盖脾和1～2张幼虫脾调到生产区，将生产区内正在出房的子脾调到繁殖区。检查时，注意清除自然王台，以免影响王台接受率和蜂群发生自然分蜂。

（2）供虫母群的管理　母群群势宜为3～4足框蜂，一张蜜粉脾、一张老熟子脾、一张新旧适宜的空脾。空脾提前5d插入供虫蜂群，供蜂王产卵，5d后提出该脾移虫。移虫时，该脾大部分幼虫为12～36h虫龄的幼虫，齐整的小幼虫脾不仅可以提高移虫工作效率，而且可使所生产的蜂王浆质量稳定。在母群管理中要每隔1～2周调入1张老熟封盖子脾，使供虫群始终有新蜂出巢，以保证供虫群的群势和哺育力。

4. 蜂王浆的采收程序　蜂群生产蜂王浆一般要经过移虫、下框、提框、割台、捡虫、取浆、清台、王浆保存等工序。

（1）移虫　从母群中取出事先准备好的幼虫脾，抖去脾上的蜜蜂，用盛托盘盛托幼虫脾，用移虫针把12～36h的幼虫从巢脾的巢房中移出，轻轻放在台基底部的中央，每个王台基1只幼虫。移虫时，注意移虫针要从幼虫弓起的背部方向沿巢房壁插入王浆中，将幼虫带出。移虫针舌片不要直接接触幼虫，以防止擦伤幼虫。

（2）下框　将移好虫的采浆框暂时放在浆框盛放箱中，用洁净的湿毛巾或纱布覆盖，及时运到蜂场，插到母群中预留的浆框插放位置。

（3）提框　移虫后3d，将采浆框从蜂群中提出，轻轻抖落框上的蜜蜂，然后用蜂刷把框上余下的蜜蜂扫落到原巢箱门口，把采浆框放置在浆框盛放箱中，及时运回取浆室。

（4）割台　用洁净的锋利削刀，将台基加高部分的蜡壁割去。割台时要使台口平整，不要将幼虫割破。割台前禁止在台壁上喷水，以防止过多的水分进入王浆中。要严禁其他不符合卫生要求的做法。

（5）镊虫　用清洗消毒待用的镊子将王台基中的幼虫一一捡出。不慎割破或夹破幼虫时，要把王台内的带幼虫体液的王浆挖出另存，不可混入商品王浆中。

（6）取浆　用洁净的取浆器具，如刮浆片、刮浆板、吸浆器等取浆，尽可能将王台内的王浆取净。取出的王浆暂存于盛浆瓶中。

（7）清台　被接受的台基可继续移虫，未被接受的塑料台基内往往有赘蜡，要用清理王台的专用工具将台基清理干净后，再移入适龄幼虫，投入下一轮取浆生产。

5. 蜂王浆保存　蜂王浆应采用符合食品卫生要求的带盖塑料瓶或桶盛装，用前要清洗干净，并用75％的食用酒精消毒。蜂王浆采收完成后，应立即密封王浆瓶的瓶口，标明重量、生产日期、产地、花种，并尽快将其放到冰箱或冰柜中冷冻保存。没有冰箱、冰柜的转地蜂场，则应及早送到收购单位交售。

蜂王浆可在4℃下短期保存，但长期保存必须−18℃冷冻保存。

6. 无公害蜂王浆优质高产技术措施　优质高产种蜂王的使用，强壮健康的蜂群，利用主要蜜源大流蜜期生产蜂王浆，经常保持生产群的饲料充足，严格掌握移虫日龄，根据蜂群群势确定使用王台数量及蜂王浆生产人员的个人卫生，都是保证蜂王浆品质和产量的重要环节。

（1）采用蜂王浆优质高产蜂种　生产王浆蜂群的品种不同，其生产性能及所生产出的蜂王浆质量也有所不同。以生产蜂王浆为主的蜂场，在引种时要从育种单位引进蜂王浆优质高产种蜂王，培育生产用王。如系杂交王，只能使用一代。如系高产低 10 - HDA "浆蜂" 纯系种王，生产王应是与本地其他品系蜂王的杂交王。不要连续两代以上使用同一种王培育生产用王。

（2）强群生产蜂王浆　生产蜂群要健康、无传染性疾病。对生产蜂群要加强饲养管理，保持群内蜜蜂适当密集。定期消毒蜂机具，以防止蜜蜂疾病的发生。王浆生产蜂群在开始生产蜂王浆前 6 周，停止使用蜂药。生产群要保持强壮，群内要始终保持有一定数量的 8～20 日龄哺育蜂。

（3）大流蜜期生产蜂王浆　外界蜜源大流蜜时，外勤蜂采进的大量新鲜花粉和蜂蜜，可刺激哺育王浆腺的活性，充足的营养使哺育蜂泌浆能力提高，所分泌的王浆量大、质优。蜂王浆生产蜂场要抓住这一有利时机积极生产蜂王浆。

（4）保持生产群有充足的饲料　蜂群内如果饲料不足，工蜂就会动用体内的营养储备，使工蜂寿命缩短，且工蜂分泌的蜂王浆质量较差。蜂王浆生产群要经常保持 4kg 以上的贮蜜和 1 框以上的花粉脾，达不到该贮存量时，应及时补喂。缺蜜时，用 50％的糖浆或1：1.5的蜂蜜水饲喂蜂群，饲喂宜在取浆的前一天和当天傍晚进行，这样不但可防止饲喂不当发生盗蜂，又还能刺激蜂群提高移虫接受率，增加王浆产量。

（5）严格掌握移虫日龄　自然王台中自卵孵化后，虫龄 96 h 时，王台中集聚的王浆最多、质量最好。因此，取浆周期为 3d 时，生产王浆所用的幼虫虫龄最好为 1 日龄幼虫。应严格控制幼虫日龄在 12～36 h 范围内。这样生产出的王浆产量高、质量好。

（6）保持产浆器具卫生及取浆人员的个人卫生　生产蜂群周边环境要符合蜂场选址环境要求。生产房间要清洁卫生，并定期喷洒漂白粉水溶液消毒。取浆前后要清洗，取浆用具，并用75％的酒精消毒。取浆工作人员要健康、无传染性疾病，并具备良好的个人卫生习惯。取浆时要穿洁净工作服、戴工作帽。

（三）无公害蜂花粉生产

蜂花粉是蜜蜂从粉源植物花朵的雄蕊上采集并携带回蜂巢的花粉细胞，是蜜蜂的主要食物之一。在自然状态下，蜜蜂的生长发育及腺体分泌所需要的蛋白质和氨基酸，几乎全部由花粉提供。

蜂花粉采收的原理是让采集携带花粉团归巢的工蜂，通过一些特定大小的小孔洞进入蜂巢。采粉蜂通过孔洞时，将其后足花粉筐中的花粉团截留下来，然后收集处理。

1. 无公害蜂花粉采收的基本要求　无公害蜂花粉的采收必须具备丰富的粉源；无有毒粉源；生产场地无环境污染；脱粉蜂群健康，群势适当；脱粉及干燥器具卫生。具体要求如下：

（1）丰富的粉源，且没有有毒粉源　粉源丰富是蜂花粉生产的前提条件。蜂花粉生产应尽量选择大面积种植的油菜、茶树、莲、玉米、向日葵、荞麦、西瓜等场地，且处于相应植物盛花期放蜂。蜂场周围 3km 范围内粉源面积大，水土条件良好，开花茂盛。

蜂场 5km 范围内不得有有毒粉源植物，生产花粉应避开存在有毒粉源的场地。

（2）健康、群势适当的蜂群　健康的蜂群是生产无公害蜂花粉的基本条件，只有蜂群健康，生产出的产品才能卫生可靠。患病蜂群不得用于蜂花粉生产。生产蜂花粉的蜂群群势要适当，弱群采集力差，不宜用于生产蜂花粉；但群势过强的蜂群，安装脱粉器后会造成巢门不同程度的拥堵，把大量采集蜂阻塞在巢门内外，降低采粉效率。为保证蜂花粉的采收效率，蜂群群势调整到 8～10 足框蜂为宜。

（3）生产场地无环境污染　在工业废水、废气、废渣等环境污染区域生产的蜂花粉中，铅、砷等对人体有害物质的含量严重超出国家食品卫生标准。在经常喷洒农药的场地生产的蜂花粉也易被农药污染，必须避开上述环境生产蜂花粉。避免大风天、沙尘天采集蜂花粉。

（4）脱粉及干燥器具卫生　脱粉器具种类较多，应选择结构简单，脱粉孔径合适，不伤蜂体，能很好地保持蜂花粉团颗粒完整，易保持清洁，不易混入杂质的脱粉器具。花粉干燥器具应无毒，不污染蜂花粉。禁止使用油毛毡自制贮粉盒或晾晒蜂花粉。

2. 无公害蜂花粉采收蜂群的管理　生产蜂花粉的蜂群要求有大量采集蜂，在生产蜂花粉前 45d 开始对蜂群奖励饲喂，培育大量的适龄采集蜂。在生产花粉前 15d 或进入生产花粉产地前后，从强群中抽出部分带幼蜂的封盖子脾补助弱群，将强群群势补成约九框蜂左右。生产蜂花粉的蜂群以增殖期 8～10 框的群势产量较理想。生产蜂花粉的蜂群应选用年轻、产卵力强的蜂王，蜂群中保持有较多的幼虫，以刺激采粉蜂采集的积极性。

整个花粉生产期，生产蜂群不得使用任何药物防病治病，以防止兽药污染花粉。

3. 蜂花粉的无公害采收　脱粉器是采收蜂花粉的工具。脱粉器的种类较多，脱粉器主要由脱粉板、落粉板和集粉盒构成。在选择脱粉器时，脱粉板的孔径应根据饲养蜂种的蜂体大小、脱粉板的材料及加工制造方法决定。硬塑料板等材料的脱粉板，可选择孔径大些的。用不锈钢丝等材料绕制而成的脱粉板，其孔的边缘比较圆钝，不容易伤害蜜蜂，可选择孔径稍小些的。

在粉源植物开花季节，当蜂群大量采进蜂花粉时，把组织好的采粉群巢门挡取下，在巢门前安装脱粉器进行蜂花粉生产。安装脱粉器前，先将生产群的蜂箱前壁与巢门板擦洗干净。安装工作应在蜜蜂采粉较多时进行。脱粉器的安装应严密，要保证使所有进出巢的蜜蜂都通过脱粉孔。为防止因安装脱粉器引起蜜蜂偏集，生产花粉时至少同一排的蜂群要同时脱粉。

脱粉器放置在蜂箱巢门前的时间长短，可根据蜂群巢内的花粉贮存量、蜂群的日进粉量决定。蜂群采进的花粉数量多、巢内贮粉充足，则脱粉器放置的时间可相对长一些。脱粉的强度以不影响蜂群的正常繁育为度，一般情况下每天脱粉2～3h。每天脱粉结束，要及时拆除脱粉器，收取脱下的蜂花粉。脱下的花粉应及时干燥处理。收取花粉时，收取脱下的蜂花粉。动作要轻，以免花粉团破碎。每天脱下的蜂花粉取出后，要将脱粉器具清洗干净，以便下次使用。否则脱粉器中剩余的花粉团不能及时干燥、易变质，再次使用脱粉器，时易污染新生产的蜂花粉。

一般来说，在蜜源丰富的季节，蜂蜜生产所获经济效益往往高于蜂花粉，因此，在大流蜜期应首先保证蜂群采蜜。流蜜期每天10时、14时是蜂群采蜜的高峰期，此时不宜安装脱粉器。

4. 蜂花粉的干燥　新采收的蜂花粉含水量很高，一般在20%～30%。采收后的蜂花粉如果不及时处理，很容易发霉变质。因此，蜂花粉采收后应及时进行干燥处理或冷冻保存。蜂花粉干燥脱水的方法包括日晒干燥、自然风干、烘干箱烘干、变色硅胶干燥、真空冷冻干燥等。

(1) 日晒干燥　将采收下来的新鲜蜂花粉均匀地摊放在干净的纸或布上，厚度不超过2cm，罩上防蝇防尘纱网，置于阳光下；日晒过程中应勤翻动，翻动时动作轻缓，避免花粉团破碎。如果将花粉摊放在用支架撑起的细纱网上通风晾晒，干燥效果会更好。蜂花粉经过白天的干燥，为防止夜间花粉吸潮，傍晚前需将晾晒后的花粉装入塑料袋中密封，第二天再继续摊晒，直至花粉含水量小于8%。

(2) 自然风干　将采收到的新鲜蜂花粉摊放在干净的、用支架撑起的细尼龙纱网或纱布上，厚度不超过2cm，罩上防蝇防尘纱网，放在干燥通风处自然风干。如有条件，可用电扇等辅助通风。这种干燥处理方法需要时间较长，且干燥的程度也不如日晒干燥。该法多用于阴雨天的应急干燥。

(3) 远红外恒温干燥箱烘干　箱内干燥温度43～46℃。使用时将温度调控好，把花粉放入烘干箱中干燥6～10h，可起到很好的干燥效果。

(4) 变色硅胶干燥　将采收下来的新鲜蜂花粉和变色硅胶按重量比15∶1的比例，交替堆叠在密封干燥箱中干燥。变色硅胶需用4～5层纱布包好，硅胶吸水后由蓝色变为红色。吸水的变色硅胶在150℃温度下烘烤，恢复蓝色后可反复使用。

(5) 真空冷冻干燥　把新鲜的蜂花粉放入冻干机中，在冷冻状态下通过抽真空使蜂花粉中所含的水分蒸发。这种干燥方法能最有效地保持蜂花粉的活性，延长蜂花粉的保存期。冻干处理后的蜂花粉用铝箔复合膜袋真空后充氮包装，能有效保持蜂花粉中的营养成分。但这种干燥方法设备条件要求高，只适用于专业化加工厂。

5. 蜂花粉的包装贮存　蜂花粉包装材料应清洁、无毒、无异味，符合食品包装材料的卫生标准。包装物要牢固、密封性好、能防潮。干燥处理后的蜂花粉，经手工或过筛除杂后，可放入无毒塑料袋密封，外包装可用纸箱等便于装卸的牢固材料。也可暂时存于密封的陶罐或塑料桶中。蜂花粉应放在干燥、低温、避光、无异味的场所暂存。长期贮存应放在4℃以下清洁、无异味的冷库中。

6. 蜂花粉的优质高产措施

(1) 培育大量适龄采粉蜂，保持适当生产群势　适龄采粉蜂多才能采回大量的花粉。一般在花粉生产开始前 45d，对蜂群奖励饲喂，大量培育工蜂。采粉蜂的群势不同于生产蜂蜜、蜂王浆的蜂群。群势并非越强越好，生产蜂花粉的蜂群一般在 8～10 框蜂，生产效率较高。

（2）保持群内幼虫充足　蜂王产卵力强、产卵多，生产群内才能保持一定数量的幼虫，蜂群内的大量待哺育幼虫，可刺激采粉蜂的采集积极性，从而实现蜂花粉高产。

（3）脱花粉期间不割除雄蜂　割除雄蜂蛹后会工蜂就要清除雄蜂房中的虫蛹，安装脱粉器后，给蜂群的清理工作带来不便，使巢门内堆积大量的虫蛹躯体。许多虫蛹残体易落入集粉盒，混入花粉团中。花粉生产期割除雄蜂，对花粉的产量和质量都回会造成一定程度的影响。

（4）防止污染　在蜂花粉生产过程中，应选择环境良好、无工业废水、废气、农药等污染的场地放蜂。采收蜂花粉时，注意防止灰尘等杂物混入花粉。尤其干燥多风的地区更应注意。生产蜂群应放置在灰尘较少的清洁地方或草地上。安装脱粉器前，应先向蜂群周围的蜂场空地喷洒一些干净水，以防止尘土飞扬；箱盖、蜂箱前壁、巢门踏板应清洗干净，以防止灰尘落入花粉中。

第三节　无公害蜜蜂检疫

为了防止疾病传输和扩散，规范蜜蜂检疫工作，根据《动物防疫法》《动物检疫管理办法》等有关规定，2010 年 10 月 18 日，农业部颁布了《蜜蜂检疫规程》（农医发〔2010〕41号）。无公害蜜蜂检疫与常规蜜蜂检疫相同，其主要内容介绍如下：

一、检疫对象及检疫合格的判定标准

《蜜蜂检疫规程》的检疫对象为蜜蜂的美洲幼虫腐臭病、欧洲幼虫腐臭病、蜜蜂孢子虫病、白垩病、蜂螨病共五类，包含细菌病、真菌病和寄生虫病。

蜜蜂检疫的合格标准主要有：蜂场所在地县级区域内未发生本规程规定的疫病；蜂群临床检查健康，未发生美洲幼虫腐臭病、欧洲幼虫腐臭病、蜜蜂孢子虫病、白垩病及其他规定的疫病，蜂螨平均寄生密度在 0.1 以下；如果未能现场判断，必须将蜜蜂带回实验室检测，且检测合格。

二、检疫程序

蜂群自原驻地起运前和自最远蜜粉源地起运前，应提前 3d 向当地动物卫生监督机构申报检疫。动物卫生监督机构在接到检疫申报后，根据蜂场所在地县级区域内蜜蜂疫情情况，决定是否予以受理。受理的，应当及时派官方兽医到现场或到指定地点实施检疫；不予受理的，应说明理由。

实施的检查主要有临床检查和实验室检测。

（一）临床检查

检查人员直接去蜂场开展蜂群检查和个体检查。

1. 蜂群检查　检查人员通过箱外观察蜜蜂的行为，主要调查蜂群来源、转场、蜜源、发病及治疗等情况，观察全场蜂群活动状况、核对蜂群箱数，观察蜂箱门口和附近场地蜜蜂飞行及活动情况，有无爬蜂、死蜂和蜂翅残缺不全的幼蜂。

按照至少5％（不少于5箱）的比例抽查蜂箱，依次打开蜂箱盖、副盖，检查巢脾、巢框、箱壁和箱底的蜜蜂有无异常行为；查看箱底有无死蜂，子脾上卵虫排列是否整齐、色泽是否正常。

2. 个体检查 主要对成年蜂和子脾进行检查。其中成年蜂主要检查蜂箱门口和附近场地上蜜蜂的状况，而子脾主要检查子脾上未封盖幼虫或封盖幼虫和蛹的状况。

3. 检查内容 ①检查时，若发现子脾上出现幼虫虫龄极不一致，卵、小幼虫、大幼虫、蛹、空房花杂排列（俗称"花子现象"），在封盖子脾上巢房封盖出现发黑、湿润下陷，并有针头大的穿孔，腐烂后的幼虫（9～11日龄）尸体呈黑褐色并具有黏性，挑取时能拉出2～5cm的丝；或干枯成脆质鳞片状的干尸，有难闻的腥臭味，怀疑感染美洲幼虫腐臭病。②在未封盖子脾上，出现虫卵相间的"花子现象"，死亡的小幼虫（2～4日龄）呈淡黄色或黑褐色、无黏性，且发现大量空巢房、有酸臭味，怀疑感染欧洲幼虫腐臭病。③在巢框上或巢门口发现黄棕色粪迹，蜂箱附近场地上出现黑头黑尾、腹部膨大、腹泻、失去飞翔能力的蜜蜂，怀疑感染蜜蜂孢子虫病。④在箱底或巢门口发现大量体表布满菌丝或孢子囊、质地紧密的白垩状幼虫或近黑色的幼虫尸体时，怀疑感染蜜蜂白垩病。⑤在巢门口或附近场地上出现蜂翅残缺不全或无翅的幼蜂爬行，以及死蛹被工蜂拖出等情况时，怀疑感染蜂螨病。

（二）实验室检测

对怀疑患有本规程规定疫病或临床检查发现其他异常的，应进行实验室检测。实验室检测参考方法如下。

1. 美洲幼虫腐臭病 从蜂群中抽取部分封盖子脾，挑取其中的死幼虫5～10条，置研钵中，加2～3mL无菌水研碎后制成悬浮液，涂片，经革兰氏染色，在1 000～1 500倍的显微镜下检查，发现大量革兰阳性游离状的杆菌芽孢，经细菌培养鉴定确认后，判定为美洲幼虫腐臭病。

2. 欧洲幼虫腐臭病 从蜂群中抽取部分未封盖2～4日龄幼虫脾，挑取其中的死幼虫5～10条，置研钵中，加2～3mL无菌水研碎后制成悬浮液，涂片，经革兰氏染色后，在1 000～1 500倍的显微镜下检查，发现0.5μm×1.0μm呈革兰阳性的单个、短链或呈簇状排列的披针形球菌，同时有许多杆菌和芽孢杆菌等多种微生物，经细菌培养鉴定确认后，判定为欧洲幼虫腐臭病。

3. 蜜蜂孢子虫病 在蜂箱门口与蜂箱上梁处避光收集8日龄以下的成年工蜂60只，取出30只蜂的（另30只备用）消化系统，置研钵中，加2～3mL无菌水研碎后制成悬浮液，置干净载玻片上，在400～600倍的显微镜下检查，若发现卵圆近米粒形、边缘灰暗、具有蓝色折光的孢子，经细菌培养鉴定确认后，判定为蜜蜂孢子虫病。

4. 蜜蜂白垩病 从病死僵化的幼虫体表刮取少量白垩状物或刮取黑色物体在显微镜下检查，发现有白色棉絮菌丝和充满孢子球的子囊，经细菌培养鉴定确认后，判定为蜜蜂白垩病。

5. 蜂螨病 从2个以上子脾中随机抽取50只蜂蛹，在解剖镜下（或其他方式）逐个检查蜂蛹体表有无蜂螨寄生。其中一个蜂群的蜂螨平均寄生密度达到0.1以上，判定为蜂螨病。

三、检疫结果处理

经检疫合格的，出具《动物检疫合格证明》。《动物检疫合格证明》有效期为 6 个月，且从原驻地至最远蜜粉源地或从最远蜜粉源地至原驻地单程有效，同时在备注栏中标明运输路线。

经检疫不合格的，出具《检疫处理通知单》。经检查发现美洲幼虫腐臭病、欧洲幼虫腐臭病、蜜蜂孢子虫病、白垩病时，禁止外出流动放蜂，货主应按有关规定处理，临床症状消失 1 周后，无新发病例方可再次申报检疫；经检查发现蜂群患蜂螨病时，货主应就地治疗，达到平均寄生密度（螨数/检查蜂数）0.1 以下时，方可再次申报检疫；临床检查时发现大量蜜蜂不明原因死亡时，禁止蜂群转场，不得出具《动物检疫合格证明》，并监督货主做好深埋、焚烧等无害化处理；发现蜜蜂疫病呈暴发流行或新发生蜜蜂疫病时，按规定程序报告疫情。

起运前，动物卫生监督机构须监督货主或承运人对运载工具进行有效消毒。

四、监督检查

跨县级区域转地放养蜜蜂时，货主应在蜜蜂到达场地 24 h 内向当地县级动物卫生监督机构报告，并接受监督检查。当地县级动物卫生监督机构接到报告后，应及时派官方兽医到现场进行监督检查。

五、检疫记录

动物卫生监督机构须指导货主填写检疫申报单。官方兽医须填写检疫工作记录，详细登记货主姓名、地址、检疫申报时间、检疫时间、检疫地点、检疫动物种类、数量及用途、检疫处理、检疫证明编号等，并由货主签名。动物卫生监督机构应认真填写监督检查记录，并由货主签名。检疫申报单和检疫工作记录应保存 12 个月以上。

第四节　无公害蜂产品检测

无公害蜂产品是指在良好的生态环境条件下，按照无公害蜂产品生产技术操作规程生产，产品不受农药、重金属等有毒有害物质污染，或污染物含量不超过标准限量的蜂产品。目前我国无公害蜂产品包括蜂蜜、蜂王浆和蜂花粉三类。

我国是世界蜂产品生产大国，蜂蜜年产量约 35 万 t、蜂王浆 4 000t、蜂花粉 3 000t，约占世界总产量的 20%，在国际市场上具有一定的影响力。主要出口欧盟、美国和日本等发达国家或地区。目前，国际食品法典委员会（CAC）等国际组织对蜂产品未制定专门的安全限量标准，各国蜂产品贸易主要参照本国及交易国所规定的安全标准要求。为应对蜂产品出口国的质量要求，近年来我国采取严格的蜂产品出口管理政策和质量控制措施，先后颁布了蜂蜜、蜂王浆、蜂花粉等国家标准和行业标准，涵盖了 44 种农兽药、7 项微生物指标和 2 项重金属指标，共计有安全指标 53 项。这些标准的发布和实施，为我国监测蜂产品中有害物质含量提供了科学依据。但是，我国现有蜂产品标准的完整性、系统性、协调性及适应性方面与国外标准存在较大差距，也影响了无公害蜂产品的认证工作。2012 年，我国制定了无公害蜂蜜检测目录，经过几年的修订和完善，最终与无公害蜂王浆、无公害蜂花粉一起，组成了较为完善的无公害蜂产品检测目录，并由农业部在 2015 年 1 月颁布实施，即《农业部办公厅关于印发〈茄果蔬菜等 58 类无公害农产品检测目录〉的通知》（农办质〔2015〕4 号）。

下面简要介绍 2015 年无公害蜂蜜、蜂浆、蜂花粉的检测指标及依据。

一、无公害蜂蜜检测指标及依据

1. 无公害蜂蜜检测指标 2015 年，无公害蜂蜜检测指标有氯霉素、硝基呋喃类、双甲脒、氟胺氰菊酯、甲硝咪唑、二甲硝咪唑和霉菌计数。每项指标的安全限量、执行依据和检测方法见表 8－3。

表 8－3　无公害蜂蜜检测目录

单位：mg/kg

序号	检测项目	限量值	执行依据	检测方法
1	氯霉素（chloramphenicol）	不得检出（0.0003）	农业部 193 号公告	农业部 781 号公告—10—2006 蜂蜜中氯霉素残留量的测定 气相色谱—质谱法（负化学源）
2	硝基呋喃类（nitrofurans）[以 3－氨基－2－噁唑烷基酮（AOZ），5－吗啉甲基－3－氨基－2－噁唑烷基酮（AMOZ），1－氨基－乙内酰脲（AHD），氨基脲（SEM）计]	不得检出（0.001）	农业部 193 号公告	GB/T 18932.24—2005 蜂蜜中呋喃它酮、呋喃西林、呋喃妥因和呋喃唑酮代谢物残留量的测定方法 液相色谱—串联质谱法
3	双甲脒（amitraz）	0.2	农业部 235 号公告	农业部 781 号公告—8—2006 蜂蜜中双甲脒残留量的测定 气相色谱—质谱法
4	氟胺氰菊酯（fluvalinate）	0.05	农业部 235 号公告	农业部 781 号公告—9—2006 蜂蜜中氟胺氰菊酯残留量的测定 气相色谱—质谱法
5	甲硝哒唑	不得检出（0.010）	农业部 193 号公告	GB/T 18932.26—2005 蜂蜜中甲硝哒唑、洛硝哒唑、二甲硝咪唑残留量的测定方法 液相色谱法
6	二甲硝咪唑	不得检出（0.011）	农业部 193 号公告	
7	霉菌计数（moulds count），CFU/g	200	GB 14963—2011	GB 4789.15 食品安全国家标准　食品微生物学检验　霉菌和酵母计数

2. 无公害蜂蜜检测指标确定依据

（1）氯霉素　根据农业部 193 号公告《食品动物禁用的兽药及其它化合物清单》规定，禁止将氯霉素及其制剂用于动物性食品。因此，氯霉素属于禁用药物，不得检出。但在我国养蜂生产过程中仍有使用，多用于治疗蜜蜂肠道疾病。在出口蜂蜜中有时仍检出氯霉素残留。目前现行的标准检测方法有酶联免疫法、液相色谱—串联质谱法、气质联用色谱等方法。根据氯霉素本身特性以及方法可行性原则，选用《蜂蜜中氯霉素残留量的测定 气相色谱—质谱法（负化学源）》（农业部781号公告—10—2006），作为无公害蜂蜜中氯霉素含量的检测方法，且规定氯霉素不得检出，检测限为0.3μg/kg。

（2）硝基呋喃类 农业部公告193号《食品动物禁用的兽药及其它化合物清单》规定，禁止将硝基呋喃类及其制剂用于动物性食品。因此硝基呋喃类属于禁用药物，不得检出。但在我国养蜂生产过程中仍有使用。推荐的检测方法为《蜂蜜中呋喃它酮、呋喃西林、呋喃妥因和呋喃唑酮代谢物残留量的测定方法 液相色谱—串联质谱法》（GB/T 18932.24—2005）。检测限为呋喃它酮代谢物5-甲基吗啉-3-氨基-2-唑烷基酮和呋喃唑酮代谢物3-氨基-2-唑烷基酮为0.2μg/kg，呋喃西林代谢物氨基脲和呋喃妥因代谢物1-氨基-2-内酰脲为0.5μg/kg。

（3）双甲脒 在养蜂生产中常用，但残留超标时有发生，安全隐患较大。《中华人民共和国兽药典兽药使用指南》（2010年版）中允许双甲脒作为防治蜂螨类药物在我国养蜂生产中使用。农业部公告235号和欧盟指令均规定了蜂蜜中双甲脒最大残留限量为0.2mg/kg。因此，规定双甲脒在蜂蜜中的最大残留限量值为0.2mg/kg。检测方法按《蜂蜜中双甲脒残留量的测定 气相色谱—质谱法》（农业部781公告—8—2006）执行。

（4）氟胺氰菊酯 蜂蜜中时有检出，安全风险较大。我国和日本均规定了蜂蜜中最大残留限量值为0.05mg/kg。本项目规定氟胺氰菊酯在蜂蜜中的最大残留限量值为0.05mg/kg。检测方法按《蜂蜜中氟胺氰菊酯残留量的测定 气相色谱—质谱法》（农业部781号公告—9—2006）执行。

（5）硝基咪唑类 农业部公告193号《食品动物禁用的兽药及其它化合物清单》规定，禁止将硝基咪唑类及其制剂用于动物性食品，其中包含甲硝哒唑和二甲硝咪唑。但在我国养蜂生产过程中仍有使用。推荐的检测方法为《蜂蜜中甲硝哒唑、洛硝哒唑、二甲硝咪唑残留量的测定方法 液相色谱法》（GB/T 18932.26—2005）。该方法甲硝哒唑和二甲硝咪唑的检测限为10μg/kg。

（6）霉菌计数 《食品安全国家标准 蜂蜜》（GB 14963—2011）规定蜂蜜霉菌总数安全限量值为200CFU/g。无公害蜂蜜检测采用此限量值。检测方法按《食品安全国家标准 食品微生物学检验 霉菌和酵母计数》（GB 4789.15—2010）方法执行。

二、无公害蜂王浆检测指标及依据

1. 无公害蜂王浆检测指标 2015年，无公害蜂王浆的检测指标有氯霉素、硝基呋喃类、甲硝唑、地美硝唑和洛硝达唑5项，每项指检的限量值、执行依据和检测方法见表8-4。

表8-4 无公害 蜂王浆检测目录

单位：mg/kg

序号	检测项目	限量值	执行依据	检测方法
1	氯霉素（chloramphenicol）	不得检出（0.000 3）	农业部193号公告	SN/T 2063—2008 进出口蜂王浆中氯霉素残留量的检测方法 液相色谱串联质谱法

（续）

序号	检测项目	限量值	执行依据	检测方法
2	硝基呋喃类（nitrofurans）［以 3 -氨基- 2 -噁唑烷基酮（AOZ），5 -吗啉甲基- 3 -氨基- 2 -噁唑烷基酮（AMOZ），1 -氨基-乙内酰脲（AHD），氨基脲（SEM）计］	不得检出（0.001）	农业部 193 号公告	GB/T 21167—2007 蜂王浆中硝基呋喃类代谢物残留量的测定 液相色谱—串联质谱法
3	甲硝唑（metronidazole）	不得检出（0.002）	农业部 235 号公告	
4	地美硝唑（dimetronidazole）	不得检出（0.002）	农业部 235 号公告	GB/T 23407—2009 蜂王浆中硝基咪唑类药物及其代谢物残留量的测定 液相色谱—质谱/质谱法
5	洛硝达唑（ronidazole）	不得检出（0.002）	农业部 235 号公告	

2. 无公害蜂王浆检测指标的确定依据

（1）氯霉素　我国农业部 193 号公告《食品动物禁用的兽药及其它化合物清单》规定，禁止将氯霉素及其制剂用于动物性食品。欧盟、美国和日本也禁止使用。因此，氯霉素属于禁用药物，不得检出。通过近年来蜂王浆普查和监测，蜂王浆中氯霉素残留情况明显好转，但仍有检出。从 2009—2013 年的蜂王浆普查结果看，蜂王浆的氯霉素阳性率在 5%～11%。在出口蜂王浆及冻干粉样品中仍时有检出氯霉素残留。目前，现行的用于检测蜂王浆中氯霉素残留的方法为《进出口蜂王浆中氯霉素残留量的检测方法　液相色谱串联质谱法》（SN/T 2063—2008）。该方法一直作为蜂王浆普查与实验室委托检验的标准方法，各项参数符合对蜂王浆中氯霉素残留的测定要求。因此，选用该方法作为无公害蜂王浆氯霉素残留的检测方法，规定氯霉素不得检出。该方法检出限为 $0.3\mu g/kg$。

（2）硝基呋喃类　硝基呋喃类药物是一种广谱抗生素，对大多数革兰阳性菌和革兰阴性菌、真菌和原虫等病原体均有杀灭作用。在美国、日本和欧盟，硝基呋喃类药物为禁用药，要求不得在任何食品中检出。我国农业部 193 号公告《食品动物禁用的兽药及其它化合物清单》规定硝基呋喃类药物为禁用药，不得检出。养蜂生产中有些蜂农使用此类药物治疗蜜蜂的胃肠道疾病，导致蜂产品中该类药物残留。硝基呋喃类药物及其代谢物有明显的致癌作用，会给蜂王浆产品质量安全带来风险，需要重点监控。目前，测定蜂王浆中硝基呋喃类残留的方法主要有《蜂王浆中硝基呋喃类代谢物残留量的测定　液相色谱—串联质谱法》（GB/T 21167—2007）和《进出口蜂王浆中硝基呋喃类代谢物残留量的测定　液相色谱—质谱/质谱法》（SN/T 2061—2008）。这两种方法的各项参数均能满足蜂王浆中硝基呋喃类药物的测定，按照优先考虑国标的原则，选择《蜂王浆中硝基呋喃类代谢物残留量的测定　液相色谱—串联质谱法》（GB/T 21167—2007）作为无公害蜂王浆硝基呋喃类药物残留的检测方法。规定此类药物不得检出，该方法的检出限为 $0.5\mu g/kg$。

（3）硝基咪唑类　美国、日本、欧盟等规定硝基咪唑唑类药物为食品动物禁用药物，不得在任何食品中检出。我国 193 号公告和农业部 235 号公告中规定此类药物不得在食品中检出。近些年普查结果表明，蜂王浆中硝基咪唑类残留较严重，特别是蜂王浆生产期检出率较高，有必要设定该检测参数，对蜂王浆中硝基咪唑类残留进行重点监控。目前，相关的检测方法有《蜂王浆中硝基咪唑类药物及其代谢物残留量的测定　液相色谱—质谱/质谱法》（GB/T 23407—2009）和《进出口蜂王浆中 10 种硝基咪唑类药物残留量的测定　液相色谱—质谱/质谱法》（SN/T 2579—2010）。考虑到目前仅明确规定了甲硝唑、地美硝唑和洛硝达唑三类药物不得检出，选择《蜂王浆中硝基咪唑类药物及其代谢物残留量的测定　液相色谱—质谱/质谱法》（GB/T 23407—2009）作为无公害蜂王浆中硝基咪唑类药物残留的检测方法。规定三种药物不得检出，该方法的检出限为 $2.0\mu g/kg$。

三、无公害蜂花粉检测指标及依据

1. 无公害蜂花粉检测指标　2015 年，无公害蜂花粉的检测指标有总砷、铅、汞、大肠菌群、霉菌和酵母计数 5 项，每项指标的限量值、执行依据和检测方法见表 8-5。

表 8-5　无公害蜂花粉检测目录

单位：mg/kg

序号	检测项目	限量值	执行依据	检测方法
1	总砷（以 As 计）	0.2	NY/T 752—2012	GB/T 5009.11 食品中总砷及无机砷的测定
2	铅（以 Pb 计）	0.5	GB 2762—2012	GB 5009.12 食品安全国家标准 食品中铅的测定
3	汞（以 Hg 计）	0.015	NY/T 752—2012	GB/T 23869　花粉中总汞的测定方法
4	大肠菌群，MPN/g	0.3	NY/T 752—2012	GB 4789.3　食品安全国家标准　食品微生物学检验　大肠菌群计数
5	霉菌和酵母计数，CFU/g	50	NY/T 752—2012	GB 4789.15　食品安全国家标准　食品微生物学检验　霉菌和酵母计数

2. 无公害蜂花粉检测指标的确定依据

（1）农兽药　通过查阅欧盟、美国等国家和国际食品法典委员会的相关标准，没有发现对蜂花粉中农兽药残留限量的规定，而且国内外也没有关于蜂花粉中农兽药残留的检测方法标准。结合我国蜂花粉农兽药残留监测情况，基本未检出蜂花粉中农兽药残留，因此没有设置无公害蜂花粉农兽药残留的检测项目。

（2）重金属　在蜜源性植物生长过程中，各种矿物质元素会通过土壤迁移蓄积在植物体内，花粉中也会含有各类矿物质元素。因此，在花粉及其产品的生产与使用过程中既不能破坏其天然含有的对人体有用的矿物质，又要严格控制对人体有毒有害的重金属元素，如铅、镉、汞。

铅、汞和砷等重金属元素对人体健康具有危害性。人体摄入过多的铅会造成神经系统、心脏和呼吸系统等损伤，导致不同程度的铅中毒。急性汞中毒后会产生头痛、头晕、乏力、低度发热、睡眠障碍、情绪激动和易兴奋等症状。砷的毒性并不强，只是会使皮肤色素沉着，导致异常角质化，但砷的化合物往往具有很强的毒性，如砒霜进入人体后能破坏某些细胞的呼吸酶，使组织细胞不能获得氧气而死亡。

蜂花粉国家标准没有对重金属污染进行规定。《食品安全国家标准　食品中污染物限量》（GB 2762—2012）对蜂花粉中铅的限量进行了规定。而《绿色食品　蜂产品》（NY/T 752—2012）规定蜂花粉中铅、砷、汞三种重金属的残留限量分别为 0.5mg/kg、0.2mg/kg 和 0.015mg/kg。无公害蜂花粉检测目录重金属残留限量以这两个标准为基础形成。

（3）微生物　研究表明，蜂花粉的采集、包装以及贮藏条件不当，会造成微生物污染。另外，由于蜂花粉本身所含成分不同，会使微生物繁殖速度有所不同。选取大肠菌群、霉菌和酵母计数 2 项作为无公害蜂花粉微生物的检测指标，其限量值参考 NY/T 752—2012，检测方法按《食品安全国家标准　食品微生物学检验》执行。

第九章 无公害畜产品质量追溯

第一节 无公害畜产品质量追溯的意义

实施无公害畜产品质量追溯是贯彻落实党中央、国务院决策部署和法律法规的需要，是一项重要的政治任务。党中央、国务院高度重视农产品质量安全工作。2004年，国务院发布《关于进一步加强食品安全工作的决定》，要求建立农产品质量安全追溯体系。2009年中央1号文件中明确要求"严格农产品质量安全全程监控，实行严格的食品质量安全追溯制度、召回制度、市场准入和退出制度"。2010年中央1号文件又要求"推进农产品质量可追溯体系建设"。2013年中央1号文件进一步提出"改革和健全食品安全监管体制，加强综合协调联动，落实从田头到餐桌的全程监管进一步责任，加快形成符合国情、科学完善的食品安全体系。健全农产品质量安全和食品安全追溯体系"的要求。2014年中央1号文件再次强调"建立最严格的覆盖全过程的食品安全监管制度，完善法律法规和标准体系，落实地方政府属地管理和生产经营主体责任。支持标准化生产、重点产品风险监测预警、食品追溯体系建设，加大批发市场质量安全检验检测费用补助力度。加快推进县乡食品、农产品质量安全检测体系和监管能力建设"。2016年1月12日，国务院办公厅发布《关于加快推进重要产品追溯体系的意见》，要求将食用农产品作为重点之一，分类指导、分步实施，推动生产经营企业加快建设追溯体系。《农产品质量安全法》规定，农产品生产企业和农民专业合作经济组织应建立农产品生产档案记录，并将记录保存两年。《食品安全法》对食用农产品生产记录、召回和安全事件的处置等方面也作了相应要求，并规定食用农产品的生产企业和农民专业合作经济组织应当建立生产记录制度。《动物防疫法》和《畜牧法》对畜禽标识和疫病可追溯体系建设，以及加强对畜禽和畜禽产品全程监管，确保畜禽产品安全也提出了明确要求。《畜禽标识和养殖档案管理办法》（农业部令第67号）的颁布实施，不仅对建立畜禽及其产品溯源系统提供了法律保障，也对这项工作提出了更紧迫的要求。中央机构编制委员会2013年5月发布的《国家食品药品监督管理总局主要职责内设机构和人员编制规定》（以下简称《规定》），明确"农业部门负责食用农产品从种植养殖环节到进入批发、零售市场或生产加工企业前的质量安全监督管理，食用农产品进入批发、零售市场或生产加工企业后，按食品由食品药品监督管理部门监督管理。农业部门负责畜禽屠宰环节和生鲜乳收购环节质量安全监督管理。两部门建立食品安全追溯机制，加强协调配合和工作衔接，形成监管合力"。《规定》不但对各部门农产品监管的职责进行了分工安排，而且提出了建立食品安全追溯机制的要求。2013年中央农村工作会议指出，食品安全，是"产"出来的，也是"管"出来的，要形成覆盖从田间到餐桌全过程的监管制度，建立更为严格的食品安全监管责任制和责任追究制度。

实施无公害畜产品质量追溯是创新农产品质量安全监管方式的需要。目前，我国对农产品监管主要通过产品包装标识来追查责任主体。传统生产模式下，生产规模小而散，大多数农产品无包装、无标识，当发生农产品质量安全事件时，质量安全监管就会遇到责任主体难以查实、质量安全信息无法准确追溯的问题。随着我国现代农业的发展，生产经营模式也发生了重大变革。现代农产品经营呈"远距离、多环节、大流通"的特点，农产品责任主体不仅是生产者，还涉及收购、贮藏、运输、销售等多个主体，农产品质量安全监管面临新的任务。国务院机构改革后，食品安全监管新的构架涉及农业、食品药品、卫生等多个部门，农业部门重点做好进入市场前各环节的农产品质量安全监管，其他部门重点做好销售、消费等环节的质量安全监管。无公害畜产品质量追溯，创新管理机制是准确追溯责任主体、全面监管农产品质量安全、加快建立健全尽快实施实现多部门监管工作无缝衔接的有效方式。

实施无公害畜产品质量追溯有利于提升政府监管和公共服务能力。实施无公害畜产品质量追溯，可实现畜产品从生产到市场的全过程监控，积极排查识别风险隐患，对畜产品质量安全事件，能迅速明确责任主体，排查事故原因，披露生产经营主体的相关信息，提升政府部门监管效率。

实施无公害畜产品质量追溯有利于规范畜禽产品生产、经营主体行为。目前，我国农产品追溯体系尚不健全，发生农产品质量安全事件的责任主体难以明确，降低了违法经营主体的机会成本。在信息不对称的条件下，守法生产经营主体的价值在市场上得不到体现，挫伤了生产积极性。尽快实施无公害畜产品质量追溯，可进一步规范畜产品生产经营主体行为。即通过主体备案，落实第一责任主体，可增强生产经营主体的责任意识，加强生产环节管理的自觉性。通过产品监测，可有效监控产品质量。通过过程管理，可进一步提升生产经营主体的生产管理能力。

实施无公害畜产品质量追溯有利于提升公众消费信心。随着人民群众生活水平的不断提高，人们的需求已经从"吃饱"到"吃好"方向转变，畜产品质量安全日益成为消费者关注的话题。信息技术发展、手机上网普及、生产标识技术日益成熟，使越来越多的消费者希望能即时了解农产品的产地、生产厂家、加工方式等相关信息。实施无公害畜产品质量追溯，充分借助信息技术，有助于解决畜产品质量安全信息不对称的问题，逐步提升公众对国内畜产品的消费信心。

第二节　无公害畜产品质量追踪与溯源的基本概念与内涵

实现无公害畜产品质量溯源，是采集记录产品生产、流通、消费等环节信息，实现来源可查、去向可追、责任可究，强化全过程质量安全管理与风险控制的有效措施。本节将阐述无公害畜禽及其产品可追溯体系的基本原则、构成要素和研究内涵。

一、可追溯的基本概念

无公害畜产品可追溯（traceability）包括追踪（tracking）和溯源（tracing）两个方面。追踪是指从供应链的上游至下游跟随一个特定的单元或一批产品运行路径的能力。溯源是指从供应链下游至上游识别一个特定的单元或一批产品来源的能力，即通过记录标识的方法回溯某个实体来历、用途和位置的能力。

按照国际标准化组织（International Organization for Standardization，ISO）的定义，可追溯是指通过信息记载的识别，追踪实体的历史、应用情况和所处场所的能力。它包含四个方面：①就产品而言，是指原材料和零部件的来源，产品形成过程的历史，产品交付后的分布和场所；②就校准而言，是指测量设备与国家标准、基准、基本物理常数或特性或标准物质的联系；③就数据收集而言，是指实体全过程产生的计算结果和数据，有时要追溯到实体的质量要求；④就信息系统而言，是指信息系统程序设计与实现，通过系统追溯需要的信息。定义中的实体可以是某种活动或过程、产品、组织、体系或人，以及以上任几项的组合。

二、可追溯体系构建的基本原则

无公害畜禽及其产品标识与可追溯体系通常采用标识技术来实行溯源管理，涉及畜禽繁育、饲养、屠宰、加工和流通等环节的全程监管系统。基本做法是对畜禽个体或群体进行标识，对有关饲养、屠宰加工场所进行登记，全程记录无公害畜禽及其产品生产、经营等环节的相关信息，以便在发生疫情或出现卫生安全事件时能及时追踪和溯源。它可以强化畜禽疫病控制，提高畜禽健康水平；提高对食品安全突发事件的应急处理能力；提高无公害畜禽及其产品安全监管水平，减少食源性疾病的发生；维护消费者对所消费肉类食品生产情况更加详尽的信息知情权。

该体系主要遵循以下原则：①合法性原则。遵循国家法律、法规和相关标准的要求。②完整性原则。畜禽追溯和畜禽产品追溯应当贯穿整个食物链，应覆盖养殖、屠宰、加工、流通全过程，信息内容应包括时间、地点、责任主体、畜禽标识、产品批次、质量检测等。③对应性原则。对无公害畜产品质量追溯过程中各相关单元进行代码化管理，确保质量追溯信息与产品的唯一性。④高效性原则。应充分运用网络技术、条码技术、云技术等建立高效、精准、快捷的无公害畜产品质量追溯系统。为了实现兼容性与一致性，还应考虑相关的国际标准与职责。法律法规应明确畜禽标识追溯的目的、范围，包括用于标识和登记的技术选择在内的组织安排、当事人的职责、机密性、可能出现的问题，以及信息的有效交流等内容。

三、可追溯体系构成要素

无公害畜禽及其产品标识与可追溯体系的目标是实现对无公害畜禽及其产品的全程可追溯监管。该体系包括畜禽标识、中央数据库和信息传递系统及畜禽流动登记三个基本要素。

畜禽标识要成本低廉、实用，有较高的保留率，易在市场与屠宰场识别，易在屠宰场收集，不得有碎片进入肉品或血液中，易将标识信息录入数据库中。

信息传递系统复杂，应用场所条件恶劣。如屠宰车间湿度大、血污较多，对设备有一定的要求。以猪肉屠宰加工为例，要经过生猪放血、去头、剥皮、劈半、冷库预冷，直至超市销售等一系列的生产加工流通环节，原先的一头完整的生猪早已被"大卸八块"。因此，如何跟踪标识信息，并与胴体形成一个信息链是一个关键问题。

畜禽流动登记是指对畜禽标识、畜禽卫生、移动、追溯、检疫出证、畜禽流行病学和养殖企业等信息进行收集、记录、储存、接收，以及兽医主管部门应用的活动。登记系统是指由主管部门安全储存、接收畜禽标识和追溯信息的系统。

四、无公害畜禽及其产品可追溯体系的内涵

构建无公害畜禽及其产品可追溯体系，要以责任主体和流向管理为核心、以追溯码为载体，推动追溯管理与市场准入相衔接，实现畜禽产品"从养殖场到餐桌"全过程追溯管理。其内涵已远远超出过去对畜禽群体或个体身份识别、所有权确定和防止失窃等，显示出在畜禽繁育、畜禽卫生、公共卫生、食品安全和国际贸易，甚至生物防恐等方面的作用。其作用主要表现在：一是有效防控重大畜禽疫病。该体系的建立，可对染疫畜禽的来源及去向进行快速追踪和溯源，进行畜禽流行病学分析，及时控制传染源的移动，最终实现控制畜禽疫病的目的，并在疫病暴发时最大限度地缩小经济及社会损失。二是维护公共卫生安全。该体系的建立，可实现对无公害畜禽及其产品生产过程进行信息记录和准确识别，实现从农场到餐桌的全程安全控制，有助于提高无公害畜禽及其产品质量安全水平，维护公共卫生安全，提高消费者对食品安全的信任。三是促进无公害畜禽及其产品贸易。随着贸易全球化进程的加快，该体系的建立有助于消除进口国对出口国畜禽卫生和畜禽产品安全的顾虑，克服国际畜产品市场技术壁垒，促进无公害畜禽及其产品国际贸易。

第三节　无公害畜禽及其产品的主要标识技术

对畜禽进行统一标识，有利于畜禽疫病防控，提高畜禽生产管理水平，同时也是实施畜禽产品安全监管即溯源和跟踪的前提条件。根据国际上有关畜禽标识法律法规的规定，多数国家主要针对牛、羊和猪进行标识，少数国家要求对马、鹿、禽、伴侣畜禽和野生畜禽进行标识。在欧盟普遍进行的畜禽标识是对牛及牛肉产品的标识。

近年来，越来越多消费者要求提供畜禽及畜禽产品在食物供应链中的流动情况，要求进行跟踪和追溯，"可追溯性"正成为畜禽生产与销售过程中的重要内容。随着现代科技的发展，各种更为便捷的方法，尤其是具有自动数据采集功能的畜禽身份识别技术开始逐步应用。畜禽标识技术是实现畜产品安全可追溯管理的关键技术之一。本节简要介绍目前在本领域广泛应用的条码标识技术及电子标识，即无线视频识别（RFID）技术。

一、条形码技术

条形码技术是自动识别技术的重要组成部分，所涉及的技术领域较广，是电子与信息科学领域内多项技术的结合产物。经过多年的研究开发和应用实践，条形码技术现已逐步发展成熟。条形码技术主要研究如何利用条形码向计算机输入信息，以及如何由计算机自动识读条形码，其研究的对象包括编码规则、符号表示技术、识读技术和应用系统设计四部分。

（一）条形码编码规则

条形码是由宽度不同、反射率不同的条和空，按照一定的编码规则（码制）编制成的，用以表达一组数字或字母符号信息的图形标识符。即条形码是一组粗细不同，按照一定的规则安排间距的平行线条图形。

1. 条形码符号的结构　一个完整的一维条形码是由两侧的空白区、起始字符、数据字符、校验字符（可选）和终止字符及供人识读字符组成的。其中数据字符和校验字符是代表编码信息的字符，扫描识读后需要传输处理；左右两侧的空白区、起始字符、终止字符等都是不代表编码信息的辅助符号，仅供条形码扫描识读时使用，不需要参与信息代码传输。图9-1显示的是条形码符号的结构。

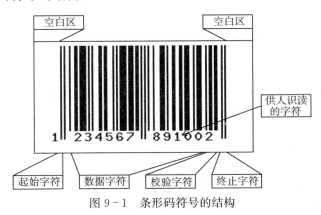

图9-1　条形码符号的结构

条：条形码中反射率较低的部分。

空：条形码中反射率较高的部分。

单元：构成条形码字符的条或空。

条形码字符：表示一个字符的若干条与空。

供人识读字符：位于条形码字符下方，与条形码字符相对应、供人识别的字符。

起始字符：位于条形码起始位置的若干条与空。

终止字符：位于条形码终止位置的若干条与空。

数据字符：表示特定信息的条形码字符。

校验字符：表示校验码的条形码字符。

中间分隔符：位于条形码中间位置用来分隔数据段的若干条与空。

空白区：条形码起始符、终止符两端外侧与空的反射率相同的限定区域。

保护框：围绕条形码且与条反射率相同的边或框。

2. 条形码的编码方法　条形码的编码方法是指条形码中条与空的编码规则及二进制的逻辑表示的设置。条形码符号作为一种为计算机信息处理而提供的光电扫描信息图形符号，满足计算机二进制的要求。条形码的编码方法就是要通过设计条形码中条与空的排列组合来表示不同的二进制数据。

一般来说，条形码的编码方法有两种：模块组合法和宽度调节法。模块组合法是指条形码符号中，条与空是由标准宽度的模块组合而成。一个标准宽度的条表示二进制的"1"，而一个标准宽度的空模块表示二进制的"0"。例如，EAN码、UPC码模块的标准宽度是0.33mm，它的一个字符由两个条和两个空构成，每一个条或空由1～4个标准宽度模块组成。宽度调节法是指条形码中条与空的宽窄设置不同，用宽单元表示二进制的"1"，而用窄单元表示二进制的"0"，宽窄单元之比一般控制在2～3。库德巴码、39码、25码和交插25码均采用宽度调节法。

（二）条形码的分类

条形码可分为一维条形码和二维条形码。一维条形码即传统条形码，按应用可分为商品条形码和物流条形码两种。商品条形码包括 EAN 码和 UPC 码，物流条形码包括 UCC/EAN-128 码、ITF 码、39 码、库德巴条形码等。根据构成原理和结构形状的差异，二维条形码可分为两大类型：一类是行排式或层排式二维条形码（stacked or tiered barcode），如 PDF417 等；另一类是矩阵式二维条形码（checkerboard or dot matrix type），如 QR Code、Data Matrix 等。

1. 一维条形码 一维条形码仅在一个方向（一般是水平方向）表达信息，而在垂直方向则不表达任何信息，其一定的高度通常是为了便于阅读器对准阅读。一维条形码的应用可以提高信息录入的速度，减少差错率。其不足之处是数据容量较小，最大约 30 个字符；只能包含字母和数字，不能编码汉字；条形码尺寸相对较大，空间利用率较低；条形码遭到损坏后不能阅读。表 9-1 显示各种一维条形码的特征。

表 9-1 常用一维条形码的特征

种类	字符数	排列	校验	字符符号、码元结构	标准字符集	其他
EAN-13 EAN-8	13 位 8 位	连续	校验码	7 个模块，2 条 2 空	0～9	EAN-13 为标准版 EAN-8 为缩短版
UPC-A UPC-E	12 位 8 位	连续	校验码	7 个模块，2 条 2 空	0～9	UPC-A 为标准版 UPC-E 为消零压缩版
39 码 code39 alpha39	可变长	非连续	自校验 校验码	12 个模块，5 条 4 空，其中 3 个宽单元 6 个窄单元	0～9、A～Z、～、MYM、/、+、%、*、.、空格	"*"用作起始符和终止符，密度可变，有串联性，可增设校验码
93 码	可变长	连续	校验码	9 个模块，3 条 3 空	0～9、A～Z、～、MYM、/、+、%、*、.、空格	有串联性，可设双校验码，加前置码可表示 128 个全 ASCII 码
基本 25 码	可变长	非连续	自校验	14 个模块，5 条，其中 2 个宽单元 3 个窄单元	0～9	空不表示信息，密度低
交插 25 码	定长或 可变长	连续	自校验 校验码	18 个模块表示 2 个字符，5 个条表示奇数位，5 个空表示偶数位	0～9	表示偶数位个信息编码，密度高，EAN、UPC 的物流码采用该码制
矩阵 25 码	定长或 可变长	非连续	自校验 校验码	9 个模块，3 条 2 空，其中 2 个宽单元 3 个窄单元	0～9	密度较高，在中国被广泛地用于邮政管理
库德巴码	可变长	非连续	自校验	7 个单元 4 条 3 空	0～9、A～D MYM、+、～、/	有 18 种密度
128 码	可变长	连续	校验码	11 个模块，3 条 3 空	三个字符集覆盖 128 个全 ASCII 码	有功能码、对数字码的密度最高
11 码	可变长	非连续	自校验	3 条 2 空	0～9	有双自校验功能

2. 二维条形码　由于受信息容量的限制，一维条形码只能充当物品的代码，而不能含有更多的物品信息，因此一维条形码的使用不得不依赖数据库的存在。在没有数据库和不便联网的地方，一维条形码的使用受到了较多的限制，有时甚至变得毫无意义。另外，用一维条形码表示汉字信息几乎是不可能的，这在某些应用汉字的场合显得非常不方便，而且效率很低。现代高新技术的发展，迫切要求在有限的几何空间内用条形码表示更多的信息，从而满足各种信息的需求。二维条形码正是为了解决一维条形码无法解决的问题而诞生的。由于二维条形码具有密度高、容量大等特点，因此可以用它表示数据文件（包括汉字文件）、图片等。它是各种证件及卡片等大容量、高可靠性信息实现存储、携带并自动识别的最理想的方法。

二、条形码标识物

随着畜禽标识、防伪技术的发展，条形码标识物的制作也在不断推陈出新。这里简要介绍塑料耳标、陶瓷耳标、金属条形码和磁性条形码的特色。

（一）塑料耳标

畜禽耳标原料的选择：畜禽耳标分为主耳标（图9-2）和辅耳标（图9-3）。从使用方面考虑，主耳标要求的相对硬度应高于辅耳标，原料必须采用不同的材质。

图9-2　畜禽耳标的主耳标

图9-3　畜禽耳标的辅耳标

国外较多采用的耳标材质是热塑性聚氨酯。该材质耳标的优点是适用于各种温差气候环境，耳标在冬季能够保持柔软、不褪色，容易染成各种所需色调，具有非常高的柔韧性、弹性及低密度，电脑喷码耐磨、耐擦、耐洗。其缺点是成本较高。国内目前使用的畜禽耳标材料一般为：主耳标用注塑低压聚乙烯或聚丙烯材质，辅耳标用高压聚乙烯材质。

选用聚丙烯（PP）注塑成型耳标的问题是，PP材料在热和氧的作用下会发生自动氧化反应，导致机械强度降低，产品使用一段时间后会脆化断裂。选用高密度聚乙烯注塑主耳标时，机械强度虽然不如聚丙烯，但因为主耳标长度不长，所以完全能满足使用中的要求。另外，聚乙烯在耐化学药品性、耐溶剂性及大规模生产时优良的加工性能，也是其他塑料原料无法比拟的。

辅耳标原料的选用也基于以上考虑，但辅耳标中心孔在标牌穿入时必须承受径向拉伸力而不破裂，因此选用时应着重考虑材料的断裂伸长率。高密度注塑级聚乙烯的断裂伸长率一般在 80%～100% 及其以下，用来制作辅耳标，标牌打入中心孔时，因为断裂伸长率不够而易胀破中心孔。因此，多采用线性聚乙烯树脂（LLPE）作辅耳标原料，断裂伸长率达 300% 左右。

塑料耳标在使用中的主要缺点是掉标率较高和耳标识别率较低，这可以通过注塑工艺的提高加以克服。减少注塑件翘曲变形、内应力开裂和注塑件尺寸偏差，从而降低耳标掉标率；减少注塑件表面水波纹、流纹、夹水纹（熔接痕）、喷射纹（蛇纹）、裂纹（龟裂）、顶白（顶爆）、表面色差、光泽不良、混色、黑条和黑点等缺陷，提高耳标表面的平整光洁度，提高耳标条形码识别率。

（二）陶瓷耳标

陶瓷耳标是一种二维条形码标识牌。采用铝合金作基体，表面以瓷釉保护，经高温烧制而成，条形码标签基于"陶瓷热转印色带（CTTR）"实现。陶瓷色带是瓷用颜料油墨的热转印色带，以网点图案组合或减色法为成色基础，数码瓷表面成像，可印制文字、图片和二维条形码，工艺技术完善成熟，能够满足大批量生产的需要。标识牌兼具金属和陶瓷的优良性能，轻巧耐磨，不破损，不老化，灰尘污渍容易擦拭。标牌字体清晰，对比鲜明，具有十分优异的扫描识读性能，并适于饲养人员远距离观察。

与塑料耳标相比，铝制陶瓷耳标具有以下特点：一是重量轻。每副铝耳标净重 1.70g，比塑料耳标轻 0.77g。二是没炎症。铝耳标不带菌，不会引起家畜耳部的炎症或传染其他疫病。三是无污染。铝耳标可回收再制铝板，不对环境造成污染。四是不脱落。铝耳标用铆钉固定在动物耳上，不易脱落，趋于"零掉标率"。

（三）金属条形码

金属条形码出现于 20 世纪 90 年代，是利用激光打标机在金属薄条上刻印一维或二维条形码，并黏附在塑料基底上构成的。其表面有凹凸感，可弯曲，能承受一定外力的碰撞和搓揉。金属条形码耐高低温、耐腐蚀，不怕日晒雨淋，不受磁场干扰，使用寿命长，能在恶劣环境下长期使用。其形状可根据客户的需求制作成圆形、椭圆形或方形等。背面配有各种强度的不干胶，取下金属条形码即可粘贴于物品的表面，用一般条形码识读器即可识读。

由于金属条形码制作的独特设备与复杂工艺，故难于仿造、复制；同时该技术不同于其他通用技术，是属于政府部门立项的专利垄断技术，故不易流失。因此，主要应用于防伪领域，如轻化工产品、机电产品、家用电器、消防器材、药品、重要证照、油泵管道、摩托车、汽车部件及验钞器等产品。

（四）磁性条形码

磁性条形码的条是由金属箔经电镀后产生的，一般在条形码表面再覆盖一层聚酯薄膜，这种条形码用专用磁性条形码阅读器识读。其优点是表面不怕污渍。一般条形码是靠光的反射来识读，这种条形码则是靠电磁波进行识读的，只有识读器和条形码的距离会影响条形码的识读。其抗老化能力较强，表面的聚酯薄膜在户外使用时适应能力强。磁性条形码还可以制作成覆盖型隐形码，在其表面采用不透光的保护膜，使人眼不能分辨出条形码的存在。

三、畜禽标识条形码的识读

条码阅读设备是能够对条码符号进行阅读并译码的设备的总称，由条码扫描器、条码解码单元、信息处理单元、通信单元与扩展功能单元组成。其中条码扫描器是指能够对条码符号进行阅读或/和译码的功能单元的总称，主要由图像传感器和条码解码模块组成，还可包含定位指示光源和照明光源。每个条码阅读设备都内含一个完整的条码识读系统，可以将图形化编码符号中含有的编码信息转换成计算机可识别的数字信息。

无论是一维条码，还是二维条码，只要其码制是公开的，在市场上都能采购到识读器，将图形化的编码信息转化为可识读的数字信息，或者将图形化的、含有 ASCⅡ字母或汉字的编码信息识读出来，还原为条码所承载的信息。

（一）条码识读器的分类

条码识别设备由条码扫描和译码两部分组成。现在绝大部分条码识读器都将扫描器和译码器集成为一体。人们根据不同的用途和需要设计了各种类型的扫描器。下面按条码识读器的扫描方式、操作方式、识读码制能力对各类条码识读器进行分类。

1. 以扫描方式分类　条码识读设备从扫描方式上可分为接触和非接触两种条码扫描器。接触式识读设备包括光笔与卡槽式条码扫描器；非接触式识读设备包括 CCD 扫描器、激光扫描器。

2. 以操作方式分类　条码识读设备从操作方式上可分为手持式和固定式两种条码扫描器。手持式条码扫描器应用于许多领域，这类条码扫描器特别适用于条码尺寸多样、识读场合复杂、条码形状不规整的应用场合。在这类扫描器中，有光笔、激光枪、手持式全向扫描器、手持式 CCD 扫描器和手持式图像扫描器。固定式扫描器扫描识读不用人手把持，适用于省力、劳动强度大（如超市的扫描结算台）或无人操作的自动识别应用。固定式扫描器有卡槽式扫描器、固定式单线及单方向多线式（栅栏式）扫描器、固定式全向扫描器和固定式 CCD 扫描器。

3. 以识读码制能力分类　条码识读设备从原理上可分为光笔、CCD、激光和拍摄四类条码扫描器。光笔与卡槽式条码扫描器只能识读一维条码。激光条码扫描器只能识读行排式二维码（如 PDF417 码）和一维码。图像式条码识读器除可以识读常用的一维条码外，还能识读行排式和矩阵式的二维条码。

（二）应用手机开发便携式数据采集器

随着社会信息化的普及，社会生活中的众多领域都采用了条码技术，可以说条码已经无处不在。近几年，智能手机的普及催生了一个新的需求，即利用手机作为条码读取设备。手机上使用的条码读取软件系统已在智能手机 Android 系统里作为标准配置存在，进入 QQ 浏览器或微信平台后都能找到。

二维条码比一维条码具有信息量大、安全等优点，同时在标签的成本上接近一维条码；在条码识别上，不但各种专门的识别软件可以很好地完成，而且还可在手机上进行功能扩展，使用软件进行图像的识别。

手机像素满足 QR Code 条码识别的要求，虽然 QR Code 最大版本是 40，版本 40-L 最多可以表示数字数据 7 089 个字符，字母数字数据 4 296 个字符，8 位字节数据 2 953 个字符，中国汉字数据 1 817 个字符，但是作为最大符号版本 40 的使用情况很少，甚至版本 20 以上的情况在使用中就不多见，只是作为 QR 条码的允许规格存在。如果要表示大量信息的话，可以使用多个 QR Code 图形表示。现在的大多数手机，特别是智能手机都具有操作系统，这样在后面的移植过程中是相当便利的，特别是加入了对 Java 的支持。这样条码的识别就可以使用 Java 开发，充分利用 Java 自带的各种类库，在 Android 系统中利用 Java 语言，开发各种应用的 APP 模块，实现各种应用环境的手机条码识别与数据采集系统已经非常普遍。

四、电子标识（RFID）技术

RFID（radio frequency identification，射频识别）是无线电频率识别的简称，是一种非接触的自动识别技术，它通过射频信号自动识别目标对象、获取相关数据，与其他软硬件信息系统协同实施更为高层的目标对象管理。

（一）RFID 技术发展与现状

RFID 技术最早的应用可追溯到第二次世界大战中飞机的敌我目标识别，但是由于技术和成本原因，一直没有得到广泛应用。近年来，随着大规模集成电路、网络通信、信息安全等技术的发展，RFID 技术进入商业化应用阶段。由于具有高速移动物体识别、多目标识别和非接触识别等特点，因此，RFID 技术显示出了巨大的发展潜力与应用空间，被认为是 21 世纪最有发展前途的信息技术之一。

RFID 技术的发展，一方面受到应用需求的驱动，另一方面 RFID 技术的成功应用又将极大地促进应用需求的扩展。从技术角度说，RFID 技术的发展体现在若干关键技术的突破上。从应用角度来说，RFID 技术的发展目的在于不断满足日益增长的应用需求。

RFID 技术的发展得益于多项技术的综合发展，涉及的关键技术大致包括芯片技术、天线技术、无线收发技术、数据变换与编码技术、电磁传播特性。随着技术的不断进步，RFID 产品的种类将越来越丰富，应用也越来越广泛。可以预计，在未来的几年中，RFID 技术将持续保持高速发展的势头，其将会在电子标签（射频标签）、阅读器、系统种类等方面取得新进展。

由于 RFID 的主要特色在于拥有唯一识别码、非接触式读/写，即可同时读取多个卷标。但 RFID 卷标容易受金属干扰，因此含有金属或水汽的环境会对 RFID 技术产生干扰。但是，随着 RFID 技术的不断发展和应用系统的推广普及，未来 RFID 技术在性能等各方面都会有较大提高。展望未来，业内认为 RFID 技术的发展将呈现如下趋势。

（1）标签产品多样化　未来用户个性化需求较强，单一产品不能适应未来发展和市场需求。芯片频率、容量、天线、封装材料等组合形成产品系列化，与其他高科技融合，如与传感器、GPS、生物识别结合将由单一识别向多功能识别发展。

（2）系统网络化　当 RFID 系统应用普及到一定程度时，每件产品通过电子标签赋予身份标识，与互联网、电子商务结合将是必然趋势，也必将改变人们传统的生活、工作和学习方式。

（3）系统的兼容性更好　随着标准的统一，系统的兼容性将会得到更好发挥，产品替代性更强。

（4）与其他产业融合　与其他 IT 产业一样，当标准和关键技术解决和突破之后，与其他产业，如 3G、3 网等融合将形成更大的产业集群，并得到更加广泛的应用，实现跨地区、跨行业应用。

（二）RFID 工作频率与典型应用

对一个 RFID 系统来说，它的频段概念是指识别器通过天线发送、接收并识读的标签信号频率范围（图 9-4）。从应用概念来说，射频标签的工作频率也就是 RFID 系统的工作频率，直接决定系统应用的各方面特性。在 RFID 系统中，射频标签和识别器必须调制到相同频率才能工作。

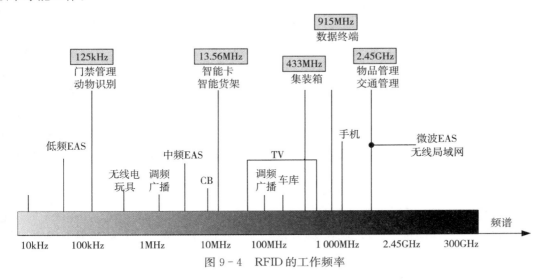

图 9-4　RFID 的工作频率

射频标签的工作频率不仅决定着 RFID 系统的工作原理（电感耦合还是电磁耦合）、识别距离，还决定着射频标签及识别器实现的难易程度和设备成本。RFID 应用占据的频段或频点在国际上有公认的划分，即位于 ISM 波段。典型的工作频率有 125kHz、133kHz、13.56MHz、27.12MHz、433MHz、902～928MHz、2.45GHz 和 5.8GHz 等。

按照工作频率的不同，RFID 标签可以分为低频（LF）、高频（HF）、超高频（UHF）和微波等不同种类。不同频段的 RFID 工作原理不同，LF 和 HF 频段 RFID 电子标签一般采用电磁耦合原理，而 UHF 及微波频段的 RFID 一般采用电磁发射原理。表 9-2 概括了各种频率下电子标签的特性。

表 9-2　概括各种频率下电子标签的特性

频率	波长	耦合方式	距离	数据速率
125～150kHz	2 400m	近场	＜0.5m	低
13.56MHz	22 m	近场	＜1m	低至中
433.93MHz（有源）	69cm	远场	＜100m	中
860～960MHz	33cm	远场	2～5m	中至高
2.45GHz	12cm	远场	1～2m	高
2.45GHz（有源）	12cm	远场	100m	高

1. 低频（工作频率为 125～134kHz）　RFID 技术首先在低频得到广泛的应用。在该频率主要通过电感耦合的方式工作，即在识别器线圈和感应器线圈间存在着变压器耦合作用。感应器天线中感应的电压被整流，可作供电电压使用，磁场区域能够很好地被定义，缺点是

场强下降得太快。

低频段射频标签，典型工作频率有 125kHz 和 133kHz。低频标签一般为无源标签，其工作能量通过电感耦合方式从阅读器耦合线圈的辐射近场中获得。低频标签与阅读器之间传送数据时，低频标签需位于阅读器天线辐射的近场区内。一般情况下低频标签的阅读距离小于 1m。除金属材料影响外，一般低频能够穿过任意材料的物品而不降低它的读取距离。低频标签的典型应用有动物识别、容器识别、工具识别和电子闭锁防盗（带有内置应答器的汽车钥匙）等。

2. 高频（工作频率为 13.56MHz）　在该频率的感应器不再需要线圈进行绕制，可以通过腐蚀或者印刷的方式制作天线。感应器一般通过负载调制的方式进行工作，也就是通过感应器上负载电阻的接通和断开促使识别器天线上的电压发生变化，实现用远距离感应器对天线电压进行振幅调制。如果人们通过数据控制负载电压的接通和断开，那么这些数据就能够从感应器传输到识别器。

高频段射频标签的典型工作频率为 13.56MHz。除金属材料外，该频率的波长可以穿过大多数的材料，但是往往会降低读取距离。感应器需要离开金属一段距离。高频段射频标签多为无源设计，工作能量是通过电感（磁）耦合方式从阅读器耦合线圈的辐射近场中获得。标签与阅读器进行数据交换时，标签必须位于阅读器天线辐射的近场区内。阅读距离一般情况下小于 1m。标签可方便地做成卡状，并广泛应用于电子车票、电子身份证、电子闭锁防盗（电子遥控门锁控制器）、小区物业管理和大厦门禁系统等。

3. 超高频（工作频率为 860～960MHz）**和微波**（工作频率为 2.4GHz 和 5.8GHz）
超高频系统通过电场来传输能量，电场的能量下降不是很快。该频段读取距离比较远，无源可达 10m 左右。主要是通过电容耦合的方式实现。该频段全球定义不尽相同：欧洲和部分亚洲定义的频率为 868MHz，北美洲定义的频段为 902～905MHz，日本建议的频段为 950～956MHz。超高频频段的电波不能通过许多材料，特别是水、灰尘和雾等悬浮颗粒物质。相对于高频的电子标签来说，该频段的电子标签不需要和金属分开。

超高频与微波频段的射频标签，简称为微波射频标签，其典型工作频率有 433.92MHz、862（902）～928MHz、2.45GHz 和 5.8GHz。微波射频标签可分为有源标签与无源标签两类。工作时，射频标签位于阅读器天线辐射场的远区场内，标签与阅读器之间的耦合方式为电磁耦合方式。阅读器天线辐射场为无源标签提供射频能量，将有源标签唤醒。相应的RFID 系统阅读距离一般大于 1m，典型情况为 4～6m，最大可达 10m 以上。阅读器天线一般均为定向天线，只有在阅读器天线定向波束范围内的射频标签可被读/写。由于阅读距离的增加，因此应用时有可能在阅读区域中同时出现多个射频标签的情况，从而提出了多标签同时读取的需求。目前，先进的 RFID 系统均将多标签识读问题作为系统的一个重要特征。超高频标签主要用于铁路车辆自动识别、集装箱识别，除此之外还可用于公路车辆识别与自动收费系统中。

不同频率的标签有不同的特点。例如，低频标签比超高频标签便宜，节省能量，穿透废金属物体力强，工作频率不受无线电频率管制约束，适合用于含水成分较高的物体，如水果等；超高频作用范围广，传送数据速度快，但是比较耗能，穿透力较弱，作业区域不能有太多干扰，适用于监测港口、仓储等物流领域的物品；高频标签属中短距识别，读写速度居中，产品价格也相对便宜，应用在电子票证一卡通上。

我国已经规划的 RFID 频段有 50～190kHz、432～434.79MHz。此外，900MHz、910MHz、910.1MHz 三个频点已广泛应用于列车车辆识别，5.72～5.85GHz 应用于不停车收费管理。今后，我国还将根据实际情况进行 RFID 频率规划。

第四节　无公害畜产品追溯数据记录

实施无公害畜产品质量溯源，主要涉及畜禽的养殖环节、屠宰加工环节及冷链运输与销售环节。每个环节不仅需要记录相应的生产主体及相关客体的数据或信息，而且还要建立不同数据之间的关联，目的是有畜产品消费者的溯源诉求或政府的监管需求时，建立的溯源数据库系统中能提供相应的数据支撑。上述需要记录的数据称之为溯源数据标准。以生猪的饲养、屠宰及流通销售为例，无公害猪肉溯源需采集的数据主要包括以下几个方面。

一、生猪养殖环节数据采集

生猪养殖环节数据采集见表 9-3 至表 9-9。

表 9-3　经营主体（生猪养殖场）类型表（NODE_TYPE）

节点编号	节点名称	备注
0 001	养殖场	
0 002	养殖小区	
0 003	散养属地（村）	

注：地域表按照 GB/T 2260—2007 产生。

表 9-4　养殖场基本信息（FARM_BASE_INFO）

属性名称	属性命名	类型定义	字段长度	是否可为空	备注
养殖场编码	FARM_ID	字符串	20	否	
养殖场名称	FARM_NAME	字符串	50		工商注册名称
工商注册登记证号	REG_ID	字符串	50		
养殖场类型	FARM_TYPE	字符串	10		
经营地址	FARM_ADDR	字符串	100		
法人代表	LEGAL_PERSON	字符串	20		
备案日期	RECORD_DATE	日期型			
通讯地址	ADDR	字符串	100		
邮政编码	POSTAL_CODE	字符串	6		
联系电话	TEL	字符串	20		
传真	FAX	字符串	20		

表9-5　生猪标识基本信息（PIG_BASE_INFO）

属性名称	属性命名	类型定义	字段长度	是否可为空	备注
生猪标识	PIG_ID	字符串	15/20	否	
养殖场标识	FARM_ID	字符串	20	否	
养殖场名称	FARM_NAME	字符串	50		工商注册名称
品种类型	BREED_TYPE	字符串	10		
生产目的	PROD_AIM	字符串	10		
生猪来源	PIG_SOURCE	字符串	10	否	自产或购入
来源标识	SOURCE_ID	字符串	20		本场为FARM_ID标识
购入日期	BUY_DATE	日期型			
生产圈号	PROD_PLOT	字符串	10		
备注	NOTE	字符串	50		

表9-6　饲料使用信息（FEED_INFO）

属性名称	属性命名	类型定义	字段长度	是否可为空	备注
生猪标识	PIG_ID	字符串	15/20	否	
饲料名称	FEED_NAME	字符串	50	否	
饲料编号	FEED_ID	字符串	20		
饲料来源	FEED_SOURCE	字符串	50		
使用日期	USE_DATE	日期型			
停用日期	CEASE_DATE	日期型			
添加剂类型	ADDTIVE_TYPE	字符串	20		
添加剂含量	ADDTIVE_WT	字符串	20		
饲喂人员	FEEDING_PERSON	字符串	20		
备注	NOTE	字符串	20		

表9-7　疫苗使用信息（VACCINE_INFO）

属性名称	属性命名	类型定义	字段长度	是否可为空	备注
生猪标识	PIG_ID	字符串	15/20	否	
疫苗名称	VACCINE_NAME	字符串	50	否	
疫苗来源	VACCINE_SOURCE	字符串	50		
疫苗批号	VACCINE_BATCH	字符串	50		
免疫方法	IMMUN_METHOD	字符串	50		
免疫时间	IMMUN_DATE	日期型			
免疫人员	IMMUN_PERSON	字符串	10		
备注	NOTE	字符串	50		

表9-8　兽药使用信息（QUARANTINE _ INFO）

属性名称	属性命名	类型定义	字段长度	是否可为空	备注
生猪标识	PIG _ ID	字符串	15/20	否	
兽药名称	DRUG _ NAME	字符串	20	否	
使用计量	DRUG _ DOSAGE	字符串	50		
使用方法	DRUG _ USE _ METHOD	字符串	20		
使用日期	DRUG _ USE _ DATE	字符串	20		
停药日期	DRUG _ CEASE _ ID	字符串	20		
用药人员	DRUG _ USE _ PERSON	字符串	20		
备注	NOTE	字符串	50		

表9-9　监督监测信息（SUPERVISE _ INFO）

属性名称	属性命名	类型定义	字段长度	是否可为空	备注
生猪标识	PIG _ ID	字符串	15/20	否	
检验编码	CHECH _ ID	字符串	20		
检验项目	CHECH _ ITEM	字符串	30	否	
检验方法	CHECH _ METHOD	字符串	20		
检验结果	CHECH _ RESULT	字符串	10	否	
检验日期	CHECK _ DATE	日期	20		
检验单位	CHECK _ UNIT	字符串	50		
检验人员	CHECH _ PERSON	字符串	20		
备注	NOTE	字符串	50		

如：瘦肉精及其具体类型的检验、检验方法、检验结果、抽检数量、日期和检查员等。如为销售前产地检疫，检验结果需采集产地检疫的证章编码及检疫生猪数量。

二、生猪屠宰与流通环节数据采集

生猪屠宰与流通环节数据采集见表9-10至表9-15。

表9-10　节点类型（NODE _ TYPE）

节点编号	节点名称	备注
0001	屠宰厂	
0002	批发市场	
0003	零售市场	
0004	超市	
0005	其他	包括大中型企业、学校、酒店、加工厂等

注：地域表按照 GB/T 2260—2007 产生。

表 9-11　流通节点基本信息（BASE_NODE_INFO）

属性名称	属性命名	类型定义	字段长度	是否可为空	备注
企业编码	COMP_ID	字符串	20	否	
企业名称	COMP_NAME	字符串	50		
工商注册登记证号	REG_ID	字符串	50		
节点类型	NODE_TYPE	整型	4		参考节点类型表数据字典
所属地区	AREA	字符串	20		参考地区表数据字典
备案日期	RECORD_DATE	日期型			
法人代表	LEGAL_REPRESENT	字符串	20		
经营地址	ADDR	字符串	100		
联系电话	TEL	字符串	20		
传真	FAX	字符串	20		

表 9-12　屠宰厂基本信息（BUSINESS_BASE_INFO）

属性名称	属性命名	类型定义	字段长度	是否可为空	备注
备案节点企业编码	RECORD_NODE_ID	字符串	50		引用流通节点基本信息表编码
备案节点企业名称	RECORD_NODE_NAME	字符串	50		
经营者编码	ID	字符串	20	否	
经营者名称	NAME	字符串	50		
工商注册登记证号或身份证号	REG_ID	字符串	50		
经营者性质	PROPERTY	字符串	20		
经营类型	BUSINESS_TYPE	整型	4		
备案日期	RECORD_DATE	日期型			
法人代表	LEGAL_REPRESENT	字符串	20		
手机号码	TEL	字符串	20		
信息更新日期	INFO_UPDATE_DATE	日期型			

表 9-13　屠宰厂生猪进厂信息（ANIMAL_IN_INFO）

属性名称	属性命名	类型定义	字段长度	是否可为空	备注
屠宰厂编码	BUTCHER_FAC_ID	字符串	20		
屠宰厂名称	BUTCHER_FAC_NAME	字符串	50		
进厂日期	IN_DATE	日期型			
货主编码	SELLER_ID	字符串	50		

（续）

属性名称	属性命名	类型定义	字段长度	是否可为空	备注
货主名称	SELLER _ NAME	字符串	50		
生猪产地检疫证号	QUARANTINE _ ID	字符串	20		
检疫证进场数量	QUARANTINE _ NUM	字符串	30		
采购价	PRICE	数值型			
实际进场数量及重量	AMOUNT	数值型			
途亡数量	DEAD _ NUM	数值型			
检疫结果	RESULT	字符串	50		
产地编码	AREA _ ORIGIN _ ID	字符串	20		
产地名称	AREA _ ORIGIN _ NAME	字符串	20		参考地区表数据字典
养殖场名称	FARM _ NAME	字符串	20		
运输车牌号	TRANSPORTER _ ID	字符串	20		

表 9 - 14　屠宰厂检疫检验信息（QUARANTINE _ INFO）

属性名称	属性命名	类型定义	字段长度	是否可为空	备注
屠宰厂编码	BUTCHER _ FAC _ ID	字符串	20		
屠宰厂名称	BUTCHER _ FAC _ NAME	字符串	50		
货主编码	SELLER _ ID	字符串	20		
货主名称	SELLER _ NAME	字符串	20		
生猪产地检疫证号	QUARANTINE _ ID	字符串	20		
头数	NUM	数值型			
采样头数	SAMPLE _ NUM	数值型			
采样样品编号	SAMPLE _ ID	字符串	20		
检验员	DETECTOR	字符串	20		
抽检日期	DATE	日期型			
阳性头数	POSITIVE _ NUM	数值型			
动物产品检疫合格证号	QUARANTINE _ ANIMAL _ PRODUCTS _ ID	字符串	20		
肉品品质检验合格证号	INSPECTION _ MEAT _ ID	字符串	20		

表 9 – 15　肉品交易基本信息（MEAT _ OUT _ INFO _ BASE）

属性名称	属性命名	类型定义	字段长度 是否可为空	备注
屠宰厂编码	BUTCHER _ FAC _ ID	字符串	20	
屠宰厂名称	BUTCHER _ FAC _ NAME	字符串	50	
交易日期	TRANSANTION _ DATE	日期	50	
货主编码	SELLER _ ID	字符串	20	
货主名称	SELLER _ NAME	字符串	50	
买主编码	BUYER _ ID	字符串	20	
买主名称	BUYER _ NAME	字符串	50	
到达地	DEST	字符串	20	参考地区表数据字典
交易凭证号	TRAN _ ID	字符串	20	

其他无公害畜禽产品溯源时需要采集的数据可参考本书第四章、第五章、第六章和第七章的相关规定。

第五节　畜产品质量追溯案例分析

建立质量溯源系统，实施无公害畜产品质量溯源，不仅是满足消费者的知情权与选择权、满足政府监管的重要技术手段，更是维护公共卫生、维护消费者权益的重要举措，这也是国际上国与国或国与地区之间通过法规、技术与资金的优势形成贸易壁垒的策略。例如，2002 年欧盟出台了（EC）No. 178/2002 号法规，规定从 2005 年 1 月 1 日起，凡是在欧盟国家销售的食品必须具备可追溯性，否则不允许上市销售，不具备可追溯性的食品禁止进口。包括我国在内的许多国家通过现代信息技术，包括标识技术、移动数据采集技术及物联网技术，在遵循相关国际标准及本国法律法规的前提下，构建了具有不同特点的畜禽产品质量追溯体系或系统。本节将分别介绍欧盟国家——法国猪只标识与溯源体系方案和山东省亿利源清真肉类有限公司的牛肉溯源解决方案。

一、法国猪只标识与溯源体系建设

（一）关于识别的立法

20 世纪 60 年代，法国提出了有关牲畜养殖及识别的全国性法规。这为牲畜疾病防治、监控和消除计划的立法提供了依据。随后，其他国家的规定也相应实施，欧盟法令也开始生效。这些都促进了法国乃至欧盟畜牧业观念的更新及技术的改变。以养猪为例，介绍其主要内容。

1. 对饲养场作出明确定义　如使用猪场地理分布比猪场拥有权进行分析更有效。根据法规规定，饲养场是饲养猪的地点，猪场管理人员不可在饲养场居住。

2. 猪场和猪只的识别　猪场和猪只通过两个特定标识（即号码）进行官方标记：

——猪场标识号码（8 位或 10 位字符）。FR 表示法国，然后是标记下一级别的行政区（省及省内各行政区）的序列号，这些号码后面是分配给该区内每个农场的唯一号码。

——标记号码，第二个号码是由猪只携带的（耳签或纹身），有 5 位或 7 位字符，包含省编码及组合字符和数字的标识符号。

在每个省都有一个官方机构负责分配猪场的官方识别号码。在牲畜分布密集区，目前正在研究通过地理信息系统（GIS）技术来记录猪场精确地点的可能性。

3. 母猪和公猪的识别 对母猪及公猪的标记由养殖场来完成。在哺乳阶段，纹身印于仔猪右耳上，纹身由"标记号码"及牧场内连续的个体编码组成（图9-5）。之后为了提高可读性，将猪只个体号码印于耳标上。在商业牧场中，由于只生产自己使用的种猪，并且不出售任何用于繁育的公猪或母猪，所以在这种猪场中的母猪和公猪不进行强制性标记，直到将动物送去屠宰场屠宰。

4. 场间猪只转移情况标记 按照惯例，如果猪只没有正确标识，则不可以在场际间移动。所有仔猪在离开猪群前必须被标记。如果仔猪在到达育肥场前转移两次，并且在每个场中饲养天数超过10d，那么两个猪场的号码都要印于猪耳标上。

5. 屠宰猪的识别 所有从农场送往屠宰场的猪必须配有来源农场的编号，这个号码贴在猪肩后部（与纹身相似）。

目前在法国，纹身及耳标是猪只标记最常用的方法，电子标识则主要应用于采用自动饲喂系统的牧场中。当母猪被选出及猪只生长期结束进入育肥期后，就利用纹身类方法标记这些猪。

（二）从标记到可追溯

1. 农场管理 在法国，目前使用最广泛的猪场养殖系统是分娩-育肥生产系统。在该系统内，猪在屠宰前一直饲养在同一地点，约70%的屠宰猪来自于这种分娩-育肥场。一般来说，猪场是家庭所有和管理的（平均150头母猪）。应用较广泛的是将一部分育肥猪饲养在另外的分娩-育肥场。无论哪个系统，每头猪的移动，在场间或由牧场到屠宰场都要进行系统化的标记（图9-5）。

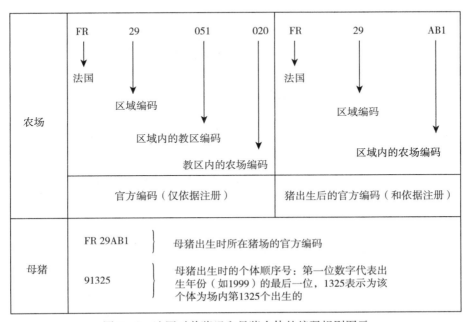

图9-5 法国对养猪场和母猪个体的编码规则图示

猪只相关的官方资料也将随着猪只的转移而转移。猪场建立登记册并记录转移情况，包括饲养场数、猪只头数、运输日期等。在法国西部，布列塔尼使用了计算机信息系统，每天记录该地区所有与猪只移动有关的信息。这个系统包括了猪饲养协会和国家兽医局等组织信息。为了达到质量可追溯的要求，农民必须记录饲养和管理的全部信息，即养殖档案信息。特殊情况下，如在断奶、生长和育肥阶段，必须对可能发生的人工干预或处理的猪只进行标记，以便在送往屠宰场时被识别。

2. 从生猪到猪肉 当猪只被送到屠宰车间后，计算机系统记录并处理该猪只的相应信息，特别是猪只的饲养场号码及任何特别事件或人为干涉事件。后者的信息及时应用于宰杀前的兽医检测中。在屠宰场，根据编码将猪只存放于待宰栏中，避免不同饲养场的猪只混群。猪在脱毛后的整个屠宰流程中，从胴体上可以清晰读出猪右肩上的猪场代码标记。在此可以对养殖场的标记效果进行检测。

用于屠宰流水线上的胴体标记方法有两种：一种是脱毛后将唯一的屠宰号码印于猪胴体上，一般位于两只后腿或胴体背面两侧。在可追溯系统中，这一步是很重要的，它能将猪场和随后的加工流程联系起来。以前没有给单个胴体编号的官方编码系统，但屠宰加工公司都会根据惯例使用标准化编码，编码可以表示出一年中的第几天（1～365d）及这头猪在当天屠宰猪中的顺序号（1 到 n）。另一种是当要强调猪只的最后育肥场时，除屠宰号码外，猪饲养场的号码同样要印在猪胴体上。例如，胴体的四个主要部分（后背、后腿、前肩、腹部处印有四个标记）。在胴体兽医检测中，官方印记标在胴体的主要部分（大部分情况印标签），以表明是 EU 所认可委托的屠宰场。

在不同屠宰链的连续流程中，如胴体标记（屠宰号码）、兽医检测、胴体去脂处理和胴体称重等，采集所有信息并用计算机处理，使之可自动互相对应。在屠宰后将发布正式屠宰公告，为农民提供关于屠宰号码、胴体重、瘦肉率及兽医检测结果方面的信息。一个独立的机构负责胴体称重、去脂处理、猪场标记质量检测及发布公告等工作。以前，生产零售商要求追溯同类终端产品是有难度的。然而，系统化的标记、唯一的编码及计算机（网络）的应用使可追溯成为可能。胴体及随后的主要分割部分，将根据自身特点（重量、瘦肉/肥肉率）及顾客的特殊要求进行机械分割。法国规定对成批的胴体，按品种进行分类，同一品种的胴体屠宰号码也被记录下来。根据猪肉的生产阶段及公司要求，猪场标记将印于猪胴体皮肤及包装袋上。如果没有标记，也可将生产批号印于包装袋上。计算机都能很方便地识别出来源猪场，首先通过批号，然后通过屠宰号码来识别。

在用大批量同质胴体或胴体部分生产的各种大批次终端产品的情况下，系统将提供各个来源场的清单。因为同一批次产品中所有的猪只来自于同一猪场的情形发生较少。目前，该系统对于鲜肉生产的可追溯效果较好，正在进一步为其他不同胴体来源的猪肉混合加工产品（如香肠、肉酱）开发标记和可追溯系统。

二、山东省亿利源清真肉类有限公司的牛肉溯源解决方案

亿利源清真肉类有限公司的牛肉溯源系统是在山东省 2013 年企业自主创新项目的资助下，联合中国农业科学院北京畜牧兽医研究所共同开发与运行的。该系统是在遵循《畜禽标识和养殖档案管理办法》的前提下，充分与近年来迅速发展的 RFID 技术、APP 技术、二维码技术与移动互联技术相结合，形成牛只养殖数据的桌面批量采集与移动数据采集、质量溯源移动查询相结合的新一代的牛肉产品的溯源解决方案。

（一）不同环节溯源数据采集的项目设计

为实现牛肉质量安全可追溯，该系统设计了以牛只个体信息数据采集为基础的多种数据表结构即数据标准。在养殖和屠宰环节需要采集如下数据信息。

在养殖环节中，肉牛基本信息表主要包括牛号、场名、品种、出生日期、入群日期、入栏体重、出栏日期、出栏体重、责任兽医等字段；牧场主基本信息表主要包括牧场主、牧场编号、牧场规模、牧场概况、牧场地址、饲养方式等字段。此外，还包括饲料信息、免疫信息、疫病信息等数据表。

在屠宰环节中，肉牛屠宰信息表主要包括牛号、胴体号、屠宰日期、检疫员、检疫信息等字段；屠宰厂基本信息表主要包括屠宰厂名称、屠宰厂编号、屠宰厂地址、负责人、联系方式、官方兽医等字段。此外，还包括待宰信息、胴体信息、销售信息等数据表。

（二）肉牛个体标识的编码规则设计

由于牛肉质量安全可追溯系统建立在牛只个体身份识别基础之上，因此建立牛肉质量安全可追溯体系，实现牛肉产品从源头到餐桌的跟踪及可追溯，需要按照一定的编码规则，通过标识技术将牛肉生产过程中的物质流与信息流建立严格准确的关联。我国肉牛生产跨省份流动性较大，对建立我国牛肉质量可追溯体系有巨大的挑战。国际上动物识别代码总共由 64 位组成，对不同的代码位有具体的规定。我国农业部发布的第 67 号令，对牛的编码规则定义为 15 位数字，第 1 位为动物种类：2 代表牛；第 2 到 7 位为养殖场所在地的县市行政区划代码，最后 8 位为指定的县市内相同类别动物个体的顺序号。

在本系统中，应用的肉牛个体编码既考虑了与农业部第 67 号令的兼容性，又对后 8 位的编码赋予了新的定义（图 9-6），其中前 2 位为养殖场代码，后 6 位为年份及序号。该方法的优点在于纳入了养殖场编码，耳标在佩戴前由耳标生产者一次性编码印制成型，无需养殖场写入耳标的编码信息，不会出现耳标重复问题。

图 9-6　肉牛个体编码规则设计

目前在国内外有些养殖场也有这样处理的，就是按国际动物编码规则（ICAR）或者某一编码规则，事先产生统一的 15 位编码，编码是唯一的，但编码没有定义其含义，由专业的制标公司事先打入耳标上或写入电子芯片如 RFID 的内存中，养殖场购入后按照一定的顺序给牛只佩带，并将牛只信息、耳标号及养殖场的信息录入计算机；养殖场及畜牧兽医主管部门均没有编码的主动权，牛只进入屠宰厂后，只有借助于计算机数据的管理才能查阅其来源。该处理方法的优点是耳标在佩戴前由生产者一次性编码、印制成型，无需养殖场再写入耳标的编码信息，不会出现耳标重复的问题。

（三）肉牛屠宰分割产品的编码设计

目前我国大多数生猪在屠宰厂屠宰后，主要中间产品为二分胴体，头、腿及内脏等其他部分直接在屠宰厂进行分割处理，很难做到一头猪的副产品单独出厂，对这类型的产品溯源是相当困难的。能做到溯源的就是对分割后的胴体产品进行溯源。每片胴体的编码与生猪的个体号做到了严格对应，而胴体进入终端销售站（点）后，对胴体分割后每个产品的溯源码就是胴体的编码，这样就实现了终端产品与生猪个体的关联。但是，在目前绝大多数具有一定规模的肉牛屠宰厂，肉牛屠宰后直接进行精细分割及产品包装，而且分割得越细致，产品越多样化，加工升值的空间就越大，这就要求屠宰后产品的标识必须一步到位。根据牛肉产品的最终走向，即产品是否进入国际市场，应采取不同的编码规则。

1. 进入国际市场的产品溯源编码规则设计　按国际上牛肉产品的通行编码规则即 EAN·UCC128，对进入国际物流体系的产品进行编码。例如，图 9-7 为亿利源牛业溯源系统采用的牛肉产品溯源的外包装产品的溯源码。该编码规则由 32 位数字组成，不同部位上的数字及其组合分别定义了不同的含义。例如，6 位厂商识别代码（"693922"）是生产产品的企业必须取得 EAN 国际组织的资格而获得的厂商编码。

图 9-7　牛肉物流产品的 EAN·UCC128 的编码规则定义
A. 编码形式　B. 编码规则定义

2. 国内销售的牛肉分割产品的溯源码即标识码设计　该编码的主要目的是要便于对产品进行溯源。编码既要体现出屠宰厂责任主体、不同生产日期的不同生产批次，也需要反映分割产品的部位等。因此，本系统将溯源码编码设计为屠宰厂所属县市的行政代码 6 位、屠宰厂编码 2 位；生产批次即指定日期的不同屠宰批次，年月日用 6 位表示，不同批次用 2 位表示，例如，"14050603" 代表 2014 年 5 月 6 日的第 3 批次；接着为分割的产品类型即不同分割部位的产品，用 2 位表示，牛肉的分割产品可以多达 60 种以上，对分割产品的 2 位定义由各个屠宰厂自行定义，不作统一要求；最后 4 位代表同一屠宰厂、同一批次的相同分割产品的顺序号。因此，分割产品的编码即终端产品的溯源码由 22 位数字组成（图 9-8）。

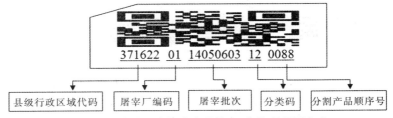

| 县级行政区域代码 | 屠宰厂编码 | 屠宰批次 | 分类码 | 分割产品顺序号 |

图9-8　内销牛肉物流产品的22位编码规则定义

在图9-8所示的溯源编码方案中，主要有两个编码需要在形成编码前定义好。一是在同一县市不同的屠宰厂需要有主管部门进行统一编号，即屠宰厂编码。本规则设定为2位，意味着最大的屠宰企业数量为99，一般能满足数量范围要求。二是分割产品的分类码。不同的屠宰厂生产不同类型的分割产品，一般由屠宰厂自行定义。阳信亿利源清真肉类有限公司生产的分割牛肉产品分类见表9-16。

表9-16　阳信亿利源牛肉分割产品种类及代码表

分类码	产品名称	分类码	产品名称	分类码	产品名称	分类码	产品名称
01	上脑	14	A外脊	27	臀肉	40	罗肌肉
02	眼肉	15	美式小排	28	金钱展	41	牛尾
03	外脊	16	美式肥牛	29	小黄瓜条	42	牛舌
04	美式眼肉	17	去骨牛小排	30	辣椒条	43	牛肾
05	T骨	18	F外脊	31	肥牛1号	44	牛鞭
06	A里脊	19	S上脑	32	肥牛2号	45	牛宝
07	AA里脊	20	S眼肉	33	肥牛3号	46	撒撒米
08	AAA里脊	21	S外脊	34	肥牛4号	47	萨拉伯尔
09	里脊头	22	S腹肉	35	腹肉条	48	三角肉
10	板腱	23	牛展	36	腹肉肥牛	49	B带骨腹肉
11	A板腱	24	黄瓜条	37	上脑边	50	贝肉
12	A上脑	25	米龙	38	腱子芯		
13	A眼肉	26	霖肉	39	窝骨		

"分割产品顺序号"是指当天具有相同的"分类码"产品的顺序号，即前18位完全相同的产品，在系统内如果有新的包装产品需要标识，系统会自动在已有最大顺序号的基础上加1，形成新的产品的包装溯源码。如果生产的所有产品都产生了溯源码，那么通过不同分类

产品的最大顺序号，就能获得该类产品当天的生产数量。

（四）溯源系统的主要功能设计

牛肉质量可追溯系统主要包括三个：养殖、屠宰、销售。在养殖环节中，主要包括牛只入栏记录、牛只出栏记录、牧场主信息、检疫员信息、供货商信息、饲料管理、疫苗管理、兽药管理、饲料添加剂休药期预警、兽药休药期预警、在群牛信息、出栏牛信息、在群牛统计、出栏牛统计等功能模块。在屠宰环节中，主要包括待宰信息、屠宰信息、屠宰厂信息、检疫员信息、检疫信息、销售信息、屠宰统计等功能模块。在销售环节中，主要包括购入信息、检疫信息、胴体分割信息、标签打印信息等功能模块（图9-9）。

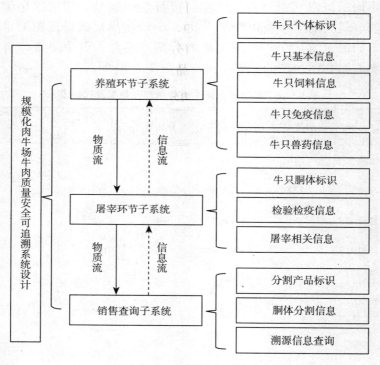

图9-9 系统功能框架图

（五）系统开发软、硬件环境及相关技术选用

本系统选用的服务器操作平台为 Windows Server 2008，数据库操作系统为 Microsoft SQL Server 2008，系统开发采用 Microsoft 的 .Net 技术，对统计分析数据的图形化处理采用 FusionCharts 技术。销售查询环节采用基于 Android 系统的 Java 语言开发，以及 SQL Lite 小型数据库。

（六）系统实施效果

1. 实现对养殖环节肉牛个体信息采集与管理 养殖环节主要记录牛只进入养殖场后，耳标佩带记录、饲料使用记录、疫苗使用记录、兽药使用记录，以及牛只的入栏、出栏记录等。信息涵盖肉牛的整个生命周期，实现对肉牛个体进行标识、管理与可追溯。如何确保养殖信息如实地采集并上传到服务器中，是养殖环节系统设计的重要目标。

饲料记录主要记录牛只养殖过程中使用饲料信息。其中，每种饲料分别对应使用的饲料添加剂及饲料来源等信息。当牛只准备出栏时，按照饲料中添加剂的休药期规定，进行相应的饲料使用，实现牛只安全出栏；若使用的饲料有问题，也可以根据记录的信息追溯到饲料的生产厂家，保证饲料源头安全可靠。

免疫记录主要记录牛只饲养过程中按国家有关规定进行疫苗免疫的信息。其中，根据疫苗名称，可以追溯疫苗的批次、来源等详细信息。

兽药记录主要记录牛只在养殖过程中使用兽药的信息。其中，根据使用兽药名称及使用日期，通过系统提供的兽药休药期表，预判出牛只的安全出栏日期，形成有效的预警机制。

2. 实现胴体在线生产与标签打印　肉牛胴体号是肉牛屠宰环节的核心和基础，每个胴体号都对应唯一的肉牛屠宰记录，同时也对应着唯一的牛只耳标号，实现牛只耳标号与胴体号的转换。本系统中胴体号由 20 位数字组成，其中第 1～6 位为屠宰厂所在区县行政代码，第 7～8 位为屠宰厂代码，第 9～14 位为屠宰当天日期。例如，"140827"表示屠宰日期为 2014 年 8 月 27 日；第 15～16 位为当前屠宰牛只的产品部位编码，第 17～20 位为当前部位的分割顺序号。

在胴体标签上，本系统选用了一维条形码和二维码两种方式，标签选用的材质具有耐用、易识别等优点，能很好地适应屠宰厂的恶劣环境，为数据的顺利读取提供了保证。

牛肉分割标签根据各个厂家的不同而略有差异。本系统主要设计了上脑、眼肉等 50 种分割部位标签，可选用专业级的 ZEBRA 打印机进行标签打印。用户只需点击其中的某一部位按钮，系统将自动生成相应的胴体编码，由打印机自动打出胴体标签。

3. 实现销售环节的数据可查询　保证消费者购买牛肉商品的知情权，确保牛肉产品的质量安全，是牛肉质量安全溯源体系建立的根本目的。如何将养殖和屠宰环节信息如实地展示给用户，是销售查询环节设计的重点。本系统提供了多种查询方式，包括网络查询、超市查询机查询、手机查询、短信查询等。除了以上传统意义的查询方式以外，本系统专门开发了基于 Android 手机扫描二维码的移动互联查询模式。消费者只需扫描在商品标签上的二维码，即可查询到所购买商品的详细信息。此外，还在移动手机端上开发了溯源查询的 APP 系统，只要在智能手机端的 QQ 浏览器内，扫描所示二维码，就能下载 APK 文件，释放后就可安装 APP 文件，用来扫描查询溯源二维码所反映的产品质量信息；甚至在 WIFI 环境或有 3G/4G 的无线网下，可流畅观看有关养殖或屠宰的现场视频。

第十章　畜禽养殖和屠宰废弃物无害化处理与利用

无害化处理是指利用物理、化学等方法处理畜禽养殖废弃物和病死畜禽及其产品，消灭其所携带的病原菌、寄生虫、杂草种子等，消除其危害的过程。畜禽养殖废弃物是指畜禽养殖过程中产生的废弃物，包括粪、尿、垫料、冲洗水、畜禽尸体、饲料残渣和臭气等。由于畜禽养殖废弃物无害化处理、病死畜禽无害化处理和畜禽屠宰废弃物无害化处理差异较大。因此本章将分三节分别介绍。

第一节　畜禽养殖废弃物无害化处理与利用

根据《第一次全国污染源普查公报》，2007年我国畜禽养殖业排放化学需氧量（COD）1 268.26万 t、总氮（TN）102.48 万 t、总磷（TP）16.04 万 t，分别占农业排放总量的95.8%、37.9%和56.3%，占全国 COD 排放总量的41.9%、总氮排放总量的21.7%和总磷排放总量的37.9%。畜禽养殖业成为超过工业的重要污染源，养殖废弃物的有效处理和利用成为规模化畜禽养殖面临的首要难题。为了防治畜禽养殖污染，推进畜禽养殖废弃物的无害化处理和综合利用，保护和改善生态环境，促进畜牧业持续健康发展，国务院于 2013 年 11 月发布了《畜禽规模养殖污染防治条例》（国务院令第 643 号）。2015 年 4 月国务院印发的《水污染防治行动计划》，针对畜禽养殖污染防治，提出了污染减排和处理的具体措施，主要包括：科学划定畜禽养殖禁养区，2017 年底前依法关闭或搬迁禁养区内的畜禽养殖场（小区）和养殖专业户，要求京津冀、长三角、珠三角等区域提前一年完成；现有规模化畜禽养殖场（小区）要根据污染防治需要，配套建设粪便污水储存、处理、利用设施。散养密集区要实行畜禽粪便污水分户收集、集中处理利用；自 2016 年起，新建、改建、扩建规模化畜禽养殖场（小区）要实施雨污分流、粪便污水资源化利用。畜禽养殖废弃物的有效处理和利用工作变得更加紧迫。

一、畜禽养殖废弃物

畜禽养殖废弃物包括固体废弃物（固体粪便、垫料等）、液体废弃物（尿液、冲洗污水）和气体污染物（畜禽粪尿、毛皮、饲料等含蛋白质物质厌氧分解产生的氨气、二甲基硫醚、三甲胺和硫化氢等臭味气体）等。通常，人们讲的畜禽养殖废弃物主要指固体粪便和由部分固体粪便和尿液，以及冲洗水组成的养殖污水。

（一）畜禽养殖废弃物的产生及其特性

畜禽养殖废弃物的产生量及其特性受畜禽养殖数量、畜禽种类、养殖方式、生产工艺、管理水平和气候条件等因素的影响。畜禽固体粪便和尿液排泄量因畜禽种类不同而有很大差别，另外，饲养管理水平、气候、季节等因素会对粪尿排泄量产生一定的影响。在目前生产条件下，不同畜禽粪尿排泄量估算值见表 10-1。

表 10-1 不同畜禽粪尿日排泄量估算值

项目	单位	牛	猪	鸡	鸭
固体粪便	kg/（只·d）	20.0	2.0	0.12	0.13
	kg/（只·a）	7 300.0	398.0	25.2	27.3
尿液	kg/（只·d）	10.0	3.3	—	—
	kg/（只·a）	3 650.0	656.7	—	—
饲养周期	d	365	199	210	210

注：a 表示饲养周期，d 表示饲养天数。
资料来源：《畜禽养殖业污染治理工程技术规范》（HJ 497—2009）。

固体废弃物的产生受畜禽种类、饲养管理等因素影响。不同畜禽养殖固体废弃物产生量及其 COD、氨氮（NH_3-N）、TP、TN 和总固体物（TS）含量估算值见表 10-2。

表 10-2 畜禽养殖固体废弃物产生量及其特性

畜禽种类	日排泄量（kg/头）	COD（mg/kg）	NH_3-N（mg/kg）	TP（mg/kg）	TN（mg/kg）	TS（%）
猪	1.0～3.0	67 000	5 200	4 300	11 000	10～15
奶牛	20～30	34 000	3 500	1 400	4 400	20
肉牛	15～20					
蛋鸡	0.08～0.15	45 000	4 800	4 400	10 000	25
肉鸡	0.02～0.10					

资料来源：《规模畜禽养殖场污染防治最佳可行技术指南（试行）》（HJ-BAT-10）。

畜禽养殖场污水中的污染物浓度因畜禽种类、饲养管理水平、气候、季节等不同会有很大差异。生产实践中，畜禽养殖场污水中的污染物浓度和 pH 可参考表 10-3。

表 10-3 畜禽养殖场污水中的污染物质量浓度和 pH

单位：mg/L（pH 除外）

畜禽品种	清粪方式	COD_{cr}	NH_3-N	TN	TP	pH
猪	水冲粪	$1.56×10^4$～$4.68×10^4$ 平均 21 600	$1.27×10^2$～$1.78×10^3$ 平均 590	$1.41×10^2$～$1.97×10^3$ 平均 805	$3.21×10$～$2.93×10^2$ 平均 127	
	干清粪	$2.51×10^3$～$2.77×10^3$ 平均 2 640	$2.34×10^2$～$2.88×10^3$ 平均 261	$3.17×10^2$～$4.23×10^2$ 平均 370	$3.47×10$～$5.24×10$ 平均 43.5	6.3～7.5
肉牛	干清粪	$8.87×10^2$	$2.21×10$	$4.11×10$	5.33	7.1～7.5
奶牛	干清粪	$9.18×10^2$～$1.05×10^3$ 平均 983	$4.16×10$～$6.04×10$ 平均 51	$5.74×10$～$7.82×10$ 平均 67.8	$1.63×10$～$2.04×10$ 平均 18.6	
蛋鸡	水冲粪	$2.74×10^3$～$1.05×10^4$ 平均 6 060	$7.1×10$～$6.01×10^2$ 平均 261	$9.75×10$～$7.48×10^2$ 平均 342	$1.32×10$～$5.94×10$ 平均 31.4	6.5～8.5
鸭	干清粪	$2.7×10$	1.85	4.70	$1.39×10^{-1}$	7.39

资料来源：《畜禽养殖业污染治理工程技术规范》（HJ 497—2009）。

（二）畜禽养殖废弃物的环境风险

畜禽养殖废弃物中含有丰富的有机质、氮、磷等成分，经过适当处理后可转变成农作物生产所需要的有机肥料，进行资源化利用。如果处理或利用不当，养殖废弃物随意堆（排）放，将对周围环境具有极大的潜在威胁。规模化养殖场由于废弃物产生相对集中，其环境污染风险尤其突出。

1. 水体污染风险 畜禽养殖废弃物的水体污染风险存在于储存、处理和利用各个环节，粪便或养殖污水通过渗漏、地表径流、雨水冲刷或土壤侵蚀等形式进入地表或地下水体后，其中的氮、磷使水体养分浓度增加，水生植物和藻类增生，大量消耗水中的溶解氧，致使水体缺氧或处于厌氧状态。当水体处于厌氧状态时，还将产生胺和硫化物，使水的浊度、臭味特性发生变化并产生臭气和甲烷等温室气体，从而使水体失去饮用、垂钓及其他功能。

2. 土壤污染风险 畜禽养殖废弃物对土壤的污染风险主要源自长期过量施用，畜禽废弃物中的养分（如氮、磷、钾）、药物残留和重金属等在土壤中累积，导致农作物中重金属或其他微量元素超标。铜、锌等金属影响作物的生长，造成发育障碍和作物减产；含锌污水灌溉农田，对农作物特别是小麦的生长产生较大影响，造成小麦出苗不齐、分蘖少、植株矮小、叶片萎黄；镉等重金属对作物产量没有明显影响，但能聚积在作物的可食用部位，进而直接危害人体健康。

3. 大气污染风险 畜禽养殖废弃物的大气污染风险存在于其储存、处理和利用各个环节，畜禽粪便和污水中氨氮物质矿化水解成氨气或铵化合物，20%的氮在储存过程中以氨气形式挥发、小部分氮转化成氧化亚氮，20%的氮在施用过程中以氨气挥发。另外，在畜禽粪便和养殖污水在储存和处理过程中，还会产生硫化氢、甲硫醇、甲硫醚、二甲二硫醚、丙酸、丁酸和戊酸等臭气物质，污染大气环境。

4. 生物安全风险 畜禽养殖废弃物中可能会含有大肠埃希氏菌（O157∶H7）、沙门氏菌等细菌，小核糖核酸病毒（如引起口蹄疫、禽脑脊髓炎、猪水疱病等的病毒）、细小病毒、腺病毒等病毒，以及隐孢子虫、贾第鞭毛虫和片吸虫等寄生虫。尽管许多微生物在离开动物体后迅速死亡，但部分微生物在适宜条件下仍能存活，在土壤中的存活时间更长。隐孢子虫普遍存在于畜禽养殖废弃物污染的地表水体，即使经过过滤和消毒处理后仍有部分能够存活，主要引发人的胃肠道疾病，甚至使感染者的免疫功能下降；地表水中另一种常见的肠道寄生虫是贾第鞭毛虫，可能引发持续性腹泻等症状，对小孩、老人则具有生命危险；畜禽废弃物中的肠道病毒有100多种，对人类均有致病性，引发胃肠道和呼吸系统疾病，甚至导致死亡。

因此，必须针对畜禽养殖废弃物的特点，采取适当的技术和方法，对其进行无害化处理和利用，确保畜牧业的可持续发展和生态环境安全。

二、畜禽养殖废弃物处理原则和总体要求

1. 基本原则 畜禽养殖废弃物处理应遵循减量化、资源化和无害化原则，以综合利用为出发点，提高利用率。

（1）减量化原则 畜禽养殖场可通过优化饲料配方，提高饲养技术和管理水平、改善畜禽舍结构和通风供暖等措施提高饲料利用效率，减少氮、磷等的排泄量；也可通过饲养工艺及相关技术设备的改进和完善，减少冲洗用水量和养殖污水产生总量。

（2）资源化原则　养殖废弃物中含有大量的氮、磷等养分，经过适当处理后可生产土壤改良剂或农作物生长所需要的有机肥料，通过种养结合同步实现养殖污染防治和废弃物资源化利用。

（3）无害化原则　养殖废弃物中含有多种微生物，其中不乏病原微生物，甚至人畜共患病原微生物，如果不进行有效处理，将对动物和人类健康具有极大的威胁。养殖废弃物无害化处理是确保生物安全的必要措施。

2. 总体要求

（1）畜禽养殖废弃物处理设施的建设用地符合当地总体规划，与当地客观实际相符合，正确处理集中与分散、处理与利用、近期与远期的关系。

（2）畜禽养殖废弃物处理工程的设计依据是养殖场的固体粪便和污水产生量，以及畜禽粪便和污水特性参数值。有条件的畜禽养殖场可以对固体粪便和污水产生量，以及粪便和污水的特性参数值进行测定，或参照相似工程经验，或参考当地类似养殖场废弃物处理工程设计参数，也可参考表 10-1、表 10-2 和表 10-3 的数值。

（3）畜禽养殖场　应当根据养殖规模和污染防治需要，建设相应的畜禽粪便和污水与雨水分流设施，畜禽粪便和污水的储存设施，厌氧消化、堆肥处理、有机肥加工、沼渣沼液分离和输送、污水处理、畜禽尸体处理等综合利用和无害化处理设施。按照建设项目环境保护法律法规的规定，进行环境影响评价，实施"三同时"制度，即废弃物无害化处理设施应当与主体工程同时设计、同时施工、同时投产使用。未建设污染防治配套设施、自行建设的配套设施不合格、或者未委托他人对畜禽养殖废弃物进行综合利用和无害化处理的畜禽养殖场不得投入生产或者使用。

（4）畜禽养殖废弃物必须经过无害化处理后方可进行资源化利用。如果将无害化处理后的畜禽废弃物应用于农业生产，畜禽粪便有机肥用量不能超过作物当年生长所需的养分量。在确定粪肥的最佳施用量时，最好对土壤肥力和粪肥肥效进行测试评价，并符合当地环境容量的要求。向环境排放经过处理的畜禽养殖废弃物，应当符合国家和地方规定的污染物排放标准和总量控制指标。

（5）畜禽养殖场自行建设污染防治配套设施，应当保证畜禽固体粪便、污水及其他固体废弃物综合利用或者无害化处理设施的正常运转，保证污染物达标排放，防止污染环境。

三、畜禽养殖废弃物处理设施选址和布局

1. 养殖场自建废弃物处理设施　不论是新建还是改扩建畜禽养殖场都应规划和预留专门的废弃物处理设施建设场地。畜禽养殖场自建废弃物处理设施应位于畜禽场生产区及生活管理区常年主导风向的下风处或侧风向，与生产区保持一定的安全防疫距离。最好能与养殖场的生产区和管理区隔离开来，且有独立的进出通道，以避免废弃物处理设施监督、检查或参观人员进出给畜禽生产带来生物安全风险。

2. 养殖废弃物处理场（中心）　对于独立从事畜禽养殖废弃物处理的企业，或在畜禽养殖密集区建设的畜禽养殖废弃物处理中心，与周围畜禽养殖场之间的距离不小于 2 000m。畜禽养殖废弃物处理场（中心）不应建设在以下地区或区域：生活饮用水水源保护区、风景名胜区、自然保护区的核心区及缓冲区；城市和城镇居民区，包括文教科研、医疗、商业和工业等人口集中地区；县级及县级以上人民政府依法划定的禁养区域；国家或地方法律、法规规定需特殊保护的其他区域。

如果在各地划定的畜禽养殖禁养区附近建设畜禽养殖废弃物处理设施或处理场，则应选择在禁养区常年主导风向的下风向或侧下风向处，场界与禁养区域边界的最小距离不得小于3 000m；畜禽养殖废弃物处理场（中心）与地表水体的距离不低于500m。畜禽养殖废弃物处理场（中心）所在的位置应便于排水、资源化利用和运输，并留有扩建的余地，方便施工、运行和维护。

养殖废弃物处理场（中心）内的平面布置按污水和粪便处理工艺流程合理安排，并保证污水和固体粪便处理设施及其除臭系统维修方便、安全卫生。

四、畜禽养殖粪便收集

畜禽养殖粪便收集看似与废弃物处理与利用的关系并不密切，但实际上粪便收集（清粪）方式是养殖废弃物管理的重要环节，直接影响废弃物的末端处理与利用技术选择，以及已有末端处理与利用技术的运行效果。畜禽养殖场的清粪方式与畜禽品种、排泄物特性及生产工艺等相关。养鸡场和养牛场多以干清粪为主，猪场的清粪方式相对较多。

（一）不同清粪方式及其优缺点

目前，我国规模化畜禽养殖场的主要清粪方式有水冲粪、水泡粪和干清粪三种。

1. 水冲粪方式　是指畜禽排放的粪、尿和污水混合进入粪沟，每天数次放水冲洗，粪便和污水顺内粪沟流入主干沟后排出的一种清粪工艺。其优点是可保持舍内的环境清洁，有利于动物健康，劳动强度小，劳动效率高、节省劳动力；缺点是耗水量大，养殖场的污水处理压力大。我国是一个缺水严重的国家，人均淡水资源仅为世界平均水平的1/4，是全球人均水资源最贫乏的国家之一，日趋严重的水污染进一步加剧了水资源短缺的矛盾，因而在实际生产中不提倡使用水冲粪方式。事实上，水冲清粪方式在我国畜禽养殖中的应用也越来越少。

2. 水泡粪方式　主要用于养猪场，猪舍地面为漏缝地面，漏缝地面下设排粪沟，使用时，首先向粪沟中注入一定量的清水，猪粪和尿液及冲洗水一并排入粪沟中，定期打开粪沟的闸门，将沟中粪水排出，排出的粪水进入污水处理设施。水泡粪工艺的优点是比水冲粪工艺节省用水，缺点是粪尿和污水混合物在粪沟中停留时间长，其间挥发大量的氨气、硫化氢等有害气体，如果粪沟的通风换气不当，大量的有害气体将通过漏缝地面进入猪舍，致使猪舍的空气质量差，严重影响动物的生产性能，这种现象在我国水泡粪猪场普遍存在。

3. 干清粪方式　是指畜禽排泄的固体粪便通过机械或人工收集、清除，尿液、残余粪便及冲洗水则从排污道排出的清粪方式。干清粪可进一步分为人工干清粪和机械干清粪。人工干清粪通过人工清理畜禽舍地面的固体粪便，清理出的固体粪便用手推车送到储存设施暂时存放，地面残余粪尿用少量水冲洗后通过粪沟排入舍外储粪池。人工干清粪只需要一些清扫工具、手推车等简单设备，具有能耗低、投资少等优点，其缺点是劳动量大、生产效率低。人工干清粪在20世纪的养殖场比较常用，但是随着近年来人工成本的不断增加，人工干清粪的应用逐渐减少。机械干清粪则利用专用的机械设备清理出畜禽舍内地面上的固体粪便，直接运输至畜禽舍外或粪便储存设施，残余粪尿用水冲洗后排入舍外储粪池。机械干清粪的优点是快速便捷、工作效率高，缺点是一次性投资较大、运行维护费用较高。

（二）清粪方式选择

首先，清粪方式应与养殖废弃物的处理与利用环节相互衔接。清粪只是养殖废弃物管理过程的一个环节，必须与末端处理和利用环节有机结合起来，才能实现废弃物的有效管理。实践中，可根据选定的清粪方式，确定后续的废弃物处理技术；也可以根据选定的废弃物处理与利用技术，确定相匹配的清粪方式。例如，某猪场周围有足够的农田，打算采取沼气工程处理废弃物，沼渣和沼液进行农田利用，建议该猪场选择水泡粪清粪方式，既能保证理想产气率，又能为周边农田提供有机肥。如果有些猪场未将废弃物处理与清粪工艺作为一个整体进行考虑，选用了干清粪方式，但是为了达到产气效果，只能将清理出来的固体粪便加入到厌氧发酵罐，干清粪的优点就无法体现；同样，如果某猪场周围消纳农田有限甚至没有农田，需要对废弃物进行达标排放处理却采用水泡粪清粪方式，由于水泡粪的粪污中有机物浓度很高，达标排放处理的难度会很大，不仅废弃物处理设施的投入成本增加，而且运行费用很高，这种做法既不经济也不实用，这类猪场应采用干清粪方式，降低污水中的污染物浓度，以减轻污水的深度处理成本。

其次，选择清粪方式还应综合考虑畜禽种类、饲养方式、劳动成本、养殖场经济状况等多方面因素。综合考虑畜禽种类、排泄物特点和生产工艺，选择适当的清粪方式。例如，蛋鸡主要采用叠层笼养，由于鸡的尿液在泄殖腔与粪便混合后排出体外，生产过程中几乎只产生粪便。因此蛋鸡养殖以干清粪方式为主，清理出的粪便适合采用堆肥发酵处理生产有机肥。

五、粪便和污水贮存

粪便和污水贮存是养殖废弃物管理过程中的必要环节，从畜禽舍清理出来的粪便和污水，往往需要暂时存放后再进入处理环节。而经过处理后的废弃物，尤其是处理后的液体废弃物，往往需要较长时间贮存后进行农田利用。因此，畜禽养殖场应建设相应的贮存设施，对粪便和污水进行短期或长期贮存。

（一）畜禽粪便贮存设施

1. 畜禽粪便贮存设施的容积　畜禽粪便贮存设施是干清粪养殖场废弃物管理的重要组成部分，其与主要生产设施之间要保持 100m 以上的距离。粪便贮存设施通常为地上式、带有雨棚的"Ⅱ"形槽式结构，周围设置排雨水沟，防止雨水径流进入贮存设施内，实现雨污分离。畜禽粪便贮存设施的容积要能存放贮存期内养殖场产生的粪便总量，其容积大小 S（m^3）按式 10-1 计算：

$$S = \frac{N \cdot M_w \cdot D}{M_d} \qquad (10-1)$$

式中：N——动物单位的数量，每 1 000kg 活体重为 1 个动物单位；

M_w——每动物单位的动物每日产生的粪便量，单位为千克每日（kg/d）；

D——贮存时间，单位为日（d），具体贮存时间根据粪便后续处理工艺确定；

M_d——粪便密度，单位为千克每立方米（kg/m³），其值参见表 10-4。

表 10 - 4　每动物单位（1 000kg 活体重）的动物日产粪便量及粪便密度

参数	畜禽种类										
	奶牛	肉牛	小肉牛	猪	绵羊	山羊	马	蛋鸡	肉鸡	火鸡	鸭
鲜粪（kg）	86	58	62	84	40	41	51	64	85	47	110
粪便密度（kg/m³）	990	1 000	1 000	990	1 000	1 000	1 000	970	1 000	1 000	未测定

资料来源：《畜禽粪便贮存设施设计要求》（GB/T 27622—2011）。

2. 畜禽粪便贮存设施的建造要求　畜禽粪便贮存设施的墙体高度一般不超过 1.5m，采用砖混或混凝土结构、水泥抹面，墙体厚度不少于 240mm。顶部雨棚下檐与设施地面的净高不低于 3.5m。

畜禽粪便贮存设施的地面常采用混凝土建造，地面向∩形槽的开口方向倾斜，坡度为 1%，坡底设排污沟，粪便渗出液最终排入污水贮存设施。粪便贮存设施的地面强度要能承受粪便运输车及所存放粪便的荷载，并进行防渗处理，以防止粪便渗出液下渗污染地下水。

地面防水处理通常采用干拌砂浆混凝土和现拌砂浆混凝土的做法。干拌砂浆混凝土防水地面的做法：素土夯实，压实系数 0.90；60 厚 C15 混凝土垫层；20 厚 DS 干拌砂浆找平层，四周及管根部位抹小八字角；0.7 厚聚乙烯丙纶防水卷材，用 1.3 厚胶黏剂粘贴或 1.5 厚聚合物水泥基防水涂料；C20 混凝土面层从门口处向地漏找 1% 泛水，最薄处不小于 30 厚，随打随抹平。现拌砂浆混凝土防水地面的做法：素土夯实，压实系数 0.90；60 厚 C15 混凝土垫层；素水泥浆 1 道（内掺建筑胶）；20 厚 1：3 水泥砂浆找平层，四周及管根部位抹小八字角；0.7 厚聚乙烯丙纶防水卷材，用 1.3 厚胶黏剂粘贴或 1.5 厚聚合物水泥基防水涂料；C20 混凝土面层从门口处向地漏找 1% 泛水，最薄处不小于 30 厚，随打随抹平。

3. 畜禽粪便贮存设施的用途　畜禽粪便贮存设施用于对尚未进入处理环节的固体粪便进行暂时存放，防止固体粪便在处理前被雨淋或渗滤液下渗导致的环境污染风险。存放时间长短取决于固体粪便处理设施的进料频率，不宜长期存放。

（二）畜禽养殖污水贮存设施

在实际养殖生产中，畜禽养殖污水贮存设施包括集水池、沼液贮存池、氧化塘等，其中集水池只对畜禽舍排出的污水进行暂时存放，体积一般不大。这里介绍的畜禽养殖污水贮存设施主要是指沼液贮存池或污水贮存氧化塘，用于对沼液或粪水污进行较长时间存放。

1. 畜禽养殖污水贮存设施的容积　污水贮存设施有地下式和地上式两种，地下式贮存设施通常建造在土质条件好、地下水位低的场地，而地上式贮存设施一般建造在地下水位较高的地方。污水贮存设施的形状多样，有正方形、长方形、圆形等，具体根据场地大小、位置和土质条件进行综合选择。不论选择何种形状，污水贮存设施的高度或深度一般不大于 6m。

畜禽养殖污水贮存设施容积 V（m³）按公式 10 - 2 计算：

$$V = L_w + R_o + P \tag{10-2}$$

式中：L_w——养殖污水体积，单位为立方米（m³）；

R_o——降雨体积，单位为立方米（m³）；

P——预留体积，单位为立方米（m³）。

养殖污水体积 L_w（m^3）按公式 10 - 3 计算：

$$L_w = N \cdot Q \cdot D \qquad (10 - 3)$$

式中：N——动物的数量，猪和牛的单位为百头，鸡的单位为千只；

　　　　Q——畜禽养殖业每天最高允许排水量，猪场和牛场的单位为立方米每百头每天 [m^3／（百头·d）]，鸡场的单位为立方米每千只每天 [m^3／（千只·d）]；

　　　　D——污水贮存时间，单位为天（d），其值依据后续污水处理工艺的要求确定。

降水体积（R_o）按 25 年来该设施一天能够收集的最大雨水量（m^3/d）与平均降水持续时间（d）进行计算。

预留体积（P）按照设施的实际长和宽以及预留高度进行计算，宜预留 0.9m 高的空间。

2. 畜禽养殖污水贮存设施的建造要求　养殖污水贮存设施底面应高于地下水位 0.6m 以上，且具有防渗功能，对于地下式污水处理设施其内壁面也应进行防渗处理。在地下污水贮存设施的周围建导流渠，防止径流、雨水进入贮存设施内。为了防止堵塞，进水管道的直径最小为 300mm。进、出水口的位置要合理设计以避免在设施内产生短流、沟流、返混和死区。地上污水贮存设施还应设自动溢流管道。

3. 养殖污水贮存设施的用途　对于周围农田面积充足的养殖场，最经济实用的废弃物处理方法是走"种养结合"之路，对养殖废弃物进行农田利用。养殖废弃物的农田利用要根据耕作制度确定，因此，在农作物不需要氮、磷养分和不适合施肥的天气条件下，则需要养殖污水贮存设施对沼液或液体粪污进行贮存，以防止污染环境。

六、畜禽养殖废弃物处理

畜禽养殖废弃物处理是养殖废弃物管理的核心，实际生产中的应用方法多种多样。根据养殖废弃物处理原理，畜禽养殖废弃物处理方法可以分为物理法（沉淀、脱水、干燥等）、化学法（混凝、氧化、消毒等）和生物法（厌氧、好氧、兼氧等）。根据养殖废弃物的形态及其含水率不同，将废弃物处理方法分为固体粪便处理方法（堆肥、基质生产、型煤和蝇蛆生产等）、养殖污水处理方法（氧化塘、人工湿地、序批式活性污泥法、膜生物反应器等）及粪便和污水混合处理方法（沼气工程等）。在实际应用中，采用干清粪方式的养殖场通常将固体粪便和污水分开进行处理，采用水泡粪清粪方式的养殖场往往将粪便和污水混合起来进行处理。下面重点介绍养殖废弃物的一些常用处理方法。

（一）畜禽固体粪便处理

堆肥是养殖场广泛使用的粪便处理方式。堆肥是在有氧条件下，通过好氧微生物的作用，对固体粪便中的有机物进行降解，使之矿质化、腐殖化；同时借助堆肥过程的高温杀灭粪便中的各种病原微生物和杂草种子，使粪便达到无害化的过程。畜禽粪便堆肥通常由预处理、发酵、后处理等工序组成，后处理通常由干燥、破碎、造粒、过筛、包装等工序组成，堆肥后处理可根据实际需要确定。

1. 堆肥的物料要求　堆肥受物料中有机质含量、含水率、碳氮比和 pH，以及堆肥过程中的温度和供氧等诸多因素影响。单纯畜禽粪便并不能满足堆肥要求，需添加适量的秸秆、稻壳等辅料进行预处理，以调整物料的含水率和碳氮比（C/N），使混合物料能满足下列要求：

调节混合物料的初始碳氮比（C/N）为（20～40）∶1，其中（20～30）∶1 为佳。

如果原料 C/N 过高，细菌和其他微生物的生长会受到限制，有机物分解速度就慢，发酵过程就长，堆肥产品的 C/N 也过高；堆肥产品施入土壤后，将夺取土壤中的氮素，使土壤陷入氮饥饿状态，影响作物生长。如果 C/N 过低，可供农作物生长消耗的氮素少，氮素养料相对过剩，大量的氮将以氨气形式挥发，不仅使堆肥产品的肥效降低，而且导致大气环境污染。

堆肥微生物最适宜的 pH 为中性或弱碱性（6.5~8.5）。pH 过高或过低都不利于堆肥处理。在整个堆肥过程中，pH 随时间和温度的变化而变化，但一般情况下，堆肥过程中的 pH 有足够的缓冲能力，使之稳定在可以保证好氧分解的酸碱度水平。

发酵过程温度最好控制在 55~65℃，且持续时间不少于 5d，堆体最高温度不超过 70℃。一般高温菌对有机物的降解效率高于中温菌，目前快速、高温、好氧堆肥正是利用了这一点。堆肥初期，经过中温菌 1~2d 的作用，堆肥温度便能达到 50~65℃，在此高温条件下，堆肥只要 5~6d 即可达到无害化。如果堆体物料温度过低将大大延长腐熟时间，但温度过高（>70℃）将对堆肥微生物产生不利的影响。

氧是好氧微生物生存的必要条件，堆肥物料各测试点的氧气浓度不宜低于 10%。供氧量的多少与微生物活动的强烈程度、有机物的分解速度及堆肥的粒度密切相关，可适时采用翻动方式或设置其他机械通风装置换气，调节堆肥物料的氧气浓度和温度。目前采用的机械通风方法主要有主动通风和被动通风两种，可以利用装载机、动力铲或其他特殊设备翻堆，或向堆体内插入带孔的通风管，借助自然通风或高压风机强制通风供氧。

堆肥时间应根据碳氮比（C/N）、湿度、天气条件、堆肥工艺类型、粪便和敷料种类确定。

2. 堆肥方式 根据堆肥过程中供氧方法不同及是否有专用设备，可将堆肥分成四种方式：条垛堆肥、静态通气堆肥、槽式好氧堆肥及设备堆肥。

（1）条垛堆肥 是将粪便和堆肥辅料按照适当的比例混合均匀后，将混合物料在土质或水泥地面上堆制成长条形堆垛的堆肥方式，通过翻斗小车或翻堆车定期翻堆的方法通风供氧。该堆肥方法的优点是设备投资低，技术简便易行，操作简单，堆垛长度可根据场地实际和粪便量自由调节；缺点是堆垛高度较低，占地面积相对较大，堆垛发酵和腐熟较慢，堆肥周期长，臭气污染严重，露天条垛堆肥易受降水等不良天气的影响。

（2）静态通气堆肥 是利用正压风机将新鲜空气通过多孔管道输送到料堆中给堆体供氧的堆肥方式。该堆肥方法的优点是堆体相对较高，占地面积相对较小，系统中供氧充足，处理时间较短，通常 4 周之内完成腐熟；缺点是风机运行需要一定的能耗。虽然所使用的风机功率较小，且只需间歇运行，但总体运行费用高于条垛堆肥。

（3）槽式好氧堆肥 是将堆料混合物放置在长槽式的结构中，借助搅拌机移行过程中搅拌堆料，使物料发酵的堆肥方式。该堆肥方法的优点是槽中堆料较深，粪便处理量大，发酵周期短，3~5 周完成腐熟；缺点是投资成本和运行费用高，由于槽式堆肥要购置搅拌设备，且搅拌设备的功率较大，搅拌设备与堆料接触部分高速旋转易磨损，且与粪便混合物直接接触容易被腐蚀，需要进行维护和更换，因而投资成本和运行费用均高。

（4）设备堆肥 是将堆料混合物放置于专用设备中进行发酵的堆肥方式，设备堆肥通常使用强制通风，其通风系统组成与静态通气堆肥相同。该堆肥方法的优点是占地面积小，移动方便，堆肥在封闭的容器内进行，没有臭气污染，能很好地控制堆肥发酵过程，在 2~3

周内完成腐熟。其缺点是发酵仓作为专用商品，投资费用较高，由于发酵设备的容积有限，因此粪便处理量相对较小。

养殖场可根据各自的投资能力、场地大小和粪便量等，综合选择适当的粪便堆肥方法。但是不论选择何种堆肥方法，堆肥过程中不可避免地合产生臭气且浓度较高，因此需要采取适当的除臭方式对堆肥过程中产生的臭气进行收集处理，以避免大气环境污染。

3. 堆肥产品　目前判定堆肥是否腐熟的方法有堆体温度法和种子发芽检验法。堆体温度法是经过一次或多次高温发酵后，畜禽粪便堆体内温度保持在 40℃ 以下，不再升温，碳氮比（C/N）不大于 20∶1，含水率 20%～35%，好氧速率趋于稳定。种子发芽检验法是检验堆肥是否腐熟的最简洁和有效的方法，利用堆肥浸出液培养萝卜、白菜种子，与清水发芽对比种子发芽率和根系长短，通常发芽指数高于 80% 说明堆肥已经腐熟。充分腐熟后的堆肥产品还要满足国家标准的卫生学指标要求（表 10-5）。

表 10-5　畜禽固体粪便堆肥无害化处理卫生学要求

项目	卫生标准
蛔虫卵	死亡率≥95%
粪大肠菌群数	≤10^5 个/kg
苍蝇	有效地控制苍蝇孳生，堆体周围没有活的蛆、蛹或新羽化的成蝇

资料来源：《畜禽粪便无害化处理技术规范》（NY/T 1168—2006）。

4. 畜禽固体粪便堆肥工艺　畜禽养殖固体粪便堆肥处理最佳可行技术工艺流程见图 10-1。该技术工艺适用于采用干清粪生产工艺的畜禽养殖场粪便的堆肥处理，尤其适用于鸡场和牛场。

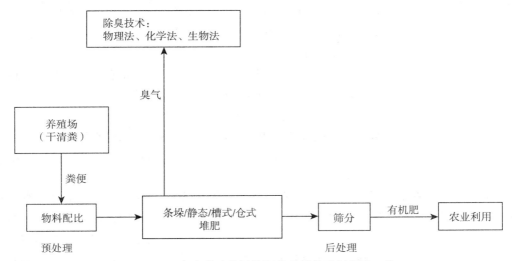

图 10-1　畜禽养殖粪污堆肥处理最佳可行技术工艺

畜禽养殖固体粪便堆肥处理最佳可行技术的工艺参数见表 10-6。根据此运行参数，以日处理 100t 粪便堆肥处理工程为例，投资约 2 000 万元，运行成本约 430 元/t，肥料销售价一般为 600～900 元/t。

表 10-6　畜禽固体粪便堆肥处理最佳可行工艺参数

处理工艺	技术环节	最佳可行技术指标
粪便堆肥处理	初始有机物含量	20%～60%
	初始含水率	40%～65%
	发酵温度	50～70℃（高温维持时间 5d 以上）
	初始碳氮比	(20～40)∶1
	初始 pH	中性或弱碱性
	一次发酵	10～30d

资料来源：《规模畜禽养殖场污染防治最佳可行技术指南（试行）》（HJ-BAT—10）。

（二）畜禽粪便和污水混合处理

畜禽粪便和污水混合处理方法适用于水泡粪猪场的废弃物处理。对于周围农用面积充足的养殖场，畜禽粪便和污水混合物经过氧化塘处理后进行农田利用；或者采用沼气工程对畜禽粪便和污水混合物进行厌氧发酵处理，对产生的沼渣沼液就地进行农田利用。对于周围农田面积有限或者无农田的养殖场，则需要采用好氧、生物处理等单一或组合污水处理技术进行深度处理。本节重点介绍厌氧发酵处理技术。

1. 厌氧反应器容积　厌氧发酵是畜禽养殖废弃物在厌氧条件下通过微生物的代谢活动而被稳定化，同时伴生甲烷等气体物质的过程。按照物料发酵的温度，可分为常温厌氧发酵、中温厌氧发酵和高温厌氧发酵。常温厌氧发酵处理密封期不少于 30d，中温厌氧发酵水力停留时间不少于 7d，高温厌氧发酵温度应维持（53±2）℃的时间不少于 2d。

厌氧反应器容积可根据水力停留时间（HRT）确定，计算见公式 10-4

$$V = Q \times HRT \tag{10-4}$$

式中：V——厌氧反应器的有效容积，m^3；

Q——设计流量，m^3/d；

HRT——水力停留时间，d。

2. 厌氧反应器类型　在实际生产中，有些养殖场将全部固体粪便混入污水进行高固体物厌氧发酵处理，另一些养殖场则采用干清粪和（或）固液分离后进行低固体物厌氧发酵处理。由于粪便的固体物浓度不一样，因此在厌氧发酵器选择上也有所不同。

（1）粪尿全部混入污水的厌氧反应器　当粪尿全部混入污水进入厌氧反应器时，反应器中固体物浓度相对较高，此时常用的反应器有完全混合式厌氧反应器（CSTR）、升流式固体反应器（USR）和推流式反应器（PFR）。

完全混合式厌氧反应器（CSTR）是在常规反应器内安装了搅拌装置，使发酵原料和微生物处于完全混合状态，反应器内物料和温度分布均匀。与常规反应器相比，活性区遍布整个反应器，其效率明显高于常规反应器，且可避免浮渣结壳、堵塞、气体逸出不畅和沟流等问题。该反应器采用连续投料或半连续投料运行，适用于高浓度及含有大量悬浮固体原料的处理，发酵料液总固体（TS）浓度为 8%～10%，反应器一般在中温条件下（35℃左右）运行，中温条件下的水力停留时间（HRT）20～30d。由于污泥停留时间（SRT）和微生物停留时间（MRT）与 HRT 完全相等，因而反应器体积较大、搅拌所需能耗高。

升流式固体反应器（USR）是一种结构简单，适用于高浓度悬浮固体原料的反应器，发酵料液 TS 浓度为 5%～6%。原料从底部进入反应器内，消化器内不需要安装三相分离器，不需要污泥回流，也不需要完全混合式那样的搅拌装置。比重较大的固体物与微生物靠自然沉降作用积累在反应器下部，使反应器内始终保持较高的固体量和生物量，SRT 和 MRT 较长，固体物得到了较为彻底的消化，对固体悬浮物（SS）去除率在 60%～70%。如果发酵物料 TS 浓度进一步提高，易出现布水管堵塞等问题（单管布水易断流）；对含纤维素较高的料液（如牛粪），容易出现表面结壳现象。

推流式反应器（PFR）也称活塞式反应器，是一种长方形的非完全混合式反应器，长径比（L/D）较大。高浓度悬浮固体发酵原料从一端进入，从另一端排出，通常采用半地下或地上建筑形式。该反应器不需要搅拌，池形结构简单，能耗低；适用于高 SS 污废水的处理，尤其适用于牛粪的厌氧发酵处理；运行方便，故障少，稳定性高。但是固体物容易沉淀于池底，影响反应器的有效体积，使 HRT 和 SRT 降低，发酵效率较低；反应器内难以保持一致的温度，易产生厚的结壳。

（2）固液分离后的厌氧反应器　一些养殖场为了降低液体废弃物中的污染物浓度，首先对液体废弃物进行固液分离。固液分离设备有水力筛网机、螺旋挤压机等，可根据处理污水量、水质、场地、经济情况等条件进行综合选择。当采用螺旋挤压分离机时，最好在污水收集后 3h 内进行分离。

由于固液分离后的污水中有机物浓度相对较低，因此宜采用升流式厌氧污泥床（UASB）、复合厌氧反应器（UBF）、厌氧过滤器（AF）、折流式厌氧反应器（ABR）等进行处理。实践中最常用的反应器为 UASB。UASB 是污水通过布水装置进入底部的污泥层和中上部污泥悬浮区，与其中的厌氧微生物进行反应生产沼气，气液固混合物通过上部三相分离器进行分离，污泥回落到污泥悬浮区，分离后的污水排出，同时回收沼气的厌氧反应装置。UASB 适用于低浓度污水的处理，发酵料液 TS 浓度为 3%～5%，HRT 在 10～15d。通常采用常温发酵，UASB 进水 pH6.0～8.0，进水的 SS 不大于 1 500mg/L、氨氮不大于 2 000mg/L、COD 不大于 1 500mg/L。UASB 处理物料时对 COD、5 日生化需氧量（BOD_5）和 SS 的去除率分别在 80%～90%、70%～80% 和 30%～50%。UASB 高度不超过 10m，反应器有效高度（深度）以 7～9m 为佳。通常设计两个以上厌氧反应罐体，单体体积不超过 2 000 m³。当污水量较大时，可采用多个单体反应器并联运行方式进行处理。

3. 厌氧反应器运行管理　厌氧发酵通常采用中温（35℃左右）或近中温发酵，有其他热源利用的，可采用高温（55℃左右）发酵。外界环境温度影响厌氧反应器的运行效果，我国一些畜牧场的沼气工程存在全年运行不均衡现象。为了确保沼气工程常年持续稳定运行，在冬季环境温度低不能满足工艺要求时，需要采取适当的保温、加热措施。可以采用池（罐）外保温措施和（或）采用蒸汽直接加热法，将蒸汽通入点设在集水池（或计量池）内，也可采用厌氧反应器外热交换或池内热交换法对物料进行加热处理，确保沼气工程的运行效果。

为了确保厌氧发酵后物料达到无害化，对于中温厌氧发酵的沼气工程，当总固体（TS）含量<3% 时，厌氧反应器的水力停留时间（HRT）要大于 5d；当总固体（TS）含量≥3% 时，HRT 不小于 8d。通常采用一级厌氧发酵，根据不同工艺也可选用二级厌氧消化。厌氧发酵处理后的沼液作为农田肥料利用时，其卫生学指标应符合表 10 - 7 的要求。

表 10 - 7　液态废弃物厌氧无害化处理卫生学要求

项　目	卫生标准
寄生虫卵	死亡率≥95％
钩虫卵和血吸虫卵	在使用粪液中不得检出活的钩虫卵和血吸虫卵
粪大肠菌群数	常温沼气发酵≤10^4 个/L，高温沼气发酵≤100 个/L
蚊子、苍蝇	有效地控制蚊蝇孳生，粪液中无蚊蝇幼虫，池的周围无活的蛆、蛹或新羽化的成蝇
沼气池粪渣	达到要求后方可用作农肥

资料来源：《畜禽粪便无害化处理技术规范》（NY/T 1168—2006）。

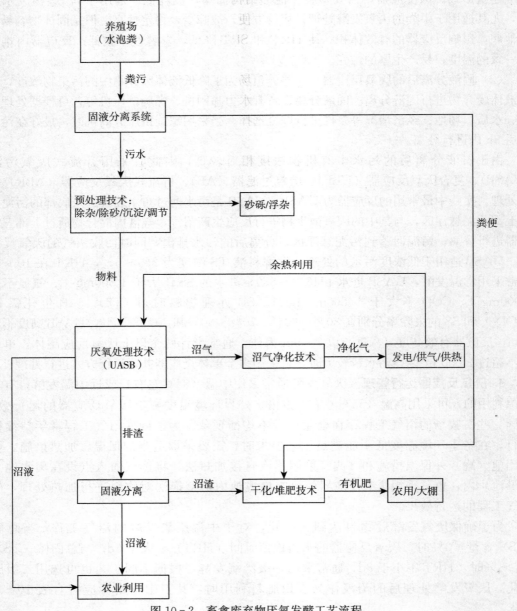

图 10 - 2　畜禽废弃物厌氧发酵工艺流程

4. 养殖废弃物厌氧发酵工艺　由厌氧反应器、沼气收集与处置系统（净化系统、储气罐、输配气管和使用系统等）、沼液和沼渣处置系统组成的沼气工程，其厌氧反应器的类型和设计应根据废弃物种类和工艺路线确定。采用水泡粪的，废弃物厌氧消化最佳可行技术工艺流程如图 10-2 所示，畜禽养殖废弃物厌氧消化最佳可行技术参数见表 10-8。该技术工艺适用于中型及以上规模且周边具有土地利用条件的畜禽养殖场，或者畜禽养殖密集区废弃物的集中的厌氧处理。

表 10-8　畜禽养殖废弃物厌氧发酵最佳可行技术参数

处理工艺	技术环节	最佳可行技术指标
预处理	除草、除毛	采用机械格栅，同时定期采取机械或人工方式对调浆池进行清捞处理。养牛场应设置机械破碎装置，对牛粪进行破碎预处理。养鸡场还需特别考虑除毛问题
	调浆	采用厂区生活污水、养殖场冲洗水或回流沼液调浆，一般含固率 8%～12%，通常采用机械搅拌方式，搅拌器中心搅拌
	除砂	采用机械除砂，根据原料含砂程度不同，1～2 周除砂一次；对于养鸡场、养牛场尚需特别考虑除砂问题
	调节	可采用蒸汽或热水盘管等方式进行增温，厌氧段采用 CSTR，需要机械搅拌装置，实现物料均质。调节池停留时间一般为 1～2d
	水解	大型畜禽养殖场废弃物处理工程一般都有水解池，停留时间一般为 2～4d，水解池内 pH 维持 5～6
厌氧消化	反应器类型	连续搅拌反应器（CSTR）
	罐体形式	全地上式发酵装置
	运行温度	中温（35℃）
	罐体增保温	采用热水盘管加热物料，热水盘管设计和安装在罐体内部。罐体外装有保温层，保温层厚度应根据地区气候状况确定
	厌氧消化时间	20～25d
	pH	7.0～7.5
	产气率	1.0～1.2m³/m³
	压力	设计和安装正负压保护装置，维持罐体内压力小于 5 000Pa
	搅拌	采用机械间歇搅拌方式，可选用顶搅拌、侧壁搅拌等方式，当池内各处温度的变化范围不超过 1℃则表明搅拌均匀
厌氧污水处理	反应器类型	升流式厌氧污泥床（UASB）
	罐体形式	全地上式发酵装置
	运行温度	中温（35℃）
	增保温	应采用热水盘管加热物料，热水盘管应设置在罐体内部。罐体外应设保温层，保温层厚度应根据地区气候状况确定
	污泥床高度	3～8m
	沉淀区表面负荷	0.7m³/（m²·h）
	沉淀槽底流速	不大于 2m³/（m²·h）
	有机负荷	5kg COD/（m³·d）

（续）

处理工艺	技术环节	最佳可行技术指标
沼气净化及综合利用	脱水	一般采用冷分离法或固体物理吸水法
	脱硫	大型可采用生物脱硫或化学脱硫。采用干法脱硫时，接触时间不低于 2～3min；采用湿法脱硫时，宜采用 2%～3% 的碳酸钠溶液吸收。沼气用于直燃时，硫化氢应小于 20mg/m³；沼气用于发电时，硫化氢含量应根据发电机组的设备要求而定
	沼气储存	根据气候、投资情况选择干式双膜压储气装置或湿式常压储气装置；沼气用于发电或燃烧锅炉使用时，应根据沼气供应平衡曲线确定容积。沼气供居民使用时，储气柜容积不应低于总供气量的 40%～60%
	沼气输配	沼气管网宜采用低压供气
沼液沼渣处理及综合利用	沼液储存	沼气工程应建设沼液储存及利用设施，在具备沼液后处理设施时，沼液站储存时间不应低于 5d，沼液回用于农田时，储存时间不低于 90d
	沼渣堆肥	沼渣经固液分离后含水率小于 85%，堆肥时间不小于 2 周

资料来源：《规模畜禽养殖场污染防治最佳可行技术指南（试行）》。

（三）畜禽养殖污水处理

1. 养殖污水处理方法　畜禽养殖污水主要指采用干清粪方式的养殖污水，或经过固液分离后、TS 浓度相对较低的养殖场污水。可以先通过上文介绍的厌氧反应器处理后，再采用本节介绍的方法进一步处理，也可以直接采用本节方法进行处理。养殖污水处理方法很多，常用方法有序批式活性污泥法（SBR）、人工湿地和稳定塘等。

（1）序批式活性污泥法（SBR）　序批式活性污泥法（SBR）常常与上文介绍的 USAB 厌氧发酵处理相组合，对 UASB 出水进一步处理。

SBR 法是集均化、初沉、生物降解、二沉等功能于一池，无污泥回流系统的一种处理工艺。由于采用间歇式运行方式，因此每一反应池是一批一批地处理污水，故此得名。SBR 工艺由进水、曝气、沉淀和排水等工序组成，依次在同一个反应池中周期性运转。这种工艺的主要特点是在一个构筑物中反复交替进行缺氧发酵和曝气反应，并完成污泥沉淀作用。因此，SBR 工艺既能去除有机污染物，又能去除氮和磷，同时还可免除二沉池和污泥回流设施，具有工艺流程简单、投资省、运行费用低、占地少、耐冲击负荷、管理方便、泥水分离效果好、不会发生污泥膨胀、出水水质好等优点。

序批活性污泥法（SBR）停留时间一般为 3～5d，污泥回流比通常为 30%～50%。BOD$_5$ 有机负荷率通常为每天 0.13～0.3kg/（m³·d），污泥龄 5～15d。SBR 对厌氧发酵处理后污水 COD 的去除率在 50%～70%、NH$_4^+$-N 去除率在 50%～80%，实际去除率受进水浓度、水力停留时间等影响。

（2）人工湿地　人工湿地是为处理污水而人为设计建造的工程化湿地系统。这种湿地系统是在一定长宽比及地面坡度的洼地中，由土壤和基质填料（如砾石等）混合组成填料床，床的表面种植水生植物（如芦苇等），污水在床体的填料缝隙或床的表面流动的独特生态系统，利用土壤、填料和植物及其微生物的物理、化学和生物协同作用实现对污水的净化处理。人工湿地包括表流式人工湿地和潜流人工湿地，其中潜流式人工湿地可进一步分为垂直流潜流式人工湿地和水平流潜流式人工湿地。

人工湿地适用于常年气温适宜的地区，根据污水性质及当地气候、地理实际状况，选择适宜的水生植物，冬季可采用秸秆、芦苇等植物覆盖的方法进行保温。在实际应用中要慎重选用潜流式或垂直流人工湿地，选用时进水 SS 控制在 500mg/L 以内；表面流人工湿地水力负荷在 3.4～6.7cm/d，平均 4.7 cm/d。BOD_5 有机负荷率通常为每天 50～100g（$m^3 \cdot d$），HRT 一般在 30d 以上。人工湿地对污染物的去除效果：BOD_5 平均去除率为 65%，SS 平均去除率为 53%，NH_4^+-N 平均去除率为 48%，TN 和 TP 的平均去除率为 42%。

（3）稳定塘　稳定塘又名氧化塘或生物塘，是一种依靠微生物生化作用来降解水中污染物的天然池塘，或经过一定人工修整的有机废水处理池塘。氧化塘在污水净化过程中，既有物理因素（如沉淀、凝聚），又有化学因素（如氧化和还原）及生物因素。污水进入塘内，首先受到塘水的稀释，污染物扩散到塘水中从而降低了污水中污染物的浓度，污染物中的部分悬浮物逐渐沉淀至塘底成为污泥，使污水中污染物质浓度进一步降低。随后，污水中溶解的和胶体性的有机物质在塘内大量繁殖的菌类、藻类、水生动物和水生植物的作用下逐渐分解，大分子物质被转化为小分子物质，并被吸收进入微生物体内。其中一部分被氧化分解，同时释放出相应的能量；另一部分可被微生物利用，合成新的有机体。

氧化塘按塘内微生物种类、供养方式及其功能不同又分为好氧塘、兼性塘、厌氧塘和曝气塘。好氧塘较浅，菌藻共生，塘内水中溶解氧由藻类供给，好氧微生物对污水进行净化，有效水深在 0.5～1.5m，BOD_5 有机负荷率通常为 4～12g（$m^2 \cdot d$），HRT 在 10～40d。兼性塘的上层是好氧区，由好氧微生物对污水进行净化；中层的溶解氧逐渐减少，由兼性微生物对污水进行净化；下层无溶解氧，沉淀污泥在塘底进行厌氧分解。兼性塘的有效水深在 1.2～2.5m，BOD_5 有机负荷率通常为 3～10g（$m^2 \cdot d$）。厌氧塘中的水全部呈厌氧状态，由厌氧微生物对污水进行净化，净化速度慢，污水在塘中的停留时间长，有效水深在 2.0～4.5m，BOD_5 有机负荷率通常为 30～80g（$m^2 \cdot d$）。曝气塘采用人工曝气供氧，塘中的水全部含有溶解氧，由好氧微生物对污水进行净化，污水停留时间较短，塘深在 2.0～6.0m。好氧塘对厌氧发酵处理后污水 COD 的去除率在 55%～75%，NH_4^+-N 去除率在 60%～90%，具体运行效果因进水浓度、季节、塘深等的不同而不同。

氧化塘适用于有湖、塘、洼地可供利用且气候适宜、日照良好的地区。蒸发量大于降水量地区使用时，应适时补充水源，确保运行效果。当塘址的土地渗透系数（K）大于 0.2m/d 时，则需要对氧化塘进行防渗处理。

2. 养殖污水处理的水质要求　无论是 SBR、人工湿度或氧化塘处理出水，还是其他好氧生物工艺处理出水，如果直接排放，则必须达到《畜禽养殖业污染物排放标准》（GB 18596—2001）的要求（表 10-9）。目前《畜禽养殖业污染物排放标准》正在修订，修订后的标准值将更加严格。

表 10-9　畜禽养殖业污染物排放标准限值

污染物指标	标准值	拟修订值
BOD_5（mg/L）	150	40
COD（mg/L）	400	150
SS（mg/L）	200	150

（续）

污染物指标	标准值	拟修订值
NH_4^+ —N（mg/L）	80	40
TP（mg/L）	8.0	5.0
蛔虫卵（个/L）	2.0	2.0
总氮、总铜、总锌	无	有

资料来源：《畜禽养殖业污染物排放标准》（GB 18596—2001）（该标准目前正在修订）。

由于《畜禽养殖业污染物排放标准》（GB 18596—2001）的标准限值较高（即环保要求低），一些经济发达和环境敏感地区，如北京、上海和浙江等省（市），要求养殖业污水排放执行《污水综合排放标准》（GB 8978—1996）的二级水质标准（表 10 - 10）。

表 10 - 10　污水综合排放允许排放深度值（部分参数）

污染物	一级水质	二级水质	三级水质
BOD_5（mg/L）	20（30）	30（60）	300
COD（mg/L）	100	150	500
SS（mg/L）	70	150（200）	400
NH_4^+ —N（mg/L）	15	25	—
磷酸盐（mg/L）	0.5	1.0	—
硫化物	1.0	1.0	1.0（2.0）
Cu	0.5	1.0	2.0
Zn	2.0	5.0	5.0
色度	50	80	

注：括号中数值为 1998 年之间建设项目执行标准值。

资料来源：《污水综合排放标准》（GB 8978—1996）。

当然，一些养殖场对污水进行深度处理后，并不直接排放，而是作为灌溉用水用于农田灌溉，则处理出水应达到《农田灌溉水质标准》（GB 5084—2005）的水质要求（表 10 - 11）。

表 10 - 11　农田灌溉水质标准限值（部分参数）

污染物	作物种类		
	水作	旱作	蔬菜
BOD_5（mg/L）	60	100	40（15）
COD（mg/L）	150	200	100（60）
SS（mg/L）	80	100	60（15）
粪大肠菌（个/100mL）	4 000	4 000	2 000（1 000）
蛔虫卵（个/L）	2	2	2（1）
镉（mg/L）	0.05	0.1	0.05

（续）

污染物	作物种类		
	水作	旱作	蔬菜
铅	0.2		
铬	0.1		
镉	0.01		
汞	0.001		

注：括号中数值为生食类蔬菜、瓜类或草本水果执行标准值。

资料来源：《农田灌溉水质标准》（GB 5084—2005）。

七、畜禽养殖废弃物利用

畜禽养殖废弃物中含有大量的氮、磷等成分，经过适当处理后可作为农业生产所需要的有机肥料。《畜禽规模养殖污染防治条例》规定，国家鼓励和支持采取种植和养殖相结合的方式消纳利用畜禽养殖废弃物，促进畜禽养殖废弃物就地、就近利用。将畜禽粪便、污水、沼渣、沼液等用作肥料时，应与土地的消纳能力相适应，并采取有效的无害化措施，消除病原微生物，防止环境污染和疫病传播。由于畜禽粪便和污水等废弃物中含有大量的病原微生物，因此不建议直接使用。本节主要介绍经过沼气工程处理后的沼渣和沼液的利用。

（一）粪肥施用的限量要求

1. 卫生学指标　为了防止沼渣沼液农业利用的生物学风险，欧洲国家和日本等要求对沼渣和沼液进行无害化处理后再进行利用。我国也规定沼渣沼液应满足表 10 - 12 的卫生学要求。

表 10 - 12　沼气肥的卫生学要求

项　目	要　求
蛔虫卵沉降率	95％以上
血吸虫卵和钩虫卵	在使用的沼液中不应有活的血吸虫卵和钩虫卵
粪大肠菌值	$10^{-1} \sim 10^{-2}$
蚊子、苍蝇	有效地控制苍蝇滋生，沼液中无孑孓，池的周围无活蛆、蛹或新羽化的成蝇
沼气池粪渣	应符合表 10～5 的要求

资料来源：《畜禽粪便还田技术规范》（GB/T 25246—2010）。

2. 重金属指标　沼渣沼液中除了氮、磷等养分外，也含有一定的铜、锌等重金属，当沼渣沼液作为有机肥进行农业利用时，重金属也一并施入农田，长期施用可能引起重金属污染。为了防止粪肥施用的重金属积累风险，根据粪肥施用土壤的 pH 不同，确定制作肥料的畜禽粪便中的重金属含量限值，具体指标见表 10 - 13。

表 10 - 13　制作肥料的畜禽粪便中重金属含量限值（干粪含量）

单位：mg/kg

项目		土壤 pH		
		<6.5	6.5～7.5	>7.5
砷	旱田作物	50	50	50
	水稻	50	50	50
	果树	50	50	50
	蔬菜	30	30	30
铜	旱田作物	300	600	600
	水稻	150	300	300
	果树	400	800	800
	蔬菜	85	170	170
锌	旱田作物	2 000	2 700	3 400
	水稻	900	1 200	1 500
	果树	1 200	1 700	2 000
	蔬菜	500	700	900

资料来源：《畜禽粪便还田技术规范》（GB/T 25246—2010）。

3. 粪肥施用量　施用粪肥时，施用量的确定非常关键。施用量不足将导致作物减产，施用量过高则会导致环境污染。农田粪肥的使用量要根据农田作物种类、预期的目标产量、土壤特性及畜禽粪便中营养元素的含量进行科学计算。沼液、沼渣的施用量应折合成干粪的营养物质含量进行计算，小麦、玉米、水稻和果园的猪粪施用限量可参见表 10 - 14，菜地每茬黄瓜、番茄、茄子、青椒和大白菜的猪粪使用限量分别为 23t/hm²、35t/hm²、30t/hm²、30t/hm² 和 16 t/hm²。这些限值均指在不施用化肥的情况下，以干物质计算的猪粪肥料的使用限量。如果施用牛粪、鸡粪、羊粪等肥料可根据猪粪换算，其换算系数为：牛粪 0.8，鸡粪 1.6，羊粪 1.0。例如，对于本底肥力水平 Ⅰ 的稻田，施用猪粪肥的用量为 22 t/hm²，如果施用牛粪肥则其用量为 27.5 t/hm²，施用鸡粪肥的用量则为 13.75 t/hm²，依此类推。

表 10 - 14　小麦、水稻、玉米、果园猪粪施用限量

小麦和水稻每茬猪粪施用限量（t/hm²）			
农田本底肥力水平	Ⅰ	Ⅱ	Ⅲ
小麦和玉米田施用限量	19	16	14
稻田施用限量	22	18	16
果园每年猪粪施用限量（t/hm²）			
果树种类	苹果	梨	柑橘
施用限量	20	23	29

资料来源：《畜禽粪便还田技术规范》（GB/T 25246—2010）。

表 10 - 14 中不同土壤肥力水平是根据土壤全氮含量进行划分的，旱地（大田作物）、水田、菜地和果园的 Ⅱ 级肥力水平的土壤全氮含量分别为 0.8～1.0 g/kg、1.0～1.2 g/kg、

1.0~1.2 g/kg 和 0.8~1.0 g/kg。高于 Ⅱ 级肥力水平全氮含量的土壤为 Ⅰ 级肥力土壤，低于 Ⅱ 级肥力水平全氮含量的土壤为 Ⅲ 级肥力土壤。

（二）沼肥的施用方法

沼肥一般为棕褐色或黑色，为沼渣和沼液的统称。通常沼渣水分含量 60%~80%，其干基样总养分含量≥3.0%，有机质含量≥30%；沼液水分含量 96%~99%，其鲜基样的总养分含量≥0.2%。沼渣适合作基肥即播种前或移植前施入土壤的肥料，沼液适合作追肥即在作物生长中加施的肥料。

农业生产中常用的施肥方法有撒施、条施、穴施和环状施肥。撒施是在耕地前将肥料均匀撒于地表，结合耕地把肥料翻入土中，使肥土相融的施肥方法。条施（沟施）是结合犁地开沟，将肥料按条状集中施于作物播种行内的施肥方法。穴施是在作物播种或种植穴内施肥。环状施肥（轮状施肥）是在冬季或春季，以作物主茎为圆心，沿株冠垂直投影边缘外侧开沟，将肥料施入沟中并覆土的施肥方法。将沼渣、沼液用作不同作物种植时的具体施肥方法如下。

1. 沼渣基肥施用方法 沼渣用作基肥时通常一次施用。当沼渣用作粮油作物基肥时，施用量根据作物不同需求确定，水稻可按每年一季或两季、其他作物每年一季计算施肥；可采用穴施、条施和撒施，施后使之与土壤充分混合，并立即覆土，陈化 1 周后便可播种、栽插。沼渣用作果树基肥时，一般是在春季 2~3 月和采果结束后施用，以每棵树冠滴水圈对应挖长 60~80cm、宽 20~30cm 和深 30~40cm 的施肥沟进行施用，并覆土。沼渣用作蔬菜基肥时，按每年两季计算年施用量，栽植前 1 周开沟一次性施入，在缺磷或缺钾的旱地，可适当补充磷肥和钾肥。

2. 沼液追肥施用方法 沼液用作粮油作物追肥时，在粮油作物孕穗和抽穗之间采用开沟施用，覆盖 10cm 左右厚的土层；在有条件的地方，可将用沼液和泥土混匀密封在土坑里并保持 7~10d 后施用。沼液用作果树追肥时，一般用作果树叶面追肥，采果前 1 个月停止施用。沼液作为蔬菜追肥时，按每年两季计算年施用量，不足的养分由其他肥料补充；定植 7~10d 后，每隔 7~10d 施用一次，连续 2~3 次；蔬菜采摘前 1 周停止施用。

沼液作为叶面肥施用时，主要采用叶面喷施方法。春秋季节在上午露水干后（约 10：00 时）进行，夏季以傍晚为好，避免在中午高温和雨天施肥。沼液浓度视作物品种、生长期和气温而定，一般需要加清水稀释。在作物幼苗、嫩叶期和夏季高温期，要充分稀释，防止对植株造成伤害。

3. 沼渣与化肥配合施用 当沼渣与化肥配合施用时，建议沼渣作为基肥一次性集中施用；化肥作为追肥，两者为作物提供氮素量的比例为 1：1。根据沼渣提供的养分含量和不同作物养分的需求量确定化肥的用量，在作物养分的最大需要期施用。根据作物磷和钾的需求量，配合施用一定量的磷、钾肥。

4. 沼液与化肥配合施用 当沼液与化肥配合施用时，根据沼气工程能提供沼液的量确定化肥的用量，每次从沼气池取用沼液的量不超过 250~300kg。沼液叶面喷施时，对沼液进行澄清和过滤处理，根据农作物和果树品种、生长时期、生长势及环境条件确定喷洒量，从叶面背后喷洒。当气温较高或者作物处于幼苗、嫩叶期时，应用一份沼液兑一份清水稀释施用；当气温较低以及作物处于生长中、后期时，可用沼液直接喷施。

5. 沼肥栽培基质生产方法 沼渣沼液除了作为肥料使用外，也可以生产栽培基质用于食用菌、蔬菜等农产品生产。

沼渣可用于配制营养土和食用菌栽培基质。当沼渣用于营养土配制时，选用腐熟度好、质地细腻的沼渣，按沼渣∶泥土∶锯末∶化肥以（20～30）∶（50～60）∶（5～10）∶（0.1～0.2）的比例配合拌匀即可。当沼渣用于食用菌栽培基质生产时，选择在正常产气的沼气池中停留3个月出池后的无粪臭味的沼渣；沼渣从沼气池中取出后，堆放在地势较高的地方，盖上塑料薄膜沥水24h，至其水分含量为60%～70%时可作培养料使用；将5 000kg沼渣、1 500kg麦秆或稻草、15kg棉籽皮、60kg石膏、25kg石灰混合后可作为栽培料。当沼渣用于灵芝瓶栽基质生产时，要选用正常产气3个月以上的沼气池中的沼渣，将沼渣干燥至含水量60%左右，向其中加50%的棉籽壳、少量玉米粉和糖，将各种配料放在塑料薄膜上拌匀即可。

沼液主要用作无土栽培基质。经沉淀过滤后的沼液，按各类蔬菜的营养需求，以1∶（4～8）比例稀释后用作无土栽培营养液。在蔬菜栽培过程中，要定期添加或更换沼液。根据蔬菜品种不同和对微量元素的需要，可适当添加微量元素，并调节pH至5.5～6.0。

6. 沼液浸种方法　沼液中除含有丰富的氮、磷、钾、钠、钙等营养元素外，还含有多种微量元素、氨基酸、维生素、蛋白质、糖类、核酸、微生物、酶类及生物活性物质。因此，除了用作肥料外，沼液还可用于浸种。具体用法：种子要选用上年或当年生产的新鲜种子，对种子进行筛选，清除其中的杂物、秕粒。浸种前首先对种子进行晾晒，晾晒时间24h以上；选用正常发酵产气2个月以上的沼液，将种子装在能滤水的袋子里，并将袋子悬挂在沼气池水压间的上清液中，使沼液温度在10℃以上、pH7.2～7.6。当沼液用于水稻浸种时，浸种时间分别为早稻48h、中稻36h、晚稻36h，粳稻、糯稻可延长6h，然后清水洗净，破胸催芽。当沼液用于抗逆性较差的常规水稻浸种时，要将沼液用清水稀释1倍后使用，浸种时间为36～48h，然后清水洗净，破胸催芽。杂交稻品种应采用间歇法沼液浸种，三浸三晾，浸种时间分别为杂交早稻42h（每次浸14h、晾6h）和杂交中稻36h（每次浸12h、晾6h）杂交晚稻24h（每次浸8h、晾6h），然后清水洗净，破胸催芽。当沼液用于小麦浸种时，将晒干的麦种装入袋内在沼气池水压间浸泡12h，取出用清水洗净，沥干水分，摊开麦种晾干表面水分，次日即可播种。玉米浸种与小麦浸种一样，浸泡时间为4～6h。当沼液用于棉花浸种时，将棉花种子袋浸入沼气池水压间，浸泡36～48h，取出袋子滤去水分，用草木灰拌和反复轻搓，使其成为黄豆粒状即可用于播种；浸泡时要防止种子漂浮在液面，不能在阴雨天播种。

八、畜禽养殖废弃物处理模式

要想解决好养殖废弃物的环境污染问题，不仅要注重不同畜禽粪便和污水处理与利用技术方法，还需将畜禽粪便收集、贮存、处理和利用等各个环节作为一个系统进行综合考虑，形成经济实用的养殖废弃物处理模式。目前，各地都在积极探索和优化养殖废弃物处理模式，并且逐渐形成了多种特色明显的养殖废弃物处理模式。由于我国畜禽养殖场的生产规模、经济状况、当地自然条件及环境要求等都不尽相同，因此无法通过某种模式解决所有养殖场的废弃物处理利用问题。本节主要介绍种养结合、能源生态、达标排放废弃物处理模式。各养殖场在选择废弃物处理模式时，应根据养殖场的养殖种类、养殖规模、粪便收集方式、当地的自然地理环境条件以及排水去向等因素确定。无论选择何废弃物处理模式，都应同时考虑运行成本，在确保畜禽养殖废弃物处理和利用效果的条件下，尽量减少运行成本。

(一) 种养结合模式

将养殖业与种植业结合起来对养殖废弃物进行资源化利用，是最为经济实用的畜禽养殖污染防治方法。美国等发达国家通过种养业结合成功地解决了养殖废弃物的环境污染问题。种养结合模式是利用农作物生长的养分需要对养殖废弃物进行消纳，尤其适用于液体废弃物。由于养殖废弃物农田利用受季节、耕作制度以及天气等因素影响，养殖废弃物在污水贮存设施中的贮存时间通常较长，有时长达 6～8 个月，废弃物在贮存期间受微生物作用发生降解、同时借助日晒等作用使养殖废弃物无害化。我国部分地区在学习借鉴外国模式的基础上，开始实施综合养分管理计划（CNMP），即对示范区内实行种养结合，对养殖废弃物贮存、处理和利用等环节进行详细和科学规划，并对实施效果进行监测评估，有效防治养殖废弃物利用导致的环境污染。

该模式适合远离城市、土地宽广、周围有足够的农田的畜禽养殖场。当然，养殖场的规模越大、消纳废弃物所需要的农田面积也越大。对于新建养殖场可以根据周围农田面积确定养殖规模。首先，根据历史产量资料、土壤有关信息、往年生产记录等数据，估算一年作物生产的养分需要量，减去大豆和底肥的剩余氮量，再根据不同施肥方法的氮损失，对作物的氮需要量进行校正；其次，根据畜禽种类和废弃物贮存方式，确定每个栏位的年产废弃物养分量，因为贮存方式不同，氮磷等养分的损失不一样；最后，将校正的作物氮需要量除以每个栏位年产粪便养分量，即可计算每亩作物养分所需的动物数量，进而根据农田面积计算养殖场规模。反之亦然，可以根据养殖场的饲养规模估算废弃物养分消纳所需要的农田面积。

我国长期以来农牧脱节，加上农村土地实行家庭联产承包责任制，小规模碎片化农田给种养结合造成了一定的障碍。但随着我国农业发展方式的转变，特别是生态文明建设和美丽中国建设的推进，种养结合模式的推广应用将迎来新的契机。

(二) 能源生态模式

能源生态型废弃物处理模式是指畜禽养殖粪便和污水经厌氧反应处理后，其厌氧发酵剩余物（即沼渣沼液）作为有机肥料应用于农作物生产。欧洲国家普遍采用该模式解决养殖废弃物的环境污染问题。能源生态模式适用于当地有较大的能源需求、沼气能完全利用，同时养殖场周边有足够土地消纳沼渣沼液的养殖场，能对畜禽养殖粪便和污水转化成的沼渣沼液全部进行农业循环利用（图 10-3）。除用作有机肥外，沼渣沼液中含有很多养分和活性物质，还可用于栽培基质生产和浸种。采用该模式处理牛场废弃物时，要对粪草进行分离、切

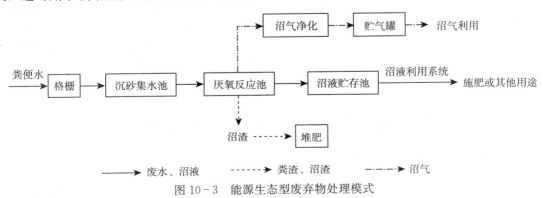

图 10-3　能源生态型废弃物处理模式

割和混合；处理养鸡场废弃物前先清除鸡粪中的羽毛。

能源生态型废弃物处理模式与种养结合模式的最大差别是，利用沼气工程对养殖废弃物进行处理，利用养殖废弃物中的生物质生产清洁能源，同时利用厌氧微生物对废弃物中的有机物质进行降解并实现无害化。沼渣沼液农田利用需要足够的农田面积，根据农田面积确定养殖规模，以及根据养殖规模确定沼渣沼液消纳面积的计算方法与种养结合模式相同。

对于配套农用面积相对较小的养殖场，可以采用干清粪方式并对污水进行固液（干湿）分离处理。对干清粪清理出来的固体粪便和固液分离出的固体粪渣单独处理生产有机肥，污水采用 UASB 等反应器进行厌氧发酵处理。此时的能源产量不大，主要以污染物无害化处理、降低有机物浓度、减少沼液和沼渣消纳所需配套的土地面积为目的。

（三）达标排放模式

对于城市近郊的养殖场或位于农村地区但无配套农田的养殖场，只能采取达标排放模式对养殖废弃物进行深度处理，达到排放和灌溉标准后向外排放或灌溉农田。养殖废弃物达标排放模式中，污水进入厌氧反应器之前应先进行固液（干湿）分离，然后再对固体粪渣和污水分别进行处理，污水经过 SBR、人工湿地、膜生物反应器等技术进行深度处理，达到相关排放标准和总量控制要求后再向外排放（图 10-4）。

为了降低养殖污水深度处理难度和节约运行成本，采用达标排放模式的养殖场应该采用干清粪方式，尽量降低污水中的有机物浓度。清粪率越高，污水中的有机物浓度就越低，清粪比例尽可能控制在 70% 以上。

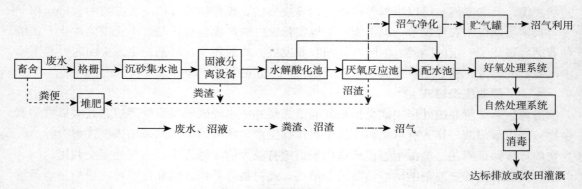

图 10-4　环保型养殖废弃物处理技术

另外，农业部正在推广"三改两分再利用"模式，即改水冲清粪或人工干清粪为漏缝地板下刮粪板清粪，改无限用水为控制用水，改明沟排污为暗排污；实行固液分离、雨污分离；畜禽固体粪便经过高温堆肥无害化处理后生产有机肥，养殖污水经过 UASB＋SBR 等技术处理后进行杀菌，出水回用于圈舍冲洗，减少养殖均的水资源消耗，为节水畜牧业发展提供了技术支持。

第二节　病死畜禽无害化处理

一、病死畜禽无害化处理的意义

我国是畜牧业生产大国，畜禽养殖量大。据统计，2013 年出栏家禽 119 亿只、生猪

7.16亿头、羊2.76亿只、牛4 828.2万头，存栏家禽57亿只、生猪4.74亿头、羊2.90亿只、牛1.04亿头。近年来，虽然畜禽规模化养殖比例不断提升，但总体生产水平仍然较低，散养比例仍然较高。目前，年出栏生猪500头以上的养殖比例仅40.8%，出栏50头以上肉牛的养殖比例为27.3%，出栏100只以上肉羊的养殖比例为31.1%，出栏50 000只以上肉鸡的养殖比例为42.3%，年存栏奶牛100头以上的规模养殖比例41.1%，存栏蛋鸡10 000只以上的规模养殖比例为34.7%。病死畜禽数量较大、涉及范围广、处理难度大。据测算，我国平均每年仅病死生猪就在5 000万头以上。如果病死畜禽处理不当，不但会影响畜牧业生产安全、食品安全和公共卫生安全，还会造成环境污染，甚至带来一些社会问题。因此，有效解决病死畜禽无害化处理问题刻不容缓。

一是病死畜禽无害化处理是推进生态文明建设的迫切需要。党的十八大和十八届三中全会明确提出加快生态文明建设。习近平总书记强调，中国要美，农村必须美；要因地制宜搞好农村人居环境综合整治，尽快改变农村许多地方污水乱排、垃圾乱扔、秸秆乱烧的脏乱差状况。病死畜禽也是一种"农业生产垃圾"，易腐烂，降解慢，一旦被随意抛弃或者处理不当，会对环境造成直接污染。病死畜禽无害化处理操作不规范，处理不完全，处理过程中也会产生水污染、大气污染等问题，影响我国生态文明建设。病死畜禽含有丰富的油脂和蛋白质，如果不能资源化利用，不仅影响病死畜禽无害化处理工作的可持续性，也不利于建设资源节约型、环境友好型社会。对病死畜禽进行无害化处理，有利于减轻环境污染，改善农村人居环境，对推进生态文明建设和建设美丽中国有着十分重要的意义。

二是病死畜禽无害化处理是确保"舌尖上的安全"的迫切需要。随着经济社会快速发展和人民生活水平的逐步提高，人民群众越来越关注生产生活环境，越来越关注"舌尖上的安全"。病死畜禽无害化处理工作直接关系食品安全、关系生态文明建设，群众关心、媒体关注，处理不当很容易演化成社会热点事件。病死畜禽携带有大量病原微生物，如果被不法分子违法加工、贩卖进入餐饮环节，就会造成餐桌污染，不但会加大发生动物疫病和人畜共患病的风险，给畜牧业生产安全和公共卫生安全带来影响；也会损害人民身体健康，甚至引发公共卫生和食品安全事件。对病死畜禽进行无害化处理，使病死畜禽得到及时收集、规范处置，是保障食品安全、维护公众健康的首善之举，是一项民心工程。

三是病死畜禽无害化处理是促进畜牧业健康发展的迫切需要。动物疫病已成为影响养殖业健康发展的重要因素。病死畜禽大多携带细菌、病毒、寄生虫等病原体，处理不及时，就有可能造成动物疫病的传播扩散，造成更大范围畜禽染疫患病，甚至更多畜禽病死。对病死畜禽进行无害化处理，能够有效降低动物疫病传播和蔓延概率，提高动物卫生水平，保障畜牧业健康稳定发展。

二、病死畜禽无害化处理思路和机制

为全面推进病死畜禽无害化处理，保障食品安全和生态环境安全，促进养殖业健康发展，2014年10月，国务院办公厅印发了《关于建立病死畜禽无害化处理机制的意见》（国办发〔2014〕47号），明确了思路、目标和原则，要求强化责任主体，落实属地责任，加强体系建设，对病死畜禽无害化处理作出了全面部署。

病死畜禽无害化处理应做到及时处理、清洁环保、合理利用。出现病死畜禽要第一时间处理，避免动物尸体长时间暴露，这有利于减少动物疫病传播风险。在处理过程中做到清洁环保，产生的废水、废气甚至噪声都要符合环保要求，不能造成二次污染。在此基础上，要通过技术支撑和政策引导，对病死畜禽处理后的产物尽量做到合理利用，最大限度减少资源浪费。

病死畜禽无害化处理原则是，坚持统筹规划与属地负责相结合、政府监管与市场运作相结合、财政补助与保险联动相结合、集中处理与自行处理相结合，尽快建成覆盖饲养、屠宰、经营、运输等各环节的病死畜禽无害化处理体系，构建科学完备、运转高效的病死畜禽无害化处理机制。既要从产业结构整体情况出发来谋划无害化处理的总体规划布局，又要因地制宜选择适合各地特点的模式和方法。既要充分发挥市场的决定性作用，调动社会资本参与病死畜禽无害化处理的积极性，又要强化政府监管，加大对非法处置病死畜禽等违法犯罪活动的打击力度，为市场运作创造良好的外部环境。进一步密切政策性养殖保险与病死畜禽无害化处理的联动机制，充分调动养殖、屠宰等生产经营者的积极性。

1. 建立病死畜禽无害化处理的责任体系　从事畜禽饲养、屠宰、经营、运输的单位和个人是病死畜禽无害化处理的第一责任人，承担主体责任。具体责任包括：及时对生产经营活动中产生的病死畜禽进行无害化处理，不得抛弃、收购、贩卖、屠宰加工病死畜禽。零星处理的，要做到处理规范，确保清洁安全，不污染环境。在生产经营活动中，发现病死畜禽，要及时报告当地畜牧兽医部门，以便及时进行疫病调查，防止疫情扩散传播。病死畜禽无害化处理实行属地管理，地方各级人民政府对本地区病死畜禽无害化处理负总责。

2. 加强病死畜禽无害化处理体系建设思路　建设覆盖饲养、屠宰、经营、运输等各环节的病死畜禽无害化处理场所，处理场所的设计处理能力要高于日常病死畜禽处理量。综合考虑发生疫情、自然灾害等突发性事件时死亡畜禽的无害化处理，保障病死畜禽及其产品能够及时有效地进行无害化处理。依托养殖场、屠宰场、专业合作组织和乡镇畜牧兽医站等建设病死畜禽收集网点、暂存设施，保证病死畜禽能够得到及时收集，降低病死畜禽停留时间，减少传播动物疫病和污染环境的风险。有条件的规模养殖场、屠宰场应自建无害化处理设施。对不具备自建条件的规模养殖场、屠宰场，应与专业无害化处理场签署委托处理协议。在一些畜禽饲养量不大的地方，单独建立病死畜禽专业无害化处理场可能存在处理量不足，导致设施浪费和运行困难等问题，可以跨区域建设，避免浪费。优先采用化制、发酵既能实现无害化处理又能资源化利用的工艺技术。生产中采用的处理方法有焚烧、化制、掩埋、发酵四种。从资源化利用的角度考虑，应优先采用化制、发酵等方法。有条件的地方可在完善防疫设施的基础上，利用现有的医疗垃圾处理厂等对病死畜禽进行无害化处理，调动一切可以利用的资源开展病死畜禽无害化处理工作，避免重复建设。

3. 病死畜禽无害化处理的相关保障政策　主要有按照"谁处理补给谁"的原则，建立与养殖量、无害化处理率相挂钩的财政补助机制。扩大财政补助范围，将2011年起实施的标准化规模养殖场（小区）养殖环节病死猪无害化处理补助范围扩大到所有生猪散养户。据统计，2014年全国规模养殖场共无害化处理病死猪2 050万头，申请中央财政补助经费9.67亿元。无害化处理设施建设用地可优先予以保障。无害化处理设施设备可纳入农机购置补贴范围。从事无害化处理的企业可享受国家有关税收优惠。建立健全保险和病死畜禽无害化处理联动机制，将病死畜禽无害化处理作为保险理赔的前提条件，不能确认无害化处理的，保险机构不予赔偿等。

三、病死畜禽无害化处理方法

目前，生产中常用的病死畜禽无害化处理方法有 4 种：焚烧法、化制法、掩埋法和发酵法，每种方法的技术要点和注意事项如下。

（一）焚烧法

焚烧法是指在焚烧容器内，使畜禽尸体及相关产品在富氧或无氧条件下进行氧化反应或热解反应的方法。焚烧法分为直接焚烧法和炭化焚烧法两种。

1. 直接焚烧法

（1）技术要点　视情况对畜禽尸体及相关产品进行破碎预处理。将畜禽尸体及相关产品或破碎产物，投至焚烧炉本体燃烧室，经充分氧化、热解，产生的高温烟气进入二燃室继续燃烧，产生的炉渣经出渣机排出。燃烧室温度不低于 850℃，二燃室出口烟气经余热利用系统、烟气净化系统处理后达标排放，焚烧炉渣与除尘设备收集的焚烧飞灰应分别收集、贮存和运输。焚烧炉渣按一般固体废物处理，焚烧飞灰和其他尾气净化装置收集的固体废物如属于危险废物，则按危险废物处理。

（2）注意事项　严格控制焚烧进料频率和重量，使物料能够充分与空气接触，保证完全燃烧。燃烧室内应保持负压状态，避免焚烧过程中发生的烟气泄露。燃烧所产生的烟气从最后的助燃空气喷射口或燃烧器出口到换热面或烟道冷风引射口之间的停留时间不低于 2s。二燃室顶部设紧急排放烟囱，应急时开启。配备充分的烟气净化系统，包括喷淋塔、活性炭喷射吸附、除尘器、冷却塔、引风机和烟囱等，焚烧炉出口烟气中氧含量应为 6%～10%（干气）。

2. 炭化焚烧法

（1）技术要点　将畜禽尸体及相关产品投至热解炭化室，在无氧情况下经充分热解，产生的热解烟气进入燃烧（二燃）室继续燃烧，产生的固体炭化物残渣经热解炭化室排出。热解温度应不低于 600℃，燃烧（二燃）室温度不低于 1 100℃。焚烧后烟气在 1 100℃以上停留时间不低于 2s。烟气经过热解炭化室热能回收后，降至 600℃左右进入排烟管道。烟气经过湿式冷却塔进行"急冷"和"脱酸"后进入活性炭吸附和除尘器，最后达标后排放。

（2）注意事项　检查热解炭化系统的炉门密封性，保证热解炭化室的隔氧状态。定期检查和清理热解气输出管道，以免发生阻塞。热解炭化室顶部需设置与大气相连的防爆口，热解炭化室内压力过大时可自动开启泄压。根据处理物种类、体积等，严格控制热解的温度、升温速度及物料在热解炭化室里的停留时间。

（二）化制法

化制法是指在密闭的高压容器内，通过向容器夹层或容器通入高温饱和蒸汽，在干热、压力或高温、压力的作用下，处理畜禽尸体及相关产品的方法。化制法分为干化法和湿化法两种。

1. 干化法

（1）技术要点　视情况对畜禽尸体及相关产品进行破碎预处理。畜禽尸体及相关产品或破碎产物输送入高温高压容器。处理物中心温度不低于 140℃，压力不低于 0.5MPa（绝对压力），时间不低于 4h。具体处理时间随需处理畜禽尸体及相关产品或破碎产物种类和体积大小而设定。加热烘干产生的热蒸汽经废气处理系统后排出。加热烘干产生的畜禽尸体残渣传输至压榨系统处理。

（2）注意事项　搅拌系统的工作时间以烘干剩余物基本不含水分为宜，根据处理物量的多少，适当延长或缩短搅拌时间。使用合理的污水处理系统，有效去除有机物、氨氮，达到国家规定的排放要求。使用合理的废气处理系统，有效吸收处理过程中畜禽尸体腐败产生的恶臭气体，使废气排放符合国家相关标准。高温高压容器操作人员符合相关专业要求。处理结束后对墙面、地面及相关工具进行彻底清洗消毒。

2. 湿化法

（1）技术要点　视情况对畜禽尸体及相关产品进行破碎预处理。将畜禽尸体及相关产品或破碎产物送入高温高压容器，总质量不得超过容器总承受力的 4/5。处理物中心温度不低于 135℃，压力不低于 0.3MPa（绝对压力），处理时间不低于 30min。具体处理时间随需处理畜禽尸体及相关产品或破碎产物种类和体积大小而设定。高温高压结束后，对处理物进行初次固液分离。固体物经破碎处理后送入烘干系统，液体部分送入油水分离系统处理。

（2）注意事项　高温高压容器操作人员符合相关专业要求。处理结束后，需对墙面、地面及相关工具进行彻底清洗消毒。冷凝排放水应冷却后排放，产生的废水应经污水处理系统处理达标后排放。处理车间废气应通过安装自动喷淋消毒系统、排风系统和高效微粒空气过滤器（HEPA 过滤器）等进行处理，达标后排放。

（三）掩埋法

掩埋法是指按照相关规定，将畜禽尸体及相关产品投入化尸窖或掩埋坑中并覆盖、消毒，发酵或分解畜禽尸体及相关产品的方法。掩埋法分为直接掩埋法和化尸窖掩埋法两种。

1. 直接掩埋法

（1）选址要求　应选择地势高燥、处于下风向的地点，远离动物饲养厂（饲养小区）、动物屠宰加工场所、动物隔离场所、动物诊疗场所、动物和动物产品集贸市场、生活饮用水源地，远离城镇居民区、文化教育科研等人口集中区域以及主要河流及公路、铁路等主要交通干线。

（2）技术要点　掩埋坑体容积以实际处理畜禽尸体及相关产品数量确定。掩埋坑底应高出地下水位 1.5m 以上，要防渗、防漏，坑底洒一层厚度为 2～5cm 的生石灰或漂白粉等消毒药。将畜禽尸体及相关产品投入坑内，最上层距离地表 1.5m 以上。用生石灰或漂白粉等消毒药消毒。然后覆盖距地表 20～30cm、厚度不少于 1～1.2m 的覆土。

（3）注意事项　掩埋覆土不要太实，以免腐败产气造成气泡冒出和液体渗漏。掩埋后，在掩埋处设置警示标识。掩埋后第 1 周内应每日巡查一次，第 2 周起每周巡查一次，连续巡查 3 个月，掩埋坑塌陷处应及时加盖覆土。掩埋后立即用氯制剂、漂白粉或生石灰等消毒药对掩埋场所进行一次彻底消毒。第 1 周内每日消毒一次，第 2 周起每周消毒一次，连续消毒 3 周以上。

2. 化尸窖掩埋法

（1）选址要求　畜禽养殖场的化尸窖应结合本场地形特点，宜建在下风向。乡镇、村的化尸窖应选择地势较高，处于下风向的地点。应远离动物饲养厂（饲养小区）、动物屠宰加工场所、动物隔离场所、动物诊疗场所、动物和动物产品集贸市场、泄洪区、生活饮用水源地；应远离居民区、公共场所以及主要河流、公路、铁路等主要交通干线。

（2）技术要点　化尸窖应为砖和混凝土，或者钢筋和混凝土密封结构，防渗防漏。在顶部设置投置口，并加盖密封和加双锁。设置异味吸附、过滤等除味装置。投放前，在化尸窖底部铺撒（洒）一定量的生石灰或消毒液。投放后，投置口密封加盖加锁，并对投置口、化尸窖及周边环境进行消毒；当化尸窖内动物尸体达到容积的 3/4 时，应停止使用并密封。

（3）注意事项　化尸窖周围应设置围栏、设立醒目警示标志，以及专业管理人员姓名和联系电话公示牌，实行专人管理。注意化尸窖维护，发现化尸窖破损、渗漏应及时采取措施予以处理。当封闭化尸窖内的动物尸体完全分解后，应当对残留物进行清理，清理出的残留物进行焚烧或者掩埋处理，化尸窖池进行彻底消毒后，方可重新启用。

（四）发酵法

发酵法是指将畜禽尸体及相关产品与稻糠、木屑等辅料按要求摆放，利用畜禽尸体及相关产品产生的生物热或加入特定生物制剂，发酵或分解畜禽尸体及相关畜禽产品的方法。

（1）技术要点　发酵堆体结构形式主要分为条垛式和发酵池式。在指定场地或发酵池底铺设 20cm 厚辅料，辅料上平铺畜禽尸体或相关动物产品，厚度不少于 20cm，覆盖 20cm 辅料，确保畜禽尸体或相关畜禽产品全部被覆盖。堆体厚度随需处理畜禽尸体和相关畜禽产品数量而定，一般控制在 2～3m。堆肥发酵堆内部温度不低于 54℃，1 周后翻堆，3 周后完成。辅料为稻糠、木屑、秸秆、玉米芯等混合物，或为在稻糠、木屑等混合物中加入特定生物制剂预发酵后的产物。

（2）注意事项　因重大动物疫病及人畜共患病死亡的畜禽尸体和相关产品不得使用此种方式进行处理。发酵过程中，要采取防雨措施。条垛式堆肥发酵应选择平整、防渗的地面。使用合理的废气处理系统，有效吸收处理过程中畜禽尸体和相关畜禽产品腐败产生的恶臭气体，使废气排放符合国家相关标准。

2013 年 9 月，农业部在浙江、辽宁等 19 个省份的 212 个县启动了病死猪无害化处理长效机制试点工作。目前，212 个试点县中已建成专业无害化处理场 50 个，立项规划建设或在建的无害化处理场 90 多个。根据养殖业发展特点，积极尝试，试点地区选择焚烧、化制、深埋、发酵等不同的无害化处理方法，探索出了不同的处理方式。目前，已经建成的 50 个专业无害化处理场中，采用化制法的有 22 个、发酵法的有 16 个、焚烧法的有 9 个，综合利用化制和发酵、焚烧等方法的有 3 个。

四、病死畜禽收集运输要求

1. 包装要求　包装材料符合密闭、防水、防渗、防破损、耐腐蚀等要求，材料的容积、尺寸和数量与需处理畜禽尸体及相关产品的体积、数量相匹配。包装后应予以密封。使用后，一次性包装材料应作销毁处理。

2. 暂存要求　采用冷冻或冷藏方式进行暂存，防止无害化处理前畜禽尸体腐败。暂存场所能防水、防渗、防鼠、防盗，易于清洗和消毒。暂存场所应设置明显警示标识。定期对暂存场所及周边环境进行清洗消毒。

3. 运输要求　选择专用的运输车辆或封闭厢式运载工具，车厢四壁及底部应使用耐腐蚀材料，并采取防渗措施。车辆驶离暂存、养殖等场所前，对车轮及车厢外部进行消毒。运载车辆应尽量避免进入人口密集区。若运输途中发生渗漏，要重新包装、消毒后运输。到达目的地卸载后，对运输车辆及相关工具等进行彻底清洗、消毒。

4. 人员防护要求　病死畜禽的收集、暂存、装运、无害化处理操作的工作人员应经过专门培训，掌握相应的动物防疫知识。在操作过程中，工作人员应穿戴防护服、口罩、护目镜、胶鞋及手套等防护用具。使用专用的收集工具、包装用品、运载工具、清洗工具、消毒器材等。工作完毕后，对一次性防护用品作销毁处理，对循环使用的防护用品消毒处理。

5. 无害化处理场所建设　无害化处理场所距离动物养殖场、养殖小区、种畜禽场、动物屠宰加工场所、动物隔离场所、动物诊疗场所、动物和动物产品集贸市场、生活饮用水源地 3 000m 以上；距离城镇居民区、文化教育科研等人口集中区域及公路、铁路等主要交通干线 500m 以上。场区周围建有围墙，场区出入口处设置与门同宽，长 4m、深 0.3m 以上的消毒池，设有单独的人员消毒通道；无害化处理区与生活办公区分开，并有隔离设施；无害化处理区内设置染疫动物扑杀间、无害化处理间、冷库等；畜禽扑杀间、无害化处理间入口处设置人员更衣室，出口处设置消毒室。

6. 记录要求　病死畜禽的收集、暂存、装运、无害化处理等环节应建有台账和记录。有条件的地方应保存运输车辆行车信息和相关环节视频记录。接收台账和记录包括病死畜禽及相关畜禽产品来源场（户）、种类、数量、畜禽标识号、死亡原因、消毒方法、收集时间、经手人员等。运出台账和记录应包括运输人员、联系方式、运输时间、车牌号、病死畜禽及产品种类、数量、畜禽标识、消毒方法、运输目的地及经手人员等。接收台账和记录包括病死畜禽及相关畜禽产品来源、种类、数量、畜禽标识号、运输人员、联系方式、车牌号、接收时间及经手人员等。处理台账和记录应包括处理时间、处理方式、处理数量及操作人员等。涉及病死畜禽无害化处理的台账和记录至少要保存 2 年。

第三节　畜禽屠宰废弃物无害化处理

屠宰环节无害化处理是畜禽无公害屠宰质量安全控制的重要方面。屠宰环节无害化处理包括可疑病害胴体处理、加工过程中产生的不合格品和废弃物处理以及屠宰加工过程中的废水处理。

一、可疑病害畜禽及其产品处理

对于动物检验检疫发现的异常动物，要按照《病害动物和病害动物产品生物安全处理规程》（GB 16548）等相关规定进行销毁、急宰或缓宰处理。

（一）销毁

凡是发现危害性较大的且目前难以防治的疫病、急性传染病、人畜共患病，国内未发现或已消灭的疫病，需对动物及相应产品进行销毁处理。

1. 销毁对象　销毁的动物及产品主要包括以下情况：

（1）确认口蹄疫、猪瘟、高致病性猪蓝耳病、炭疽、猪丹毒、猪肺疫、猪副伤寒、猪Ⅱ型链球菌病、猪支原体肺炎、副猪嗜血杆菌病、丝虫病、猪囊尾蚴病、旋毛虫病、口蹄疫、牛传染性胸膜肺炎、牛海绵状脑病、布鲁菌病、牛结核病、牛传染性鼻气管炎、日本血吸虫病、痒病、小反刍兽疫、绵羊痘和山羊痘、肝片吸虫病、棘球蚴病、高致病性禽流感、新城疫、禽白血病、鸭瘟、禽痘、小鹅瘟、马立克病、鸡球虫病、禽结核病的染疫畜禽以及其他严重危害人畜健康的病害畜禽及其产品。

（2）病死、毒死或不明死因畜禽的尸体，经检验对人畜有毒有害的，从动物体割除的病变部分。

（3）国家规定的其他应该销毁的畜禽和畜禽产品。

2. 销毁方法

（1）焚毁 将病害畜禽尸体、病害畜禽产品投入焚化炉或用其他方式烧毁碳化。

（2）掩埋 本法不适用于患有炭疽等芽孢杆菌类疫病，以及牛海绵状脑病、痒病的染疫动物及产品、组织的处理。具体掩埋要求如下：掩埋地应远离学校、公共场所、居民住宅区、村庄、动物饲养和屠宰场所、饮用水源地、河流等地区；掩埋前应对需掩埋的病害动物尸体和病害动物产品实施焚烧处理；掩埋坑底铺 2cm 厚生石灰；掩埋后需将掩埋土夯实。病害动物尸体和病害动物产品上层应距地表 1.5m 以上；焚烧后的病害动物尸体和病害动物产品表面，以及掩埋后的地表环境应使用有效消毒药喷洒消毒。

（二）急宰

经查验后，确认为无碍肉食卫生的一般病畜及患一般传染病而有死亡危险时，应立即开具急宰证明单，进行急宰处理。

（三）缓宰

经检查确认为一般传染病或其他普通疾病，且有治愈希望的，或只是疑似传染病而未确诊的畜禽，应予以缓宰。

二、异常不合格产品及废弃物处理

对于销毁对象中规定的动物疫病外的其他疫病的染疫动物，以及病变严重、肌肉发生退行性变化的动物的整个尸体或胴体及内脏或者物理性致死尸体，应进行无害化处理。对于物理性致死尸体，首先要查明是否是纯物理致死，因为挤压或摔跤致死的畜禽很可能本身患有疾病、体弱无力，挤压或摔跤致死后带有物理死亡的假象。凡确定为物理性致死，经过专业检验肉质良好，且在死后 2 h 取出内脏的畜禽，其胴体经过无害化处理后可供食用。原因不明的，则根据农业部《病死及死因不明动物处置方法》等相关规定予以处理。异常不合格产品无害化处理方法主要有化制法和消毒处理法。化制法是利用干化、湿化机，将原料分类，分别投入进行化制。消毒处理法是对于除上述销毁规定疫病以外的其他疫病的染疫动物的生皮、原毛以及未经加工的蹄、骨、角、绒进行处理。消毒处理法有高温处理法、盐酸食盐溶液消毒法、过氧乙酸消毒法、碱盐液浸泡消毒法和煮沸消毒法。

（1）高温处理法 适用于染疫动物蹄、骨和角的处理，将肉尸作高温处理时剔出的骨、蹄、角放入高压锅内蒸煮至骨脱胶或脱脂时止。

（2）盐酸食盐溶液消毒法 适用于被病原微生物污染或可疑被污染和一般染疫动物的皮毛消毒。用 2.5% 盐酸溶液和 15% 食盐水溶液等量混合，将皮张浸泡在此溶液中；使溶液温度保持在 30℃ 左右，浸泡 40h；1m² 皮张用 10L 消毒液；浸泡后捞出沥干，放入 2% 氢氧化钠溶液中，以中和皮张上的酸；用水冲洗后晾干。也可按 100mL 25% 食盐水溶液中加入盐酸 1mL 配制消毒液，在室温 15℃ 条件下浸泡 48h，皮张与消毒液之比为 1∶4；浸泡后捞出沥干，再放入 1% 氢氧化钠溶液中浸泡，以中和皮张上的酸；用水冲洗后晾干。

（3）过氧乙酸消毒法 适用于任何染疫动物的皮毛消毒。将皮毛放入新鲜配制的 2% 过氧乙酸溶液中浸泡 30min，捞出；用水冲洗后晾干。

（4）碱盐液浸泡消毒法 适用于被病原微生物污染的皮张消毒。将皮毛浸入 5% 碱盐液（饱和盐水内加 5% 氢氧化钠）中，室温（18~25℃）浸泡 24h，并随时加以搅拌；然后取出挂起，待碱盐液流净，放入 5％盐酸液内浸泡，使皮上的酸碱中和；捞出，用水冲洗后晾干。

（5）煮沸消毒法　适用于染疫动物鬃毛的处理。将鬃毛于沸水中煮沸 2～2.5h。

三、畜禽屠宰加工废水处理

屠宰废水是我国最大的有机污染源之一。据调查，屠宰废水的排放量约占全国工业排放量的 6％。屠宰废水主要为肉类屠宰加工企业生产过程中产生的一种有机物含量较高的有机废水，主要来源为屠宰加工过程中产生的冲洗用水、清洁用水、浸烫脱毛等工艺产生的高温废水、机房的冷却水以及办公生活污水，其废水中含有大量血液、油脂、肉骨渣、毛及粪便等污染物。屠宰废水中氮、磷以及油脂含量高，但不含有毒有害的重金属和化学物质，属高悬浮物、高油脂、高氨氮、高含磷、易生化降解的高浓度有机废水。如果不进行有效处理而排放到环境中，将对环境造成严重的污染。

（一）畜禽屠宰废水量

畜禽屠宰废水量可根据公式 10-5 进行计算

$$Q = q \times S \tag{10-5}$$

式中：Q——每日产生的屠宰废水量，m^3/d；

q——单位屠宰畜禽废水产生量（表 10-15），$m^3/$头或 $m^3/$百只；

S——每日屠宰畜禽总数量，头/d 或百只/d。

表 10-15　单位屠宰畜禽废水产生量

单位：$m^3/$头（畜）或 $m^3/$百只（禽）

屠宰动物类型	牛	猪	羊	鸡	鸭	鹅
屠宰单位动物废水产生量	1.0～1.5	0.5～0.7	0.2～0.5	1.0～1.5	2.0～3.0	2.0～3.0

资料来源：《屠宰与肉类加工废水治理工程技术规范》（HJ 2004—2010）。

屠宰废水水质的确定以实际监测数据为准，无监测数据时，屠宰废水水质取值可参照表 10-16。

表 10-16　屠宰废水水质设计取值

单位：mg/L（pH 除外）

污染物指标	COD_{Cr}	BOD_5	SS	氨氮	动植物油	pH
废水浓度范围	1 500～2 000	750～1 000	750～1 000	50～150	50～200	6.5～7.5

资料来源：《屠宰与肉类加工废水治理工程技术规范》（HJ 2004—2010）。

（二）肉类加工废水量

肉类加工的废水量与加工规模、种类及工艺有关。单独的肉类加工厂废水量应根据实际情况具体确定，一般不应超过 5.8 m^3/t（原料肉），有分割肉、化制等工序的企业每加工 1t 原料肉可增加排水量 $2m^3$，肉类加工厂与屠宰厂合建时，其废水量可按同规模的屠宰场及肉类加工厂分别取值计算。按全厂用水量估算总废水排放量时，废水量宜取全厂用水量的

80％～90％。废水水质的确定应以实际监测数据为准，无监测数据时，肉类加工废水水质取值可参照表 10 - 17。

表 10 - 17 肉类加工废水水质设计取值

单位：mg/L（pH 除外）

污染物指标	COD_{Cr}	BOD_5	SS	氨氮	动植物油	pH
废水浓度范围	800～2 000	500～1 000	500～1 000	25～70	30～100	6.5～7.5

资料来源：《屠宰与肉类加工废水治理工程技术规范》（HJ 2004—2010）

（三）畜禽屠宰加工废水处理工艺选择原则

工艺选择应以连续稳定达标排放为前提，选择成熟、可靠的废水处理工艺；应根据废水的水量、水质特征、排放标准、地域特点及管理水平等因素确定工艺流程及处理目标；在达标排放的前提下，优先选择低运行成本、技术先进的处理工艺，处理工艺过程应尽可能做到自动控制；屠宰与肉类加工废水处理应采用生化处理为主、物化处理为辅的组合处理工艺，并按照国家相关政策的要求，因地制宜考虑废水深度处理及再利用。

（四）无害化处理主要单元

无害化处理主要包括单元预处理、格栅、沉砂池、隔油池、调节池、生化处理、消毒、深度处理以及污泥处理等单元，屠宰与肉类加工废水治理工程典型工艺流程如图 10 - 5 所示。

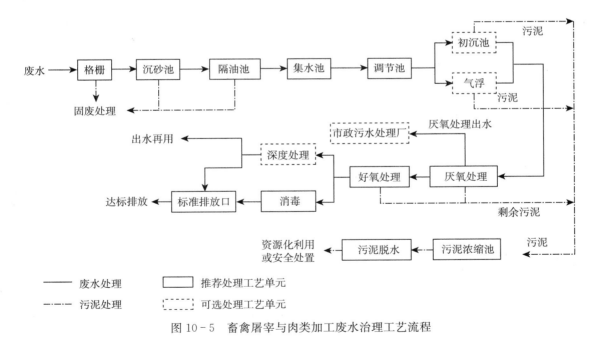

图 10 - 5 畜禽屠宰与肉类加工废水治理工艺流程

1. 预处理 屠宰与肉类加工废水工程的预处理部分主要包括粗（细）格栅、沉砂池、隔油池、集水池、调节池和初沉池等。

2. 格栅 禽类与畜类屠宰加工废水中含有较多羽毛等漂浮物时必须设置专用的细格栅、水力筛或筛网等，要特别注意此种废水处理的细格栅设备选型。

3. 沉砂池 采用平流式沉砂池时，最大流速应为 0.3m/s，最小流速为 0.15m/s，水力停留时间宜为 30～60s。采用旋流式沉砂池时，旋流速度应为 0.6～0.9m/s，表面负荷约为 200m³/（m²·h），水力停留时间宜为 20～30s。

4. 隔油池 平流式隔油池停留时间一般为 1.5～2.0h，斜板隔油池停留时间一般不大于 0.5h。含油脂较低的肉类加工厂废水可根据实际情况不单独设置隔油池。

5. 集水池 集水池有效容积应不小于该池最大工作水泵 5min 的出水量，废水提升水泵宜按最大时水量选型（无水量变化曲线资料时按 3～4 倍平均流量），每小时启动次数不超过 6 次。

6. 调节池 调节池后宜设置初沉池，可采用竖流式沉淀池。对于规模大于 3 000t/d 的项目可采用辐流式沉淀池。采用竖流式沉淀池时宽（直径）深比一般不大于 3，池体直径（或正方形一边）不宜大于 8m。不设置反射板时的中心流速不应大于 30mm/s，设置反射板时的中心流速可取 100mm/s。沉淀池的水力停留时间应大于 1h，但不宜大于 3h。

7. 生化处理 生化处理是屠宰与肉类加工废水治理工程的核心，主要去除废水中可降解有机污染物及氨氮等营养型污染物。生化处理部分主要包括厌氧处理（或水解酸化）和好氧处理。

（1）厌氧处理 屠宰与肉类加工废水一般宜采用的厌氧工艺为升流式厌氧污泥床（UASB）或水解酸化技术。UASB 尤其适用于中高有机负荷、水量水质较稳定、悬浮物浓度较低时的废水处理；UASB 应按容积负荷设计，并按水力停留时间校核，水力停留时间宜取 16～24h。宜采用常温或中温厌氧。当水温较低时，宜设置加热装置和隔热保温层。UASB 有效容积的计算见公式 10-6。

$$V_R = \frac{Q \times S_0}{N_V} \text{ 或 } V_R = Q \times HRT \qquad (10-6)$$

式中：V_R——厌氧反应器的有效容积，m³；

Q——设计流量，m³/d；

S_0——进水有机物（COD_{Cr}）质量浓度，kg/m³；

N_V——容积负荷（COD_{Cr}），kg/（m³·d）；

HRT——水力停留时间，d。

（2）水解酸化技术 水解酸化技术适用于较高容积负荷、水质水量波动变化较大时的废水处理；宜采用常温水解酸化，通常按水力停留时间设计，有机容积负荷校核。水力停留时间一般为 4～10h，容积负荷（COD_{Cr}）为 4.8～12.0 kg/（m³·d）。水解酸化池一般采用上向流式，最大上升流速应不小 2.0m/h；设计水解酸化池温度应控制在 15℃ 以上，以 20～30℃ 为宜；水解酸化池可根据实际需要悬挂一定的生物填料，填料高度一般应为水解酸化池有效池深的 1/2～2/3。

（3）好氧处理 好氧处理宜采用具有脱氮除磷功能的序批式活性污泥技术（SBR）或生物接触氧化技术，有条件时亦可采用膜生物反应器（MBR）工艺。

①SBR 工艺：SBR 工艺尤其适合废水间歇排放、流量变化大的废水处理；SBR 反应池应设置两个或两个以上并联交替运行；采用 SBR 工艺处理屠宰场与肉类加工厂废水时，污泥负荷（$BOD_5/MLVSS$）宜取 0.1～0.4kg/（kg·d）；总运行周期为 6～12h，其中五个过程的水力停留时间分别设计为：进水期 1～2h，反应期 4～8h，沉淀期 1～2h，排水期 0.5～

1.5h，闲置期 1～2h。各工序具体取值按实际工程废水水质条件确定；屠宰场与肉类加工厂废水的氨氮和水温是设计计算中考虑的重点因素。通常需按最低废水水温（结合氨氮出水标准）计算硝化反应速率、校核反应器容积。

接触氧化工艺广泛适用于不同规模的屠宰场与肉类加工厂废水治理工程，尤其适用于场地面积小、水量小、有机负荷波动大的情况；接触氧化工艺所使用的填料应采用轻质、高强度、防腐蚀、化学和生物稳定性好的材料，并应保证其易于挂膜、水力阻力小、比表面积大或孔隙率高；生物接触氧化工艺的水力停留时间一般取 8～12h，填料容积负荷率容积负荷（BOD_5）应为 1.0～1.5 kg/（m^3·d）；屠宰场和肉类加工厂废水处理工程常采用竖流式沉淀池作为二沉池。竖流式沉淀池表面负荷一般取值为 0.6～0.8 m^3/（m^2·h），斜管沉淀池表面负荷一般取值为 1.0～1.5 m^3/（m^2·h），沉淀池的水力停留时间应大于 1h；对于规模大于 3 000t/d 的项目，可采用辐流式沉淀池。

②MBR 工艺：MBR 工艺适用于占地面积小且出水水质要求高的废水处理；膜生物反应器分为内置式和外置式两种，宜选用内置式中空纤维膜组件（HF）或平板膜（PF）MBR工艺；膜通量等参数以试验数据或膜组件供应商数据为准。

中空纤维膜组件的膜通量一般可设计为 8～15L/（m^2·h），平板膜的膜通量一般可设计为 14～20L/（m^2·h）；MBR 的水力停留时间一般为 8～16h；MBR 其他主要设计运行参数见表 10-18。应考虑膜污染的控制、膜清洗技术及维修措施。

表 10-18　膜生物反应器（MBR）工艺参数

项　　目	内置式 MBR	外置式 MBR
污泥浓度（mg/L）	8 000～12 000	10 000～15 000
污泥负荷（COD_{Cr}/MLVSS）[kg/（kg·d）]	0.10～0.30	0.30～0.60
剩余污泥产泥系数（MLVSS/COD_{Cr}）(kg/kg)	0.10～0.30	0.10～0.30

资料来源：《屠宰与肉类加工废水治理工程技术规范》（HJ 2004—2010）。

8. 消毒　屠宰场与肉类加工厂废水必须进行消毒处理，一般采用二氧化氯或次氯酸钠进行消毒。消毒接触时间不应小于 30min，有效质量浓度不小于 50mg/L，可兼顾考虑废水脱色处理与消毒。

9. 深度处理　达标排放废水的深度处理宜采用生物处理和物化处理相结合的工艺，如曝气生物滤池（BAF）、生物活性炭、混凝沉淀、过滤等。具体选用何种组合方式及相关工艺参数应通过试验确定。再用水以场内为主，厂外区域为辅。再用水用作厂区冲洗地面、冲厕、冲洗车辆、绿化、建筑施工等用途时，其水质应符合 GB/T 18920 的要求。

10. 污泥处理单元　污泥包括物化沉淀污泥和生化剩余污泥，其中以生化剩余污泥为主。生化剩余污泥量根据有机物浓度、污泥产率系数进行计算；物化污泥量根据悬浮物浓度、加药量等进行计算。不同处理工艺产生的剩余污泥量（DS/BOD_5）不同，一般可按 0.3～0.5kg/kg 设计，污泥含水量 99.3%～99.4%。宜设置污泥浓缩贮存池，一般可采用重力式污泥浓缩池，污泥浓缩时间按 16～24h 设计。

污泥脱水前进行污泥加药调理。药剂种类根据污泥性质和干污泥的处理方式选用，投加量通过试验或参照同类型污泥脱水的数据确定。污泥脱水机类型应根据污泥性质、污泥产量、脱水要求等进行选择，使脱水污泥含水量小于 80%。屠宰与肉类加工废水处理中产生的剩余污泥，可作农用或与城市污水厂污泥一并处理。当采用卫生填埋处理或单独处置时，污泥含水率应小于60%。脱水污泥严禁露天堆放，要及时外运处理。污泥堆场的大小按污泥产量、运输条件等确定。污泥堆场地面应做到"三防"，即进行防渗、防漏、防雨处理。

11. 恶臭污染物控制　屠宰场与肉类加工厂的恶臭治理对象主要包括屠宰临时圈养区、屠宰场区及废水处理厂（站）的臭气源；有恶臭源的废水处理单元（调节池、进水泵站、厌氧、污泥储存、污泥脱水等）宜设计为密闭式，并配备恶臭集中处理设施。将各工艺过程中产生的臭气集中收集处理，减少恶臭对周围环境的污染。常规恶臭控制工艺包括物理脱臭、化学脱臭及生物脱臭等，本类废水治理工程宜选用生物填料塔型过滤技术、生物洗涤技术、活性炭吸附等脱臭工艺。

第十一章 无公害畜产品认证与管理

无公害畜产品认证采取产地认定与产品认证相结合的模式。产地认定是对畜产品生产过程的检查监督行为，主要解决生产环节的质量安全控制问题，由省级农业行政主管部门组织实施。产品认证是对管理成效的确认，主要解决畜产品质量安全问题，由农业部负责组织实施。

第一节 无公害畜产品认证申请

一、申请条件

（一）产品范围

无公害畜产品实行认证产品目录制动态管理，不在认证产品目录范围内的不予认证。实施无公害畜产品认证的产品目录由农业部和国家认证认可监督管理委员会（简称国家认监委）以公告的形式予以公布。从 2003 年实施无公害农产品认证以来，农业部和国家认监委已对认证产品目录进行了四次调整，并以公告形式予以公布。目前，实施无公害认证的畜产品有 41 个，其中畜类产品 12 个，分别是生猪、肉牛、肉羊、肉驴、肉兔、猪肉、牛肉、羊肉、驴肉、马肉、鹿肉、兔肉；禽类产品 16 个，分别是活鸡、鸡肉、活鸭、鸭肉、活鹅、鹅肉、活火鸡、火鸡肉、活鸵鸟、鸵鸟肉、活鹌鹑、鹌鹑肉、活鹧鸪、鹧鸪肉、活鸽、鸽肉；鲜禽蛋类产品 6 个，分别是鲜鸡蛋、鲜鸭蛋、鲜鹅蛋、鲜鸵鸟蛋、鲜鹌鹑蛋、鸽蛋；蜂产品 4 个，分别是蜂蜜、蜂王浆、蜂王浆冻干粉、蜂花粉；生鲜乳产品 3 个，分别是生鲜牛乳、生鲜羊乳、生鲜马乳。

（二）申请主体资质

无公害畜产品认证申请主体应当具备国家相关法律法规规定的资质条件，具有组织管理无公害畜产品生产和承担责任追溯的能力。申请主体应是经工商注册登记的畜产品生产企业、农民专业合作经济组织或家庭牧场，其生产经营范围涵盖所申请的事项。畜禽养殖企业还应有动物防疫条件合格证，屠宰企业还应有生猪定点屠宰许可证等许可证明文件。至少有一名经培训合格的专职无公害产品内检员。

（三）申报规模

根据《无公害食品 产地认定规范》（NY/T5343—2006）的规定，目前无公害畜产品认证的生产规模为：蛋用禽存栏 3 000 羽以上，肉用禽年出栏 6 000 羽以上，生猪年出栏 600 头以上，肉牛年出栏 200 头以上，奶牛存栏 60 头以上，羊存栏 180 只以上。各地可根据当地畜牧业发展水平，参照《无公害食品 产地认定规范》分门别类地设定无公害畜产品申请主体准入门槛，设定高于产地认定规范要求的生产规模标准。已设定申请主体认证规模准入标准并报农业部备案的省（区、市），可按照已制定的生产规模标准执行；未制定准入标准的，按照《无公害食品 产地认定规范》的要求执行，如山东省无公害畜产认证规模为肉鸡年出栏 1 万羽以上、生猪年出栏 1 000 头以上、肉羊年出栏 200 头以上。对生产规模小、产品辐射半径小、质量控制能力和辐射带动能力弱的主体，各地可通过引导扶持等途径，优先培育其发展壮大，在其具有一定生产规模时，再按照自愿的原则进行认证。

（四）产品质量

申请无公害认证的畜产品质量必须符合《无公害农产品认证检测依据表》和《无公害农产品检测目录》规定的要求。无公害农产品检测目标实行动态管理。在跟踪评价、风险评估的基础上，农业部将适时调整无公害畜产品检测目录的检测参数。以农业部办公厅 2015 年 1 月 20 日公布的《关于印发茄果类蔬菜等 58 类无公害农产品检测目录的通知》（农办质〔2015〕4 号）为例，申请无公害认证的畜产品的兽药残留应符合农业部公布的《动物性食品中兽药最高残留限量》，不得检出《食品动物禁用的兽药及其他化合物清单》《兽药地方标准废止目录》等规定的禁用物质，其他安全指标应符合 GB 2762、GB 14963、NY/T 752 等有关要求。

（五）申报程序

申请人向所在地县级无公害认证工作机构提出无公害畜产品产地认定和产品认证申请，并提交规定的材料。申请产地认定的，申报程序一般按照"申请人—县级—地级—省级"逐级上报。申请产品认证的，申报程序一般按照"申请人—县级—地级—省级—部畜牧分中心—部中心"环节逐级上报。省直管县的和计划单列市的，县级工作机构直接向省级工作机构、计划单列市级工作机构提出申请。另外，各省（区、市）可根据本地工作实际，科学精简审查环节，合理安排现场检查及产地环境、产品质量检测工作，及时出具检验、检查报告。省级以下审查环节和时限要求由各省（区、市）确定，原则上从县级工作机构受理认证申请（时间从收到申请主体全部合格材料时开始计算）到省级工作机构完成初审时间不超过 45 个工作日；审查中退回补充材料或整改的，相应工作机构须在审查报告中注明审查意见和日期。农业部畜牧业产品认证分中心自收到省级工作机构报送的申请材料之日起 20 个工作日内完成书面审查，必要时进行现场核查。农业部农产品质量安全中心自收到分中心报送的材料 20 个工作日内组织专家评审，并根据专家评审意见做出是否颁证的决定。无公害畜产品认证申报流程示意图见图 11-1。

二、检测要求

产地环境评价和产品认证检验是无公害畜产品认证的关键环节，包括产地环境检测和产品检测，要求由有资质且经产地认定或产品认证主管部门选定委托的定点检测机构实施。

（一）产地环境检测

省级产地认定机构负责对无公害畜产品产地环境检测机构的选定、考核、委托和管理。产地环境检测机构应当具备以下条件：通过计量认证并在有效期内；有满足无公害畜产品产地环境检测和评价的能力；有熟悉畜产品生产环境检测工作的专业队伍。产地环境检测经产地认定机构考核机构、确认并签订委托协议后，方可开展产地环境检测和评价工作。要求畜禽饮用水达到《无公害食品 畜禽饮用水水质》（NY 5027），加工用水达到《无公害食品

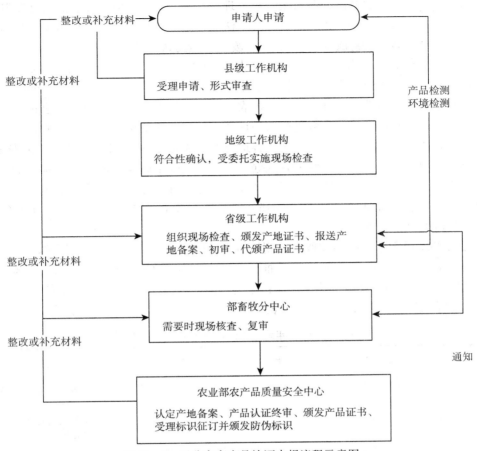

图 11-1　无公害畜产品认证申报流程示意图

畜禽产品加工用水水质》（NY 5028）。检测机构接到检测任务后，应及时进行现场抽样，并在规定的时间内完成产地环境检测和评价，出具《无公害畜产品产地环境检测报告》和《无公害畜产品产地环境现状评价报告》。目前，在无公害畜产品产地认定工作中，只对畜禽饮用水水质或畜禽产品加工用水水质进行检测。

（二）产品检测

1. 检测机构条件　农业部农产品质量安全中心负责对无公害畜产品检测机构的选定、考核、委托和管理。检测机构要具备以下条件：通过计量认证，且计量认证证书在有效期内；通过农产品质量安全检测机构考核合格，并获得《农产品质量安全检测机构考核合格证书》，且在有效期内；检测能力覆盖无公害畜产品检测的项目；具备与无公害畜产品检测工作相适应的人员、仪器、方法、场所环境和管理制度；熟悉畜产品生产实际情况，有长期从事畜产品质量检验的专业队伍和工作经验。经农业部农产品质量安全中心选定并获得《无公害农产品检测机构资质证书》的检测机构，在资质有效期内可承担无公害畜产品检测任务。无公害畜产品检测机构接到检测任务后，应适时组织抽样和检验，并在规定时间内按要求出具产品检验报告。

2. 产品检测依据　按照"动态管理、风险防控"的指导思想，从 2011 年开始无公害农产品检测实行《无公害农产品检测目录》制管理。实施《无公害农产品检测目标》制管理主要出于以下几方面考虑：一是根据《食品安全法》的规定，食用农产品质量安全标准属于食品安全国家标准范畴，2014 年农业部清理并废止了所有无公害农产品质量标准；二是实施检测目标可进一步加强检测的针对性、灵活性和前瞻性，防范和规避无公害农产品认证风险；三是有利于解决无公害农产品认证监管中出现的"检而不用、用而不检"的问题。无公害农产品检测参数实施动态管理。每年依据农产品监督抽查、例行监测和各地农产品质量安全情况，对无公害农产品检测参数进行监测评估，并按照评估结果对《无公害农产品检测目录》进行适时调整，由农业部发布实施。各地可在此基础上根据当地农产品质量安全状况，增检相应的检测项目。目前，除生鲜乳依据《食品安全国家标准 生乳》（GB 19301）实施检测外，其他无公害畜产品的检测依据是《农业部办公厅关于印发茄果类蔬菜等 58 类无公害农产品检测目录的通知》（农办质〔2015〕4 号）。以生猪及猪肉为例，2015 年无公害生猪及猪肉产品检测目录见表 11 - 1。

3. 抽样基本原则 样品的抽取由检测机构中有资质的人员承担。申请人送样检测无效。抽样时应严格按照《无公害食品 产品抽样规范 第 1 部分：通则》（NY/T 5344.1）和《无公害食品 产品抽样规范 第 6 部分：畜禽产品》（NY/T 5344.6）规定的程序和方法执行，确保抽样工作的公正性和样品的代表性、真实性。

表 11 - 1 2015 年无公害生猪及猪肉产品检测目录

序号	检测项目	限量（mg/kg）	执行依据	检测方法
1	盐酸克伦特罗（clenbuterol hydro-chloride）	不得检出（0.001）	农业部 235 号公告	农业部 1025 号公告—18—2008 动物源性食品中 β-受体激动剂残留检测 液相色谱—串联质谱法
2	莱克多巴胺（ractopamine）	不得检出（0.001）	农业部 235 号公告	
3	沙丁胺醇（salbutamol）	不得检出（0.001）	农业部 235 号公告	
4	硝基呋喃类（nitrofurans）[以 3 -氨基 - 2 -噁唑烷基酮（AOZ），5 -吗啉甲基 - 3 -氨基 - 2 -噁唑烷基酮（AMOZ），1 -氨基—乙内酰脲（AHD），氨基脲（SEM）计]	不得检出（0.001）	农业部 193 号公告	GB/T 21311 动物源性食品中硝基呋喃类药物代谢残留量检测方法 高效液相色谱/串联质谱法
5	金霉素/土霉素（chlortetracycline/oxytetracycline）（单个或复合物，parent drug）	0.1	农业部 235 号公告	GB/T 21317 动物源性食品中四环素类兽药残留量检测方法 液相色谱—质谱/质谱法与高效液相色谱法
6	恩诺沙星（恩诺沙星＋环丙沙星）（enrofloxacin＋ciprofloxacin）	0.1	农业部 235 号公告	农业部 1025 号公告—14—2008 动物性食品中氟喹诺酮类药物残留检测 高效液相色谱法
7	喹乙醇（olaquindox）[以 3 -甲基喹噁啉 - 2 -羧酸（MQCA）计]	0.004	农业部 235 号公告	GB/T —20746 牛、猪的肝脏和肌肉中卡巴氧和喹乙醇及代谢物残留量的测定 液相色谱—串联质谱法

（续）

序号	检测项目	限量（mg/kg）	执行依据	检测方法
8	磺胺类（sulfonamides）（以总量计，parent drug）（至少应包括磺胺二甲嘧啶（SM2）、磺胺间甲氧嘧啶（SMM）、磺胺间二甲氧嘧啶（SDM）、磺胺邻二甲氧嘧啶（sulfadoxine）、磺胺喹噁啉（SQX））	0.1	农业部 235 号公告	农业部 1025 号公告—23—2008 动物源食品中磺胺类药物残留检测 液相色谱—串联质谱法
9	总砷（以 As 计）	0.5	GB 2762—2012	GB/T 5009.11 食品中总砷及无机砷的测定
10	铅（以 Pb 计）	0.2	GB 2762—2012	GB 5009.12 食品安全国家标准 食品中铅的测定

注：各检测项目除采用表中所列检测方法外，如有其他国家标准、行业标准及部文公告的检测方法，且其最低检出限能满足限量值要求时，在无公害农产品认证检测中可以采用。

三、申报材料要求

无公害农产品认证分为首次认证、扩项认证、整体认证和复查换证四种类型，无公害畜产品认证主要涉及首次认证和复查换证两种类型。

（一）首次认证的申报材料要求

首次认证申报是指申请主体没有进行过产地认定和产品认证，第一次提出产地认定和产品认证申请。

1. 首次申请无公害鲜蛋类、活畜禽类、生鲜乳类产品认证的，需提交以下材料

（1）《无公害农产品产地认定与产品认证申请和审查报告》。

（2）国家法律法规规定申请主体必须具备的资质证明文件复印件，如营业执照、动物防疫条件合格证、家庭农场注册登记证书等。"公司＋农户"和农民专业合作经济组织为主体申报的，需提供申报主体或至少 2 个养殖户的《动物防疫条件合格证》。

（3）《无公害农产品内检员证书》复印件。

（4）无公害畜产品生产质量控制措施及规程，如质量控制组织机构及其职能、疫病防治措施、药物使用管理措施、饲料使用管理措施等。

（5）《无公害畜产品产地环境检验报告》和《无公害畜产品产地环境现状评价报告》（由省级工作机构选定的产地环境检测机构出具），或者符合无公害畜产品产地要求的《无公害畜产品产地环境调查报告》（由省级工作机构出具）。

（6）最近生产周期（育肥期、产蛋期、泌乳期）内兽药使用原始记录复印件，记录应包括兽药名称、用法用量、防治疫病和休药期等内容。申报无公害生鲜牛乳认证的，还应提交奶牛养殖场的布鲁菌病和结核病监测报告复印件。"公司＋农户"和农民专业合作经济组织为主体申报的，至少要提供两个养殖户的相关记录复印件。

（7）符合规定要求的《产品检验报告》原件或者加盖检测机构公章的《产品检验报告》复印件。

（8）"公司＋农户"和农民专业合作经济组织为主体申报的，需提供养殖户名单、养殖户地址、养殖数量以及含有产品质量安全管理措施的合作协议复印件。

（9）《无公害农产品认证现场检查报告》原件（由负责现场检查的工作机构提供）。

（10）无公害农产品认证信息登录表（通过"无公害农产品申报审查系统"报送）。

（11）其他需要提交的材料。

2. 首次申请无公害肉类产品认证的，需提交以下材料

（1）《无公害农产品产地认定与产品认证申请和审查报告》。

（2）国家法律法规规定申请主体必须具备的资质证明文件复印件，如营业执照、动物防疫条件合格证等。"公司＋农户"和农民专业合作经济组织为主体申报的，需提供申报主体或至少两个养殖户的《动物防疫条件合格证》。畜禽屠宰企业为申报主体的，应提供畜禽定点屠宰许可证明文件，如生猪定点屠宰许可证。

（3）《无公害农产品内检员证书》复印件。

（4）无公害畜产品生产质量控制措施及规程。养殖企业为主体申报的，需提供养殖企业的生产质量控制措施及规程以及与屠宰企业签订的《屠宰加工协议书》复印件。屠宰企业为主体申报的，需提供屠宰企业的生产质量控制措施及规程。

（5）《无公害畜产品产地环境检验报告》和《无公害畜产品产地环境现状评价报告》（由省级工作机构选定的产地环境检测机构出具），或者符合无公害畜产品产地要求的《无公害畜产品产地环境调查报告》（由省级工作机构出具）。

产品原料纯收购的屠宰企业为主体申报的，只需提供产品原料的《无公害农产品证书》复印件和收购协议复印件。产品原料纯收购的屠宰企业是指通过协议进行收购、屠宰和销售的企业，"公司＋农户"或"公司＋基地"型企业不包括在内。

（6）最近生产周期内的兽药使用记录复印件，如养殖场最近一个生产周期的兽药使用原始记录复印件（记录包括兽药名称、用法用量、防治疫病和休药期等），屠宰企业的卫生消毒原始记录复印件。"公司＋农户"和农民经济合作组织为主体申报的，至少要提供两个养殖户的相关记录复印件。产品原料纯收购的屠宰企业为主体申报的，只需提交屠宰企业的卫生消毒原始记录复印件。

（7）符合规定要求的《产品检验报告》原件或者加盖检测机构公章的《产品检验报告》复印件。

（8）"公司＋农户"和农民专业合作经济组织为主体申报的，需提供养殖户名单、养殖户地址、养殖数量以及含有产品质量安全管理措施的合作协议复印件。

（9）《无公害农产品认证现场检查报告》原件（由负责现场检查的工作机构提供）。

（10）无公害农产品认证信息登录表（通过"无公害农产品申报审查系统"报送）。

（11）其他需要提交的材料。

3. 首次申请无公害蜂产品认证的，需提交以下材料

（1）《无公害农产品产地认定与产品认证申请和审查报告》。

（2）国家法律法规规定申请者必须具备的资质证明文件复印件，如营业执照、食品生产经营许可证明文件等。

（3）《无公害农产品内检员证书》复印件。

（4）无公害蜂产品生产质量控制措施及规程。养殖企业为主体申报的，需提供养殖企业的生产质量控制措施以及与蜂产品加工企业签订的《委托加工协议书》复印件。蜂产品加工企业为主体申报的，需提供加工企业的生产质量控制措施及规程。

（5）《无公害畜产品产地环境检验报告》和《无公害畜产品产地环境现状评价报告》（由省级工作机构选定的产地环境检测机构出具），或者符合无公害畜产品产地要求的《无公害畜产品产地环境调查报告》（由省级工作机构出具）。

（6）最近生产周期内的兽药使用原始记录复印件，如酿蜜期内养殖场的兽药使用原始记录复印件（记录包括兽药名称、用法用量、防治疫病和休药期等内容）、加工企业的卫生消毒原始记录复印件。"公司＋农户"和农民经济合作组织为主体申报的，至少要提供两个养殖户的相关记录复印件。产品原料纯收购的蜂产品加工企业为主体申报的，只需提供蜂产品加工企业的卫生消毒原始记录复印件。

（7）符合规定要求的《产品检验报告》原件或者加盖检测机构公章的《产品检验报告》复印件。

（8）"公司＋农户"和农民专业合作经济组织为主体申报的，需提供蜂农名单、蜂农地址、养殖数量以及含有产品质量安全管理措施的合作协议复印件。

（9）《无公害农产品认证现场检查报告》原件（由负责现场检查的工作机构提供）。

（10）无公害农产品认证信息登录表（通过"无公害农产品申报审查系统"报送）。

（11）其他需要提交的材料。

（二）复查换证的申报材料要求

已获得无公害畜产品产地认定和产品认证的，在证书有效期满需要继续使用证书的，应在证书到期前 90 日内提出复查换证申请，经确认合格准予换发新的无公害畜产品产地和产品证书。复查换证需要提交的材料：

《无公害农产品产地认定与产品认证申请和审查报告（2014 版）》《无公害农产品内检员证书》复印件；最近生产周期内兽药使用记录复印件；《无公害农产品产地认定证书》复印件；符合规定要求的《产品检测报告》原件或者加盖检测机构公章的《产品检验报告》复印件，如果产品不检测，需由省级认证机构在产品认证初审意见栏里对该产品在证书有效期内质量是否稳定，以及是否出现过质量安全事故情况予以说明；《无公害农产品认证现场检查报告》原件（由负责现场检查的工作机构提供）；无公害农产品认证信息登录表（通过"无公害农产品申报审查系统"报送）。

（三）材料装订顺序及要求

上报材料采用 A4 纸打印，以《无公害农产品产地认定与产品认证申请和审查报告》的首页作为封面。申请主体提交的材料和工作机构提交的材料，应独立装订。材料需装订两份上报省级工作机构，其中一份由省级工作机构存档，首次认证和复查换证都按照申报材料要求顺序装订。对通过初审的各认证申请，省级工作机构将有关材料和信息报送农业部畜牧业产品认证分中心复审。上报材料及装订顺序为：《无公害农产品产地认定与产品认证申请和审查报告》《无公害农产品产地认定证书》复印件，《产品检测报告》原件或者加盖检测机构公章的《产品检验报告》复印件，《无公害农产品认证现场检查报告》原件。同时通过"无公害农产品申报审查系统"报送无公害畜产品认证信息登录表，信息登录表内容要与纸质材料一致。

四、《申请和审查报告》填写

申请人应按照统一要求，本着全面、准确的原则，认真填写，但须注明栏目不得空缺，如果没有填写内容的应填"无"。

（一）封面

封面填写内容有材料编程、申请主体法人代表、认证选项申请日期等。每项内容的填写要求如下。

（1）材料编号　由行政区划代码、行业代码和当年上报产品总排序号组成，由省级工作机构填写，用3位英文字母和4位阿拉伯数字表示，编制格式为：××——×——××××。××代表行政区划代码，位于第一至第二位，表示无公害畜产品省级工作机构所在的省（区、市及计划单列市）。行政区划代码采用GB/T2260—1999《中华人民共和国行政区划代码》中规定的代码，用2个大写英文字母表示。×代表行业代码，位于第三位，用大写英文字母X代表畜牧业。××××代表当年上报产品总排序号，位于第四至第七位，表示省级无公害畜产品工作机构当年上报产品的总排序号，用4位阿拉伯数字表示。例如，编号BJ——X——0168代表北京市当年上报的畜牧业第168个产品的申报材料编号。

（2）申请主体栏　要填写申请人全称并加盖公章。法人代表栏要由申请单位法人签字。在首次认证、扩项认证、复查换证、整体认证的相应栏"□"内划"√"。申请日期栏填写申报材料的报出日期。上报材料中涉及时间有效性判定的，均以封面中填写的申请时间为基准。

（二）承诺书

要求申请主体在承诺书加盖公章、法人签字，并填写签字日期。

（三）表1申请主体基本情况

申请主体全称不得简写，要与《营业执照》名称一致。

单位性质：按实际情况在所列性质"□"内打"√"。

是否龙头企业：按实际情况在所列"□"内打"√"。

法人代表栏：填写法人姓名。

联系电话栏：填写法人的固定电话号码，并注明区号。

手机栏：填写法人的移动电话号码。

联系人栏：填写熟悉企业情况并负责申报的人员姓名。

联系电话栏：填写联系人固定电话号码，应注明区号。

手机栏：填写联系人的移动电话号码。

内检员及证书编号栏：填写内检员姓名，证书编号栏填写由农业部农产品质量安全中心统一发放的内检员证书编号。

传真栏：填写企业传真号码，应注明区号。

E-mail栏：填写电子邮件地址。

通信地址栏：填写××省（自治区、直辖市及计划单列市）××市（县）通邮的详细地址。

邮政编码栏：填写全国统一的邮政编码。

职工人数、管理人员数、技术人员数栏：均填写专职人员数。

产地规模栏：填写申请认定的产地规模。

产地详细地址栏：填写申报产地所在的具体地址，格式为：××省（区、市）××市（县）××乡（镇）××村。

生产经营类型栏：按申请人的实际情况在所列类型前的"□"内划"√"。公司＋农户型，公司＋合作社农户型、合作社、合作社＋农户型的应如实填写农户数量，社员数量。

（四）表 2 申请产品情况

产品名称栏：要求填写的认证产品名称必须与《实施无公害农产品认证的产品目录》内产品名称相一致。

生产规模栏：填写申请认证产品的实际养殖规模，不得大于产地认定规模。

生产周期栏：填写畜禽育肥期、产蛋期或泌乳期的时间阶段，如生鲜乳的生产周期是奶畜产犊后到干奶的阶段。

包装规格栏：填写申请认证产品的最小包装单位（如箱、盒、袋等）、规格（指包装单位的长、宽、高尺寸，单位为 cm）、重量（指最小包装单位的重量，单位为 kg）。

年产量（t）栏：填写申请认证产品全年总产量。

年销售量（t）栏：填写申请认证产品全年总销售量。

年销售额（万元）栏：填写申请企业认证产品的全年销售金额。

（五）表 3 县、地级工作机构推荐意见

要求分别由县、地级工作机构签署审核意见，负责人签字，加盖工作机构印章，并如实填写签署日期。省直管县的，计划单列市的或者省里另有规定的，地级工作机构审核意见栏可以不填写内容。

（六）表 4 省级工作机构产地认定终审和产品认证初审意见

省级工作机构检查员意见栏：要求省级检查员签署具体意见并由两名检查员签字。

产地认定终审意见栏：要求签署省级产地认定工作机构终审意见。

产品认证初审意见栏：要求签署省级工作机构意见，负责人签字，加盖省级工作机构印章。复查换证未实施产品检测的，应在该栏中对该产品在证书有效期内质量是否稳定，以及是否出现过质量安全事故情况予以说明。鼓励复查换证时对产品质量进行检测。

第二节　无公害畜产品认证审查

认证审查是对申请主体是否达到无公害畜产品认证相关法规和标准要求的评判活动，可分为文件审查和现场检查两部分。二者相辅相成，即在文件审查时要考虑现场检查的重点内容；在现场检查时，要对文件审查的相关内容进行核实。

一、文件审查

（一）审查要点

各级工作机构的文件审查应分工明确，突出重点。县级和地级工作机构应重点审查申报主体及产品是否符合受理条件，资质证明文件的有效性，申报材料的齐全性和真实性，申请主体在产品质量安全方面的一贯表现等。省级工作机构的审查重点是对县级和地级推荐意见、现场检查报告和产品检验报告等文件的形式审查；对环境检测、评价或调查报告、质量控制措施、饲料和兽药使用情况，以及现场检查的符合性审查。农业部畜牧业产品认证分中心和农业部农产品质量安全中心重点加强对产品质量安全风险的控制及对地方工作规范性的核查。

（二）受理条件审查

申请主体必须是具有一定组织能力和责任追溯能力的畜产品生产企业、农民专业合作经济组织和登记注册的家庭农场。申请主体具有相关的生产经营资质，并为申请认证产品的生产主体或者销售主体。至少有一名经培训合格的专项无公害农产品内检员。乡镇人民政府、村民委员会、非生产性的农技推广、科学研究机构及个人不能作为申请主体。申请认证的产品必须在农业部和国家认证认可监督管理委员会联合发布的《实施无公害农产品认证的产品目录》内。申请认证规模达到《无公害食品 产地认定规范》（NY/T 5343）的要求。

（三）《申请和审查报告》审查

主要审检内容有：核实申请人名称与资质证明、公章，以及其他附报材料中的名称是否一致；检查封面和承诺书的申请主体盖章、法人代表签字和日期是否齐全；申请书的填写日期与申报审核日期等不相互矛盾；核对申报类型、单位性质，以及生产经营类型的选项是否正确，符合实际情况；核对《认证信息登录表》信息与《申请和审查报告》内容是否一致；核对表1中的产地规模、表2中的生产规模、产量和其他附报材料相关内容是否协调一致。审查产地详细地址与产地认定范围内的具体地址、现场检查地址等是否一致；表2中的产品名称是否与《实施无公害农产品认证的产品目录》完全一致；检查下级检查员和工作机构的审查意见、签字、盖章和日期是否齐全。

（四）附报材料审查

1. 资质证明 重点审查《营业执照》《动物防疫条件合格证》《定点屠宰许可证》等资质证明文件持有人与申请主体名称是否一致。如果资质证明有有效期的要求，则应确认在有效期内。审核资质证明中经营范围等许可事项是否包含认证申请所涉及的项目。

2. 无公害农产品内检员证书 审查由农业部农产品质量安全中心颁发的内检员证书是否在有效期内。

3. 无公害畜产品生产质量控制措施及规程 重点审查申请主体是否对无公害畜产品生产的关键环节和主要风险因子制定了可操作的质量控制措施，质量控制措施及规程是否符合法律法规的规定，是否结合生产实际编制，从而判断申请主体的质量安全保证能力。质量控制措施及规程主要包括以下几方面内容：①质量控制组织机构及其职能，包括确定组织机构成立的相关文件、组织机构的主要成员及其职责。②疫病防治措施，包括免疫接种制度、卫生防疫制度、消毒制度、人员管理制度、疫病监测制度和无害化处理制度等。③药物使用管理制度，包括药物采购制度、药物保存制度、药物使用制度、国家明令禁止使用的药物名单和企业常用药物目录。④饲料使用管理制度，包括饲料采购制度、饲料保存制度、饲料使用制度等。⑤屠宰企业为主体申报的，需提供屠宰企业生产的质量控制措施，应包括质量管理机构及其职责、屠宰管理制度、卫生管理制度、检验与检疫制度、包装贮存与运输制度、人员管理制度等。⑥应有结合生产实际并根据国家规范要求编制的生产操作技术规程，不应直接照搬国家相关标准。

4. 《产地环境检验报告》和《产地环境现状评价报告》审查 审查报告的出具单位是否为省级工作机构选定的环境检测单位，并在农业部农产品质量安全中心备案。审查报告封面的计量认证章、检验单位公章，检验结论的检验报告专用章、骑缝的检验机构检验专用章，批准、审核和制表等人的签字和日期是否齐全，缺一即为无效报告。如果是复印件，是否重新加盖了检验报告专用章或检验单位公章，没有盖章则无效。检查检验报告是否有涂改痕迹，有涂改痕迹则无效。审查采样方式是否为送样，若送样则检测结果无效。受检人应与申请人一致，成为申请人有合作协议。审查检测项目是否齐全，检测项目的实测数据是否符合标准限值范围的要求。审查检验和评价结果是否符合相关标准要求，结论是否正确。

5. 生产记录审查　养殖企业兽药使用记录是否覆盖了一个完整的生产周期（育肥期、泌乳期和产蛋期），是否有使用违禁药物、人用药、原料药和过期药的现象，所用兽药是否有通用名称，是否执行休药期的规定。奶牛养殖场布鲁菌病和结核病监测报告是否有申请地动物疫病预防控制机构检验章，是否有检出阳性的奶牛。屠宰企业（蜂产品加工厂）卫生消毒记录所用的消毒剂是否与消毒对象相适应。生产记录应为原始记录，审查记录中有无违规情况。

产品检测报告主要审查内容有：审查产品检测机构是否在农业部农产品质量安全中心公布的《全国无公害农产品认证检测机构名录》中，审查报告封面的计量认证章、检验单位公章，检验结论的检验报告专用章，骑缝的检验机构检验专用章，批准、审核和制表等人的签字和日期是否齐全，缺一项即为无效报告。如果是复印件，审查是否重新加盖了检验报告专用章或检验单位公章，没有盖章则无效。检查检验报告是否有涂改痕迹，若有涂改则无效。审查采样方式是否为送样，若为送样则检测结果无效。受检人应与申请人一致，受检产品与申请人认证产品一致。审查检测项目及检验结果是否符合《无公害农产品检测目录》的要求，结论是否正确。

审查"公司＋农户"和农民专业合作经济组织的申请主体与养殖户签订的质量管理协议范本、养殖户名单及质量控制措施，审查"协议"中是否包含供种、防疫、饲料、兽药、销售等质量安全管理方面的内容；核实养殖户的养殖规模总量与基地认定规模、申报规模是否一致；名单中的养殖户地址是否均在产地认定范围内；审查申请主体对养殖户的质量管理措施是否具有可操作性，从而判断申请主体对该产品的质量安全控制能力。

6. 无公害农产品产地认定证书审查　主要包括以下内容：是否为农业部农产品质量安全中心统一的产地认定证书格式；证书持有人与申请人是否相符；产品名称与申请认证产品是否一致；产地认定的范围是否涵盖申请认证产品所涉及的范围；产地认定总规模是否不小于产品认证申请规模；无公害农产品产地认定证书是否在有效期内；是否有产地认定证书发放机构印章、负责人签字。

（五）文件审查结论判定

1. 审核结论　审核结论分为四种：符合要求，补充材料，限时整改和不予受理。

2. 结论为"符合要求"的条件　申请人符合主体资质条件，申报材料齐全并基本符合申报材料要求。

3. 有下列情形之一的，审核结论为"补充材料"　材料缺项；材料内容信息不全，签字、盖章或日期等有遗漏；档案记录中信息不全；材料内容前后不一致或出现矛盾的内容；检验项目缺项；检查员认为需要补充说明的其他问题。

4. 有下列情形之一的，审核结论为"限期整改"　质量控制措施（包括"公司＋农户"和农民专业合作经济组织的申请主体对养殖户的质量管理措施）不充分或不具有可操作性；《现场检查报告》不能全面反映客观事实的；申报材料雷同的；其他等不符合认证要求，需限时整改的。

5. 有下列情形之一的，审核结论为"不予受理" 材料故意弄虚作假；环境或产品检测为送样检测；环境或产品检测结果出现不合格项目的；检测报告由非产地认定机构和产品认证机构选定的检测机构出具的；材料显示养殖过程中使用了违禁药物、人用药、兽药原料药和非法添加物的；奶牛养殖场布鲁菌病和结核病监测报告检出阳性奶牛的；申请人不具备申请主体资质的；申请认证的产品不在认证产品目录内的；材料显示申报主体的生产组织方式为"分户生产"，但其对养殖户的生产过程未进行统一的质量安全管理的；存在其他严重影响申报产品质量安全问题，或有证据表明申报主体不具备保证其产品质量安全能力的。

二、现场检查

现场检查是无公害畜产品产地认定和产品认证最重要的审查环节之一，是在文件审查的基础上，由认证机构组织检查员对认证申请主体生产管理状况实施的实地确认和评价活动。通过对申报主体的资质条件、产地环境及设施、生产过程管理、投入品使用、生产档案、产品质量管理等进行现场检查，以保证认证工作的可靠性，从而提高畜产品生产者的质量安全管理水平。

（一）基本要求

现场检查依据《无公害农产品认证现场检查规范》执行。现场检查由省级无公害畜产品认证工作机构负责组织实施，遵循公正、客观和规范的原则。原则上对一个申请主体的现场检查应在 2d 内完成。特殊情况需要延长检查时间的，可与申请人协商适当调整。现场检查采取核对、审阅、察看、座谈等方式开展，必要时可采用照相或复制相关文件资料等措施，收集有关证据材料。对"公司＋农户"以及农民专业合作经济组织等申请主体进行现场检查时，应同时对其所属养殖户生产情况进行抽查。受检养殖户应从养殖户名册中随机抽取，抽取养殖户数量按养殖户总数开平方根取整数确定，最多不超过 10 户。

（二）现场检查的程序和方法

1. 检查前的准备工作 现场检查组一般由 2～3 人组成，其中至少有 1 人具备由农业部农产品质量安全中心注册的畜牧专业无公害农产品检查员资质。现场检查实行检查组组长负责制，组长由负责实施现场检查的工作机构人员担任。检查组组长接受委托后，与申请人进行沟通，确定现场检查的时间。根据检查内容制定现场检查计划，同时以《无公害农产品认证现场检查通知单》形式书面通知申请人，并请申请人予以确认。

2. 实地检查的程序

（1）**首次会议** 检查组与申请人见面时，召开首次会议。会议由检查组组长主持，参加人员为检查组全体成员和被检查方主要管理人员、技术人员及其内检员。主要内容有：向被检查方通报检查目的、检查范围、检查过程和时间安排；宣读检查纪律和保密承诺；请被检查方介绍申请主体的基本情况和质量安全管理情况等。会后，请检查组成员和被检查方参加人员在《现场检查报告》相应位置签字。

（2）**查阅资料** 查阅申请主体的资质证明原件、内检员证书原件、质量控制措施及规程、生产记录档案等文本资料。

（3）**实地检查** 检查组根据《无公害农产品（畜牧业产品）认证现场检查评定项目》对

申请人的质量管理、产地环境及设施、投入品管理、饲养管理、产品质量管理、标志使用管理（复查换证的）、加工操作管理（屠宰企业和蜂产品加工厂）等方面进行检查，并如实记录。检查组在检查过程中要加强沟通与交流，对发现的问题、不合格项及相关证据，应请申请人及其代表在《无公害农产品认证现场检查报告》上予以确认；对双方存在异议及其他需协商的事宜，应通过说明和沟通，以达成共识；通过说明和沟通仍不能达成共识的，应在《无公害农产品认证现场检查报告》中如实记录双方的意见。

（4）现场评定　对照《无公害农产品认证（畜牧业产品）现场检查评定项目》内容逐项评定，得出现场检查结论。结论分为三种：检查评定项目全部合格的判定为通过；30%以下（不含）一般项目不合格的判定为限期整改；超过30%（含）一般项目不合格或一项以上（含）关键项目不合格的判定为不通过。除上述情况外，当被检查方有下列情形之一时，现场检查不予通过：拒绝或者不配合检查人员履行职责；提供虚假或者隐瞒重要事实的文件和资料；有其他干扰现场检查正常进行的行为。

现场检查完成后，检查组应就现场检查发现的情况、最终结论，以及其他需要在末次会议上与被检查方沟通的事宜，先在检查组内部进行沟通，统一意见后，填写《现场检查报告》表6中的现场检查综合评价。如果出现不合格项，应在末次会议召开前将不符合的事实和判定依据与被检查方负责人进行沟通，以取得被检查方理解。

（5）末次会议　检查组组长主持召开末次会议，参加人员包括检查组全体成员、申请人代表和部门负责人。主要内容有：向被检查方通报现场检查总体情况；宣读现场检查综合评价和检查结论；提出检查中发现的问题与不足；需要限期整改时，与被检查方负责人商定整改期限；请被检查方对检查结论进行确认，并在表6相应表格内签字盖章。

（三）现场检查注意事项

检查员应注意做到"一少三多"，即少讲、多看、多问和多听。在与被检查方人员交谈时，应态度和蔼、文明礼貌，充分尊重被检查方人员，保持良好的现场氛围，避免产生和激化矛盾。检查组组长要避免任何干扰，控制好检查的范围、深度及时间进度，保证检查工作的效率和效果。现场检查期间应请当地陪同人员回避，要求陪同人员不得干扰检查工作，更不应代替被检查方回答问题。每一条适用的"检查项目"，无论结论是否符合要求，都应有证据支持。注意搜集客观证据，如记录谈话内容、搜集投入品的包装和说明材料、现场拍照、复印等。《现场检查报告》表4中关键项"情况描述"应在现场检查过程中现场记录，不得事后打印。在印制《现场检查报告》时，应根据企业规模及其组织结构和畜产品生产过程的复杂程度，为每一个"检查项目"的"情况描述"留有足够的记录空间。

三、现场检查后续措施

现场检查结束后，检查组应按照《无公害农产品认证现场检查规范》的有关规定，在10个工作日内将《现场检查报告》报负责实施现场检查的工作机构。必要时，可附报证据性材料。当现场检查结论为限期整改时，应在整改结果验证通过、并填写表6中"整改结果"后提交。

如果现场检查结论为限期整改，被检查方应在商定的整改期限内，对所有的不符合项采取整改措施。整改措施既要纠正不符合的问题，还要找出发生问题的原因，并制定具体措施保证问题不再发生。

整改措施的验证形式有书面材料验证和现场验证两种。当不符合项对产品质量安全影响较小、短期内可以完成，而且通过书面材料即可确认整改结果时，可采取书面验证的方式。当不符合项对产品质量安全有较大影响或只有到现场才能确认整改措施的，应到现场验证。现场验证工作一般由原现场检查组人员实施。

四、《现场检查报告》编制

（一）一般要求

报告内容用钢笔或蓝黑色签字笔填写，要求字迹整洁、术语规范准确，在相应检查的检查结论为合格的项目的结论栏目内打"√"，不合格打"×"。关键项和不合格项在相关"情况描述"栏要详细说明。现场检查综合评价栏应重点填写现场检查的整体情况、存在问题和相关建议等内容。要求检查组及参加人员签字必须由本人签字，不得代签。注册检查员应在备注栏填写注册证书号。

（二）编制指南

1. 表一 现场检查人员基本情况 检查组派出单位名称栏填写组织实施现场检查的省级无公害畜产品认证工作机构名称。检查组组长由负责实施现场检查的工作机构认命，成员由工作机构人员组成，参加人员由检查组成员以外的有关单位陪同人员和申请主体有关负责人。

2. 表二 受检单位基本情况 申请主体全称不得简写，且与资质证明文件一致。

现场检查日期栏：实施现场检查的详细日期。

产品名称栏：填写申报认证的产品名称，应与《实施无公害农产品认证的产品目录》一致。

检查地点栏：填写实施现场检查的具体地点，应与申请主体产地详细地址一致。"公司＋农户"型和农民专业合作经济组织为主体申报的，还应填写抽检农户名单。

3. 表四 无公害农产品（畜牧业产品）认证现场检查评定项目 非关键项可在相应的框里打"√"或者"×"，打"×"的应说明原因。带※号的检查项为关键事项，关键项要详细描述。以下是关键项的描述指南。

（1）畜禽养殖场现场检查关键项描述

※1 申请主体资质 检查并描述《营业执照》的注册号、法人姓名、经营范围、有效期；《动物防疫条件合格证》的代码编号、法人姓名、发证时间、经营范围、年审情况；家庭农场的注册登记号；《种畜禽生产经营许可证》编号、有效期、经营范围；畜禽养殖场备案的畜禽养殖代码。

"公司＋农户"农民专业合作经济组织为申报主体的，还应检查并描述与养殖户签订的含畜产品质量安全管理措施的合作协议名称。

※3 质量管理制度 检查并描述各类制度文件名称以及保管、存放情况。

※4 内检员 检查并描述申请主体的内检员姓名、证书编号、有效期。

※6 记录档案 检查并描述批生产记录和销售记录的名称，记录档案起止日期，档案的填写和保存情况。

※7 无害化处理 检查并描述无害化处理的方式、设施设备名称和处理能力；设施设备

的运转情况以及处理效果；无害化处理记录填写及保存情况。

※9 周边环境　检查并描述产地地理位置，排水、防疫、防治污染等情况；1km 内有无化工厂、屠宰场及其他畜禽养殖场等污染源。

※14 消毒设施　检查并描述消毒设施设备的类型、规格、数量、布局等，以及设施设备的运行情况。

※19 鲜乳存放　奶牛场为申报主体的，还应检查并描述奶罐是否单间存放、贮奶间内有无其他物品有无防害、防蚊蝇和防鼠设施等。

※20 畜禽引进　检查并描述活畜禽购买合同（发票）、动物检疫合格证明。活畜入场检疫监督记录、隔离观察记录名称及记录时间区间。

※21 引种　检查并描述供种场是否具有《种畜禽生产经营许可证》，查看引种证明，列出引种的品种、数量、日期。

※23 兽药选购　检查并描述兽药购买方式及采购渠道，兽药采购记录名称及购货凭证保存情况，是否有违禁药、人用药、原料药和过期药。

※24 兽药储存　检查并描述药品存放地点及方式，管理人员姓名，兽药领用记录填写和保存情况。

※25 兽药使用　检查并描述兽药使用记录中兽药名称、批准文号及休药期的执行情况，有无发现使用违禁药、过期药、人用药、原料药，兽药使用记录的填写和保存情况。

※28 饲料添加剂管理　检查并描述购买、保存和使用的记录名称及涉及的饲料添加剂名称、成分是否在《饲料添加剂品种目录》内，饲料库房及配料库中是否有违禁药物、非法添加物和兽药原料药。

※29 药物饲料添加剂使用　检查并描述从场外购买的含有药物饲料添加剂的饲料产品是否有使用说明，药物饲料添加剂的用法、用量和休药期是否符合农业部第 168 号公告的规定，药物饲料添加剂使用记录填写和保存情况。

※31 饲料的使用（反刍动物养殖适用）　检查并描述饲料库房和配料库中是否发现除乳制品外的动物源性饲料原料，饲料配方中是否添加了除乳制品外的动物源性饲料原料成分，是否存在不同畜（禽）不同生产阶段交叉饲喂饲料现象。

※32 场内环境　检查并描述是否饲养其他畜禽。

※33 防疫管理　检查并描述与防疫相关制度名称及实施情况，食堂是否外购与养殖产品同类生鲜肉及其副产品，技术人员是否开展对外诊疗和配种服务，人员进出场管理情况。

※35 饲养方式（禽类养殖适用）　检查并描述"全进全出"制饲养模式要点，"全进全出"的生产管理记录名称。

※38 疫病监测　检查并描述免疫程序和监测计划名称，免疫记录是否与免疫程序相吻合，监测记录名称及时间区间，奶牛养殖场布鲁菌病和结核病监测情况。

※40 工具消毒（奶牛养殖适用）　检查并描述消毒药品名称、用量、使用时间、使用方法、使用对象，消毒记录填写和保存情况。

※42 不合格品处理（奶牛养殖适用）　检查并描述不合格生鲜乳处理方式，不合格生鲜乳处理记录填写及保存情况。

※43 产品质量检验（奶牛养殖适用）　检查并描述生鲜乳自检的频次、指标及结果，生鲜乳自检记录填写和保存情况。

※45 质量安全承诺（畜类养殖适用）　检查并描述是否与当地畜牧兽医部门签订了不添加使用"瘦肉精"等违禁物质承诺书。

※46 产品检疫　检查并描述肉禽、家畜、淘汰蛋禽和淘汰奶牛出栏前是否经检疫合格后方可出栏，检疫实施单位名称和检疫方法。

※47 标志适用（适用于复查换证产品）　检查并描述标志购买、保存、使用记录填写和保存情况，是否存在违规使用标志的行为。

（2）屠宰厂和蜂产品加工厂现场检查关键项描述

※1 申请主体资质　检查并描述《营业执照》注册号、法人姓名、经营范围、有效期，《动物防疫条件合格证》代码编号、法人姓名、发证时间、经营范围、年审情况，《定点屠宰许可证》批准号、定点屠宰代码、法人姓名、发证日期，与养殖户签订的含畜产品质量安全管理措施的合作协议名称（涉及养殖户的）。

※3 质量管理制度　检查并描述各类制度文件名称、保管及存放情况。

※6 记录档案　检查并描述批生产记录和销售记录的名称，记录档案起止日期，档案的填写及保存情况。

※7 无害化处理　检查并描述无害化处理的方式及设备设施名称、处理能力，设施设备运转情况及处理效果，无害化处理记录填写及保存情况。

※9 周边环境（屠宰厂适用）　检查并描述产地地理位置，产地周边是否有水源保护区、居民住宅区、公共场所及畜禽饲养场。

※22 卫生消毒设备　检查并描述设施设备名称、使用状态，管理人员姓名。

※34 原料来源　检查并描述待宰畜禽或蜂产品的无公害产地或产品证书编号，是否有购销合同或代宰协议。

※35 药品储存　检查并描述药品名称及存放场所，药品管理制度，保管员姓名，药品领用记录填写和保存情况。

※37 药品使用　检查并描述药品使用记录中的药品名称、数量、领用时间、使用方法、操作人员，药品使用培训记录，药品使用记录填写和保存情况。

※38 加工用水　检查并描述《水质检验报告》受检单位、时间、检测标准和检测结论。

※48 宰前检疫　宰前检疫记录与回收的《动物检疫合格证明》是否相对应。

※51 合格胴体检疫（猪牛羊屠宰适用）　检查并描述合格胴体是否加盖"检疫验讫"印章，分割肉外包装是否加贴检疫合格标志。

※52 鲜肉运输　检查并描述生鲜肉是否冷链运输，猪牛羊等胴体是否悬挂运输，车辆是否清洗消毒，消毒记录填写和保存情况。

※58 杀菌（蜂产品加工适用）　检查并描述杀菌或灭菌操作规程名称，是否具有可操作性。

※59 产品质量检测（屠宰厂适用）　检查并描述自检或委托检验的数量或频次检验结果，屠宰场是否对每批入场生猪、肉牛、肉羊进行"瘦肉精"检测，是否有"瘦肉精"自检记录。

※66 标志使用（适用于复查换证产品）　检查并描述标志购买、保存、使用记录填写和保存情况，是否存在违规使用标志的行为。

4. 现场检查结论　现场检查综合评价栏填写对产地环境、场区布局、投入品使用、质量控制措施落实、档案填写和保存等方面情况做出的总体评价，指出现场检查过程中发现的问题，并提出相应的建议。

（1）检查结论为"通过"的评价　检查组认为申请人具备了按照无公害标准进行生产的能力，符合无公害畜产品的生产要求，检查通过。

（2）检查结论为"限期整改"的评价　检查组认为申请人具备了按照无公害标准进行生产的能力，基本符合无公害畜产品生产要求，但还有不完善的地方，需要整改，待申请人完成整改后，检查组对整改结果进行确认后再判定。

（3）检查结论为"不通过"的评价　检查组认为申请人现有条件尚未满足无公害畜产品的生产要求，现场检查不通过。

然后在检查结论选项的"□"内打"√"。现场检查组组长签字，并签署日期。申请主体法人签字，加盖申请主体印章。检查结论为限期整改的，申请人按照检查组提出的意见采取行之有效的整改措施，签署整改完成日期，一般在30d内完成。如果不同意检查组认定的不合格项目，填写具体意见，申请主体法人签字，加盖申请主体印章。最后在"□"内打"√"。整改结果验证方式由检查组决定。

（4）验证意见　由检查组组长根据整改结果签署验证意见。检查组组长签字，并签署验证日期。

第三节　无公害畜产品标志使用与监督管理

一、无公害畜产品标志

无公害畜产品与无公害水产品、无公害种植业产品共同使用一套相同的无公害农产品标志。无公害农产品标志（以下简称标志）是由农业部和国家认证认可监督管理委员会联合制定并发布的，是加施于获得无公害农产品认证的产品或者其包装上的证明性标记。无公害农产品标志的使用涉及政府对无公害农产品质量的保证和对生产者、经营者及消费者合法权益的维护，是国家有关部门对无公害农产品进行有效监督和管理的重要手段。农业部农产品质量安全中心负责标志的申请、审核、发放及跟踪检查工作。

无公害农产品标志的种类、规格、起订量及应用范围见表11-2。

表 11-2　无公害农产品标志的种类、规格及应用范围

标志种类	规格	尺寸（mm）	起订量（万枚）	标志应用范围
刮开式纸质标志	1号	19×25	8	加贴在无公害农产品上或产品包装上
	2号	24×32	4	
	3号	36×48	2	
锁扣标志	个	吊牌20×30	1	主要应用于鲜活类无公害农产品
		扣牌2×150		
捆扎带标志	m	1 000×12	2 400 米	用于需要进行捆扎的无公害农产品上

（续）

标志种类	规格	尺寸（mm）	起订量（万枚）	标志应用范围
揭露式纸质标志	1号	10（直径）	22	可直接加贴在无公害农产品
	2号	15（直径）	11	上或产品包装上
	3号	20（直径）	7	
	4号	30（直径）	3	
	5号	60（直径）	0.7	
揭露式塑质标志	2号	15（直径）	11	加贴于无公害农产品内包装
	3号	20（直径）	7	上或产品外包装上
	4号	30（直径）	3	
	5号	60（直径）	0.7	

二、标志的申请及使用

（一）标志的申请

加施于无公害畜产品上的标志，由农业部农产品质量安全中心统一组织印制和发放。按照认证审核与标识管理相结合的工作制度，通过无公害农产品评审的畜产品生产单位，应当在评审结论公告 6 个月内完成无公害农产品标志的申领工作。

凡获得无公害农产品证书的申请人，均可在证书有效期内向农业部农产品质量安全中心申请使用标志。申请标志的单位和个人，按要求认真填写《无公害农产品标志使用征订表》，完成银行汇款后，将《无公害农产品标志使用征订表》和银行汇款凭证传真或发邮件至农业部农产品质量安全中心。为保证申请者能够及时使用标志，申领者应当提前 1 个月办理有关标志的申领手续。

农业部农产品质量安全中心根据获证单位的获证产品、有效期、征订数量，核定其使用标志的情况，并按照申请者的要求制作标志，在完成生产后将标志运输至申领者指定的地点。为便于包裹的查询及快捷运输，目前大部分标志由中铁快运负责运输。部分偏远地区由于无法送达，需申领者到离运送地点最近的邮局领取。

（二）标志的使用

无公害畜产品获证单位应当在证书规定的产品范围、批准产量及有效期限内使用无公害农产品标志，使用单位应当如实记录标志使用情况并存档 3 年。未经农产品质量安全中心允许，任何单位和个人不得使用无公害农产品标志。

获得证书的单位和个人，在证书有效期内，可以在证书规定的产品上或者其包装上加贴标志，用以证明该产品符合无公害产品标准。使用无公害农产品标志时应注意：标志粘贴稳定后，可达到设计的揭显效果；标志忌揉搓，忌雨忌晒，应放在通风、干燥、室温环境中保管；标志只能在标志外包装标签上注明的指定产品上使用，任何在非指定产品上使用标志的，造成查询错误由使用者自行承担；产品须储存于潮湿、冷冻环境中或产品包装（硬塑料袋）容易产生挤压、揉搓的，建议使用塑质标志。

（三）标志的防伪查询

标志除采用传统静态防伪外，还具有防伪数码查询功能的动态防伪技术。刮开标志的表面涂层或在标志的揭露层可以看到 16 位防伪数码，通过输入此防伪数码查询，不但能辨别标志的真伪，而且能了解到使用该标志的获证单位、产品、品牌及认证部门的相关信息。

可以通过以下两种方式进行查询。

1. 短信查询 1066958878 是三网合一的无公害农产品短信查询平台，中国移动、中国联通、中国电信等用户只需将标识上的 16 位数码编辑成一条数码短信（编辑方法为：从左至右，然后从上至下输入数码），发送至 1066958878，几秒钟后系统会回复一条短信。短信回复内容会是以下三种文字内容中的一种：

（1）您所查询的是××公司（企业）生产的××牌××产品，已通过农业部农产品质量安全中心的无公害农产品认证。此种语音表示正牌产品，首次查询。

（2）对不起，没有此防伪码。请当心该产品是假冒产品。咨询电话：010-82034399。本短信免费。此种语音表示：A. 为假冒产品（如果您核对输入的产品数码无误后，仍回复此文字）。B. 为数码短信编辑有误。如果您已核对输入的数码有误后（包括编辑顺序），请重新编辑数码短信发送至 1066958878。

（3）此数码已查询过×次，首次查询时间为×年×月×日×时×分。如您首次查询时间与上述时间不符，则应当心该产品是假冒产品。此种语音表示：A. 假冒产品（如您刚买到产品，第一次查询就回复此文字）。B. 正牌产品再次查询（如果您曾经在回复内容所述的时间已进行过第一次查询）。

2. 网络查询 登陆：http://www.aqsc.org，在防伪标志查询框内输入产品数码，确认无误后按"查询"键，即可迅速得到查询企业名称、产品、证书编号、证书有效期。防伪标志使用单位应当按规定，在产品包装、说明书、广告及标签上印上查询说明，以便于消费者查询和维护企业自身的经济利益和品牌优势。

获得无公害农产品产地认定证书的单位或个人有下列情形之一的，由省农业主管部门或工作机构予以警告，并责令限期改正：无公害农产品产地被污染或者产地环境达不到标准要求的；无公害农产品产地农业投入品的使用不符合无公害农产品相关标准要求的；擅自扩大无公害畜产品产地范围的。

有下列情形之一的，由省级农业行政主管部门撤销其无公害农产品产地认证定书：被予以警告的产地逾期未改正；该产地生产的产品在质量抽检中检出禁用药物。对撤销产地认定证书的获证单位，农业部农产品质量安全中心有权撤销其产品证书。

三、获证产品质量监督

目前，获证产品质量监督主要采取质量抽检和综合检查两种形式。

质量抽检由各级无公害畜产品工作机构每年组织实施。年度抽检按照"统一抽检产品，统一部署实施，统一检验标准和方法，统一判定原则，统一汇总口径"的要求开展。对抽检产品不合格的单位，依据相关规定作出撤销证书或限期整改的处理。此外，各级无公害畜产品工作机构应根据产品质量监测信息和畜产品质量安全预警工作需要，快速安排有针对性的产品质量临时抽检，及时消除质量安全隐患。

综合检查由各级无公害畜产品工作机构组织实施，采取实地检查、查阅资料、座谈质询等方式，对本辖区、本行业无公害畜产品获证单位农产品批发市场（或超市）进行检查。检查内容包括无公害畜产品认证管理及生产经营的各个环节，重点检查无公害畜产品认证管理有效性、生产经营规范性、产品质量安全性和包装标识合法性。

四、产品证书及标志监督管理

1. 产品证书的监督管理 获证单位应当在产品包装、广告、宣传等活动中正确使用证书和有关信息。对不符合使用和认证要求的，农业部农产品质量安全中心将暂停或者撤销其证书，并予以公布。对撤销的证书由省级工作机构予以收回。

有下列情况之一发生的，农业部农产品质量安全中心将暂停其使用证书，并责令限期改正：生产过程发生变化，产品达不到无公害畜产品标准要求；经检查、检验、鉴定，不符合无公害畜产品标准要求的；产品所对应产地证书被暂停的。

获得产品证书的，有下列情况之一发生的，农业部农产品质量安全中心将撤销其证书：擅自扩大无公害农产品标志使用范围；转让、买卖证书和无公害农产品标志；产地认定证书被撤销；被暂停产品证书未在规定期限内改正的；获证产品在质量抽检中检出禁用药物的；情节严重的伪造、变造无公害农产品标志行为。

2. 标志的监督管理 农业部和国家认证认可监督管理委员会对标志的有关活动实行统一监督管理。县级以上地方人民政府农业行政主管部门和质量技术监督部门按照职责分工依法负责本行政区域内标志的监督检查工作。农业部农产品质量安全中心及各级工作机构负责向申请使用标志的单位和个人说明标志的管理规定，并指导和监督其正确使用标志，负责建立标志发放出入库管理制度。

从事标志管理的工作人员滥用职权、徇私舞弊、玩忽职守，由所在单位或者所在单位上级行政主管部门给予行政处分；构成犯罪的，依法追究刑事责任。任何伪造、变造、盗用、冒用、买卖和转让标志的行为，按照国家有关法律法规的规定予以处理，构成犯罪的，依法追究刑事责任。

标志使用者应当在证书规定的产品范围和有效期内使用标志，不得超范围和逾期使用，不得买卖和转让；应当建立标志使用的管理制度，对标志的使用情况如实记录，登记造册并存档，存期3年，以备后查。

附　录

附录一　无公害农产品管理办法

中华人民共和国农业部
中华人民共和国国家质量监督检验检疫总局　令 2002 年第 12 号

（经 2002 年 1 月 30 日国家认证认可监督管理委员会第 7 次主任办公会议审议通过的《无公害农产品管理办法》，业经 2002 年 4 月 3 日农业部第 5 次常务会议、2002 年 4 月 11 日国家质量监督检验检疫总局第 27 次局长办公会议审议通过，现予发布，自发布之日起施行。）

第一章　总　　则

第一条　为加强对无公害农产品的管理，维护消费者权益，提高农产品质量，保护农业生态环境，促进农业可持续发展，制定本办法。

第二条　本办法所称无公害农产品，是指产地环境、生产过程和产品质量符合国家有关标准和规范的要求，经认证合格获得认证证书并允许使用无公害农产品标志的未经加工或者初加工的食用农产品。

第三条　无公害农产品管理工作，由政府推动，并实行产地认定和产品认证的工作模式。

第四条　在中华人民共和国境内从事无公害农产品生产、产地认定、产品认证和监督管理等活动，适用本办法。

第五条　全国无公害农产品的管理及质量监督工作，由农业部门、国家质量监督检验检疫部门和国家认证认可监督管理委员会按照"三定"方案赋予的职责和国务院的有关规定，分工负责，共同做好工作。

第六条　各级农业行政主管部门和质量监督检验检疫部门应当在政策、资金、技术等方面扶持无公害农产品的发展，组织无公害农产品新技术的研究、开发和推广。

第七条　国家鼓励生产单位和个人申请无公害农产品产地认定和产品认证。

实施无公害农产品认证的产品范围由农业部、国家认证认可监督管理委员会共同确定、调整。

第八条　国家适时推行强制性无公害农产品认证制度。

第二章　产地条件与生产管理

第九条　无公害农产品产地应当符合下列条件：

（一）产地环境符合无公害农产品产地环境的标准要求；

（二）区域范围明确；

（三）具备一定的生产规模。

第十条　无公害农产品的生产管理应当符合下列条件：

（一）生产过程符合无公害农产品生产技术的标准要求；

（二）有相应的专业技术和管理人员；

（三）有完善的质量控制措施，并有完整的生产和销售记录档案。

第十一条　从事无公害农产品生产的单位或者个人，应当严格按规定使用农业投入品。禁止使用国家禁用、淘汰的农业投入品。

第十二条　无公害农产品产地应当树立标示牌，标明范围、产品品种、责任人。

第三章　产地认定

第十三条　省级农业行政主管部门根据本办法的规定负责组织实施本辖区内无公害农产品产地的认定工作。

第十四条　申请无公害农产品产地认定的单位或者个人（以下简称申请人），应当向县级农业行政主管部门提交书面申请，书面申请应当包括以下内容：

（一）申请人的姓名（名称）、地址、电话号码；

（二）产地的区域范围、生产规模；

（三）无公害农产品生产计划；

（四）产地环境说明；

（五）无公害农产品质量控制措施；

（六）有关专业技术和管理人员的资质证明材料；

（七）保证执行无公害农产品标准和规范的声明；

（八）其他有关材料。

第十五条　县级农业行政主管部门自收到申请之日起，在 10 个工作日内完成对申请材料的初审工作。

申请材料初审不符合要求的，应当书面通知申请人。

第十六条　申请材料初审符合要求的，县级农业行政主管部门应当逐级将推荐意见和有关材料上报省级农业行政主管部门。

第十七条　省级农业行政主管部门自收到推荐意见和有关材料之日起，在 10 个工作日内完成对有关材料的审核工作，符合要求的，组织有关人员对产地环境、区域范围、生产规模、质量控制措施、生产计划等进行现场检查。

现场检查不符合要求的，应当书面通知申请人。

第十八条　现场检查符合要求的，应当通知申请人委托具有资质资格的检测机构，对产地环境进行检测。

承担产地环境检测任务的机构，根据检测结果出具产地环境检测报告。

第十九条　省级农业行政主管部门对材料审核、现场检查和产地环境检测结果符合要求的，应当自收到现场检查报告和产地环境检测报告之日起，30个工作日内颁发无公害农产品产地认定证书，并报农业部和国家认证认可监督管理委员会备案。

不符合要求的，应当书面通知申请人。

第二十条　无公害农产品产地认定证书有效期为3年。期满需要继续使用的，应当在有效期满90日前按照本办法规定的无公害农产品产地认定程序，重新办理。

第四章　无公害农产品认证

第二十一条　无公害农产品的认证机构，由国家认证认可监督管理委员会审批，并获得国家认证认可监督管理委员会授权的认可机构的资格认可后，方可从事无公害农产品认证活动。

第二十二条　申请无公害产品认证的单位或者个人（以下简称申请人），应当向认证机构提交书面申请，书面申请应当包括以下内容：

（一）申请人的姓名（名称）、地址、电话号码；

（二）产品品种、产地的区域范围和生产规模；

（三）无公害农产品生产计划；

（四）产地环境说明；

（五）无公害农产品质量控制措施；

（六）有关专业技术和管理人员的资质证明材料；

（七）保证执行无公害农产品标准和规范的声明；

（八）无公害农产品产地认定证书；

（九）生产过程记录档案；

（十）认证机构要求提交的其他材料。

第二十三条　认证机构自收到无公害农产品认证申请之日起，应当在15个工作日内完成对申请材料的审核。

材料审核不符合要求的，应当书面通知申请人。

第二十四条　符合要求的，认证机构可以根据需要派员对产地环境、区域范围、生产规模、质量控制措施、生产计划、标准和规范的执行情况等进行现场检查。

现场检查不符合要求的，应当书面通知申请人。

第二十五条　材料审核符合要求的、或者材料审核和现场检查符合要求的（限于需要对现场进行检查时），认证机构应当通知申请人委托具有资质资格的检测机构对产品进行检测。

承担产品检测任务的机构，根据检测结果出具产品检测报告。

第二十六条　认证机构对材料审核、现场检查（限于需要对现场进行检查时）和产品检测结果符合要求的，应当在自收到现场检查报告和产品检测报告之日起，30个工作日内颁发无公害农产品认证证书。

不符合要求的，应当书面通知申请人。

第二十七条　认证机构应当自颁发无公害农产品认证证书后30个工作日内，将其颁发的认证证书副本同时报农业部和国家认证认可监督管理委员会备案，由农业部和国家认证认可监督管理委员会公告。

第二十八条 无公害农产品认证证书有效期为 3 年。期满需要继续使用的，应当在有效期满 90 日前按照本办法规定的无公害农产品认证程序，重新办理。

在有效期内生产无公害农产品认证证书以外的产品品种的，应当向原无公害农产品认证机构办理认证证书的变更手续。

第二十九条 无公害农产品产地认定证书、产品认证证书格式由农业部、国家认证认可监督管理委员会规定。

第五章　标志管理

第三十条 农业部和国家认证认可监督管理委员会制定并发布《无公害农产品标志管理办法》。

第三十一条 无公害农产品标志应当在认证的品种、数量等范围内使用。

第三十二条 获得无公害农产品认证证书的单位或者个人，可以在证书规定的产品、包装、标签、广告、说明书上使用无公害农产品标志。

第六章　监督管理

第三十三条 农业部、国家质量监督检验检疫总局、国家认证认可监督管理委员会和国务院有关部门根据职责分工依法组织对无公害农产品的生产、销售和无公害农产品标志使用等活动进行监督管理。

（一）查阅或者要求生产者、销售者提供有关材料；

（二）对无公害农产品产地认定工作进行监督；

（三）对无公害农产品认证机构的认证工作进行监督；

（四）对无公害农产品的检测机构的检测工作进行检查；

（五）对使用无公害农产品标志的产品进行检查、检验和鉴定；

（六）必要时对无公害农产品经营场所进行检查。

第三十四条 认证机构对获得认证的产品进行跟踪检查，受理有关的投诉、申诉工作。

第三十五条 任何单位和个人不得伪造、冒用、转让、买卖无公害农产品产地认定证书、产品认证证书和标志。

第七章　罚　则

第三十六条 获得无公害农产品产地认定证书的单位或者个人违反本办法，有下列情形之一的，由省级农业行政主管部门予以警告，并责令限期改正；逾期未改正的，撤销其无公害农产品产地认定证书：

（一）无公害农产品产地被污染或者产地环境达不到标准要求的；

（二）无公害农产品产地使用的农业投入品不符合无公害农产品相关标准要求的；

（三）擅自扩大无公害农产品产地范围的。

第三十七条 违反本办法第三十五条规定的，由县级以上农业行政主管部门和各地质量监督检验检疫部门根据各自的职责分工责令其停止，并可处以违法所得 1 倍以上 3 倍以下的罚款，但最高罚款不得超过 3 万元；没有违法所得的，可以处 1 万元以下的罚款。

第三十八条　获得无公害农产品认证并加贴标志的产品，经检查、检测、鉴定，不符合无公害农产品质量标准要求的，由县级以上农业行政主管部门或者各地质量监督检验检疫部门责令停止使用无公害农产品标志，由认证机构暂停或者撤销认证证书。

第三十九条　从事无公害农产品管理的工作人员滥用职权、徇私舞弊、玩忽职守的，由所在单位或者所在单位的上级行政主管部门给予行政处分；构成犯罪的，依法追究刑事责任。

第八章　附　　则

第四十条　从事无公害农产品的产地认定的部门和产品认证的机构不得收取费用。

检测机构的检测、无公害农产品标志按国家规定收取费用。

第四十一条　本办法由农业部、国家质量监督检验检疫总局和国家认证认可监督管理委员会负责解释。

第四十二条　本办法自发布之日起施行。

附录二　关于进一步改进无公害农产品管理有关工作的通知

农质安发〔2013〕18 号

各省、自治区、直辖市及计划单列市农产品质量安全中心（无公害农产品工作机构），新疆生产建设兵团农产品质量安全中心：

党的群众路线教育实践活动开展以来，农业部农产品质量安全中心（以下简称"部中心"）广泛征求了无公害农产品地方工作机构和获证主体意见和建议。为切实改进作风，提升工作水平，按照即改即行的要求，部中心对反映较为集中且具备整改条件的问题进行了研究，提出了改进措施。现就有关事项通知如下。

一、严格审查时限规定，提高审查工作效率。各省（区、市）可根据本地工作实际，科学精简审查环节，合理安排现场检查及产地环境、产品质量检测工作，及时出具检验、检查报告。省级以下审查环节和时限要求由各省（区、市）确定，原则上从县级工作机构受理认证申请（时间从收到申请主体全部合格材料时开始计算）到省级工作机构完成初审时间不超过 45 个工作日，审查中有退回补充材料或整改的，相应工作机构须在审查报告中注明审查意见和日期。农业部农产品质量安全中心专业分中心（以下简称"分中心"）应当自收到省级工作机构报送的申请材料之日起 20 个工作日内完成书面审查，必要时，应当进行现场核查。部中心应当自收到分中心报送的材料 20 个工作日内组织专家评审，并根据专家评审意见作出是否颁证的决定，同时在部中心网站上予以公告。

二、提高认证准入门槛，培育规模化认证主体。各地要根据当地农业生产实际，以生产规模作为衡量无公害农产品发展的重要指标，参照《无公害食品产地认定规范》（以下简称"《规范》"）要求的生产规模标准，分门别类地设定无公害农产品申请主体准入门槛。对生产规模小、产品辐射半径小、质量控制能力和辐射带动能力弱的主体，要通过引导扶持等途径，优先培育其发展壮大，在其具有一定生产规模时，再按照自愿的原则进行认证。各省（区、市）制定的认证规模准入标准应在 2014 年 1 月 1 日前报部中心备案确认后实施；未制定标准的，在认证审查中按《规范》标准执行。

三、突出分级审查重点，简化认证申报材料。在确保产品质量安全基础上，合理减少申报材料特别是初审后申报材料数量。省级及以下工作机构重点对无公害农产品产地及生产过程审查把关，分中心和部中心重点加强对产品质量安全风险的控制及对地方工作规范性的核查。自 2014 年 1 月 1 日起，无公害农产品产地认定产品认证申请启用新的《无公害农产品产地认定与产品认证申请和审查报告（2014 版）》（以下简称"《申请和审查报告》"，见附件1)，首次认证附报材料包括：1. 主体资质证明文件；2. 无公害农产品内检员证书；3. 质量控制措施；4. 最近生产周期农业投入品使用记录；5. 产地环境检验、现状评价报告或产地环境调查报告；6. 产品检验报告；7. 无公害农产品认证现场检查报告；8. 无公害农产品认证信息登录表（电子版）；9. 其他需要提交的材料（不同类型认证申报材料要求见附件 1 中

"申请须知")。对通过初审的认证申请，省级工作机构只需将《申请和审查报告》和附报材料中的 6、7、8 及《无公害农产品产地认定证书》等 5 份材料报送各业务对口分中心复审，其余材料作为产地认定发证依据由省级工作机构留存（自发证之日起保存 4 年），部中心将组织开展初审工作质量督导检查。

四、统一复查换证要求，落实省级审查责任。为进一步规范复查换证申报和审查工作，充分发挥省级工作机构的主导作用，自 2014 年 1 月 1 日起，全国实施统一的无公害农产品复查换证申报材料及审查流程要求。复查换证申报材料包括：《申请和审查报告》、《无公害农产品产地认定证书》、《无公害农产品认证现场检查报告》和《无公害农产品认证信息登录表》（电子版）等 4 份材料，申报及审查程序同首次认证。各级工作机构在审查过程中，要坚持换证受理目录制，不在《实施无公害农产品认证的产品目录》范围内的产品，一律不予受理。同时，省级工作机构要落实对换证产品质量安全风险控制职责，根据本地区生产管理实际科学提出检测要求，未实施检测的，应在《申请和审查报告》的"产品认证初审意见"栏中对该产品在证书有效期内质量是否稳定，以及是否出现过质量安全事故情况予以说明。

五、规范认证信息填写，严格信息变更审查。各地要将无公害农产品认证信息登录表作为认证审查的重要内容，认真核对纸质材料与电子信息的准确性和一致性，确保按要求准确填写和报送。对申请认证信息变更的，各级工作机构要以"延续性、安全性"为原则从严把握。对于不影响获证产品质量安全的情形，如仅申请人名称、通讯地址、在产地认定范围内批准产量等发生变化的，应按照《关于规范无公害农产品证书内容变更工作的通知》（农质安函〔2005〕62 号）要求实施。对于产品种类（品种）、生产主体、质量控制措施和产地地理位置等发生变化，导致可能影响获证产品质量安全的，不予受理变更。

六、科学界定暂不适宜用标产品范围，完善标识征订管理。在现阶段稻谷、小麦、大豆、加工原料用玉米、生鲜牛乳、生猪、活牛、活羊、非包装上市的活鱼及贝类等十类暂不适宜使用标识的产品基础上，增加加工原料用甜菜、活禽和非包装上市的活虾及鲜海参等四类产品可暂不使用标识。上述十四类产品申报无公害农产品认证时，申请人不再提交不适宜使用标识的说明及证明材料，凡不使用标识的，须在"无公害农产品认证信息登录表"备注栏填写"不用标"；十四类暂不适宜用标产品范围外的产品，原则上应当使用标识。为方便生产多个获证产品的主体使用标识，积极探索以产品类别为定标单元的征订标志管理方式，2014 年先期在黑龙江、江苏、北京、上海等四省市开展试点。

七、改进和加强培训工作，提高培训针对性。进一步加强无公害农产品检查员和内检员培训，丰富培训方式和手段，增强培训工作的针对性和实用性。对各省级工作机构举办的检查员培训班，由部中心根据培训人数统一提供免费培训教材。各地可根据工作中的共性问题及薄弱环节增设培训内容和组织经验交流，提高培训针对性和实用性。对各省级工作机构举办的内检员培训班中的再培训学员，只需提供已获得的内检员证书编号，可以不再订购内检员教材。

八、加强公益宣传工作，做好为认证主体的服务。部中心将制作无公害农产品和农产品地理标志公益广告宣传样片，适时选择适宜媒体进行宣传，并提供给各地宣传使用。同时在中国农产品质量安全网开设专栏，链接中国农业信息网农业网上展厅，为有宣传意向的获证单位开展免费宣传，各省级工作机构要组织指导获证单位上传产品宣传材料。

附件：无公害农产品产地认定与产品认证申请和审查报告（2014 版）

农业部农产品质量安全中心

2013 年 12 月 3 日

材料编号：（省级工作机构填写）

无公害农产品产地认定与产品认证
申请和审查报告
（2014 版）

申请主体（盖章）： _____

法人代表（签字）： _____

首次认证☐　**扩项认证**☐　**整体认证**☐　**复查换证**☐

申请日期：_____年_____月_____日

农业部农产品质量安全中心印制

申　请　须　知

1. 申报材料请用钢笔、签字笔填写或用计算机打印，要求字迹工整、术语规范、印章清晰，内容完整真实。

2. 首次认证随《无公害农产品产地认定与产品认证申请和审查报告》须报以下材料：

（1）国家法律法规规定申请人必须具备的资质证明文件复印件

（2）《无公害农产品内检员证书》复印件

（3）无公害农产品生产质量控制措施（内容包括组织管理、投入品管理、卫生防疫、产品检测、产地保护等）

（4）最近生产周期农业投入品（农药、兽药、渔药等）使用记录复印件

（5）《产地环境检验报告》及《产地环境现状评价报告》（省级工作机构选定的产地环境检测机构出具）或《产地环境调查报告》（省级工作机构出具）

＊（6）《产品检验报告》原件或复印件加盖检测机构印章（农业部农产品质量安全中心选定的产品检测机构出具）

＊（7）《无公害农产品认证现场检查报告》原件（负责现场检查的工作机构出具）

（8）无公害农产品认证信息登录表（电子版）

（9）其他要求提交的有关材料。

注：申请产品扩项认证的，除《无公害农产品产地认定与产品认证申请和审查报告》外，附报材料须提交（4）、（6）、（7）、（8）和《无公害农产品产地认定证书》及已获得的《无公害农产品证书》。

申请复查换证的，除《无公害农产品产地认定与产品认证申请和审查报告》外，附报材料须提交（7）、（8）。

申请整体认证的，除《无公害农产品产地认定与产品认证申请和审查报告》外，附报材料须提交（1）—（8）以及土地使用权证明、3年内种植（养殖）计划清单、生产基地图等。

3. 申请材料须装订2份同时报县级无公害农产品工作机构，统一以《无公害农产品产地认定与产品认证申请和审查报告》作为封面，其中1份按照附报材料清单顺序装订成册，另1份将标"＊"材料（复查换证产品检验按各省要求执行）装订成册。

4. 申请人需登陆《中国农产品质量安全网》（www.aqsc.gov.cn）认真阅读《无公害农产品标识征订说明及使用规定》，了解无公害农产品标识征订及使用的相关规定。适宜使用标识的产品，申请人应在其申请的产品通过认证评审并在《中国农产品质量安全网》公告6个月内，向农业部农产品质量安全中心申订全国统一的无公害农产品标识。

5. 法人代表及联系人手机是各级认证审查机构与申请人及时沟通的重要通道，请准确填写手机号码并保持畅通。

6. 申请日期为附报材料齐全后正式向县级工作机构提交认证申请的时间。

7. 联系方式：

（1）农业部农产品质量安全中心

地址：北京市海淀区学院南路 59 号　邮编：100081

电话：010 - 62191437；传真：010 - 62191434

E - mail：aqscshc@163.com

（2）农业部农产品质量安全中心种植业产品认证分中心

地址：北京市朝阳区朝外大街 223 号　邮编：100020

电话：010 - 65520112；传真：010 - 65520107

E - mail：ynwugonghai@163.com

（3）农业部农产品质量安全中心畜牧业产品认证分中心

地址：北京市朝阳区麦子店街 20 号楼 527 室　邮编：100125

电话：010 - 59191489，59194646，59194645

传真：010 - 59191489

E - mail：zbc504@126.com

（4）农业部农产品质量安全中心渔业产品认证分中心

地址：北京市丰台区永定路南青塔 150 号　邮编：100141

电话：010 - 68673907，68673913

传真：010 - 68673907

E - mail：cffpq@ cafs. ac. cn

承 诺 书

1. 我申请无公害农产品产地认定和产品认证所提交的材料和填写的内容全部真实。如有虚假成分，愿负法律责任。

2. 我将严格按照《农产品质量安全法》的要求，建立内部农产品质量安全管理制度，健全内部农产品质量安全控制体系，制定切实可行的生产操作规程，落实生产记录制度。申请认证的产品在其生产过程中，保证落实无公害农产品质量控制措施，严格执行该产品生产技术规范（规程）和质量安全标准，严格按照国家法律法规要求使用投入品和添加物，确保产品质量合格。

3. 我已认真阅读《无公害农产品标识征订说明及使用规定》，申请认证的产品通过评审后，对适宜使用无公害农产品标识的产品，在中国农产品质量安全网公告 6 个月内向农业部农产品质量安全中心申订全国统一的无公害农产品标识，且保证严格按照无公害农产品标志管理的有关规定，在相应产品或产品包装上使用。

4. 我接受各级无公害农产品工作机构及有关部门对本单位无公害农产品生产和无公害农产品标识使用情况的监督检查，并对监督检查发现的问题及时整改。

申请主体（盖章）：

法人代表（签字）：

年　月　日

表1　申请主体基本情况

申请主体全称					
单位性质	□　企业　□　合作社　□　协会　□　个人　□　其他				
是否龙头企业	□是　□否	龙头企业级别		□国家级　□省级　□市级　□县级	
法人代表		联系电话		手机	
联系人		联系电话		手机	
内检员		证书编号			
传真		E-mail			
通讯地址		邮政编码			
职工人数		管理人员数		技术人员数	
产地基本情况					
产地规模（公顷、万头、万只、立方米水体）					
产地详细地址	_____省（区、市）_____市_____县_____乡（镇）_____村				
生产经营类型	□自产自销型（申请人自有基地、统一生产、统一销售）				
	□公司＋农户型		农户数		
	□公司＋合作社（协会）＋农户型		农户数		
	□合作社（协会）		社员（会员）数		
	□合作社（协会）＋农户型		农户数		
	□其他_____				

表2　申请产品情况

产品名称	生产规模※（公顷/万头/万只/立方米水体）	生产周期	包装规格	年产量（吨）	年销售量（吨）	年销售额（万元）

※ 存在套作、混养等情况的生产方式，需详细说明套作、混养的品种。

表 3 县、地级工作机构推荐意见

县级工作机构 推荐意见	负责人（签字）： （加盖县级工作机构印章） 年 月 日
地级工作机构 审核意见	负责人（签字）： （加盖地级工作机构印章） 年 月 日

表 4 省级工作机构产地认定终审和产品认证初审意见

省级工作机构 检查员意见		检查员（签字）： 年 月 日
省级工作机构综合审查意见	（一）产地认定终审意见	
	（二）产品认证初审意见	省级工作机构负责人（签字）： （加盖省级工作机构印章） 年 月 日

表5　部专业分中心复审意见

部专业分中心 检查员意见	
	检查员（签字）： 　　　年　月　日
部专业分中心 复审意见	部专业分中心主任（签字）： （加盖部专业分中心印章） 　　　年　月　日

表6　农业部农产品质量安全中心终审意见

农业部农产品质量 安全中心终审意见	部中心主任（签字）： （加盖部中心印章） 　　　年　月　日

附录三 饲料药物添加剂使用规范

中华人民共和国农业部公告第 168 号

为加强兽药的使用管理，进一步规范和指导饲料药物添加剂的合理使用，防止滥用饲料药物添加剂，根据《兽药管理条例》的规定，现发布《饲料药物添加剂使用规范》（以下简称《规范》），并就有关事项通知如下，请各地遵照执行。

一、凡农业部批准的具有预防动物疾病、促进动物生长作用，可在饲料中长时间添加使用的饲料药物添加剂（品种收载于附录一），其产品批准文号须用"药添字"。生产含有"附录一"所列品种成分的饲料，必须在产品标签中标明所含兽药成分的名称、含量、适用范围、停药期规定及注意事项等。

二、凡农业部批准的用于防治动物疾病，并规定疗程，仅是通过混饲给药的饲料药物添加剂（包括预混剂或散剂，品种收载于附录二），其产品批准文号须用"兽药字"，各畜禽养殖场及养殖户须凭兽医处方购买、使用，所有商品饲料中不得添加"附录二"中所列的兽药成分。

三、除本《规范》收载品种及农业部今后批准允许添加到饲料中使用的饲料药物添加剂外，任何其他兽药产品一律不得添加到饲料中使用。

四、兽用原料药不得直接加入饲料中使用，必须制成预混剂后方可添加到饲料中。

五、各地兽药管理部门要对照本《规范》于 10 月底前完成本辖区饲料药物添加剂产品批准文号的清理整顿工作，印有原批准文号的产品标签、包装可使用至 2001 年 12 月底。

六、凡从事饲料药物添加剂生产、经营活动的，必须履行有关的兽药报批手续，并接受各级兽药管理部门的管理和质量监督，违者按照兽药管理法规进行处理。

七、本《规范》自发布之日起执行。原我部《关于发布〈允许作饲料药物添加剂的兽药品种及使用规定〉的通知》（农牧发〔1997〕8 号）和《关于发布"饲料添加剂允许使用品种目录"的通知》（农牧发〔1994〕7 号）同时废止。

中华人民共和国农业部

2001 年 9 月 4 日

饲料药物添加剂使用规范

二硝托胺预混剂

Dinitolmide Premix

［有效成分］二硝托胺

［含量规格］每 1 000g 中含二硝托胺 250g。

［适用动物］鸡

［作用与用途］用于禽球虫病。

［用法与用量］混饲。每 1 000kg 饲料添加本品 500g。

［注意］蛋鸡产蛋期禁用；休药期 3 天。

马杜霉素铵预混剂

Maduramicin Ammonium Premix

［有效成分］马杜霉素铵

［含量规格］每 1 000g 中含马杜霉素 10g。

［适用动物］鸡

［作用与用途］用于鸡球虫病。

［用法与用量］混饲。每 1 000kg 饲料添加本品 500g。

［注意］蛋鸡产蛋期禁用；不得用于其他动物；在无球虫病时，含百万分之六以上马杜霉素铵盐的饲料对生长有明显抑制作用，也不改善饲料报酬；休药期 5 天。

［商品名称］加福、抗球王

尼卡巴嗪预混剂

Nicarbazin Premix

［有效成分］尼卡巴嗪

［含量规格］每 1 000g 中含尼卡巴嗪 200g。

［适用动物］鸡

［作用与用途］用于鸡球虫病。

［用法与用量］混饲。每 1 000kg 饲料添加本品 100～125g。

［注意］蛋鸡产蛋期禁用；高温季节慎用；休药期 4 天。

［商品名称］杀球宁

尼卡巴嗪、乙氧酰胺苯甲酯预混剂

Nicarbazin and Ethopabate Premix

［有效成分］尼卡巴嗪和乙氧酰胺苯甲酯
［含量规格］每 1 000g 中含尼卡巴嗪 250g 和乙氧酰胺苯甲酯 16g。
［适用动物］鸡
［作用与用途］用于鸡球虫病。
［用法与用量］混饲。每 1 000kg 饲料添加本品 500g。
［注意］蛋鸡产蛋期和种鸡禁用；高温季节慎用；休药期 9 天。
［商品名称］球净

甲基盐霉素预混剂

Narasin Premix

［有效成分］甲基盐霉素
［含量规格］每 1 000g 中含甲基盐霉素 100g。
［适用动物］鸡
［作用与用途］用于鸡球虫病。
［用法与用量］混饲。每 1 000kg 饲料添加本品 600～800g。
［注意］蛋鸡产蛋期禁用；马属动物禁用；禁止与泰妙菌素、竹桃霉素并用；防止与人眼接触；休药期 5 天。
［商品名称］禽安

甲基盐霉素、尼卡巴嗪预混剂

Narasin and Nicarbazin Premix

［有效成分］甲基盐霉素和尼卡巴嗪
［含量规格］每 1 000g 中含甲基盐霉素 80g 和尼卡巴嗪 80g。
［适用动物］鸡
［作用与用途］用于鸡球虫病。
［用法与用量］混饲。每 1 000kg 饲料添加本品 310～560g。
［注意］蛋鸡产蛋期禁用；马属动物忌用；禁止与泰妙菌秦、竹桃霉素并用；高温季节慎用；休药期 5 天。
［商品名称］猛安

拉沙洛西钠预混剂

Lasalocid Sodium Premix

［有效成分］拉沙洛西钠

［含量规格］每 1 000g 中含拉沙洛西 150g 或 450g。

［适用动物］鸡

［作用与用途］用于鸡球虫病。

［用法与用量］混饲。每 1 000kg 饲料添加 75～125g（以有效成分计）。

［注意］马属动物禁用；休药期 3 天。

［商品名称］球安

氢溴酸常山酮预混剂

Halofuginone Hydrobromide Premix

［有效成分］氢溴酸常山酮

［含量规格］每 1 000g 中含氢溴酸常山酮 6g。

［适用动物］鸡

［作用与用途］用于防治鸡球虫病。

［用法与用量］混饲。每 1 000kg 饲料添加本品 500g。

［注意］蛋鸡产蛋期禁用；休药期 5 天。

［商品名称］速丹

盐酸氯苯胍预混剂

Robenidine Hydrochloride Premix

［有效成分］盐酸氯苯胍

［含量规格］每 1 000g 中含盐酸氯苯胍 100g。

［适用动物］鸡、兔

［作用与用途］用于鸡兔球虫病。

［用法与用量］混饲。每 1 000kg 饲料添加本品，鸡 300～600g，兔 1 000～1 500g。

［注意］蛋鸡产蛋期禁用。休药期鸡 5 天，兔 7 天。

盐酸氨丙啉、乙氧酰胺苯甲酯预混剂

Amprolium Hydrochloride and Ethopabate Premix

［有效成分］盐酸氨丙啉和乙氧酰胺苯甲酯

［含量规格］每 1 000g 中含盐酸氨丙啉 250g 和乙氧酰胺苯甲酯 16g。

［适用动物］家禽

［作用与用途］用于禽球虫病。

［用法与用量］混饲。每 1 000kg 饲料添加本品 500g。

［注意］蛋鸡产蛋期禁用；每 1 000kg 饲料中维生素 B_1 大于 10g 时明显拮抗；休药期 3 天。

　　［商品名称］加强安保乐

盐酸氨丙啉、乙氧酰胺苯甲酯、磺胺喹噁啉预混剂

Amprolium Hydrochloride、Ethopabate and Sulfaquinoxaline Premix

[有效成分] 盐酸氨丙啉、乙氧酰胺苯甲酯和磺胺喹噁啉

[含量规格] 每 1 000g 中含盐酸氨丙啉 200g、乙氧酰胺苯甲酯 10g 和磺胺喹噁啉 120g。

[适用动物] 家禽

[作用与用途] 用于禽球虫病。

[用法与用量] 混饲。每 1 000kg 饲料添加本品 500g。

[注意] 蛋鸡产蛋期禁用；每 1 000kg 中维生素 B_1 大于 10g 时明显拮抗；休药期 7 天。

[商品名称] 百球清

氯羟吡啶预混剂

Clopidol Premix

[有效成分] 氯羟吡啶

[含量规格] 每 1 000g 中含氯羟吡啶 250g。

[适用动物] 家禽和兔

[作用与用途] 用于禽、兔球虫病。

[用法与用量] 混饲。每 1 000kg 饲料添加本品，鸡 500g，兔 800g。

[注意] 蛋鸡产蛋期禁用；休药期 5 天。

海南霉素钠预混剂

Hainanmycin Sodium Premix

[有效成分] 海南霉素钠

[含量规格] 每 1 000g 中含海南霉素 10g。

[适用动物] 鸡

[作用与用途] 用于鸡球虫病。

[用法与用量] 混饲。每 1 000kg 饲料添加本品 500～750g。

[注意] 蛋鸡产蛋期禁用；休药期 7 天。

赛杜霉素钠预混剂

Semduramicin Sodium Premix

[有效成分] 赛杜霉素钠

[含量规格] 每 1 000kg 中含赛杜霉素 50g。

[适用动物] 鸡

[作用与用途] 用于鸡球虫病。

［用法与用量］混饲。每1 000kg饲料添加本品500g。

［注意］蛋鸡产蛋期禁用；休药期5天。

［商品名称］禽旺

地克珠利预混剂

Diclazuril Premix

［有效成分］地克珠利

［含量规格］每1 000g中含地克珠利2g或5g。

［适用动物］畜禽

［作用与用途］用于畜禽球虫病。

［用法与用量］混饲。每1 000kg饲料添加1g（以有效成分计）。

［注意］蛋鸡产蛋期禁用。

复方硝基酚钠预混剂*

Compound Sodium Nitrophenolate Premix

［有效成分］邻硝基苯酚钠、对硝基苯酚钠、5-硝基愈创木酚钠、磷酸氢钙和硫酸镁

［含量规格］每1 000g中含邻硝基苯酚钠0.6g、对硝基苯酚钠0.9g、5-硝基愈创木酚钠0.3g、磷酸氢钙898.2g和硫酸镁100g。

［适用动物］虾、蟹

［作用与用途］主用于虾、蟹等甲壳类动物的促生长。

［用法与用量］混饲。每1 000kg饲料添加本品5～10kg。

［注意］休药期7天。

［商品名称］爱多收

氨苯砷酸预混剂

Arsanilic Acid Premix

［有效成分］氨苯砷酸

［含量规格］每1 000g中含氨苯砷酸100g。

［适用动物］猪、鸡

［作用与用途］用于促进猪、鸡生长。

［用法与用量］混饲。每1 000kg饲料添加本品1000g。

［注意］休药期5天。

---

* 根据2002年4月9日农业部《关于发布〈食品动物禁用的兽药及其它化合物清单〉的通知》（农业部193号公告）的规定，禁止在所有食品动物中使用硝基酚钠。

洛克沙肿预混剂

Arsanilic Acid Premix

［有效成分］洛克沙肿

［含量规格］每 1 000g 中含洛克沙肿 50g 或 100g。

［适用动物］猪、鸡

［作用与用途］用于促进猪、鸡生长。

［用法与用量］混饲。每 1 000kg 饲料添加本品 50g（以有效成分计）。

［注意］蛋鸡产蛋期禁用；休药期 5 天。

莫能菌素钠预混剂

Monensin Sodium Premix

［有效成分］莫能菌素钠

［含量规格］每 1 000g 中含莫能菌素 50g 或 100g 或 200g。

［适用动物］牛、鸡

［作用与用途］用于鸡球虫病和肉牛促生长。

［用法与用量］混饲。鸡，每 1 000kg 饲料添加 90～110g；肉牛，每头每天 200～360mg。以上均以有效成分计。

［注意］蛋鸡产蛋期禁用；泌乳期的奶牛及马属动物禁用；禁止与泰妙菌素、竹桃霉素并用；搅拌配料时禁止与人的皮肤、眼睛接触；休药期 5 天。

［商品名称］瘤胃素、欲可胖

杆菌肽锌预混剂

Bacitracin Zinc Premix

［有效成分］杆菌肽锌

［含量规格］每 1 000g 中含杆菌肽 100g 或 150g。

［适用动物］牛、猪、禽

［作用与用途］用于促进畜禽生长。

［用法与用量］混饲。每 1 000kg 饲料添加，犊牛 10～100g（3 月龄以下）、4～40g（6 月龄以下），猪 4～40g（4 月龄以下），鸡 4～40g（16 周龄以下）。以上均以有效成分计。

［注意］休药期 0 天。

黄霉素预混剂

Flavomycin Premix

［有效成分］黄霉素

[含量规格] 每 1 000g 中含黄霉素 40g 或 80g。

[适用动物] 牛、猪、鸡

[作用与用途] 用于促进畜禽生长。

[用法与用量] 混饲。每 1 000kg 饲料添加，仔猪 10～25g，生长、育肥猪 5g，肉鸡 5g，肉牛每头每天 30～50mg。以上均以有效成分计。

[注意] 休药期 0 天。

[商品名称] 富乐旺

维吉尼亚霉素预混剂

Virginiamycin Premix

[有效成分] 维吉尼亚霉素

[含量规格] 每 1 000g 中含维吉尼亚霉素 500g。

[适用动物] 猪、鸡

[作用与用途] 用于促进畜禽生长。

[用法与用量] 混饲。每 1 000kg 饲料添加本品，猪 20～50g，鸡 10～40g。

[注意] 休药期 1 天。

[商品名称] 速大肥

喹乙醇预混剂

Olaquindox Premix

[有效成分] 喹乙醇

[含量规格] 每 1 000g 中含喹乙醇 50g。

[适用动物] 猪

[作用与用途] 用于猪促生长。

[用法与用量] 混饲。每 1 000kg 饲料添加 1 000g～2 000g。

[注意] 禁用于禽；禁用于体重超过 35 kg 的猪；休药期 35 天。

那西肽预混剂

Nosiheptide Premix

[有效成分] 那西肽

[含量规格] 每 1 000g 中含那西肽 2.5g。

[适用动物] 鸡

[作用与用途] 用于鸡促进生长。

[用法与用量] 混饲。每 1 000kg 饲料添加本品 1 000g。

[注意] 休药期 3 天。

阿美拉霉素预混剂

Avilamycin Premix

［有效成分］阿美拉霉素

［含量规格］每 1 000g 中含阿美拉霉素 100g。

［适用动物］猪、鸡

［作用与用途］用于猪和肉鸡的促生长。

［用法与用量］混饲。每 1 000kg 饲料添加本品，猪 200～400g（4 月龄以内），100～200g（4～6 月龄），肉鸡 50～100g。

［注意］休药期 0 天。

［商品名称］效美素

盐霉素钠预混剂

Salinomycin Sodium Premix

［有效成分］盐霉素钠

［含量规格］每 1 000g 中含盐霉素 50 g 或 60g 或 100g 或 120g 或 450g 或 500g。

［适用动物］牛、猪、鸡

［作用与用途］用于鸡球虫病和促进畜禽生长。

［用法与用量］混饲。每 1 000kg 饲料添加，鸡 50～70g，猪 25～75g，牛 10～30g。以上均以有效成分计。

［注意］蛋鸡产蛋期禁用；马属动物禁用；禁止与泰妙菌素、竹桃霉素并用；休药期 5 天。

［商品名称］优素精、赛可喜

硫酸黏杆菌素预混剂

Colistin Sulfate Premix

［有效成分］硫酸黏杆菌素

［含量规格］每 1 000g 中含黏杆菌素 20g 或 40g 或 100g。

［适用动物］牛、猪、鸡

［作用与用途］用于革兰氏阴性杆菌引起的肠道感染，并有一定的促生长作用。

［用法与用量］混饲。每 1 000kg 饲料添加，犊牛 5～40g，仔猪 2～20g，鸡 2～20g。以上均以有效成分计。

［注意］蛋鸡产蛋期禁用；休药期 7 天。

［商品名称］抗敌素

牛至油预混剂*

Oregano Oil Premix

［有效成分］5-甲基-2-异丙基苯酚和2-甲基-5-异丙基苯酚

［含量规格］每1 000g中含5-甲基-2-异丙基苯酚和2-甲基-5-异丙基苯酚25g。

［适用动物］猪、鸡

［作用与用途］用于预防及治疗猪、鸡大肠杆菌、沙门氏菌所致的下痢，促进畜禽生长。

［用法与用量］混饲。每1 000kg饲料添加本品，用于预防疾病，猪500～700g，鸡450g；用于治疗疾病，猪1 000～1 300g，鸡900g，连用7天；用于促生长，猪、鸡50～500g。

［商品名称］诺必达

杆菌肽锌、硫酸黏杆菌素预混剂

Bacitracin Zinc and Colistin Sulfate Premix

［有效成分］杆菌肽锌和硫酸黏杆菌素

［含量规格］每1 000g中含杆菌肽50g和黏杆菌素10g。

［适用动物］猪、鸡

［作用与用途］用于革兰氏阳性菌和阴性菌感染，并具有一定的促进生长作用。

［用法与用量］混饲。每1 000kg饲料添加，猪2～40g（2月龄以下）、2～20g（4月龄以下），鸡2～20g。以上均以有效成分计。

［注意］蛋鸡产蛋期禁用；休药期7天。

［商品名称］万能肥素

土 霉 素 钙

Oxytetracycline Calcium

［有效成分］土霉素钙

［含量规格］每1 000g中含土霉素50g或100g或200g。

［适用动物］猪、鸡

［作用与用途］抗生素类药。对革兰氏阳性菌和阴性菌均有抑制作用，用于促进猪、鸡生长。

［用法与用量］混饲。每1 000kg饲料添加，猪10～50g（4月龄以内），鸡10～50g（10周龄以内）。以上均以有效成分计。

［注意］蛋鸡产蛋期禁用；添加于低钙饲料（饲料含钙量0.18～0.55%）时，连续用药不超过5天。

---

* 牛至油预混剂因进口注册期满后未申请续续注册，因此该药物添加剂不再允许使用。

吉他霉素预混剂

Kitasamycin Premix

［有效成分］吉他霉素

［含量规格］每 1 000g 中含吉他霉素 22g 或 110g 或 550g 或 950g。

［适用动物］猪、鸡

［作用与用途］用于防治慢性呼吸系统疾病，也用于促进畜禽生长。

［用法与用量］混饲。每 1 000kg 饲料添加，用于促生长，猪 5～55g，鸡 5～11g；用于防治疾病，猪 80～330g，鸡 100～330g，连用 5～7 天。以上均以有效成分计。

［注意］蛋鸡产蛋期禁用；休药期 7 天。

金霉素（饲料级）预混剂

Chlortetracycline（Feed Grade）Premix

［有效成分］金霉素

［含量规格］每 1 000g 中含金霉素 100g 或 150g。

［适用动物］猪、鸡

［作用与用途］对革兰氏阳性菌和阴性菌均有抑制作用，用于促进猪、鸡生长。

［用法与用量］混饲。每 1 000kg 饲料添加，猪 25～75g（4 月龄以内），鸡 20～50g（10 周龄以内）。以上均以有效成分计。

［注意］蛋鸡产蛋期禁用；休药期 7 天。

恩拉霉素预混剂

Enramycin Premix

［有效成分］恩拉霉素

［含量规格］每 1 000g 中含恩拉霉素 40g 或 80g。

［适用动物］猪、鸡

［作用与用途］对革兰氏阳性菌有抑制作用，用于促进猪、鸡生长。

［用法与用量］混饲。每 1 000kg 饲料添加，猪 2.5～20g，鸡 1～10g。以上均以有效成分计。

［注意］蛋鸡产蛋期禁用；休药期 7 天。

磺胺喹噁啉、二甲氧苄啶预混剂

Sulfaquinoxaline and Diaveridine Premix

［有效成分］磺胺喹噁啉和二甲氧苄啶

［含量规格］每 1 000g 中含磺胺喹噁啉 200g 和二甲氧苄啶 40g。

［适用动物］鸡

［作用与用途］用于禽球虫病。

［用法与用量］混饲。每 1 000kg 饲料添加本品 500g。

［注意］连续用药不得超过 5 天；蛋鸡产蛋期禁用；休药期 10 天。

越霉素 A 预混剂

Destomycin A Premix

［有效成分］越霉素 A

［含量规格］每 1 000g 中含越霉素 A 20g 或 50g 或 500g。

［适用动物］猪、鸡

［作用与用途］主用于猪蛔虫病、鞭虫病及鸡蛔虫病。

［用法与用量］混饲。每 1 000kg 饲料添加 5～10g（以有效成分计），连用 8 周。

［注意］蛋鸡产蛋期禁用；休药期，猪 15 天，鸡 3 天。

［商品名称］得利肥素

潮霉素 B 预混剂

Hygromycin B Premix

［有效成分］潮霉素 B

［含量规格］每 1 000g 中含潮霉素 B 17.6g。

［适用动物］猪、鸡

［作用与用途］用于驱除猪蛔虫、鞭虫及鸡蛔虫。

［用法与用量］混饲。每 1 000g 饲料添加，猪 10～13g，育成猪连用 8 周，母猪产前 8 周至分娩，鸡 8～12g，连用 8 周。以上均以有效成分计。

［注意］蛋鸡产蛋期禁用；避免与人皮肤、眼睛接触；休药期猪 15 天，鸡 3 天。

［商品名称］效高素

地美硝唑预混剂

Dimetridazole Premix

［有效成分］地美硝唑

［含量规格］每 1 000g 中含地美硝唑 200g。

［适用动物］猪、鸡

［作用与用途］用于猪密螺旋体性痢疾和禽组织滴虫病。

［用法与用量］混饲。每 1 000kg 饲料添加本品，猪 1 000～2 500g，鸡 400～2 500g。

［注意］蛋鸡产蛋期禁用；鸡连续用药不得超过 10 天；休药期猪 3 天，鸡 3 天。

磷酸泰乐菌素预混剂

Tylosin Phosphate Premix

[有效成分] 磷酸泰乐菌素

[含量规格] 每 1 000g 中含泰乐菌素 20g 或 88g 或 100g 或 220g。

[适用动物] 猪、鸡

[作用与用途] 主用于畜禽细菌及支原体感染。

[用法与用量] 混饲。每 1 000kg 饲料添加，猪 10～100g，鸡 4～50g。以上均以有效成分计，连用 5～7 天。

[注意] 休药期 5 天。

硫酸安普霉素预混剂

Apramycin Sulfate Premix

[有效成分] 硫酸安普霉素

[含量规格] 每 1 000g 中含安普霉素 20g 或 30g 或 100g 或 165g。

[适用动物] 猪

[作用与用途] 用于畜禽肠道革兰氏阴性菌感染。

[用法与用量] 混饲。每 1 000kg 饲料添加 80～100g（以有效成分计），连用 7 天。

[注意] 接触本品时，需戴手套及防尘面罩；休药期 21 天。

[商品名称] 安百痢

盐酸林可霉素预混剂

Lincomycin Hydrochloride Premix

[有效成分] 盐酸林可霉素

[含量规格] 每 1 000g 中含林可霉素 8.8g 或 110g。

[适用动物] 猪、禽

[作用与用途] 用于畜禽革兰氏阳性菌感染，也可用于猪密螺旋体、弓形虫感染。

[用法与用量] 混饲。每 1 000kg 饲料添加，猪 44～77g，鸡 2.2～4.4g，连用 7～21 天。以上均以有效成分计。

[注意] 蛋鸡产蛋期禁用；禁止家兔、马或反刍动物接近含有林可霉素的饲料；休药期 5 天。

[商品名称] 可肥素

赛地卡霉素预混剂

Sedecamycin Premix

[有效成分] 赛地卡霉素

[含量规格] 每 1 000g 中含赛地卡霉素 10g 或 20g 或 50g。

[适用动物] 猪

[作用与用途] 主用于治疗猪密螺旋体引起的血痢。

[用法与用量] 混饲。每 1 000kg 饲料添加 75g（以有效成分计），连用 15 天。

[注意] 休药期 1 天。

[商品名称] 克泻痢宁

伊维菌素预混剂

Ivermectin Premix

[有效成分] 伊维菌素

[含量规格] 每 1 000g 中含伊维菌素 6g。

[适用动物] 猪

[作用与用途] 对线虫、昆虫和螨均有驱杀活性，主要用于治疗猪的胃肠道线虫病和疥螨病。

[用法与用量] 混饲。每 1 000kg 饲料添加 330g，连用 7 天。

[注意] 休药期 5 天。

呋喃苯烯酸钠粉

Nifurstyrenate Sodium Powder

[有效成分] 呋喃苯烯酸钠

[含量规格] 每 1 000g 中含呋喃苯烯酸钠 100g。

[适用动物] 鱼

[作用与用途] 用于鲈目鱼类的类结节菌及鲽目鱼的滑行细菌的感染。

[用法与用量] 混饲。每 1kg 体重，鲈目鱼类每日用本品 0.5g，连用 3～10 天。

[注意] 休药期 2 天。

[商品名称] 尼福康

延胡索酸泰妙菌素预混剂

Tiamulin Fumarate Premix

[有效成分] 延胡索酸泰妙菌素

[含量规格] 每 1 000g 中含泰妙菌素 100g 或 800g。

[适用动物] 猪

[作用与用途] 用于猪支原体肺炎和嗜血杆菌胸膜性肺炎，也可用于猪密螺旋体引起的痢疾。

[用法与用量] 混饲。每 1 000kg 饲料添加 40～100g（以有效成分计），连用 5～10 天。

[注意] 避免接触眼及皮肤；禁止与莫能菌素、盐霉素等聚醚类抗生素混合使用；休药

期 5 天。

[商品名称] 枝原净

环丙氨嗪预混剂

Cyromazine Premix

[有效成分] 环丙氨嗪

[含量规格] 每 1 000g 中含环丙氨嗪 10g。

[适用动物] 鸡

[作用与用途] 用于控制动物厩舍内蝇幼虫的繁殖。

[用法与用量] 混饲。每 1 000kg 饲料添加本品 500g，连用 4～6 周。

[注意] 避免儿童接触。

[商品名称] 蝇得净

氟苯咪唑预混剂

Flubendazole Premix

[有效成分] 氟苯咪唑

[含量规格] 每 1 000g 中含氟苯咪唑 50g 或 500g。

[适用动物] 猪、鸡

[作用与用途] 用于驱除畜禽胃肠道线虫及绦虫。

[用法与用量] 混饲。每 1 000kg 饲料，猪 30g，连用 5～10 天；鸡 30 g，连用 4～7 天。以上均以有效成分计。

[注意] 休药期 14 天。

[商品名称] 弗苯诺

复方磺胺嘧啶预混剂

Compound Sulfadiazine Premix

[有效成分] 磺胺嘧啶和甲氧苄啶

[含量规格] 每 1 000g 中含磺胺嘧啶 125g 和甲氧苄啶 25g。

[适用动物] 猪、鸡

[作用与用途] 用于链球菌、葡萄球菌、肺炎球菌、巴氏杆菌、大肠杆菌和李氏杆菌等感染。

[用法与用量] 混饲。每 1kg 体重，每日添加本品，猪 0.1～0.2g，连用 5 天；鸡 0.17～0.2g，连用 10 天。

[注意] 蛋鸡产蛋期禁用；休药期猪 5 天，鸡 1 天。

[商品名称] 立可灵

盐酸林可霉素、硫酸大观霉素预混剂

Lincomycin Hydrochloride and Spectinomycin Sulfate Premix

[有效成分] 盐酸林可霉素和硫酸大观霉素
[含量规格] 每 1 000g 中含林可霉素 22g 和大观霉素 22g。
[适用动物] 猪
[作用与用途] 用于防治猪赤痢、沙门氏菌病、大肠杆菌肠炎及支原体肺炎。
[用法与用量] 混饲。每 1 000kg 饲料添加本品 1 000g，连用 7～21 天。
[注意] 休药期 5 天。
[商品名称] 利高霉素

硫酸新霉素预混剂

Neomycin Sulfate Premix

[有效成分] 硫酸新霉素
[含量规格] 每 1 000g 中含新霉素 154g。
[适用动物] 猪、鸡
[作用与用途] 用于治疗畜禽的葡萄球菌、痢疾杆菌、大肠杆菌、变形杆菌感染引起的肠炎。
[用法与用量] 混饲。每 1 000kg 饲料添加本品，猪、鸡 500～1 000g，连用 3～5 天。
[注意] 蛋鸡产蛋期禁用；休药期猪 3 天，鸡 5 天。
[商品名称] 新肥素

磷酸替米考星预混剂

Tilmicosin Phosphate Premix

[有效成分] 磷酸替米考星
[含量规格] 每 1 000g 中含替米考星 200g。
[适用动物] 猪
[作用与用途] 主用于治疗猪胸膜肺炎放线杆菌、巴氏杆菌及支原体引起的感染。
[用法与用量] 混饲。每 1 000kg 饲料添加本品 2 000g，连用 15 天。
[注意] 休药期 14 天。

磷酸泰乐菌素、磺胺二甲嘧啶预混剂

Tylosin Phosphate and Sulfamethazine Premix

[有效成分] 磷酸泰乐菌素和磺胺二甲嘧啶
[含量规格] 每 1 000g 中含泰乐菌素 22g 和磺胺二甲嘧啶 22g、泰乐菌素 88 克和磺胺二甲嘧啶 88 克或泰乐菌素 100 克和磺胺二甲嘧啶 100g。

［适用动物］猪

［作用与用途］用于预防猪痢疾，用于畜禽细菌及支原体感染。

［用法与用量］混饲。每1 000kg饲料添加本品200g（100g泰乐菌素＋100g磺胺二甲嘧啶），连用5～7天。

［注意］休药期15天。

［商品名称］泰农强

甲砜霉素散

Thiamphenicol Powder

［有效成分］甲砜霉素

［含量规格］每1 000g中含甲砜霉素50g。

［适用动物］鱼

［作用与用途］用于治疗鱼类由嗜水气单孢菌、肠炎菌等引起的细菌性败血症、肠炎、赤皮病等。

［用法与用量］混饲。每150kg鱼加本品1 000g，连用3～4天，预防量减半。

诺氟沙星、盐酸小檗碱预混剂

Norfloxacin and Berberine Hydrochloride Premix

［有效成分］诺氟沙星和盐酸小檗碱

［含量规格］每1 000g中含诺氟沙星90g和盐酸小檗碱20g（鳗用）或诺氟沙星25g和盐酸小檗碱8g（鳖用）。

［适用动物］鳗鱼、鳖

［作用与用途］用于鳗鱼嗜水气单胞菌与柱状杆菌引起的赤鳃病与烂鳃病；用于鳖红脖子病，烂皮病。

［用法与用量］混饲。每1 000kg饲料，鳗鱼添加本品15kg，连用3天；鳖15kg。

维生素C磷酸酯镁、盐酸环丙沙星预混剂

Magnesium Ascorbic Acid Phosphate and Ciprofloxacin Hydrochloride Premix

［有效成分］维生素C磷酸酯镁和盐酸环丙沙星

［含量规格］每1 000g中含维生素C磷酸酯镁100g和盐酸环丙沙星10g。

［适用动物］鳖

［作用与用途］用于预防细菌性疾病。

［用法与用量］混饲。每1 000kg饲料添加本品5kg，连用3～5天。

盐酸环丙沙星、盐酸小檗碱预混剂

Ciprofloxacin Hydrochloride and Berberine Hydrochloride Premix

［有效成分］盐酸环丙沙星和盐酸小檗碱

[含量规格] 每1 000g中含盐酸环丙沙星100g和盐酸小檗碱40g。

[适用动物] 鳗鱼

[作用与用途] 用于治疗鳗鱼细菌性疾病。

[用法与用量] 混饲。每1 000kg饲料添加本品15kg，连用3～4天。

噁 喹 酸 散

Oxolinic Acid Powder

[有效成分] 噁喹酸

[含量规格] 每1 000g中含噁喹酸50g或100g。

[适用动物] 鱼、虾

[作用与用途] 用于治疗鱼、虾的细菌性疾病。

[用法与用量] 混饲。每1kg体重，每日添加按有效成分计。

鱼类：鲈鱼目鱼类，类结节病0.01～0.3g，连用5～7天。

鲱鱼目鱼类，疖病0.05～0.1g，连用5～7天。

弧菌病0.05～0.2g，连用3～5天。

香鱼，弧菌病0.05～0.2g，连用3～7天。

鲤鱼目类，肠炎病0.05～0.1g，连用5～7天。

鳗鱼类，赤鳍病0.05～0.2g，连用4～6天；赤点病0.01～0.05g，连用3～5天；溃疡病0.2g，连用5天。

虾类：对虾，弧菌病0.06～0.6g，连用5天。

[注意] 休药期香鱼21天，虹鳟鱼21天，鳗鱼25天，鲤鱼21天，其他鱼类16天；鳗鱼使用本品时，食用前25日间，鳗鱼饲育水日交换率平均应在50%以上。

[商品名称] 旺速乐

磺胺氯吡嗪钠可溶性粉

Sulfaclozine Sodium Soluble Powder

[有效成分] 磺胺氯吡嗪钠

[含量规格] 每1 000g中含磺胺氯吡嗪钠300g。

[适用动物] 肉鸡、火鸡、兔

[作用与用途] 用于鸡、兔球虫病（盲肠球虫）。

[用法与用量] 混饲。每1 000kg饲料添加肉鸡、火鸡600mg连用3天，兔600 mg连用15天（以有效成分计）。

[注意] 休药期火鸡4天，肉鸡1天，产蛋期禁用。

[商品名称] 三字球虫粉

序号	名　称
1	二硝托胺预混剂
2	马杜霉素铵预混剂
3	尼卡巴嗪预混剂
4	尼卡巴嗪、乙氧酰胺苯甲酯预混剂
5	甲基盐霉素、尼卡巴嗪预混剂
6	甲基盐霉素、预混剂
7	拉沙诺西钠预混剂
8	氢溴酸常山酮预混剂
9	盐酸氯苯胍预混剂
10	盐酸氨丙啉、乙氧酰胺苯甲酯预混剂
11	盐酸氨丙啉、乙氧酰胺苯甲酯、磺胺喹噁啉预混剂
12	氯羟吡啶预混剂
13	海南霉素钠预混剂
14	赛杜霉素钠预混剂
15	地克珠利预混剂
16	复方硝基酚钠预混剂（已禁止使用）
17	氨苯胂酸预混剂
18	洛克沙胂预混剂
19	莫能菌素钠预混剂
20	杆菌肽锌预混剂
21	黄霉素预混剂
22	维吉尼亚霉素预混剂
23	喹乙醇预混剂
24	那西肽预混剂
25	阿美拉霉素预混剂
26	盐霉素钠预混剂
27	硫酸黏杆菌素预混剂
28	牛至油预混剂（不再允许使用）
29	杆菌肽锌、硫酸黏杆菌素预混剂
30	吉它霉素预混剂
31	土霉素钙预混剂
32	金霉素预混剂
33	恩拉霉素预混剂

附 录 二

序号	名 称
1	磺胺喹噁啉、二甲氧苄啶预混剂
2	越霉素 A 预混剂
3	潮霉素 B 预混剂
4	地美硝唑预混剂
5	磷酸泰乐菌素预混剂
6	硫酸安普霉素预混剂
7	盐酸林可霉素预混剂
8	赛地卡霉素预混剂
9	伊维菌素预混剂
10	呋喃苯烯酸钠粉
11	延胡索酸泰妙菌素预混剂
12	环丙氨嗪预混剂
13	氟苯咪唑预混剂
14	复方磺胺嘧啶预混剂
15	盐酸林可霉素、硫酸大观霉素预混剂
16	硫酸新霉素预混剂
17	磷酸替米考星预混剂
18	磷酸泰乐菌素、磺胺二甲嘧啶预混剂
19	甲砜霉素散
20	诺氟沙星、盐酸小檗碱预混剂
21	维生素 C 磷酸酯镁、盐酸环丙沙星预混剂
22	盐酸环丙沙星、盐酸小檗碱预混剂
23	噁喹酸散
24	磺胺氯吡嗪钠可溶性粉

附录四 《饲料药物添加剂使用规范》公告的补充说明

中华人民共和国农业部公告第 220 号

针对一些地方反映《饲料药物添加剂使用规范》（2001 年农业部第 168 号公告，以下简称"168 号公告"）执行过程中存在的问题，我部进行了认真的研究，现就有关事项公告如下：

一、根据需要，养殖场（户）可凭兽医处方将 168 号公告附录二的产品及今后我部批准的同类产品，预混后添加到特定的饲料中使用或委托具有生产和质量控制能力并经省级饲料管理部门认定的饲料厂代加工生产为含药饲料，但须遵守以下规定：

（一）动物养殖场（户）须与饲料厂签订代加工生产合同一式四份，合同须注明兽药名称、含量、加工数量、双方通讯地址和电话等，合同双方及省兽药和饲料管理部门须各执一份合同文本。

（二）饲料厂必须按照合同内容代加工生产含药饲料，并做好生产记录，接受饲料主管部门的监督管理；含药饲料外包装上必须标明兽药有效成分、含量、饲料厂名称。

（三）动物养殖场（户）应建立用药记录制度，严格按照法定兽药质量标准使用所加工的含药饲料，并接受兽药管理部门的监督管理。

（四）代加工生产的含药饲料仅限动物养殖场（户）自用，任何单位或个人不得销售或倒买倒卖，违者按照《兽药管理条例》、《饲料和饲料添加剂管理条例》的有关规定进行处罚。

二、为从养殖生产环节控制动物性产品中兽药残留，各地要认真贯彻执行"168 号公告"，切实加强饲料药物添加剂质量和使用的监督管理工作，加强对委托加工含药饲料生产、使用活动的监管工作，对监管工作中发现的违规行为要及时进行部门间的沟通，并依法严厉查处，同时请各地将工作中发现的问题和建议及时反馈我部。

中华人民共和国农业部

2002 年 9 月 2 日

附录五　中华人民共和国农业部公告

第 278 号

为加强兽药使用管理，保证动物性产品质量安全，根据《兽药管理条例》规定，我部组织制订了兽药国家标准和专业标准中部分品种的停药期规定（附件1），并确定了部分不需制订停药期规定的品种（附件2），现予公告。

本公告自发布之日起执行。以前发布过的与本公告同品种兽药停药期不一致的，以本公告为准。

附件 1. 兽药停药期规定
附件 2. 不需制订停药期的兽药品种

2003 年 5 月 22 日

附件1:

兽药停药期规定

序号	兽药名称	执行标准	停药期
1	乙酰甲喹片	兽药规范92版	牛、猪35日
2	二氢吡啶	部颁标准	牛、肉鸡7日,弃奶期7日
3	二硝托胺预混剂	兽药典2000版	鸡3日,产蛋期禁用
4	土霉素片	兽药典2000版	牛、羊、猪7日,禽5日,弃蛋期2日,弃奶期3日
5	土霉素注射液	部颁标准	牛、羊、猪28日,弃奶期7日
6	马杜霉素预混剂	部颁标准	鸡5日,产蛋期禁用
7	双甲脒溶液	兽药典2000版	牛、羊21日,猪8日,弃奶期48小时,禁用于产奶羊
8	巴胺磷溶液	部颁标准	羊14日
9	水杨酸钠注射液	兽药规范65版	牛0日,弃奶期48小时
10	四环素片	兽药典90版	牛12日、猪10日、鸡4日,产蛋期禁用,产奶期禁用
11	甲砜霉素片	部颁标准	28日,弃奶期7日
12	甲砜霉素散	部颁标准	28日,弃奶期7日,鱼500度日
13	甲基前列腺素F2a注射液	部颁标准	牛1日,猪1日,羊1日
14	甲硝唑片	兽药典2000版	牛28日
15	甲磺酸达氟沙星注射液	部颁标准	猪25日
16	甲磺酸达氟沙星粉	部颁标准	鸡5日,产蛋鸡禁用
17	甲磺酸达氟沙星溶液	部颁标准	鸡5日,产蛋鸡禁用
18	甲磺酸培氟沙星可溶性粉	部颁标准	28日,产蛋鸡禁用
19	甲磺酸培氟沙星注射液	部颁标准	28日,产蛋鸡禁用
20	甲磺酸培氟沙星颗粒	部颁标准	28日,产蛋鸡禁用
21	亚硒酸钠维生素E注射液	兽药典2000版	牛、羊、猪28日
22	亚硒酸钠维生素E预混剂	兽药典2000版	牛、羊、猪28日
23	亚硫酸氢钠甲萘醌注射液	兽药典2000版	0日
24	伊维菌素注射液	兽药典2000版	牛、羊35日,猪28日,泌乳期禁用
25	吉他霉素片	兽药典2000版	猪、鸡7日,产蛋期禁用
26	吉他霉素预混剂	部颁标准	猪、鸡7日,产蛋期禁用
27	地西泮注射液	兽药典2000版	28日

（续）

序号	兽药名称	执行标准	停药期
28	地克珠利预混剂	部颁标准	鸡 5 日，产蛋期禁用
29	地克珠利溶液	部颁标准	鸡 5 日，产蛋期禁用
30	地美硝唑预混剂	兽药典 2000 版	猪、鸡 28 日，产蛋期禁用
31	地塞米松磷酸钠注射液	兽药典 2000 版	牛、羊、猪 21 日，弃奶期 3 日
32	安乃近片	兽药典 2000 版	牛、羊、猪 28 日，弃奶期 7 日
33	安乃近注射液	兽药典 2000 版	牛、羊、猪 28 日，弃奶期 7 日
34	安钠咖注射液	兽药典 2000 版	牛、羊、猪 28 日，弃奶期 7 日
35	那西肽预混剂	部颁标准	鸡 7 日，产蛋期禁用
36	吡喹酮片	兽药典 2000 版	28 日，弃奶期 7 日
37	芬苯哒唑片	兽药典 2000 版	牛、羊 21 日，猪 3 日，弃奶期 7 日
38	芬苯哒唑粉（苯硫苯咪唑粉剂）	兽药典 2000 版	牛、羊 14 日，猪 3 日，弃奶期 5 日
39	苄星邻氯青霉素注射液	部颁标准	牛 28 日，产犊后 4 天禁用，泌乳期禁用
40	阿司匹林片	兽药典 2000 版	0 日
41	阿苯达唑片	兽药典 2000 版	牛 14 日，羊 4 日，猪 7 日，禽 4 日，弃奶期 60 小时
42	阿莫西林可溶性粉	部颁标准	鸡 7 日，产蛋鸡禁用
43	阿维菌素片	部颁标准	羊 35 日，猪 28 日，泌乳期禁用
44	阿维菌素注射液	部颁标准	羊 35 日，猪 28 日，泌乳期禁用
45	阿维菌素粉	部颁标准	羊 35 日，猪 28 日，泌乳期禁用
46	阿维菌素胶囊	部颁标准	羊 35 日，猪 28 日，泌乳期禁用
47	阿维菌素透皮溶液	部颁标准	牛、猪 42 日，泌乳期禁用
48	乳酸环丙沙星可溶性粉	部颁标准	禽 8 日，产蛋鸡禁用
49	乳酸环丙沙星注射液	部颁标准	牛 14 日，猪 10 日，禽 28 日，弃奶期 84 小时
50	乳酸诺氟沙星可溶性粉	部颁标准	禽 8 日，产蛋鸡禁用
51	注射用三氮脒	兽药典 2000 版	28 日，弃奶期 7 日
52	注射用苄星青霉素（注射用苄星青霉素 G）	兽药规范 78 版	牛、羊 4 日，猪 5 日，弃奶期 3 日
53	注射用乳糖酸红霉素	兽药典 2000 版	牛 14 日，羊 3 日，猪 7 日，弃奶期 3 日
54	注射用苯巴比妥钠	兽药典 2000 版	28 日，弃奶期 7 日
55	注射用苯唑西林钠	兽药典 2000 版	牛、羊 14 日，猪 5 日，弃奶期 3 日
56	注射用青霉素钠	兽药典 2000 版	0 日，弃奶期 3 日
57	注射用青霉素钾	兽药典 2000 版	0 日，弃奶期 3 日
58	注射用氨苄青霉素钠	兽药典 2000 版	牛 6 日，猪 15 日，弃奶期 48 小时
59	注射用盐酸土霉素	兽药典 2000 版	牛、羊、猪 8 日，弃奶期 48 小时
60	注射用盐酸四环素	兽药典 2000 版	牛、羊、猪 8 日，弃奶期 48 小时
61	注射用酒石酸泰乐菌素	部颁标准	牛 28 日，猪 21 日，弃奶期 96 小时

（续）

序号	兽药名称	执行标准	停药期
62	注射用喹嘧胺	兽药典 2000 版	28 日，弃奶期 7 日
63	注射用氯唑西林钠	兽药典 2000 版	牛 10 日，弃奶期 2 日
64	注射用硫酸双氢链霉素	兽药典 90 版	牛、羊、猪 18 日，弃奶期 72 小时
65	注射用硫酸卡那霉素	兽药典 2000 版	28 日，弃奶期 7 日
66	注射用硫酸链霉素	兽药典 2000 版	牛、羊、猪 18 日，弃奶期 72 小时
67	环丙氨嗪预混剂（1%）	部颁标准	鸡 3 日
68	苯丙酸诺龙注射液	兽药典 2000 版	28 日，弃奶期 7 日
69	苯甲酸雌二醇注射液	兽药典 2000 版	28 日，弃奶期 7 日
70	复方水杨酸钠注射液	兽药规范 78 版	28 日，弃奶期 7 日
71	复方甲苯咪唑粉	部颁标准	鳗 150 度日
72	复方阿莫西林粉	部颁标准	鸡 7 日，产蛋期禁用
73	复方氨苄西林片	部颁标准	鸡 7 日，产蛋期禁用
74	复方氨苄西林粉	部颁标准	鸡 7 日，产蛋期禁用
75	复方氨基比林注射液	兽药典 2000 版	28 日，弃奶期 7 日
76	复方磺胺对甲氧嘧啶片	兽药典 2000 版	28 日，弃奶期 7 日
77	复方磺胺对甲氧嘧啶钠注射液	兽药典 2000 版	28 日，弃奶期 7 日
78	复方磺胺甲噁唑片	兽药典 2000 版	28 日，弃奶期 7 日
79	复方磺胺氯哒嗪钠粉	部颁标准	猪 4 日，鸡 2 日，产蛋期禁用
80	复方磺胺嘧啶钠注射液	兽药典 2000 版	牛、羊 12 日，猪 20 日，弃奶期 48 小时
81	枸橼酸乙胺嗪片	兽药典 2000 版	28 日，弃奶期 7 日
82	枸橼酸哌嗪片	兽药典 2000 版	牛、羊 28 日，猪 21 日，禽 14 日
83	氟苯尼考注射液	部颁标准	猪 14 日，鸡 28 日，鱼 375 度日
84	氟苯尼考粉	部颁标准	猪 20 日，鸡 5 日，鱼 375 度日
85	氟苯尼考溶液	部颁标准	鸡 5 日，产蛋期禁用
86	氟胺氰菊酯条	部颁标准	流蜜期禁用
87	氢化可的松注射液	兽药典 2000 版	0 日
88	氢溴酸东莨菪碱注射液	兽药典 2000 版	28 日，弃奶期 7 日
89	洛克沙胂预混剂	部颁标准	5 日，产蛋期禁用
90	恩诺沙星片	兽药典 2000 版	鸡 8 日，产蛋鸡禁用
91	恩诺沙星可溶性粉	部颁标准	鸡 8 日，产蛋鸡禁用
92	恩诺沙星注射液	兽药典 2000 版	牛、羊 14 日，猪 10 日，兔 14 日
93	恩诺沙星溶液	兽药典 2000 版	禽 8 日，产蛋鸡禁用
94	氧阿苯达唑片	部颁标准	羊 4 日
95	氧氟沙星片 58	部颁标准	28 日，产蛋鸡禁用
96	氧氟沙星可溶性粉	部颁标准	28 日，产蛋鸡禁用
97	氧氟沙星注射液	部颁标准	28 日，弃奶期 7 日，产蛋鸡禁用

（续）

序号	兽药名称	执行标准	停药期
98	氧氟沙星溶液（碱性）	部颁标准	28 日，产蛋鸡禁用
99	氧氟沙星溶液（酸性）	部颁标准	28 日，产蛋鸡禁用
100	氨苯胂酸预混剂	部颁标准	5 日，产蛋鸡禁用
101	氨茶碱注射液	兽药典 2000 版	28 日，弃奶期 7 日
102	海南霉素钠预混剂	部颁标准	鸡 7 日，产蛋期禁用
103	烟酸诺氟沙星可溶性粉	部颁标准	28 日，产蛋鸡禁用
104	烟酸诺氟沙星注射液	部颁标准	28 日
105	烟酸诺氟沙星溶液	部颁标准	28 日，产蛋鸡禁用
106	盐酸二氟沙星片	部颁标准	鸡 1 日
107	盐酸二氟沙星注射液	部颁标准	猪 45 日
108	盐酸二氟沙星粉	部颁标准	鸡 1 日
109	盐酸二氟沙星溶液	部颁标准	鸡 1 日
110	盐酸大观霉素可溶性粉	兽药典 2000 版	鸡 5 日，产蛋期禁用
111	盐酸左旋咪唑	兽药典 2000 版	牛 2 日，羊 3 日，猪 3 日，禽 28 日，泌乳期禁用
112	盐酸左旋咪唑注射液	兽药典 2000 版	牛 14 日，羊 28 日，猪 28 日，泌乳期禁用
113	盐酸多西环素片	兽药典 2000 版	28 日
114	盐酸异丙嗪片	兽药典 2000 版	28 日
115	盐酸异丙嗪注射液	兽药典 2000 版	28 日，弃奶期 7 日
116	盐酸沙拉沙星可溶性粉	部颁标准	鸡 0 日，产蛋期禁用
117	盐酸沙拉沙星注射液	部颁标准	猪 0 日，鸡 0 日，产蛋期禁用
118	盐酸沙拉沙星溶液	部颁标准	鸡 0 日，产蛋期禁用
119	盐酸沙拉沙星片	部颁标准	鸡 0 日，产蛋期禁用
120	盐酸林可霉素片	兽药典 2000 版	猪 6 日
121	盐酸林可霉素注射液	兽药典 2000 版	猪 2 日
122	盐酸环丙沙星、盐酸小檗碱预混剂	部颁标准	500 度日
123	盐酸环丙沙星可溶性粉	部颁标准	28 日，产蛋鸡禁用
124	盐酸环丙沙星注射液	部颁标准	28 日，产蛋鸡禁用
125	盐酸苯海拉明注射液	兽药典 2000 版	28 日，弃奶期 7 日
126	盐酸洛美沙星片	部颁标准	28 日，弃奶期 7 日，产蛋鸡禁用
127	盐酸洛美沙星可溶性粉	部颁标准	28 日，产蛋鸡禁用
128	盐酸洛美沙星注射液	部颁标准	28 日，弃奶期 7 日
129	盐酸氨丙啉、乙氧酰胺苯甲酯、磺胺喹噁啉预混剂	兽药典 2000 版	鸡 10 日，产蛋鸡禁用
130	盐酸氨丙啉、乙氧酰胺苯甲酯预混剂	兽药典 2000 版	鸡 3 日，产蛋期禁用
131	盐酸氯丙嗪片	兽药典 2000 版	28 日，弃奶期 7 日

（续）

序号	兽药名称	执行标准	停药期
132	盐酸氯丙嗪注射液	兽药典 2000 版	28 日，弃奶期 7 日
133	盐酸氯苯胍片	兽药典 2000 版	鸡 5 日，兔 7 日，产蛋期禁用
134	盐酸氯苯胍预混剂	兽药典 2000 版	鸡 5 日，兔 7 日，产蛋期禁用
135	盐酸氯胺酮注射液	兽药典 2000 版	28 日，弃奶期 7 日
136	盐酸赛拉唑注射液	兽药典 2000 版	28 日，弃奶期 7 日
137	盐酸赛拉嗪注射液	兽药典 2000 版	牛、羊 14 日，鹿 15 日
138	盐霉素钠预混剂	兽药典 2000 版	鸡 5 日，产蛋期禁用
139	诺氟沙星、盐酸小檗碱预混剂	部颁标准	500 度日
140	酒石酸吉他霉素可溶性粉	兽药典 2000 版	鸡 7 日，产蛋期禁用
141	酒石酸泰乐菌素可溶性粉	兽药典 2000 版	鸡 1 日，产蛋期禁用
142	维生素 B_{12} 注射液	兽药典 2000 版	0 日
143	维生素 B_1 片	兽药典 2000 版	0 日
144	维生素 B_1 注射液	兽药典 2000 版	0 日
145	维生素 B_2 片	兽药典 2000 版	0 日
146	维生素 B_2 注射液	兽药典 2000 版	0 日
147	维生素 B_6 片	兽药典 2000 版	0 日
148	维生素 B_6 注射液	兽药典 2000 版	0 日
149	维生素 C 片	兽药典 2000 版	0 日
150	维生素 C 注射液	兽药典 2000 版	0 日
151	维生素 C 磷酸酯镁、盐酸环丙沙星预混剂	部颁标准	500 度日
152	维生素 D_3 注射液	兽药典 2000 版	28 日，弃奶期 7 日
153	维生素 E 注射液	兽药典 2000 版	牛、羊、猪 28 日
154	维生素 K_1 注射液	兽药典 2000 版	0 日
155	喹乙醇预混剂	兽药典 2000 版	猪 35 日，禁用于禽、鱼、35kg 以上的猪
156	奥芬达唑片（苯亚砜哒唑）	兽药典 2000 版	牛、羊、猪 7 日，产奶期禁用
157	普鲁卡因青霉素注射液	兽药典 2000 版	牛 10 日，羊 9 日，猪 7 日，弃奶期 48 小时
158	氯羟吡啶预混剂	兽药典 2000 版	鸡 5 日，兔 5 日，产蛋期禁用
159	氯氰碘柳胺钠注射液	部颁标准	28 日，弃奶期 28 日
160	氯硝柳胺片	兽药典 2000 版	牛、羊 28 日
161	氰戊菊酯溶液	部颁标准	28 日
162	硝氯酚片	兽药典 2000 版	28 日
163	硝碘酚腈注射液（克虫清）	部颁标准	羊 30 日，弃奶期 5 日
164	硫氰酸红霉素可溶性粉	兽药典 2000 版	鸡 3 日，产蛋期禁用
165	硫酸卡那霉素注射液（单硫酸盐）	兽药典 2000 版	28 日
166	硫酸安普霉素可溶性粉	部颁标准	猪 21 日，鸡 7 日，产蛋期禁用

（续）

序号	兽药名称	执行标准	停药期
167	硫酸安普霉素预混剂	部颁标准	猪 21 日
168	硫酸庆大-小诺霉素注射液	部颁标准	猪、鸡 40 日
169	硫酸庆大霉素注射液	兽药典 2000 版	猪 40 日
170	硫酸粘菌素可溶性粉	部颁标准	7 日，产蛋期禁用
171	硫酸粘菌素预混剂	部颁标准	7 日，产蛋期禁用
172	硫酸新霉素可溶性粉	兽药典 2000 版	鸡 5 日，火鸡 14 日，产蛋期禁用
173	越霉素 A 预混剂	部颁标准	猪 15 日，鸡 3 日，产蛋期禁用
174	碘硝酚注射液	部颁标准	羊 90 日，弃奶期 90 日
175	碘醚柳胺混悬液	兽药典 2000 版	牛、羊 60 日，泌乳期禁用
176	精制马拉硫磷溶液	部颁标准	28 日
177	精制敌百虫片	兽药规范 92 版	28 日
178	蝇毒磷溶液	部颁标准	28 日
179	醋酸地塞米松片	兽药典 2000 版	马、牛 0 日
180	醋酸泼尼松片	兽药典 2000 版	0 日
181	醋酸氟孕酮阴道海绵	部颁标准	羊 30 日，泌乳期禁用
182	醋酸氢化可的松注射液	兽药典 2000 版	0 日
183	磺胺二甲嘧啶片	兽药典 2000 版	牛 10 日，猪 15 日，禽 10 日
184	磺胺二甲嘧啶钠注射液	兽药典 2000 版	28 日
185	磺胺对甲氧嘧啶，二甲氧苄氨嘧啶片	兽药规范 92 版	28 日
186	磺胺对甲氧嘧啶、二甲氧苄氨嘧啶预混剂	兽药典 90 版	28 日，产蛋期禁用
187	磺胺对甲氧嘧啶片	兽药典 2000 版	28 日
188	磺胺甲噁唑片	兽药典 2000 版	28 日
189	磺胺间甲氧嘧啶片	兽药典 2000 版	28 日
190	磺胺间甲氧嘧啶钠注射液	兽药典 2000 版	28 日
191	磺胺脒片	兽药典 2000 版	28 日
192	磺胺喹噁啉、二甲氧苄氨嘧啶预混剂	兽药典 2000 版	鸡 10 日，产蛋期禁用
193	磺胺喹噁啉钠可溶性粉	兽药典 2000 版	鸡 10 日，产蛋期禁用
194	磺胺氯吡嗪钠可溶性粉	部颁标准	火鸡 4 日、肉鸡 1 日，产蛋期禁用
195	磺胺嘧啶片	兽药典 2000 版	牛 28 日
196	磺胺嘧啶钠注射液	兽药典 2000 版	牛 10 日，羊 18 日，猪 10 日，弃奶期 3 日
197	磺胺噻唑片	兽药典 2000 版	28 日
198	磺胺噻唑钠注射液	兽药典 2000 版	28 日
199	磷酸左旋咪唑片	兽药典 90 版	牛 2 日，羊 3 日，猪 3 日，禽 28 日，泌乳期禁用
200	磷酸左旋咪唑注射液	兽药典 90 版	牛 14 日，羊 28 日，猪 28 日，泌乳期禁用
201	磷酸哌嗪片（驱蛔灵片）	兽药典 2000 版	牛、羊 28 日、猪 21 日，禽 14 日
202	磷酸泰乐菌素预混剂	部颁标准	鸡、猪 5 日

附件 2:

不需制订停药期的兽药品种

序号	兽药名称	标准来源
1	乙酰胺注射液	兽药典 2000 版
2	二甲硅油	兽药典 2000 版
3	二巯丙磺钠注射液	兽药典 2000 版
4	三氯异氰脲酸粉	部颁标准
5	大黄碳酸氢钠片	兽药规范 92 版
6	山梨醇注射液	兽药典 2000 版
7	马来酸麦角新碱注射液	兽药典 2000 版
8	马来酸氯苯那敏片	兽药典 2000 版
9	马来酸氯苯那敏注射液	兽药典 2000 版
10	双氢氯噻嗪片	兽药规范 78 版
11	月苄三甲氯铵溶液	部颁标准
12	止血敏注射液	兽药规范 78 版
13	水杨酸软膏	兽药规范 65 版
14	丙酸睾酮注射液	兽药典 2000 版
15	右旋糖酐铁钴注射液（铁钴针注射液）	兽药规范 78 版
16	右旋糖酐 40 氯化钠注射液	兽药典 2000 版
17	右旋糖酐 40 葡萄糖注射液	兽药典 2000 版
18	右旋糖酐 70 氯化钠注射液	兽药典 2000 版
19	叶酸片	兽药典 2000 版
20	四环素醋酸可的松眼膏	兽药规范 78 版
21	对乙酰氨基酚片	兽药典 2000 版
22	对乙酰氨基酚注射液	兽药典 2000 版
23	尼可刹米注射液	兽药典 2000 版
24	甘露醇注射液	兽药典 2000 版
25	甲基硫酸新斯的明注射液	兽药规范 65 版
26	亚硝酸钠注射液	兽药典 2000 版
27	安络血注射液	兽药规范 92 版
28	次硝酸铋（碱式硝酸铋）	兽药典 2000 版
29	次碳酸铋（碱式碳酸铋）	兽药典 2000 版
30	呋塞米片	兽药典 2000 版
31	呋塞米注射液	兽药典 2000 版

（续）

序号	兽药名称	标准来源
32	辛氨乙甘酸溶液	部颁标准
33	乳酸钠注射液	兽药典 2000 版
34	注射用异戊巴比妥钠	兽药典 2000 版
35	注射用血促性素	兽药规范 92 版
36	注射用抗血促性素血清	部颁标准
37	注射用垂体促黄体素	兽药规范 78 版
38	注射用促黄体素释放激素 A_2	部颁标准
39	注射用促黄体素释放激素 A_3	部颁标准
40	注射用绒促性素	兽药典 2000 版
41	注射用硫代硫酸钠	兽药规范 65 版
42	注射用解磷定	兽药规范 65 版
43	苯扎溴铵溶液	兽药典 2000 版
44	青蒿琥酯片	部颁标准
45	鱼石脂软膏	兽药规范 78 版
46	复方氯化钠注射液	兽药典 2000 版
47	复方氯胺酮注射液	部颁标准
48	复方磺胺噻唑软膏	兽药规范 78 版
49	复合维生素 B 注射液	兽药规范 78 版
50	宫炎清溶液	部颁标准
51	枸橼酸钠注射液	兽药规范 92 版
52	毒毛花苷 K 注射液	兽药典 2000 版
53	氢氯噻嗪片	兽药典 2000 版
54	洋地黄毒苷注射液	兽药规范 78 版
55	浓氯化钠注射液	兽药典 2000 版
56	重酒石酸去甲肾上腺素注射液	兽药典 2000 版
57	烟酰胺片	兽药典 2000 版
58	烟酰胺注射液	兽药典 2000 版
59	烟酸片	兽药典 2000 版
60	盐酸大观霉素、盐酸林可霉素可溶性粉	兽药典 2000 版
61	盐酸利多卡因注射液	兽药典 2000 版
62	盐酸肾上腺素注射液	兽药规范 78 版
63	盐酸甜菜碱预混剂	部颁标准
64	盐酸麻黄碱注射液	兽药规范 78 版
65	萘普生注射液	兽药典 2000 版
66	酚磺乙胺注射液	兽药典 2000 版
67	黄体酮注射液	兽药典 2000 版

（续）

序号	兽药名称	标准来源
68	氯化胆碱溶液	部颁标准
69	氯化钙注射液	兽药典 2000 版
70	氯化钙葡萄糖注射液	兽药典 2000 版
71	氯化氨甲酰甲胆碱注射液	兽药典 2000 版
72	氯化钾注射液	兽药典 2000 版
73	氯化琥珀胆碱注射液	兽药典 2000 版
74	氯甲酚溶液	部颁标准
75	硫代硫酸钠注射液	兽药典 2000 版
76	硫酸新霉素软膏	兽药规范 78 版
77	硫酸镁注射液	兽药典 2000 版
78	葡萄糖酸钙注射液	兽药典 2000 版
79	溴化钙注射液	兽药规范 78 版
80	碘化钾片	兽药典 2000 版
81	碱式碳酸铋片	兽药典 2000 版
82	碳酸氢钠片	兽药典 2000 版
83	碳酸氢钠注射液	兽药典 2000 版
84	醋酸泼尼松眼膏	兽药典 2000 版
85	醋酸氟轻松软膏	兽药典 2000 版
86	硼葡萄糖酸钙注射液	部颁标准
87	输血用枸橼酸钠注射液	兽药规范 78 版
88	硝酸士的宁注射液	兽药典 2000 版
89	醋酸可的松注射液	兽药典 2000 版
90	碘解磷定注射液	兽药典 2000 版
91	中药及中药成分制剂、维生素类、微量元素类、兽用消毒剂、生物制品类等五类产品（产品质量标准中有除外）	

附录六 中华人民共和国农业部公告

第 235 号

为加强兽药残留监控工作，保证动物性食品卫生安全，根据《兽药管理条例》规定，我部组织修订了《动物性食品中兽药最高残留限量》，现予发布，请各地遵照执行。自发布之日起，原发布的《动物性食品中兽药最高残留限量》（农牧发〔1999〕17号）同时废止。

附件：动物性食品中兽药最高残留限量

2002 年 12 月 24 日

附件：

动物性食品中兽药最高残留限量

动物性食品中兽药最高残留限量由附录1、附录2、附录3、附录4组成。

1. 凡农业部批准使用的兽药，按质量标准、产品使用说明书规定用于食品动物，不需要制定最高残留限量的，见附录1。

2. 凡农业部批准使用的兽药，按质量标准、产品使用说明书规定用于食品动物，需要制定最高残留限量的，见附录2。

3. 凡农业部批准使用的兽药，按质量标准、产品使用说明书规定可以用于食品动物，但不得检出兽药残留的，见附录3。

4. 农业部明文规定禁止用于所有食品动物的兽药，见附录4。

附录1　动物性食品允许使用，但不需要制定残留限量的药物

药物名称	动物种类	其他规定
Acetylsalicylic acid 乙酰水杨酸	牛、猪、鸡	产奶牛禁用 产蛋鸡禁用
Aluminium hydroxide 氢氧化铝	所有食品动物	
Amitraz 双甲脒	牛/羊/猪	仅指肌肉中不需要限量
Amprolium 氨丙啉	家禽	仅作口服用
Apramycin 安普霉素	猪、兔 山羊 鸡	仅作口服用 产奶羊禁用 产蛋鸡禁用
Atropine 阿托品	所有食品动物	
Azamethiphos 甲基吡啶磷	鱼	
Betaine 甜菜碱	所有食品动物	
Bismuth subcarbonate 碱式碳酸铋	所有食品动物	仅作口服用
Bismuth subnitrate 碱式硝酸铋	所有食品动物	仅作口服用
Bismuth subnitrate 碱式硝酸铋	牛	仅乳房内注射用
Boric acid and borates 硼酸及其盐	所有食品动物	
Caffeine 咖啡因	所有食品动物	
Calcium chloride 氯化钙	所有食品动物	
Calcium gluconate 葡萄糖酸钙	所有食品动物	
Calcium phosphate 磷酸钙	所有食品动物	
Calcium sulphate 硫酸钙	所有食品动物	

（续）

药物名称	动物种类	其他规定
Calcium pantothenate 泛酸钙	所有食品动物	
Camphor 樟脑	所有食品动物	仅作外用
Chlorhexidine 氯己定	所有食品动物	仅作外用
Choline 胆碱	所有食品动物	
Cloprostenol 氯前列醇	牛、猪、马	
Decoquinate 癸氧喹酯	牛、山羊	仅口服用，产奶动物禁用
Diclazuril 地克珠利	山羊	羔羊口服用
Epinephrine 肾上腺素	所有食品动物	
Ergometrine maleata 马来酸麦角新碱	所有哺乳类食品动物	仅用于临产动物
Ethanol 乙醇	所有食品动物	仅作赋型剂用
Ferrous sulphate 硫酸亚铁	所有食品动物	
Flumethrin 氟氯苯氰菊酯	蜜蜂	蜂蜜
Folic acid 叶酸	所有食品动物	
Follicle stimulating hormone (natural FSH from all species and their synthetic analogues) 促卵泡激素（各种动物天然 FSH 及其化学合成类似物）	所有食品动物	
Formaldehyde 甲醛	所有食品动物	
Glutaraldehyde 戊二醛	所有食品动物	
Gonadotrophin releasing hormone 垂体促性腺激素释放激素	所有食品动物	
Human chorion gonadotrophin 绒促性素	所有食品动物	

（续）

药物名称	动物种类	其他规定
Hydrochloric acid 盐酸	所有食品动物	仅作赋型剂用
Hydrocortisone 氢化可的松	所有食品动物	仅作外用
Hydrogen peroxide 过氧化氢	所有食品动物	
Iodine and iodine inorganic compounds including： 碘和碘无机化合物包括： ——Sodium and potassium-iodide 碘化钠和钾 ——Sodium and potassium-iodate 碘酸钠和钾 Iodophors including： 碘附包括： ——polyvinylpyrrolidone-iodine 聚乙烯吡咯烷酮碘	所有食品动物	
Iodine organic compounds： 碘有机化合物： ——Iodoform 碘仿	所有食品动物	
Iron dextran 右旋糖酐铁	所有食品动物	
Ketamine 氯胺酮	所有食品动物	
Lactic acid 乳酸	所有食品动物	
Lidocaine 利多卡因	马	仅作局部麻醉用
Luteinising hormone（natural LH from all species and their synthetic analogues） 促黄体激素（各种动物天然 FSH 及其化学合成类似物）	所有食品动物	
Magnesium chloride 氯化镁	所有食品动物	
Mannitol 甘露醇	所有食品动物	
Menadione 甲萘醌	所有食品动物	
Neostigmine 新斯的明	所有食品动物	

（续）

药物名称	动物种类	其他规定
Oxytocin 缩宫素	所有食品动物	
Paracetamol 对乙酰氨基酚	猪	仅作口服用
Pepsin 胃蛋白酶	所有食品动物	
Phenol 苯酚	所有食品动物	
Piperazine 哌嗪	鸡	除蛋外所有组织
Polyethylene glycols（molecular weight ranging from 200 to 10 000) 聚乙二醇（分子量范围从 200 到 10 000)	所有食品动物	
Polysorbate 80 吐温-80	所有食品动物	
Praziquantel 吡喹酮	绵羊、马 山羊	仅用于非泌乳绵羊
Procaine 普鲁卡因	所有食品动物	
Pyrantel embonate 双羟萘酸噻嘧啶	马	
Salicylic acid 水杨酸	除鱼外所有食品动物	仅作外用
Sodium Bromide 溴化钠	所有哺乳类食品动物	仅作外用
Sodium chloride 氯化钠	所有食品动物	
Sodium pyrosulphite 焦亚硫酸钠	所有食品动物	
Sodium salicylate 水杨酸钠	除鱼外所有食品动物	仅作外用
Sodium selenite 亚硒酸钠	所有食品动物	
Sodium stearate 硬脂酸钠	所有食品动物	
Sodium thiosulphate 硫代硫酸钠	所有食品动物	

（续）

药物名称	动物种类	其他规定
Sorbitan trioleate 脱水山梨醇三油酸酯（司盘 85）	所有食品动物	
Strychnine 士的宁	牛	仅作口服用剂量最大 0.1mg/kg 体重
Sulfogaiacol 愈创木酚磺酸钾	所有食品动物	
Sulphur 硫黄	牛，猪，山羊，绵羊，马	
Tetracaine 丁卡因	所有食品动物	仅作麻醉剂用
Thiomersal 硫柳汞	所有食品动物	多剂量疫苗中作防腐剂使用，浓度最大不得超过 0.02 %
Thiopental sodium 硫喷妥钠	所有食品动物	仅作静脉注射用
Vitamin A 维生素 A	所有食品动物	
Vitamin B_1 维生素 B_1	所有食品动物	
Vitamin B_{12} 维生素 B_{12}	所有食品动物	
Vitamin B_2 维生素 B_2	所有食品动物	
Vitamin B_6 维生素 B_6	所有食品动物	
Vitamin D 维生素 D	所有食品动物	
Vitamin E 维生素 E	所有食品动物	
Xylazine hydrochloride 盐酸塞拉嗪	牛、马	产奶动物禁用
Zinc oxide 氧化锌	所有食品动物	
Zinc sulphate 硫酸锌	所有食品动物	

附录 2　已批准的动物性食品中最高残留限量规定

药物名	标志残留物	动物种类	靶组织	残留限量 ($\mu g/kg$)
阿灭丁（阿维菌素）AbamectinADI：0－2	Avermectin B_{1a}	牛（泌乳期禁用）	脂肪	100
			肝	100
			肾	50
			肌肉	25
		羊（泌乳期禁用）	脂肪	50
			肝	25
			肾	20
乙酰异戊酰泰乐菌素 Acetylisovaleryltylosin ADI：0－1.02	总 Acetylisovaleryltylosin 和 3－O－乙酰泰乐菌素	猪	肌肉	50
			皮＋脂肪	50
			肝	50
			肾	50
阿苯达唑 Albendazole ADI：0－50	Albendazole＋ABZSO$_2$＋ABZSO＋ABZNH$_2$	牛/羊	肌肉	100
			脂肪	100
			肝	5 000
			肾	5 000
			奶	100
双甲脒 Amitraz ADI：0－3	Amitraz ＋2，4－DMA 的总量	牛	脂肪	200
			肝	200
			肾	200
			奶	10
		羊	脂肪	400
			肝	100
			肾	200
			奶	10
		猪	皮＋脂	400
			肝	200
			肾	200
		禽	肌肉	10
			脂肪	10
			副产品	50
		蜜蜂	蜂蜜	200
阿莫西林 Amoxicillin	Amoxicillin	所有食品动物	肌肉	50
			脂肪	50
			肝	50
			肾	50
			奶	10

（续）

药物名	标志残留物	动物种类	靶组织	残留限量（μg/kg）
氨苄西林 Ampicillin	Ampicillin	所有食品动物	肌肉 脂肪 肝 肾 奶	50 50 50 50 10
氨丙啉 Amprolium ADI：0－100	Amprolium	牛	肌肉 脂肪 肝 肾	500 2 000 500 500
安普霉素 ApramycinADI：0－40	Apramycin	猪	肾	100
阿散酸/洛克沙胂 Arsanilic acid/Roxarsone	总砷计 Arsenic	猪 鸡/火鸡	肌肉 肝 肾 副产品 肌肉 副产品 蛋	500 2 000 2 000 500 500 500 500
氮哌酮 Azaperone ADI：0－0.8	Azaperone ＋ Azaperol	猪	肌肉 皮＋脂肪 肝 肾	60 60 100 100
杆菌肽 BacitracinADI：0－3.9	Bacitracin	牛/猪/禽 牛（乳房注射） 禽	可食组织 奶 蛋	500 500 500
苄星青霉素/普鲁卡因青霉素 Benzylpenicillin/ Procaine benzylpenicillin ADI：0－30（g/人/天）	Benzylpenicillin	所有食品动物	肌肉 脂肪 肝 肾 奶	50 50 50 50 4
倍他米松 Betamethasone ADI：0－0.015	Betamethasone	牛/猪 牛	肌肉 肝 肾 奶	0.75 2.0 0.75 0.3
头孢氨苄 Cefalexin ADI：0－54.4	Cefalexin	牛	肌肉 脂肪 肝 肾 奶	200 200 200 1 000 100

（续）

药物名	标志残留物	动物种类	靶组织	残留限量（μg/kg）
头孢喹肟 Cefquinome ADI：0-3.8	Cefquinome	牛	肌肉	50
			脂肪	50
			肝	100
			肾	200
			奶	20
		猪	肌肉	50
			皮+脂	50
			肝	100
			肾	200
头孢噻呋 Ceftiofur ADI：0-50	Desfuroylceftiofur	牛/猪	肌肉	1 000
			脂肪	2 000
			肝	2 000
			肾	6 000
		牛	奶	100
克拉维酸 Clavulanic acid ADI：0-16	Clavulanic acid		奶	200
		牛/羊	肌肉	100
			脂肪	100
		牛/羊/猪	肝	200
			肾	400
氯羟吡啶 Clopidol	Clopidol	牛/羊	肌肉	200
			肝	1 500
			肾	3 000
			奶	20
			可食组织	200
		猪	肌肉	5 000
			肝	15 000
		鸡/火鸡	肾	15 000
氯氰碘柳胺 Closantel ADI：0-30	Closantel	牛	肌肉	1 000
			脂肪	3 000
			肝	1 000
			肾	3 000
		羊	肌肉	1 500
			脂肪	2 000
			肝	1 500
			肾	5 000
氯唑西林 Cloxacillin	Cloxacillin	所有食品动物	肌肉	300
			脂肪	300
			肝	300
			肾	300
			奶	30

（续）

药物名	标志残留物	动物种类	靶组织	残留限量（μg/kg）
粘菌素 Colistin ADI：0-5	Colistin	牛/羊	奶	50
		牛/羊/猪/鸡/兔	肌肉	150
			脂肪	150
			肝	150
			肾	200
		鸡	蛋	300
蝇毒磷 Coumaphos ADI：0-0.25	Coumaphos 和氧化物	蜜蜂	蜂蜜	100
环丙氨嗪 Cyromazine ADI：0-20	Cyromazine	羊	肌肉	300
			脂肪	300
			肝	300
			肾	300
		禽	肌肉	50
			脂肪	50
			副产品	50
达氟沙星 Danofloxacin ADI：0-20	Danofloxacin	牛/绵羊/山羊	肌肉	200
			脂肪	100
			肝	400
			肾	400
			奶	30
		家禽	肌肉	200
			皮＋脂	100
			肝	400
			肾	400
		其他动物	肌肉	100
			脂肪	50
			肝	200
			肾	200
癸氧喹酯 Decoquinate ADI：0-75	Decoquinate	鸡	皮＋肉	1 000
			可食组织	2 000
溴氰菊酯 Deltamethrin ADI：0-10	Deltamethrin	牛/羊	肌肉	30
			脂肪	500
			肝	50
			肾	50
		牛	奶	30
		鸡	肌肉	30
			皮＋脂	500
			肝	50
			肾	50
			蛋	30
		鱼	肌肉	30

（续）

药物名	标志残留物	动物种类	靶组织	残留限量（μg/kg）
越霉素 A Destomycin A	Destomycin A	猪/鸡	可食组织	2 000
地塞米松 Dexamethasone ADI：0－0.015	Dexamethasone	牛/猪/马 牛	肌肉 肝 肾 奶	0.75 2 0.75 0.3
二嗪农 Diazinon ADI：0－2	Diazinon	牛/羊 牛/猪/羊	奶 肌肉 脂肪 肝 肾	20 20 700 20 20
敌敌畏 Dichlorvos ADI：0－4	Dichlorvos	牛/羊/马 猪 鸡	肌肉 脂肪 副产品 肌肉 脂肪 副产品 肌肉 脂肪 副产品	20 20 20 100 100 200 50 50 50
地克珠利 Diclazuril ADI：0－30	Diclazuril	绵羊/禽/兔	肌肉 脂肪 肝 肾	500 1 000 3 000 2 000
二氟沙星 Difloxacin ADI：0－10	Difloxacin	牛/羊 猪 家禽 其他	肌肉 脂肪 肝 肾 肌肉 皮＋脂 肝 肾 肌肉 皮＋脂 肝 肾 肌肉 脂肪 肝 肾	400 100 1 400 800 400 100 800 800 300 400 1 900 600 300 100 800 600
三氮脒 Diminazine ADI：0－100	Diminazine	牛	肌肉 肝 肾 奶	500 12 000 6 000 150

（续）

药物名	标志残留物	动物种类	靶组织	残留限量（μg/kg）
多拉菌素 Doramectin ADI：0-0.5	Doramectin	牛（泌乳牛禁用）	肌肉	10
			脂肪	150
			肝	100
			肾	30
		猪/羊/鹿	肌肉	20
			脂肪	100
			肝	50
			肾	30
多西环素 Doxycycline ADI：0-3	Doxycycline	牛（泌乳牛禁用）	肌肉	100
			肝	300
			肾	600
		猪	肌肉	100
			皮+脂	300
			肝	300
			肾	600
		禽（产蛋鸡禁用）	肌肉	100
			皮+脂	300
			肝	300
			肾	600
恩诺沙星 Enrofloxacin ADI：0-2	Enrofloxacin + Ciprofloxacin	牛/羊	肌肉	100
			脂肪	100
			肝	300
			肾	200
		牛/羊	奶	100
		猪/兔	肌肉	100
			脂肪	100
			肝	200
			肾	300
		禽（产蛋鸡禁用）	肌肉	100
			皮+脂	100
			肝	200
			肾	300
		其他动物	肌肉	100
			脂肪	100
			肝	200
			肾	200
红霉素 Erythromycin ADI：0-5	Erythromycin	所有食品动物	肌肉	200
			脂肪	200
			肝	200
			肾	200
			奶	40
			蛋	150
乙氧酰胺苯甲酯 Ethopabate	Ethopabate	禽	肌肉	500
			肝	1 500
			肾	1 500

（续）

药物名	标志残留物	动物种类	靶组织	残留限量（μg/kg）
苯硫氨酯 Fenbantel 芬苯达唑 Fenbendazole 奥芬达唑 Oxfendazole ADI：0-7	可提取的 Oxfendazole sulphone	牛/马/猪/羊	肌肉	100
			脂肪	100
			肝	500
			肾	100
		牛/羊	奶	100
倍硫磷 Fenthion	Fenthion & metabolites	牛/猪/禽	肌肉	100
			脂肪	100
			副产品	100
氰戊菊酯 Fenvalerate ADI：0-20	Fenvalerate	牛/羊/猪	肌肉	1 000
			脂肪	1 000
			副产品	20
		牛	奶	100
氟苯尼考 Florfenicol ADI：0-3	Florfenicol-amine	牛/羊（泌乳期禁用）	肌肉	200
			肝	3 000
			肾	300
		猪	肌肉	300
			皮+脂	500
			肝	2 000
			肾	500
		家禽（产蛋禁用）	肌肉	100
			皮+脂	200
			肝	2 500
			肾	750
		鱼	肌肉+皮	1 000
		其他动物	肌肉	100
			脂肪	200
			肝	2 000
			肾	300
氟苯咪唑 Flubendazole ADI：0-12	Flubendazole +2-amino 1H-benzimidazol-5-yl-（4-fluorophenyl）methanone	猪	肌肉	10
			肝	10
		禽	肌肉	200
			肝	500
			蛋	400
醋酸氟孕酮 Flugestone Acetate ADI：0-0.03	Flugestone Acetate	羊	奶	1

（续）

药物名	标志残留物	动物种类	靶组织	残留限量（μg/kg）
氟甲喹 Flumequine ADI：0-30	Flumequine	牛/羊/猪	肌肉	500
			脂肪	1 000
			肝	500
			肾	3 000
			奶	50
		鱼	肌肉＋皮	500
		鸡	肌肉	500
			皮＋脂	1 000
			肝	500
			肾	3 000
氟氯苯氰菊酯 Flumethrin ADI：0-1.8	Flumethrin（sum of trans-Z-isomers）	牛	肌肉	10
			脂肪	150
			肝	20
			肾	10
			奶	30
		羊（产奶期禁用）	肌肉	10
			脂肪	150
			肝	20
			肾	10
氟胺氰菊酯 Fluvalinate	Fluvalinate	所有动物	肌肉	10
			脂肪	10
			副产品	10
		蜜蜂	蜂蜜	50
庆大霉素 Gentamycin ADI：0-20	Gentamycin	牛/猪	肌肉	100
			脂肪	100
			肝	2 000
			肾	5 000
		牛	奶	200
		鸡/火鸡	可食组织	100
氢溴酸常山酮 Halofuginone hydrobromide ADI：0-0.3	Halofuginone	牛	肌肉	10
			脂肪	25
			肝	30
			肾	30
		鸡/火鸡	肌肉	100
			皮＋脂	200
			肝	130
氮氨菲啶 Isometamidium ADI：0-100	Isometamidium	牛	肌肉	100
			脂肪	100
			肝	500
			肾	1 000
			奶	100

（续）

药物名	标志残留物	动物种类	靶组织	残留限量 (μg/kg)
伊维菌素 Ivermectin ADI：0-1	22，23-Dihydro-avermectin B1a	牛	肌肉	10
			脂肪	40
			肝	100
			奶	10
		猪/羊	肌肉	20
			脂肪	20
			肝	15
吉他霉素 Kitasamycin	Kitasamycin	猪/禽	肌肉	200
			肝	200
			肾	200
拉沙洛菌素 Lasalocid	Lasalocid	牛	肝	700
		鸡	皮+脂	1 200
			肝	400
		火鸡	皮+脂	400
			肝	400
		羊	肝	1 000
		兔	肝	700
左旋咪唑 Levamisole ADI：0-6	Levamisole	牛/羊/猪/禽	肌肉	10
			脂肪	10
			肝	100
			肾	10
林可霉素 Lincomycin ADI：0-30	Lincomycin	牛/羊/猪/禽	肌肉	100
			脂肪	100
			肝	500
		牛/羊	肾	1 500
			奶	150
		鸡	蛋	50
马杜霉素 Maduramicin	Maduramicin	鸡	肌肉	240
			脂肪	480
			皮	480
			肝	720
马拉硫磷 Malathion	Malathion	牛/羊/猪/禽/马	肌肉	4 000
			脂肪	4 000
			副产品	4 000
甲苯咪唑 Mebendazole ADI：0-12.5	Mebendazole 等效物	羊/马（产奶期禁用）	肌肉	60
			脂肪	60
			肝	400
			肾	60

（续）

药物名	标志残留物	动物种类	靶组织	残留限量（μg/kg）
安乃近 Metamizole ADI：0－10	4－氨甲基-安替比林	牛/猪/马	肌肉 脂肪 肝 肾	200 200 200 200
莫能菌素 Monensin	Monensin	牛/羊 鸡/火鸡	可食组织 肌肉 皮＋脂 肝	50 1 500 3 000 4 500
甲基盐霉素 Narasin	Narasin	鸡	肌肉 皮＋脂 肝	600 1 200 1 800
新霉素 Neomycin ADI：0－60	Neomycin B	牛/羊/猪 /鸡/火鸡 /鸭 牛/羊 鸡	肌肉 脂肪 肝 肾 奶 蛋	500 500 500 10 000 500 500
尼卡巴嗪 Nicarbazin ADI：0－400	N，N'－bis－（4－nitrophenyl）urea	鸡	肌肉 皮/脂 肝 肾	200 200 200 200
硝碘酚腈 Nitroxinil ADI：0－5	Nitroxinil	牛/羊	肌肉 脂肪 肝 肾	400 200 20 400
喹乙醇 Olaquindox	［3－甲基喹啉－2－羧酸（MQ-CA）］	猪	肌肉 肝	4 50
苯唑西林 Oxacillin	Oxacillin	所有食品动物	肌肉 脂肪 肝 肾 奶	300 300 300 300 30
丙氧苯咪唑 Oxibendazole ADI：0－60	Oxibendazole	猪	肌肉 皮＋脂 肝 肾	100 500 200 100

（续）

药物名	标志残留物	动物种类	靶组织	残留限量 ($\mu g/kg$)
噁喹酸 Oxolinic acid ADI：0 - 2.5	Oxolinic acid	牛/猪/鸡	肌肉	100
			脂肪	50
			肝	150
			肾	150
		鸡	蛋	50
		鱼	肌肉＋皮	300
土霉素/金霉素/四环素 Oxytetracycline/Chlortetra- cycline/Tetracycline ADI：0 - 30	Parent drug，单个 或复合物	所有食品动物	肌肉	100
			肝	300
			肾	600
		牛/羊	奶	100
		禽	蛋	200
		鱼/虾	肉	100
辛硫磷 Phoxim ADI：0 - 4	Phoxim	牛/猪/羊	肌肉	50
			脂肪	400
			肝	50
			肾	50
		牛	奶	10
哌嗪 Piperazine ADI：0 - 250	Piperazine	猪	肌肉	400
			皮＋脂	800
			肝	2 000
			肾	1 000
		鸡	蛋	2 000
巴胺磷 Propetamphos ADI：0 - 0.5	Propetamphos	羊	脂肪	90
			肾	90
碘醚柳胺 Rafoxanide ADI：0 - 2	Rafoxanide	牛	肌肉	30
			脂肪	30
			肝	10
			肾	40
		羊	肌肉	100
			脂肪	250
			肝	150
			肾	150
氯苯胍 Robenidine	Robenidine	鸡	脂肪	200
			皮	200
			可食组织	100
盐霉素 Salinomycin	Salinomycin	鸡	肌肉	600
			皮/脂	1 200
			肝	1 800

（续）

药物名	标志残留物	动物种类	靶组织	残留限量 （μg/kg）
沙拉沙星 Sarafloxacin ADI：0－0.3	Sarafloxacin	鸡/火鸡 鱼	肌肉 脂肪 肝 肾 肌肉＋皮	10 20 80 80 30
赛杜霉素 Semduramicin ADI：0－180	Semduramicin	鸡	肌肉 肝	130 400
大观霉素 Spectinomycin ADI：0－40	Spectinomycin	牛/羊/猪/鸡 牛 鸡	肌肉 脂肪 肝 肾 奶 蛋	500 2 000 2 000 5 000 200 2 000
链霉素/双氢链霉素 Streptomycin/ Dihydrostreptomycin ADI：0－50	Sum of Streptomycin ＋Dihydro- streptomycin	牛 牛/绵羊/猪/鸡	奶 肌肉 脂肪 肝 肾	200 600 600 600 1 000
磺胺类 Sulfonamides	Parent drug（总量）	所有食品 动物 牛/羊	肌肉 脂肪 肝 肾 奶	100 100 100 100 100
磺胺二甲嘧啶 Sulfadimidine ADI：0－50	Sulfadimidine	牛	奶	25
噻苯咪唑 Thiabendazole ADI：0－100	（噻苯咪唑和 5－羟基 噻苯咪唑）	牛/猪/绵羊/山羊 牛/山羊	肌肉 脂肪 肝 肾 奶	100 100 100 100 100
甲砜霉素 Thiamphenicol ADI：0－5	Thiamphenicol	牛/羊 牛 猪 鸡 鱼	肌肉 脂肪 肝 肾 奶 肌肉 脂肪 肝 肾 肌肉 皮＋脂 肝 肾 肌肉＋皮	50 50 50 50 50 50 50 50 50 50 50 50 50 50

（续）

药物名	标志残留物	动物种类	靶组织	残留限量（μg/kg）
泰妙菌素 Tiamulin ADI：0-30	Tiamulin＋8-（- Hydroxymuti-lin）总量	猪/兔	肌肉	100
			肝	500
		鸡	肌肉	100
			皮＋脂	100
			肝	1 000
			蛋	1 000
		火鸡	肌肉	100
			皮＋脂	100
			肝	300
替米考星 Tilmicosin ADI：0-40	Tilmicosin	牛/绵羊	肌肉	100
			脂肪	100
			肝	1 000
			肾	300
		绵羊	奶	50
		猪	肌肉	100
			脂肪	100
			肝	1 500
			肾	1 000
		鸡	肌肉	75
			皮＋脂	75
			肝	1 000
			肾	250
甲基三嗪酮（托曲珠利） Toltrazuril ADI：0-2	Toltrazuril Sulfone	鸡/火鸡	肌肉	100
			皮＋脂	200
			肝	600
			肾	400
		猪	肌肉	100
			皮＋脂	150
			肝	500
			肾	250
敌百虫 Trichlorfon ADI：0-20	Trichlorfon	牛	肌肉	50
			脂肪	50
			肝	50
			肾	50
			奶	50
三氯苯唑 Triclabendazole ADI：0-3	Ketotriclabendazole	牛	肌肉	200
			脂肪	100
			肝	300
			肾	300
		羊	肌肉	100
			脂肪	100
			肝	100
			肾	100

（续）

药物名	标志残留物	动物种类	靶组织	残留限量（μg/kg）
甲氧苄啶 Trimethoprim ADI：0－4.2	Trimethoprim	牛	肌肉	50
			脂肪	50
			肝	50
			肾	50
			奶	50
		猪/禽	肌肉	50
			皮＋脂	50
			肝	50
			肾	50
		马	肌肉	100
			脂肪	100
			肝	100
			肾	100
		鱼	肌肉＋皮	50
泰乐菌素 Tylosin ADI：0－6	Tylosin A	鸡/火鸡/猪/牛	肌肉	200
			脂肪	200
			肝	200
			肾	200
		牛	奶	50
		鸡	蛋	200
维吉尼霉素 Virginiamycin ADI：0－250	Virginiamycin	猪	肌肉	100
			脂肪	400
			肝	300
			肾	400
			皮	400
		禽	肌肉	100
			脂肪	200
			肝	300
			肾	500
			皮	200
二硝托胺 Zoalene	Zoalene ＋Metabolite 总量	鸡	肌肉	3 000
			脂肪	2 000
			肝	6 000
			肾	6 000
		火鸡	肌肉	3 000
			肝	3 000

附录 3 允许作治疗用，但不得在动物性食品中检出的药物

药物名称	标志残留物	动物种类	靶组织
氯丙嗪 Chlorpromazine	Chlorpromazine	所有食品动物	所有可食组织
地西泮（安定） Diazepam	Diazepam	所有食品动物	所有可食组织
地美硝唑 Dimetridazole	Dimetridazole	所有食品动物	所有可食组织
苯甲酸雌二醇 Estradiol Benzoate	Estradiol	所有食品动物	所有可食组织
潮霉素 B Hygromycin B	Hygromycin B	猪/鸡 鸡	可食组织 蛋
甲硝唑 Metronidazole	Metronidazole	所有食品动物	所有可食组织
苯丙酸诺龙 Nadrolone Phenylpropionate	Nadrolone	所有食品动物	所有可食组织
丙酸睾酮 Testosterone propinate	Testosterone	所有食品动物	所有可食组织
塞拉嗪 Xylzaine	Xylazine	产奶动物	奶

附录4 禁止使用的药物，在动物性食品中不得检出

药物名称	禁用动物种类	靶组织
氯霉素 Chloramphenicol 及其盐、酯 （包括：琥珀氯霉素 Chloramphenico Succinate）	所有食品动物	所有可食组织
克伦特罗 Clenbuterol 及其盐、酯	所有食品动物	所有可食组织
沙丁胺醇 Salbutamol 及其盐、酯	所有食品动物	所有可食组织
西马特罗 Cimaterol 及其盐、酯	所有食品动物	所有可食组织
氨苯砜 Dapsone	所有食品动物	所有可食组织
己烯雌酚 Diethylstilbestrol 及其盐、酯	所有食品动物	所有可食组织
呋喃它酮 Furaltadone	所有食品动物	所有可食组织
呋喃唑酮 Furazolidone	所有食品动物	所有可食组织
林丹 Lindane	所有食品动物	所有可食组织
呋喃苯烯酸钠 Nifurstyrenate sodium	所有食品动物	所有可食组织
安眠酮 Methaqualone	所有食品动物	所有可食组织
洛硝达唑 Ronidazole	所有食品动物	所有可食组织
玉米赤霉醇 Zeranol	所有食品动物	所有可食组织
去甲雄三烯醇酮 Trenbolone	所有食品动物	所有可食组织
醋酸甲孕酮 Mengestrol Acetate	所有食品动物	所有可食组织

（续）

药物名称	禁用动物种类	靶组织
硝基酚钠 Sodium nitrophenolate	所有食品动物	所有可食组织
硝呋烯腙 Nitrovin	所有食品动物	所有可食组织
毒杀芬（氯化烯） Camahechlor	所有食品动物	所有可食组织
呋喃丹（克百威） Carbofuran	所有食品动物	所有可食组织
杀虫脒（克死螨） Chlordimeform	所有食品动物	所有可食组织
双甲脒 Amitraz	水生食品动物	所有可食组织
酒石酸锑钾 Antimony potassium tartrate	所有食品动物	所有可食组织
锥虫砷胺 Tryparsamile	所有食品动物	所有可食组织
孔雀石绿 Malachite green	所有食品动物	所有可食组织
五氯酚酸钠 Pentachlorophenol sodium	所有食品动物	所有可食组织
氯化亚汞（甘汞） Calomel	所有食品动物	所有可食组织
硝酸亚汞 Mercurous nitrate	所有食品动物	所有可食组织
醋酸汞 Mercurous acetate	所有食品动物	所有可食组织
吡啶基醋酸汞 Pyridyl mercurous acetate	所有食品动物	所有可食组织
甲基睾丸酮 Methyltestosterone	所有食品动物	所有可食组织
群勃龙 Trenbolone	所有食品动物	所有可食组织

附录 5　名词定义

1. 兽药残留 [Residues of Veterinary Drugs]：指食品动物用药后，动物产品的任何食用部分中与所有药物有关的物质的残留，包括原型药物或/和其代谢产物。

2. 总残留 [Total Residue]：指对食品动物用药后，动物产品的任何食用部分中药物原型或/和其所有代谢产物的总和。

3. 日允许摄入量 [ADI：Acceptable Daily Intake]：是指人一生中每日从食物或饮水中摄取某种物质而对健康没有明显危害的量，以人体重为基础计算，单位：（g/kg 体重/天）。

4. 最高残留限量 [MRL：Maximum Residue Limit]：对食品动物用药后产生的允许存在于食物表面或内部的该兽药残留的最高量/浓度 [以鲜重计，表示为（g/kg）]。

5. 食品动物 [Food-Producing Animal]：指各种供人食用或其产品供人食用的动物。

6. 鱼 [Fish]：指众所周知的任一种水生冷血动物。包括鱼纲（Pisces）、软骨鱼（Elasmobranchs）和圆口鱼（Cyclostomes），不包括水生哺乳动物，无脊椎动物和两栖动物。但应注意，此定义可适用于某些无脊椎动物，特别是头足动物（Cephalopods）。

7. 家禽 [Poultry]：指包括鸡、火鸡、鸭、鹅、珍珠鸡和鸽在内的家养的禽。

8. 动物性食品 [Animal Derived Food]：全部可食用的动物组织以及蛋和奶。

9. 可食组织 [Edible Tissues]：全部可食用的动物组织，包括肌肉和脏器。

10. 皮＋脂 [Skin with fat]：是指带脂肪的可食皮肤。

11. 皮＋肉 [Muscle with skin]：一般是特指鱼的带皮肌肉组织。

12. 副产品 [Byproducts]：除肌肉、脂肪以外的所有可食组织，包括肝、肾等。

13. 肌肉 [Muscle]：仅指肌肉组织。

14. 蛋 [Egg]：指家养母鸡的带壳蛋。

15. 奶 [Milk]：指由正常乳房分泌而得，经一次或多次挤奶，既无加入也未经提取的奶。此术语也可用于处理过但未改变其组份的奶，或根据国家立法已将脂肪含量标准化处理过的奶。

附录七 禁止在饲料和动物饮用水中使用的药物品种目录

农业部 卫生部 国家药品监督管理局公告第 176 号

为加强饲料、兽药和人用药品管理，防止在饲料生产、经营、使用和动物饮用水中超范围、超剂量使用兽药和饲料添加剂，杜绝滥用违禁药品的行为，根据《饲料和饲料添加剂管理条例》、《兽药管理条例》、《药品管理法》的规定，农业部、卫生部、国家药品监督管理局联合发布公告，公布了《禁止在饲料和动物饮用水中使用的药物品种目录》，目录收载了 5 类 40 种禁止在饲料和动物饮用水中使用的药物品种。公告要求：

一、凡生产、经营和使用的营养性饲料添加剂和一般饲料添加剂，均应属于《允许使用的饲料添加剂品种目录》（农业部公告第 105 号）中规定的品种及经审批公布的新饲料添加剂，生产饲料添加剂的企业需办理生产许可证和产品批准文号，新饲料添加剂需办理新饲料添加剂证书，经营企业必须按照《饲料和饲料添加剂管理条例》第十六条的规定从事经营活动，不得经营和使用未经批准生产的饲料添加剂。

二、凡生产含有药物饲料添加剂的饲料产品，必须严格执行《饲料药物添加剂使用规范》（农业部公告第 168 号，简称《规范》）的规定，不得添加《规范》附录二中的饲料药物添加剂。凡生产含有《规范》附录一中的饲料药物添加剂的饲料产品，必须执行《饲料标签》标准的规定。

三、凡在饲养过程中使用药物饲料添加剂，需按照《规范》规定执行，不得超范围、超剂量使用药物饲料添加剂。使用药物饲料添加剂必须遵守休药期、配伍禁忌等有关规定。

四、人用药品的生产、销售必须遵守《药品管理法》及相关法规的规定。未办理兽药、饲料添加剂审批手续的人用药品，不得直接用于饲料生产和饲养过程。

五、生产、销售《禁止在饲料和动物饮用水中使用的药物品种目录》所列品种的医药企业或个人，违反《药品管理法》第四十八条规定，向饲料企业和养殖企业（或个人）销售的，由药品监督管理部门按照《药品管理法》第七十四条的规定给予处罚；生产、销售《禁止在饲料和动物饮用水中使用的药物品种目录》所列品种的兽药企业或个人，向饲料企业销售的，由兽药行政管理部门按照《兽药管理条例》第四十条的规定给予处罚；违反《饲料和饲料添加剂管理条例》第十一条、第十七条规定，生产、经营、使用《禁止在饲料和动物饮用水中使用的药物品种目录》所列品种的饲料和饲料添加剂生产企业或个人，由饲料管理部门按照《饲料和饲料添加剂管理条例》第二十六条、第二十七条的规定给予处罚。其他单位和个人生产、经营、使用《禁止在饲料和动物饮用水中使用的药物品种目录》所列品种，用于饲料生产和饲养过程中的，上述有关部门按照谁发现谁查处的原则，依据各自法律法规予以处罚；构成犯罪的，要移送司法机关，依法追究刑事责任。

六、各级饲料、兽药、食品和药品监督管理部门要密切配合，协同行动，加大对饲料生产、经营、使用和动物饮用水中非法使用违禁药物违法行为的打击力度。要加快制定并完善饲料安全标准及检测方法、动物产品有毒有害物质残留标准及检测方法，为行政执法提供技术依据。

七、各级饲料、兽药和药品监督管理部门要进一步加强新闻宣传和科普教育。要将查处饲料和饲养过程中非法使用违禁药物列为宣传工作重点，充分利用各种新闻媒体宣传饲料、兽药和人用药品的管理法规，追踪大案要案，普及饲料、饲养和安全使用兽药知识，努力提高社会各方面对兽药使用管理重要性的认识，为降低药物残留危害，保证动物性食品安全创造良好的外部环境。

中华人民共和国农业部
中华人民共和国卫生部
国家药品监督管理局
2002 年 2 月 9 日

附件：

禁止在饲料和动物饮用水中使用的药物品种目录

一、肾上腺素受体激动剂

1. 盐酸克仑特罗（Clenbuterol Hydrochloride）：中华人民共和国药典（以下简称药典）2000 年二部 P605。β2 肾上腺素受体激动药。

2. 沙丁胺醇（Salbutamol）：药典 2000 年二部 P316。β2 肾上腺素受体激动药。

3. 硫酸沙丁胺醇（Salbutamol Sulfate）：药典 2000 年二部 P870。β2 肾上腺素受体激动药。

4. 莱克多巴胺（Ractopamine）：一种 β 兴奋剂，美国食品和药物管理局（FDA）已批准，中国未批准。

5. 盐酸多巴胺（Dopamine Hydrochloride）：药典 2000 年二部 P591。多巴胺受体激动药。

6. 西马特罗（Cimaterol）：美国氰胺公司开发的产品，一种 β 兴奋剂，FDA 未批准。

7. 硫酸特布他林（Terbutaline Sulfate）：药典 2000 年二部 P890。β2 肾上腺受体激动药。

二、性激素

8. 己烯雌酚（Diethylstibestrol）：药典 2000 年二部 P42。雌激素类药。

9. 雌二醇（Estradiol）：药典 2000 年二部 P1005。雌激素类药。

10. 戊酸雌二醇（Estradiol Valerate）：药典 2000 年二部 P124。雌激素类药。

11. 苯甲酸雌二醇（Estradiol Benzoate）：药典 2000 年二部 P369。雌激素类药。中华人民共和国兽药典（以下简称兽药典）2000 年版一部 P109。雌激素类药。用于发情不明显动物的催情及胎衣滞留、死胎的排除。

12. 氯烯雌醚（Chlorotrianisene）药典 2000 年二部 P919。

13. 炔诺醇（Ethinylestradiol）药典 2000 年二部 P422。

14. 炔诺醚（Quinestrol）药典 2000 年二部 P424。

15. 醋酸氯地孕酮（Chlormadinone acetate）药典 2000 年二部 P1037。

16. 左炔诺孕酮（Levonorgestrel）药典 2000 年二部 P107。

17. 炔诺酮（Norethisterone）药典 2000 年二部 P420。

18. 绒毛膜促性腺激素（绒促性素）（Chorionic Gonadotrophin）：药典 2000 年二部 P534。促性腺激素药。兽药典 2000 年版一部 P146。激素类药。用于性功能障碍、习惯性流产及卵巢囊肿等。

19. 促卵泡生长激素（尿促性素主要含卵泡刺激 FSHT 和黄体生成素 LH）（Menotropins）：药典 2000 年二部 P321。促性腺激素类药。

三、蛋白同化激素

20. 碘化酪蛋白（Iodinated Casein）：蛋白同化激素类，为甲状腺素的前驱物质，具有类似甲状腺素的生理作用。

21. 苯丙酸诺龙及苯丙酸诺龙注射液（Nandrolone phenylpropionate）药典 2000 年二部 P365。

四、精神药品

22.（盐酸）氯丙嗪(Chlorpromazine Hydrochloride)：药典 2000 年二部 P676。抗精神病药。兽药典 2000 年版一部 P177。镇静药。用于强化麻醉以及使动物安静等。

23. 盐酸异丙嗪(Promethazine Hydrochloride)：药典 2000 年二部 P602。抗组胺药。兽药典 2000 年版一部 P164。抗组胺药。用于变态反应性疾病，如荨麻疹、血清病等。

24. 安定（地西泮）(Diazepam)：药典 2000 年二部 P214。抗焦虑药、抗惊厥药。兽药典 2000 年版一部 P61。镇静药、抗惊厥药。

25. 苯巴比妥(Phenobarbital)：药典 2000 年二部 P362。镇静催眠药、抗惊厥药。兽药典 2000 年版一部 P103。巴比妥类药。缓解脑炎、破伤风、士的宁中毒所致的惊厥。

26. 苯巴比妥钠(Phenobarbital Sodium)。兽药典 2000 年版一部 P105。巴比妥类药。缓解脑炎、破伤风、士的宁中毒所致的惊厥。

27. 巴比妥(Barbital)：兽药典 2000 年版一部 P27。中枢抑制和增强解热镇痛。

28. 异戊巴比妥(Amobarbital)：药典 2000 年二部 P252。催眠药、抗惊厥药。

29. 异戊巴比妥钠(Amobarbital Sodium)：兽药典 2000 年版一部 P82。巴比妥类药。用于小动物的镇静、抗惊厥和麻醉。

30. 利血平(Reserpine)：药典 2000 年二部 P304。抗高血压药。

31. 艾司唑仑(Estazolam)。

32. 甲丙氨脂(Meprobamate)。

33. 咪达唑仑(Midazolam)。

34. 硝西泮(Nitrazepam)。

35. 奥沙西泮(Oxazepam)。

36. 匹莫林(Pemoline)。

37. 三唑仑(Triazolam)。

38. 唑吡旦(Zolpidem)。

39. 其他国家管制的精神药品。

五、各种抗生素滤渣

40. 抗生素滤渣：该类物质是抗生素类产品生产过程中产生的工业三废，因含有微量抗生素成分，在饲料和饲养过程中使用后对动物有一定的促生长作用。但对养殖业的危害很大，一是容易引起耐药性，二是由于未做安全性试验，存在各种安全隐患。

附录八 关于发布《食品动物禁用的兽药及其它化合物清单》的通知

中华人民共和国农业部公告第 193 号

为保证动物源性食品安全，维护人民身体健康，根据《兽药管理条例》的规定，我部制定了《食品动物禁用的兽药及其它化合物清单》（以下简称《禁用清单》），现公告如下：

一、《禁用清单》序号 1 至 18 所列品种的原料药及其单方、复方制剂产品停止生产，已在兽药国家标准、农业部专业标准及兽药地方标准中收载的品种，废止其质量标准，撤销其产品批准文号；已在我国注册登记的进口兽药，废止其进口兽药质量标准，注销其《进口兽药登记许可证》。

二、截止到 2002 年 5 月 15 日，《禁用清单》序号 1 至 18 所列品种的原料药及其单方、复方制剂产品停止经营和使用。

三、《禁用清单》序号 19 至 21 所列品种的原料药及其单方、复方制剂产品不准以抗应激、提高饲料报酬、促进动物生长为目的在食品动物饲养过程中使用。

食品动物禁用的兽药及其它化合物清单

序号	兽药及其它化合物名称	禁止用途	禁用动物
1	β-兴奋剂类：克仑特罗 Clenbuterol、沙丁胺醇 Salbutamol、西马特罗 Cimaterol 及其盐、酯及制剂	所有用途	所有食品动物
2	性激素类：己烯雌酚 Diethylstilbestrol 及其盐、酯及制剂	所有用途	所有食品动物
3	具有雌激素样作用的物质：玉米赤霉醇 Zeranol、去甲雄三烯醇酮 Trenbolone、醋酸甲孕酮 Mengestrol，Acetate 及制剂	所有用途	所有食品动物
4	氯霉素 Chloramphenicol 及其盐、酯（包括：琥珀氯霉素 Chloramphenicol Succinate）及制剂	所有用途	所有食品动物
5	氨苯砜 Dapsone 及制剂	所有用途	所有食品动物
6	硝基呋喃类：呋喃唑酮 Furazolidone、呋喃它酮 Furaltadone、呋喃苯烯酸钠 Nifurstyrenate sodium 及制剂	所有用途	所有食品动物
7	硝基化合物：硝基酚钠 Sodium nitrophenolate、硝呋烯腙 Nitrovin 及制剂	所有用途	所有食品动物
8	催眠、镇静类：安眠酮 Methaqualone 及制剂	所有用途	所有食品动物
9	林丹（丙体六六六）Lindane	杀虫剂	所有食品动物
10	毒杀芬（氯化烯）Camahechlor	杀虫剂、清塘剂	所有食品动物
11	呋喃丹（克百威）Carbofuran	杀虫剂	所有食品动物
12	杀虫脒（克死螨）Chlordimeform	杀虫剂	所有食品动物

（续）

序号	兽药及其它化合物名称	禁止用途	禁用动物
13	双甲脒 Amitraz	杀虫剂	水生食品动物
14	酒石酸锑钾 Antimonypotassiumtartrate	杀虫剂	所有食品动物
15	锥虫胂胺 Tryparsamide	杀虫剂	所有食品动物
16	孔雀石绿 Malachitegreen	抗菌、杀虫剂	所有食品动物
17	五氯酚酸钠 Pentachlorophenolsodium	杀螺剂	所有食品动物
18	各种汞制剂包括：氯化亚汞（甘汞）Calomel，硝酸亚汞 Mercurous nitrate、醋酸汞 Mercurous acetate、吡啶基醋酸汞 Pyridyl mercurous acetate	杀虫剂	所有食品动物
19	性激素类：甲基睾丸酮 Methyltestosterone、丙酸睾酮 Testosterone Propionate、苯丙酸诺龙 Nandrolone Phenylpropionate、苯甲酸雌二醇 Estradiol Benzoate 及其盐、酯及制剂	促生长	所有食品动物
20	催眠、镇静类：氯丙嗪 Chlorpromazine、地西泮（安定）Diazepam 及其盐、酯及制剂	促生长	所有食品动物
21	硝基咪唑类：甲硝唑 Metronidazole、地美硝唑 Dimetronidazole 及其盐、酯及制剂	促生长	所有食品动物

注：食品动物是指各种供人食用或其产品供人食用的动物。

2002 年 4 月 9 日

附录九 中华人民共和国农业部公告

第 560 号

为加强兽药标准管理，保证兽药安全有效、质量可控和动物性食品安全，根据《兽药管理条例》和农业部第 426 号公告规定，现公布首批《兽药地方标准废止目录》（见附件，以下简称《废止目录》），并就有关事项公告如下：

一、经兽药评审后确认，以下兽药地方标准不符合安全有效审批原则，予以废止。一是沙丁胺醇、呋喃西林、呋喃妥因和替硝唑，属于我部明文（农业部 193 号公告）禁用品种；卡巴氧因安全性问题、万古霉素因耐药性问题会影响我国动物性食品安全、公共卫生以及动物性食品出口。二是金刚烷胺类等人用抗病毒药移植兽用，缺乏科学规范、安全有效实验数据，用于动物病毒性疫病不但给动物疫病控制带来不良后果，而且影响国家动物疫病防控政策的实施。三是头孢哌酮等人医临床控制使用的最新抗菌药物用于食品动物，会产生耐药性问题，影响动物疫病控制、食品安全和人类健康。四是代森铵等农用杀虫剂、抗菌药用作兽药，缺乏安全有效数据，对动物和动物性食品安全构成威胁。五是人用抗疟药和解热镇痛、胃肠道药品用于食品动物，缺乏残留检测试验数据，会增加动物性食品中药物残留危害。六是组方不合理、疗效不确切的复方制剂，增加了用药风险和不安全因素。

二、本公告发布之日，凡含有《废止目录》序号 1～4 药物成分的所有兽用原料药及其制剂地方质量标准，属于《废止目录》序号 5 的复方制剂地方质量标准均予同时废止。

三、列入《废止目录》序号 1 的兽药品种为农业部 193 号公告的补充，自本公告发布之日起，停止生产、经营和使用，违者按照《兽药管理条例》实施处罚，并依法追究有关责任人的责任。企业所在地兽医行政管理部门应自本公告发布之日起 15 个工作日内完成该类产品批准文号的注销、库存产品的清查和销毁工作，并于 12 月底将上述情况及数据上报我部。

四、对列入《废止目录》序号 2～5 的产品，企业所在地兽医行政管理部门应自本公告发布之日起 30 个工作日内完成产品批准文号注销工作，并对生产企业库存产品进行核查、统计，于 12 月底前将产品批准文号注销情况（包括企业名称、批准文号、产品名称及商品名）及产品库存详细情况上报我部，我部将于年底前汇总公布。

五、列入《废止目录》序号 2～5 的产品自注销文号之日起停止生产，自本公告发布之日起 6 个月后，不得再经营和使用，违者按生产、经营和使用假劣兽药处理。对伪造、变更生产日期继续从事生产的，依法严厉处罚，并吊销其所有产品批准文号。

六、阿散酸、洛克沙胂等产品属农业部严格限制定点生产的产品，自本公告发布之日起，地方审批的洛克沙胂及其预混剂，氨苯胂酸及其预混剂不得生产、经营和使用。企业所在地兽医行政管理部门应在 12 月底前完成该类产品批准文号注销工作，并将有关情况上报我部。

　　七、为满足动物疫病防控用药需要并保障用药安全，促进新兽药研发工作，在保证兽药安全有效、维护人体健康和生态环境安全的前提下，各相关单位可在规定时期内对《废止目录》中的部分品种履行兽药注册申报手续。其中，列入《废止目录》序号 3 的品种 5 年后可受理注册申报，列入序号 2、4、5 的品种自本公告发布之日起可受理注册申报。

2005 年 10 月 28 日

附件：

兽药地方标准废止目录

序号	类别	名称/组方
1	禁用兽药	β-兴奋剂类：沙丁胺醇及其盐、酯及制剂 硝基呋喃类：呋喃西林、呋喃妥因及其盐、酯及制剂 硝基咪唑类：替硝唑及其盐、酯及制剂 喹噁啉类：卡巴氧及其盐、酯及制剂 抗生素类：万古霉素及其盐、酯及制剂
2	抗病毒药物	金刚烷胺、金刚乙胺、阿昔洛韦、吗啉（双）胍（病毒灵）、利巴韦林等及其盐、酯及单、复方制剂
3	抗生素、合成抗菌药及农药	抗生素、合成抗菌药：头孢哌酮、头孢噻肟、头孢曲松（头孢三嗪）、头孢噻吩、头孢拉啶、头孢唑啉、头孢噻啶、罗红霉素、克拉霉素、阿奇霉素、磷霉素、硫酸奈替米星（netilmicin）、氟罗沙星、司帕沙星、甲替沙星、克林霉素（氯林可霉素、氯洁霉素）、妥布霉素、胍哌甲基四环素、盐酸甲烯土霉素（美他环素）、两性霉素、利福霉素等及其盐、酯及单、复方制剂 农药：井冈霉素、浏阳霉素、赤霉素及其盐、酯及单、复方制剂
4	解热镇痛类等其他药物	双嘧达莫（dipyridamole 预防血栓栓塞性疾病）、聚肌胞、氟胞嘧啶、代森铵（农用杀虫菌剂）、磷酸伯氨喹、磷酸氯喹（抗疟药）、异噻唑啉酮（防腐杀菌）、盐酸地酚诺酯（解热镇痛）、盐酸溴己新（祛痰）、西咪替丁（抑制人胃酸分泌）、盐酸甲氧氯普胺、甲氧氯普胺（盐酸胃复安）、比沙可啶（bisacodyl 泻药）、二羟丙茶碱（平喘药）、白细胞介素-2、别嘌醇、多抗甲素（α-甘露聚糖肽）等及其盐、酯及制剂
5	复方制剂	1. 注射用的抗生素与安乃近、氟喹诺酮类等化学合成药物的复方制剂； 2. 镇静类药物与解热镇痛药等治疗药物组成的复方制剂

附录十　禁止在饲料和动物饮水中使用的物质名单

农业部公告第 1519 号

为加强饲料及养殖环节质量安全监管，保障饲料及畜产品质量安全，根据《饲料和饲料添加剂管理条例》有关规定，禁止在饲料和动物饮水中使用苯乙醇胺 A 等物质（见附件）。各级畜牧饲料管理部门要加强日常监管和监督检测，严肃查处在饲料生产、经营、使用和动物饮水中违禁添加苯乙醇胺 A 等物质的违法行为。

特此公告。

附件：禁止在饲料和动物饮水中使用的物质

2010 年 12 月 27 日

附件：

禁止在饲料和动物饮水中使用的物质

1. 苯乙醇胺 A（Phenylethanolamine A）：β-肾上腺素受体激动剂。

2. 班布特罗（Bambuterol）：β-肾上腺素受体激动剂。

3. 盐酸齐帕特罗（Zilpaterol Hydrochloride）：β-肾上腺素受体激动剂。

4. 盐酸氯丙那林（Clorprenaline Hydrochloride）：药典 2010 版二部 P783。β-肾上腺素受体激动剂。

5. 马布特罗（Mabuterol）：β-肾上腺素受体激动剂。

6. 西布特罗（Cimbuterol）：β-肾上腺素受体激动剂。

7. 溴布特罗（Brombuterol）：β-肾上腺素受体激动剂。

8. 酒石酸阿福特罗（Arformoterol Tartrate）：长效型 β-肾上腺素受体激动剂。

9. 富马酸福莫特罗（Formoterol Fumatrate）：长效型 β-肾上腺素受体激动剂。

10. 盐酸可乐定（Clonidine Hydrochloride）：药典 2010 版二部 P645。抗高血压药。

11. 盐酸赛庚啶（Cyproheptadine Hydrochloride）：药典 2010 版二部 P803。抗组胺药。

附录十一 中华人民共和国农业部公告

第 2292 号

为保障动物产品质量安全和公共卫生安全，我部组织开展了部分兽药的安全性评价工作。经评价，认为洛美沙星、培氟沙星、氧氟沙星、诺氟沙星 4 种原料药的各种盐、酯及其各种制剂可能对养殖业、人体健康造成危害或者存在潜在风险。根据《兽药管理条例》第六十九条规定，我部决定在食品动物中停止使用洛美沙星、培氟沙星、氧氟沙星、诺氟沙星 4 种兽药，撤销相关兽药产品批准文号。现将有关事项公告如下。

一、自本公告发布之日起，除用于非食品动物的产品外，停止受理洛美沙星、培氟沙星、氧氟沙星、诺氟沙星 4 种原料药的各种盐、酯及其各种制剂的兽药产品批准文号的申请。

二、自 2015 年 12 月 31 日起，停止生产用于食品动物的洛美沙星、培氟沙星、氧氟沙星、诺氟沙星 4 种原料药的各种盐、酯及其各种制剂，涉及的相关企业的兽药产品批准文号同时撤销。2015 年 12 月 31 日前生产的产品，可以在 2016 年 12 月 31 日前流通使用。

三、自 2016 年 12 月 31 日起，停止经营、使用用于食品动物的洛美沙星、培氟沙星、氧氟沙星、诺氟沙星 4 种原料药的各种盐、酯及其各种制剂。

中华人民共和国农业部

2015 年 9 月 1 日

附录十二　中华人民共和国农业部公告

第 2294 号

为加强兽用生物制品标准管理工作，确保产品安全、有效、质量可控，我部组织开展了兽用生物制品标准清理工作。经研究，对不符合当前国家动物防疫政策、存在较大生物安全隐患、已被新产品取代且至少 5 年无企业生产，以及检验项目不全、不能保证产品质量的 81 个兽用生物制品标准予以废止（见附件），自本公告发布之日起执行。现就有关事项公告如下。

一、自本公告发布之日起，停止受理、审批上述 81 个兽用生物制品的产品批准文号申请。

二、自 2016 年 1 月 1 日起，停止生产上述 81 个兽用生物制品，涉及相关企业的兽药产品批准文号同时撤销。2015 年 12 月 31 日前生产的产品，可以在 2016 年 12 月 31 日前流通使用。

三、自 2017 年 1 月 1 日起，停止经营、使用上述 81 个兽用生物制品。

附件：废止兽用生物制品标准目录

中华人民共和国农业部

2015 年 9 月 1 日

附件：

废止兽用生物制品标准目录

序号	名　称	标准来源
1	口蹄疫 O、A 型活疫苗	《规程》2000 年版
2	鸡新城疫中等毒力活疫苗	《规程》2000 年版
3	兽用炭疽油乳剂疫苗	《标准》1992 年版
4	牛 O 型口蹄疫灭活疫苗	《标准》1992 年版
5	猪 O 型口蹄疫灭活疫苗	《标准》1992 年版
6	口蹄疫 A 型活疫苗	《标准》1992 年版
7	猪巴氏杆菌病活疫苗（TA53 株）	《标准》1992 年版
8	羊传染性脓疱皮炎活疫苗	《标准》1992 年版
9	鸡新城疫、鸡传染性支气管炎和鸡痘三联活疫苗	《标准》1992 年版
10	家兔巴氏杆菌病活疫苗	《标准》1992 年版
11	猪巴氏杆菌病活疫苗	农（牧）函字［1993］第 22 号
12	兔病毒性出血症、多杀性巴氏杆菌病二联干粉灭活疫苗	农牧函［1994］6 号
13	噬菌蛭弧菌微生态制剂（生物制菌王）	农牧函［1994］37 号
14	牛羊口蹄疫活疫苗	农牧函［1995］27 号
15	猪囊虫病油乳剂灭活疫苗	农牧函［1996］6 号
16	牛 O 型口蹄疫灭活疫苗（NMxw - 99 株＋NWzg - 99 株）	农牧发［2001］23 号
17	鸡新城疫、传染性气管炎、减蛋综合征三联灭活疫苗（La Sota＋M41＋KIBV - SD＋ AV127 株）	农业部公告第 326 号
18	猪瘟兔化弱毒牛体反应冻干疫苗	《规程》1984 年版
19	猪瘟结晶紫疫苗	《规程》1984 年版
20	羊痘鸡胚化弱毒羊体反应冻干疫苗	《规程》1984 年版
21	狂犬病疫苗	《规程》1984 年版
22	抗猪、牛出血性败血病血清	《规程》1984 年版
23	抗猪出血性败血病血清	《规程》1984 年版
24	抗牛瘟血清	《规程》1984 年版
25	布氏杆菌三用抗原	《规程》1984 年版
26	鸡白痢全血凝集反应抗原与阳性血清	《规程》1984 年版
27	牛肺疫补体结合反应抗原与阴、阳性血清	《规程》1984 年版
28	口蹄疫 O 型和 A 型鼠化弱毒疫苗	《规程》1984 年版
29	无毒炭疽芽孢苗（通气培养法）	《规程》1984 年版

（续）

序号	名　称	标准来源
30	第Ⅱ号炭疽芽孢苗（通气培养法）	《规程》1984 年版
31	羊链球菌氢氧化钠铝菌苗	《规程》1984 年版
32	羊链球菌弱毒氢氧化钠铝菌苗	《规程》1984 年版
33	猪丹毒、猪肺疫氢氧化铝二联菌苗	《规程》1984 年版
34	布氏杆菌羊型五号菌苗	《规程》1984 年版
35	牛肺疫兔化弱毒疫苗	《规程》1984 年版
36	牛肺疫兔化绵羊适应毒弱毒疫苗	《规程》1984 年版
37	牛肺疫兔化藏系绵羊化弱毒疫苗	《规程》1984 年版
38	猪水疱病猪肾传代细胞弱毒疫苗	《规程》1984 年版
39	猪水疱病细胞毒结晶紫疫苗	《规程》1984 年版
40	羊痘鸡胚化羊体反应毒羊睾丸细胞疫苗	《规程》1984 年版
41	锥虫补体结合反应抗原与阴、阳性血清	《规程》1984 年版
42	牛副伤寒氢氧化铝菌苗	《规程》1984 年版
43	禽霍乱 731 弱毒菌苗	《规程》1984 年版
44	禽霍乱氢氧化铝菌苗	《规程》1984 年版
45	猪链球菌氢氧化铝菌苗	《规程》1984 年版
46	猪瘟、猪丹毒、猪肺疫（TA-53）弱毒三联苗	《规程》1984 年版
47	兽用乙型脑炎疫苗	《规程》1984 年版
48	口蹄疫 O 型、A 型鼠化弱毒双价疫苗	《规程》1984 年版
49	猪瘟兔化弱毒湿苗	《规程》1973 年版
50	厌气菌多联氢氧化铝菌苗	《规程》1973 年版
51	仔猪副伤寒弱毒冻干菌苗	《规程》1973 年版
52	牛传染性胸膜肺炎补体结合反应抗原与阴、阳性血清	《规程》1973 年版
53	羊猝狙快疫氢氧化铝菌苗	《规程》1963 年版
54	羊猝狙快疫甲醛菌苗	《规程》1963 年版
55	猪丹毒氢氧化铝菌苗	《规程》1963 年版
56	猪丹毒氢氧化铝（加血清）菌苗	《规程》1963 年版
57	猪丹毒半固体菌苗	《规程》1959 年版
58	山羊传染性胸膜肺炎氢氧化铝疫苗	《规程》1959 年版
59	牛瘟脏器苗	《规程》1959 年版
60	鸡新城疫弱毒（印度系）疫苗	《规程》1959 年版
61	羊痘氢氧化铝疫苗	《规程》1959 年版
62	羊肠毒血症菌苗	《规程》1959 年版
63	羔羊痢疾菌苗	《规程》1959 年版
64	猪肺疫半固体菌苗	《规程》1959 年版
65	鸡痘蛋白筋胶活毒疫苗（鸽痘原）	《规程》1959 年版

（续）

序号	名　称	标准来源
66	利用猪瘟耐过猪制造猪瘟血清	《规程》1959 年版
67	牛传染性胸膜肺炎疫苗	《规程》1957 年版
68	猪肺疫浓菌苗	《规程》1957 年版
69	出血性败血病菌苗	《规程》1952 年版
70	猪瘟血毒、猪瘟结晶紫疫苗、抗猪瘟血清	《规程》1952 年版
71	抗猪瘟、猪丹毒二价血清	《规程》1952 年版
72	小牛副伤寒菌苗	《规程》1952 年版
73	抗小牛副伤寒血清	《规程》1952 年版
74	抗小牛副伤寒、大肠菌二价血清	《规程》1952 年版
75	小猪副伤寒菌苗	《规程》1952 年版
76	抗小猪副伤寒血清	《规程》1952 年版
77	羊痘活毒疫苗	《规程》1952 年版
78	抗羊痘血清	《规程》1952 年版
79	抗羔羊痢疾血清	《规程》1952 年版
80	小牛、小猪副伤寒噬菌体	《规程》1952 年版
81	马腺疫反病毒	《规程》1952 年版

注：1. 《规程》系指《中华人民共和国兽用生物制品规程》。
　　2. 《标准》系指《中华人民共和国兽用生物制品质量标准》。

参 考 文 献

陈大君，杨军香．2013．肉鸡养殖主推技术［M］．北京：中国农业科学技术出版社．

陈代文．2010．饲料安全学［M］．北京：中国农业出版社．

陈瑶生，梅克义，李加琪，等．2011．大约克夏猪种猪（GB 22284—2008）［S］．北京：国家标准出版社．

程安春，王继文．2013．鸭标准化规模养殖图册［M］．北京：中国农业出版社．

畜禽标识及养殖档案管理办法（中华人民共和国农业部令第 67 号）．2007 年 7 月 1 日实施．

畜禽规模养殖污染防治条例（中华人民共和国国务院令 2013 年第 643 号）．2014 年 1 月 1 日起施行．

刁其玉．2009．肉羊饲养实用技术［M］．北京：中国农业科学技术出版社．

董红敏，朱志平，黄宏坤，等．2011．畜禽养殖业产污系数和排污系数计算方法［J］．农业工程学报，27（1）：303-308．

动物防疫条件审查办法（农业部令 2010 年第 7 号）．2010 年 5 月 1 日起施行．

傅润亭，樊航奇．2004．肉羊生产大全［M］．北京：中国农业出版社．

谷子林．2013．中国养兔学［M］．北京：中国农业出版社．

国家畜禽遗传资源委员会．2011．中国畜禽遗传资源志　猪志［M］．北京：中国农业出版社．

国家中长期动物疫病防治规划（2012—2020 年）．

国务院办公厅关于建立病死畜禽无害化处理机制的意见（国办发〔2014〕47 号）．

国务院办公厅关于印发国家中长期动物疫病防治规划（2012—2020 年）的通知（国办发〔2012〕31 号）．

胡功政，李荣誉．2009．新全使用兽药手册［M］．郑州：河南科学技术出版社．

金晏军．2012．肉用仔鸡 45 天出栏养殖法［M］．北京：科学技术文献出版社．

禁止在饲料和动物饮水中使用的物质（中华人民共和国农业部公告第 1519 号）．

禁止在饲料和动物饮用水中使用的药物品种目录（中华人民共和国农业部公告 第 176 号）．

昝林森，郑同超，申光磊，等．2006．牛肉安全生产加工全过程质量跟踪与追溯系统研发［J］．中国农业科学，39（10）：2083-2088．

李保明，施正香，席磊．2015．家畜环境卫生与设施［M］．北京：中央广播电视大学出版社．

李保明，施正香．2005．设施农业工程工艺及建筑设计［M］．北京：中国农业出版社．

李焕烈，许炳林．2011．健康猪场建设的饲养工艺设计［J］．猪业科学（5）：38-41．

李如治．2003．家畜环境卫生学［M］．北京：中国农业出版社．

刘润生，何庆峰，姚星，等．2012．我国牛肉质量安全可追溯系统研究现状分析［J］．食品研究与开发，33（6）：205-240．

刘新录．2014．无公害农产品管理与技术［M］．第 4 版．北京：中国农业出版社．

马懿，林靖，李晨，等．2011．国内外农产品溯源系统研究现状综述［J］．科技资讯（27）：158-162．

米长虹，姜昆，张泽．2012．规模化畜禽养殖场环境影响评价问题探讨［J］．农业环境与发展（6）：67-71．

农业部办公厅关于加强喹乙醇使用监管的通知（农办医〔2009〕23 号）．

农业部办公厅关于印发茄果蔬菜等 58 类无公害农产品检测目录的通知（农办质〔2015〕4 号）．

农业部关于印发 2013 年国家动物疫病强制免疫计划的通知（农医发〔2013〕8 号）．

农业部关于印发蜜蜂检疫规程的通知（农医发〔2010〕41 号）．

彭健，陈喜斌 . 2008. 饲料学 ［M］. 第 2 版 . 北京：科学出版社 .

彭文君，安建东 . 2008. 无公害蜂产品安全生产手册 ［M］. 北京：中国农业出版社 .

禽类屠宰与分割车间设计规范 . SBJ 15－2008.

瞿明仁 . 2008. 饲料卫生与安全学 ［M］. 北京：中国农业出版社 .

权凯 . 2011. 肉羊标准化生产技术 ［M］. 北京：金盾出版社 .

全国畜牧总站 . 2012. 粪污处理技术百问百答 ［M］. 北京：中国农业出版社 .

全国畜牧总站 . 2012. 肉鸡标准化养殖技术图册 ［M］. 北京：中国农业科学技术出版社 .

沙玉圣，辛盛鹏 . 2008. 畜产品质量安全与生产技术 ［M］. 北京：中国农业大学出版社 .

沙玉圣，辛盛鹏 . 2009. 无公害畜产品认证现场检查概要 ［M］. 北京：中国农业大学出版社 .

沙玉圣 . 2013. 饲料安全知识问答 ［M］. 北京：中国农业出版社 .

生猪屠宰管理条例（中华人民共和国国务院令第 525 号）. 自 2008 年 8 月 1 日起施行 .

食品动物禁用的兽药及其它化合物清单（农业部公告第 193 号），2002.

食品动物禁用的兽药及其它化合物清单（中华人民共和国农业部公告第 193 号）.

兽药地方标准废止目录和补充禁用兽药目录（中华人民共和国农业部公告第 560 号）.

兽药管理条例（中华人民共和国国务院令 2004 年第 404 号）. 2004 年 11 月 11 日实行 .

兽药国家标准和专业标准中部分品种的停药期规定（中华人民共和国农业部公告第 278 号）. 2003 年 5 月
22 日起实行 .

兽药经营质量管理规范（中华人民共和国农业部令 2010 年 第 3 号）. 2010 年 3 月 1 日起实行 .

兽药生产质量管理规范（中华人民共和国农业部令 2002 年第 11 号）. 2002 年 6 月 19 日起实行 .

兽用处方药和非处方药管理办法（中华人民共和国农业部令 2013 年第 2 号）. 2014 年 3 月 1 日起实行 .

兽用处方药品种目录（第一批）（中华人民共和国农业部公告 2013 年第 1997 号）. 2014 年 3 月 1 日起实
行 .

饲料和饲料添加剂管理条例（中华人民共和国国务院令第 266 号）. 2012 年 5 月 1 日起实行 .

饲料添加剂安全使用规范（中华人民共和国农业部公告第 1124 号）. 2009 年 6 月 18 日起实行 .

饲料药物添加剂使用规范（中华人民共和国农业部公告第 168 号）. 2001 年 7 月 3 日起实行 .

陶秀萍，董红敏 . 2009. 畜禽养殖废弃物资源的环境风险及其处理利用技术现状 ［J］. 现代畜牧兽医
（11）：34－38.

王继文，李亮，马敏 . 2013. 鹅标准化规模养殖图册 ［M］. 北京：中国农业出版社 .

王生雨 . 1998. 中国养鸡学 ［M］. 济南：山东科学技术出版社 .

王烁，刘世洪，郑火国，等 . 2013. 新疆牛肉可追溯系统研究与实现 ［J］. 安徽农业科学，41
（26）：10856－10859.

魏刚才 . 2012. 肉鸡快速饲养法 ［M］. 北京：化学工业出版社 .

吴心华 . 2014. 肉羊肥育与疾病防治 ［M］. 北京：金盾出版社 .

吴忠红，王美芝 . 2011. 不同阶段猪饲养工艺、猪舍建筑与配套的环境调控要点 ［J］. 猪业科学
（12）：54－56.

熊本海，傅润亭，林兆辉，等 . 2009. 生猪及其产品从农场到餐桌质量溯源解决方案——以天津市为例
［J］. 中国农业科学，42（1）：230－237.

熊本海，傅润亭，林兆辉 . 2009. 动物标识及其产品溯源技术研究进展 ［M］. 北京：中国农业科技出版
社 .

闫晓刚，张芳毓，刘臣，等 . 2011. 我国牛肉溯源体系发展情况、存在问题及解决措施 ［J］. 吉林畜牧兽
医（3）：32－34.

杨亮，潘晓花，熊本海，等 . 2015. 牛肉生产从养殖到销售环节可追溯系统开发与应用 ［J］. 畜牧兽医学
报，46（8）：892－897.

杨亮，杨振刚，熊本海.2015.对我国肉牛及其产品溯源的编码规则设计的初步建议［J］.中国农业科技导报，17（1）：122-127.

杨亮.2007.猪肉质量安全可追溯系统养殖环节的设计与实现［J］.农业网络信息（12）：42-44.

杨宁，单崇浩，朱元照.1994.现代养鸡生产［M］.北京：中国农业大学出版社.

杨山.1995.家禽生产学［M］.北京：中国农业出版社.

杨治田.2006.肉鸡标准化生产技术［M］.北京：金盾出版社.

尹长安.2001.肉羊育肥与加工［M］.北京：中国农业出版社.

于福清，王树君，李竞前.2015.无公害生猪生产质量安全控制技术［J］.养猪（6）：123-128.

张玲清，郭志明，田宗祥.2013.猪日粮中粗纤维消化率的研究［J］.畜牧兽医杂志，32（3）：63-64，66.

张英杰.2010.羊生产学［M］.北京：中国农业大学出版社.

张中印.2007.现代养蜂法［M］.北京：中国农业出版社.

赵书广.2013.中国养猪大成［M］.第2版.北京：中国农业出版社.

中华人民共和国畜牧法（中华人民共和国主席令2005年第45号）.2006年7月1号起实施.

中华人民共和国动物防疫法（中华人民共和国主席令2007年第71号）.2008年1月1日起施行.

中华人民共和国环境保护法（2014年修订）.2015年1月1日起施行.

中国兽药典委员会编.2011.中华人民共和国兽药典（2010年版）［M］.北京：中国农业出版社.

中国兽药典委员会编.2011.中华人民共和国兽药典兽药使用指南［M］.北京：中国农业出版社.

周冰峰.2002.蜜蜂饲养管理学［M］.厦门：厦门大学出版社.

周光宏.1999.肉品学［M］.北京：中国农业科学技术出版社.

［西］Carlos de Blas，［英］Julian Wiseman.唐良美译.2015.家兔营养［M］.第2版.北京：中国农业出版社.